# 北京科技年鉴

BEIJING ALMANAC OF SCIENCE AND TECHNOLOGY

## 2009

北京市科学技术委员会　组编

北京科学技术出版社

10月24日，市委书记刘淇来到市科委，就"科技北京"建设进行调研，察看了"首都五分钟紧急医学救援演示"和近年来北京市科技成果展览

2月22日，市委副书记、市长郭金龙在北京科兴生物制品有限公司调研

4月23日，2008年"北京市科普工作联席会议"召开。市科普工作联席会议主席、副市长赵凤桐出席会议并讲话

9月,市委常委牛有成视察丰台区花乡奥运花卉配送中心

12月18日,由国际奥委会、第29届奥运会组委会、第29届奥科委和中国奥委会共同组织的"历史与未来——奥林匹克反兴奋剂四十年"主题活动万人签名长卷捐赠仪式在瑞士洛桑国际奥林匹克博物馆隆重举行,市科委主任马林等出席了此次活动

6月23日,经市委市政府批准,《北京市中长期科学和技术发展规划纲要2008—2020年》正式向社会发布。《纲要》对未来北京发展作出前瞻性、全局性、系统性的战略谋划。市科委副主任杨伟光出席新闻发布会

1月9日,"北京协同创新服务联盟2007年度年会"召开。科技部火炬中心副主任马彦民、市科委副主任郑吉春等领导出席会议,并参加北京协同创新服务联盟网站开通仪式

3月5日,市科委召开"2008年北京市科技新星计划座谈会",邀请部分曾经承担科技新星计划专项的成功人士座谈科技新星计划对支持年轻人成长的体会。市科委纪检书记吴玉敏、副主任朱世龙出席会议并讲话

3月21—23日,"第28届安捷伦北京青少年科技创新大赛"举行。市科委副主任王荣彬参加大赛闭幕式和颁奖典礼

1月31日,"2008年驻华科技外交官新春招待会"在北京国际饭店举行。由市科委、市外办主办,市科协承办的驻华科技外交官新春招待会自2001年开始已连续举办了8届,对促进中国特别是北京与世界各国的科技交流与合作起到了重要作用,成为北京市对外友好交流的品牌活动之一

2月20日,第29届奥科委办公室举行"科技奥运与工业设计"论坛。国内外专家共同探讨科技、奥运与设计的关系,研究如何把握奥运机遇提升我国的自主创新水平和能力

3月5日,"第十一届北京技术市场金桥奖颁奖暨2008北京技术市场工作会"召开。第十一届北京技术市场金桥奖评选出集体奖46个、项目奖27个、个人奖46个、区域合作奖1个、技术合同登记处集体奖8个、技术合同登记处个人奖6个

3月13日,"'aigo爱国者杯'暨第二届北京发明创新大赛"落下帷幕。大赛得到全市广大发明爱好者的支持与欢迎,参赛者上至80高龄的老人,下至9岁的小朋友,具有广泛的社会性和群众性

3月16日,在市科委、市教委、市民政局和社会各界的大力支持和指导下,北京应用技术大学着眼应用、聚焦信息产业技术领域、汇聚多方资源创办的具有产学研相结合特色的民办非营利性科研机构——北京应大信息产业研究院成立

5月17日,"2008年全国科技活动周暨北京科技周"开幕,主题是"携手建设创新型国家",共组织了近1300项活动,是我国群众性科技活动的一次盛会

5月24日,以"奥运北京 和谐社会"为主题的"北京自然科学界和社会科学界联席会议 2008·高峰论坛"召开。与会者回顾了北京奥运会的筹办历程,并围绕"绿色奥运、科技奥运、人文奥运"三大理念的具体实践进行了研讨

7月22日,北京市科委与北京银行联合举行"全面战略合作暨推动知识产权质押贷款协议签字仪式"

8月1日,由市科委与中科院联合建设的"北京市奥运村科普教育园区"经过近一年的筹备和建设以后,在距北京奥运会开幕倒计时7天之际,面向社会公众开放

9月2—4日,高档数控机床与基础制造装备国家科技重大专项论证委员会在京调研。北京向国家行业主管部门展示了北京地区数控装备行业的整体实力

9月15日,首都科技集团和北京服装学院在奥林匹克公园祥云剧场举办"非常美"残障人士康健服装展演,以此作为弘扬残奥会精神,切实体现科技对发展助残事业的支持

9月18日,密云县中国北京呼叫中心产业基地开工建设正式启动。北京生产力促进中心与北京华嘉企划有限公司、密之云呼叫产业基地有限公司签订了战略合作框架协议,将发挥各自优势,在资源整合、科研、项目运作、课题研究等方面开展深度合作

10月9日,"创新之路——中关村科技园区成立20周年成就展"开幕。成就展回顾了中关村20年的发展历程,总结20年的创业经验,展示20年的创新成果,展望未来20年的发展目标,为中关村成为未来全球科技创新中心总结经验、奠定基础

11月14—15日,"2008中关村论坛"在京举行。论坛围绕"创新与发展"永久性主题,将"科技—全球创新挑战"确定为年度主题。论坛关注高科技产业和创新发展等国际性问题,为国际高科技创新区域提供了一个信息交换、相互了解、技术经济合作的交流平台

11月23日,由北京生物技术和新医药产业促进中心主办的"第十二届生物医药产业发展论坛",以"同一世界 统一标准"为主题,充分探讨了生物医药研发服务业发展中存在的问题和发展途径

11月26日，科技部、教育部、中科院推出76家首批国家技术转移示范机构，北京地区13家技术转移机构榜上有名

12月19日，"2008年红星奖"颁奖典礼隆重举行，实现了红星奖跨上参评作品数量与质量、设计辐射力和评审水平"三个台阶"，共有88家企业的139件产品获红星奖

5月，北京杂交小麦工程技术研究中心率先在我国建立的国家小麦DNA指纹数据库，对完善小麦品种新颖性鉴定体系提供依据

7月11日,"奥运节能与新能源汽车示范运行交车仪式"举行。市长郭金龙出席交车仪式并作为奥运节能与新能源汽车首发车乘客乘坐了纯电动客车。北京奥运会和残奥会期间,500辆新能源汽车投入使用

7月17日,北京市科委、市卫生局共同主持的"首都急救医学救援科技工程建设研究"重大科技项目阶段性成果"紧急医学救援无线移动信息平台"正式在北京大学人民医院启动。这套创新的"院前—院内一体化"急救平台实现了急救全程信息化的新模式,可大大缩短抢救患者生命的时间,提高抢救成功率和急救质量

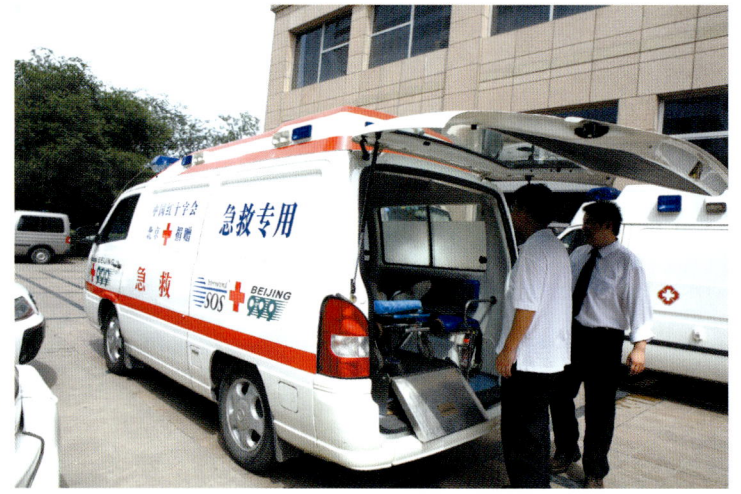

7月24日,"京承路都市型现代农业走廊科技示范工程"项目——"生态景观及瓜菜主题园建设技术集成示范"课题,在密云县河南寨镇团结村通过选择不同作物品种进行立体栽培搭配,利用作物颜色差异、高矮落差以及生长周期的不同实现了作物造景效果

9月25日21时10分04秒，神舟七号飞船顺地完成发射。其中，民族工业自主研发的新技术"安全护航"——爱国者存储录音技术提供了重要支持

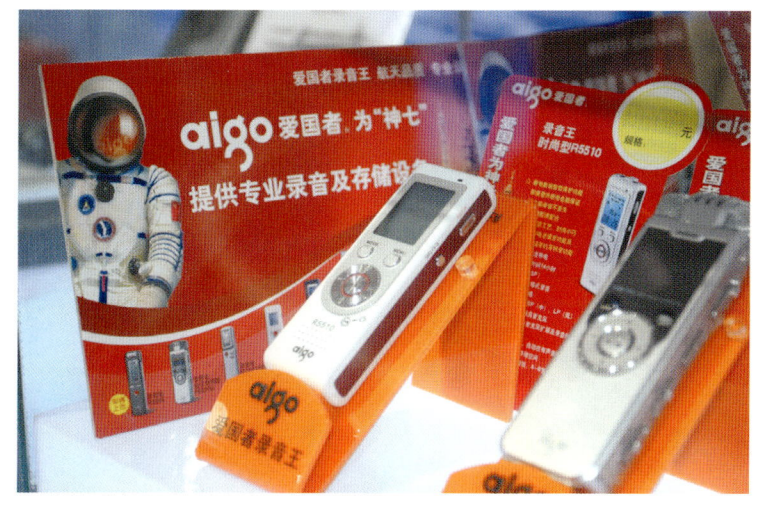

12月4日，联想集团在"联想商用技术发展论坛"上正式对外宣布，国内第一个实际性能突破每秒百万亿次的异构机群系统——联想"深腾7000"在京研制成功，其运算能力达到每秒106.5万亿次。该系统位居最新公布的全球高性能计算机排名（TOP500）第19位，"深腾7000"也由此成为入选该排行榜的第五台联想"深腾"系列高端超级计算机

12月，由市水务局、市水利科学研究所等承担的"官厅水库流域水生态环境综合治理技术体系研究与示范"项目获得北京市科学技术奖一等奖

12月，由中国农业大学、北京市水务局、北京市水电技术中心、延庆水务局等承担的"京郊主要果蔬农业化控节水集成技术的试验研究与示范推广"项目获得北京市科学技术奖一等奖

12月，由军事医学科学院放射与辐射医学研究所等承担的"蛋白质组支撑技术及其在人类重要疾病与生理过程研究中的应用"项目获得北京市科学技术奖一等奖

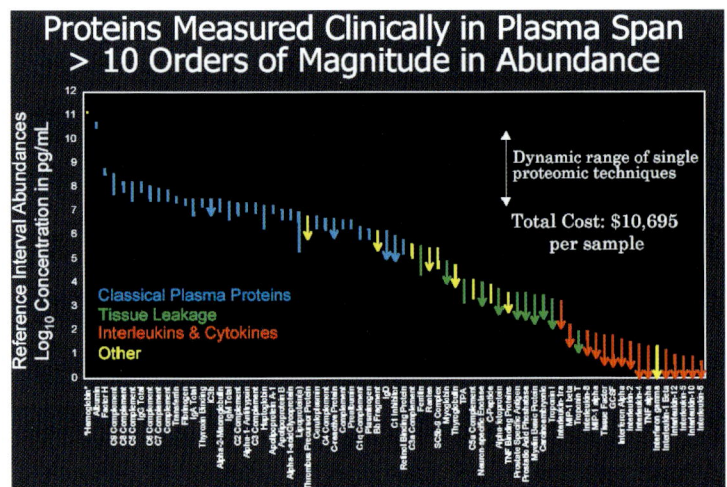

12月，由首都医科大学附属北京佑安医院、北京友谊医院等承担的"北京市病毒性肝炎临床诊断及治疗的一体化研究"项目获得北京市科学技术奖一等奖

12月，由北京城建集团有限责任公司、北京市建筑工程研究院等承担的"国家体育馆双向张弦钢屋架施工技术研究"项目获得北京市科学技术奖一等奖

12月，由钢铁研究总院、北京中科三环高技术股份有限公司等承担的"高性能稀土永磁材料、制备工艺及产业化关键技术"项目获得北京市科学技术奖一等奖

12月，由北京矿冶研究总院、北京工业大学等承担的"多元复合稀土钨电极及其制备技术"项目获得北京市科学技术奖一等奖

12月,由北京中科信电子装备有限公司承担的"100nm大角度离子注入机"项目获得北京市科学技术奖一等奖

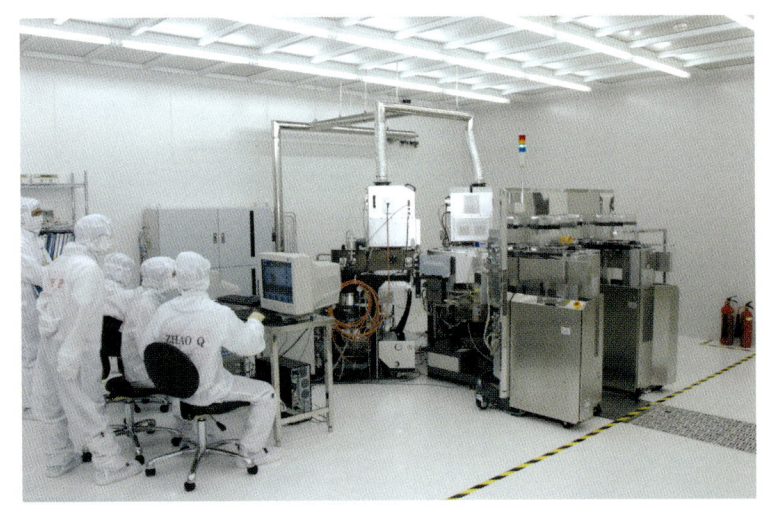

12月,由北京北方微电子基地设备工艺研究中心有限责任公司等承担的"100nm高密度等离子刻蚀机研发与产业化"项目获得北京市科学技术奖一等奖

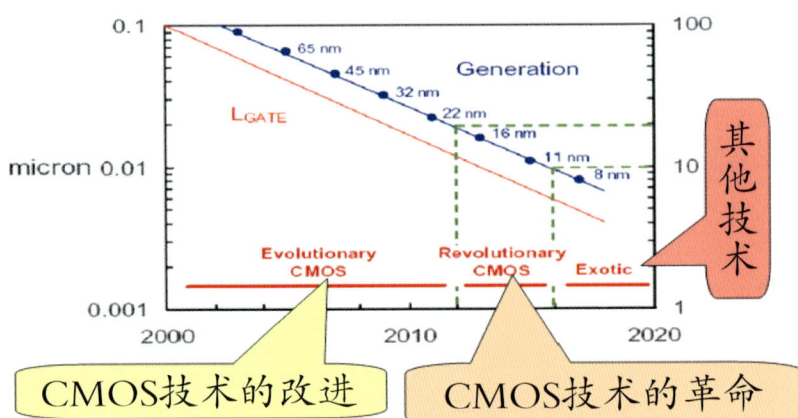

12月,由北京大学承担的"纳米尺度硅基集成电路新器件与新工艺研究"项目获得北京市科学技术奖一等奖

## 目 录
## CONTENTS

**特载** ……………………………………………………………………………………… (1)
**Special Issue**
  北京市中长期科学和技术发展规划纲要(2008—2020 年)…………………………… (3)
    The Outline of Beijing Municipal Plan for Medium to Long-term Scientific and
      Technological Development (2008—2020)
  中关村科技园区发展战略纲要(2008—2020 年)……………………………………… (28)
    The Outline of Development Strategy for Zhongguancun Science Park (2008—2020)
  2008 年中关村指数报告…………………………………………………………………… (36)
    Report on Zhongguancun Index of 2008

**大事记** …………………………………………………………………………………… (53)
**Chronicle**
  2008 年北京市科学技术大事记…………………………………………………………… (55)
    Chronicle of Beijing Science and Technology in 2008

**科技管理与服务** ………………………………………………………………………… (67)
**Management and Service of Science and Technology**
  综合管理…………………………………………………………………………………… (69)
    Integcative Management
  计划实施…………………………………………………………………………………… (75)
    Plan for Implementation
  辅助决策…………………………………………………………………………………… (78)
    Assisting the Decision-Making
  科技条件…………………………………………………………………………………… (80)
    Science and Technology Condition
  科技服务…………………………………………………………………………………… (83)
    Science and Technology Service

## 研究与开发 ································································· (93)
## Research and Development
### 基础研究 ································································· (95)
Basic Research
### 社会发展科技 ····························································· (96)
Science and Technology for Social Development
### 农业科技 ································································· (101)
Science and Technology for Agriculture

## 科技奥运 ································································· (113)
## Olympic Science and Technology

## 高新技术及其产业 ························································· (123)
## Hi-tech and it's Industries
### 电子信息技术 ····························································· (125)
Electronics and IT Technologies
### 先进制造技术 ····························································· (130)
Advanced Manufacture Technologies
### 生物工程与新医药技术 ··················································· (132)
Bioengineering and New Medical Technologies
### 新材料与新能源技术 ····················································· (139)
New Materials and New Energy Technologies

## 中关村科技园区 ··························································· (143)
## Zhongguancun Science Park
### 园区建设 ································································· (145)
Park Construction
### 产业基地 ································································· (154)
Industrial Base
### 投资与融资 ······························································· (156)
Investment and Financing
### 归国创业 ································································· (159)
Homecoming Entrepreneurship

## 知识产权 ································································· (161)
## Intellectual Property Rights
### 专利管理与服务 ··························································· (163)
Management and Service of Patents
### 专利保护 ································································· (166)
Patents Protection
### 知识产权统筹协调 ······················································· (167)
Overall Consideration and Coordination of Intellectual Property Rights

质量技术监督 ································································· (173)
**Technical Supervision over Quality**
 标准 ······································································· (175)
 Standard
 计量 ······································································· (180)
 Metrology
 质检科研 ··································································· (182)
 Quality Inspection Research

高校科技 ······································································ (187)
**Science and Technology in Institutions of Higher Education**

合作与交流 ···································································· (195)
**Cooperation and Exchange**

科学技术普及 ·································································· (205)
**Science and Technology Popularization**
 城乡科普 ··································································· (207)
 Science and Technology Popularization in Urban and Rural Areas
 青少年科普 ································································· (219)
 Science and Technology Popularization for Youngsters
 重点科普活动 ······························································· (224)
 Focusing Science and Technology Popularization Activities

区县科技 ······································································ (235)
**Science and Technology for Districts and Counties**

重大科技成果 ·································································· (281)
**Great Science and Technology Achievements**
 2008 年度国家最高科学技术奖简介 ············································ (283)
 Brief Introduction of the Highest Award for State Science and Technology in 2008
 2008 年度国家自然科学奖二等奖简介 ·········································· (284)
 Brief Introduction of the Second Award for National Natural Science in 2008
 2008 年度国家技术发明奖一等奖简介 ·········································· (288)
 Brief Introduction of the First Award for National Technology Invention in 2008
 2008 年度国家技术发明奖二等奖简介 ·········································· (289)
 Brief Introduction of the Second Award for National Technology Invention in 2008
 2008 年度国家科学技术进步奖特等奖简介 ······································ (292)
 Brief Introduction of the Special Award for National Science and Technology Progress
  in 2008
 2008 年度国家科学技术进步奖一等奖简介 ······································ (293)
 Brief Introduction of the First Award for National Science and Technology Progress
  in 2008

2008年度北京市科学技术奖一等奖简介 ……………………………………………………（293）
Brief Introduction of the First Award for Beijing Science and Technology in 2008

# 政策法规选 ……………………………………………………………………………（299）
# Selected Policies and Regulations

中华人民共和国专利法 ………………………………………………………………（301）
Patent Law of the People's Republic of China

关于修改《国家科学技术奖励条例实施细则》的决定 ……………………………（309）
Decision on Amending the Detailed Rules for the Implementation of the Regulation on National Science and Technology Awards

北京市人民政府关于在中关村科技园区开展政府采购自主创新产品试点工作的意见 …………………………………………………………………………………（312）
Opinions of the People's Government of Beijing Municipality on Pilot Operation of Government Procurement of Indigenous Innovation Products in Zhongguancun Science Park

北京市行政事业单位国有资产出租、出借、对外投资、担保管理暂行办法 ………（314）
Interim Measures of Beijing Municipality for Leasing, Lending, Overseas Investment and Guaranteeing of State-owned Assets of State Organs and Public Institutions

含有密码技术的信息产品政府采购规定 ……………………………………………（317）
Regulations on Government Procurement of Information Products Containing Cryptographic Technique

北京市科技计划国家科技秘密项目（课题）保密管理办法 ………………………（318）
Measures for Keeping Secrets of National Science and Technology Secret Programs/Projects under Beijing Municipal Science and Technology Plan

北京市科技保密专项经费管理办法 …………………………………………………（321）
Regulations of Beijing Municipality on Special Funds for Keeping Science and Technology Secrets

北京市科技计划项目（课题）档案管理办法 ………………………………………（323）
Measures of Beijing Municipality for Archives Science and Technology Planning Programs/Projects

进一步推进中关村科技园区百家创新型企业试点工作的若干意见 ………………（325）
Several Opinions on Further Promoting the Pilot Operation of the 100 Innovative Enterprises in Zhongguancun Science Park

首都大型仪器设备共享平台运行管理办法（试行）…………………………………（328）
Measures for the Operation and Management of the Capital's Sharing Platform of the Large-scale Equipment and Instruments (For Trial Implementation)

北京市中小企业创业投资引导基金实施暂行办法 …………………………………（330）
Interim Measures of Beijing Municipality for Directing Funds in Starting a Business for Medium and Small-sized Enterprises

北京市高新技术企业认定管理工作实施方案 ………………………………………（333）

Implementation Plan of Beijing Municipality on Management and Determination of Hi-tech Enterprises

北京市发明专利奖励办法实施细则(试行) ……………………………………(337)
　　Detailed Implementation Rules of Beijing Municipality on Awards for Patents (For Trial Implementation)

北京市文化创意产业知识产权保护与促进意见 ………………………………(341)
　　Opinions of Beijing Municipality on Protecting and Promoting the Intelligent Property Rights in Cultural and Creative Industry

## 统计资料 ………………………………………………………………………………(343)
## Statistical Data

北京地区2008年度科技活动汇总表 ……………………………………………(345)
　　Table: Science and Technology Activities for 2008 in Beijing

北京地区2008年度科研院所汇总表 ……………………………………………(347)
　　Table: Science Research Institutes for 2008 in Beijing

北京地区2008年度转制科研院所汇总表 ………………………………………(352)
　　Table: Restructured Scientific Research Institutions for 2008 in Beijing

北京地区2008年度高等院校汇总表 ……………………………………………(356)
　　Table: Science and Technology Activities at Institutions of Higher Education for 2008 in Beijing

北京地区2008年度大中型工业企业汇总表 ……………………………………(360)
　　Table: Science and Technology Activities in Large and Medium-sized Industrial Enterprises for 2008 in Beijing

2008年中关村科技园区主要经济指标一览表 …………………………………(363)
　　Table: Major Economic Indicators of Zhongguancun Science Park for 2008

2008年中关村科技园区十大行业一览表 ………………………………………(366)
　　Table: 10 Major Industries in Zhongguancun Science Park for 2008

2008年度北京地区国家科学技术奖获奖成果表 ………………………………(366)
　　Table: The Results Won Awards for State Science and Technology for 2008 in Beijing

　　国家最高科学技术奖 …………………………………………………………(367)
　　　　The Highest Award for State Science and Technology

　　国家自然科学奖二等奖 ………………………………………………………(367)
　　　　The Second Award for National Natural Science

　　国家技术发明奖一等奖 ………………………………………………………(368)
　　　　The First Award for National Technology Invention

　　国家技术发明奖二等奖 ………………………………………………………(368)
　　　　The Second Award for National Technology Invention

　　国家科学技术进步奖特等奖 …………………………………………………(369)
　　　　The Special Award for National Science and Technology Progress

　　国家科学技术进步奖一等奖 …………………………………………………(369)

The First Award for National Science and Technology Progress
　　国家科学技术进步奖二等奖 ……………………………………………………………（370）
　　The Second Award for National Science and Technology Progress
2008年度北京市科学技术奖获奖成果表 …………………………………………………（375）
　　Table：Beijing Municipal Science and Technology Award of 2008
1985—2008年北京地区专利申请一览表 …………………………………………………（387）
　　Table：1985 to 2008 Patent Application in Beijing
1985—2008年北京地区专利授权一览表 …………………………………………………（388）
　　Table：1985 to 2008 Patent Authorization in Beijing
2000—2008年北京市区县专利申请一览表 ………………………………………………（389）
　　Table：2000 to 2008 Patent Application in Districts and Counties in Beijing
2002—2008年北京市区县专利授权一览表 ………………………………………………（390）
　　Table：2002 to 2008 Patent Authorization in Districts and Counties in Beijing

# 附录 ……………………………………………………………………………………………（391）
**Appendix**
　　北京市科技管理机构 ……………………………………………………………………（393）
　　Beijing Municipal Management Institutions of Science and Technology
　　　　建设中关村科技园区领导小组 ……………………………………………………（393）
　　　　The Leading Group of Construction of Zhongguancun Science Park
　　　　建设中关村科技园区领导小组办公室 ……………………………………………（393）
　　　　The Office of Leading Group of Construction of Zhongguancun Science Park
　　　　北京市科学技术委员会 ……………………………………………………………（394）
　　　　Beijing Municipal Science and Technology Commission
　　　　中关村科技园区管理委员会 ………………………………………………………（396）
　　　　Administrative Committee of Zhongguancun Science Park
　　　　北京市知识产权局 …………………………………………………………………（398）
　　　　Beijing Intellectual Property Office
　　　　北京市科学技术协会 ………………………………………………………………（399）
　　　　Beijing Association for Science and Technology
　　　　北京市区县科学技术委员会一览表 ………………………………………………（401）
　　　　Table：The Districts and Counties Science and Technology Commission under Beijing
　　　　　　Municipality
　　　　北京市区县科学技术协会一览表 …………………………………………………（402）
　　　　Table：The Districts and Counties Association for Science and Technology under Beijing
　　　　　　Municipality
　　北京市科技服务机构 ……………………………………………………………………（403）
　　Beijing Scientific and Technological Service Institutions
　　北京地区科技类部分协会组织一览表 …………………………………………………（412）
　　Table：Part Associations in Beijing for Science and Technology
　　中关村科技园区一区十园一览表 ………………………………………………………（414）

Table: Zhongguancun Science Park One Park with Ten Sub-parks

北京市科协所属学会(协会、研究会)一览表 ……………………………………… (415)
Table: The List of Institutes (associations, research societies) under Beijing Association for Scienc and Technology

北京地区科技企业孵化器一览表 ………………………………………………… (420)
Table: Scientific and Technological Business Incubators in Beijing

北京地区大学科技园一览表 ……………………………………………………… (422)
Table: University Science Parks in Beijing

北京地区留学人员创业园一览表 ………………………………………………… (423)
Table: Status of Returned Students Pioneer Parks in Beijing

北京地区生产力促进机构一览表 ………………………………………………… (425)
Table: Beijing Productivity Promoton Institution

北京地区国家重点实验室一览表 ………………………………………………… (428)
Table: State key Laboratories in Beijing

北京市重点实验室一览表 ………………………………………………………… (433)
Table: Beijing Key Laboratories

北京地区国家重大科学工程、野外科学观测台站一览表 ………………………… (436)
Table: State Important Scientific Projects and the Field Scientific Observationa Stations in Beijing

北京地区国家工程技术研究中心一览表 ………………………………………… (437)
Table: State Engineering Research Centers in Beijing

北京地区专利代理机构一览表 …………………………………………………… (441)
Table: Patent Agencies in Beijing

北京地区技术合同登记机构一览表 ……………………………………………… (449)
Table: Technology Contracts Registration Institutions in Beijing

北京地区质量技术监督检验检测技术机构一览表 ……………………………… (451)
Table: The Organizations for Technical Supervision, Inspection and Control over Quality in Beijing

北京地区质量技术监督法定计量检定机构一览表 ……………………………… (455)
Table: The Organizations for Technical Supervision over Quality and Statutory Metrology in Beijing

北京地区认证咨询机构一览表 …………………………………………………… (457)
Table: The Accreditation and Consultant Institution in Beijing

至2008年北京地区中国驰名商标一览表 ………………………………………… (465)
Table: Chinese Well-known Trademarks in Beijing (until 2008)

2005—2008年北京市著名商标一览表 …………………………………………… (466)
Table: 2005 to 2008 well-known Trademarks in Beijing

中关村科技园区驻海外联络处一览表 …………………………………………… (472)
Table: Liaison Offices for Zhongguancun Science Park, Living Oversea

北京地区中国科学院院士一览表 ………………………………………………… (472)
Table: Members of Chinese Academy of Science in Beijing

北京地区中国工程院院士一览表 ……………………………………………………………（484）
Table：Members of Chinese Academy of Engineering in Beijing

入选2008年度北京市科技新星计划人员一览表 …………………………………………（494）
Table：Personnel Selected of 2008 New-Star Plan for Science and
　　　　Technology in Beijing

**索引** ………………………………………………………………………………………（497）
**Index**

# 编 辑 说 明

一、《北京科技年鉴》是一部反映北京地区科技事业发展变化的综合性资料工具书和史料文献。在北京市科学技术委员会、中关村科技园区管理委员会、北京市科学技术协会、北京市教育委员会、北京市知识产权局、北京市质量技术监督局共同参与下,由北京市科学技术委员会主持编纂。

二、本年鉴以邓小平理论和"三个代表"重要思想为指导,深入贯彻落实科学发展观,遵循实事求是的原则,科学、客观地反映实际情况。

三、本年鉴采用文章和条目两种体裁,以条目体为主,用规范的语体、记述体,直陈其事,文字力求言简意赅。

四、本年鉴从1987年开始,逐年编纂。至2003年出版时均是标注当年年度,自2004年起循通行做法改为标注出版时间,即:当年出版的年鉴,记述上一年度北京地区科技系统所发生的重大事件和新的情况,为领导决策提供可资参考的依据,为社会各界了解、研究北京地区科技事业提供权威的信息,为开展科技交流、对外宣传提供基础资料。

五、本年鉴以记述北京市属科技系统各单位的情况为主,对境域内国家部门所属单位情况也适当记述,使主体突出而又概括全貌。

六、本年鉴所载为北京地区科技事业的基本情况,采用分类编纂法。根据年鉴的文字内容,设有特载、大事记、科技管理与服务、研究与开发、科技奥运、高新技术及其产业、中关村科技园区、知识产权、质量技术监督、高校科技、合作与交流、科学技术普及、区县科技、重大科技成果、政策法规选、统计资料、附录、索引等18个基本栏目。

七、本年鉴收有北京市科学技术委员会、中关村科技园区管理委员会、北京市科学技术协会、北京市知识产权局的主要负责人的名录,所列均以2008年内任职为限。

八、选入本年鉴的文章和条目,均通过北京市科学技术委员会、中关村科技园区管理委员会、北京市科学技术协会、北京市教育委员会、北京市知识产权局、北京市质量技术监督局确定的专人负责撰写或提供,并经主要负责人审核。统计资料由北京市科技统计部门提供。

九、为便于读者查阅,卷首设有"目录",卷末设有"索引"。"索引"采用主题索引法(也称内容索引法)编纂。主题词以本年鉴正文中出现的专业名词、名词词组、机构名称、表格名称等为主。

十、本年鉴反映2008年1月1日至12月31日期间北京地区科技事业发展变化情况,凡2008年事情,均直书月、日,不再写年份。

## 《北京科技年鉴》指导委员会

主　任　　赵凤桐　苟仲文
副主任　　闫傲霜　马　林　戴　卫　刘利民　田小平
　　　　　刘振刚　赵长山

## 《北京科技年鉴》编辑部

主　编　　闫傲霜　马　林
副主编　　朱世龙　郭　洪　罗忠仁　杨久明　郭广生
　　　　　姚　娉　张　虹

编　委　　（按姓氏笔画排序）
　　　　　马　斌　王　军　王觅时　王筱华　叶茂林
　　　　　伍建民　牟相军　杨东起　李建玲　张　星
　　　　　张宇蕾　谢强华

执行编辑　徐建功　张　建　柳　堤　王　锦
　　　　　李琼芳　石　军　张年武　张京成

# 北京市中长期科学和技术发展规划纲要

(2008—2020 年)

## 一、序 言

世界,科学技术已经成为促进经济社会发展的主导力量,其作用方式由后台推动转为前台引领,对人类生产方式、生活方式产生重大而深刻的影响。面对日趋激烈的国际竞争,许多国家把强化科技创新作为国家战略,着力提升国家整体创新能力。党中央、国务院审时度势,高瞻远瞩,从实现中华民族伟大复兴的战略高度,提出"建设创新型国家"的战略目标,发布实施《国家中长期科学和技术发展规划纲要》。党的十七大把提高自主创新能力、建设创新型国家作为国家发展战略的核心和提高综合国力的关键,标志着我国科技发展进入了新的历史时期。北京以十七大精神和科学发展观为指导,提出建设创新型城市的奋斗目标,这是落实国家创新战略、以科技创新引领北京经济社会发展的战略选择。

经过多年持续不懈的努力,北京科技事业取得重大成就,科技创新在引领和支撑首都经济建设和社会发展中发挥了强大的促进作用。目前,北京经济社会处于重要的战略转型期,未来发展面临着前所未有的宝贵机遇,同时仍存在许多深层次矛盾和现实问题:产业结构与首都国际化大都市建设的要求尚有差距,以生产性服务业推动北京产业结构升级的要求更加迫切;经济社会发展与资源环境约束的矛盾制约着首都发展,实现人口、资源、环境协调发展的压力不断增大;社会发展中的民生问题越来越受到重视,适应市场经济和城市发展要求的公共服务能力亟待加强;集成利用各方科技资源服务首都发展仍面临着体制机制制约,科技资源优势尚未充分转化为首都发展优势。突破瓶颈制约,实现首都科学发展、和谐发展、率先发展,需要不断强化科技体制机制创新,紧紧依靠自主创新和科技进步,全面提升科技对经济社会发展的引领和支撑作用。

进一步提升科技创新能力,北京具有良好的现实基础和资源条件。建设创新型城市目标的确立,"高端、高效、高辐射力"产业发展方向的确定,为北京科技发展指明了方向;高度密集的中央在京科技资源,不断聚集的跨国公司研发总部和外埠驻京研发机构,快速成长的一大批创新型企业,为科技进一步发展提供了强劲的动力支撑;全国各地全面建设小康社会进程的加速,为科技全方位支撑经济社会发展提出了明确的需求;首都经济实力的不断壮大,公共财政能力的显著增强,为未来科技发展奠定了坚实的基础。在新的发展阶段,面对新的机遇和挑战,制定《北京市中长期科学和技术发展规划纲要》,对未来北京科技发展做出前瞻性、全局性、系统性的战略谋划,是市委市政府应对时代赋予科技创新的崇高使命、带领全市人民贯彻落实科学发展观的重大举措,是北京实现又好又快发展的关键环节。

## 二、指导思想、工作方针与发展目标

（一）指导思想

北京科技中长期发展的指导思想是：高举中国特色社会主义伟大旗帜，以邓小平理论和"三个代表"重要思想为指导，深入贯彻落实科学发展观，遵循市场经济规律和科技自身发展规律，紧紧围绕北京发展和服务全国的重大需求，大力实施首都创新战略，以深化科技体制改革为主线，以全面引领支撑服务业发展为突破口，站在全球化创新的高度，凝聚优势资源，大幅提升自主创新能力，带动首都经济结构高端化转型、城乡统筹建设和社会和谐发展，使科技创新成为推动北京科学发展、和谐发展、率先发展的主驱动力，为建设创新型国家作出更大贡献。

实施首都创新战略，就是要以增强自主创新能力为核心，缔造以中关村为龙头的国家知识创新高地和技术创新源泉两个支点，集中力量重点实施促进企业提高核心竞争力的"引擎行动"、实现区域协同发展的"涌泉行动"、改善民生和推进首都全面协调可持续发展的"惠民行动"，努力在构建首都区域创新体系、转变经济发展方式、推动城乡社会和谐发展、深化科技管理体制改革四个方面取得新突破，在全国率先建成国际先进的创新型城市。

（二）工作方针

北京科技工作的指导方针是：需求导向、凝聚资源、自主创新、引领发展、高端辐射。

需求导向。从北京经济社会发展对科技提出的重大需求出发，明确科技发展方向，推动体制机制创新，加大科技攻关力度，拓展成果转化途径，使科技创新与北京发展挂硬钩、出实效，真正成为推动北京发展的主驱动力。

凝聚资源。充分发挥市场在科技资源配置中的基础性作用，强化对中央在京科技机构的服务，在更大范围和更深层次上吸引更多中央资源参与首都建设；努力拓宽全球化视野，提升集成、利用全球创新资源的能力，将首都科技资源优势真正转化为首都发展竞争优势。

自主创新。充分发挥科技管理体制改革在科技体制创新中的指挥棒作用，以体制机制创新为动力，全面推进知识创新、技术创新、组织创新、管理创新，不断强化以企业为主体、市场为导向、产学研结合的创新机制建设，大力加强原始创新、集成创新和引进消化吸收再创新，力促企业成为创新主体，全面提升首都自主创新能力。

引领发展。着眼于北京长远发展的重点方向，把科技创新贯彻到首都现代化建设的各个方面，坚持"有所为、有所不为"，在生产性服务业、高技术产业、文化创意产业等重点领域取得一批重大技术突破，推动一批重大创新成果的社会应用，在更高层次上引领首都经济社会又好又快发展。

高端辐射。充分依托首都密集的优势科技资源，大力发展技术转移服务业，促进科技成果向全国的强力辐射，切实提升北京服务全国创新发展的能力，为带动全国发展提供全面的科技服务支撑。

（三）发展目标

到2020年，北京科技发展的总体目标是：按照建设创新型国家的战略要求，立足于"国家首都、国际城市、文化名城、宜居城市"的功能定位，举全市之力，大力实施首都创新战略，把北京建设成为创新思想活跃、创新资源集聚、创新能力强劲、创新氛围浓郁、创新市场化机制完善，以创新驱动发展的国际先进的创新型城市，使北京成为我国创新发展的核心引领区和联结全球创新网络的重要节点。

2020年，北京科技发展目标：

**一是北京自主创新能力显著提升。**科技投入保持较高水平，全社会R&D投入占北京市生产总值的比重超过7%。中关村在国家创新体系中的品牌效应和龙头带动作用更加突出。企业的创新主体地位得到确立和显著增强,企业R&D经费支出占全社会R&D经费支出的比重达到60%左右。涌现出一批具有自主知识产权的关键技术和核心产品,万人发明专利申请数达到18件。科技投入产出率和全员劳动生产率大幅提升。建成一批新型科研机构,形成一批一流的科技基础设施,全市人民的科学素养得到较大幅度提高。

二是科技促进经济社会发展能力显著提升。高增值、高技术含量的产业在首都经济中的比重持续上升,金融服务、信息服务、科技成果产业化服务等行业得到较大程度发展,全面形成以生产性服务业为核心的服务业主导型经济,服务业增加值占北京市生产总值的比重达到80%,高技术产业增加值的比重超过28%。科技在解决人口膨胀、能源资源紧张、大气污染、交通拥堵等制约首都发展的瓶颈问题方面取得重大突破,全面形成满足能源和资源需求的循环经济技术支撑体系,能源消耗明显下降,环境污染得到有效控制,首都公共安全提出的科技需求基本得到满足,科技在改善市民生活质量方面的作用显著提升。

三是科技辐射与扩散能力显著提升。以中关村科技园区为龙头的京津冀区域科技合作取得突破性进展,北京的全国科技创新中心地位得到进一步强化。全国技术交易中心全面建成,首都科技成果对全国的辐射带动作用明显增强,2020年北京技术交易额达到2000亿元,其中对外埠技术交易额达到1200亿元以上。国内外交流与合作日益活跃,科技向全国乃至全球的辐射与扩散能力显著提高。

四是科技管理体制改革取得突破。通过不断深化科技管理体制改革,形成一整套适应社会主义市场经济发展要求的新型科技管理体系,引导各类符合市场经济规律的创新理念和创新方法在全社会广泛应用,促进以企业为主体、市场为导向、产学研相结合的技术创新体系全面形成,带动首都区域创新体系按照市场经济发展要求不断完善,使市场在科技资源配置中的基础性作用得到充分发挥,深刻影响和加速推进全社会科技体制创新的进程。

五是人才培养取得突破。充分发挥高素质、高技能人才队伍在首都自主创新中的核心作用,在取得高水平自主创新成果的同时,促进各类具有国际视野、改革精神和创新思维的创新型人才规模化涌现,使北京成为世界创新型人才聚集和产生的高地。

北京科技发展阶段目标:

——2015年,全社会R&D投入占全市GDP比重达到6.5%;
——2015年,企业R&D经费支出占全社会R&D经费支出的比重达到55%左右;
——2015年,技术交易额达到1500亿元;
——2015年,每万人发明专利申请数(件)超过15件;
——2015年,国际《科学引文索引》(SCI)、《工程索引》(EI)和《科学技术会议录索引》(ISTP)等三大权威检索系统收录北京科技论文数量4万篇以上;
——2015年,自主知识产权的产品比重达到45%以上;
——2015年,高技术产业增加值占全市GDP的比重达到25%左右;
——2015年,生产性服务业增加值占全市GDP的比重达到50%;
——2015年,六环以内主要河湖水体基本还清,再生水回用率达到56%以上;
——2015年,每万元GDP能耗比2005年降低30%。

阶段目标要根据科技发展趋势和经济社会发展需求做相应调整。

## 三、北京科技发展的重点任务

北京科技发展要在首都创新战略的统领下,紧紧围绕北京发展面临的重大现实问题,在推进以生产性服务业为代表的高端产业创新发展、增强资源环境承载力、加强城市建设管理和发展以人为本的民生服务、促进城乡统筹发展、加强科技自身能力建设五个方面进行重点部署,根据北京经济社会发展的重大需求,确定18个重点领域、107个重点技术方向和近500项关键技术,组织联合攻关,取得技术突破,全面推进创新型城市建设。

(一)发展生产性服务业,强化高端创新,促进首都经济又好又快发展

以大力发展生产性服务业为突破口,围绕为产前、产中、产后各个环节提供高知识技术含量的科技服务,积极发展金融服务、科技成果产业化服务、信息服务、商务服务、现代物流、教育培训等生产性服务业,强化文化创意产业、高技术产业和现代制造业的自主创新能力,培育新型业态,占领产业高端,引领产业结构调整和发展方式转变,增强经济增长后劲,实现首都经济又好又快发展。

1. 生产性服务业

生产性服务业是首都经济"高端、高效、高辐射力"发展的核心和精髓,是服务业与高技术产业、现代制造业有机融合、互动发展的关键节点,是首都创新型城市建设的重要内涵。生产性服务业逐渐成为首都经济增长的主体,2006年全市生产性服务业实现增加值2958.8亿元,占地区生产总值的37.6%,占服务业增加值的53%。生产性服务业与首都经济发展的要求还不相适应,高端引领作用还未充分发挥,要积极探索支持生产性服务业创新发展的新模式和新机制,通过大力发展科技成果产业化服务业,实现以科技进步全面提速生产性服务业的发展进程,使其成为未来相当长时间内推动首都经济结构调整和发展方式转变的重要动力。

重点需求:①重点行业技术创新需求。围绕金融服务、信息服务、商务服务、现代物流、教育培训、科技成果产业化服务等北京生产性服务业的重点行业,加强研发创新,突破一批关键技术,提升北京生产性服务业整体技术水平和竞争力。②生产性服务业新业态发展与商业模式创新需求。重点发展电子银行、电子商务、现代物流等基于网络技术和通信技术的新型服务业态,推进研发外包、科技成果产业化服务等新业态发展,培育新的经济增长点。③信息化水平提升需求。促进电子信息技术在生产性服务业领域的推广应用,完善生产性服务业信息管理系统、办公自动化系统等,提高北京生产性服务业的网络化、系统化和智能化水平。④完善产业发展的科技条件支撑体系需求。建立一批具有国际一流研发环境的专业性研发基地,搭建产业发展所需的科技资源共享平台、网络科技环境平台和面向行业的共性技术研发与测试平台等科技平台系统,推动产业技术水平和整体竞争力的提升。

重点技术方向和关键技术:

(1)研发创新平台建设

重点建设包括大学、研发机构、科研院所以及大型企业在内的联合研发中心以及公共研发平台。主要包括:工业基础技术研发平台、工业先进技术研发平台、人才培养与培训平台,以及面向行业的共性技术研发与测试平台、科技资源与信息服务平台等。

(2)面向生产性服务业的信息化建设

重点研发面向金融服务、商务服务、现代物流、教育培训等重点行业及企业信息化的应用系统以及面向行业的数据整合、数据应用技术,开发适合行业特点的信息化解决方案,提高ICT技术的集成应用水平。重点研发交互信息处理系统、远程监控网络系统等技术。

(3)面向生产性服务业的信息安全技术

重点研发金融等生产性服务业领域的基础信息网络和重要信息系统中的数据安全和网络安全技术，开发复杂大系统下的网络生存、主动实时防护、安全存储、网络病毒防范、恶意攻击防范、网络信任体系与新的密码技术等。

（4）科技成果产业化服务平台建设

重点研发面向关键技术领域的公共科技和产业化信息网络平台、研究所与企业信息交流服务平台、京外院地合作平台、科技成果孵化平台、科技应用示范平台、成果库和专家库等公共支撑平台，促进科技成果产业化。

（5）金融相关技术

重点开发金融数据整合和数据应用技术——包括数据仓库（DW）、数据挖掘（DM）和商业智能（BI）、金融机构间的互联互通技术、金融业计算机操作系统及服务器等相关技术；开发支持大集中管理模式的金融企业管理或业务软件、基于国际金融数据交换标准的金融业数据交换接口软件等电子金融软件；研发银行业计算机操作系统及服务器技术、自助银行技术、CDM/信息查询技术、防伪识别技术、银行卡整体解决方案等技术。

（6）基础软件和行业应用软件关键技术

重点研发面向服务架构（SOA）的关键技术和标准、操作系统、数据库管理系统、中间件、办公软件、可信安全涉及的关键技术以及基础软件间协同技术和标准；研发面向服务质量或业务目标的标准和平台的关键技术，以及面向行业的全程业务优化、知识库、应用平台、软件及系统集成等关键技术；研发生产性服务业重点行业发展所需的软件关键技术。

（7）下一代网络关键技术与服务

重点研发高性能的核心网络设备与传输设备、接入设备，以及在可扩展、安全、移动、服务质量、运营管理等方面的关键技术，建立可信的网络管理体系，开发智能终端和家庭网络等设备和系统，支持多媒体、网络计算等多种新业务的研究应用。

（8）新一代宽带移动通信技术

重点研发新一代蜂窝移动通信技术、自动交换网络（ASON）技术、适合局域环境的超宽带接入技术（UWB）以及适合城域宽带接入的WiMAX技术，参与国际主流技术的宽带移动通信系统标准的制定，并主导制定若干相关国内标准、企业标准，保持北京在无线移动通信领域的领先地位。

（9）工业设计相关技术

重点研发工业设计产业中的快速成型制造技术、电镀与金属氧化技术和CAD/CAM应用软件等关键技术与工艺。

（10）现代物流技术

重点研发现代物流信息技术、现代物流装备技术、现代物流管理技术、绿色物流技术和地下物流技术等相关技术，研发第三方物流信息管理软件、物流配送管理软件及无线射频技术，提高物流业整体效率。

（11）会展技术

重点研发提高会展业现代服务水平的虚拟会展技术、会展场馆设计技术、现代会展物流技术等相关技术。

（12）高端咨询技术支撑体系

重点支持从事技术咨询、产业研究、经济分析、管理咨询、市场调研等业务的专业咨询机构发展所需的信息情报网络资源服务平台、公共信息情报资源共享平台、高可信远程咨询网络平台、科技情报专业资源网络系统以及资源性基础数据库的开发建设，加强基于互联网和计算机的信息情报分析、搜索软件的研发与利用。

## 2. 文化创意产业

文化创意产业是科技与文化的紧密结合,是首都经济"高端、高效、高辐射力"发展的重要内涵和组成部分。建设创新型城市的艰巨任务和创新创造性活动的蓬勃开展,首都市民在全国率先享受品质不断提高的生活环境与条件,对文化发展产生了巨大的需求和促进;同时,创新的思想和先进的文化对科技创新产生了巨大的支撑和引领作用。目前,北京文化创意产业整体竞争力不强,与发达国家相比差距较大;文化创意中的科技元素体现不足,整体科技含量不高;创意人才,尤其是高素质、复合型创意人才缺乏。针对文化创意产业关键核心技术组织联合攻关,推动创意研发成果扩散与应用,抓好十大文化创意产业集聚区建设,是促进北京文化创意产业快速发展、增强产业国际竞争力的重要手段。

重点需求:①提高文化创意产业对科技集成应用水平的需求。加强相关高技术在广播影视、出版发行、文艺演出等领域的集成应用,提升文化创意产业的科技含量。②文化创意产业发展的共性平台系统建设需求。积极推动文化创意产业相关领域的研发平台、测试平台、体验平台等公共技术平台的建设,降低企业成本,服务企业发展,推动北京文化创意产业快速成长。③创意人才队伍建设需求。搭建文化创意人才培训和引进平台,鼓励企业有针对性地加强内部人才培养和国际人才引进,为产业发展提供各类专业技术人才和复合型人才支撑。

重点技术方向及关键技术:

(13) 文化创意产业共性技术平台建设

重点建设文化创意产业孵化器及文化创意产业基地,搭建面向网络出版、动漫游戏、影视制作等重点行业的公共技术开发工具与测试平台、技术集成应用示范平台、创意人才培养平台以及公共创新服务平台,推动文化创意产业共性技术的开发与应用。

(14) 数字媒体技术

重点研发数字产品转换编码技术、智能流媒体技术、数字广播技术、文化网格技术、电影数字化技术、数字媒体内容集成与分发关键技术、海量媒体资源内容管理关键技术。研发有线传输、地面传输、手机电视运营服务等关键技术和设备。

(15) 动漫游戏相关技术

重点研发和建设3D网络游戏引擎、游戏软件可复用构件数据库,以及游戏技术支撑平台、游戏引擎研发实验室,游戏测试平台与动漫游戏配信中心等。

(16) 网络出版技术

重点研发无线阅读(显示)技术、智能多媒体信息检索技术、海量存储技术、数字内容版权保护技术等。

## 3. 高技术产业

高技术产业发展最显著的特征,是通过持续发展、进步着的高技术不断实现对常规技术的突破,进而在更高层次上实现对发展的引领和带动,是首都生产性服务业的核心构成,也是首都经济"高端、高效、高辐射力"发展的重要载体。北京高技术产业发展迅速,但与世界先进水平比较,无论是现有水平,还是应用与带动作用仍有巨大差距。高新技术企业自主创新能力较弱,关键技术、专利和标准受制于人;高新技术产品附加值不高,在全球产业链中处于中低端;科技向现实生产力转化能力薄弱,高技术产业化程度低。突破高技术产业领域重大关键、共性技术,加速高技术产业发展,是扩充首都经济总量,提高经济发展质量的战略选择。

重点需求:①制约产业发展的核心技术突破需求。重点围绕集成电路、新材料、生物医药等领域,掌握一批核心技术,提高自主开发能力和整体技术水平。②高技术产业化能力提升需求。重点支持集成电路、生物医药等领域关键技术、关键产品和重大技术标准的产业化,促进北京科技优势向经济优势转化。③发展产业价值链高端环节需求。以集成电路、生物工程等北京具备较强技术创新能力和产业基础的重点领域为突破口，大力发展产业价值链高端环节。④以高技术应用提升传统产业需求。挖掘现有技术潜在的应用能力，重视和加强集成创新，加快用高新技术和先进适用技术改造提升传统产业。

重点技术方向和关键技术：

（17）高端芯片设计、制造关键技术

重点研发高端芯片设计、测试、制造平台，开展集成电路设计与整机制造等方面的研发，重点开发面向超深亚微米的集成电路技术、SOC/CPU核心芯片和可重用IP核的设计等关键技术，继续缩小芯片的特征尺寸。研究开发大规模集成电路生产线专用装备整机、核心关键部件、硅片制造设备关键技术。

（18）高性能平板显示技术

重点研发液晶显示、发光二极管显示、有机电致发光显示等平板显示产品，研究开发高亮度LED显示及照明产品关键技术、柔性OLED显示屏技术、高清晰度大尺寸OLED显示屏技术等，开发针对TFT-LCD、OLED等光电显示技术的检测平台，建立平板显示材料与器件产业链。

（19）生物工程技术及医药新产品研发

重点研发干细胞、组织工程、基因组技术，研究蛋白质组技术、生物芯片技术、数字化诊疗技术。重点发展新型疫苗、蛋白重组药物、抗体药物、诊断试剂，继续支持创新药物的研究开发，加快生物工程技术的应用和对医药产业的改造和提升。

（20）特种功能材料的研发应用

重点研发现代材料设计、评价、表征与先进制备加工技术，加强信息功能材料及器材、碳纤维材料、微电子材料、光电子材料、新能源材料、磁性材料、生物医用材料、高性能金属材料、高端节能环保建材等领域的关键技术攻关，加速特种功能材料的研发和应用。推进特种功能材料智能化、材料与器件集成化的研究。

（21）承接国家"核心电子器件、高端通用芯片及基础软件"重大专项相关技术研究

（22）承接国家"极大规模集成电路制造技术及成套工艺"重大专项相关技术研究

（23）承接国家"新一代宽带无线移动通信"重大专项相关技术研究

（24）承接国家"转基因生物新品种培育"重大专项相关技术研究

4. 现代制造业

现代制造业是高度凝聚和承载高技术和先进技术的高端制造业，是北京发展生产性服务业的重要依托和支撑。北京现代制造业已经形成良好发展基础，但是仍面临一系列问题：基础装备技术落后，关键装备大多依靠进口；行业技术水平不高，创新能力和整体竞争力不强；制造过程中资源消耗大，综合利用率较低。加强现代制造业关键领域的技术攻关，以科技创新振兴北京现代制造业是提升北京工业竞争力的根本要求。

重点需求：①基础装备的设计、制造和集成研究需求。立足北京现代制造业发展对基础设备的需求，加强高档数控机床、重大成套技术装备、关键材料与关键零部件等的自主设计、研究及制造，提升现代制造业装备现代化、自动化水平。②重点行业自主技术创新需求。围绕汽车零部件、汽车电子、新材料、医药等重点行业，突破一批关键制造技术，提升产业竞争力。③发展绿色制造的需求。强化循环经济及绿色环保节能相关技术研究，推进其在材料与产品开发设计、加工制造等产品全生命周期中的应用，降低现代制造业资源能耗水平。

重点技术方向和关键技术：

（25）数字化和智能化装备设计制造

重点研发数字化设计制造集成技术,建立面向行业的产品数字化和智能化设计制造平台,开发面向产品全生命周期的设计、制造和管理集成技术,加强研究智能化仪器仪表及控制系统、发电及输变电设备、高精密模具、数控机床、激光器设备及工艺、工程机械、印刷机械等先进装备制造行业的技术、工艺及设备。

(26)绿色制造相关工艺、技术研发

重点研发绿色环保节能制造技术,研究开发材料与产品开发设计、加工制造、销售服务及回收利用等产品全生命周期各个阶段节能技术。加快研究高效、节能、环保的制造工艺、流程和设备,降低制造业资源消耗水平。

(27)汽车设计、零部件及汽车电子关键技术

重点研发汽车产业共性技术和支撑服务平台技术、汽车造型设计以及全新汽车工程结构,提升汽车设计能力。研发汽车零部件领域发动机、变速器、车桥、车身等总成技术。研究汽车电子领域汽车行驶与安全电子、车身与车载电子、中央计算机与整车网络三大类电子控制系统,建立汽车电子控制技术开发平台和汽车电子控制系统实验平台,研发汽车电子产品的匹配和集成技术,并加快其产品化应用。

(28)石化新材料的研发和应用

重点研究节能环保、高附加值化工新型材料和精细化工制造关键技术,推进合成树脂专用牌号及加工应用技术、差别化纤维技术以及合成橡胶新产品技术的研究,在合成树脂制造、合成橡胶及橡胶制品制造、润滑油系列产品、合成纤维制造等领域实现技术突破,打造上中下游一体化的石化材料产业链。

(29)中药、化学药与医疗器械研制

重点研究中成药现代生产工艺、绿色节能工艺及中药资源的可持续利用等相关技术,推进中药现代生产工艺技术的工程化建设和中药产业信息化平台建设,实现中药生产工艺水平的提升和产品质量的提高。重点研究开发数字化诊疗和微创设备等医疗器械的关键技术及产品,加强医疗器械标准战略研究及数字医疗设备临床实验规范体系建设。

(30)承接国家"高档数控机床与基础制造装备"重大专项相关技术研究

(二)发展资源综合利用技术,建设资源节约和环境友好型城市

人口资源环境协调发展、结构速度质量效益相统一是创新型城市建设的根本标准和标志,是北京实现又好又快发展的具体要求。要紧紧抓住发展机遇,全面落实科学发展观,把发展水资源、能源、环境保护技术以及循环经济相关技术放在优先位置,从北京发展实际需求和在全国形成率先示范出发,下决心依靠自主创新解决制约发展的重大瓶颈问题,实现资源利用由粗放型向集约型的转变,推进节能减排,建设生态文明,完成由传统工业经济向循环经济的提升,形成节约能源资源和保护生态环境的产业结构和消费模式,为建设资源节约和环境友好型城市提供坚实、可靠的保证。

5. 水和土地资源

水和土地资源是城市发展的基础和保障。北京水资源缺乏,地下水严重超采,水务基础设施建设相对滞后,城乡供水的保障程度不高,安全饮水尚未完全实现,再生水利用程度低,节水工作还存在不足;耕地污染和退化严重,土地后备资源不足,集约用地程度较低。随着经济发展和人口持续增加,水和土地资源供需矛盾尖锐的问题将更加突出。

重点需求:①非常规水资源开发与利用科技需求。以海水、再生水、微咸水及雨洪水等非常规水资源应用为目标,围绕降低成本、提高水质,集中突破再生水安全回用、雨洪水资源化利用以及海水淡化关键技术,实现资源化开发利用,增加可利用水资源总量。②水资源优化配置与高效利用科技需求。通过构建循环型水务体系,加强水资源的综合调度和统筹利用,实现水资源供需平衡。③

综合节水科技需求。围绕工业和居民用水,研究推广节水技术和设备,提高水资源利用效率。④土地集约、节约利用科技需求。构建土地资源节约利用技术支撑体系,提高土地监管效率,缓解土地资源污染和破坏,加强废弃土地的生态修复,形成土地资源的可持续利用模式。

重点技术方向及关键技术:

(31)有效支撑循环水务体系建设的"五水联调"

重点研究水资源预测预报、多水源联合调配、用水需求分析、人工增雨等关键技术,研究地下水空间分布与分层水质分布规律,研究污水、雨洪资源化利用技术,建立完善地表水、地下水、外调水、再生水、雨洪水"五水联调"系统。

(32)供水安全综合保障技术

重点研究源水预处理技术,"四高"水质净化技术和设备。开展供水安全监测体系研究,建设全市供水水质监测系统,加快老旧自来水管网更新改造。

(33)综合节水技术及设备

重点开发和推广各类节水器具、建筑施工降水和施工节水综合利用技术和设备,推动各行业进行节水工艺技术改造。加快节水技术标准制定和定额体系建设,完善社会节水技术咨询服务体系。

(34)经济、高效的污水深度处理和再生水回用

重点研究污水深度处理的新技术、新工艺与集约化设备,二次污染控制的工艺改造技术,污水再生利用及安全性保障技术,新型污水消毒技术与设备,小型污水处理设施与回用技术以及面向重点产业的治污技术、设备和原辅材料。研究开发提高水质级别的污水处理设备和技术,城市污水处理回用于农业灌溉及工业冷却用水技术,再生水分质供水及输配水技术,污水处理与资源化评估与检测系统。

(35)提供低成本高质量新水源的海水淡化综合技术

重点研究开发海水预处理技术,核能耦合和电水联产热法、膜法低成本淡化技术及关键材料,浓盐水综合利用技术。开发可规模化应用的海水淡化热能设备、海水淡化装备和多联体耦合关键设备。

(36)土地资源高效利用机制与技术支撑体系

重点研究北京市土地资源循环利用的影响机制与优化模式,开发应用土地资源集约利用的调查、评价、监测等技术和方法,开展退化与废弃土地资源的生态修复关键技术与安全再利用研究,进行相关技术集成与工程示范。建立土地利用科学决策和科技支撑平台。

6. 环境

改善生态与环境是事关经济社会可持续发展和人民生活质量提高的重大问题。北京环境污染问题仍然严峻,大气污染严重且防治难度大,沙尘暴时有发生;水源污染威胁严重;可再生利用的废弃物资源数量大、综合利用水平低;噪声污染、放射性和电磁辐射污染对居民健康的影响日益凸现;生态环境体系比较脆弱。

重点需求:①区域大气污染协调治理科技需求。开展防沙治沙综合治理技术研究,解决北京沙尘暴问题,研究有效控制污染源排放的先进技术和大气质量实时监控相关技术,改善北京空气质量。②水生态修复与水环境改善科技需求。开展水污染防治、河湖水质改善与生态用水补偿研究,加快水环境改善。③生态保护和修复科技需求。围绕荒废土地、污染土地、尾矿库的整治和生态恢复,开展土地资源可持续利用评价和修复技术的研究,推进土地资源的科学利用。

重点技术方向及关键技术:

(37)大气污染综合监控治理

重点研究推广防沙治沙关键技术,研究北京与周边地区污染物输送影响,建立北京及周边地区

大气污染源数据库系统,开展北京市大气颗粒物区域性污染监测研究。研究有效控制工业、汽车尾气等污染源排放的先进工艺和设备,准确反映大气质量的实时监控技术,污染源连续监测的数据分析处理技术。

(38)水生态修复与水环境改善

重点研究流域综合整治及水环境改善技术、地表水体富营养化综合防治技术、城市水系水环境改善技术、含重金属污泥的处理与资源化利用技术。研究湿地建设及生态恢复技术,建立湿地生态修复系统。

(39)辐射和噪声监控和管理

重点研究辐射监测技术及辐射事故应急处理技术支持系统、放射性废物减量化及污染控制技术和防护技术。研究噪声监测与控制技术,建立辐射常规监测技术网络、辐射污染源管理信息系统。

(40)生态修护和生态绿化

重点研究工矿废弃地治理和植被恢复技术以及荒滩植被、砂石坑和洼地等植被恢复技术、提高存量绿地生态功能的绿地管理技术、绿地生态系统碳汇技术。研究污染土壤的修复技术,规范污染土壤的风险评估体系。

(41)承接国家"水体污染控制与治理"重大专项相关技术研究

### 7. 能源

能源是城市正常运转的基本保证。北京是全国第二大高耗能城市,消费的能源主要由外地供应;能源消费以传统能源为主,可再生能源比重低;能源利用水平与国内外大都市相比有较大差距。未来一段时期,北京持续快速增长的能源需求和建设资源节约型社会的任务,对能源科技发展提出新的要求。

重点需求:①能源节约利用科技需求。围绕建筑、工业、交通和民用四大节能领域,加快节能新技术的研发、应用和推广,构筑城市系统节能体系,实现以较低的能源消费增长支持经济的持续发展。②可再生能源低成本规模化利用科技需求。重点研究太阳能、地热能、风能、生物质能的核心技术和规模化应用技术,大力推进可再生资源的开发与利用,促进能源结构多元化。③煤炭清洁利用科技需求。研究推广清洁煤技术,改善燃煤利用结构,控制燃煤的污染物排放总量。④提高能源利用效率科技需求。开发提高输送能力和效率的电力设备输配技术,提高电力输送效率。

重点技术方向及关键技术:

(42)建材、石化、冶金等重点工业领域节能设备制造技术和工艺开发

重点研究开发建材、石化、冶金等高能耗工业领域的节能工艺技术和设备,研究节能工业锅炉、电机节能技术、余热回收技术和能源梯级利用等相关技术。

(43)有利于建筑节能的新材料、节能设备、管理控制系统开发和推广示范

重点研究开发节能建筑材料,建筑节能生态设计,高效节能照明设备,空调节能技术,蓄能技术,高效低污染锅炉以及先进的管网平衡调节等节能技术和设备。研究开发建筑节能测试和计算技术,节能监测技术和设备以及节能管理系统。

(44)交通节能的替代燃料及相关技术的开发

重点研究燃油添加和节油技术,研究开发天然气、乙醇、二甲醚、生物柴油等清洁替代燃料。研究开发高效节能的混合动力汽车、燃料电池汽车、电动汽车、氢能源汽车等新型汽车。

(45)低成本、多领域的太阳能利用设备和技术开发

重点研究高性价比太阳能光伏电池技术、太阳能电池生产设备及相关技术、太阳能热发电技术、太阳能与建筑一体化技术及其相关标准。

（46）面向多领域的多形式生物质能开发利用技术

研究低成本生物质成型燃料生产技术、生物质集中气化及二次污染处理技术、生物质气化发电技术、小型生物质气化炉等多种形式的生物质能开发利用技术。研究在北京地区开展能源作物种植的可行性及相关技术。

（47）风能利用设备和技术开发

重点研发具有自主知识产权的MW级大型风电机组成套装备及相关技术，包括风电机组总体设计与控制技术、风电机组产品研发的技术支持工具、风电设备的环境适应性等相关研究。

（48）地热资源调查评价与集约、可持续利用设备技术

重点研究推广地热资源勘探技术，地源—热泵技术，地热回灌、采灌平衡技术。研究推广地温空调系统技术，地热资源综合开发利用技术，地热井开采动态监控系统和技术。大力开展周边省（市）地质资料收集、共享、服务和应用技术研究，以及地源热泵对环境影响评估研究。

（49）大规模高效率电力输配

重点研究开发大容量远距离直流输电技术和特高压交流输电技术与装备、间歇式电源并网及输配技术、电能质量监测与控制技术、大规模互联电网的安全保障技术、电网调度自动化技术、高效配电和供电管理信息技术和系统、输配电环节节电技术。

（50）承接国家"大型先进压水堆及高温气冷核电站"重大专项的部分研发工作

（51）承接国家"大型油气田及煤层气开发"重大专项的部分研发工作

8．循环经济

在城市不断扩张和人口增加的形势下，循环经济对促进北京资源节约和环境友好型城市建设的重要性日益凸现。北京在发展循环经济方面已具备一定基础，但是仍然存在一些问题，主要表现在：企业层面的清洁生产推广不足，工业园区资源循环利用体系尚未建立健全，废弃资源利用率不高、循环经济技术支撑体系尚待完善等。要大力发展循环经济，推动新能源与清洁生产技术的产业发展，建立和健全资源回收体系、节能减排监测体系和技术服务体系，提高首都生态环境质量和可持续发展能力。

重点需求：①再生资源利用科技需求。发展再生资源利用技术，提高废旧物资资源化利用水平，促进再生资源利用产业发展。②循环经济公共技术支撑科技需求。加强循环经济科技攻关和技术示范的组织、实施与交流，形成促进首都循环经济发展的技术创新体系和研发平台，推进循环经济发展机制在全市形成。③生态工业园资源循环利用科技需求。通过开展生态工业园基础设施共享技术及标准体系研究，推进现有工业园区的生态化改造，实现园区资源消耗最小化和零排放。④重点行业清洁生产科技需求。开展石化、电力、医药等行业的清洁生产技术研究，促进资源使用的减量化、无害化。

重点技术方向及关键技术：

（52）再生资源综合利用技术

重点研究废旧家电、报废汽车、废旧轮胎、废纸、废塑料等物资的规模化处理和再生利用技术，医疗垃圾无害化处理技术，建筑垃圾资源化利用关键技术。研究垃圾填埋气制清洁燃料技术、垃圾焚烧关键技术等生活垃圾减量化和资源化处理技术和设备，研究建立废弃资源高效无害的回收及再利用技术体系。

（53）循环经济公共技术支撑体系

重点研究水重复利用技术，资源重复利用和替代技术、减量技术、回收和再循环技术，环境监测技术以及网络运输技术和系统化技术，建立循环经济科技支撑体系。研究建立节约型城市的标准体系，建设资源节约利用的监督管理体系。

(54) 生态工业园资源循环高效利用技术及标准

重点研究生态工业园的生态管理体系和指标评价体系,工业园能源梯级利用、水的逐级利用、废物副产物交换利用技术体系。研究和建立生态工业园信息系统,实现各园区信息的收集、处理、共享和发布。

(55) 面向重点行业的清洁生产技术研究

重点研究石化、建材、化工、电力、医药等重点行业的清洁生产技术并建立相应标准。研究推广各行业生态设计技术。

(三) 提高城市建设和管理水平,发展以人为本的民生服务,加快和谐社会首善之区建设

坚持"以人为本"原则,从百姓最关心、最直接、最现实的问题出发,围绕首都建设社会主义和谐社会首善之区的目标,在城市建设管理、人口与健康、消费性服务和城市安全等与居民生活密切相关的领域进行部署,力争取得技术突破,推进一批重大成果应用,依靠信息技术促进传统服务业升级换代,提升首都公共服务能力,全面改善民生,加快建设繁荣、文明、和谐、宜居的首善之区。

9. 城市建设

北京城市建设还不完善,地下管线布局不合理、反复施工、维护不善等问题严重,城市建筑能耗高,建筑和施工技术水平离节能、环保的要求仍有差距。在发展循环经济、建设节约型社会的新形势下,城市建设对科技提出迫切需求。

重点需求:①城市功能提升与布局改善科技需求。发展现代城市区域规划关键技术及动态监控技术,促进城市布局和合理发展,实现城市发展与区域资源环境承载能力的相互协调。②建设舒适建筑科技需求。围绕改善居民居住环境,重点研究新型建筑材料和技术,以及住宅生态设计和智能设计技术,提高居民生活舒适度。③建筑施工科技需求。重点研究建筑施工新结构体系、地下施工相关技术、绿色施工技术,为全市城市建设提供有力的技术支持。

重点技术方向及关键技术:

(56) 城市功能提升与合理布局

重点研究开发市政基础设施、防灾减灾等综合功能提升技术,城市"热岛"效应形成机制与人工调控技术。研究城市区域规划与人口、资源、环境、经济发展互动模拟预测和动态监测技术,城市空间布局规划和系统设计技术,城市发展和空间形态变化遥感监测和模拟预测技术,城市地下空间开发利用技术。

(57) 高舒适度低能耗建筑技术和材料

重点研究新型建筑材料和技术、新型墙体材料应用技术、新型节能门窗材料应用技术、绿色施工技术和设备、新型采暖技术。研究开发绿色建筑技术、建筑节能技术与设备、节能建材与绿色建材、建筑节能技术标准。

(58) 住宅生态设计和智能化设计

重点研究合理安排功能空间、改善住宅通风的新技术,提供舒适声、光、热环境的技术,提升建筑物功能的智能化系统的设计与安装技术。

(59) 建筑施工技术提升

重点研究地下空间施工相关技术,包括地下空间工程勘察技术,安全、可靠、节约基坑支护新技术,降水、截水技术,高性能混凝土应用技术,预应力技术与高效钢筋,钢结构施工技术,新型模板及脚手架技术,建筑节能和环保应用技术,地铁和地下空间施工技术,市政道路与桥梁施工技术,施工过程监测和控制技术。研究推广建筑施工行业管理信息化技术。

10. 城市管理

不断提高城市管理效率和水平是建设国际大都市的基本要求之一。北京城市管理还有待完

善,市政管理数字化程度不高,电子政务发展不平衡,历史文化名城保护缺乏有效手段等问题仍然存在。提高城市综合管理水平,建设国际大都市,对科技提出了迫切需求。

重点需求:①实施"数字市政"科技需求。以推进市政基础设施的科学管理为核心,推动智能控制、信息网络、数字视频和智能卡等软硬件产品和技术的应用,实现地下管网的数字化管理。②提高电子政务效率科技需求。通过开展新兴信息技术的研究和电子政务示范应用,促进政府部门之间的信息共享,提高政务管理的信息化程度。③旧城保护科技需求。通过探索研究适应北京旧城整体保护需要的城市道路、管线等市政基础设施建设的技术与模式,推进科技在旧城保护中的应用,研究新材料、信息技术等在旧城市政基础设施中的应用,使旧城历史风貌得到有效保护。

重点技术方向及关键技术:

(60) 地下管网数字化管理

重点研究开发地下管网智能化检测、预警技术和设备,城市地下管线管廊科学规划技术,地下空间安全施工、监测和管理技术,以及城市给排水、燃气等地下管网综合改造新材料和新技术。研究建立地下管网地理信息系统。

(61) 新一代电子政务系统建设

重点研究建立电子政务安全体系及安全管理平台、各委办局单位对接共享协同的电子政务体系,研究开发政务流程梳理工具。加强新兴的信息技术研究与应用,重点研究推广电子签名在电子政务中的应用。

(62) 社区信息化平台及综合管理系统

重点研究建立北京市社区信息化平台以及便捷高效的社区综合信息服务系统,建立可共享的社区信息资源库,以及集成公共服务、安全防范、通信网络、物业管理、设备监控管理、远程医疗等子系统的社区智能化系统,建立低成本、高效率全市社区综合管理系统。

(63) 旧城保护科技支撑体系

重点研究建立北京旧城保护的数据库系统、地理信息系统和实时监控技术。研究在不破坏结构和原貌前提下的古建筑文物鉴定与修缮保护技术,以病害探究、迁移复原等为核心的壁画保护修复技术,防止和缓解砖石质文物风化的相关技术。研究适应北京旧城保护的市政基础设施新材料、新技术应用及建立相关技术规范标准体系。

11. 城市交通

交通是城市建设和发展的重要保障。随着北京城市的快速发展,交通需求也持续增长,交通发展面临十分严峻的挑战,城市交通规划、建设、运营、管理及服务缺乏整合,交通管理水平滞后。交通状况的根本改善将是一个长期的过程,需要科技在其中发挥更大的作用。

重点需求:①提升交通承载力和运营效率科技需求。重点建设以智能化为核心的综合交通体系,实现交通信息共享和各种交通方式的有效衔接,缩短市域交通出行时间。②发展高速轨道交通科技需求。围绕提高城市公共交通系统的效率,重点发展安全高速的交通运输技术,建设合理、完善、安全的轨道交通客运网络。

重点技术方向及关键技术:

(64) 交通运输基础设施建设与养护技术及装备

重点研究交通基础设施建设施工工艺和相关技术规范,研发大型桥梁和隧道、综合立体交通枢纽等高难度交通运输基础设施建设和养护关键技术及装备。加强交通基础设施建设中新材料的研发和推广应用。

(65) 高速轨道交通系统

重点研究高速轨道交通控制和调速系统、车辆制造技术、运行控制、线路建设和系统集成等关键技术。

(66) 智能交通系统

重点研究城市交通信号控制技术、城市道路和公路交通监控技术、停车管理技术和设备。研究信息采集、处理和诱导于一体的出行者信息服务系统，以及提升公共交通效率的车载智能信息系统。

12. 人口与健康

控制人口数量，提高人口质量和健康水平，是首都建设和谐社会的必然要求。北京市提高人口与健康水平面临一系列问题：出生缺陷有所增加，重大传染病和慢性非传染性疾病仍然危害着人民健康，新发传染病不断出现，流动人口数量不断增加、管理仍然薄弱等。

重点需求：①控制人口数量与提高出生人口质量科技需求。重点发展安全避孕与节育、出生监测、生殖健康等关键技术和产品，降低新生婴儿出生缺陷。②重大疾病预防与控制科技需求。重点研究病毒性乙型肝炎、艾滋病等重大传染病以及心脑血管病、肿瘤、老年痴呆症等非传染性疾病的预防、治疗技术，建设预防控制与应急体系。③攻克各种常见病、多发病和疑难病科技需求。有针对性地开发攻克各种常见病、多发病和疑难病的创新药物，提高居民健康水平。④医疗器械自主创新能力提升科技需求。围绕急需的先进医疗设备与生物医用材料，重点研究先进医疗设备的核心技术，推进医疗器械的国产化。

重点技术方向及关键技术：

(67) 安全避孕节育与出生缺陷防治

重点研究开发安全、有效避孕节育新技术和产品，研究兼顾预防性传播疾病的节育新技术，以及高效无创出生缺陷早期筛查、检测及诊断技术，遗传疾病生物治疗技术等。

(68) 重大非传染疾病防治

重点研究开发心脑血管病、肿瘤、高血压、糖尿病、老年痴呆症等重大疾病早期预警和诊断、疾病危险因素早期干预等关键技术，研究精神疾病预防控制技术，研究规范化、个性化和综合治疗关键技术与方案，开发相应的治疗药物。

(69) 重大传染病预防与快速反应技术体系

重点研究北京地区高危人群和流动人群传染病监测与防控技术、新发传染病病原体确认及防治技术。研究建立传染病症状早期监测、流感病毒监测和人群免疫水平监测研究体系。研究开发系统规范的应急技术平台，研究建设首都公共卫生信息体系。

(70) 常见病和多发病创新药物研制

重点研究药物筛选、设计、合成技术，开发动物评价模型、转基因动物模型、临床前安全评价模型和方法，开发新型给药系统、规模化制备技术及各种专有技术，研究开发治疗常见多发病的创新药物。

(71) 先进医疗设备与生物医用材料

重点研究新型治疗设备，以及医学影像类、医用加速器、生物医学信号等数字化诊疗设备核心部件。开发人体组织器官替代等新型生物医用材料。研究建立开放的公共技术设备平台。

(72) 承接国家"重大新药创制"专项相关技术研究

(73) 承接国家"艾滋病和病毒性肝炎等重大传染病防治"专项相关技术研究

13. 消费性服务

发展消费性服务是加快社会主义和谐社会首善之区建设的重要内容。北京面向居民的消费性服务已形成一定基础，但社会公共服务体系尚不健全，高新技术成果应用不足，行业管理运营效率有待进一步提高。加快信息技术等先进适用技术在消费性服务领域的应用，是完善首都综合服务功能和建设"宜居城市"的重要举措。

重点需求：①传统消费性服务领域信息化应用需求。加强信息技术在批发零售、住宿餐饮、交通运输、居民服务等传统服务领域的应用,运用高新技术改造提升市政公用事业、房地产和物业服务、社区服务等服务领域。②发展高端消费性服务领域的科技需求。提升旅游、体育、健身和休闲娱乐等高端消费性服务领域的科技含量,提升高端消费性服务水平。

重点技术方向和关键技术：

(74) 公共服务业支撑技术平台

重点研究和建设网络教育、远程医疗、社会保障、物业服务、社区服务等公共服务领域发展所需的高可信网络软件平台、科技应用示范平台及行业共性技术研发与测试平台。

(75) 传统服务领域的信息化建设

加强批发零售、住宿餐饮、交通运输、居民服务等传统服务领域的 MIS（管理信息系统）、ERP（企业资源计划系统）、SIS（决策信息系统）、EOS（电子订货系统）、CRM（客户关系管理系统）等关键技术的研发及应用;搭建传统服务领域信息、技术共享平台,加强网络综合技术在传统服务领域中跨行业、跨区域的广泛应用。

(76) 传统服务业资源的保护与综合开发

重点研究美容整形、保健养生、社区维修等传统服务领域适用技术,包括激光技术、高频电技术、中医美容技术等关键技术,促进传统服务业资源的保护和综合开发,加快传统服务业的升级和可持续发展。

14. 城市安全

随着经济社会的快速发展和人口的不断增加,北京进入一个社会矛盾凸显和突发公共事件增加的新时期,城市安全领域存在的问题更加突出。食品安全形势严峻,对重大自然灾害的防范和应急处理缺乏有效手段,社区、街区、公共场所等安全存在较多问题,突发公共事件不断发生,安全生产存在诸多隐患等,迫切需要科技为解决城市安全问题提供支撑。

重点需求：①食品安全科技需求。围绕食品的生产、流通、消费等各个环节,开发先进的监控检测技术和设备,推进食品的安全检测和评估,为首都居民提供安全食品。②重大自然灾害防范预测及应急处理科技需求。重点开发针对地震、洪水等重大自然灾害的预测、防范和应急处理技术体系,进一步降低灾害带来的破坏。③城市整体防控科技需求。建设城市整体防控技术体系,重点研究突发社会安全事件的预警、监测及控制技术,建立公共事件预警和监控体系,提高防范能力。④安全生产科技需求。重点开发安全生产信息管理平台,提高早期发现与防范能力。

重点技术方向及关键技术：

(77) 从"田园到餐桌"上下游一体化的食品安全体系

重点研究针对各类农产品和食品的便捷有效的检测技术和设备,绿色有机果品生产加工、贮存保鲜关键技术。研究开发进京农产品和食品的检测与可追溯监控技术体系,以及食品流通安全监控技术。

(78) 重大灾害防范与快速响应

重点研究地震、火灾、洪水等重大灾害事故的预测和警报技术,暴雨、泥石流灾害预测与水土保持工程预防技术,以及城市建筑抗震技术和系统设计技术。研究建立城市建筑和公共场所消防技术体系,以及协同、有效、现代化的应急救援系统。研究建设重大灾害应急救治体系。

(79) 城市安全防控整体应用技术体系

重点研究在街区、社区、公共场所等实行联网控制和实时比对的监控技术、安检技术,信息实时搜集、快速分析、综合预警系统技术,防爆安检技术,以及城市安全综合防控技术。

(80) 生物安全

重点研究快速、灵敏、特异监测与探测技术,以及化学毒剂在体内代谢产物检测技术、生物入侵防控技术。研究开发用于应对突发生物安全事件的疫苗及免疫佐剂、抗毒素与药物等。研究实验室生物安全的评估监测体系和生物安全关键技术规范。

(81) 生产安全

重点研究危险化学品危险性鉴别与分类、危险源辨识、危险性分析和风险评估技术,以及生产、储存、运输等环节检测、监测和灾害事故预警技术。研究事故隐患诊断技术、故障快速诊断技术、无损探伤技术、鉴别技术,灾害事故调查与分析技术。研究职业危害因素识别技术和检测设备,开展职业卫生技术研究。

(四) 促进城乡统筹发展,建设社会主义新农村

大力发展新型农村科技服务体系,不断壮大农村科技协调员队伍,促进城区科技、智力资源和成果向郊区县的扩散。大力发展高端籽种产业,建设北京种业创新发展中心,搭建农业育种基础研究创新平台,丰富都市型现代农业内涵,促进北京农业结构调整,带动农民增收致富。加强农村科技基础设施建设,推广农村建筑节能改造示范,改善农村生态生活环境,加快社会主义新农村建设。

15. 发展都市型现代农业

都市型现代农业是高科技含量高附加值的农业,发展都市型现代农业依然要坚持"高端、高效、高辐射力"的要求,以此带动"三农"问题的解决和新农村建设进程的加速。北京农村地区经济发展已经取得明显成绩,但是仍然存在农业发展特色不明显、科技含量不高、农产品深加工不足、农村社会化服务体系尚不完善等问题。要通过大力发展高端籽种产业,加大先进适用技术的研发和推广力度,发展新型农民合作组织,完善农业技术、信息服务、农副产品流通等体系建设,促进京郊新农村建设。

重点需求:①籽种农业和特色优势农业发展需求。开展现代农业科技攻关,开发具有自主知识产权的动植物优质种质资源,提高特色农业科技含量;研发推广现代农业装备,推动北京农业生产的现代化与机械化。②推动农村二、三产业发展需求。推动农产品深加工产业的发展,延长农业产业链条;积极推动农村旅游业、服务业、物流业等的发展,调整农村产业结构。③建设与发展农村新型工业园区需求。依托大型农业企业,建设与发展新型工业园区,带动周边农村经济发展,推动农业的规模化生产。④农村配套体系建设需求。加强农村科技推广服务体系建设,建立与完善农产品技术标准体系,加强农村经济信息应用系统建设,保障农村经济的健康与长远发展。

重点技术方向及关键技术:

(82) 籽种农业和动植物品种选育相关技术

重点研发节水玉米种植配套技术,二系杂交小麦高产制种关键技术,组织培养、基因工程育种等花卉育种技术,细胞育种、分子标记辅助育种、单倍体与诱变等蔬菜育种技术,奶牛胚胎分割、快速冷冻、高效连续超排和体外胚胎生产等奶牛育种技术,交易平台技术等。

(83) 农产品加工与流通技术

重点研究北京特色果蔬出口保鲜与物流技术、特色农产品加工标准化技术,以及农产品综合利用技术等。

(84) 现代农业装备技术

重点研究粮食作物生产机械化技术与装备,研究果品、蔬菜和花卉生产机械化技术装备、农产品加工设备。

(85) 农产品安全生产与监测

重点研发与推广无公害、绿色、有机粮油、果蔬、畜禽等农产品生产技术,清洁健康畜禽水产养

殖技术,土壤重金属、农药残留综合控制技术。研发生物农药、生物有机肥料、生物疫苗等新型安全的农业生产资料。研究快速准确的品质、质量安全检测技术,农产品质量追溯技术。

16. 改善农村环境

加强农村基础设施建设、改善农村生态环境是新农村建设的重要内容,是北京和谐发展的重要组成部分。目前北京农村地区与城区相比,在基础设施建设、公共服务提供,以及生态环境保护等方面都存在明显差距。要紧紧依靠科学技术,进行全面综合治理,明显改善农村生产生活环境。

重点需求:①加强农村生态环境保护需求。积极发展生态农业,实施山区生态修复工程,推进生态涵养发展区建设,使北京农村地区的环境保护与生态建设水平有较大提升。②加强农村基础设施建设需求。在农村交通、农村建筑节能与抗震、邮电通讯、信息网络、能源、供水等各个方面加强基础设施投入与建设,改善农村基本生活条件。③加强新农村社区文化建设需求。开展新农村社区建设科技研究,加强农村地区的文化设施建设,建立多层次的农村教育培训体系,培育新型农民,倡导科学、健康、文明的生活方式。

重点技术方向及关键技术:

(86) 生态农业

重点研发水土保持和农业田间节水技术、养殖废水处理与重复利用技术、村镇供水技术和装备、污染源控制技术。研发新一代环境友好型肥料和农药、作物控释肥生产技术。研究病虫害农业生态控制技术,人畜禽共患病害的病原菌及传染规律及防控技术,重大疫病监控及防疫技术,水产养殖生态环境监控和修复技术。研究有效的林木更新和造林技术,森林生态系统、景观及全市森林信息的自动化监测和网络化管理技术,林业资源的可持续经营和管理技术。

(87) 新农村基础设施建设

重点研究农村公路建设与管护、信息网络建设、农村供水、农村新能源、农村住宅节能材料开发与利用技术。研究建立农村远程教育系统,帮助农村居民建立科学文明健康的生活观念,加强农村文化体育设施建设,引导城市文化体育资源下乡,丰富农民群众文化生活。

(五) 超前部署应用基础和前沿技术研究,强化北京在全国的科技创新中心地位

实现北京建设创新型城市的历史性目标,保持强劲的持续创新能力是重要的基础和保证。根据发展目标和人民长远利益,通过汇聚、服务、合作、交流等方式接引和利用中央在京科技资源,超前部署应用基础研究和前沿技术研究,加快完成知识、智力和成果的积累和储备,掌握核心技术,形成自主知识产权,提高持续创新能力,不断强化北京在全国的科技创新中心地位,缔造国家知识创新高地和技术创新源泉。

17. 应用基础研究

应用基础研究是北京科技发展的重要组成部分,是衔接基础研究和市场应用的重要纽带。北京应用基础研究发展较快,但是还存在一些问题,对困扰北京发展的瓶颈问题的内在机制还缺乏足够认识,部分行业或部门的基础性工作不够深入和扎实,针对一些错综复杂问题的系统解决方案尚不完善等。

重点需求:①首都发展瓶颈问题的形成机理研究科技需求。要加强对水污染、大气污染、生活垃圾污染等形成机理分析,为提供系统解决方案提供依据。②首都发展关键问题的系统解决方案科技需求。在机理分析的基础上,根据北京市水、电、气、热力供应、交通物流、市政管理的现状和需求,针对重大关键问题提出系统解决方案。③首都重点领域的基础性科技需求。要围绕经济社会发展的各个重点领域如城市地下管网、流动人口管理等进行基本数据、资料和相关信息的收集、梳理、评价和综合分析,为科学决策提供依据。

重点技术方向及关键技术:

（88）各类污染形成机理及预测、控制

重点研究环境污染形成机理与控制原理,北京城市大气环境化学特点及变化情况,北京市光化学污染原理及特点,北京及周边地区气候演变规律,对酸雨、沙尘、地质灾害、火灾、持续重污染等主要生态环境问题进行预测和模拟研究。研究开发北京地区生态监测及污染土壤的跟踪监测技术、水环境污染物的甄别与鉴定技术、地表水环境质量监测系统、地下水源水质监测系统、重点污染源监控系统、区域环境噪声数据分析技术以及扬尘污染源监控系统等。

（89）能源科学应用基础研究

重点研究电储存、配送、规模化利用安全运行原理,电网安全稳定和经济运行机理,超导电力技术原理,电力存储技术原理,智能配电技术原理,分布式电源技术原理,氢能储存、输送、利用原理,制氢与近零排放技术原理,分布式氢能利用技术原理,二氧化碳封存技术,化石能源高效洁净利用与转化的物理化学基础,可再生能源规模化利用原理和新途径等。

（90）城市建设与管理中的关键科学问题

重点研究作为复杂巨系统的城市运行系统运行机理及安全影响、安全性预测和事故致因理论,文物年代监测和探测技术原理,馆藏文物存在的极限寿命,馆藏文物消亡原因,文物损害机理,颜料变色机理,化学粘接剂使用后的强度数据和寿命数据,钢加固件加固后的木结构强度及寿命数据,化学保护材料对砖石防风化、防污染、防雨水、防酸碱的数据等。

（91）人类健康与疾病的生物学基础

重点研究重大疾病发病、致病机理和作用靶点,环境、外援化学物的致病机理,细胞衰老机理,细胞与分子机理,中医基础理论创新和经验传承,衰老和老年疾病发生的器官机理,神经、免疫、内分泌系统在健康与重大疾病发生发展中的作用,中医中药数据、重大疾病及死亡、死因分析和突发公共事件等数据收集。

（92）农业生物遗传改良和农业可持续发展中的科学问题

重点研究重要农业生物基因和功能基因组及相关"组"学,生物多样性与新品种培育的遗传学基础,有害生物的生态调控、植物持久性及分子机制,利用生物多样性控制有害生物危害的机制,重大畜禽疫病病原的分子结构与功能、分子流行病学及发病机理等,研究建立疫病流行病学数据库。

（93）支撑材料科学发展的科学基础

重点研究高分子材料、金属材料、无机非金属材料、复合材料等在设计、结构性能分析中的理化基础。研究新型材料的性能、结构和制备工艺,推进新材料技术向结构功能一体化、功能材料智能化、材料与器件集成化、制备和使用过程绿色化发展。

（94）信息科学发展中的关键科学问题

重点研究高性能、低成本、普适计算和智能化信息技术,重点加强信息传输、存储、显示、安全、获取以及人际和谐环境、中文处理等方面的系统研究,研究微（纳）电子和光电子技术、高性能计算技术、高速信息网络与安全技术、人际交互技术以及中文信息处理技术、控制技术中的关键基础问题。

（95）高可靠性大型复杂系统和极端制造的新原理和新方法

重点研究先进制造理论、微测量理论、不同尺度下的传输理论与反应工程学、复杂制造系统和大型结构工程的科学计算、创新设计理论与多目标控制,深层次物质与能量交互作用规律,高密度能量和物质的微尺度输运,制造体成形、成性与系统集成的尺度效应和界面科学。

（96）承接国家"高分辨率对地观测系统"重大专项相关技术研究

18. 前沿技术

前沿技术是指高技术领域中具有前瞻性、先导性和探索性的重大技术,是未来高技术更新换代和新兴产业发展的重要基础,是一个国家或地区高技术创新能力的综合体现。北京前沿技术的研究主要依托中央在京科研力量及部分市属科研力量而展开,国家战略和北京长远需求是推动北京发展前沿技术的两大推动力。

重点需求:①人类生命健康领域的关键性突破科技需求。加大科技投入,组织联合攻关,力争在功能基因组、蛋白质组、干细胞、组织工程等方面取得突破性进展,为人类健康作出贡献。②先进制造及材料领域的关键性突破科技需求。部署科技力量,力争在高温超导、纳米、高效能源材料、智能制造与应用技术方面突破技术瓶颈,推动先进制造和材料领域的快速发展。③新能源领域的关键性突破科技需求。在氢能及燃料电池、洁净煤燃烧和分布式电力技术等方面加强科技部署,力求取得突破,为解决能源问题开拓路径。

重点技术方向及关键技术:

(97) 功能基因组与蛋白质工程

功能基因组是从基因组信息与外界环境相互作用的高度阐明基因组的功能,是当前生命科学领域世界各国竞相争夺的"制高点"。蛋白质工程是高效利用基因产物的重要途径。重点研究基因的高效表达及其调控技术,染色体结构与定位技术。研究具有重要功能的蛋白质结构、蛋白质表达的调控机制、重要蛋白质相互作用网络、蛋白质组表达变化及其调控规律等。

(98) 干细胞与组织工程

干细胞工程可在体外培养干细胞,定向诱导分化为各种组织细胞供临床所用,也可在体外构建出人体器官,用于替代与修复性治疗。重点研究维持胚胎干细胞全能性及定向分化机制、发现肿瘤干细胞的分子标记物、基于干细胞的组织工程新理论和新方法、干细胞体外建系和定向诱导技术、人体组织体外购件与规模化生产技术等。

(99) 网格技术与高性能计算机

重点研究网格编程和使用,各个层面的协议标准以及接口标准、语义标准、体系结构标准、安全标准,资源的即插即用,网格运行效率,网格的性能测试、评价机制及监控方法,"以人为中心"的智能信息处理和控制技术,个性化人机交互界面技术等。

(100) 高温超导技术

重点研究单晶制造技术,制粉技术,线材制造技术,薄膜制造技术。研究开发高温超导电动机/发电机,高温超导输配电系统,高温超导磁分离器,高温超导磁共振成像系统,高温超导故障限流器,高温超导磁储存器等。

(101) 纳米材料技术

纳米材料是纳米科技的重要基础和先导,发展纳米材料与技术对高科技产业的发展及提升传统产业的技术水平具有重要战略意义。重点研究纳米材料的可控制备新方法和新原理,纳米材料的生长技术,制备和生长设备的研制,纳米材料与结构的构效关系,纳米尺度下物质的运输方法,纳米材料的复合组装体系与集成,纳米结构修饰、组装和定位技术以及纳米材料安全性技术等。

(102) 高效能源材料技术

重点研究太阳能相关材料及其关键技术,燃料电池关键材料技术,高容量储氢材料技术,高效二次电池材料及关键技术,超级电容器关键材料及制备技术,高效能量转换与储能材料体系等。

(103) 智能制造与应用技术

重点研究网络协同设计,产品生命周期设计,虚拟设计,系统设计,可靠性设计,模块化和并行设计,智能控制和应用系统集成技术。研究开发智能化射线治疗设备、介入治疗设备、诊断设备等。

(104) 氢能及燃料电池技术

重点研究制氢与近零排放技术、高效氢储输技术、分布式氢能利用技术、燃料电池车基础关键部件制备和电堆集成技术、燃料电池发电及车用动力系统集成技术等。

（105）分布式电力技术

分布式电力技术是为终端用户提供灵活、节能型综合能源服务的重要途径。重点研究分布式电源系统的网络结构、分布式电源系统中的能量流控制、分布式电源系统与大电网的相互作用规律、多元化用能系统优化运行规律等。

（106）承接国家"大型飞机"重大专项部分研发工作

（107）承接国家"载人航天与探月工程"重大专项部分研发工作

## 四、建立和完善首都区域创新体系

建设创新型城市，要进一步解放思想，不断深化科技体制改革。科技体制改革的目标是建立和完善符合市场经济条件的首都区域创新体系，提高区域自主创新能力。首都区域创新体系是由各类社会创新要素按照市场经济规律和科技发展规律通过广泛联系、相互作用的方式而组成的全新体系。建设首都区域创新体系，有利于形成以企业为主体、以实现市场价值和社会应用为导向的科研活动新秩序，有利于形成符合市场经济发展要求的新的创新文化。通过各类社会创新要素的相互联系与作用，最终完成利用科技手段促进首都发展方式转变和产业结构调整、城市管理水平提高、城乡统筹发展以及创新型城市建设的历史任务。建立和完善首都区域创新体系，重点是打造中关村科技园区这一国家自主创新品牌，建设四个分体系。

（一）打造国家自主创新品牌——中关村

中关村科技园区作为国务院批准的我国第一个高科技园区，是国家创新体系的关键节点，是首都区域创新体系的核心部分。要按照国务院、市委市政府关于做强中关村重要决策的要求，紧紧围绕"四位一体"战略目标，以推进改革试点和组织创新为重点，加快发展以自主创新为核心的高技术产业，大力发展科技成果产业化服务业，支持金融服务、信息服务等生产性服务业发展壮大，形成高端、高效、高辐射力的产业集群，充分发挥园区在创新型城市和创新型国家建设中的龙头带动作用。

重点加强以下几方面工作：

一是深化机制体制改革。将园区综合体制改革与国家重大制度创新的试点工作相结合，继续推进产权制度改革和中关村非上市股份公司股份报价转让、企业信用贷款等试点工作，引导和促进境内外创业投资机构投资园区企业；抓住国家知识产权制度示范园区和国家高新技术标准化示范区的建设机遇，建立健全能够激励企业自主创新的知识产权制度；加快企业信用体系建设，推动信用中介机构提升服务水平；完善人才引进、流动机制，实施人才培养的产学研工程，继续推进吸引留学人员回国创业的工作服务体系建设，加强领军人才、企业家的培育，将园区打造为首都高端人才创新创业的聚集区。

二是增强园区自主创新能力。积极推进"中关村开放式实验室工程"，发挥和挖掘院所潜能，强化企业技术创新主体地位，探索新型产学研合作模式，加强高端产业领域技术创新；继续抓好高端产业功能区建设，加快建设一批国家级产业基地，培育和壮大与高技术产业、生产性服务业相关的产业联盟和技术联盟，形成创新网络和创新集群；探索有效的技术转移机制，加速科技成果向北京地区、环渤海地区乃至全国的扩散及产业化应用。

三是推进园区融入全球创新体系。鼓励企业参与国际产业分工和资源调配，开展高端产业和高端环节的合作创新，创制和申报关键技术的国际标准，增强企业国际竞争力，实现"民族品牌"向"国际品牌"的转变；扩大园区对外交流合作，加强园区"国家自主创新品牌"的国际化推广，提升园区在全球产业价值链中的地位。

（二）以企业为主体、产学研结合的技术创新体系

技术创新体系是首都区域创新体系的支柱和基石。要确立企业的创新主体地位,引导和支持创新要素向企业集聚,促进科技成果向现实生产力转化,形成企业和其他市场主体互动共赢的新型生产关系。

重点加强以下几方面工作：

一是强化企业创新主体地位。加快现代企业制度建设,把技术创新能力作为国有企业考核的重要指标,把技术要素参与分配作为高新技术企业产权制度改革的重要内容,激活企业创新的内在动力。推动企业特别是大企业建立企业技术中心或企业研发机构,不断增加研究开发投入,使企业逐步成为研发投入和技术创新的主体。

二是坚持需求导向的科技计划管理模式。建立需求调研、需求分析和技术选择的长效机制,调查、把握和提炼北京经济社会发展对科技的各类需求,引导企业、院所和大学按照需求调整研发方向,实现科技资源的优化配置。进一步吸纳企业参与市级、国家级研究开发任务,在具有明确市场应用前景的领域,建立企业牵头组织、高等院校和科研院所共同参与项目实施的有效机制。

三是积极探索产学研合作的模式和路径。鼓励具有较强研发和辐射能力的大型企业联合高等院校、科研院所等相关力量,组建国家工程实验室和行业工程中心。继续推进大学科技园、高校技术转移中心建设,促进高校智力资源与企业需求对接。支持高等院校、科研院所以技术入股方式衍生新的企业,鼓励企业委托大学院所开展研发活动,促进企业与科研院所、高等院校之间的互动发展。

（三）以研究机构和大学为依托、产学研结合的知识创新体系

知识创新体系是首都区域创新体系的高端和前沿。要充分利用中央在京科技资源,依托北京地区的研究机构和大学,发挥企业的生力军作用,探索产学研结合的知识创新模式,增强知识的生产、扩散和应用能力,努力提高北京的知识竞争力。

重点加强以下几方面工作：

一是按照"职责明确、评价科学、开放有序、管理规范"的原则逐步建立科研院所与大学的现代科学研究制度。深化改革人事制度和收入分配制度,全面实行聘用制。鼓励院所大学与企业建立长期密切联系,承担企业外包的带有前瞻性、先导性、应用基础性的研发任务,逐步实现以企业为主体的产学研结合由低端向高端的转型。建立科研机构整体创新能力评价制度,促进科研机构提高管理水平和创新能力。

二是充分利用中央资源服务首都发展,实现国家资源和地方需求对接。紧紧围绕首都建设的重点领域和关键环节,向中央在京科研单位和企业开放科技计划和项目,鼓励国家工程中心、国家实验室、技术研究中心、企业技术中心承接北京重大研发项目。建立"部市合作机制",引导各类资源为中央在京单位服务,支持市属单位与中央在京科研院所、高等院校、大型企业联合承担一批国家863计划、973计划项目。对于落地北京的国家项目,在政策、用地等方面优先予以支持。建立"院市互动机制",定期了解中国科学院、中国工程院等国家级研究机构的研究动态和成果,推动知识创新成果在北京的转化应用。

三是促进大学研发、人才培养职能与知识创新相结合,强化大学教育中心和科研基地作用。积极建设研究型大学,支持大学在基础研究、前沿技术研究、社会公益研究等领域的原始创新。深化大学管理体制改革,鼓励大学和企业联合建立人才培养机构和人才培养基地,培养符合首都经济社会发展需要的各类专业型、复合型人才,提高人才培养的针对性和实用性。

（四）以生产性服务业为引领的科技成果产业化服务体系

科技成果产业化服务体系在首都区域创新体系中承担着重要的衔接和服务职能。科技成果产业化服务业是生产性服务业的重要组成部分，为生产性服务业提供产前、产中、产后的全过程和全方位的科技支撑服务。

重点加强以下几方面工作：

一是瞄准产前环节，大力推进科技条件平台服务、设计创意服务、研发外包服务等业态发展。鼓励企业、科研院所、高等院校联合建立研发平台、科技资源共享平台、科技信息平台和行业共性技术研发平台等，深入探索市场化、社会化的平台运营和管理机制，为企业、院所的创新活动提供高科技含量的服务。从DRC工业设计创意产业基地等设计创意集聚区建设入手，搭建设计关键技术研发支撑平台，吸引设计公司入区发展，促进设计人才、资源的空间集聚，全面提高设计创意服务水平。以软件研发服务外包、生物医药研发服务外包为突破口，促进企业进入研发外包市场，联合承接国内外大型企业和机构的研发订单，积极培育研发外包服务新型业态。

二是瞄准产中环节，培育专业化服务机构，大力发展产业标准联盟和技术联盟。大力推进长风联盟、闪联、大唐TD－SCDMA联盟、中国生物技术外包服务联盟（ABO）、数字电视联盟等一批产业标准联盟和技术联盟的建设，鼓励联盟共同研发创新、创制标准、开发市场和参与国际交流，引导企业从关注内部资源配置向重视外部资源整合转变，促成企业间结成产业链和价值链关系，开拓互动共赢的创新格局。积极发展技术咨询、工程咨询、信息咨询、管理咨询、项目外包管理、第三方监理等专业化服务机构，积极培育生产要素配送、制造流程外包、中间产品营销等新型服务业态，继续支持生产力促进中心、高技术创业中心、企业孵化器、大学科技园，以及风险投资、投融资担保等机构的发展，通过市场化手段，促进创新要素的联通和集成，提高对产中各个环节的专业化服务水平。

三是瞄准产后环节，搭建科技成果产业化服务平台，大力发展技术转移等专业服务。不断完善和发展技术交易市场、产权交易市场，促进各类产业化服务机构之间的知识流动和技术转移，全力打造全国技术交易中心、北京种业创新发展中心，拓宽北京知识、智力成果向全国辐射扩散的渠道。大力发展技术经纪人体系、知识产权代理服务机构、农村科技成果推广服务机构等，发展会计审计服务、法律咨询服务、科技仲裁服务等，加速科技成果产业化进程。

（五）以政府为主导的宏观管理调控体系

科学高效的科技管理体系对于新时期建立符合市场经济要求的新型科技体制具有明显的指挥棒作用，特别是在当前改革发展关键阶段，其对促进各种创新要素从习惯于计划经济要求的观念、方式转变到适应有中国特色社会主义市场经济要求的首都区域创新体系建设的引导作用尤为突出。科技管理体制改革，其核心是在引导和推动各类创新要素建立适应市场经济要求的首都区域创新体系的进程中，实现政府职能的转变。同时，要通过不断深化政府科技管理改革，加强政府多部门之间的协作与配合，建立高效的科技决策机制和多方参与的管理协调机制，提高公共服务效率。

重点加强以下几方面工作：

一是引导和建立各类创新要素按照市场经济要求发挥作用的新格局。继续深化科技管理体制改革，逐步形成新型科技工作管理体系，引导和促进适应市场经济发展要求的首都区域创新体系建设。引导和鼓励企业增强外部创新资源的组织利用能力，成为科技投入、科技研发和成果应用的主体。引导和鼓励科研院所和大学以经济社会发展的需求为导向，成为为发展提供科技支撑服务的重要力量。引导和鼓励社会科技中介机构按市场机制实现快速健康发展，大力推进科技成果产业化和全社会科技应用。

二是建立多方参与、统一高效的科技工作协调体系。进一步加强区县和委办局科技工作，建立多个相关部门参与、统一高效的科技工作协调体系,强化部门之间、区县之间以及领域之间、学科之间的统筹协调,合理配置资源,组织联合攻关,着力解决北京经济社会发展所面临的重大科技问题。

三是改革科技评审和奖励制度。根据科技创新活动的不同特点,按照公开公正、科学规范、精简高效的原则,完善科技评审和评估制度。改革北京市科技奖励制度,突出政府科技奖励重点,规范社会力量设奖。对创新性强的小项目、非共识项目以及学科交叉项目给予特别关注和支持。

四是加强公务员队伍建设,积极转变政府科技管理职能。大力开展以爱国主义为核心的民族精神和以改革创新为核心的时代精神的教育,坚持求真务实,抓好廉洁自律,培养一支高素质、强大的公务员队伍。进一步转变政府职能,提高管理层次,运用社会资源为企业搭建创新平台和营造创新环境。

## 五、重大专项

在明确科技工作部署和首都区域创新体系建设任务的基础上,为进一步突出战略重点,实现若干关键共性技术或重大工程的突破,需要紧密围绕经济社会发展目标,筛选出若干重大科技专项。确定重大专项的基本原则:一是有利于解决制约北京经济社会发展的重大瓶颈问题,有利于促进生产性服务业等重点产业发展;二是有可能取得技术突破和重大科技成果,有利于形成核心关键技术和自主知识产权;三是有利于深化科技管理体制改革,促进科技与经济社会发展相结合;四是切合北京市情,科技基础、财力能够支撑。

根据上述原则,本纲要确定了18个北京市重大科技专项(重大科技专项实施要点见附件):

资源环境类三个:

专项一:北京大气污染综合治理科技专项(简称"蓝天"专项)

专项二:北京水资源可持续利用科技专项(简称"碧水"专项)

专项三:北京节能减排与资源综合利用科技专项(简称"节能减排"专项)

生产性服务业类六个:

专项四:北京研发服务业和技术转移专项(简称"研发服务业"专项)

专项五:北京现代物流关键技术支撑专项(简称"现代物流"专项)

专项六:北京基础软件研发与应用科技专项(简称"软件"专项)

专项七:北京纳米级集成电路产业核心技术研发科技专项(简称"集成电路"专项)

专项八:北京新一代宽带无线移动通信技术研发和应用科技专项(简称"新一代宽带无线移动通信"专项)

专项九:北京文化创意产业关键技术支撑科技专项(简称"文化创意"专项)

民生服务类四个:

专项十:北京社区服务关键技术研发与示范专项(简称"社区服务"专项)

专项十一:科技提升改造北京传统服务业专项(简称"传统服务业提升"专项)

专项十二:北京市民健康生活促进科技专项(简称"健康市民"专项)

专项十三:北京市域快速通勤科技专项(简称"快速通勤"专项)

现代制造业类两个:

专项十四:北京基础装备与关键设备核心技术研发及设计制造科技专项(简称"基础装备"专项)

专项十五:北京碳纤维、纳米、超导等高性能材料技术提升与产业发展科技专项(简称"高性能材料"专项)

新农村建设类两个：

专项十六：北京都市型现代农业技术支撑体系科技专项（简称"都市农业"专项）

专项十七：北京农村生活环境改善科技专项（简称"农村环境改善"专项）

科技奥运类一个：

专项十八：科技促进北京奥运建设及成果推广应用专项（简称"科技奥运"专项）

重大专项的组织实施要根据北京发展的实际需求和科技发展的最新趋势进行必要的适时调整。

重大科技专项的推进方式：一是由北京市科技教育领导小组负责重大科技专项的统筹领导工作，由科教领导小组办公室负责重大科技专项的组织与协调工作；二是由相关主管部门担任重大科技专项主持单位，负责专项的总体方案制定和实施；三是专项主持单位要积极引导和鼓励各部门、各区县、中央在京大学院所、企业、地方科研机构等积极参与，保证重大科技专项的顺利实施。

## 六、保障措施

充分发挥政府引导作用，在政策法规、知识产权、科技投入、人力资源等方面采取有效措施，努力营造有利于科技发展与科技创新的良好环境，确保本纲要各项任务的落实。

（一）制定完善鼓励自主创新的政策法规

积极落实各项政策法规，推进地方科技创新立法工作，为自主创新营造良好的法制与政策环境。

一是落实各项政策法规，推进试点工作。贯彻落实国家中长期科技发展规划配套政策和北京市相关配套政策，通过落实有关鼓励企业与高校及科研院所进行产学研合作、开放科研基地和科研基础设施、推进知识产权信息服务平台建设、鼓励引进消化吸收再创新等政策，不断优化创新政策环境。对现行政策法规进行系统评估和评价，并根据发展需求进行适当的调整、修订和完善。加快推进知识产权质押贷款、科技保险、非上市股份公司代办转让等试点工作，逐步解决中小科技企业融资问题。

二是制定和出台促进生产性服务业创新发展的政策。制定和颁布促进科技成果产业化服务业发展、加快技术转移中介服务机构发展、以科技提升传统服务业等相关政策，全面提升生产性服务业创新能力。

三是通过政策手段，增强政府采购促进科技发展的功能。完善政府采购促进自主创新的政策法规，健全自主创新产品认定机制，结合国家的政府采购自主创新产品目录，拟定全市年度政府采购集中采购目录。实行政府首购和订购制度。

（二）实施知识产权战略与技术转移战略

大力实施知识产权战略和技术转移战略，保护创新主体权益，激发创新活力，加快技术转移，显著提升区域自主创新能力。

一是健全知识产权保护与服务体系。建立和完善知识产权保护制度，引导企业、科研机构、高等院校重视和加强知识产权管理。鼓励知识产权保护协会等中介服务机构发展。营造尊重和保护知识产权的法治环境，依法严厉打击侵犯知识产权的各种行为。

二是加强知识产权深度开发与经营。根据企业需求，筛选出一批具有产业化前景和推广价值的专利技术，引导技术转移服务机构通过市场化运作机制，对具有推广价值的专利技术进行深度开发和集成推广，促进专利成果产业化。

三是完善技术转移机制。健全技术转移中的利益分配机制，规范行业性技术交易行为，构建跨地域的高效的技术转移通道,营造有利于科技成果商品化、资本化和产业化的良好环境。加快建设全国技术交易中心,不断提升北京为全国创新发展服务的能力。

(三) 建立多元化的全社会科技投入体系

发展和完善适应社会主义市场经济体制要求的多元化科技投入体系,大幅度增加科技投入。

一是持续增加财政科技投入,提高科技经费使用效益。确保财政用于科学技术的经费增长幅度,高于财政经常性收入的增长幅度,建立财政科技投入适度超前、稳定持续的增长机制。优化财政科技经费投入结构。加强财政科技经费预算,建立财政科技经费绩效评价体系,提高经费使用效率。

二是推动企业成为技术创新投入主体。发挥政府资金的引导作用,通过科技项目支持和财政、税收、金融等政策的落实,引导和鼓励企业加大对技术创新的资金投入。进一步加大对科技型中小企业技术创新的资金扶持力度,激励中小型科技企业增加研发投入。

三是引导全社会加大科技投入。搭建多种形式的科技金融合作平台,引导政策性金融机构、商业银行、风险投资机构、社会担保机构等各类金融机构和民间资金加大对企业科技开发活动的支持力度,拓展企业融资渠道。

(四) 强化人力资源的开发与引进

进一步强化人力资源开发,加大创新型人才的战略性培养力度,形成结构合理、创新力强的科技人才队伍。

一是加快培养一批高素质的创新型人才。加快教育体制改革,围绕北京科技发展重点领域和企业需求,培养一批高层次、高素质、创新型和国际化的人才。依托重大科研攻关项目、重点科研基地建设项目以及国际学术交流与合作项目,培养出一批具有世界水平的技术专家、管理专家和拔尖人才。继续实施"科技新星计划",培养一批具有创新精神的青年科技带头人和科技管理专家。根据高技术产业发展和农村发展的实际需求,培养一批技能型人才和农村实用技术人才。

二是加大创新人才引进力度。根据科技发展的实际需要,建立人才引进目录。以重大专项为载体,引进若干对北京自主创新能力建设具有关键作用的科技领军人物和人才团队。加快建设海外学人中心,畅通吸纳高端创新人才的绿色通道,吸引留学人员和海外高端人才来京创业或工作。

三是支持企业培养和吸引创新人才。鼓励企业通过技术入股和兼职聘用等方式吸引科研院所和高等院校的优秀科技人员参与企业研发活动。支持企业与高等院校采取共建技术开发中心、搭建创新型人才的实践平台、设立面向企业的客座研究员岗位、委托高校开展技术培训等多种方式共同培养高层次技术人才。

(五) 加强国际科技交流与合作

继续扩大国际科技交流与合作,充分利用国际资源,提高北京科技发展的国际化水平。

一是加强重大科技项目的深层次国际合作。北京部分重大科技专项实行国际招标,吸引国际科技资源融入首都创新发展。积极支持北京研究机构参与全球性或区域性重大科技研发活动,拓宽国际交流与合作的渠道。

二是积极吸引跨国公司总部以及研发中心、财务结算中心等落户北京,支持其在京的研发活动。紧紧抓住全球研发服务转移的机遇,鼓励企业承接软件外包、医药研发外包(CRO)等外包业务。

三是鼓励跨国技术并购,增强企业国际技术竞争力。鼓励企业开展跨国并购,通过国家重大项目和地方重大科技项目的实施,帮助企业在跨国并购中实现技术和资本的成功整合。

四是支持企业走出去。鼓励大型企业在发达国家设立研发中心和产业化基地,吸纳高端人才,借鉴研发经验,开展多领域的自主研发活动,提高在国际市场中的地位。

（六）加强科学技术普及和宣传

大力发展科普事业，加大科技宣传力度，提高市民科学文化素质。

一是做好科学技术普及工作。进一步提高对新形势下科普工作的认识，赋予科普工作新的内涵，全面贯彻落实《科普法》、《全民科学素质行动计划纲要》等一系列法律、法规和政策文件。加强科普体制改革与创新，积极探索社会力量特别是企业广泛参与的新型科普工作机制，集成社会团体、大型企业和新闻媒体等方面的优势资源，开拓一条具有北京特色的社会化办科普的新路径。从规划、政策、协调、服务等方面推动科普工作，加强科普基地、科普型社区建设，搭建社会化科普服务平台，培养专业化的科普人才队伍，开展内容丰富的群众性科普活动，不断提升北京科普工作的水平。

二是做好科技宣传工作。针对各级领导干部、大中小学生和普通市民的不同需求，加大科技宣传工作力度，普及科学知识，倡导科学方法，弘扬科学精神，传播科学思想，提高全市人民的科学文化素质。大力倡导"终身学习"、"团队学习"、"全程学习"的先进理念，加快建设学习型城市。

# 中关村科技园区发展战略纲要

（2008—2020 年）

建设和做强中关村科技园区（以下简称中关村）是党中央、国务院做出的重大战略决策。1988年5月，国务院批准成立我国第一个高新技术产业开发区——北京市新技术产业开发试验区（中关村科技园区前身）；1999年，国务院批复指出，中关村是实施科教兴国战略、实现两个根本转变的综合改革试验区，要加快建设中关村；2005年，国务院及北京市做出了做强中关村的决策。在20年的创新和发展历程中，中关村有力地支撑了国家创新战略的实施，成为我国最重要的创新中心。中关村发生的历史性的深刻变化，是我国30年改革开放伟大成就的缩影。面对新形势和新任务，中关村作为我国创新资源最密集、创新体系较为完善、创新优势突出的区域，承载着建设创新型国家及首都创新型城市的重大历史使命，必须明确定位，突出优势，加快发展。为此，特制定《中关村科技园区发展战略纲要（2008—2020年）》。

## 一、发展背景

进入21世纪，世界新科技革命迅猛发展，正孕育着新的重大突破，将深刻地改变经济和社会的面貌。信息科学和技术发展方兴未艾，依然是经济持续增长的主导力量；生命科学和生物技术迅猛发展，将为改善和提高人类生活质量发挥关键作用；能源科学和技术重新升温，为解决世界性的能源与环境问题开辟新的途径；纳米科学和技术新突破接踵而至，将带来深刻的技术革命。随着经济全球化和区域一体化的不断深入，要素流动和产业转移加快，创新中心多极化发展、创新资源全球化配置的特征更加明显，技术、产业和区域的合作不断深化。一些国家和地区都把强化科技创新、建设全球科技创新中心作为国家和地区战略，努力发展前沿技术及战略产业，全球竞争更加激烈。

面对经济全球化、技术进步不断加快的机遇和挑战,我国迫切需要增强对创新资源的聚集能力,打造具有世界影响力的全球科技创新中心,依靠科技进步和创新来调整经济结构、转变发展方式、提高国家竞争力。为此,《国家中长期科学和技术发展规划纲要(2006—2020年)》提出,到2020年,我国要进入创新型国家行列。北京具有雄厚的科教资源优势和良好的基础条件,必须立足于国家战略,发挥首都优势,为建设创新型国家服务,率先建成创新型城市。《中共北京市委北京市人民政府关于增强自主创新能力建设创新型城市的意见》(京发[2006]5号)提出,到2010年,北京要初步建成创新型城市;到2020年,北京要进入世界创新型城市的先进行列。中关村拥有突出的创新资源和产业优势,有责任、有能力在建设创新型国家和创新型城市战略中发挥龙头带动作用,成为全球科技创新中心。

中关村在过去20年的创新和发展历程中,以企业为主体,围绕国家战略、首都发展,在电子信息、网络通信、航空航天、生物医药、新材料、环保新能源等领域研发出了一大批具有自主知识产权的新技术、新标准和新产品,自主创新能力显著增强。中关村高新技术产业总收入的年均增长率超过了40%,形成了软件、集成电路、计算机和网络、通信、航空航天、生物工程、能源环保等优势产业集群,在全国率先实现了向高技术服务业转型。初步形成了我国规模最大、实力最强、结构最完善的区域创新体系,探索了产学研相结合、开放式的协同创新。创新创业人才快速集聚,成为我国创业最活跃、高素质人才最集中的区域。在法制建设、工商登记、投融资、信用、知识产权、股权激励、现代企业制度、企业产权制度、人才培养和引进、行政管理等方面,中关村开展了一系列促进自主创新的先行先试的改革探索,为建立和完善社会主义市场经济体制提供了宝贵经验,初步形成了以人才为本、创新驱动的发展模式,在提升国家自主创新能力和推动高新技术产业发展方面发挥了聚集、引领、辐射的龙头作用。

按照中共北京市委、北京市人民政府提出的建设"人文北京、科技北京、绿色北京"的新要求,着眼未来的创新和发展,中关村必须进一步整合资源,发挥优势,大力提升高技术产业的创新能力和国际影响力,强化人才培养、聚集、激励机制,继续完善知识产权创造、运用、保护和管理机制,建立健全创业金融体系,深入探索产学研结合协同创新的有效体制和机制。

## 二、发展战略

(一)战略定位

中关村是建设创新型国家、首都创新型城市的龙头和全球科技创新中心。其特征是:

1. 全球高端人才创新创业的聚集区。完善人才开发管理体制和人才培育、引进以及使用的激励机制,建立健全人才评价体系,大力聚集和培育国际一流的高端领军人才,为增强自主创新能力提供人才保障。

2. 世界前沿技术研发和先进标准创制的引领区。坚持原始创新、集成创新和引进消化吸收再创新并举,承担国家重大项目和重大科技基础设施,力争在核心电子器件、高端通用芯片及基础软件、新一代宽带移动通信、下一代互联网、数字音视频、节能减排和环保新能源、新材料、生物工程与重大新药创制、重大传染病防治以及其他知识智力密集的技术领域取得自主知识产权和重大突破,引领高技术发展方向,提升国家创新能力。

3. 国际性领军企业的发展区。进一步优化支持创新创业的政策措施,构建高效的创新创业服务体系,完善促进企业做强做大的制度环境,不断催生新兴行业的国际性领军企业,提升国际竞争力。

4. 具有全球影响力的高技术产业的辐射区。以海淀园为核心,实现"一区多园多基地"的统筹发展,形成和壮大电子信息、航空航天、生物工程与新医药、新材料、新能源、环保、创意等领域的产业集群以及其他知识和智力密集的新兴产业,增强全球影响力。发挥中关村作为跨行政区的高技术研发和高端产业功能区的辐射带动作用,推动首都经济结构调整和产业升级。建立与全国其他地区的创新发展多边合作机制,形成优势互补、互利共赢的产业发展格局。

5. 体制改革与机制创新的试验区。坚持社会主义市场经济的改革方向,紧密结合中关村的实际,以及与国际接轨和国际化发展的要求,不断推进创业金融、知识产权、人才资源、公共服务等重点领域的改革和试验,为进一步增强和激发各类创新主体和要素的创新活力提供体制机制保障。

(二)指导思想

以邓小平理论和"三个代表"重要思想为指导,深入贯彻落实科学发展观,按照把中关村建设成为全球科技创新中心的总体要求,以提升自主创新能力为核心,坚持市场化、法制化、国际化发展方向,通过大力实施制度创新、组织创新和文化创新,构建和完善以企业为主体、市场为导向、产学研相结合的技术创新体系,在推动创新型国家建设和高技术产业发展方面发挥聚集、引领、辐射的龙头作用。

(三)发展方针

1. 创新驱动。把中关村发展与世界新技术发展前沿、国家重大技术战略实施紧密结合,按照国家及北京市中长期科技发展规划纲要的要求,重点提升电子信息、航空航天、生物工程、新材料、能源环保、高技术服务业等领域的原始创新、集成创新和引进消化吸收再创新的能力,着力研发一批具有国际领先水平的核心技术。把中关村发展与国家重大制度创新的试点工作紧密结合,在探索不断完善产学研相结合的创新体系、创业金融体系建设以及与国际惯例接轨的重大制度试点方面取得突破。

2. 高端聚集。吸引和聚集国内外创意、创新、创业的高端人才,发展以研发型、总部型、服务型为特征的高端、高效、高辐射力产业。形成一批技术集成度高、功能齐全、配套能力强、产业带动力强的高技术产业集群,培育一批具有国际竞争力的领军企业和自主知识产权的国际品牌,提升首都竞争力,支撑我国高技术产业发展。

3. 辐射带动。以中关村为核心,以重点领域和关键技术为突破口,形成立足北京、辐射全国的创新发展带动体系。依托中关村科教资源密集、创新创业能力强的优势,推动科技奥运理念和成果的推广,促进科技成果在全国各地的产业化,带动经济结构调整;依托中关村产业高端、高效、高辐射力的优势,实现更大范围的产业分工布局,带动我国高技术产业发展;依托中关村先行先试的制度优势,在完善社会主义市场经济体制方面发挥示范作用。

4. 国际化发展。积极参与和融入全球创新资源分配和高端产业分工,大力引进人才、技术、创业投资、跨国公司研发总部等高端创新资源,培育扎根本土、具有影响国际分工能力的世界级高技术跨国公司。

(四)战略目标和阶段

总体目标是:按照建设创新型国家和首都创新型城市的战略要求,自主创新能力全面提升,激励创新的机制体制更加完善,创新创业环境开放良好,电子信息、航空航天、生物工程、新材料、能源环保产业的技术水平进入世界先进行列,世界领先的科技成果和科技领军人才不断涌现,形成以企业为主体、市场为导向、产学研相结合的技术创新体系,把中关村建设成为全球科技创新中心和世界一流的科技园区。

中关村下一步的发展分为两个阶段:

奠定基础阶段(2008年至2010年)。要全面完成中关村"十一五"规划中确定的各项目标,高新技术企业研究与试验发展经费支出占总收入比重达到5%左右,中关村高新技术产业增加值相当于北京地区生产总值的比重达到20%左右,进一步发挥中关村在建设创新型国家和首都创新型城市中的龙头作用,持续改善创新创业环境、完善体制机制、聚集高素质人才,巩固作为中国创新中心的地位,为成为全球科技创新中心奠定基础。

基本形成阶段(2011年至2020年)。高新技术企业研发投入占销售收入的比重达到8%左右,中关村高新技术产业增加值相当于北京地区生产总值的比重达到30%左右,每万名从业人员的专利申请量达到100件,企业的自主创新能力和国际竞争力显著增强,在中国进入创新型国家行列和首都北京进入世界创新型城市先进行列的同时,中关村初步成为全球新兴的科技创新中心。

## 三、重点领域

(一)持续引领中国电子信息技术创新和产业发展

在核心电子器件、高端通用芯片及基础软件,极大规模集成电路制造技术及成套工艺,新一代宽带无线移动通信等方面突破一批关键核心技术;大力发展集成电路、软件等基础性核心产业,重点培育信息服务业、下一代网络、新一代移动通信、数字电视、高性能计算机及网络设备、光电显示等新兴产业群。

(二)不断取得生物技术领域的关键技术突破

在重大新药创制、艾滋病和病毒性肝炎等重大传染病防治、转基因生物新品种培育等领域突破一批关键核心技术;根据防治重大疾病和传染病的需要,重点开展基因工程和蛋白质工程、干细胞与人体组织工程、生物芯片等前沿技术创新,进一步形成新型疫苗、诊断试剂、创新药物、现代中药、新型医疗器械等产业集群。

(三)为国家能源环保产业发展提供技术支撑

围绕建设资源节约型、环境友好型社会以及国家节能减排的战略需求,在水体污染控制与治理,综合治污与废弃物循环利用,雨水收集利用,工业、建筑与交通节能等领域攻克一批关键技术,大力发展风能等可再生能源以及核能、氢能等新能源技术;加强能源环保领域成套技术的开发和产业化,提高装备技术水平,为能源环保产业发展提供技术支撑。

(四)加快发展新材料和高端制造业

围绕信息、生物、航空航天、重大装备、新能源等产业发展的需求,在特种功能材料、高性能结构材料、纳米材料、复合材料、环保节能材料等方面攻克一批关键技术和前沿技术,形成产业群。在工业自动化及装备、可循环钢铁流程工艺与装备、大规模集成电路制造技术及成套工艺、数字化医疗器械、大型环保装备和仪器设备、可再生能源和新能源成套技术装备、农业新型生产装备等领域,加快研制开发一批对国家经济安全、技术进步、产业升级有重大影响和带动作用的核心技术和装备,提高设计、制造和系统集成能力,并推动产业化进程,成为国家战略产业核心装备的重要基地。

(五)大力发展高技术服务业

围绕通信、广播电视、互联网三网融合的发展趋势,在现代服务业信息支撑技术及大型应用软件领域,重点研究开发金融、物流、教育、医疗、电子政务和电子商务、数字出版、数字音视频等现代服务业领域发展所需的关键技术,提供整体解决方案,加快支撑文化创意产业的技术研发,促进信息服务的运营与内容、技术、设备的互动发展,不断引领信息服务业新业态发展和商业模式创新。加快发展研发服务业,重点加强信息技术、生物技术、能源环保、新材料等领域的高端研发,不断扩大研发服务业规模,大力发展IT外包、生物研发外包等新型服务业态,推动研发成果和技术成果有效转移,进一步强化对国内其他地区的技术辐射和带动作用,聚集和吸引国内外知名企业在中关村设立研发中心。

## 四、保障措施

为确保本纲要各项任务的实现,要始终不断整合优势资源,持续抓好聚集高素质人才、创造自主知识产权、建设创新体系、改革体制机制、推进国际化发展、培育创新创业文化,实施《中关村科技园区条例》等战略措施。当前一个时期,要落实好以下重点措施。

（一）大力实施人才战略

1. 实施"中关村高端领军人才聚集工程"。在信息技术、生命科学、环境科学、材料科学等领域吸引战略科学家及其团队;在核心电子器件、高端通用芯片及基础软件、新一代宽带移动通信、下一代互联网、数字音视频、高性能计算机、节能减排和环保新能源、新材料、水体污染控制与治理、生物工程与重大新药创制、重大传染病防治等领域聚集和培育一批由高端领军型创新创业人才领衔的高科技创业团队;在创业投资、金融、法律、财务、知识产权、管理咨询、专业培训、猎头等领域聚集和培育一批由高端领军型创业投资家和科技中介人才领衔的创业服务团队。

2. 健全人才激励机制。鼓励智力要素和技术要素以各种形式参与收益分配,鼓励通过股权、期权、年薪制、年金和人才忠诚保险等手段,提高对关键岗位、业务骨干等重点人才的激励,鼓励企业和各类人才增加人力资本投资。

3. 完善人才服务环境。建立中关村人才市场指数,评估中关村人才资源整体发展情况。建设海外学人中心,充分利用市场机制吸引全球的优秀人才到中关村创业和发展。组建中关村人才信用联盟,建立推荐信制度。完善国内外人才在企业、高等院校、科研院所之间的流动保障机制以及创业扶持、人员出入境、子女教育等方面的优惠政策,鼓励大学生、研究生、教师和科研人员创办高新技术企业。

（二）实施"中关村协同创新计划"

1. 加强国家科技资源的配置。按照国家中长期科技规划确定的重大专项,选择中关村具有优势的核心电子器件、高端通用芯片及基础软件、新一代宽带移动通信、生物工程与重大新药创制、重大传染病防治等领域,承接一批国家重点项目和国家科技基础设施。支持以企业为主体实施一批重大高技术产业化项目,使之成为我国的产业龙头。

2. 实施"中关村开放实验室工程"。引导实验室和优势企业瞄准国家战略和重大科技计划,联合开展研发,承担一批国家项目。加强企业、大学科技园、专业园、技术转移机构、知识产权促进机构之间的合作。采用信息化手段进一步整合落户中关村的国家工程中心、国家工程研究中心、国家级重点实验室、企业技术中心及部分外资研发中心等创新平台,实现科技基础设施共享、科技成果展示、企业需求提交、专家和实验室协同服务、成果对接等功能,建设中关村开放研究院。

3. 开展"中关村百家创新型企业试点"工作。鼓励企业加大研发投入,建立多种形式的技术创新中心和研发机构,支持大企业与跨国公司共建技术研发联合体,形成一批具有持续创新能力的企业集团。激发中小科技企业创新的积极性,鼓励其开展各种形式的技术革新和发明创造。鼓励企业开展技术创新、商业模式创新、管理创新和文化创新。引导企业健全法人治理结构,强化企业的社会责任。

4. 支持各类主体的协同创新活动。进一步发挥企业的主体作用、国家科研机构的骨干引领作用和高等院校的基础作用,积极开展协同创新、知识产权转让、成果对接、技术转移、人才培养和科技交流,促进重大原始创新的产生,促进多学科的交叉融合创新以及在基础研究成果上的应用创新。引导产业链骨干企业开展竞争前的战略性关键技术和重大装备的研究开发,逐步形成大、中、小企业创新并举,充满生机和活力的企业创新体系。支持中关村产业技术联盟发展,重点推进中关村的 TD-SCDMA、闪联、SCDMA、数字电视、下一代互联网络等产业技术联盟承担国家重大专项、公共技术平台建设、标准创制和国际推广、共性关键技术研发等任务。加快军民两用技术的研发和军民之间技术的相互转移,探索建立军民结合、寓军于民的科技创新体系。

5. 健全科技中介服务体系。强化科技企业孵化、科技成果中试、技术交易、信息等各类创新创业服务功能。加强孵化器、留学人员创业园、大学科技园、技术转移中心等创业孵育机构的发展和政策支持。推进科技中介机构市场化、专业化和产业化发展。

(三) 全面实施知识产权、标准、品牌、技术转移战略

1. 实施知识产权战略。落实国家知识产权战略纲要,继续推进中关村国家知识产权制度示范园区的建设,建立知识产权创造与技术研发有效融合的创新体制,支持企业通过知识产权战略提升其技术创新能力和市场开拓能力。完善创新成果的知识产权考核指标,推进创新成果的产权化。加大对专利创造重点企业形成专利池和产业技术联盟构建专利群的支持力度。建立健全知识产权服务体系和专利经营体系,建立实时高效的知识产权侵权预警和风险防范机制,建立正版产品流通示范体系,培育一批从事专利战略经营和服务的中介机构,扶持一批版权代理机构和反盗版组织。培育和发展符合中关村自主创新内涵的知识产权文化。

2. 实施标准战略。继续推进中关村国家高技术标准化示范区的建设。引导各类创新主体融入、参与、创制国家和国际技术标准,承担标准化专业技术委员会工作,加大政府对重大标准的支持力度。探索建立标准研制与科技研发紧密结合的机制,促进具有自主知识产权的科技成果快速转化为技术标准,支持企业以产业链为纽带形成标准联盟,共同推进基于相关标准的技术和产品的应用和推广。支持企业参与国际标准化活动,吸引国际标准化组织入驻园区。

3. 实施品牌战略。以塑造自有品牌为目标,鼓励中关村企业通过技术创新不断提升产品和服务的科技含量和质量,加大培育自主品牌的投入力度,提升中关村企业产品的信誉度、美誉度和品牌实力,逐步扩大品牌的国际影响力。鼓励拥有自主知识产权和自创品牌的高技术产品、文化创意产品出口,不断提高海外市场占有率。强化中关村的高技术区域品牌形象,为企业创建国际化的产品和服务品牌提供支撑。

4. 实施技术转移战略。充分发挥中关村大学、科研院所密集的优势,不断加大对技术转移的支持力度。进一步明确大学和科研院所技术转移的责任与义务,建立利益共享机制,推进高校院所的科研成果向企业转移,落实对科技成果完成人的奖励和激励政策。建立科技成果转化评价考核机制。围绕重点细分产业领域,支持中关村企业与高等院校、科研院所建立长期合作机制,共同推进中试环节,共同推进技术工程化。支持中关村企业参与国际间的技术转移活动,促进技术转移服务网络化。

(四) 建立科技创业金融体系

1. 大力推进创业投资和产业投资基金在中关村的设立和发展。发挥政府创业投资引导资金的作用,引导境内外创业投资机构投资于重点产业。鼓励境内外各类投资主体在中关村设立公司制或有限合伙制的创业投资机构。大力吸引境内外创投机构入驻,鼓励私募股权投资发展。研究设立中关村高新技术产业投资基金。支持境内外个人在中关村开展天使投资业务,培育天使投资者队伍。

2. 积极利用多层次资本市场。做强做大中关村板块,促进企业兼并收购。深化和扩大中关村非上市股份公司代办股份转让试点,使其逐步发展为全国统一的股份有限公司股份公开转让平台。支持在京建设统一监管下全国性的场外交易市场。设立促进企业上市的综合协调服务平台,支持高新技术企业通过多种途径和方式在境内外证券市场上市。研究设立中关村并购重组基金,支持有条件的企业通过兼并收购做强做大。积极支持和大力推动高新技术企业集合发债试点工作。

3. 完善投资、担保、贷款的联动机制。系统深入开展企业信用体系建设试点。实施以企业信用为基础的中小企业流动资金贷款解决方案。支持商业银行针对高新技术企业开展信用贷款、知识产权质押贷款等业务。设立再担保服务机构,增强科技担保服务能力。研究设立专门为创业企业提供小额贷款服务的贷款公司。开展科技创业银行试点,为获得创业投资的企业和创业投资机构提供专业的金融服务。鼓励金融机构提供融资担保、信用保险、综合授信等一揽子金融服务及优惠利率贷款支持。引导和鼓励社保基金、商业保险、证券公司、资产管理公司、金融租赁、信托公司等各类金融机构开展支持自主创新的创新业务试点。支持在中关村重点工程项目建设中开展项目融资以及发行市政项目收益债券的试点。

4. 建立科技保险保障机制。以提高企业风险管理能力为核心,开展高新技术企业科技保险试点。鼓励保险公司开展对高新技术企业的保险服务,建立高新技术企业创新产品研发、科技成果转让的保险保障机制。支持企业购买高新技术企业产品研发责任保险、关键研发设备保险、出口信用保险、员工忠诚险、补充养老保险等保险服务。

(五) 优化和拓展发展空间

1. 构筑功能明确、特色鲜明的空间布局。确立中关村的三层空间结构,包括中心区、发展区和辐射区。中心区以海淀园为主体,承担研发、创新、总部运营等功能,重点发展高技术服务业、文化创意产业;发展区以丰台园、电子城、昌平园、德胜园、雍和园、石景山园、亦庄园、大兴生物医药基地、通州园为主体,丰台园重点发展科技企业总部,电子城重点发展通讯网络与电子信息产业,昌平园重点发展生物技术研发、能源环保产业,德胜园重点发展数字内容产业,雍和园重点发展创意产业,石景山园重点发展信息安全、数字内容产业,亦庄园重点发展高技术制造业,大兴生物医药基地重点发展生物工程和医药产业,通州园重点发展先进制造业;辐射区以京津冀、环渤海为主体并覆盖全国,实现中关村技术、产品、服务、品牌和模式的输出与扩散,形成资源优势互补、协调发展的格局。

2. 建设综合性国家高技术产业基地。依照北京城市总体规划"两轴—两带—多中心"的总体空间布局,遵循高技术产业空间聚集的规律,满足处于不同成长阶段高新技术企业的空间需求,进一步引导各细分产业、价值链环节在不同园区、专业园形成集聚,促进各园区之间形成分工协作、优势互补,完善"一区多园多基地"的空间格局。

3. 打造特色突出、企业集聚的专业化产业基地。把握高技术产业的成长规律,推动专业园和特色产业基地的专业化发展,提升企业竞争力。围绕电子信息、生物技术、能源环保、高技术服务业和文化创意产业等重点产业,新建一批专业园和特色产业集聚区。实现土地的集约、高效利用。

(六) 带动区域统筹协调发展

1. 发挥在首都创新体系中的龙头作用。通过中关村的技术创新、制度创新和商业模式创新,切实增强首都的自主创新能力和技术辐射能力。利用中关村跨行政区的高技术研发和高端产业功能区的优势,推动首都经济结构调整和产业升级。与市级工业开发区共建高技术产业基地,适时将上述基地纳入中关村范围,形成科技园区与城市发展新区、生态涵养区相辅相成的发展格局,提高首都的产业水平。

2. 发挥在环渤海经济圈的创新引领作用。建立与天津滨海新区的互动发展机制,发挥滨海新区研发转化基地的作用,使其成为中关村科技创新成果产业化的重要平台;建立环渤海经济圈主要城市参与的创新发展多边合作机制,促进中关村的科技成果在周边地区的产业化。支持中关村的开发运营机构、创业投资机构、技术服务机构等到周边高新技术产业开发区和经济技术开发区开展开发建设、产业促进、管理运营、成果孵化等工作,提升周边地区高技术产业发展能力。

3. 发挥在更大区域范围内的辐射带动作用。建立与其他地区的合作机制,发挥中关村在电子信息、航空航天、生物工程与新医药、节能环保等领域的技术优势,支持西部大开发、老工业基地改造、中部崛起等国家重大战略的实施,促进资源节约型和环境友好型社会的建设,实现高技术改造传统产业、信息化带动工业化的目标,推动我国工业化和城市化进程。

(七)不断提升国际化水平

1. 吸引全球创新要素聚集。要立足在全球范围内优化配置资源。着力引进关键技术、创业投资、高端人才、研发机构等创新要素,重点引进重大项目、重点企业、研发机构、地区总部等产业要素,促进跨国公司研发机构实现溢出效应,吸引对高技术研发和高技术服务外包具有整合和集聚效应的项目以及完善产业链的项目。

2. 支持有能力的企业"走出去"。鼓励高新技术企业通过贸易、境外上市、投资、并购、承包工程等多种形式开展国际化经营,重点支持高新技术企业在海外设立研发机构、开展跨国研发合作、自主知识产权产品出口、软件外包、技术集成服务。建立海外科技园和孵化器,为高新技术企业"走出去"提供海外科技服务平台。

3. 构建现代化、国际化的高技术市场体系。合理布局、积极引导,继续保持中关村作为我国电子信息产品市场中心的地位。通过经营理念、流通技术、商业模式、诚信水平、经营环境等的全面升级,促进形成若干中关村自主创新品牌产品的集中展示和体验场所。把中关村建设成为国际知名的高技术产品发布中心、价格形成中心、电子商务中心和采购中心。

4. 推进多层次国际交流与合作。建立与世界知名科技园区、大学、国际组织的交流与合作,与具有共同基础的国际科技园建立长期战略合作伙伴关系,通过举办国际科技博览会、高层论坛,组建跨区域、跨国界的技术创新联盟等方式,促进企业、区域之间的交流合作。

(八)继续优化发展环境

1. 开展自主创新综合改革。研究制订中关村进一步深化综合改革的方案,报请国务院批准后实施。针对制约自主创新和发展的体制机制障碍和薄弱环节,在中关村继续开展有关投融资、政府采购、人才资源发展、重大项目等方面的体制机制改革试点工作,为国家及北京市探索先行先试的经验。

2. 加强政府引导和服务。加强对中关村的领导,加大对中关村的财政资金投入,通过建立考核指标强化各分园的协同发展。探索建立企业、协会和政府良性互动的公共管理机制,以及多部门的合作协调机制,为创新创业提供高效的公共服务,营造良好的市场秩序和竞争环境。强化首都意识、大局意识、服务意识和首善意识,政府部门要带头推动重点领域和关键环节的改革,着力构建充满活力、富有效率、更加开放、激励创新的体制机制。继续转变政府职能,完善公共服务体系,不断提高政府针对企业多样化、专业化需求的服务能力和水平。实施政府采购和财政投资类项目优先选用自主创新产品的制度,为中关村具有自主知识产权的技术、产品和服务提供应用和产业化的渠道和市场。

3. 建设宜居、和谐、生态的园区环境。加强环境绿化和美化,建设生态型园区,实现人与自然的和谐发展。进一步完善与创新相适应的商务、文化、教育、医疗、住宅等配套服务。健全城市功能,加快电信、电力、交通等基础设施建设。

4. 开展具有中关村特色的文化创新。继承中关村地区优秀的思想文化传统,发扬敢为天下先的精神,不断解放思想,破除旧观念的束缚。加强中关村各个创新主体"自主创新、民族品牌、产业报国"的国家使命感和社会责任感。进一步完善鼓励创业、宽容失败的开放、交融的文化氛围。本纲要是编制和实施中关村五年期发展规划、年度工作计划的指导性文件,同时要根据形势和任务的变化适时进行修改和完善。

# 2008年中关村指数报告

## 中关村科技园区管理委员会

2008年,全球宏观经济形势发生了深刻变化,国际金融危机的风险逐步向实体经济蔓延,全球经济持续减速,复苏乏力。受全球经济增长放缓的影响,伴随着经济增长的周期性回落,我国经济增长下行压力明显。2008年下半年,严峻的国际国内宏观经济形势对中关村的影响逐渐显露。在此背景下,中关村科技园区未能保持近年来的快速增长态势,园区主要经济指标增速均有不同幅度下滑,部分指标出现负增长,园区经济下行趋势明显。此外,新的国家高新技术企业认定办法的实施导致中关村新入园企业大幅减少,在相当程度上影响了中关村2008年的总体表现。

图1　2004—2008年中关村指数及其增长率

**1. 园区增长态势趋缓**

2008年,中关村科技园区发展增速明显减缓。中关村指数为231.12点,同比增长仅为3.8%(图1)。与2004—2007年中关村指数年均超过30%的快速增长相比,2008年中关村指数表现平平。中关村指数的变化趋势真实反映出中关村当前面临着建园以来最为严峻的挑战。

**2. 创新活动仍旧较为活跃**

2008年,创新指数保持了相对较快增长,达到267.35(图2),同比增长10.1%。与园区总体发展急剧减缓相比,园区创新活动仍旧较为活跃,具体表现为创新协作明显加强,创新产出较为丰硕,但创新的资金投入和人力投入均有所减少。虽然创新是园区企业应对危机、寻求发展的重要支撑途径,但是受市场萎缩、资金紧张等诸多原因的影响,部分园区企业还是将削减研发投入作为降低成本的途径之一。外部环境的改变对创新产出的影响具有一定时滞性,当期创新产出的增长可能得益于前几期的创新投入,因而不能对2008年创新产出的增长有过于乐观的评价,并且需要重点

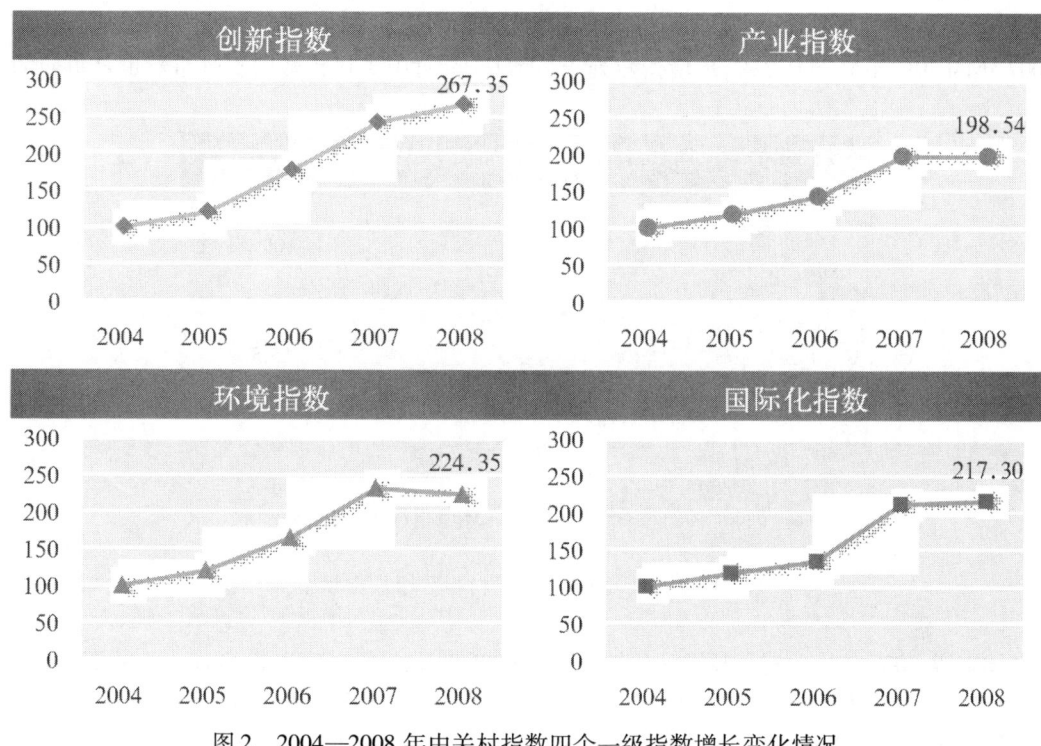

图2 2004—2008年中关村指数四个一级指数增长变化情况

关注园区企业削减创新投入的倾向。

**3. 产业发展增速明显下滑**

2008年,产业指数为198.54,同比仅增长了0.03%(图2)。无论是与近几年产业指数的纵向比较,还是与当期其他指数的横向比较,产业指数的同比增速都处于相当低的水平。进一步分析可以看出,园区产业规模增长缓慢,企业利润出现萎缩,新增入园企业的大幅减少导致产业结构指数出现负增长。高技术服务业的增长和万元GDP能耗的下降成为产业发展中的亮点。

**4. 环境指数首次出现负增长**

近年来,园区创新创业环境不断得到优化,2004—2007年环境指数呈加速增长趋势,但2008年环境指数出现逆转,同比下降了3.4%,仅为224.35(图2)。这主要是因为2008年宏观经济形势趋紧导致投资信心受挫,国内IPO融资停滞,在指数上则体现为金融环境指数的大幅下滑,下滑幅度高达15.2%。相比之下,专业服务指数表现较好,实现了9.8%的增长;人才环境指数略有下降。

**5. 国际化尚处于探索阶段**

2008年,国际化指数为217.30,与上年相比小幅增长2%,该同比增幅远低于2004—2007年的28.7%(图2)。值得注意的是,国际拓展指数实现了4.4%的增长,而资源引入指数出现2.6%的下滑。两相比较来看,园区企业的资源引入更易受到国际环境的影响,国际拓展活动在一定程度上取决于园区企业推进国际化进程的意愿和力度。2008年,园区企业在境外设立分支机构数、对境外直接投资等指标都出现了显著增长。总体来看,园区尚处于国际化的探索阶段,但国际化正逐渐成为拉动中关村发展的重要力量。

**6. 促进园区发展的因素分析**

从指数结构性分析可以看出(图3),2008年四个一级指数对中关村指数的贡献率出现了较大变化。创新仍是促进园区发展的主要动力,其贡献率始终位居首位;国际化指数贡献率排名上升至第二位,但处于较低水平,仅为5.5%;随着产业发展的趋缓,产业指数的贡献率也出现急剧下滑,由2007年的30%下降至0.3%;环境指数处于负增长,其对中关村指数的贡献自然也是负向的。

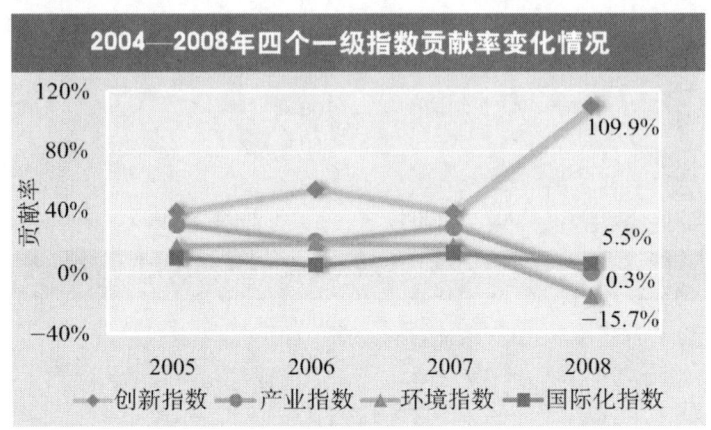

图3　2004—2008年中关村指数增长贡献率

总体来说,2008年中关村科技园区的综合发展速度明显放缓。不过,园区作为人才资源充沛、技术要素密集、创新创业活跃的高科技园区,其基本面是好的。随着国内外宏观经济环境的改善及相关政策措施效能的逐步释放,抑制园区下滑的力量在持续增加,2009年中关村经济将有望企稳回升。

## 一、创　　新

2008年前三季度,园区创新活动仍十分活跃,创新投入、协作和产出都处于高速增长状态。自9月以来,金融危机对园区创新活动的影响开始逐渐显现,创新人员数量和创新收入增速与三季度相比都有所下滑。总体来看,2008年园区创新活动仍较为活跃,创新产出和创新协作都有较快增长,创新能力进一步提高,涌现出一批新产品、新技术和新标准,在国家重大项目中作出了突出贡献。2008年中关村创新指数为267.35,比上年提高24.54点。从2004—2008年中关村创新指数的运行态势可以看出,由于创新投入力度的削弱,2008年创新指数增长趋势走低(图4)。

图4　2004—2008年中关村创新指数

从创新指数的结构性分析来看,2008年创新产出对创新指数的贡献最大,拉动创新指数增长19.7点,贡献率达80.3%;其次为创新协作,拉动创新指数增长10.1点,贡献率为41.3%;创新投入则带动创新指数下滑5.3点。

(一)创新投入

2008年,中关村创新投入指数为186.85,自2004年以来首次出现下降(图5)。究其原因,金融危机对园区创新的冲击和滞后影响自9月份开始显现,部分企业为削减成本减少了创新人员及资金投入。

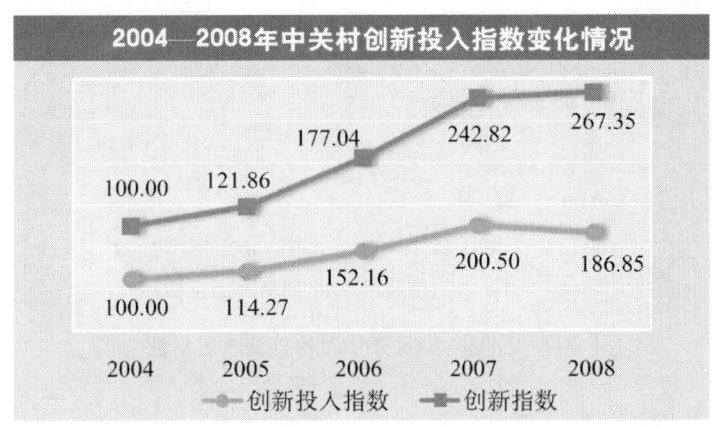

图5  2004—2008年中关村创新投入指数

**1. 创新人员规模和占比均有下降**

2008年,园区科技活动人员数量出现多年来的首次下降,不过下降幅度并不大。2008年,园区科技活动人员为32.1万人,比上年减少1.9万人。科技活动人员占园区全部从业人员的比重为34.1%,比上年下降3.7个百分点。六大重点领域中,电子信息领域科技活动人员下降人数最多。从规模看,大企业科技活动人员增长平稳,中小企业则出现明显负增长。

**2. 创新资金投入小幅下降**

2008年,园区科技经费支出达到557.9亿元,比上年略降1.8亿元;R&D经费支出324.5亿元,比上年降低8.1亿元。上述指标均为2000年以来首次出现下降。2008年1—11月,园区R&D经费支出同比增速较1—8月提高了11个百分点,但全年数据却出现了下滑。这在一定程度上说明,企业在危机初显时选择增加研发投入,力求在危机中保持竞争优势,但随着外部环境的不断恶化,企业总收入和利润出现下滑,甚至出现较大亏损,则不得不缩减研发投入以降低成本。

2008年,中关村研发投入强度(R&D经费支出/总收入)为3.2%,比上年降低0.5个百分点,这是自2007年以来连续两年出现较大幅度的下降。其中,软件产业研发投入强度为7.9%,在园区重点产业中仍居首位,但较上年下降了1.8个百分点。

**3. 技术开发减免税额大幅震荡**

2008年,技术开发减免税额在上年陡增后陡降,由2007年的36.4亿元降至7.7亿元,降幅高达78.7%。六大领域技术开发减免税额都有不同程度的下降,其中先进制造业下降额度最大,达12.7亿元,同比下降93.5%。

(二)创新产出

2008年,中关村企业在新能源与环保、生物医药、软件及信息服务、集成电路、通信与计算机网络等领域取得一大批重大技术、产业化创新成果,专利标准创制能力也显著增强,并为神州七号、抗震救灾、科技奥运等重大任务作出了突出贡献。2008年中关村发明专利授权和新产品销售收入都实现不同程度的增长,拉动创新产出指数继续高速增长44.47点,2008年中关村创新产出指数为322.87(图6)。

图6  2004—2008年中关村创新产出指数

**1. 专利申请显著增长**

2008年,中关村园区企业申请专利共计16547件,同比增长137.5%,占北京市的比重为38%,占全国的2%,占全国的比重比上年翻一番。园区每万人专利申请量达165件,同比增长113.7%,是北京市平均水平的8倍,创新能力显著增强。

从专利授权来看,2008年,中关村园区企业共获得专利授权4305件,占北京市的24.3%,占全国的4.3%。其中发明专利1834件,同比增长67.8%;占园区授权总量的42.6%,该比重比上年提高9.5个百分点(图7)。

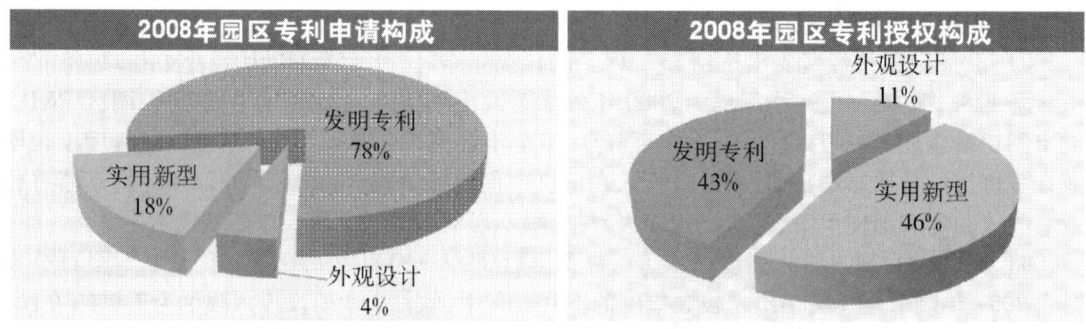

图7  2008年园区专利申请和授权构成

**2. 版权登记项数略有降低**

2008年,园区版权登记项数为6062项,比上年减少102项;其中,软件登记4845项,同比下降17.9%。不过,2008年园区实现版权交易额为3.39亿元,同比增长123.3%,其中计算机及相关产品和软件产业版权交易额占总量的98.6%。2008年,园区软件著作版权数11327项,居全国领先地位。

**3. 新产品销售收入略有增长**

2008年,中关村新产品销售收入为3327亿元,比上年增长106.1亿元。新能源和环保产业在金融危机背景下保持了较快的增长速度,同比增速分别为57.5%和23.2%,代表了中关村未来的发展方向。而电子信息新产品销售收入同比增速则由2007年的128.6%降到 -9.7%。

**(三) 创新协作**

2008年,中关村创新协作力度进一步加大,技术合同成交额、企业委托外单位开展科技活动经费支出、参与产业技术联盟的企业数等创新协作指标都出现不同程度的增长,拉动创新协作指数增至306.16(图8)。

图8　2004—2008年中关村创新协作指数

**1. 企业委托外单位开展科技活动经费支出较快增长**

除了2006年有所下降以外,园区企业委托外单位开展科技活动经费支出自2004年以来不断增加,2008增至45.7亿元,同比增长30.9%。

**2. 产业联盟协同创新作用越发明显**

2008年,中关村产业联盟达到30家,如闪联、TD-SCDMA产业联盟等,涵盖了软件、集成电路、通讯、互联网、生物医药、环境保护等多个产业领域,初步形成企业、科研机构等开放、协同创新的新局面。2008年,参与产业联盟的企业数达1946家,比上年增加905家,同比增长86.9%。

**3. 技术转移较为活跃,技术合同成交额增长迅速**

2008年,中关村技术转移(包括技术开发和技术转让)项数为8691项,同比增长6.1%。园区技术合同成交额848亿元,同比增长23.2%;占北京市的比重为82.6%,占全国的31.8%。从技术领域看,电子信息领域集中了园区技术合同成交总额的54%。

## 二、产　　业

2008年,中关村产业发展受到严重冲击,尤其在10月之后产业规模扩张步伐放慢,园区全年总收入增速20年来首次低于20%;企业利润下滑,企业亏损面显著扩大;产业结构优势有所显现,高技术服务业继续稳步增长。2008年,中关村产业指数达到198.54点,较上年略有增长,但对总指数增长的贡献度相对较小(图9)。

图 9 2004—2008 年中关村产业指数及增长率

2008 年,产业指数仅增长 0.07 点,产业规模、产业效益及产业结构指数的贡献分别为 0.15 点、0.21 点和 -0.29 点。与前几年突飞猛涨相比,2008 年的产业二级指数异常平淡,升降幅度均不到 1 点。

(一)产业规模

受高新技术企业重新认定影响,2008 年园区企业范围有所缩小,但总收入、总资产保持增长,园区产业规模继续扩大,产业规模指数较上年略有提高,达到 212.91 点(图 10)。

图 10 2004—2008 年中关村产业规模指数及增长率

**1. 企业数量有所减少**

2008 年,中关村在园企业数下滑到 18437 家,较上年减少了 2590 家。究其原因,一是在金融危机中,部分企业破产注销;二是受高新技术企业重新认定影响,中关村新入园企业大幅减少,并且部分园区企业未能通过高新认定,而未被纳入园区统计范围。

**2. 经济总量继续扩大**

2008 年,中关村总收入突破万亿大关,达到 10222.4 亿元,同比增长 13.1%,工业总产值为 3805.1 亿元,同比降低 1.2%,总收入及总产值增速均远低于上年(图 11)。

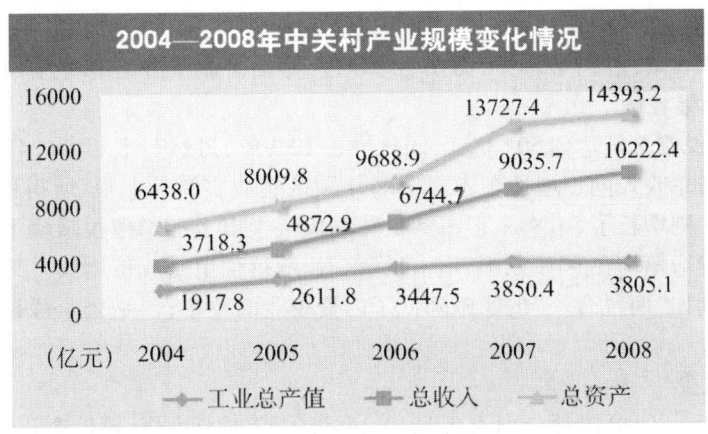

图 11　2004—2008 年园区产业规模变化情况

**3. 企业总资产保持增长**

2008 年,园区企业资产总规模达到 14393.2 亿元,同比增长 4.9%。进一步分析发现,流动资产及长期投资增速放缓,2007 年上述两项资产分别增长了 36% 和 180%,而本年度增速均不到 10%;固定资产规模则有所缩小,同比下降了 3.8%,而 2007 年该项资产增长了近 1 倍。显然,在整体经济走低情况下,一方面,企业经营战略趋于谨慎,对流动性较差的投资偏紧;另一方面,企业资金趋紧,无力大规模扩张。

(二) 产业效益

金融危机中,企业利润空间缩小,大中企业盈利遭受重创,小企业大面积亏损,园区总利润近几年来首次出现下滑。不过,在上缴税费增长及万元 GDP 能耗持续降低的带动下,2008 年产业效益指数达到 205.20 点,较上年略有增长(图 12)。

图 12　2004—2008 年中关村产业效益指数及增长率

**1. 主营业务利润增速放缓,利润总额下滑**

2008 年,中关村园区企业实现利润 726.3 亿元,同比下降 7.6%,自 2002 年以来首度下滑。其中,主营业务利润同比增长 10.6%,较上年增速减少了 30 个百分点,而营业外收入则比 2007 年减少了近四成,成为总利润下滑的重要原因。园区整体净利润达到 604.7 亿元,同比减少 11.8%,下降幅度高于利润总额。2008年,中关村有8491家企业利润同比出现下滑,占园区企业的46.2%。亏损企业则达到8756家,占到47.5%,而在上一年度,亏损企业所占比重约为40%。

**2. 税费增速大幅减缓**

园区企业上缴税费总额达到504亿元,同比增长12.9%,虽然与上年(76.4%)相比,增速大幅降低,但基本保持与总收入同步增长态势。2008年园区企业实缴营业税、所得税增速均在20%以上,其他税费及附加则增长了55.8%,但占到税费总额一半以上的增值税增幅不到1%;而在2007年,中关村各项税费增幅均在60%以上,增值税及企业所得税更是成倍增长。其中原因,一是国家税收政策的调整,例如"两税合一"的实施降低了内资企业的税率;二是企业营收降低,相关税费也随之下滑。

**3. 能耗持续减少**

2006年以来,万元GDP能耗分别为0.16、0.14和0.12吨标准煤,园区企业能耗不断降低。

(三)产业结构

2008年,中关村产业结构虽然显现出一些良好的趋势,但由于受到高新技术企业重新认定的影响,园区新增高新技术企业大幅减少,导致产业结构指数略有下降,仅为184.70点(图13)。

图13 2004—2008年中关村产业结构指数及增长率

2008年,中关村产业结构发生较大变化(图14)。通信产业取代计算机及其相关产品成为园区第一大产业(以总收入计算)。从产业大类来看,电子信息产业总收入占到园区总量的56.5%,首次跌至60%以下。计算机及其相关产品、集成电路等硬件设备领域所受冲击较为严重,总收入分别为1581.2亿元和377.5亿元,分别降低了28.8%和16.4%,在总收入所占比重也随之下降,计算机及其硬件比重更是减少了近10个百分点。软件、环保等其他重点领域表现相对较好,增速均在10%以上。未来产业结构如何变化,既决定于新材料、环保等新兴产业发展情况,也决定于计算机及其硬件等主导产业反弹速度。

**1. 高技术服务业保持良好的发展态势**

此次金融危机中,高技术服务业虽然也受到一定影响,发展速度放缓,但依然好于园区整体发展情况。2008年,园区高技术服务业实现总收入3958.9亿元,同比增长25.1%,高于园区总体增速12个百分点;在园区总收入中所占比重达到38.7%,较上年略有提高。在园区整体利润下滑情况下,高技术服务业同比增长9.2%,利润总额达到306.2亿元,占到园区总额的42.2%,比上年提高了近5个百分点。

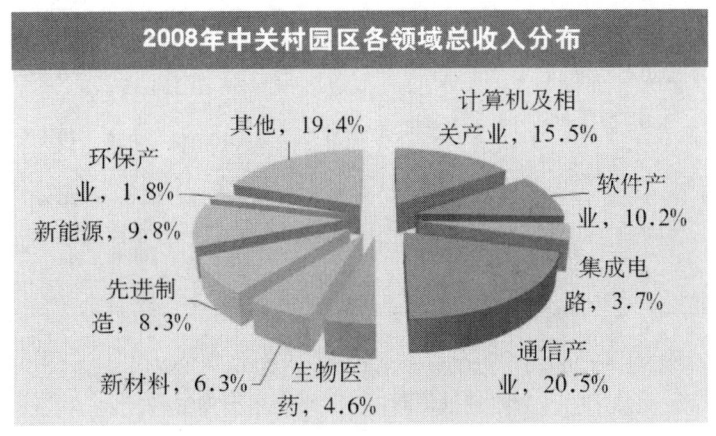

图 14　2008 年园区各领域总收入分布图

**2. 亿元企业优势进一步巩固,中小企业效益欠佳**

2008 年,园区企业总数有所减少,但亿元企业继续增加,达到 1018 家,同比增长 14.5%;其中,10 亿元以上的企业 152 家,比上年增加了 18 家。从企业规模来看,园区大企业优势明显。2008 年,园区总收入近九成来自总收入超亿元企业,在利润总额、技术收入等主要经济指标中,亿元企业均处于领先地位,其优势地位得到进一步巩固。2008 年,总收入千万元以下的企业均呈现亏损状态,其中 500 万—1000 万元的企业效益急剧下滑,由 2007 年盈利超过 10 亿元降至亏损 1 亿多元。

**3. 高成长企业群稳定增长**

2008 年,符合瞪羚计划的园区企业共 3006 家,同比增长 4.5%。园区瞪羚企业以中小型企业为主,60% 以上的瞪羚企业总收入规模在 1000 万—5000 万元之间,而 5000 万—1 亿元和 1 亿—5 亿元两组瞪羚企业均不足 20%。

**4. 新入园企业大幅减少**

2008 年 4 月,科技部、财务部、国家税务总局联合发文,调整高新技术企业认定政策,认定标准有所提高,并且所有高新技术企业均需重新认定。受此影响,2008 年中关村新入园的高新技术企业仅 966 家,并全部集中在政策调整之前。

## 三、环　　境

2008 年,在严峻的宏观大环境下,中关村环境指数较上年有所下降,指数仅为 224.35 点(图 15)。其中,金融环境指数首当其冲,下滑尤为明显,其原因主要为国内 IPO 暂停、风险投资发展放缓;但信用贷款融资渠道有所改善,代办股份转让系统得到加速推进。人才环境指数稍有下降,主要原因是留学归国人员大幅下降,但大学本科及以上学历等高层次人才依然呈增长态势,人均劳动报酬更是大幅提高;2008 年园区专业服务能力得到有力提升,在园区备案的科技中介和行业协会数目大幅增加,小企业创业服务楼发展迅速,但在孵企业数下降明显。

(一)人才环境

2008 年,中关村人才环境指数为 169.14 点,较上年略有下降(图 16)。从业人员高端化、年轻化趋势日益明显,人员劳动报酬大幅上涨,但留学归国人员大幅下降。

**1. 人才结构高端化、年轻化日趋明显**

2008 年,大学本科及以上学历人员 45.9 万人,较上年增长 13.2%,相对前几年增长趋缓,但所

图 15  2004—2008 年中关村环境指数及增长率

图 16  2004—2008 年中关村人才环境指数及增长率

占比重高于上年 3.6 个百分点,高达 48.7%,这一比例也高于硅谷地区 4.7 个百分点。对园区 2005—2008 年从业人员年龄构成进行分析发现,29 岁以下的年轻人近几年占从业人员的比重始终保持在五成左右,2008 年为 50.2%;而 50 岁以上的从业人员占总数的比重却始终处于一成以下。这表明园区企业对年轻人的吸引力要远高于对中年人的吸引力。园区企业人才流动较为频繁,2008 年工作年限 3 年以下的员工占全部员工比重为 60.1%,其中中小企业的员工流动率要高于大企业的流动率。

**2. 留学归国人员数目有所下降**

2000—2007 年,留学生人数年均增长率高达 25.2%。2008 年,中关村累计吸收留学归国人员 7802 人,较上年下降 18.1%,其中,占园区留学归国人员近 35% 的软件产业留学归国人员下降幅度最为明显,高达 35.7%。

**3. 人均劳动报酬增长迅速,内资企业增幅高于外资企业**

2008 年,中关村人均劳动报酬增长迅速,高达 7.1 万,较上年增长 28.2%,增幅远高于 2004—2007 年的年均增长率 15%。就内外资企业来看,2008 年 1—11 月,内资企业人均劳动报酬同比增长 38%,远高于外资企业 18% 的同比增幅,内外资企业员工人均劳动报酬差距进一步缩小。

（二）金融环境

2008年，园区企业IPO融资额大幅萎缩、风险投资发展缓慢，导致2008年金融环境指数较上年下降15.2%，仅为239.56点（图17）；但值得注意的是，园区担保融资进展顺利，信用贷款成效显著，代办股份转让系统得到有力推进。

图17  2004—2008年中关村金融环境指数及其同比增长

**1. 园区企业信贷融资渠道得到有效改善**

中关村通过"以信用促融资"和"政策引导，信用评级，第三方担保，银行贷款"的基本运作模式，建立了由担保公司、信用促进会、银行、企业、中介机构和相关政府部门组成的企业信贷融资平台。截至2008年底，园区企业银行贷款余额达938亿元。

**2. IPO融资发展放缓**

2008年，ATA全美测评软件、北大千方等4家园区企业获准在境外上市；汉王、久其通过中国证监会发审委审核，但尚未公开发行。2008年，园区企业IPO总融资额为9.2亿元①，不及上年的1/40。IPO融资额的急剧萎缩与全球金融危机的爆发、资本市场不景气有关，如自2008年9月我国暂停IPO。

**3. 风险投资增速放缓，但远高于硅谷地区增幅**

2004—2007年，中关村风险投资额年均增长率高达232.6%。但受全球金融危机的影响，2008年中关村风险投资总额为81.5亿元，增长有所放缓，同比增长仅30.3%，增幅较上年下降17.3个百分点。但其增幅仍远高于2008年硅谷地区5.2%的风险投资总额增长幅度，究其原因，美国资本市场受到金融危机的冲突较为严重。

**4. 代办股份转让试点加速推进**

截至2008年底，园区有76家企业参与试点，其中已挂牌企业和正在备案企业50家，比2007年增加了22家。目前共有8家挂牌企业完成或启动了定向增发股份，共发行1.16亿股，融资4.3亿元。挂牌后企业资产总量增加，资产运营效率提高，偿债能力有所增强，盈利能力明显提升。

（三）专业服务

目前，园区科技中介机构服务内容已涵盖法律、认证、知识产权等领域，在孵化企业、推进企业加速发展、改善园区管理水平等方面都发挥了非常积极的作用。2008年专业服务环境指数达

---

① 境外上市融资额按照上市当日国家外汇管理局网站公布的汇率换算。

292.18 点,同比增长 9.7%。(图 18)

图 18　2004—2008 年中关村专业服务指数及其同比增长

**1. 使用信用产品的企业数有所下降**

2008 年,共有 1922 家企业购买使用各种信用产品 1922 份,其中信用评级报告 680 份,标准征信报告 697 份,深度征信报告 545 份。信用报告累计使用数量达 6082 份。

**2. 在孵企业数下降明显**

目前,园区共有中关村国际孵化器、中关村软件园孵化器等 25 个孵化器。然而,受金融危机的不利影响,创业环境有所恶化,2008 年园区在孵企业数目较上年下降 25.2%,仅为 3198 家,也远低于 2006 年在孵企业数目。

**3. 开放实验室服务的企业成果显著**

截至 2008 年底,已经挂牌的实验室达到 36 家,涵盖了软件与信息服务、文化创意、生物医药、能源环保、新材料等所有重点产业领域。开放实验室累计为 688 家企业提供了 3000 项检测和研发服务。同时,以开放实验室为平台,科研机构和企业促进产学研合作产生一批亮点项目。

**4. 在园区备案的科技中介机构与行业协会数量大幅增长**

截至 2008 年底,在园区备案的科技中介机构及行业协会数达到 406 家,其中 2008 年新增 96 家。其服务内容已经涵盖了信用征信评级、法律、财务、审计、认证等领域。

**5. 写字楼单位面积租金回升明显**

2008 年,写字楼单位面积租金为 206.1 元(米$^2$·月),较上年增加 8.8%。究其原因,一是中关村商业配套设施不断完善以及国际知名企业总部的不断入驻提升了区域竞争力;二是由于政策因素,北京收紧了新项目的审批,而写字楼建设周期一般需要两年半,2008 年写字楼新增供应比较少,这也在一定程度加速了中关村写字楼单位租金的上涨。

## 四、国际化

2008 年,中关村国际化发展步伐放缓。中关村国际化发展速度在经历了 2007 年的高峰期后呈现明显回落态势。总体来看,资源引入受宏观经济影响较大,外商直接投资增速下滑、海外上市 IPO 融资额大幅下降导致园区资本引入停滞不前。国际拓展相对所受影响较小,出口增速虽明显回落但技术或服务出口表现较好,企业走出去意愿较强。2008 年中关村国际化指数为 217.3,同比增长2%,远低于上年57%的同比增长速度(图19)。

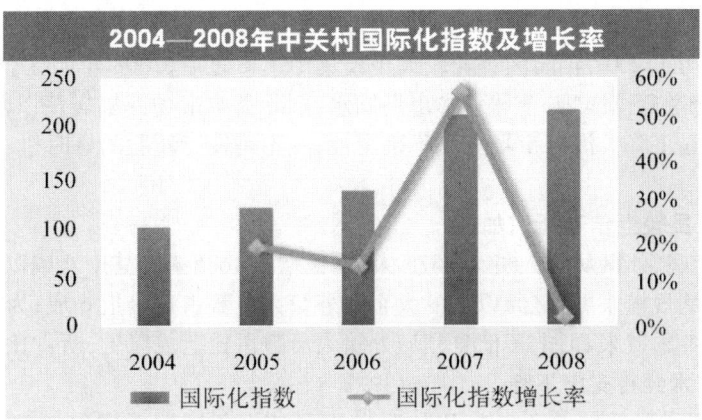

图19 2004—2008年中关村国际化指数及增长率

从2008年国际化指数增长的结构来看,国际拓展指数实现了4.4%的增长,成为推动国际化指数小幅增长的主要因素,拉动国际化指数增长6.2点;资源引入指数出现2.6%的下滑,带动国际化指数下降1.9点(图20)。

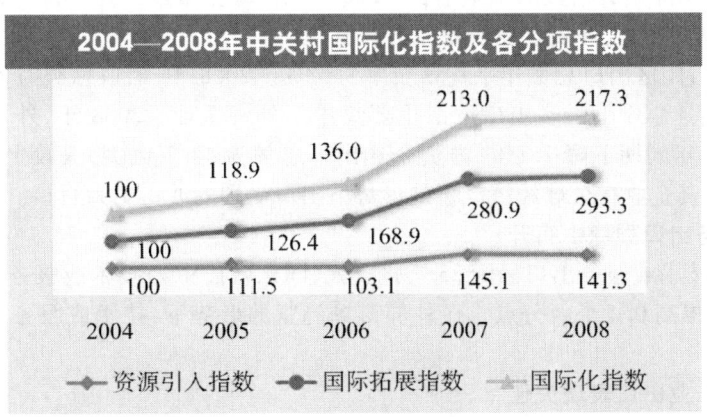

图20 2004—2008年中关村国际化指数及各分项指数变化情况

(一) 资源引入

随着全球资本市场的缩水,国内外投资机构变得谨慎且投资速度开始放缓,园区吸引外资增速明显下滑,企业海外上市的IPO融资额有所萎缩。企业在利润降低、外需减少、内需不振等多种因素的冲击下,压缩成本,引进国外技术经费支出所有下降。2008年,中关村资源引入指数为141.3,同比下降2.6%。

**1. 吸引外资总量保持增长,增速明显下滑**

2008年,外商直接投资额为12.2亿美元,比上年同期增长12%,较2007年同比增速下降33个百分点。受国际金融危机的影响,全球经济放缓、投资信心不足、信贷收紧和企业利润下滑等因素对外商直接投资产生严重影响。

### 2. 企业海外上市步伐放缓，IPO 融资额明显萎缩

2008 年，园区新上市企业 6 家，上市公司总数已达到 112 家，其中境内 55 家，境外 57 家，境外上市占据了半壁江山。2008 年境外 IPO 融资额为 1.3 亿美元，较 2007 年下降 17.1 亿美元。究其原因，一方面，在经历了 2007 年园区企业较大规模集中上市之后，2008 年园区企业上市自然趋缓；另一方面，受国际金融危机影响，全球资本市场缩水，国际资本市场巨幅震荡以及持续低迷，IPO 数量和规模较上年明显下降。海外市场充满不确定性，并不是发行新股的好时机，因此园区部分企业推迟了上市计划。

### 3. 外籍从业人员较上年有所增加

截至 2008 年年底，外籍从业人员为 5676 人，同比增长 16.5%。其中八成以上的外籍从业人员集中在外资企业。从规模来看，亿元以上的大企业外籍人员数占比接近 6 成，为 500 万元以下的小企业的 3 倍多。从各领域来看，电子信息领域外籍人员数占比七成以上，所占比例较高。

### 4. 引进国外技术经费支出下降

2008 年，园区引进国外技术经费支出为 7.9 亿元，较上年同期下降 36.8%。这主要由于占引进国外技术经费支出比重 88% 的电子信息产业大幅下滑所致。电子信息产业引进国外技术经费支出为 7 亿元，较上年同期下降 35%。

## （二）国际拓展

受全球经济下行的影响，园区出口受到较大影响，增速明显下滑，但技术或服务出口相对表现较好。园区企业"走出去"意愿增强，在境外设立分支机构数显著增长，对境外直接投资日趋活跃，一定程度上拉动了国际拓展指数的小幅增长。2008 年，国际拓展指数为 293.3，同比增长 4.4%。

### 1. 出口市场严重萎缩，外资企业所受冲击严重

2004—2007 年，园区出口总额年平均增长率为 53%。2008 年，出口总额为 207.4 亿美元，同比增长 5.2%，出口增速急剧下滑。出口下滑主要集中于外资企业。2008 年，外资企业出口总额为 162.6 亿美元，较上年同期下降 1.1%；内资企业出口总额为 44.7 亿美元，较上年同期增长 37%。经济外向度高的外资企业在全球经济放缓的形势下出口受到的冲击更为直接。

### 2. 技术或服务出口额稳中有升

2008 年，园区技术或服务出口额为 23.7 亿美元，同比增长 9%；技术或服务出口额占出口总额 11.4%，较 2007 年提高 0.4 个百分点。在外部市场趋紧的形势下，技术或服务出口表现良好的抵御风险能力。

### 3. 电子信息产业出口表现欠佳

电子信息产业出口总额为 152.8 亿美元，较上年同比下降 3.6%，低于园区总体出口增速。2008 年下半年，欧美经济逐步走向衰退导致电子信息产品的外需不断恶化，对园区电子信息产业的出口影响较为明显。生物医药产业出口总额为 2.6 亿美元，同比增速为 140.5%，在新一轮医改的推动下以及国际市场对国内药品需求的强劲拉动，出口得以继续保持较快增长速度。

### 4. 园区企业积极参与全球知识产权竞争

从园区企业国外专利申请进入的国家或地区分布来看，主要集中在美国，占进入国家阶段专利总数的 30.5%；其次为日本和欧洲，分别占到 16%、12%。在专利授权方面，2008 年园区欧美日专利授权数为 162 件，较上年增加 7 件。在注册商标方面，2008 年园区欧美日注册商标个数为 509 项，较 2007 年减少 3 项。其中欧美日注册商标个数大企业占到九成以上，而中小企业则不足一成。

### 5. 企业境外分支机构数大幅增加

截至 2008 年，园区企业在境外设立分支机构数为 249 家，较上年增加百余家。园区企业积极"走出去"，在美国、日本、欧盟等国家或地区均设立分支机构。园区企业设立分支机构所属类型主

要集中于子公司(分公司)或办事处,其中研究机构仅占7%,所占比例偏低(图21)。

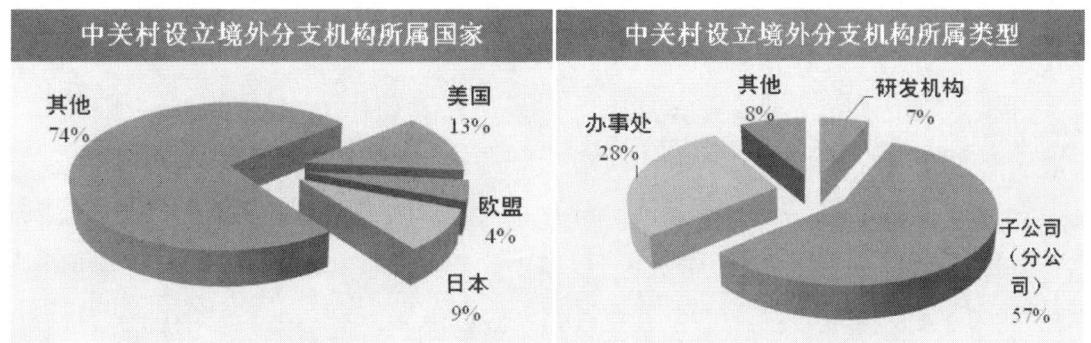

图21　2008年园区企业设立境外分支机构所属国家和类型

**6. 对境外直接投资发展迅速**

2008年,中关村对境外直接投资额为50.1亿元,为近四年来同期的最高值。这主要是因为中国蓝星(集团)总公司对境外直接投资额为47.3亿元,直接拉动了2008年度园区整体对境外直接投资水平。

**说明**:中关村科技园区2003年启动了中关村指数的研究和评价工作,自2004年以来已进行了3年多的评价尝试,取得了初步成效。为了顺应园区产业发展的新趋势、反映园区发展环境的新变化、体现园区管理部门工作着力点的新调整,2008年5月北京市统计局和中关村科技园区管委会共同设立了"中关村指数指标体系构建研究"课题,对中关村指数指标体系进行改进和完善,最终确定了由创新指数、产业指数、环境指数、国际化指数4个一级指标构成的"中关村指数"指标体系基本框架和指数测算方法。《中关村指数2008分析报告》正是基于该指标体系框架,采集园区2008年年度数据,进行指数测算,根据测算结果分析园区在创新、产业、环境和国际化诸方面的发展趋势。

# 大事记
Chronicle

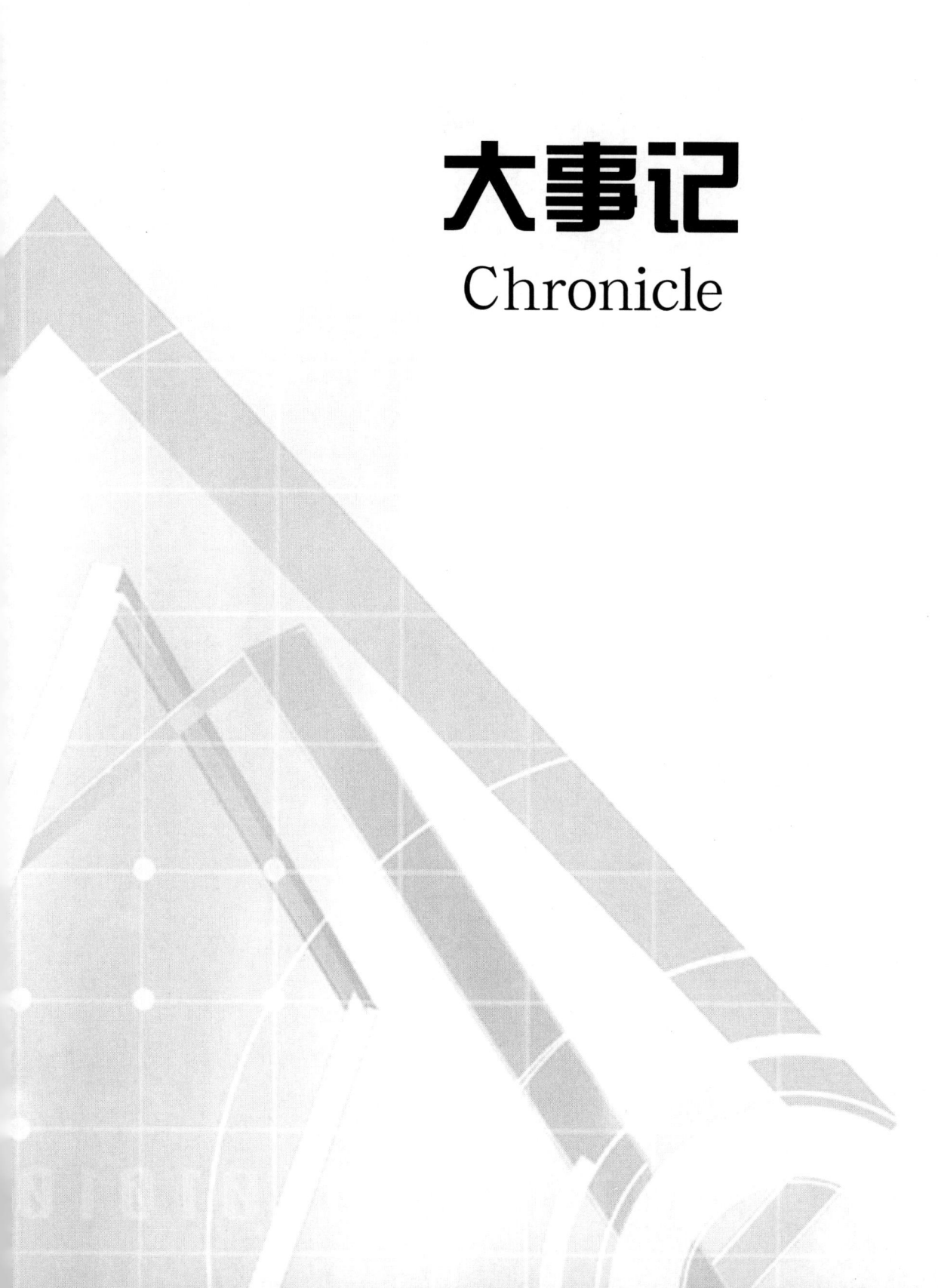

大学院
Chronicle

# 2008 年北京市科学技术大事记

## 一月

4 日　中共中央政治局常委、全国政协主席贾庆林在北京市委书记刘淇和代市长郭金龙等陪同下到中关村科技园区大兴生物医药产业基地调研。

5 日　根据京晋科技合作框架协议，市科委与阳泉市政府在北京市农林科学院正式签署了"农业科技合作"与"节能环保"两项合作协议。

8 日　"2007 年度国家科学技术奖励大会"在人民大会堂举行。党和国家领导人胡锦涛、温家宝、李长春、习近平、李克强出席大会并为获奖代表颁奖。闵恩泽和吴征镒获得 2007 年度国家最高科学技术奖。本市有 65 项成果获奖，其中国家自然科学奖二等奖 11 项，国家技术发明奖一等奖 1 项、二等奖 9 项，国家科学技术进步奖一等奖 3 项、二等奖 41 项。

是日　由市科协、市农委共同主办的科技致富"科技服务套餐"配送工程在昌平区启动。

12 日　代市长郭金龙到中关村科技园区调研，察看了联想集团和中关村软件园，听取了中关村管委会关于园区总体规划建设情况和中关村科技金融创新及代办股份转让试点工作情况的汇报。副市长刘敬民、赵凤桐等陪同。

15 日　"北京市专利示范工作启动大会"召开，联想、华旗咨询、大唐电信等 20 家成为首批专利示范单位。

16 日　"中关村科技园区 2008 年工作会议"在清华科技园召开，市委常委、市科教领导小组副组长朱善璐到会并讲话

18 日　由清华大学电子工程系苏光大等研制的"NIPC—3 邻域图像并行计算机"通过验收。该系统的图像处理达到每秒 1350 亿次超高速。

20 日　由中国科学院院士工作局、中国工程院学部工作局等共同主办的 2007 年中国十大科技进展在京揭晓，即嫦娥一号发射成功，获得清晰月面图像；研制成功特深井石油钻机；癌症治疗研究获重大进展；实现六光子薛定谔猫态；发现 6.32 亿年前动物休眠卵化石；首架自主知识产权的支线飞机完成总装下线；发现世界上最大的似鸟恐龙化石；发现玻恩－奥本海默近似在氟加氘反应中完全失效；建成首个野生生物种质资源库；大豆新品种创亩产 371.8 千克高产纪录。

22 日　市科委组织召开"企业消化吸收与再创新专项工作会"，启动了"北京市知识产权创新服务平台"，并开通了网站。

是日　市科委召开"北京数控装备创新联盟 2007 年度年会"，联盟吸纳了 5 家新理事单位，并为"北京高档数控装备研发服务平台"第一批开放实验室授牌。

是日　中关村科技园区海淀园创新体系建设——科技租赁公共技术服务平台成立并投入运行。

25 日　国家发改委在其官方网站发布了《高技术产业化"十一五"规划》。

26 日　国家知识产权局公布《关于第十届中国专利奖授奖的决定》。北京地区共有 21 项发明获奖，其中金奖 3 项，优秀奖 18 项。

28 日　市质监局、中关村管委会在北京会议中心组织召开"2008 年中关村国家高新技术产业标准化示范区工作会议"。会议公布了北

京启明星辰信息技术有限公司、汉王科技股份有限公司等首批55家试点企业名单。

30日 工信部向首批6家企业的中国3G手机颁发TD‐SCDMA手机入网许可证。联想的TD800获此资格。

31日 由市科委、市外办主办，市科协承办的"2008年驻华科技外交官新春招待会"在北京国际饭店举行，市政府副秘书长刘志出席。

是日 北京"自然科学界"和"社会科学届"的"两界联席会议专家顾问委员会会议"召开。

## 二 月

1日 中关村科技园区管委会与山西省科技厅在太原市签署战略合作框架协议，建立了全面科技合作关系。

11—12日 应第62届联合国大会主席凯瑞姆的邀请，中关村管委会副主任夏颖奇作为中国高科技园区代表，参加了在纽约联合国总部召开的"致力解决气候变化，联合国与世界在行动"的联大专题会议，并做"北京高科技园区以清洁技术参与解决气候变化问题"的主题发言。

15日 北京大学获得了国际实验动物评估和认可委员会（AAALAC）的完全认证（包括实验动物中心和研究实验室两部分），成为中国内地首批通过AAALAC认证的单位。

20日 奥科委在中华世纪坛主办"科技奥运与工业设计论坛"，奥科委主席林文漪出席。

22日 市长郭金龙到中关村科技园区调研，并在清华科技园与来自园区信息技术、节能环保、循环经济、创业投资等领域的16位企业家座谈。副市长赵凤桐参加。

25日 "北京市科协七届二次全委会议"在北京科技活动中心召开。

26—27日 由市科委牵头在京召开环渤海六省市"大型科学仪器设备共享平台建设第四次工作会"。

28日 市侨联、市科协联合主办"归国留学人员和华商企业创业环境恳谈会"。

29日 国家发改委举行"国家高技术产业基地授牌大会"。北京市被确定为综合性国家高技术产业基地，重点发展信息、生物、民用航空航天、新材料、新能源等产业。

是日 国内首个国际化、多元化、全国性的非营利和开放式金融服务平台——中国中小企业金融服务战略合作联盟成立。

是月 由京东方科技集团自主设计、应用FFS宽视角技术的32英寸LED背光源液晶电视屏试制成功，标志着我国已掌握了大尺寸液晶电视屏的关键技术。

是月 北京工业设计促进中心发起，集成17家单位成立了"DRC设计渲染服务联盟"，成员包括施奈德电气（中国）投资有限公司等。

## 三 月

5日 "第十一届北京技术市场金桥奖颁奖暨2008北京技术市场工作会"召开，副市长赵凤桐、市人大副主任吴世雄出席。

12日 市科委、市科协发布《关于命名北京市科普基地的通知》，中国科学技术馆、北京自然博物馆等99家单位被命名为北京市科普基地。

13日 由北京发明协会、北京电视台科教节目中心主办的"'aigo爱国者杯'暨第二届北京发明创新大赛"颁奖仪式举行。

是日 北京首信科技有限公司承接的第29届奥运会的"奥运会赛时信息系统建设"项目，经过国家软件产品质量检测检验中心的功能、性能测试，通过专家评审。

14日 市科协的"科技套餐工程"系列活动——"健康科普快车走进延庆"在康庄镇启

动。

16日　由北京应用技术大学创办的民办非营利性科研机构——"北京应大信息产业研究院"正式成立。

21日　主题为"提高农民素质,弘扬奥运理念,促进和谐发展"的"第十届北京农村科普之春启动仪式"在通州区举行。

21—23日　由市科协、市教委、市科委等主办的"第28届安捷伦北京青少年科技创新大赛"在80中举行,主题为"体验·创新·成长"。副市长赵凤桐出席大赛颁奖典礼,并代表市政府向荣获市长奖和市长奖提名奖的同学颁发获奖证书。

25日　由市科协和中国航天二院共同主办的"绕月探测工程"千人科普报告会在中国航天二院举行。

28日　"北京渲染平台启动仪式"在北京软件产品质量检测检验中心举行,"北京电影学院动画学院科研实训基地"正式挂牌。

是日　由市科协主办的第六届"走进科普的春天"科普系列活动启动。

29日　市科委在京郊建立的第一个"万亩豆类籽种基地启动仪式"在房山凯达恒业公司举行。

是日　中科院物理所研究员赵忠贤领导的小组通过氟掺杂的镨氧铁砷化合物的超导临界温度可达-221.15℃。4月初,该小组又发现无氟缺氧钐氧铁砷化合物在压力环境下合成超导临界温度可进一步提升至-218.15℃。

# 四　月

1日　全国人大常委会委员长吴邦国,副委员长、秘书长李建国一行到中关村科技园区视察,副市长赵凤桐陪同。

2日　国家食品药品监督管理局正式批准北京科兴生物制品有限公司生产人用禽流感疫苗,这标志着我国成为继美国之后第二个具备人用禽流感疫苗制备技术和生产能力的国家。

是日　市知识产权局举办"首都知识产权百千对接工程——中欧知识产权精英论坛"。

是日　"北京市发明专利奖评选办公室成立会议"在市知识产权局召开。办公室由市知识产权局、市人事局、市财政局、市发改委、市教委、市科委、市工促局及市农委组成,首届主任为市知识产权局局长刘振刚。

2—3日　市科委组织召开了"2007年度市属公益院所改革与发展评价暨经验交流会"。

3日　北京工业设计促进中心主办的主题为"资源有限设计无限"可持续发展设计论坛暨DRC科普系列活动开幕式举行。

7日　北京市区域内依法批准设立的从事人才服务的机构自即日起开始依照《人才服务规范》、《人才服务机构等级划分与评定》地方标准进行等级评定。

9日　2008年市知识产权办公会议和保护知识产权工作组全体会议召开,副市长赵凤桐出席并讲话。

10日　由科技部、卫生部、中宣部等14个部门共同主办的"全民健康科技行动启动仪式暨首届健康科技高峰论坛"在人民大会堂举行。启动仪式后举行了首届健康科技高峰论坛,其主题是"癌症的预防、诊断、治疗及药物研发"。

11日　"北京市林果科技协调员工作站成立大会"在京林大厦召开。大会为13个区县工作分站授牌,并发放了一批建站设备。

15日　北京宽特量子科技有限公司专家来到顺义区南彩镇南彩桃园,进行第四次采用量子技术照射温室油桃。经农业新技术北京市重点实验室根据国家标准检测,油桃硒含量由每百克1.12微克,增加到2.13微克,成为我国第一家采用量子技术增硒的油桃大棚。

16—17日　全国人大常委会副委员长、九三学社中央主席韩启德就科技型企业自主创新和融资问题到中关村科技园区调研。

18日　中关村管委会与顺义区政府举行"共建临空国际高新技术产业基地签约仪式"。

21日　市知识产权局联合丰台区政府在赛欧科技孵化器举行国内首个"知识产权托管工程启动仪式"。

是日　"诺基亚'绿色大楼'落成暨诺基亚中国园开园典礼"在北京经济技术开发区举行。"绿色大楼"采用了"会呼吸的玻璃幕墙"等30多项环保设计,与普通商用建筑相比,实现节能20%、节水37%。

22日　由市科委、市科协主办的"北京市科普基地命名仪式"在朝阳公园举行。中国科技馆、北京自然博物馆、北京天文馆等10家科普基地单位联合发起的"北京科普基地联盟"同时成立。

23日　"2008年市科普工作联席会议"召开,副市长赵凤桐出席。

是日　中科院电工所应用超导重点实验室马衍伟研究小组采用传统的粉末装管方法,首次成功研制出转变温度达25K的铁基镧氧铁砷线材。这是世界上第一个将铁基新超导材料加工成超导线材的工作,对于强电应用具有重要意义。

24日　中关村管委会与延庆县政府"共建八达岭新能源和环保产业基地框架协议签约仪式"举行。

25日　中国空间技术研究院等单位研制的中国首颗数据中继卫星"天链一号01星"在西昌卫星发射中心由"长征三号丙"运载火箭成功发射升空并准确进入预定的地球同步转移轨道。

25—26日　由市科委主办的第一届"生物技术与农业峰会·北京"在稻香湖景酒店举行。本届峰会的主题是"面向国际的种子产业"。

26日　上海市委书记俞正声、市长韩正、市人大常委会主任刘云耕、市政协主席冯国勤、市委副书记殷一璀等一行到中关村科技园区考察。北京市委书记刘淇,市长郭金龙,市人大常委会主任杜德印,市委副书记王安顺等陪同考察。

30日　北京京鹏环球科技股份有限公司(京鹏科技)在深圳交易所成功实现"新三板"挂牌,这是国内首家在深圳交易所成功实现"新三板"挂牌的设施农业装备企业。

是月　市知识产权局建成北京奥运知识产权信息平台,并上线运行。

## 五月

月初　由中科院古脊椎动物与古人类研究所研究员朱敏带领的早期脊椎动物课题组在云南曲靖发现了迄今为止最古老的保存完整的硬骨鱼化石。它比现存最古老的完整硬骨鱼化石要早约800万年,并勾勒出了更加详细的硬骨鱼类起源与早期演化图谱。

6日　微软中国研发集团在中关村举行"微软中国研发集团总部大楼奠基仪式"。这座大楼预计2010年竣工。

8日　市政府新闻办公室、市知识产权局办公会议在北京奥运新闻中心共同举行"北京知识产权保护状况新闻发布会"。

10日　由北京工业大学马重芳领衔研发的"单螺杆技术与可再生能源利用高新技术产业化工程项目"通过论证。该项目率先研制成功了单螺杆制冷压缩机,实现了小批量生产,并将在河北临城县建设产业化示范工程基地。

11日　"2008北京百万家庭数字生活技能大赛"决赛在新大都国际会议中心举行。

13日　柳传志、段永基、王文京、王小兰、冯军、严望佳等50位中关村科技园区知名企业家自发成立中关村企业家天使投资联盟。

14日　崇文区高科技救援队一行6人,携3架高科技小飞机,赴四川重灾区汶川执行超低空灾情勘察与搜救航拍任务,为国家抗震救灾总指挥部提供第一手直观资料。

16日　北京市全民科普素质工作领导小组第二次会议在北京科技活动中心召开。副市长、领导小组组长赵凤桐出席并讲话。

是日　由虚拟现实产业（VR）领航企业中视典、水晶石、红京鸟等发起的北京中关村虚拟现实产业联盟成立，33家企业成为首批联盟会员。

17日　中科院自动化研究所和北京数字奥森科技有限公司李子青等研制成功近红外人脸识别系统。

是日　科技部、中宣部、中国科协等主办的"2008年全国科技活动周暨北京科技周开幕式"在中国科技馆举行。本届主题为"携手建设创新型国家"。

17—23日　市政府主办的2008年北京科技周举行。本届科技周以"科技点燃圣火　创新圆梦中国"为主题。

20—25日　科技部、商务部、教育部、工信部、中国贸促会、国家知识产权局和市政府共同主办"第十一届中国北京国际科技产业博览会"。本届科博会以"科技奥运与科技创新"为主题。

21日　"北京市科技工作通报会"在市人大召开，市人大常委会副主任吴世雄出席并讲话，近20位科技界人大代表参加。

24日　市委书记刘淇，市长郭金龙到中关村科技园区调研。

是日　北京市社会科学联合会、北京市科学技术协会联合在京民大厦举办"北京自然科学界和社会科学界联席会议2008·高峰论坛"，主题为"奥运北京·和谐社会"，100余位专家、学者出席。

28日　韩国总统李明博一行访问中关村生命科学园，考察了园区研究机构北京生命科学研究所。

是日　市科委制定出台《北京市科技计划国家科技秘密项目（课题）保密管理办法》、《北京市科技保密专项经费管理办法》（京科办发[2008]186号）。《保密管理办法》设有6章、28条，7月1日起施行；《经费管理办法》设有6章、23条，7月1日起施行。

29日　市科委、市档案局制定了《北京市科技计划项目（课题）档案管理办法》（京科办发[2008]185号），设5章、23条，7月1日起施行。

30日　市知识产权局组织召开了"2008北京市重点产业知识产权联盟大会"。

是日　中关村科技园区管委会与怀柔区人民政府"共建雁栖高新技术创新基地签约仪式"在怀柔区雁栖经济开发区举行。

是月　我国最小尺寸的RFID（无线射频电子标签）芯片由清华大学、同方微电子公司共同研制成功，并在奥运会上实施采用芯片嵌入的门票。

是月　市科委2008年科普项目社会征集结束，共有150个单位提出了209个项目建议，最终40个项目入围，共资助经费1200万元，项目承担单位匹配2086万元。

## 六　月

5日　由中国科学院高能物理所与中国原子能科学研究院合作研制的串联谐振脉冲高压电源样机调试成功。此项目在国际上首次将传统的电容电感串联谐振原理与调制器（电子开关）相结合，为速调管提供脉冲高压。

是日　国务院发布《国务院关于印发国家知识产权战略纲要的通知》（国发[2008]18号），正式颁布《国家知识产权战略纲要》。《纲要》分序言、指导思想和战略目标、战略重点、专项任务、战略措施5部分、65条。

6日　由海淀委、区政府主办的"'追溯创新之源'海淀区纪念中关村科技园区成立20周年系列活动启动仪式"在海淀剧院举行。

是日　市科委举办2008年首期"北京科技创新政策宣讲会"，对《科技进步法》、《国家高新技术企业认定管理办法》进行演讲。

9日　新的自动售检票系统（AFC）在北京市5条运营地铁线上同时启用，具有30多年历史的地铁纸质车票正式退出历史舞台，市民可在自动售票机上购买电子车票。

10日　北京闻言科技有限公司发布"听网2.0",是全球首创的一款"能听能看"的免费手机软件,可为用户提供随时、随地、随意的互联网听觉服务。

11—13日　市工业促进局、市教委、中关村管委会、市知识产权局、市科委和中科院北京分院联合主办"首届北京高新技术成果与企业需求网上交易会",网站总访问量达74611人次。

12日　由市科委主办,以"加强自主创新,实现基础软件跨越式发展"为主题的第十二届中国国际软件博览会"基础软件创新与发展高峰论坛"在北京馆举行。

12—14日　由信息产业部、国家发改会、科技部、市政府主办的"2008第十二届中国国际软件博览会"在北京展览馆举行,主题为"落实科学发展观,构建软件产业链,以用兴业,促进软件产业做强做大"。

15日　北京地铁2号线启用了新的信号系统,采用计算机连锁控制方式,按照移动闭塞模式运转,所有列车实现了自动驾驶。

20日　市政府、科技部和中科院联合召开"2008年中关村科技园区百家创新型企业试点工作大会"。会议公布了《进一步推进中关村科技园区百家创新型企业试点工作的若干意见》和北京动力源科技股份有限公司等79家第二批创新型试点企业名单。

是日　全国政协副主席、台盟中央主席林文漪率全国政协教科文卫体委员会到中关村科技园区进行"技术创新政策落实情况"专题调研,副市长赵凤桐陪同。

23日　《北京市中长期科学和技术发展规划纲要(2008—2020年)》正式向社会发布。

23—27日　"中国科学院第十四次、中国工程院第九次院士大会"在北京举行。中共中央总书记、国家主席胡锦涛出席开幕式并做了重要讲话。

23—27日　市科委、北京师范大学联合举办"北京市创新型科普社区管理工作者培训班"。

24日　北京曙光天演信息技术有限公司在中科院举行"曙光5000A落户上海超级计算机中心的签约仪式"。曙光5000A的第一套超大型系统将于2008年11月份落户上海超级计算中心。

26日　我国规模最大、设施等级最高、建筑规模亚洲第一的专业数据中心——中金北京数据中心在北京经济技术开发区建成并投入使用。

是日　市科委召开"首都科技条件平台授牌仪式暨经验交流会",为新认定的15个条件平台授牌。

是日　市委组织部、市科委、市政府法制办、市法制宣传教育领导小组办公室在新大都饭店联合举办《中华人民共和国科学技术进步法》报告会"。

是日　国家质量监督检验检疫局举行"出口商品免验"资质仪式,联想集团成为国内IT领域首家获此殊荣的企业。

是日　市科委、市发改委、市教委、市财政局、市政府国有资产监管会、市工业促进局联合发布《首都大型仪器设备共享平台运行管理办法(试行)》(京科条发〔2008〕248号),设有总则、管理机构、运行管理、绩效考核、附则5部分、16条,自发布之日起30日后施行。

27—29日　由科技日版社等主办的"第七届中国科学家论坛"举行。本届论坛主题是"为企业插上科技与资本翅膀"。

是月　由清华大学核能与新能源技术研究院研制成功的"反恐移动式轿车垂直透视安检系统"通过专家评审,并在部分奥运场馆启用。

# 七月

3日　市科委发布《关于公布2008年北京市创新型科普社区创建名单的通知》,东城区东直门街道的清水苑社区等40个社区入选第二批北京市创新型科普社区。

是日 在市科委举行的"工业设计促进企业自主创新研讨会"上,首批设计创新提升计划项目签约。14个"设计对接示范"和"企业设计诊断"项目获得市科委的项目资助。

4日 由澳门特别行政区政府科技委员会、中国科学技术交流中心、北京市科协承办的"2008科技活动周开幕仪式"在澳门渔人码头会议展览中心举行,主题是"科技与奥运"。澳门特区行政长官何厚铧、科技部副部长尚勇等出席开幕式。

6日 闪联标准提案正式通过了ISO/IEC国际标准化组织/国际电工委员会最后一轮形式投票,以96%的支持率高票通过,被正式接纳为ISO国际标准,成为中国在信息技术领域首个国际标准。

11日 海淀区四季青镇、朝阳区金盏乡、宣武区广安门外街道和顺义区李桥镇被市科委批准为北京市可持续发展实验区。实验期为2008年至2010年。

16日 由国家知识产权局主办、市知识产权局承办的"奥运知识产权保护论坛"在东方君悦酒店举行。

17日 "紧急医学救援无线移动信息平台"奥运应用在北京大学人民医院启动。这套创新的"院前—院内一体化"急救平台实现了急救全程信息化的新模式,将在奥运会、残奥会期间运行。

是日 全球首家激光影院在北京华星国际影城投入商业运营。影院采用了由中视中科光电技术有限公司与中科院光电研究院联合研制成功的激光光源数字高清电影放映设备。

19日 北京正负电子对撞机重大改造工程(BEPCⅡ)圆满完成了建设任务,加速器与北京谱仪联合调试对撞成功,并观察到正负电子对撞产生的物理事例。

21日 由北京爱普益生物科技有限公司与无锡中德美联生物技术有限公司联合研制的"17+1 STR荧光检测试剂盒"通过鉴定,从此法医DNA检测试剂盒有了国产产品。

22日 市科委与北京银行签署"全面战略合作暨推动知识产权质押贷款协议",旨在解决北京市科技型中小企业发展中遇到的资金难题。

23日 国家主席胡锦涛、国家副主席习近平在奥组委主席刘淇等领导陪同下到国家体育总局训练局考察奥运备战工作,并参观由奥科委、奥组委以及中国奥委会联合主办的市科委重点科普项目"历史与未来——奥林匹克反兴奋剂四十年"主题展览,在反兴奋剂签名卷轴上签名。

24日 科技部、国资委、全总会发出《关于发布首批创新型企业名单的通知》(国科发政[2008]405号),北京地区中国电子信息产业集团公司等21家企业正式首批成为国家创新型企业。

28日 科技部、国务院国资委、全总会联合举行的"创新型企业建设工作会议"召开。北京地区的联想、汉王、钢铁研究总院等17家企业被命名为我国首批"创新型企业",并获授牌。

29日 以北京大学为主的研究小组,首次重构出太空三维磁重联的实时磁场位形,并且发现磁重联核心区域的电子短时捕获现象。

是月 由市科委主办的"北京科普工作网"正式开通,网址为:www.bjkepu.gov.cn。

# 八 月

1日 由市科委与中科院联合建设的全国首家科研转科普型教育基地——北京市奥运村科普教育园区面向社会公众试运行。

是日 北京至天津的城际高速铁路正式开通运营,列车最高运营速度达到每小时350千米。

6日 北京市智能卡行业知识产权联盟成立。

7日 清华大学国家技术转移中心、北京科大恒兴高技术有限公司、北京产权交易所、北京技术交易促进中心、北京华创阳光医药科技发展有限公司等13家北京技术转移机构被科技部认定为首批国家技术转移示范机构。

**是日** 波黑共和国主席团轮值主席西拉伊季奇一行访问中关村科技园区。

**是月** 由中国农业大学李宁院士领导的研发团队与北京济普霖生物技术有限公司、北京科润维德生物技术有限责任公司合作研发,在北京转基因动物试验基地,顺利产出了一头健康的转人CD20抗体基因的转基因奶牛——贝贝。

## 九月

**9日** 国家图书馆二期暨国家数字图书馆正式开馆接待读者。

**12日** 市科委召开市属公益科研院所发展规划工作会。

**17日** 美国《科学》杂志及其发行者——美国科学促进会,与中国农业科学院合作召开新闻发布会,介绍一篇中国农业科学院吴孔明等发表在9月19日出版的《科学》杂志上的论文——《在中国种植含Bt毒素棉花的地区,棉铃虫在多种作物中受到抑制》。

**18日** 由密云县政府主办的"中国·北京呼叫中心产业基地奠基仪式"举行。副市长苟仲文出席并发表讲话。

**19—26日** 由中国科协、中科院和市政府共同主办的2008年全国科普日北京主会场活动在中国科学院植物研究所北京植物园举行。活动主题为"人与自然和谐发展"。

**22日** 市科委召开"纯电动客车开发重大项目总结会"。该项目在锂离子电池电动客车运行模式及动力电池成组应用、纯电动客车整车优化及制造、奥运电动汽车智能管理、电动汽车电机及其控制系统优化和动力电池成组应用与多能源匹配等技术上取得了重大突破。

**24—26日** 由中国国际投资促进会投融资工作委员会、北京新材料发展中心、《新材料产业》杂志、《快公司》杂志、《投资者报》主办的"首届中国新材料新能源产业投融资论坛"在中关村生命科学园创新大厦举行。

**25日** 中国航天科技集团研制的神舟七号载人飞船在酒泉卫星发射中心发射升空,并准确进入预定轨道。

**26日** 中关村科技园区海淀园举行中关村电脑节承办权交接仪式。3家协会组织接过了中关村电脑节的旗帜,标志着今后该活动将由协会、商会等社会团体和机构承办,在政府的支持下,按照市场规律,进行市场化运作。

**27日** 16时41分00秒,航天员翟志刚打开神舟七号载人飞船轨道舱舱门,首度实施空间出舱活动。

**是日** 环境保护部在中关村永丰产业基地举行"国家卫星环境应用中心大楼奠基仪式"。

**9月至11月** 在国务院办公厅组织下,由科技部牵头,国家发改委、财政部、教育部、人社部、商务部、民政部、国税总局、中国证监会、中国银监会、北京市政府等11个单位组成了联合调研组,对中关村进行实地调研。

## 十月

**1—3日** 由中国青少年发展服务中心主办的首届"少年科学家——全国青少年机器人大赛"在怀柔生存岛举行。

**7日** "国家重点基础研究发展计划十周年纪念大会"在北京召开。

**9—17日** 由科技部火炬中心、中科院北京分院、中关村管委会、海淀区政府联合主办的"创新之路——中关村科技园区成立20周年自主创新成就展"在国家会议中心举行。科技部副部长杜占元、副市长赵凤桐出席开幕式并讲话。

10日 "2008年第11届北京科技交流学术月开幕式奥运·科学发展国际研讨会"在北京科技活动中心举行。此届学术月主题为"科学与社会"。

是日 市保护知识产权工作组在首都大酒店召开"北京市保护奥运知识产权专项行动总结表彰会",副市长赵凤桐出席并讲话。大会对专项行动中作出突出贡献的10个先进集体、23个先进个人和10个文明经营商场(店)进行了表彰。

12日 市政府印发了《中关村科技园区发展战略纲要(2008—2020年)》。《纲要》指出,到2020年,中关村将建设成为全球科技创新中心和世界一流的科技园区。

13日 市长郭金龙主持召开市政府专题会,听取并原则同意《北京市鼓励政府投资项目优先应用中关村科技园区自主创新产品实施办法(试行)》《关于中关村高端领军人才聚集工程方案(送审稿)》《关于中关村科技园区成立20周年大会方案》等议题。

14日 市委书记刘淇、国务委员刘延东、市长郭金龙、副市长赵凤桐等参观了"创新之路——中关村科技园区成立20周年自主创新成就展"。

是日 市质量技术监督信息所、北京标准化协会联合举办"纪念第39届世界标准日大会",主题为"标准与智能绿色建筑"。

16日 大天区面积光纤光谱天文望远镜(LAMOST)在国家天文台兴隆观测基地落成。

17—20日 由市政府、国家发改委主办的"2008中国北京国际节能环保展览会"在北京展览馆举行。展会以"技术进步与机制创新"为主题。共有203家国内外企业参展。

20日 "北京协同创新服务联盟与甘肃省技术交易服务联盟合作签约仪式"在北京技术交易促进中心举行。

20—21日 市知识产权局举办"重点产业及现代农业领域知识产权培训班"。

21日 中关村管委会、华北电力大学"共建留学人员创业园签字仪式"举行。

22日 中关村国家知识产权制度示范园区通过了由国家知识产权局组织的知识产权试点工作考核验收。

22—24日 世界科技园协会(IASP)和亚洲科技园协会(ASPA)主办的2008年IASP-ASPA联合年会在清华科技园举行。

24日 由北京生物技术和新医药产业促进中心、中国生物技术外包服务联盟在国际会议中心共同主办"第十二届生物医药产业发展论坛",主题为"同一世界 统一标准"。

29日 市委书记刘淇主持召开市委常委会,研究并通过了《中关村高端领军人才聚集工程方案》。

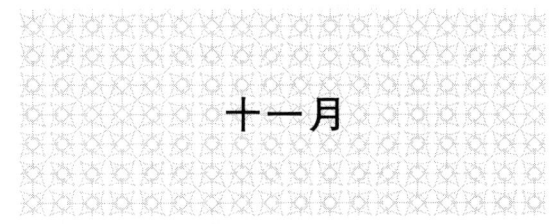

# 十一月

1—2日 2008年全国专利代理人资格考试(北京考区)在中国人民大学举行,北京考区3430人报名。

2日 由中科院高能物理研究所等单位研制的我国第一台低温超导除铁器通过鉴定。该低温超导磁体具有0.93米的大口径,最高磁场场强高达5.6特(56000高斯),中心磁场场强3特(30000高斯),储能为3.4兆焦。

4日 由中国电子工业标准化技术协会制定的电子文档读写接口标准——UOML标准正式被批准成为OASIS标准,是中国首个得到国际产业和市场普遍认可的软件国际标准。

7日 北京凝聚态物理国家实验室与清华大学物理系合作,利用扫描隧道显微镜的自旋翻转非弹性隧穿谱技术,在国际上首次直接探测到了分子磁体的自旋态构型和超交换作用的路径,从而提供了一种探测单原子/分子自旋态、分子磁体自旋态构型和超交换作用的灵敏方法。

8日 市政府召开第17次常务会议,研究本市大型商业零售经营单位知识产权保护等工作,市长郭金龙主持会议。

10日 "奥运科技（2008）行动计划"领导小组、第29届奥科委召开"科技奥运总结大会"，科技部部长万钢、奥科委主席林文漪出席。会上，表彰了101个"科技奥运先进集体"、21个"科技奥运特别荣誉集体"、549名"科技奥运先进个人"。

11—14日 由中科院、市政府举办的"2008诺贝尔奖获得者北京论坛"举行。论坛主题为"信息与创新"。

12—30日 "第十一届中关村电脑节"举行，主题为"追溯创新之源，迈向全球创新中心"。

14—15日 由科技部、中科院和市政府共同举办主题为"科技——全球创新挑战"的"2008中关村论坛"。全国政协教科文卫体委员会主任徐冠华，市长郭金龙、副市长赵凤桐等出席了开幕式。

16日 全国首家由政府出资设立的省级再担保公司——北京中小企业信用再担保有限责任公司成立，市长郭金龙出席并为公司揭牌。

17日 全球高性能计算机TOP500排行榜的官方网站发布了最新排名。由中国曙光公司研制生产的高效能计算机——曙光5000A，以峰值速度230万亿次的成绩列世界超级计算机第10名。

18日 市长郭金龙主持召开第17次市政府常务会议，听取并讨论了关于报审《北京市十八区县重大科技专项实施方案（2008—2010年）》。

是日 中关村科技园区与东城区政府合作共建的中关村科技园区雍和航星科技园正式揭牌。

是日 由北京人力资源服务行业协会主办的"贯彻落实北京人才服务地方标准大会暨首批人才服务机构等级授牌仪式"召开。会上，为通过等级评定的48家人才服务机构颁发了等级标志牌和证书，市科委人才交流中心通过3A级评定。

18—20日 市知识产权局协同市教委、市工业促进局共同举办"2008年度北京市专利技术展示交易周"活动。

19日 市知识产权局、市工商局和市版权局联合发布《北京市文化创意产业知识产权保护与促进意见》。

是日 中关村园区管委会举行"星光中国芯工程"成果发布会，宣告"星光移动"手机多媒体芯片全球销量突破1亿枚。

20日 "北京市首届发明专利奖评审委员会成立暨项目评审会议"在北京会议中心举行，副市长赵凤桐出席。49个项目被评为北京市发明专利奖，并进行为期一个月的公示。其中，特等奖1项，一等奖3项，二等奖15项，三等奖30项。

21日 北京市保护知识产权举报投诉服务中心（北京12312）与北京工业大学实验学院举行"实践教学基地共建签字暨揭牌仪式"。

22日 由中国民主建国会北京市委、北京科技咨询业协会、中华思源工程扶贫基金会联合主办的"关注全球危机 谋求创新突围——2008咨询北京高峰论坛"召开。

26日 北京技术市场管理办公室主办的"北京地区国家技术转移示范机构推介会"举行。会上，发布《北京技术转移机构统计分析报告》；宣读了清华大学国家技术转移中心等13家北京地区首批国家技术转移示范机构名单。

28日 由中关村管委会主办的"2008年度优秀创业留学人员表彰大会"在清华科技园召开。会上，共表彰了54名优秀创业留学人员。

是月 闪联又一项国际标准提案《闪联基础协议标准》获得通过。这标志着中国闪联标准体系被ISO/IEC标准组织全面接纳，为我国企业在全球3C协同技术领域赢得了话语权。

是月 由北京设计产业的政府推动机构、设计研发机构、高等院校及咨询服务机构等联合发起成立北京设计产业协作联盟，包括北京工业设计促进中心、北京丹方设计有限公司等14家成员单位。

## 十二月

1日 世界科技园协会（IASP）北京办公室落户清华科技园。

2日 由市产品质量监督检验所主办的"全国信息技术标准化技术委员会软件工程分技术委员会软件质量测试工作组成立大会"在北京国际会议中心举行。

3日 河北省代省长胡春华、常务副省长付志方一行50余人在副市长赵凤桐的陪同下，到中关村科技园区考察。

4日 联想集团成功研制出每秒实用性能超过百万亿次的高性能计算机"深腾7000"，其运算能力达到每秒106.5万亿次，位居最新公布的全球高性能计算机排名第19位。

5日 西城区被科技部授予"国家可持续发展先进示范区"称号。

9日 在北京市信息化领导小组召开的"北京市企业信息化经验交流会"上，向北京北重汽轮电机有限责任公司等首批31家"北京市制造业信息化示范企业"颁发示范企业牌匾和证书。

15日 "纪念中国科协成立50周年大会"在人民大会堂举行，国家主席胡锦涛发表重要讲话。

是日 "纪念国家火炬计划实施20周年大会暨全国火炬工作会议"在人民大会堂召开。会上，市科委被授予"火炬计划先进管理单位"称号。

17日 市知识产权局主持召开"北京市企业海外知识产权预警和应急救助专项资金项目签约仪式"。

17—21日 由文化部、国家广电总局、新闻出版总署、市政府主办的"第三届中国北京国际文化创意产业博览会"举行。

18日 由国际奥委会、奥组委、奥科委和中国奥委会共同组织的"'历史与未来——奥林匹克反兴奋剂四十年'主题活动万人签名长卷捐赠仪式"在瑞士洛桑国际奥林匹克博物馆举行。奥科委主席林文漪代表北京市政府向奥林匹克博物馆捐赠了签名长卷。

19日 "2008年中国创新设计红星奖颁奖典礼"在中国农业电影电视中心举行。

21日 京沪、京杭间的大编组卧铺动车组在北京站首发。这是我国首批卧铺动车组，时速250千米。动车组采用先进的交流传动与控制、复合制动、计算机网络控制与自动诊断等先进技术。

22日 "北京中关村·辽宁葫芦岛区域合作共建签约仪式暨绥中滨海经济区投资环境座谈会"在清华科技园举行。

23日 由市委、市政府主办的"北京海外学人中心揭牌仪式暨2008北京国际金融人才发展论坛"举行。市长郭金龙，国家外专局局长季允石等出席。

是日 海淀区知识产权局等6家单位被国家知识产权局确定为第一批全国知识产权质押融资试点单位。试点工作于2009年1月1日启动，为期两年。

24日 工信部召开"2008年（第八届）信息产业重大技术发明评选结果发布会"，北京的"中国移动数据业务网络大型综合测控支撑若干关键技术"、"SCDMA宽带无线接入系统及终端核心芯片设计"、"液体安全检查系统"、"高性能高可用性服务器地理信息系统关键技术"4项目入选。

27日 国务院总理温家宝到中关村科技园区考察了用友软件股份有限公司等企业，并召开了中关村科技园区高等学校、科研院所和企业负责人座谈会。国务委员刘延东、中科院院长路甬祥、科技部部长万钢参加考察。市委书记刘淇、市长郭金龙陪同考察。

28日 由科技日报社组织评选的"2008年国内十大科技新闻"在京揭晓，即：我国首颗中继卫星成功发射；科技为抗震救灾提供强大支撑；我国科学家发现铁基高温超导材料；新《科技进步法》实施；科技元素让北京奥运异彩纷呈；我国研制成功百万亿次超级计算机；我国科学家实现世界首个量子中继器;神舟七号升空我国航天员首次太空行走;我国绘制成首张大熊猫基因组序列图谱;"翔凤"首飞成功国产飞机走向商用。

是日 "北京新能源汽车设计制造产业基地授牌暨新能源公交车采购协议签约仪式"在福田汽车公司举行。科技部和市政府联合向福田汽车授予新能源汽车设计制造产业基地牌匾。科技部部长万钢、市长郭金龙等出席。

是日 工信部、科技部、财政部和市政府在人民大会堂联合主办"'星光中国芯工程'十年成果与展望报告会"。

29日 "北京大学科学技术协会成立大会"在北大博雅国际会议中心召开,中国科协常务副主席邓楠出席并讲话。

是日 市自然科学基金委员会办公室发布《2009年度北京市自然科学基金资助项目公告》,决定资助386项市自然科学基金项目。

31日 人社部、科技部联合发出《关于表彰全国科技管理系统先进集体、先进工作者的决定》(人社部发[2008]120号),北京地区有市科委社发处、石景山区科委、中关村科技园区海淀园管委会被授予"全国科技管理系统先进集体";通州区科委主任季志会被授予"全国科技管理系统先进工作者"。

# 科技管理与服务

Management and Service of Science and Technology

# 综合管理

【北京工业设计促进会选出新一届理事会】 1月4日,"北京工业设计促进会第三次会员大会"在新大都饭店举行。中国工业设计协会理事长朱焘、市科委副主任郑吉春、市社会团体管理办公室主任李明利等应邀出席,会员200余人参加。大会听取了第二届理事会工作报告、章程修改报告;选举了由113名理事、36名常务理事组成的新一届理事会,北京工业设计促进中心主任陈冬亮被选举为北京工业设计促进会新一届理事会的理事长。

(左 倩)

【5企业被认定为国家级创新型试点企业】 1月4日,科技部、国资委、全国总工会联合发布了《关于确定第二批创新型试点企业的通知》(国科发政[2008]16号),确定了中国航空工业第一集团公司等184家企业为第二批创新型试点企业。北京市有5家,即北大方正集团有限公司、用友软件股份有限公司、北京神州数码有限公司、北京大北农科技集团有限责任公司、北京和利时系统工程股份有限公司。各试点企业要围绕确立创新在企业发展战略中核心地位、完善创新体制机制、加强创新基础和能力建设、加大研发投入力度、培养和吸引创新人才、培育创新文化等内容,制定《创新型试点企业未来三年试点工作方案》,并积极开展试点工作。

(张平 邹继东)

【学习跨国公司研发管理经验、提升企业技术创新理念讲座】 1月18日,市科委、市民营企业家协会在翠宫饭店举办"学习跨国公司研发管理经验、提升企业技术创新理念讲座",中关村36家高新技术企业的70余位技术管理人员参加。市科委副主任朱世龙出席。摩托罗拉北京研发中心介绍了该公司研发项目管理的全过程、研发管理的四个原则、留住研发人才及协调研发人员内部关系的做法和经验。日本横河电机(北京)研发中心相关负责人从宏观的层面为大家介绍了"中国企业亟待技术创新"的现状,还结合公司特点介绍了研发项目管理的模式和绩效考评等内容。

(陈汝凤 李海丽)

【企业消化吸收与再创新专项工作会】 1月22日,由市科委主办,北京技术交易促进中心承办的"企业消化吸收与再创新专项工作会"在北京创业大厦举行。科技部、市政府、市财政局、市工业促进局等单位相关领导,企业和行业协会代表以及新闻媒体等160余人参加。会议回顾了专项实施3年来的情况和取得的成绩,宣传了6种企业通过产学研方式进行消化吸收再创新的典型模式。神州数码网络有限公司、北新集团建材股份有限公司作为典型企业代表发言,介绍了各自的再创新案例和经验体会。会上,正式启动了北京市知识产权创新服务平台(www.bjipr.com.cn)。

(马正运)

【行政执法工作检查会议】 1月23日,市科委法规处、人事处和监察处在香山饭店召开"2007年市科委行政执法工作检查会议",市科委副主任朱世龙、纪检书记吴玉敏出席,市科委具有行政执法职能的相关处室和直属单位的负责人参加。会上,评查了2007年市科委做出的行政执法案卷,并就案卷制作中存在的问题进行了探讨。之后,各直属单位和相关处室汇报了本部门一年来行政执法工作的情况,并对执法过程中遇到的困难、取得的经验以及下阶段的工作安排做了重点介绍。

(李萍 张泽浩)

【北京市企业研发机构自主创新座谈会】 1月29日,市科委在新大都饭店召开了"北京市企业研发机构自主创新座谈会",70余家企业研发机构参会。市科委副主任朱世龙出席并讲话。会上,北京中研同仁堂医药研发有限公司等2007年获得资助的企业研发机构代表介绍了各自在自主创新过程中的经验和体会,提出了应加大专项支持力度等建议,并就研发产业在生产性服务业中的地位和作用、如何提升企业自主创新能力、产学研模式探索等问题进行探讨。

(陈汝凤　李海丽)

【研发机构自主创新专项研讨会】 3月10日,市科委法规处、北京技术交易促进中心在翠宫饭店召开"研发机构自主创新专项研讨会"。科技部政策体改司、市委研究室、市人大常委会及部分研发机构代表出席。会议总结回顾了专项实施3年的情况。有关专家建议扩大专项资助范围和资助额度,将专项工作与委内其他工作相结合,统筹安排;为研发机构搭建一个交流平台,对研发机构进行长期跟踪、研究,培育和完善自主创新体系。

(马正运)

【医疗卫生领域重大项目组织管理经验交流会】 3月20日,市科委生物医药处召开"北京市科委医疗卫生领域重大项目组织管理经验交流会"。项目主持单位的领导、科技管理部门负责人、重大项目负责人等共80余人参会。市科委副主任杨伟光及相关处室领导出席了会议。会议从2002年至今已立项的30个重大项目中选取了12项,由10家承担单位进行汇报。12个重大项目涉及应用基础、临床、卫生服务、公共卫生及健康管理等方面,相关人员针对政府关注的热点、难点,临床实际需求和关键技术创新突破,从选题、立项、实施、推广的不同侧面介绍了项目组织管理经验。科技部社发司、卫生部科教司以及医疗卫生领域资深管理专家进行点评。

(市科委生物医药处)

【2008"最受尊敬的创业天使"评选】 3月21日,由新浪网、中国人民大学文化科技园、创业未来传媒机构主办的第二届"最受尊敬的创业天使"颁奖典礼及论坛在中国人民大学举行。长江商学院、深圳证券交易所、《赢在中国》制片人王利芬、清华创业园罗建北、阿里巴巴董事局主席兼首席执行官马云、上海盛大网络发展有限公司董事长陈天桥、联想投资总裁朱利楠、SOHO中国区总裁潘石屹、百度创始人及首席执行官李彦宏、易中创业咨询公司董事长兼总裁宋新宇获2008"最受尊敬的创业天使"称号。本届论坛由"企业融资与创业板"、"创业家与中国机会"两部分组成。

(龙华东)

【两中心在全国率先被授予A级国家质检中心】 3月25日,国家质检总局组织了"国家质检中心能力建设发展情况现场验收",国家质检总局、市质监局等以及两个国家质检中心负责人出席。以中国工程院陈君石、童志鹏两院士为组长的两个专家验收组分赴国家食品质量安全监督检验中心和国家应用软件产品质量监督检验中心(暨北京软件产品质量检测检验中心),从技术能力、团队建设、科研能力、运行状况、影响力和权威性以及地方政府支持等六个方面进行评估,两中心均通过了国家A级质

检中心能力建设现场验收。

（徐胜凡）

【市属公益院所改革与发展评价暨经验交流会】 4月2—3日，市科委在北京会议中心召开了"2007年度市属公益院所改革与发展评价暨经验交流会"，市科委副主任朱世龙主持，40余家市属公益院所的80余位院所长和书记以及50余家科技研发机构的60余位相关负责人参加。市人事局相关领导讲解了市人事局、市科委联合发布的《北京市科学研究事业单位岗位设置管理指导意见》的精神及主要内容；摩托罗拉中国无线宽带研发中心相关人士介绍了摩托罗拉在研发组织管理方面的经验，包括企业有效创新的模式和要素以及企业在鼓励研发方面所采取的一系列举措。农口14家科研院所的领导分别报告了2007年本单位改革发展工作成效和三年改革发展规划要点。

（王世民　李功越）

【"科技引领，支撑发展"专题研讨班】 4月7—10日，由市委组织部、市科委和市委党校共同主办的"2008年局级领导干部'科技引领，支撑发展'专题研讨班"在市委党校举办。各区县和部分委办局主管科技工作的领导干部48人参加。此次研讨班，旨在贯彻市委、市政府关于建设创新型城市的要求，结合国家的科技政策，围绕首都经济社会发展对科技的需求，切实提高领导干部科技管理的水平。科技部、中国科技馆、市知识产权局的有关专家、领导就科技和科普工作、知识产权以及如何提高自主创新能力等问题做专题报告；市科委主任马林和领导班子其他成员就《北京市中长期科技发展规划》、建设新农村、科普创新、科技计划体系改革以及"绿色通道"等问题进行讲解。主办方还组织学员实地考察工业设计产业基地和"北京一号"小卫星基地。

（张平　邹继东）

【举办实验动物行政许可单位主管领导法规、标准培训】 5月14日，市动管办在龙泉宾馆举办"2008年北京地区实验动物行政许可单位主管部门领导法规、标准培训班"，邀请国内著名专家讲解国家政策法规与实验动物科技项目管理、实验动物行政许可与行政执法、实验动物福利要求等内容，并当场考试。63个单位的领导参加了培训，现场考试全部合格。

（李根平　刘冕）

【发布《北京市中长期科学和技术发展规划纲要（2008—2020年）》】 5月16日，市政府发布《北京市人民政府关于印发〈北京市中长期科学和技术发展规划纲要（2008—2020年）〉的通知》（京政发〔2008〕20号），正式向社会发布《北京市中长期科学和技术发展规划纲要（2008—2020年）》。《纲要》分序言，指导思想、工作方针与发展目标，北京科技发展的重点任务，建立和完善首都区域创新体系，重大专项，保障措施六大部分。根据《纲要》，到2020年，北京将把发展生产性服务业，强化高端创新，促进首都经济又好又快地发展；发展资源综合利用技术，建设资源节约和环境友好型城市；提高城市建设和管理水平，发展以人为本的民生服务，加快和谐社会首善之区建设；促进城乡统筹发展，建设社会主义新农村；超前部署应用基础和前沿技术研究，强化北京在全国的科技创新中心地位等五方面作为重点任务。预计到2020年，全社会研发投入占北京市生产总值的比重将超过7%。全面形成以生产性服务业为核心的服务业主导型经济，服务业增加值占北京市生产总值的比重达到80%，高技术产业增加值的比重超过28%。同时，进一步增强首都科技成果对全国的辐射带动作用，2020年北京技术交易额达到2000亿元。《纲要》确定实施18个北京市重大科技专项，涵盖了资源环境、生产性服务业、民生服务、现代制造业、新农村建设、科技奥运等重点领域。

（市科委计划处）

【出台科技保密管理办法】 5月28日，市科委发布《北京市科技计划国家科技秘密项目（课题）保密管理办法》、《北京市科技保密专项经费管理办法》（京科办发〔2008〕186号），旨在规范北京市科技计划中国家科技秘密项目（课题）保密管理，明确涉密项目承担单位和涉密人员的保密职责并维护其相应权益，加强科技保密专项经费的管理。《保密管理办法》设有6章、28条,7月1日起施行;《经费管理办法》设有6章、23条,7月1日起施行。

(张平 邹继东)

【制定《北京市科技计划项目(课题)档案管理办法》】 5月29日,市科委、市档案局发布《北京市科技计划项目(课题)档案管理办法》(京科办发[2008]185号),旨在规范北京市科技计划项目(课题)档案工作,强化科技计划项目(课题)管理,有效保护和利用国家科技信息资源。《办法》设5章、23条,7月1日起施行。

(张平 邹继东)

【组织召开实习工作企业交流会】 5月30日,市科委人才交流中心组织的"2008年实习工作企业交流会"在生产力大楼举行。市人事局、市科委相关领导及20余家企事业单位代表参加。会上,与会者就企事业单位的用人需求、教学实习工作流程等进行了交流,并就如何更好地安排北京工业大学180余名实习生上岗问题做了部署与充分沟通。

(焦正辉 于晓琳 付星辰)

【科技创新政策宣讲会】 6月6日,由市科委主办,北京中关村高新技术企业协会、市科学技术情报研究所承办的"2008年北京科技创新政策宣讲会"在翠宫饭店举行,以中关村高新技术企业为主体的150名代表参加了会议。会上,科技部政体司相关领导对《科技进步法》从其地位与作用、修订背景与思路、修订的重点内容等三个方面进行了解读,并对其在财政科技投入、科技资源共享、企业技术进步、知识产权、研究开发机构、科研诚信与宽容失败、科技中介服务机构等方面的变化、思路及相关政策的出台做了重点阐释。市科委高新处相关人员就新颁布的《国家高新技术企业认定管理办法》及市科委设立的"北京市高成长企业自主创新专项资金"的条件、程序、工作组织与实施等方面进行了详细讲解。

(李萍 张泽浩)

【现代科研院所制度试点会议】 6月13日,科技部政体司与市科委联合在香山饭店召开"现代科研院所制度试点会议",市科学技术研究院、市农林科学院以及市眼科所、市环保院、市水科所等9家市属公益院所的院、所长就北京是否需要及如何开展现代科研院所改革试点进行了探讨。会上,科技部相关领导讲话,指出科技部希望在北京先进行诸如院所长聘任制度、分配制度、评价制度等现代院所制度改革的试点。市科委负责人提出希望各位院所长能够就现代科研院所试点的建设提出有贡献、有价值的意见和建议。

(王世民 李功越)

【中国科学院第十四次、中国工程院第九次院士大会】 6月23日,"中国科学院第十四次、中国工程院第九次院士大会"在人民大会堂开幕。国家主席胡锦涛出席并发表重要讲话。中国科学院院长路甬祥致开幕词,中国工程院院长徐匡迪主持,近1200位两院院士、中央和国家机关有关部门负责人出席。会议至27日结束,通过了新修订的《中国科学院院士章程》和《中国工程院章程》,举办了首届学部学术年会,颁发了2008年度陈嘉庚科学奖和光华工程科技奖。

（张 竞）

【《中华人民共和国科学技术进步法》报告会】 6月26日，市委组织部、市科委、市政府法制办、市法制宣传教育领导小组办公室联合主办"《中华人民共和国科学技术进步法》报告会"的在新大都饭店举行。报告会由市科委副主任朱世龙主持。科技部政体司司长梅永红从《科技进步法》修订的背景和思路、核心内容和贯彻《科技进步法》的思考等三个方面做报告，重点围绕关于自主创新、企业主体、科技人才、科研诚信和资源共享等五个方面进行阐述。市政府各委办局分管科技工作的主任（局长），各区县分管科技工作的区（县）长和市科委机关干部、区县科委主任，各区县司法局主管法制宣传工作的局长及各市属公益院所院的负责人200余人参加了报告会。市委组织部副部长史绍洁代表四家主办单位对全市贯彻落实《科技进步法》提出了要求。

（李 萍　张泽浩）

【首都大型仪器设备共享平台运行管理办法发布】 6月26日，市科委、市发改委、市教委、市财政局、市政府国有资产监管会、市工业促进局联合发布《首都大型仪器设备共享平台运行管理办法（试行）》（京科条发[2008]248号）。《办法》设总则、管理机构、运行管理、绩效考核、附则5部分、16条，自发布之日起30日后施行。首都大型仪器设备共享平台的建设和运行由六委办局共同负责统筹和管理，在北京科学仪器装备协作服务中心设有平台管理办公室，负责仪器设备开放共享的日常管理工作。平台主要是调研检查各有关单位由财政投入支持形成的现有仪器设备资源的开放共享情况；每年统计一次加入平台的仪器设备的对外服务绩效，及时总结经验，向六委办局汇报并向社会公示；对加入平台的仪器设备根据服务绩效实行动态管理，做到有进有出；首都科技条件信息服务平台（www.kytj.com）作为对外宣传的窗口，负责平台仪器设备运行情况统计、发布并提供远程预约服务。

（市科委条财处）

【21企业被授予国家首批"创新型企业"】 7月24日，科技部、国资委、全国总工会发布《关于发布首批创新型企业名单的通知》（国科发政[2008]405号），中国航天科技集团公司等91家企业为首批"创新型企业"。北京地区的中国电子信息产业集团公司、电信科学技术研究院（大唐电信集团）、钢铁研究总院、北京有色金属研究总院、联想（中国）有限公司、汉王科技股份有限公司等21家企业结束为期两年的试点，正式成为首批国家创新型企业。三部委将继续加强对创新型企业建设的引导和支持，及时掌握企业创新发展情况，实行动态管理。

（施辉阳）

【2008年度研发机构自主创新专项综合评审会】 8月6日，市科委在紫玉饭店召开"2008年度研发机构自主创新专项综合评审会"。中国产学研合作促进会、国务院发展中心、国家知识产权局及高校、院所等相关单位的专家出席。会上，对符合资助条件的研发机构自主创新的机制模式及取得的核心技术成果进行了评审；介绍了专项设立的背景、专项支持的方向及相关政策。

（陈汝凤　李海丽）

【市属公益科研院所发展规划工作会】 9月

12日,市科委在银龙苑宾馆召开"市属公益科研院所发展规划工作会"。市科委朱世龙副主任出席并讲话。市卫生局、市水务局、市政管委、市质监局、市环保局等部门领导及有关院所主管领导共80余人出席。朱世龙在讲话中指出,依靠支持院所深化改革,建立开放、流动、高效、共享的新型研发体系,是今后科技工作的重要任务之一。并强调,市属公益科研院所不应局限于自己现有的资源和能力,应该站在推动全市科技工作的高度,建成汇聚中央在京科技资源以及其他各类科技资源的平台,以规划为契机,以项目为纽带,提升承担主题计划和中长期科技发展计划,规划重大专项科研任务的能力,促进自身发展再上一个新台阶。与会的院所领导表示,要组织精干力量,按照要求扎扎实实地做好发展规划的修改完善工作。

(王世民 李功越)

【重大传染病综合防治示范区课题申报研讨会】 9月24日,市卫生局召开国家"重大传染病综合防治示范区课题申报研讨会"。市科委、市疾病防控中心、朝阳区卫生局、朝阳区疾病防控中心、佑安医院等单位有关人员参加。会议就如何利用北京市和朝阳区在艾滋病和病毒性肝炎防治的现有基础、如何结合北京特色和优势以及今后如何在全国范围推广和示范等进行了讨论。会议认为,示范区不仅要突出政府政策性示范,将流动人口的管理作为重点,最重要的是把既往研究成果放在示范区内进行应用和验证。特别是市科委针对国家传染病重大专项设立的对接项目的应用、推广,借鉴、吸收由市科委前期组织的重大项目"北京市病毒性肝炎临床诊断及治疗的一体化研究"的研究成果以及"六院一部"的组织管理方式,向全国范围推广。

(市科委生物医药处)

【累计认定147家企业性质的研发机构】 至11月,市科委在北京地区累计认定147家具有一定规模的企业性质的研发机构。这些研发机构有研发人员19648人,涉及14个区县及亦庄经济开发区。此项工作自2002年开始实施,均按照市政府《北京市鼓励在京设立科技研究开发机构的规定》的文件精神执行。

北京地区科技研发机构分布一览表

| 序号 | 所属区县 | 研发机构数 |
| --- | --- | --- |
| 1 | 海淀区 | 62 |
| 2 | 朝阳区 | 29 |
| 3 | 顺义区 | 13 |
| 4 | 东城区 | 6 |
| 5 | 昌平区 | 8 |
| 6 | 丰台区 | 7 |
| 7 | 亦庄经济开发区 | 5 |
| 8 | 宣武区 | 3 |
| 9 | 大兴区 | 4 |
| 10 | 石景山 | 2 |
| 11 | 西城区 | 2 |
| 12 | 通州区 | 2 |
| 13 | 房山区 | 2 |
| 14 | 延庆县 | 1 |
| 15 | 密云县 | 1 |

(李海丽)

【3单位获全国科技管理系统先进集体称号】 12月31日,人力资源和社会保障部、科学技术部联合发出《关于表彰全国科技管理系统先进集体、先进工作者的决定》(人社部发[2008]120号),授予100个单位为"全国科技管理系统先进集体",80人为"全国科技管理系统先进工作者"。北京地区市科委社发处、石景山区科委、中关村科技园区海淀园管理委员会被授予"全国科技管理系统先进集体";通州区科委主任季志会被授予"全国科技管理系统先进工作者"。

(市科委社发处)

【开展政府信息公开工作】 年内,市科委组织开展信息公开工作,制定了《市科委政府信息公开工作管理办法》、《市科委政府信息公开指南》等一系列制度文件,形成一整套工作制度,各部门职责清晰、工作明确;集中清理了上万条信息,建立了主动公开目录体系,并通过网站公开了1097条政府信息;建立了委内政府信息公开三级工作体系,明确了政府信息公开的监督、受理、办理的相应要求,形成了政府信息公开与政府信息发布协调一致的格局。

（张平　邹继东）

【认定高新技术企业2634家】　年内,经市科委认定的高新技术企业2634家,加上在有效期内的高新技术企业,执行新办法后北京市仍保留11000余家高新技术企业。

（施辉阳）

【大学科技园发展壮大】　年内,中国人民大学文化科技园被认定为国家级大学科技园。北京地区大学科技园仍为14家,其中国家级13家,占全国69家国家级大学科技园总数的18.8%,位列全国各省市之首。14家大学科技园建筑总面积约180万平方米,其中企业面积约100万平方米；入园企业1659家,就业人数62352人；累计毕业企业649家。年内,14家大学科技园融资总额2.75亿元,完成项目投资总额1.36亿元,自身建设投入超过8300万元,实现专业服务收入超过6000万元。

（龙华东）

【北京社区服务关键技术研发与示范专项】年内,"北京社区服务关键技术研发与示范专项"（简称"社区服务"专项）被列入北京市中长期科学和技术发展规划纲要（2008—2020年）。其工作重点是开展社区管理信息系统、社区服务信息系统的研发,完善社区公共服务信息平台建设,实现社区信息资源共享,方便居民生活；着力构建面向社区的网络教育技术体系,推进多层次、多渠道、全方位的社区学习服务体系建设；逐步构建区域的减灾防灾和应急救援体系的建设,研究推广社区监控设施和安防设施,构建现代化社区安全保障系统,建设平安社区；充分利用社区的科普资源,搭建科普教育平台,针对社区居民特别是青少年与老年居民开展卫生健康、节能减排、环境保护、资源利用等方面的科普教育；发展面向社区的网络文化娱乐及科普设施,丰富和活跃群众生活,增强社区凝聚力。到2010年,初步建成包括社区保障、公共教育、社会治安、科学技术普及、文化体育等服务领域的较为完善的新型社区服务体系。到2020年,全面建成公共服务完善、社会安全稳定、生活环境良好、邻里互助友爱的和谐社区。

（张　竞）

【市科学技术研究院十大优秀科技成果】　年内,市科学技术研究院组织专家评议,评选出了2008年度十大优秀科技成果：奥运城市运行信息采集与分析系统、奥运反恐防化专家组工作体系、快速检测与应急分析技术体系研究、柴油车尾气减排装置无线远程监控系统、核辐射技术在橡胶轮胎生产中的应用开发、食品安全分析评价系统、奥运村太阳能热水系统直流真空管项目、SOC设计服务及重点产品关键技术研究、农村固体废弃物处理成果推广应用技术、北京创新型城市建设评价研究。

（张　竞）

## 计划实施

【启动前沿计划】　8月,市科委启动了以提高基础科学研究水平为目标的"前沿计划"。该项工作将通过人才制度的创新,面向国际引进科技领军人才,并依托前沿实验室开展前沿技术研究,从而为北京地区科研院所、高等院校和企业输送高层次研究人才。该计划第一批涉及信息技术、能源、环境保护、新材料等领域。

（张平　邹继东）

【70人获2008年度市科委博士论文资助】11月11日,市科委软科学处发出《关于发布2008年度软科学研究资助博士生学位论文人员名单的通知》,确定中国农业大学程杰的"农资综合直接补贴：激励方式、绩效评价与制度改进"等70人的博士论文获专项资助。12月11日,市科委组织的"2008年度北京市科委博士论文资助专项立项会"在北京技术交易中心举行,受资助的博士生到会。

（马正运）

【纪念国家火炬计划实施20周年】　12月15日,由科技部主办的"纪念国家火炬计划实施

20 周年大会"在人民大会堂召开。国务委员刘延东出席并讲话,科技部部长万钢做火炬 20 年工作报告。中央有关部门和部分省市的领导以及来自全国各省市科技厅局、国家高新区负责人参加会议。会议总结了火炬计划实施 20 年发展路径和取得的成就,对作出突出贡献的个人和单位进行表彰。授予北京市科委等 60 个单位为"火炬计划先进管理单位"称号[北京地区 2 个,其中省(市)科技厅(委、局)类 1 个,国家高新技术产业开发区类 1 个];授予中关村科技园区海淀园创业服务中心等 70 个单位为"火炬计划先进服务机构"称号(北京地区 10 个,其中国家科技企业孵化器类 1 个,国家大学科技园管理机构类 2 个,国家级示范生产力促进中心类 3 个,国家技术转移示范机构类 4 个);授予陆昊等 57 人"火炬计划突出贡献奖"称号(北京市 4 人,不包括中央单位);授予赵新鸣等 352 人"火炬计划先进个人"称号(北京市 19 人)。

(龙华东)

【编制重大科技专项方案】 年内,市科委组织编制了 6 大类、18 个重大科技专项方案,其中资源环境类 3 个,生产性服务业类 6 个,民生服务类 4 个,现代制造业类 2 个,新农村建设类 2 个,科技奥运 1 个。专项方案以 2008—2010 年作为首个实施阶段,重点在研发、中试和推广应用三个层面上进行部署。

(张平 邹继东)

【启动 38 项重大科技项目】 年内,市科委启动了 38 项重大科技项目,涉及北京重点产业技术竞争力提升主题 5 项;发展循环经济,推进节约型社会建设主题 9 项;科技进步促进区县发展主题 6 项;科技促进市民生活质量改善主题 12 项;应用基础研究与战略高技术主题 4 项;现代服务业促进主题 1 项;科技条件平台 1 项。

(市科委计划处)

**2008 年市科委启动 38 项重大项目**

| 序号 | 项目名称 | 主持单位 |
| --- | --- | --- |
| 北京重点产业技术竞争力提升主题 | | |
| 1 | 高档数控机床与功能部件关键共性技术研究及应用 | 北京生产力促进中心(北京数控装备创新联盟) |
| 2 | 长风联盟基础软件协同研发与应用示范 | 北京软件行业协会(长风联盟分会) |
| 3 | 长风联盟 SOA 支撑工具集及服务集成框架研发 | 北京软件行业协会(长风联盟分会) |
| 4 | 同仁堂中药制剂生产自动化关键技术研究 | 中国北京同仁堂(集团)有限责任公司 |
| 5 | 北京牌轿车开发关键技术研究 | 北京汽车研究总院有限公司 |
| 发展循环经济,推进节约型社会建设主题 | | |
| 6 | 矿山废弃物的资源化利用 | 北京市政路桥控股建设(集团)有限公司 |
| 7 | 生活垃圾焚烧飞灰的资源化利用 | 北京金隅集团有限责任公司 |
| 8 | 生物质废物资源化重大技术装备研究与示范工程 | 北京环境卫生工程集团有限公司 |
| 9 | 垃圾填埋气制取二甲醚关键技术研究与工程示范 | 北京市市政管理委员会、北京环境卫生工程集团有限公司 |
| 10 | 热力站节能降耗关键技术研究与示范 | 北京市热力集团有限责任公司 |
| 11 | 北京市搬迁企业污染场地再利用管理与典型场地修复技术研究与示范 | 北京市可持续发展科技促进中心 |
| 12 | 北京市湿地生态系统保护与恢复关键技术研究和示范 | 北京市园林绿化局 |
| 13 | 门头沟区生态修复技术集成与产业化支撑体系建设 | 门头沟区科学技术委员会 |
| 14 | 大型燃煤锅炉无油点火系统研发 | 北京首科集团公司 |

续表

| 序号 | 项目名称 | 主持单位 |
|---|---|---|
| 科技进步促进区县发展主题 | | |
| 15 | 基于循环农业内涵的百合产业科技示范工程 | 昌平区科学技术委员会 |
| 16 | 蛋种鸡大规模产业化生产关键技术研究 | 北京市华都峪口禽业有限责任公司 |
| 17 | 山区食用菌生产技术集成及产业化示范 | 北京市农林科学院 |
| 18 | 奶牛良种产业化升级技术研究与应用 | 北京奶牛中心 |
| 19 | 设施农业装备关键技术研究、集成及功能示范 | 北京市农业机械研究所 |
| 20 | 京承路都市型现代农业走廊科技示范工程 | 北京市农林科学院 |
| 科技促进市民生活质量改善主题 | | |
| 21 | 北京市地下水资源安全评价及污染防控技术研究与示范 | 北京市水务局 |
| 22 | 优新花卉品种及地被花卉选育产业化研究 | 北京市花乡盛芳园花卉种植基地 |
| 23 | 北运河通州区城市段水环境改善研究与示范 | 北京市通州区科学技术委员会 |
| 24 | 食品中添加剂和中药中农残及重金属的检测及相关技术研究 | 北京市检验检疫科学技术研究院 |
| 25 | 中医药防治重大疾病临床规律的挖掘与验证 | 北京市中医管理局 |
| 26 | 北京重大传染病防控示范区建设研究 | 北京市疾病预防控制中心 |
| 27 | 社区常见疾病医疗康复技术体系的研究与示范 | 北京大学第一医院 |
| 28 | 北京儿童青少年代谢综合征长期对列研究 | 首都儿科研究所 |
| 29 | 北京市城市综合风险防控技术研究与示范 | 北京市应急指挥中心 |
| 30 | 北京地铁工程建设安全风险控制及信息化管理平台的研究与应用 | 北京市轨道交通建设管理有限公司 |
| 31 | 基于通信的城轨 CBTC 系统运营线的考核试验 | 北京市轨道交通建设管理有限公司 |
| 32 | 北京城市基础设施安全服役技术研究 | 北京新材料发展中心 |
| 应用基础研究与战略高技术主题 | | |
| 33 | 高效节能型氧阴极离子膜电解槽的开发与生产示范 | 蓝星(北京)化工机械有限公司 |
| 34 | 等离子体刻蚀机与离子注入机关键材料及核心零部件国产化 | 北京中科信电子装备有限公司 |
| 35 | 创新药物研究开发 | 北京生物技术和新医药产业促进中心 |
| 36 | 高性能碳纤维国产化关键技术研究 | 中国蓝星(集团)总公司 |
| 现代服务业促进主题 | | |
| 37 | 数字电视内容集成和分发系统技术研究 | 北京北广传媒数字电视有限公司 |
| 科技条件平台主题 | | |
| 38 | 北京集成电路设计公共服务平台建设 | 北京集成电路设计园有限责任公司 |

【200人入选科技新星】 年内,共有200名科技新星通过市科委组织的评审。其中 A 类入选118人,B 类入选82人。此次评审,30岁以下的37人,31—32岁的79人,平均年龄32.5岁。参加2008年综合考评的入选人员共78人,其中,在入选期间获得正高级职称的22人,获得副高级职称的22人;有39人走上了部门领导岗位。参评人员作为主要作者发表论文1223篇,其中,被 SCI、EI 收录579篇,出版专著121部。作为主要完成人获得国家和部市级科

技成果奖126项。申请专利210项，获得专利授权72项。作为主要成员承担国家级、市级项目227项。其中：主持项目133项，占59%；主持项目经费总额累计达25989.1万元。有14名入选人员获得2008年度国家科学技术奖励。其中国家技术发明奖一等奖1人次，二等奖6人次，国家科学技术进步奖二等奖7人次。

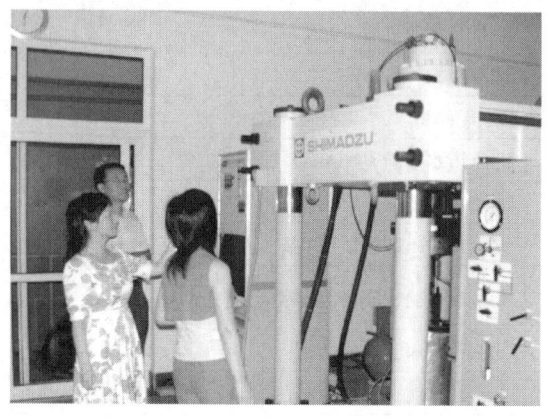

（市科委人事教育处）

【组织火炬计划立项项目184项】 年内，北京地区共组织火炬计划立项项目184项，其中国家级产业化项目58项，环境平台项目19项，市级项目107项。

（龙华东）

【组织设计创新提升计划项目评审】 年内，北京工业设计促进中心分别于4月和11月对101家企业与设计机构申报的"设计创新提升计划"项目进行评审，最终评出31项，涉及电子信息、交通设备、重大装备等领域，覆盖顺义、怀柔等10余个区县，合同额突破3000万元，政府到位资金近千万元，带动企业投入约2亿元。

（付文均）

【北京国家"863"计划成果产业化效果显著】 年内，北京国家"863"计划产业化促进中心从多种渠道大力推动"863"计划项目成果的产业化工作。中心与中科院国家技术转移中心和北京产权交易所合作，组织其与承担"863"计划的相关企业对接，发布相关成果信息，促进了技术方和投融资方的交流与合作；协助北京农业信息技术研究中心在京郊建成农业信息化示范区3个、示范乡镇20个、示范村35个，建立NC电脑农业培训基地22个、智能化温室控制示范基地20个，促进了信息技术在北京地区农业生产中的应用，同时推动了以信息技术为主体的高技术产业在农民生活、农村管理、农村物流、企业管理、农村社区等领域的应用。

（董炳艳）

## 辅助决策

【开展国家软实力研究】 3月，北京科技开发交流中心承担了科技部国际合作司"国家软实力研究"课题。该研究主要包括五个部分：软实力内涵、软实力研究的必要性和重要性、国外软实力情况、我国软实力发展现状、我国软实力发展对策建议。研究方法包括实地调研法、文献法等。至年底，该课题通过科技部国际合作司评审。

（北京科技开发交流中心）

【北京市科技工作通报会召开】 5月21日，"北京市科技工作通报会"在市人大召开，市人大常委会副主任吴世雄出席并讲话，近20位科技界人大代表参加。会上，代表们在听取了市科委主任马林关于本市科技工作情况的汇报之后，对市科委所做的大量工作表示肯定，并从本市科技工作总体情况、科技管理体制改革与创新、科研项目的安排和科研经费的使用以及科技成果的转化等方面提出了意见和建议。

（张平　邹继东）

【举办两界高峰论坛】 5月24日，市社科联、市科协联合在京民大厦举行"北京自然科学界和社会科学界联席会议2008·高峰论坛"，主题为"奥运北京·和谐社会"。中科院院士、市科协名誉主席陈佳洱，市委宣传部副部长常卫、市社科联主席满运来等领导及100余位专家、学者出席。北京奥组委执行委员、北京奥运经济研究会会长魏纪中做题为"绿色奥运、科技奥运、人文奥运理念的落实"的报告。北京园林学会刘秀晨、中国人民大学人文学院金元浦、清华大学人文学院彭林、中科院生态环境研究中心王如松、北京工艺美术协会唐克美、北京航空航天大学吴季松、北京联合大学奥林匹克文化研究中心冯霞分别做报告。

（郭 健）

【专家研讨公民如何应对环境突发事件】 6月24日，北京环境科学学会在北京市环境宣教中心召开"公民如何应对环境突发事件研讨会"。市环保局副总工程师周小凡详细介绍了环保应急机构设置与职责、北京市2005年以来发生的典型环境突发事件及突发事件的特点、应急工作的实施情况、环境安全形势分析、公民如何应对环境突发事件等内容。与会专家就公民环境风险教育问题展开讨论。专家建议，要进一步调研加强区域环境安全合作，降低危险化学品运输道路环境风险，加强生活有害废旧物资管理等问题；细化环境突发事件的预防宣传，可分别针对公民和机关企事业单位编制两个版本，采用印刷品、网络等多种渠道进行宣传，扩大受益人群。

（环境学会）

【循环经济模式与对策论坛】 7月14日，北京技术经济和管理现代化研究会在国宏大厦举办"循环经济——模式与对策论坛"。中国投资杂志社、首都经贸大学和国家发改委等单位的专家参加。首都经贸大学邹昭烯教授、国家发改委环资司杨尚宝教授、中国投资杂志社主编许江萍等分别就北京化工行业循环经济发展现状与对策、首都水资源综合利用现状与发展、天津滨海开发区发展循环经济的经验与未来趋势等问题进行论述。

（丁兆祥）

【开展创新型乡镇建设调研】 8—12月，北京生产力促进中心与北京创新研究院共同开展创新型乡镇调研工作。调研组从37个创新型乡镇中选取丰台王佐镇、海淀苏家坨镇、昌平南口镇等18个乡镇作为典型实地考察。发现带有普遍性问题是：对创新型乡镇建设的认识不足；推进创新型乡镇建设的体制、机制、相关政策等尚不完善；乡镇干部和广大农民的创新素质和能力有待提升。为此，专家建议：将创新型乡镇建设放在首都创新型城市建设和统筹城乡发展的战略地位，把它作为一项具有基础性、引领性、示范性的重大创新工程来部署和推进；进一步完善推进创新型乡镇建设的体制、机制；将创新型乡镇建设纳入北京市发展规划，设立重大专项，从资金和政策上给予持续支持；继续深化创新型乡镇建设试点工作；以《创新型乡镇建设干部读本》为教材，加强乡镇干部培训；进一步加强创新型乡镇建设研究工作。

（董炳艳）

【国内外专家研讨农业信息化】 10月19—20日，由北京农业信息化学会等单位主办的"第二届国际计算机及计算技术在农业中的应用研讨会暨第二届中国农村信息化发展论坛"在中国农业大学国际会议中心举行，旨在深入研讨计算机与计算技术在农业领域中应用和创新的理论、技术与方法，探索农村信息化建设中的创新思路和发展方向。国家信息化专家咨询委员会王安耕、荷兰瓦赫宁根大学Gerrit van Straten教授、西班牙阿尔梅里亚大学Fernando Bienvenido教授为大会做邀报告，分别介绍了中国农村信息化发展的经验与实践、交互式温室调优栽培技术在欧洲农业中的应用、农产品质量安全管理技术在欧洲的研究情况。各主办方领导、国内外专家300余人出席。

（农业信息化学会）

【专家研讨首都城市园林绿化建设】 10月27—28日，市园林绿化局、市公园管理中心、北京园林学会联合在北京香山别墅召开"首都城市园林绿化建设与展望学术研讨会"。研讨会收到论文136篇。43位专家就奥运城市园林绿化建设总结与回顾、奥林匹克公园、奥运场馆、道路绿化的规划设计与植物配置、屋顶花园的景观设计、园林绿地应急避险功能研究、城市安全及防灾避险体系构建、绿化隔离地公园环建设、园林植物的保护与研究、北京园林常用乔灌木耗水的特性研究、园林绿地养护管理工作现状及存在问题、新优植物新品种的选育、园林植物病虫害防治技术研究、传统园林的继承和发展等问题进行了探讨和交流。280余人参加研讨会。

（园林学会）

【2008咨询北京高峰论坛】 11月22日，由中国民主建国会北京市委、北京科技咨询业协会、中华思源工程扶贫基金会联合主办的"关注全球危机 谋求创新突围——2008咨询北京高峰论坛"在西苑饭店召开。会上，中国科技咨询协会理事长石定寰及主办方代表分别致辞。来自政府部门、咨询界、企业界和高校、媒体近500人参加。本届论坛由清华大学世界与中国经济研究中心、中国发展研究基金会、北京天则经济研究所、美国理特咨询公司美世咨询公司大中华区相关人士从金融危机给全球市场和中国市场带来的影响、企业的生存战略与融资、中国式管理和激励机制与文化融合等方面分别进行了5个专题演讲。同时邀请了众多经济研究专家、咨询界精英以及学术界、企业界和媒体的代表就中国经济走势与产业升级、中小企业的管理创新、融资以及中小企业的人才战略等问题展开5场对话。

（董炳艳）

【专家为密云水库流域生态补偿献计】 12月23日，由北京林学会、世界自然保护联盟中国办公室（IUCN）在渔阳饭店举行"密云水库流域生态补偿专家研讨会"，就密云水库流域生态补偿问题进行主题研讨，共同探讨在整个密云水库流域内建立跨区域、跨部门的生态补偿机制所面临的问题及对策。会上，世界自然保护联盟中国办公室高级林业项目官员董珂介绍了学会与IUCN正在开展的工作及下一步计划。市发改委、市水务局、园林绿化国际合作项目管理办公室分别介绍了北京与河北跨区域经济未来3年的合作方案，包括在生态水源保护林工程、实施"稻改旱"工程、水资源环境治理、水库上游矿山生态恢复等；将在23个乡镇试点地区推行"政府购买服务机制——农村管水员队伍建设"的情况；北京森林生态补偿机制及北京森林碳汇工作进展情况。与会专家认为，推动密云水库流域生态补偿工作可先建立一个密云水库流域内利益相关方的非正式网络伙伴关系，寻找并将各利益相关方代表吸收到该伙伴关系中，通过网络平台建设、组织论坛等形式实现信息交流与共享，逐步推进密云水库流域的区域合作。

（林学会）

【专家研讨创新型城市与科技人才培养】 12月27日，由北京自然辩证法研究会主办、北京工业大学人文学院承办的"创新型城市与科技人才培养研讨会"在北京工业大学举行。来自北京大学、中国人民大学等院校的专家围绕创新型城市建设和科技人才培养等话题进行讨论，主要观点有：北京创新型城市建设必须重视区域协作；北京建设创新型城市必须从提高创新效率、促进技术转移和创新成果扩散入手；北京要将建设知识型城市作为创新型城市的战略重点；城市建设应强调人文关怀，不宜简单地提倡经营城市；建设创新型城市必须从国情出发，采取选择型城市化战略；创新型城市建设必须重视科技人才的培养和科技创新团队的建设；北京在创新城市建设中必须重视环境意识教育，加强环境管制等。

（自然辩证法研究会）

# 科技条件

【开展科技项目绩效考评】 3月14日，市科委条财处组织的科技项目绩效考评启动。共有

11个项目纳入考评范围,涉及50个课题,经费12560万元,其中财政拨款6996.60万元,其他资金5563.40万元。3月21日,"市科委2008年绩效考评工作动员暨培训会"在创业大厦举行。会上,就绩效考评具体工作进行了讲解。市科委各相关处室主管工程师、纳入绩效考评范围的项目(课题)承担单位负责人、财务人员等100余人参加。最终,参评项目均被评为优秀。

(市科委条财处)

【首都科技条件试点平台能力建设主题培训班召开】 6月3日,市科委条财处主持,北京科学仪器装备协作服务中心承办的"首都科技条件试点平台能力建设主题培训班"在北科大厦召开。市科委副主任王荣彬做题为"构建支撑首都区域创新体系的科技条件平台"的讲话。国家科技基础条件平台中心副主任张渝英以"国家科技基础条件平台建设现状与发展"为题介绍了国内外高端科技与研究的发展方向,并对国家科技平台的内涵、架构、特点、建设目标及管理机制等进行讲解。市科研院院长丁辉做"创新、科技条件、转制所"的主题发言。来自中关村生物医药园、清华大学科技园、北京软件产业基地公共支撑体系、北京材料分析测试服务联盟等14个科技企业服务平台及平台支撑单位的领导80余人参加培训。

(市科委条财处)

【157个实验动物许可证通过年检】 12月23日,市动管办发布《关于对2008年实验动物许可证年检结果的通告》,公布年内北京地区"实验动物许可证"年检结果。共有157个实验动物许可证通过年检,其中,使用许可证124个、生产许可证33个。本元正阳基因技术有限公司等3家单位的3个使用许可证未参加年检。

(李根平 刘冕)

【155项目获科技研究开发机构专项支持】 年内,市科委共为40家的155个项目提供了科技研究开发机构专项支持。其中核心成果类项目126项、创新模式类项目29项。核心成果类项目中有发明专利项目54项(其中国外发明专利4项);软件著作权33项;标准类项目36项(其中国际标准1项);植物新品种3项。

(张平 邹继东)

【夯实条件平台建设管理基础】 年内,首都科技条件平台工作小组组织30余次调研,旨在摸清首都科技条件资源的拥有方科学仪器设备的详细情况,了解仪器设备资源的运营状况及运行机制。且深入沟通,与清华大学、北京大学、北京师范大学和中科院、中国建材院等12家首都高校和院所及材料中心、生物中心、软件中心和可持续中心等进行了60余次讨论,涉及内部运营机制、服务需求和要求等,并将中科院、北京大学、中国移动通信集团北京有限公司等12大基地整合到市科委工作体系,旨在通过专业化服务机构解决市场运行机制。

(市科委条财处)

【拟定一系列经费管理制度标准】 年内,市科委条财处拟定《北京市科技计划项目(课题)经费管理实施要点(试行)》、《2008年北京市科技计划项目(课题)经费审计要点(试行)》、《经费审计问题风险分析参考》、《北京市科委遴选会计师事务所参与科技经费审计工作管理办法》等一系列制度文件,为经费监管提供了有效的保障,且使经费管理工作更加规范化、标准化。

(市科委条财处)

【构建预算评审及经费审计服务平台】 年内,市科委条财处共组织8次培训班,1000余人次参加,主要面向科委机关及直属单位项目主管工程师、各领域课题承担单位的负责人和财务人员、直属单位财务人员以及会计师事务所。同时,每周二、四对外开通咨询服务热线,且汇编经费管理文件并印制发放,旨在逐步构建起预算评审及经费审计服务平台,提高财务管理水平。

(市科委条财处)

【组织科技经费预算联合评审】 年内,市科委条财处会同市财政局共组织5次科技经费预算联合评审,涉及项目236个(课题696个),评审财政性资金12.33亿元,审减财政性资金预算

0.08亿元；与2007年同期相比，在课题数和评审金额基本持平的情况下，经费审减率降低近60%，提高了预算管理水平。

（市科委条财处）

【加强对审计机构的监督与管理】 年底，为加强对审计机构的监督与管理，市科委条财处对全年已审的673项课题，按领域全覆盖、重大项目优先抽取的原则，从承担科委科技项目经费审计的11家会计师事务所中，随机选取了50项课题作为审计工作质量抽查试点，重点通过审计报告和相关卷宗检查事务所审计质量，提出质询和评价意见。根据检查结果，取消了1家事务所经费审计资格。

（市科委条财处）

【中科院专利技术转移服务平台进展顺利】 年内，在中科院专利技术转移平台推动下，中科院理化所、过程所、计算所、自动化所等33家研究机构通过技术转让、许可、参股等形式，与企事业单位签订技术合同781项，合同成交额达6.70亿元，其中技术交易额6.67亿元。

（施辉阳）

【科技保险工作稳步推进】 年内，北京市科技保险共承保161家（次）企业，与4家试点保险公司签署协议，投保10大类试点险种，涉及高新技术企业财产保险、高管和关键研发人员意外与健康险、产品责任险、关键研发设备险等。共缴纳保费2000余万元，保额近70亿元，帮助企业获得融资8700余万元。

（付文均）

【173项目获市科技型中小企业技术创新资金支持】 8月20日，市科委发布《2008年北京市科技型中小企业技术创新资金立项项目公告》，根据《北京市科技型中小企业技术创新资金管理办法》，依据专家评审结果，确定北京美科互动科技有限公司的"MICAT移动新闻采编系统"等市科技型中小企业技术创新资金立项项目共173项，支持经费总额6855万元。

（张 竞）

【172项目获国家科技型中小企业技术创新基金】 年内，北京地区企业共获国家科技型中小企业技术创新基金资助172项，10380万元。其中：科技型中小企业技术创新基金151项，8985万元，支持方式150项为无偿资助，1项为贴息贷款；中小企业公共技术服务机构补助资金8项，635万元，支持方式全部为无偿资助；科技型中小企业创业投资引导基金13项，760万元，引导方式4项为风险补助，6项为投资保障。

（张 竞）

【完成财务人员继续教育工作】 年内，市科委人才交流中心共举办了3期财务人员继续教育培训班，市科委所属机构有关人员650余人参加。培训班主要对《企业会计准则》重点内容、《企业所得税法》、项目经费管理、项目经费评审有关注意事项、经费审计等进行培训。

（张淑媛 付星辰）

【组织北京地区实验动物抽检】 年内，市动管办组织市实验动物质量检测人员对北京地区38家实验动物生产许可单位的实验动物进行抽检（上半年20家，复查2家；下半年18家，筛查1家），检查动物种类包括清洁级及SPF级大、小鼠，普通级豚鼠、兔、犬等15个品种品系，共977只实验动物。其中复检、筛查202只；检查实验动物饲料生产许可单位，抽检饲料6个品种、10批次。结果显示：在抽检的清洁级及SPF级大、小鼠中，有两家单位3个品系大小鼠不合格；在普通级豚鼠、兔、犬和猴中，有8家单位4个品种动物不合格，其中7家为上半年和下半年检测均不合格。

（李根平 刘 冕）

【发放实验动物许可证26个】 年内，市科委为北京维通达生生物技术有限公司发放了实验动物生产许可证；为中国医学科学院肿瘤研究所等26个单位发放了26个实验动物使用许可证。对2003年注册的生产许可证单位北京市园艺实验动物养殖中心，使用许可证单位中国疾病预防控制中心营养与食品安全所、中国中医科学院西苑医院3家因有效期已满的予以注销。

（李根平 刘 冕）

# 科技服务

【北京协同创新服务联盟2007年度年会】 1月9日,由北京技术交易促进中心承办的"北京协同创新服务联盟2007年度年会"在北京皇苑大酒店召开。科技部火炬中心、市科委、市工促局、中关村管委会、区县科委的领导,联盟成员代表,相关企业、研究院所和高校代表等100余人参加。会上,介绍了联盟2007年工作进展情况及未来发展设想;对联盟成员北京中捷京工科技发展有限公司的减害降焦留香离子交换纤维烟用丝束产业化项目和百年栗园生态农业有限公司战略咨询和融资服务项目进行了专家点评;开通了北京协同创新服务联盟网站(www.bjxtcx.org),并对外试运行。

(马正运)

【"北京一号"服务灾区】 1月29日,北京宇视蓝图信息技术有限公司针对南方抗雪救灾工作启动了应急预案。至2月20日,小卫星已获取河南、湖南、湖北等10余个省市约1100余万平方千米的多期多光谱遥感数据,其中可用于灾害分析的数据约500余万平方千米,同时制作了湖南、贵州、湖北等8个重灾省的灾情专题信息图,报送科技部、国防科工委、国家减灾中心等相关部门。5月12—15日,小卫星又先后向国务院办公厅、国家减灾委、国家地震局、国土资源部以及中科院遥感所等提供了大量灾区的中分辨率多光谱和高分辨率全色卫星影像存档数据和实时数据,为抗灾救灾提供了重要的信息支持。

(张平 邹继东)

【北京渲染平台共建协议签约仪式】 2月20日,"北京渲染平台共建协议签约仪式"在市科委举行,相关领导出席。此平台的建立标志着北京软件产业基地公共技术支撑体系全面升级,由原来的三库五平台(综合服务平台、软件质量管理平台、软件开发实验平台、软件测试平台、软件过程基准平台)全面升级为三库六平台。该平台于2007年6月开始投资建设,是市科委的"绿色通道"项目,投资3000万元。平台采取一个核心平台和四个节点平台协同工作的分布式建设架构。核心平台由北京软件产品质量检测检验中心承担建设,建于北京软件产业基地公共技术支撑体系(www.bjxrpt.com)。石景山数字娱乐示范基地、国家新媒体产业大兴基地、北京工业促进中心和紫金数码园作为四个节点平台,与核心平台共同服务于北京文化创意产业内容制作企业。仪式上,核心平台与4个节点平台共建单位分别签署协议,并进行了设备交接。至11月,平台已服务企业40家,服务机时达49万小时,服务项目59个,涉及影视剧特效、胶片影像数字化修复、影视游戏动漫制作、商业广告、虚拟场景漫游等多个领域。(在影视制作中,当生成影片时需要将后加入的素材融合到影片中并压缩成为影片最终格式,这个过程就是渲染。渲染业务属于计算密集型业务,主要是为数字媒体产业的中小企业提供三维集群渲染服务。)

(郭伟)

【DRC设计渲染服务联盟成立】 2月,北京工业设计促进中心发起,集成设计院校、培训机构、应用企业、传播媒体等17家单位成立"DRC设计渲染服务联盟",成员包括施奈德电气(中国)投资有限公司、北京脉合时代国际文化传播公司等。该联盟宗旨是:利用科技手段支撑设计创意产业发展;推广渲染技术使用,提高全国三维制作能力;鼓励企业自主创新,提升设计企业创新效率,降低创新成本。

(左倩)

【第十一届北京技术市场金桥奖颁奖大会】 3月5日,"第十一届北京技术市场金桥奖颁奖暨2008北京技术市场工作会"在中国国际科技会展中心召开。副市长赵凤桐、市人大副主任吴世雄等有关领导出席并讲话。科研院所、高等院校、高新技术企业、技术中介服务机构、区县科委和技术合同登记机构的代表200余人参加。会上,对获奖的集体、项目和个人进行了表彰。市科委马林主任做题为"着力技术市场建设 推动首都生产性服务业发展"的工作报告。中科院计算所隋雪青、北京中捷京工科技发展有限公司胡秀峰代表获奖单位发言。

(陈丽萍)

【工业设计促进中心与高校共建就业实习基地】 3月5日,"北京林业大学与北京工业设计促进中心就业实践与教学实习基地挂牌暨DRC设计资源协作体挂牌仪式"在北京林业大学举行。工业设计促进中心主任陈冬亮,北京林业大学副校长钱军共同为DRC设计资源协作体授牌。该基地将为林大毕业生提供平台,优质管理、细心指导、严格要求,使学生能在企业学以致用、有所收获、有长远发展。仪式上,还召开了设计类人才就业交流及招聘会,洛可可设计公司、西典展览展示有限公司等6家设计类企业参加。年内,中心与北方工业大学、大连工业大学、国立华侨大学等13家院校签订了就业实习基地协议,累计26家,其中京内14家。

(左 倩)

【建立北京国际医药技术转移平台】 3月28日,北京产权交易所、首都科技集团、中国医药国际交流中心共同组建北京国际医药技术转移平台。该平台具有完善的产权交易体系与设施和"公平、公正、公开"的交易制度,覆盖全球的信息发布渠道,数千家的投资人资源,积累北京地区主要医药科研院所的强大技术集成及整合能力,丰富的国际合作渠道和国内外会展资源等优势,拟开展涉及医药技术转移的咨询、评估、投融资、并购重组等各项服务。

(胡明亮)

【北京渲染平台揭牌服务】 3月28日,北京软件产品质量检测检验中心主办的"北京渲染平台启动仪式"在该中心举行。市科委、北京电影学院动画学院等部门领导以及众多影视、动漫生产企业、设备厂商代表出席。会议宣布,北京渲染平台已具备向北京文化创意产业提供渲染服务的条件,将正式面向北京市的影视、动漫制作企业提供全面的技术服务。仪式上,为大兴节点、石景山节点、紫金数码节点、工业促进中心节点等4家平台管理单位授牌;北京正通亿和文化交流有限公司、北京每日视界先锋数码图像制作有限公司、北京龙马世纪影视文化传播有限公司等6家制作企业与北京渲染平台签订了合作意向书。同时,"北京电影学院动画学院科研实训基地"挂牌。

(潘 铁)

【35项2006年技术转移服务专项项目通过验收】 3月,市科委组织对2006年度立项资助的35项技术转移服务专项项目进行验收。通过对促成技术交易额、实现技术转移服务收入、技术转移服务成功的项目数量等8项考核指标

的评审，承担单位全部达标。据统计，35家机构2006年共促成技术交易额23.34亿元，超计划62.6%；实现技术转移服务收入4028万元，超计划33.8%；项目执行周期促成技术转移服务项目886项，超计划212%；实现项目的服务收入1937万元，超计划4%。同时，35家机构都建立或完善了技术转移服务的管理制度和业务规范。

（马正运）

【快速成型体验中心正式启动】 4月7日，快速成型体验中心在北京DRC基地正式启动。该中心由快速成型和逆向工程实验室与神州数码公司合作建立，可为电器、玩具、电子产品等行业产品的开发和验证提供三维扫描和手板模型制作服务。

（左倩）

【开展科学仪器统计调查】 4月8日，市科委发布《北京市科学技术委员会关于对北京地区科技活动单位进行科学仪器设备状况统计调查的函》（京科条函[2008]95号），北京地区科学仪器设备状况统计调查工作全面启动。本次调查确定了925家法人单位，包括在京科研院所、事业单位、高校、年销售额在一定规模的企业及在孵的中小企业。至年底，有283家单位完成上报工作，共上报仪器6400余台，价值人民币54亿元，其中有协作共用意向的2760台仪器，原值22亿元。

（李易洋）

【市级文化创意产业集聚区又添11家】 4月15日，市文化创意产业领导小组在北京新闻大厦举行"第二批北京市文化创意产业集聚区授牌仪式"。市文化创意产业领导小组副组长蔡赴朝出席并讲话。北京CBD国际传媒产业集聚区、顺义国展产业园、琉璃厂历史文化创意产业园区、清华科技园、惠通时代广场、北京时尚设计广场、前门传统文化产业集聚区、北京出版发行物流中心、北京欢乐谷生态文化园、北京大红门服装服饰创意产业集聚区和北京（房山）历史文化旅游集聚区11家产业园区被北京市文化创意产业领导小组认定为第二批文化创意产业集聚区。现经认定的市级集聚区已达21家。

（左倩）

【北京民间手工艺产业示范基地建设通过验收】 5月8日，"北京民间手工艺产业示范基地建设"课题通过验收。该项目2006年启动，由市科委、市妇联承担。经两年的实施，在全市18个区县建立了70个市级巧娘工作室、200个区级巧娘工作室，直接安置妇女就业4万人，带动妇女弹性就业25.4万人。研究通过将创意资源导入巧娘工作室，使该平台成为广大城乡妇女吸收新知识、新技能的"教室"、民间手工艺品的设计成果转化基地、手工艺人展示才能才艺的平台、妇女就业创业的基地，推动了北京民间手工艺作品的开发、创新。

（市科委农村处 农村中心）

【什刹海"新三轮"亮相】 5月12日，由北京博蓝士科技有限公司设计的300辆颇具传统特色的"新三轮"在什刹海荷花市场门前正式亮相，什刹海人力客运三轮车胡同游特许经营正式实施。"新三轮"规格统一，车长2.95米，高1.5米；车身前后镶嵌多种体现老北京民俗的"铜活"，前板上有"祥云"图案，侧板上有"五福捧寿"，车身两侧有8枚"瑞兽"铜钉，车背面是4个"麒麟"铜饰，象征着四平八稳。车工座位后面安装了方便乘客上下的扶手，扶手下是便于乘客搁放旅游资料的存放架。

（左倩）

【全面支援抗震救灾】 5月，汶川发生大地震后，市科委紧急部署，全系统工作人员捐款18.34万元。组织军事医学科学院、总后卫生部药品仪器检测所、市农林科学院，以及二十一世纪空间技术应用股份有限公司、北京超图地理信息技术有限公司等高科技企业,紧急生产和调拨了一批灾区急需的药品、医疗装备、太阳能充电照明设备、净水器、通信设备和蔬菜种子等救灾物资22类,折合人民币269.45万元。同时,制作了《汶川7.8级地震背景北京一号小卫星影像图(1:75万)》、开发"抗震救灾辅助分析信息系统"等,全方位地为灾区提供支持。

(张平 邹继东)

【开展实验动物行政许可检查】 5—6月,市动管办行政执法人员与专家委员会委员出动530人次,全面检查119家实验动物行政许可生产单位和使用单位,对存在问题的10家单位提出检查意见,并跟踪其整改落实情况。

(李根平 刘冕)

【首都科技条件平台授牌仪式暨经验交流会召开】 6月26日,市科委主办的"首都科技条件平台授牌仪式暨经验交流会"在北京创业大厦召开。来自科技部、国资委、市发改委、市财政局等部委局的领导,以及北京多个行业科技条件平台的负责人和平台用户代表180余人参加。本次会议主题为"科技条件平台服务首都建设",代表们围绕平台建设经验、科技资源共享及服务机制等议题展开研讨。会上,市科委副主任王荣彬以"构建支撑首都区域创新体系的科技条件服务平台"为题,从转变观念,进一步认识条件平台建设的重要作用;政府引导,提供科技条件资源建设环境支撑等五个方面介绍了首都科技条件平台的建设情况。软件公共技术支撑体系与渲染平台、北京材料分析测试服务联盟等平台代表分别介绍了平台的建设情况

及服务效果,探讨了领域科技平台资源共享及科技服务能力提升在创新型城市建设中的作用与价值。洛可可科技发展有限公司、大兴生物医药平台等用户代表分别讲述了借助科技条件平台资源,帮助企业降低研发成本、提高生产效率、加强业内沟通等方面的体会与收获。会上,为中国生物技术研发服务联盟(ABO)、北京DRC工业设计技术中心等15家新认定科技条件平台授牌。

(李易洋)

【工业设计促进企业自主创新研讨会举行】 7月3日,由市科委主办、北京工业设计促进中心承办的"工业设计促进企业自主创新研讨会暨清华大学文化创意产业前沿论坛"在北京紫光大厦举行。来自企业、设计公司、行业协会、区县科委代表200余人参加。会上,市科委相关领导就2007年设计创新提升计划工作进行总结,并部署下一步工作;与会代表就"设计创新提升计划案例"进行了研讨和交流。会议期间,北京工业设计促进中心与2008年首批14家获得市科委资助的"设计对接示范"和"企业设计诊断"设计创新提升计划项目单位分别签订了任务书。"设计对接示范"项目承担单位为:北京丹方工业设计公司、北京东道形象设计制作有限责任公司、北京心觉设计、同方光盘股份有限公司、派森设计、丽峰设计和观典航空;"企业设计诊断"项目承担单位为:北京茶叶总公司、北京全聚德仿膳食品生产基地、北京承天倍达过滤技术有限责任公司、幻响神州(北京)科技有限公司、北京瑞尔阳光科技发展有限公司、博通雅致设计和北京红螺食品有限公司。新华社北京分社、央视网站、《科技日报》、新浪网等10余家媒体进行了报道。

(左倩)

【长风联盟支援灾后信息化重建】 7月4日,在成都召开了"长风联盟支援四川阿坝州特大地震灾后信息化重建捐建大会"。会上,长风联盟与阿坝州政府办公室签订了长期战略合作协议,部分软件企业捐建价值总计1350万元的软、硬件产品。之后,联盟为此次救灾而成立的信息化重建工作组受邀为阿坝州政府制订了灾

后信息化重建方案,为抗震救灾和灾后重建提供科技帮助和决策支撑。

(李云芝)

【**启动地震灾区籍在京毕业生就业援助**】 7月12日,市科委人才交流中心——北京市大学生校外就业实习服务平台启动了"地震灾区籍在京毕业生就业援助"活动。该平台是北京第一个针对大学生的公共事业服务机构。此次活动旨在向来自地震灾区尚未落实就业的在京毕业生提供就业推荐服务,开辟绿色窗口,对前来登记的灾区毕业生进行咨询指导,并向企业推荐,对其中就业困难的人员进行诊断分析,提供相应就业援助。活动得到了《中国教育报》、《北京人才市场报》和相关网站的支持。至8月中旬,平台工作组共接待了98名灾区籍在京大学生的现场咨询,300余个电话和邮件咨询,帮助他们了解当前的就业形势与政策,指导如何面试、编写求职简历等,且提供了近200次岗位招聘信息。至10月份,已有155人向平台发送了已经就业的信息。

(焦正辉 付星辰)

【**中国抗震救灾公益海报展开幕**】 7月12日,由中国红十字基金会、北京工业设计促进会、北京工业设计促进中心等联合主办,视觉中国网站、歌华艺术馆承办的"'我们在一起'——中国抗震救灾公益海报征集作品北京展示及世界巡展发起式"在歌华艺术馆举行。来自主办方的代表以及外国驻华使馆、驻华机构、新闻媒体和北京设计界代表约300人参加活动。本次展出的作品是组委会从征集的海报中挑选出来的,共上万件,其中静态展示作品500余件,动态展示作品达数千件,且分为"川、家、人、爱"四个主题,以视觉艺术、装饰艺术、多媒体艺术和戏剧艺术等不同形式,将平面作品进行全新展现,使用声、光、电等手段,表达了创作者对汶川人民的感情及对灾后救助的理性思考。此次展览至15日结束,之后赴国外展出,以表达对世界帮助的感恩。该活动5月启动,6月12—20日,"'我们在一起'中国抗震救灾公益海报全国巡展四川灾区特展"在成都四川美术馆展出。

(左倩)

【**"科技特派员团队"进军嘉兴**】 7月,由市农林科学院国家蔬菜工程技术研究中心和北京技术交易促进中心共同组成的"科技特派员团队"正式获浙江省科技厅的立项批准。团队将选择浙江嘉兴国家农业科技园区作为试点单位,以蔬菜中心、瓜果中心示范区为重点,参与蔬菜花卉种子种苗工程、农业科技创新服务中心、绿色农产品产业园建设,在嘉兴乃至浙江推广奥运蔬菜等相关成果,并以北京技术交易促进中心为主体,组织、协调国家蔬菜工程技术研究中心和嘉兴国家农业科技园开展两地间的技术交流、培训示范、推介展示、科研合作等工作,在浙江省全面推广和应用奥运农业科技成果。

(马正运)

【**未来设计师暑假实训营举办**】 8月29日,中国工业设计协会、北京工业设计促进会、北京工业设计促进中心等主办的"08'未来设计师暑假实训营"落下帷幕。来自北京工商大学、鲁迅美术学院、大连工业大学、天津美术学院、佛罗伦萨大学等12所院校的60名学生参加了此次活动。培训继续采用"三真一模拟"（真项目、真操作、真环境、模拟在职设计师）的实践型教学模式，由企业一线设计师指导，实际项目为依托，采用"工作室"式互动教学，针对学生知识盲点开设材料、加工工艺、色彩应用等公共课程及模拟面试环节，使学生有机会了解知名公司项目运作流程，体验设计环节，提前进入准就业状态，顺利完成从学生到职员的转换。本次实训营评出了10名优秀学员及7个优秀项目小组。

（付文均）

【设计创新为"老字号"增添活力】 9月11日，由北京工业设计促进中心主办的"设计创新提升计划设计咨询诊断会"在DRC工业设计创意产业基地举行。此活动是市科委设计创新提升计划中"企业设计诊断"项目的内容之一，旨在对都市工业产品的品牌形象和包装设计进行咨询、诊断，促使其创新发展。会议以北京茶叶总公司、全聚德仿膳、红星酿酒、红螺食品等4家京城老字号企业为主体，由北京工业设计促进中心组织10余位文化、设计专家，对老字号的品牌树立、文化挖掘、设计形象等问题进行分析诊断。与会者认为，设计创新对"老字号"来说绝不应仅仅带来一种视觉表象的变化，而应将创新的理念和方法不断注入企业的经营发展中，使之成为企业生存的"血液"。

（左　倩）

【中科院计算所技术转移模式推介会】 9月18日，北京技术市场管理办公室主办的"中科院计算所技术转移模式推介会"在中科院计算所召开，科技部火炬中心、市科委、中科院研究生院等部门的领导出席。《北京日报》、《科技日报》、《光明日报》等10余家媒体参会。会议主要围绕计算所的技术转移模式和经验等内容展开。会上，参会的领导、专家对计算所在技术转移和促进产学研结合方面的努力作出了很高评价。

（陈丽萍）

【北京首批人才服务机构等级授牌仪式举行】 11月18日，由北京人力资源服务行业协会主办的"贯彻落实北京人才服务地方标准大会暨首批人才服务机构等级授牌仪式"在汉华国际饭店召开。中国人才交流协会、市人事局、市人才服务中心、北京人力资源服务行业协会等部门的领导出席。会上，为通过等级评定的48家人才服务机构颁发了等级标志牌和证书。北京人才服务中心、北京双高人才发展中心、北京外企服务集团有限责任公司、中国国际企业合作公司等4家通过4A级认定；市科委人才交流中心等35家通过3A级评定；石景山区人才交流服务中心等5家通过2A级评定；房山区人才交流服务中心等4家通过A级评定。

（付星辰）

【13单位成为北京地区首批国家技术转移示范机构】 11月26日，北京技术市场管理办公室主办的"北京地区国家技术转移示范机构推介会"在上园饭店举行。科技部火炬中心和市科委的相关领导到会并发表了讲话。会上，发布了北京技术转移机构统计分析报告；清华大学国家技术转移中心、北京科大恒兴高技术有限公司、中科院北京国家技术转移中心、机械科学研究总院先进制造技术研究中心、中国兵器工业集团技术推广研究所、中材料集团研究开发中心、北京华创阳光医药科技发展有限公司、科威国际技术转移有限公司、北京中农博乐科技开发有限公司、北京中科前方科技发展有限公司、北京产权交易所、中国中医药科技开发交流中心、北京技术交易促进中心等13家成为北京地区首批国家技术转移示范机构。

（陈丽萍）

【设计产业协作联盟成立】 11月,北京设计产业协作联盟成立。该联盟由北京设计产业的政府推动机构、设计研发机构、高等院校及咨询服务机构等联合发起成立,包括北京工业设计促进中心、北京丹方设计有限公司、北京洛可可设计有限公司等14家。旨在通过官产学研结合及企业联合创新,整合优化设计产业链,形成北京的设计品牌,提升设计机构接大单的能力,最终服务于企业的自主创新。

(左倩)

【中国创新设计红星奖颁奖】 12月19日,由中国创新设计红星奖委员会主办,北京工业设计促进中心和中央电视台举办的"2008中国创新设计红星奖颁奖典礼"在中国农业电影电视中心CCTV-7演播厅举行。科技部、中国工业设计协会、市科委和地方协会的20余位领导出席。中央电视台、新华社、北京电视台、新浪网等20余家媒体进行了报道。本届红星奖共有全国13个省、4个直辖市和香港地区的565家企业的3146件产品参评,报名企业数量和产品数量分别比上年增加24%和74%,覆盖范围扩展到21个省市和地区。产品囊括消费电子和家用电器、信息和通讯、交通工具和装备等7大领域,其中家具与家居用品、照明器具类比去年增长250%,公共设施类增长160%。日本、英国、法国等6个国家和地区的11位专家对其中的407件产品进行终评。最终,共有88家企业的139件产品获奖(北京42项),其中至尊金奖1项,金奖9项(北京2项),最具创意奖12项(北京5项),红星奖117项(北京35项)。另有重庆工业设计协会等5家获最佳组织奖;"2008奥运中心区夜景照明灯具跨界设计团队"获得最佳团队奖;北京2008年奥运会会徽"中国印——舞动的北京"等10项获奥运设计特别奖。

### 北京地区获2008年中国创新设计红星奖一览表

| 参评者名称 | 产品名称 |
| --- | --- |
| 金奖 | |
| 北京巨卓家具有限责任公司 | 柿子沙发 |

续表

| 参评者名称 | 产品名称 |
| --- | --- |
| 易造工业设计(北京)有限公司 | 交互联网机器人 |
| 最具创意奖 | |
| 北京中玉仁技术有限公司 | 蜂窝结构复合材料 |
| 北京心觉工业设计有限责任公司 | 园林工具 |
| 北京心觉工业设计有限责任公司 | 动脉压迫止血器 |
| 北京探路者旅游用品有限公司 | 据比60升背囊 |
| 联想(北京)有限公司 | U110笔记本电脑 |
| 红星奖 | |
| AEM工业设计机构 | 指纹加密移动硬盘——尊指一代 |
| 北京博蓝士科技有限公司 | 高精密磨床B2-K3000 |
| 北京博蓝士科技有限公司 | 迈奇通MT350对讲机 |
| 北京第一机床厂 | 立式复合车削中心CHA564 |
| 北京观典航空设备有限公司 | "禁毒者-A3"轻型禁种铲毒无人侦察机 |
| 北京华旗资讯数码科技有限公司 | 关爱王网络摄像机 |
| 北京华新意创工业设计有限公司 | 移动智能识读器—6200 |
| 北京嘉寓门窗幕墙股份有限公司 | 磁控中空玻璃内置百叶窗 |
| 北京丽峰广告有限公司无相产品创新设计工作室 | 多警种多功能移动通讯装备 |
| 北京六合创新科技有限公司 | 智能读卡器 |
| 北京六合创新科技有限公司 | 迷你相机支架 |
| 北京派森艺术有限公司 | 测速压镇 |
| 北京派森艺术有限公司 | 自由系列办公沙发 |
| 北京派森艺术有限公司 | "顺"办公椅 |
| 北京品物堂产品设计有限公司 | 空调温度控制盒 |
| 北京品物堂产品设计有限公司 | 智能救灾防暴系统 |
| 北京普析通用仪器有限责任公司 | PORS-16便携式水质快速测定仪 |
| 北京探路者旅游用品有限公司 | 乾亨男式速干T恤 |
| 北京探路者旅游用品有限公司 | 亚穆纳海湾徒步 |
| 北京中泰洋食品有限公司 | 自体加热、制冷式罐装饮料 |
| 多达创新(北京)科技有限公司 | 笔筒储钱罐 |
| 李宁(中国)体育用品有限公司 | 自由者跑鞋 |

续表

| 参评者名称 | 产品名称 |
|---|---|
| 李宁(中国)体育用品有限公司 | 超轻跑鞋——燕子 |
| 联想(北京)有限公司 | IdeaPad U8 联想 |
| 联想(北京)有限公司 | L222W 多媒体显示器 |
| 洛可可工业设计公司 | 网络流媒体播放器 |
| 洛可可工业设计公司 | 上上签牙签盒 |
| 洛可可工业设计公司 | 福帝或福寿盒 殡葬产品 |
| 易造工业设计(北京)有限公司 | 悦·飞毯 |
| 易造工业设计(北京)有限公司 | 悦·指环 |
| 易造工业设计(北京)有限公司 | 悦·蘑菇 |
| 赵斌 | 水体检测成套设备 |
| 赵斌 | "蓝色脉搏"系列工业计算机 |
| 中国农业大学工学院 | 9265A 自走式饲料收获机 |
| 北京致翔创新产品造型设计有限公司 | O.A.T 音响系列 |

(付文均)

【5单位通过美国AAALAC认证】 年内,中国医学科学院实验动物研究所、中国药品生物制品检定所国家药物安全评价中心、北京大学实验动物中心、北京昭衍公司和中美冠科生物技术有限公司5单位通过了美国AAALAC认证,具备服务国外高端用户的条件。AAALAC(Association for Assessment and Accreditation of Laboratory Animal Care International,国际实验动物评估和认可管理委员会)是设立在美国的一个专业技术社团组织,旨在通过对实验动物及动物实验机构进行统一的评估与认证,以保证在生命科学研究和教育过程中实验动物的管理、使用和动物福利的规范化、标准化。

(李根平 刘冕)

【北京协同创新服务联盟服务见成效】 年内,北京协同创新服务联盟促成技术交易额128亿元。其中,促进技术转移类成员开展创新服务项目5707项,技术转移服务项目3882项,促成技术交易额23.22亿元;促进知识产权类成员开展知识产权相关服务近16万件。

(施辉阳)

【完成技术合同认定登记8429项】 年内,北京科技协作中心完成技术合同认定登记8429项,合同成交总额为68亿元,其中技术交易额63.8亿元。单项合同成交额百万元以上的1113项,成交金额33.39亿元;单项合同成交额千万元以上的79项,成交金额24.07亿元。

(马春岩)

【技术合同成交额突破1000亿元】 年内,北京技术合同成交52742项,比上年增长3.47%,占全国技术合同成交的24.41%,比上年提高1.32个百分点;成交额1027.22亿元,增长16.39%,占全国技术合同成交额的38.47%。平均成交额194.76万元,增长12.48%。技术流向为"三五二"格局。流向本市技术24989项,成交额304.93亿元,比上年增长15.41%,占北京输出技术合同成交额的29.69%;流向外省市技术26566项,成交额486.99亿元,增长19.53%,占47.41%,提高1.25个百分点;技术出口1187项,成交额235.28亿元,增长11.55%,占22.91%。

(施辉阳)

【开创联合办学新模式】 年内,由市委人才交流中心和首都经济贸易大学工商管理学院联合继续举办企业管理专业在职研究生班。该班面向具有大专以上学历(含大专)的管理者及专业技术人员招生,除教授管理学、社会主义市场经济学、市场营销学等国家研究生课程班所学课程外,还增加了市科委人才交流中心设置的劳动法以及猎头行业揭秘等企业管理人员的公开课程,并组织参观实习。经考试各科成绩合格者,颁发首都经济贸易大学研究生课程班结业证书。

(孟西 付星辰)

【组织特色课程培训】 年内,市科委人才交流中心针对各企事业单位人力资源部门管理者先后组织了《劳动争议调解仲裁法》、《劳动合同法实施条例》、猎头行业揭秘、经济危机下的裁员降薪补偿金计算误区及劳动争议预防等一系列培训,内容主要涉及劳动关系以及与人力资源行业紧密联系的热门话题,共有300余企业的人事干部接受了培训。

（孟西　付星辰）

【北京创意之旅设计考察】　年内，北京工业设计促进中心举办了"设计考察——北京创意之旅"。该活动集合了考察、交流、讲座、采风等形式，带领学生深入企业、园区设计一线，旨在更有针对性地提高学生自身综合素质，选择就业方向，规划职业生涯。同时活动也为企业搭建了一个展示企业文化、品牌内涵、管理理念的平台和吸纳人才的平台。此次考察包括设计类企业、加工制造类企业、材料研发应用机构等10大类，共举办29场设计考察活动，接待师生1466人次。其中，接待北京地区院校12场、778人，外埠院校17场、688人。

（左　倩）

【北京研发服务业和技术转移专项】　年内，"北京研发服务业和技术转移专项"（简称"研发服务业"专项）被列入《北京市中长期科学和技术发展规划纲要（2008—2020年）》。其工作重点是以市场需求为导向，重点推动生命科学、软件、集成电路设计、汽车设计、3C产品设计、新材料等领域的高端研发，扩大研发服务业规模总量；开展制剂关键技术、药品中试放大技术工艺和生产环节质量控制研究，以ABO联盟为主体，吸纳整合北京已有新药研发平台资源，建设系统、高效的新药创制系统平台；吸引一批跨国企业在京建立研发机构，鼓励国内大型企业设立研发部门，集中包括中央在京单位在内的优势研发资源，建立一批具有国际一流研发环境的专业性研发基地，搭建产业发展所需的科技资源共享平台、网络科技环境平台和面向行业的共性技术研发与测试平台等科技平台系统，为企业提供有力的公共技术支撑和服务支撑；抓住研发成果实现环节，拓展研发成果转化途径，加强产学研合作，建立全国技术交易中心，积极推进研发成果和技术成果转移，实现北京研发优势向经济优势的转变。到2010年，北京研发服务业在国内继续保持领先地位，万人国内发明专利申请量达到12件，技术市场交易额超过1000亿元。到2020年，研发实力进一步增强，部分领域技术研发水平达到国际领先水平，技术市场交易额达到2000亿元，对全国的辐射带动作用明显提升。

（张　竞）

【北京现代物流关键技术支撑专项】　年内，"北京现代物流关键技术支撑专项"（简称"现代物流"专项）被列入《北京市中长期科学和技术发展规划纲要（2008—2020年）》。其工作重点是开展物流关键技术研发，建立一批物流科技示范实验室和开发平台；引进和改造物流管理技术，加快供应商管理库存、快速反应等关键技术的应用，推动以现代物流共性技术支撑体系为核心的组织管理和服务模式创新，全面提升物流管理水平，建立具有首都特色的物流体系；开展物流地方标准建设工作，鼓励物流业研究机构和物流企业参与国际物流标准的制定，促进物流信息标准化和规范化；掌握和应用绿色物流技术，支持绿色物流材料的使用和研发，大力发展绿色物流。力争到2010年，形成若干具有较强集聚辐射功能的物流枢纽，基本建成功能完善、设施发达的现代物流体系。到2020年，使北京成为亚太地区重要的物流枢纽城市。

（张　竞）

【北京文化创意产业关键技术支撑科技专项】　年内，"北京文化创意产业关键技术支撑科技专项（简称"文化创意"专项）被列入《北京市中长期科学和技术发展规划纲要（2008—2020年）》。其工作重点是要突破智能流媒体技术、游戏软件可复用构件数据库技术、电影电视数字化技术、交互式多媒体服务技术、海量存储技术、无线阅读（显示）技术、快速成型制造技术等制约文化创意产业发展的关键技术，推进动漫、网络游戏、影视、出版、工业设计等文化创意产业重点领域的发展;整合科技资源,组织搭建产业关键技术的研发、测试和应用等公共平台;支持企业组成基于技术标准的行业联盟,加强行业技术标准的研制与推广应用,加快文化创意产业技术标准体系建设;完善文化创意产业集聚区的技术支撑体系建设,推动文化创意产业集聚区高端集群发展。到2010年,一批重点领域的关键技术取得突破并得到广泛应用,科技对文化创意产业的支撑作用显著提升。到2020年,形成科技对文化创意产业发展的全面支撑,北京文化创意产业国际竞争力显著增强。

(张 竞)

【科技提升改造北京传统服务业专项】 年内,"科技提升改造北京传统服务业专项(简称"传统服务业提升"专项)被列入《北京市中长期科学和技术发展规划纲要(2008—2020年)》。其工作重点是整合多方科技资源,突破商业智能技术(BI)、电子标签技术(RFID)、多媒体展现技术等关键技术;促进企业经营管理系统、客户关系管理系统、电子商务平台等产品及解决方案的研发和示范应用,催生新的服务业态;打造传统服务业信息化服务产业链,建立服务体系,培育出具有国际品牌的传统服务业龙头企业,整体提高传统服务业水平和经济效益。到2010年,自主创新信息技术在批发零售业、餐饮业等传统服务业领域得到广泛应用,涌现出一批基于信息技术经营管理的典型示范传统服务业企业。到2020年,传统服务业领域总体实现信息化,凸显科技提升改造传统服务业的作用,使北京市传统服务业的整体服务水平达到国际先进。

(张 竞)

【生产力中心服务绩效显著】 至年底,北京地区37家生产力促进中心共有在岗员工1204人,其中大专以上学历人员超过94%,中高级技术职称人员超过60%。累计联系了728家科研机构,组织了2328名专家,为13000余家企业提供了咨询、培训、技术推广、人才引进、融资等多项专题服务。

(黄 华 董炳艳)

# 研究与开发

## Research and Development

# 基础研究

【**资助自然科学基金项目386项**】 12月29日,市自然科学基金委员会发布《2009年度北京市自然科学基金资助项目公告》。年内共受理307个单位的2009年度申请项目4273项,经评审,资助386项,其中重大项目2项、重点项目21项、面上项目289项、预探索项目74项。涉及数理科学16项、化学与材料科学44项、工程科学28项、信息科学49项、生物科学30项、农业科学24项、医药科学137项、城市与环境科学38项、管理科学20项。资助总金额4943万元。另有26项市教委科技发展计划重点项目列入市自然科学基金重点项目(B类)。

（市基金办）

【**北京市域绿色空间的变化及其复合功能研究**】 12月,北京大学许学工主持完成了"北京市域绿色空间的变化及其复合功能研究"。该课题为2006年自然科学基金项目,属城建与环境科学领域。研究论证了绿色空间是城市可持续发展的自然资本,建立了基于土地利用的北京市域绿色空间分类系统;提出了"理想林地当量"的概念,进行了北京市域绿色空间生态服务功能的相对评估;开展了北京市域生态敏感性综合评价方法的探讨,并进行敏感和危机区的诊断;提出了6种不同类型绿色空间复合功能开发模式,以协调用地矛盾并发掘绿色空间的生态—经济—社会功效;提出了首都绿色空间格局方案;强调了把农业用地纳入城市绿色空间范畴。

（市基金办）

【**新型生物弹性体的设计、制备与应用研究**】 12月,北京化工大学张立群主持完成了"新型生物弹性体的设计、制备与应用研究"。该课题为2006年自然科学基金项目,属化学与材料科学领域。研究从材料结构设计出发,制备具有优良生物相容性、可生物降解、结构和性能可调的三类新型生物医用弹性体材料:网络型聚酯弹性体、网络型聚醚酯弹性体以及淀粉生物弹性体。研究了它们的结构和性能,并对其进行纳米粒子改性研究,体内及体外生物相容性评价。三类材料在细胞毒实验结果均为0—1级,相容性良好,无溶血现象发生。

（市基金办）

【**玉米第六染色体抗病基因富集区域的功能基因组学研究**】 12月,中国农业大学徐明良主持完成了"玉米第六染色体抗病基因富集区域的功能基因组学研究"。该课题为2006年自然科学基金重大项目,属生物科学领域。研究在构建玉米抗病自交系全基因组BAC库的基础上,通过筛选阳性BAC克隆、指纹图谱检测核和序列等构建了玉米第6染色体抗病基因富集区的BAC重叠群,并对抗病基因的结构进行了详细分析;利用玉米全基因组序列信息精细定位了第6染色体上抗甘蔗花叶病毒病的主效基因Scmv1;通过对一组抗感玉米自交系的序列比较间接证明了主效抗病基因Scmv1为Cycloartenol synthase基因,这一候选基因已被克隆到表达载体中用于抗性的功能互补鉴定;收集了国内外各94个不同来源的自交系进行关联分析;发展了一系列功能标记和紧密连锁的标记,用于分子标记辅助育种;结合玉米全基因组测序开展第6染色体抗病基因富集区的功能基因组研究,并克隆到了玉米抗甘蔗花叶病毒病基因。

（市基金办）

【**野生二粒小麦锈病和白粉病抗源的分子改良**】 12月,中国农业大学孙其信主持完成了"野生二粒小麦锈病和白粉病抗源的分子改良"研究。该课题为2006年自然科学基金重点项目,属农业科学领域。研究对野生二粒小麦来源的小麦抗条锈病和白粉病基因进行了遗传分析、分子标记定位、精细遗传定位、物理定位和基因克隆,共发掘1个位于1B染色体上的抗条锈病基因及位于6条染色体上的15个抗白粉病基因位点;构建了部分抗白粉病基因精细遗传图谱,并运用水稻和短柄草基因组序列开展比较基因组分析;获得了抗白粉病基因 M1IW172 的 3 个候选基因。

（市基金办）

【基于全向布拉格反射的新型空心光子带隙光纤】 12 月,清华大学黄翊东主持完成了"基于全向布拉格反射的新型空心光子带隙光纤"的研究。该课题为 2006 年自然科学基金重点项目,属信息科学领域。研究在理论上建立了较完善的 Bragg 光纤理论分析平台,对 ragg 光纤维中的模式、损耗、色散等传输特性进行了深入的理论研究;在工艺上建立了比较完整的半导体—聚合物基 ragg 光纤的制备工艺平台,制备出光纤样品,论证了全向反射导光特性;开展了 ragg 光纤中慢光传输、非线性增强及其在量子信息中的应用等研究。

（市基金办）

【微细电火花高速亚微米加工关键技术方法研究】 12 月,清华大学韩福柱主持完成了"微细电火花高速亚微米加工关键技术方法研究"。该课题为 2006 年自然科学基金项目,属工程科学领域。研究采用电极丝水平布局、五轴联动的特种复合加工设备的部分关键技术,成功地实现了一种新的微细电极丝张力控制方法,使电极丝直径为 20 微米的微细电火花线切割加工以及放电状态稳定的微细电火花成型加工,实现了脉宽 30 纳秒的微能量纳秒级放电脉冲和高精度的放电检测与控制,并实现了亚微米级加工表面,加工速度较传统的微细电火花加工提高 6—20 倍。

（市基金办）

【北京市城市交通实时调度的竞争分析理论及应用研究】 12 月,北京航空航天大学田琼主持完成了"北京市城市交通实时调度的竞争分析理论及应用研究"。该课题为 2007 年自然科学基金项目,属管理科学领域。研究通过引入城市公共交通车辆内乘客的拥挤成本,建立了基于乘客的出发时间选择的动态出行均衡模型,并对具有不同运输能力的公交方式所导致的乘客出行差异进行了比较分析,提出了一种基于模糊神经网络的新方法,可用于评价智能交通运输系统,为公交拥挤损失的估计与控制提供了理论依据。

（市基金办）

# 社会发展科技

【圈养野生动物重要传染病监测研究】 1 月 29 日,由北京动物园卢岩、夏茂华、张成林等承担的"圈养野生动物重要传染病监测研究"通过市科委验收。该课题 2004 年 2 月立项,其成果为:首次对圈养野生动物进行系统的疫病监测,建立了野生动物疫病监测平台,野生动物疫源疫病检测实验室;应用 ELISA 和 PCR 生物检测技术,对圈养野生动物中结核分枝杆菌、布鲁氏杆菌病等人畜共患病进行研究;对高致病性禽流感 H5N1 开展病原调查和免疫水平检测;对口蹄疫 O 型和亚 I 型的免疫效价进行了监测。

（谢芳芳）

【大型多功能公共建筑火灾安全综合技术的应用研究通过验收】 5 月,由北京北辰会议中心发展有限公司等单位承担的科技奥运专项项目"大型多功能公共建筑（国家会议中心）火灾安全综合技术的应用研究"通过市科委组织的验收。该课题 2006 年 6 月立项,主要针对建筑施工及未来运行中可能遇到的各种问题联合攻关,在火灾时人员疏散设计方法与诱导系统和排烟系统技术实施方案、大空间自动喷水灭火系统及火灾探测技术应用等方面开展研究,建立了火灾远程监控系统,对国家会议中心多个分散的火灾报警系统和灭火系统共计两万多个节点实施动态联网管理和集中监控报警,实现了包含视频信息在内的多信息火灾报警确认、兼容多种网络通信技术和火灾报警系统通信协议的智能转换等技术应用创新。此外,还完成了《大空间火灾探测、自动灭火和防排烟系统设计应用指南》《大空间人员安全疏散设计指南》的编制。奥运期间,市公安局消防局利用该成果建立了消防安全远程监控中心,对国家会议中心、击剑馆、国际广播中心和主新闻中心等消防设施运行情况进行24小时不间断监控,实现了远程监控、团队监督、业主负责的三级消防安全保障机制。

(张平 邹继东)

【批准4个市级可持续发展实验区】 6月16日,市科委批准了海淀区四季青镇、朝阳区金盏乡、宣武区广安门外街道和顺义区李桥镇为北京市可持续发展实验区,实验期为2008—2010年。4个乡镇街道兼顾了城区郊区的综合布局,在资源高效利用、发展生产性服务业、提升特色商业街发展水平、完善社区基层管理、打造循环经济企业典型等领域具有代表性。

(郭兴华)

【启动城市管理应用创新园区建设工作】 6月,市市政管委、市科委联合启动了城市管理应用创新园区建设工作,旨在以用户为中心,需求为导向,标准为轴心,通过启动市政行业的新技术应用创新与推广以及编制技术标准等多种形式,引导全社会参与科技创新,为城市的管理部门、企事业单位、科研院所、社会公众提供应用创新与推广服务。其主要内容为:以环境整治和环卫行业为试点,开展城市管理应用创新园区建设;调研需求,启动以用户体验为核心的应用创新;开展试点示范,探索机制和应用创新模式;积极推动标准规范的编制,形成行业技术与管理的规范体系。

(张平 邹继东)

【永定河北京段河道生态构建的需求分析与技术选择通过验收】 8月4日,由市水利规划设计研究院高鹏杰、张彤、卢金伟等承担完成的"永定河北京段河道生态构建的需求分析与技术选择"通过市科委验收。该项目2007年10月立项,其主要内容为:针对永定河生态退化重点地段在平原区河道,生态构建的首要问题是缺水,总结了永定河生态修复实用工程技术措施及实施难点,提出了适合永定河的生态系统构建技术、面向生态的水资源优化调配技术等方案,生态系统构建的原则和思路,构建了永定河生态修复指标体系基本框架,提出了今后需要进一步研究的五个专题及生态构建的工程项目建议。

(谢芳芳)

【东方雨虹上市】 9月10日,"北京东方雨虹防水技术股份有限公司上市仪式"在深圳交易所举行。"东方雨虹"(002271)正式挂牌上市,发行价格为17.33元,当日开盘价为20.98元,成为中国建筑防水行业第一家上市公司。该公司始建于1998年,2002年被市科委认定为高新技术企业,是中国建筑防水材料工业协会副理事长单位。该公司拥有从美国R&D公司引进的具有世界先进水平的多功能改性沥青防水卷材生产线和多条自主研发国内领先的多功能冷自粘沥青防水卷材生产线、环保防水涂料生产线,其产品"雨虹"牌SBS、APP改性沥青防水卷材被评为国家免检产品,"雨虹"牌防水卷材和防水涂料被评为北京市名牌产品,"雨虹"商标连续多年获"北京市著名商标",2006年成为我国防水行业首个"中国驰名商标"。奥运会期间,该公司一举承揽了包括鸟巢、国家游泳中心(水立方)、奥林匹克水上公园、奥运村、网球场等在内的26项奥运防水工程,且其产品经受住了奥运赛事的考验。

(陈汝凤 李海丽)

【门头沟区生态修复技术集成与产业化支撑体系建设启动】 10月,门头沟区科委主持的市科委2008年重大科技项目"门头沟区生态修复技术集成与产业化支撑体系建设"全面启动。该项目属于科技进步促进区县发展主题计划,是对生态修复一期项目的延伸、拓展与深化。其研发的关键问题有:生态修复专项技术指标评估和动态监测技术应用;前期应用的生态修复技术的系统整合与集成应用;生态修复技术产业化和生态产业园区的孵化机制与能力建设方法等。

(姚富玲)

【北京市机动车污染控制决策支持系统的研究与建立】 11月3日,中国汽车技术研究中心、清华大学、北京理工大学、北京交通大学、中科院大气物理研究所等中标承担市科委2008年度重大科技计划项目"北京市机动车污染控制决策支持系统的研究与建立"。该研究包括4个子课题,即建立北京市机动车排放动态信息数据库;建立北京市流动源排放因子模型;研究建立机动车污染控制决策支持系统;机动车污染控制对策的定量预测评估。项目总投入995万元。

(郭兴华)

【生物质废物资源化重大技术装备研究与示范工程】 年内,北京环境卫生工程集团有限公司主持了市科委2008年重大科技项目"生物质废物资源化重大技术装备研究与示范工程"。该项目属于发展循环经济,推进节约型社会建设主题计划,预期2010年12月完成,项目总预算7393万元,科技经费1493万元。其关键技术包括:高固体厌氧消化预处理和两相厌氧消化工艺及设备研究;单相多级厌氧消化工艺及设备研发;沼气提纯及高值利用系统研究;沼液资源化利用技术研究;建成处理规模为800吨/日的生物质废物资源化示范工程。该项目的实施将突破传统的以垃圾消纳和无害化为主要目标的城市生活垃圾处理模式,将高固体厌氧消化技术导入城市生活垃圾处理系统,实现城市生活垃圾的大规模资源化利用,开发适合我国生物质特征的具有自主知识产权的高固体厌氧消化工艺及成套设备,提出可行的生物质废物无害化处理、资源化利用工艺路线,并开展工程示范。

(郭兴华)

【利用水泥回转窑处置城市污水处理厂污泥关键技术研究及应用】 年内,北京水泥厂有限责任公司继续实施2007年度北京市科技计划重大项目"利用水泥回转窑处置城市污水处理厂污泥关键技术研究及应用"。该项目主要研发内容为:利用水泥焚烧处置生活污泥的技术理论研究;水泥生产与污泥处置相容性技术的研究;污泥烘干技术研究及设计低温余热烘干工艺线研究;污泥处置经济运行的配套政策研究。建成处置能力500吨/天的处置线,水泥厂每年能消纳清河污水处理厂产生的污泥18万吨。

(郭兴华)

【北运河通州区城市段水环境改善研究与示范】 年内,由通州区科委承担了2008年市科委重大科技项目"北运河通州区城市段水环境改善研究与示范"。该研究属于科技进步促进区县发展主题计划。解决的关键问题为:通州新城水系水质水量联合调度总体方案研究;北运河通州城区段补水净化技术研究与示范;通州新城河东水系构建与生态治理技术研究与示范;通惠河通州段水环境改善关键技术研究与示范;北运河通州城区段富营养化防治技术研究与示范。此项研究将为通州新城水环境综合整治工程提供整体技术解决方案，对提高北运河水体水质，提高水资源利用效率，促进区域经济持续发展具有决定性的作用。

（郭兴华）

【奥运城市运行信息采集与分析系统护航奥运】 年内，北京城市系统工程研究中心等单位完成了"奥运城市运行信息采集与分析系统"课题。项目针对奥运会面临的城市运行安全等难点热点问题，对城市运行状况、城市运行系统特征等进行研究，建立了能够客观、全面、系统反映城市运行状况的典型体征指标集；并在城市运行系统各要素相互影响机理的研究基础上，创造性地绘制和建立了基于城市运行功能的相互影响关系图和城市运行系统相互影响的树状图模型；采用简捷性、全面性、关联性、计划性、时效性和系统性原则设计了"城市运行监测信息平台"，建立了奥运期间城市运行安全状况的周报制度，为市领导指挥决策提供了科学参考。本项目的研究成果已全部应用于奥运城市运行监测工作中，并通过了实际考验。

（陈汝凤　李海丽）

【北京与周边地区大气污染物输送、转化及北京市空气质量目标研究】 年内，由市环保局等单位承担的"北京与周边地区大气污染物输送、转化及北京市空气质量目标研究"主要开展了北京市空气治理达标战略研究，为大气污染控制措施的出台提供建议；开展北京与周边地区大气污染物输送、转化及北京市空气质量目标研究，了解到污染物排放源和排放量的时空分布，弄清了北京及周边地区大气污染的主要形成因素，提出华北六省区市（北京、天津、河北、山西、山东、内蒙古）保障北京奥运空气质量的具体实施方案，在此基础上形成的"第29届奥运会北京空气质量保障措施"均在北京奥运前和奥运期间实施；从北京市城近郊区的1040平方千米入手，逐步扩大到市区的16800平方千米乃至周边五省市，研究的重点污染物由一次污染物向二次污染物深化。通过此项研究，北京市区空气质量达到二级和好于二级的天数已从1998年的100天提高到2008年的274天，占全年总天数的74.9%。该课题2005年立项。

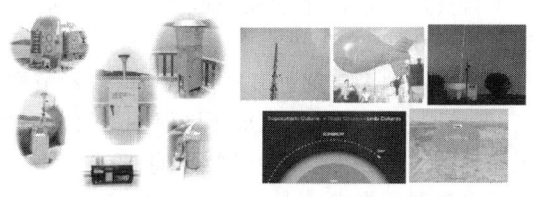

（郭兴华）

【填埋气制清洁燃料关键技术研究与工程示范】 年内，由北京环境卫生工程集团有限公司主持，北京环卫集团环境研究发展有限公司、北京市公共事业研究所、中国石油大学、中科院工程热物理所共同承担了"填埋气制清洁燃料关键技术研究与工程示范"项目。该项目为2008年市重大科技计划项目，主要开展了填埋气特性及制清洁燃料工艺研究；填埋气收集、提纯装置研发；合成甲醇及二甲醚装置开发；填埋气制LNG中试装置系统集成、控制系统研发与运行调试；建成一座填埋气制LNG示范工程，规模为填埋气700米$^3$/时。目前项目研究进展顺利，并已取得部分阶段性成果。

（王璐）

【北京市湿地生态系统保护与恢复关键技术研究和示范】 年内，市园林绿化局主持，中国林科院、北京师范大学、首都师范大学等单位共同承担了2008年市重大科技计划项目"北京市湿地生态系统保护与恢复关键技术研究和示范"。该项目分为"北京湿地资源综合评价与功能分区"、"北京退化湿地恢复技术与示范"、

"北京湿地生物多样性保护技术"、"北京湿地信息管理与决策支持服务平台建立"4个课题,属于科技促进市民生活质量改善主题计划,实施期为2008—2010年。本项目将通过对野鸭湖、汉石桥、翠湖等湿地开展保护与恢复示范研究,形成一系列有关湿地水环境保护与修复、景观设计和植被恢复、野生动物栖息地保护等关键技术和湿地资源可持续利用的政策和措施,现已取得部分阶段性成果。

(姚富玲)

【能源草开发与种植技术研究】 年内,由北京草业与环境研究发展中心开展的能源草耐干旱、耐贫瘠、耐盐碱与肥料效应等机理研究;育苗、种植、栽培关键技术研究;纤维素乙醇制备技术研究等成效显著。在昌平区、海淀区、密云县等区县种植柳枝稷、荻、芦竹、金叶荻、芒、五节芒等能源作物,累计示范面积1500余亩。该研究2007年立项。(能源草一般为禾本科多年生高大的纤维素类草本能源植物,其根系发达,抗虫、热、寒、旱、盐、碱性较强,生长期间基本上不用养护,成本很低。它不仅能在生长过程中消耗二氧化碳、降低温室效应,根部还能增加土壤中的有机物,改良贫瘠土壤,一般3—5年就可把荒地、沙地恢复成农田。)

(陈 群)

【北京大气污染综合治理科技专项】 年内,"北京大气污染综合治理科技专项"(简称"蓝天"专项)被列入《北京市中长期科学和技术发展规划纲要(2008—2020年)》。其工作重点是加强大气污染源清单制定与动态管理的方法和实现技术、污染在线监控与监督的方法和技术的研究,开展大气环境监测、评价、模拟预警研发及管理体系建设中的前瞻性问题研究;加强低碳技术、可再生能源技术、脱硫和脱硝相关技术等污染源和污染过程治理技术的研发和应用,促进低能耗低噪声车辆的研究和推广;在开展与北京邻近省、市合作的基础上,加强大气污染物远距离传输影响研究与调控;将需求对全球开放,面向全球进行招标,广泛吸纳和利用国际经验以及技术、人才等资源;以实施专项为契机,带动工业部门、交通管理部门、环保管理部门等联合治理污染问题,推动北京地区大气污染问题的解决。力争到2010年,在区域环境质量和生态状况总体有所改善的情况下,北京市的大气环境质量基本达到国家标准。到2020年,将北京建设成为空气清新、环境优美的生态城市。

(张 竞)

【北京水资源可持续利用科技专项】 年内,"北京水资源可持续利用科技专项"(简称"碧水"专项)被列入《北京市中长期科学和技术发展规划纲要(2008—2020年)》。其工作重点是在水资源的有效保护方面,重点研究地下水开发保护与生态安全技术、水源热泵适应性评价与监管技术,建立北京水文水资源模型、地下水资源信息化系统,探讨建设生态清洁小流域、绿色小流域、人水和谐小流域的技术措施。在水资源的有效配置方面,建立地表水、地下水、外调水、再生水及雨水的"五水"联调体系,统一配置水资源;研究建立水资源优化配置模型,为科学配置水资源的决策提供支撑;推动节水技术和设备的应用。在污水处理和再生利用方面,重点研究污水深度处理技术、脱氮除磷去味技术,建立以再生利用为目标的排放标准,实现污水资源化。在安全迎汛和雨洪利用方面,建立降雨径流预测模型和决策管理系统,研发推广削减城市洪峰影响、有效利用降雨资源的技术。在保障体系建设方面,开展战略水资源和海水淡化相关技术研究,科学构建水价格体系、水权和水市场体系以及可持续利用的技术导则和规范体系。力争到2010年,全市水资源可供给总量达到42亿立方米;城乡供水保障率达到100%,居民和社会单位的节水器具普及率达到90%以上;年利用再生水8亿立方米,利用率达70%以上;六环以内主要河湖水体水质基本还清,50%河道实现水体功能指标。到2020年,建立起适应首都发展的水资源可持续利用体系。

(张 竞)

【北京市域快速通勤科技专项】 年内,"北京市域快速通勤科技专项"(简称"快速通勤"专项)被列入《北京市中长期科学和技术发展规划纲要(2008—2020年)》。其工作重点是大力开展道路交通规划、建设、管理、运营和维护的整合,加强先进技术在城市道路、市域公路、轨道交通、客货运枢纽和停车设施等系统中的应用,着力开展综合交通信息平台、智能化指挥调度、应急交通指挥、交通安全、交通环境保护等关键技术的研究与应用;在"新北京交通体系"的框架下,建设以快速大容量客运交通为骨干、多方式协调运营的城市公共客运系统,提高市域交通系统运行效率和安全运营水平。力争到2010年,初步形成中心城、市域和城际交通一体化新格局,交通拥堵状况有所缓解,五环路以内85%的通勤出行时间不超过50分钟,边缘集团到达市中心出行时间在1小时以内,最远的郊区新城到中心城的出行时间不超过2小时。到2020年基本解决交通拥堵问题。

(张 竞)

【北京节能减排与资源综合利用科技专项】 年内,"北京节能减排与资源综合利用科技专项"(简称"节能减排"专项)被列入《北京市中长期科学和技术发展规划纲要(2008—2020年)》。其工作重点是实施节能减排优先,大力研发推广提高能源利用效率和资源综合利用水平的技术。在能耗高、节能潜力大的工业、建筑、交通领域,推广现有成熟、先进的节能技术,解决节能设备和产品大批量生产的工艺和技术问题,开发高效节能技术及产品;研究开发可再生能源规模化利用技术;开展城市生活垃圾处理及资源化利用、工农业固体废弃物处理及资源化利用、废旧物资回收与再利用等方面的技术研究与示范;开展北京市重点行业清洁生产标准及其关键技术研究;探索运用循环经济相关技术在市级开发区构建生态工业园的最优化集成体系;支持农业、工业、社会节水方面的关键技术与产品研发及应用推广;加强污染土地修复与再利用,原创性技术与产品研发及商业化应用。力争到2010年,单位GDP能耗比2005年下降20%。到2020年,单位GDP能耗下降水平继续保持全国领先,全面建成完善的可再生资源回收体系,形成先进的固体废弃物处理和加工利用产业的支撑技术体系。

(张 竞)

# 农业科技

【3区县荣获2005—2006年度全国科技进步考核先进】 1月7日,科技部发布《关于确认北京市昌平区等1763个县、市通过2005—2006年度全国科技进步考核,河北省霸州市等713个县、市为2005—2006年度全国科技进步考核先进县、市的通知》(国科发农[2008]4号)。昌平区、平谷区、海淀区、石景山区、朝阳区、东城区通过了2005—2006年度全国科技进步考核,其中,昌平区、石景山区、海淀区获2005—2006年度全国科技进步考核先进县、市。同时,昌平区佟根柱、王书合、于泓,石景山区赵琦、李艳、马丽萍,海淀区彭兴业、谭维克、王际祥被评为2005—2006年度全国县(市)科技进步工作先进个人。

(市科委农村处 农村中心)

【食用菌产业协调员工作站建立】 1月15日,市科委农村中心在森根大酒店举办"北京市食用菌产业协调员工作站揭牌仪式",市科委相关领导及来自11个区县的食用菌种植户参加。该站由农村科技服务港、爱农信息驿站共同建设,驿站负责组织开展以市场化运作为背景的科技服务活动,服务港为其提供技术成果导入、科技培训、科技咨询等。工作站通过培育专业协会或农民合作组织,以"龙头企业+农户"、"协会(专业合作组织)+农户"等多种组织模式,与农户签订供销合同,为农户提供菌棒,并负责销售;专家则为农户从产前、产中、产后各个环节提供技术支撑。

(市科委农村处　农村中心)

【举办科技"三下乡"活动】 1月16日,农村服务港与中国林科院林业研究所、北京农学院等单位的科技人员在怀柔区九渡河镇九渡河村举行科技"三下乡"活动,就核桃的选种、育苗、嫁接、剪枝、水肥,"农大3号"节粮型柴蛋鸡的特性及一系列防疫措施和管理方法进行讲授;平谷金海湖洙水村养鹅协会相关人员介绍了利用林下空地养殖白鹅发家致富的经历。此次活动运用现代培训教学方法,专家知识讲座与研讨交流相结合,切实将科技知识带到农民当中,有150余名农民参加活动。农村科技服务港为该村镇捐赠科技图书10余种,发放了多种宣传资料。

(市科委农村处　农村中心)

【服务港为奶牛提供免费服务】 1月17日,农村科技服务港携北京农业职业学院专家为房山区长阳镇房禧养殖中心的270头奶牛做了验血、验奶、B超等检查,分奶牛健康体检、数据化验和疾病治疗三个阶段全面普查奶牛乳房炎、蹄病、酮病、骨质疏松症等6种疾病。由此,京郊万余头奶牛免费冬季健康体检行动拉开了帷幕。至4月,农村科技服务港协调北京农职院,由首席专家牵头,专业技术人员和高年级大学生组成6个课题执行小组,深入房山、门头沟、平谷、大兴等10个远郊区县,共对1万余头奶牛做免费体检。

(市科委农村处　农村中心)

【土肥科技资源推介活动】 1月24日,由市科委农村发展中心主办,顺义区科委承办的"农村科技服务港土肥科技资源推介活动"在顺义区双河果园举行,主题是"宣传土肥科技成果,提升京郊耕地生产力"。市农业局、市农林科学院等单位科技人员深入田间地头,向农村科技协调员提供肥料应用的套餐式服务。共有60余家农业企业、农民专业合作组织近百人参加,发放土肥服务手册300余份,微生物菌剂1000余千克。本次活动主要是介绍有机肥补贴政策、程序及服务信息,环境友好肥料种类、测土配方、水肥耦合技术,肥料的市场化服务模式等,并进行土肥科技成果和服务展板展示。

(市科委农村中心)

【采用高新技术建立蔬菜安全保障体系课题通过验收】 2月27日,由延庆县种植业服务中心承担的"采用高新技术建立蔬菜安全保障体系"课题通过了由市科委组织的专家验收。课题完成了500平方米的农产品检测中心的建设,建立了延庆县蔬菜安全保障体系;示范种植的1333公顷(2万亩)蔬菜实现增收1127万元,节支141万元,增加经济效益1268万元;年减少农药使用2吨,有效保护了农业生态环境。

(市科委农村处)

【举办核桃栽培技术培训班】 3月4日,由农村科技服务港牵头,由房山区科委、区林业局组织,邀请市农林科学院林果所核桃专家在北京市2007年重大科技项目"核桃产业关键技术研究"基地——房山大安山乡举办核桃栽培技术培训班。8个村、80名农村科技协调员参加。培训班上,专家就良种核桃丰产栽植配套中的生长季管理、越冬防寒、整形修剪、施肥、病虫害防治等关键技术做了详细讲解。

(市科委农村中心)

【依托项目培养核桃产业农村科技协调员】 3月5日,农村科技服务港联合承担市科委"优质核桃示范工程"项目的市农林科学院林果所核桃专家,在昌平区南口镇林业站举办核桃产业科技协调员培训班。昌平区果树协会组织项目涉及的6个乡镇、70名核桃种植协调员参加。培训班上,专家就核桃产业市场前景、核桃新品种、核桃嫩枝嫁接技术、核桃室外枝接技术、病虫害防治等做了详细讲解。

(市科委农村中心)

【为设施农业提供服务】 3月11日,农村科技服务港组织中国农大、市农林科学院有关果蔬栽培、环境监测等方面的5位专家为怀柔区庙城镇设施农业的发展提供技术咨询和土壤环境诊断服务。专家们针对栽培品种、茬口安排、技术培训、市场销售等问题逐一解答,并提出庙城镇设施农业要结合区域优势特点,高起点定位,在农田环境质量测定的基础上做好设施农业的规划设计,结合市场需求确定种植品种,重点抓育苗、技术培训等。

(市科委农村中心)

【林果乡土专家春季培训班举办】 3月14日,市科委农村处、农村中心、市园林绿化局联合在农业大学举办了林果乡土专家春季培训班,来自13个郊区县的60名林果科技能人参加。此次培训设计了果树新品种选育与新品种介绍、有机果品生产关键技术、果树节水灌溉技术、果品保鲜技术、农产品(果品)营销实战技法等课程。教学采用参与、互动的方式,力求实用性、简捷性、可操作性,结合课下讨论交流,效果明显。

(市科委农村处 农村中心)

【工厂化农业产业化升级关键技术和装备的研究与示范两个子课题通过验收】 3月18日,由市农机研究所和北京京鹏环球科技股份有限公司承担完成的"工厂化农业产业化升级关键技术和装备的研究与示范"两个子课题通过验收。该课题为2005年立项的市重大科技项目,属设施农业领域。其中"温室节能技术与高效生产技术的集成与示范"示范了蜂窝墙体、钢渣混凝土墙体材料、新型保温被、地源热泵技术、营养液循环再利用技术、温室环境与植物生长信息综合监控系统、温室结构优化设计CAD和智能控制施肥机8个新产品、新技术,获得了10项专利和2项地方标准;在国内不同地区的50个设施农业试验示范基地推广应用,节能20%以上;改造和升级传统温室3.1万亩,实现智能化连栋温室和高档温室的市场份额30%以上;温室及配套产品市场销售额达2.5亿元,农业设施装备生产能力提高20%以上。"设施农业科技创新平台的建设"研究开发直接面对市场需求,把技术集成与成果转化和示范相结合,形成了新型农业科技研发和成果转化新模式,制订和完善了平台建设与运行制度,有效整合设施农业领域资源,强化开放服务功能,为设施农业领域的发展提供强有力的支撑,且初步建立了一支高水平的设施农业科技研发和成果转化、推广的人才队伍。

(市科委农村处)

【科技协调员矿物质肥料科技推广项目启动】 3月25日,农村科技服务港、昌平区科委合作在十三陵镇果业协会的"农民之家"举行"科技协调员矿物质肥料科技推广项目启动仪式"。中科院和市农林科学院专家分别介绍了新型微孔矿物肥的试验方案、设计要求以及操作规程等,有120余位果农领到了用于试验的新型矿物肥。该产品由中科院地质与地球物理所自主研制,富含硅钾等微量元素。此次推介该成果,意在促进中央在京科研院所的最新科研成果最快在北京就地转化,造福于三农。

(市科委农村中心)

【首个万亩籽种基地落户房山】 3月29日,"房山区万亩豆类籽种基地启动暨签约仪式"在房山凯达恒业公司举行。该基地是市科委年内要建立的京郊10个"万亩籽种基地"中的第一个,其建设是以发挥房山区豆类产业优势,提高单位土地面积效益,实现农民增收为目的进行的又一实效性工作。其他远郊区县也将发挥自身产业优势以类似方式逐步建立种牛、种鸭等万亩基地。该基地主推的"京黄1号"和"中黄35号"是具有自主知识产权的大豆高产新品种,经检验全部稳定高产,将带动农民增收,同时减少地下水的使用。

(市科委农村处　农村中心)

【三高农业园区示范工程(二期)通过验收】　3月31日,由北京顺义三高科技农业试验示范区管委会承担的"顺义三高农业园区示范工程(二期)"项目通过验收。该项目执行期限为2005—2007年,总投资2000万元,包括三高示范区高效农业产业化开发与建设;顺义区科技成果孵化、转化体系建设;农业综合支持和服务能力建设等内容。项目共引进新品种119个,新技术65个,带动农民就业3468人,指导科技型农民专业合作组织58家,培训农民73150人。实现了资源、技术、人才、组织等的集成链接和融合拓展,建立了园区—科教机构—企业联合主导、政府引导扶持、农合组织积极参与的政产学研社合作新机制。

(市科委农村处)

【举办农村科技宣传工作会暨信息员培训会】　4月9日,市科委农村中心组织在创业大厦召开了"农村科技宣传工作会暨信息员培训会"。来自13个区县主管宣传工作的主任、信息员及市农林科学院、农职院、农学院的信息员近40人参加。会上,市科委领导要求各区县在今后的科技宣传工作中要注意把握"三个点",即重点、热点和特点。新华社有关人员进行了关于宣传报道采写的讲授。

(市科委农村处　农村中心)

【北京市林果科技协调员工作站成立】　4月11日,"北京市林果科技协调员工作站成立大会"在京林大厦召开,市科委、市科协、市园林局等单位相关人士共60余人参加。会上,为13个区县工作分站授牌并发放了一批建站设备。市级工作总站依托市科委农村科技服务港,在市林业科技推广站基础上成立;13个"区县分站"在13个区县林业局(果办)的基础上成立。市级工作站负责全市林果科技协调员的培训、管理、考核、评定工作,以及对区县分站进行业务指导;区县分站则负责本区县林果科技协调员的培训、管理、考核、评定工作,以及对乡镇服务点进行业务指导;乡镇服务点负责为本乡镇林果科技协调员提供业务指导,与当地爱农驿站实现信息对接,为协调员提供信息服务。

(市科委农村处　农村中心)

【鸡粪综合利用技术研究与科技示范项目通过验收】　4月15日,市科委组织有关专家对由怀柔区科委组织,幸福阳光(北京)生态技术有限公司、怀柔区农机研究所、怀柔区肉鸡产业协会等共同承担的"鸡粪综合利用技术研究与科技示范"绿色通道项目进行验收。该项目2005年启动,总投资1670万元。通过几年的实施,在喇叭沟门、宝山等乡镇建成6个生物有机肥生产基地;安装了5个生物菌反应器系统,并生产出替代抗生素的益生菌剂产品;改造了6台FPJ-1型翻抛机;研制出板栗、西洋参有机专用肥料产品并进行示范推广;研发了6辆鸡粪运输车和相应的收集容器,并建成肉鸡养殖服务体系。项目实施后,仅2006年,怀柔区全年出栏肉鸡比2004年增长了26.8%,生物有机肥生产基地无害化处理生鸡粪6.2万立方米,且生产出板栗、西洋参专用的有机肥产品,明显提高了鸡粪资源化利用率。

（市科委农村处）

【北京市农村科技推广——协调员工作交流暨技术培训会议】 4月24日,市科委农村发展中心、市农业技术推广站在小汤山培训中心召开了"北京市农村科技推广——协调员工作交流暨技术培训会议",共120余人参加。会上,向首批来自13个区县的76名农村科技推广协调员代表颁发了证书。市农业技术推广站依托农村科技服务港、农技推广网和爱农驿站,建立了农村科技协调员农业推广服务资源站,在13个区县设有分站,部分乡镇、村建有服务点,搭建了市、区、乡三级联动的科技服务快速运行网络和服务模式。现已形成了150余人员的技术服务队,涵盖了粮油、蔬菜、经济作物、花卉和农业节水等专业。通过专家讲授、科技入户、田间学校等多种培训方式,提升了协调员在生产技能、组织协调、市场分析、现代信息应用手段等方面的综合素质。

（市科委农村中心）

【第一届生物技术与农业峰会】 4月25—26日,由市科委主办,北京生物中心、市科委农村发展中心、北京农业育种基础研究创新平台共同承办的"第一届生物技术与农业峰会"在稻香湖景酒店举行,主题是"面向世界的种子产业"。市人大副主任赵凤山等领导出席,国内外产业界、学术界以及相关管理机构的代表300余人参加。市科委主任马林、杜邦公司全球副总裁William S. Niebur、瑞士先正达生物技术公司总裁Martin Clough、世界银行国际农业研究磋商组织秘书长兼首席执行官王韧等就"科技促进北京都市型现代农业的发展"、"杜邦提高农业生产力的全球战略——建立旨在促进中国农业发展的公/私合作关系"、"先正达全球农业发展战略"、"全球农业现状和趋势"等做主题演讲。此次峰会分大会报告——面向国际的种植产业;座谈会——北京都市型现代农业的发展思路探讨;圆桌会——中国种业市场策略、生物技术推动种子产业发展三种形式进行。与会者就北京地区发展都市型农业的思路,新形势下如何加强市场开拓、加强企业之间合作,我国种业的发展技术瓶颈以及如何加速科技成果产业化进程、增强我国农业的可持续发展能力等问题展开了深入的探讨。

（市科委农村中心）

【农业科技领域高成长企业自主创新专项培训会】 5月15日,市科委农村中心组织召开了"2008年农业科技领域高成长企业自主创新专项培训会",13个区县科委主管主任、主管科长及部分重点企业负责人参加。会上,市科委相关领导强调,要通过专项来培育一批产业,推动一批企业成为创新主体。会议就该专项的实施思路、申报要求、标准及申报环节中应注意事项做了详细讲解。

（市科委农村处 农村中心）

【京承路蔬菜新品种展示基地建设观摩会】 5月27日,市科委农村处召开"京承路蔬菜新品种展示基地建设观摩会",来自京承路沿线朝阳、昌平、顺义、怀柔、密云5个区县30余名从事蔬菜种植的协调员在顺义区北石槽镇、昌平区小汤山镇的蔬菜新品种育苗及展示基地进行交流。市科委、市农林科学院相关领导及国家蔬菜工程中心的专家参加,《科技日报》、《农民日报》等7家媒体现场采访。顺义区北石槽镇绿之杰蔬菜新品种展示基地建有普通大棚10栋,日光温室4栋,占地约20亩,展示品种主要有甜瓜、西瓜、小番茄、大番茄等12个大类、25个品种。昌平区小汤山镇酸枣岭村蔬菜育种及展示基地有日光温室7栋，春秋大棚49栋，引进的18个蔬菜良种高产稳产，每个棚年收入达8000元。观摩后，为协调员进行了设施蔬菜育苗技术讲座并发放了有关科技书籍和种子。

（市科委农村处　农村中心）

【北京市少数民族乡村基层干部培训班】　5月27—29日，由市民委、市农委、市科委主办，北京农学院承办的"北京市少数民族乡村基层干部培训班"在北京农学院开班。全市民族乡主管乡长，民族村数量在3个以上的乡（镇）主管乡（镇）长和民族村村干部近200人参加了培训。此次培训安排了新农村建设、都市型现代农业创新发展、农村科技创新、农民专业合作组织建设和农业产业发展规划等内容，通过规划先行、强化培训、技术推广，为少数民族乡村注入了科技要素。

（市科委农村处）

【辣（甜）椒新优品种展示暨农村科技协调员交流会】　6月10日，由海淀区科委、昌平区科委联合主办的"辣（甜）椒新优品种展示暨农村科技协调员交流会"召开。市科委、市农业局相关领导，海淀、昌平、顺义等区县的协调员和种植户，天津、河北等外省市的种植户、推销员等参加了活动。活动中，协调员和种植户们来到田间地头，海淀区科委、农林委有关人员及区组培室技术员现场为大家讲解辣（甜）椒新优品种的优势。

（市科委农村处　农村中心）

【农村科技协调员现场会活动月宣传媒体沟通会】　6月12日，"农村科技协调员现场会活动月宣传媒体沟通会"在农村中心召开。新华社、《科技日报》、《北京日报》、北京电台、《北京商报》等10家媒体参加，市科委相关领导出席。会上，农村中心有关人员介绍了一年来农村科技协调员工作的主要工作与成效，同时将农村科技协调员活动月的目的、内容、重要活动，以及活动月期间需重点宣传的协调员典型、协调员工作模式向各家媒体重点介绍。各家媒体记者对协调员工作给予相当的肯定，同时对活动月表示高度的兴趣与关注。

（市科委农村处　农村中心）

【农村科技服务港蔬菜成果资源推介活动】　6月13日，农村科技服务港在市农林科学院蔬菜所新品种展示基地举行"农村科技服务港蔬菜成果资源推介活动"，11个区县的60余名科技协调员参加。活动中，展出了130余种蔬菜新品种，为协调员的蔬菜换代提供了新成果。市农林科学院蔬菜所的专家现场讲解各类蔬菜新优品种的优势及种植时间，重点介绍了紫甘3号的栽培技术。

（市科委农村中心）

【开展科技协调员培训暨山区果树新成果新技术系列培训】　6月26日，由市科委农村处、农村科技服务港、市农林科学院综合所主办的"北京市科技协调员培训暨北京山区果树新成果新技术系列培训"在密云县高岭镇上甸子村拉开帷幕。市农林科学院综合所组成骨干讲师团，会同中国农业大学、北京林业大学的多名专家、学者，采取理论授课与实际操作相结合的方式传授果树栽培技术。之后的两个月，分别在

京郊7个山区县9个乡镇的11个村,举办了10余次。

（市科委农村处　农村中心）

【开展农村科技协调员巡回交流主题活动】　6月,市科委展开为期1个月的"农村科技协调员巡回交流主题活动"。此次"交流月"筛选出13个区县、34个协调员工作站考察点,分为6种类型,其中经济发展与村级政权建设结合型5个、协调员是专业合作组织核心型6个、新产业培育骨干型4个、企业带动农业生产型10个、农产品闯市场型7个、技术推广新模式类型2个。活动涉及4个创新型乡镇,累计培育协调员891人,服务农户58644户。各区县组织本地区协调员进行了工作和技术创新交流,现场考察了各乡镇协调员的产业建设成果、科技服务内容和生态环境改善情况,介绍了农业技术小时工、村级技术服务队等协调员特色工作模式。农村科技服务港还组织了实用技术成果展、专家田间咨询、协调员推介技术、生产检测服务等科技服务活动。

（市科委农村处　农村中心）

【林果业3课题通过验收】　7月17日,市科委组织有关专家对市林业工作总站承担的市科委"北京郊区信息化工程Ⅲ"中"北京市林果业科技协调员工作站建设"课题进行验收。该项目包括"北京市林果业科技协调员网络服务体系建设与应用"、"北京市林果业科技协调员科技信息资源库建设与应用"、"北京市林果业科技协调员科技服务平台建设与应用"3个子课题,其成果为:成立了市级林果科技协调员工作站、13个区县科技协调员分站、186个乡镇服务点,初步构建了市、区县、乡镇三级网络服务体系;完善了北京市园林绿化科技推广网（www.bjyllhkjtg.cn）,开通了北京市林果科技协调员网,实现了技术、信息和科普宣传等服务功能;初步建立了首都林果业专家信息数据库、186个乡镇林果科技推广机构信息数据库,完善了腾讯通网络系统,采集了265个林果科技协调员的基础资料;与爱农驿站进行了果品信息流通领域专业合作,建立了公益服务机构与企业合作的服务模式,初步实现信息共享、资源整合。

（市科委农村中心）

【农村科技协调员农业技术服务平台建设与应用课题通过验收】　7月31日,市科委农村处组织有关专家对市农业技术推广站承担的"北京郊区信息化工程Ⅲ"项目中的"农村科技协调员农业技术服务平台建设与应用"课题进行验收。该研究初步建立了科技协调员农业推广服务资源站;遴选了1000个农村科技协调员,通过技术培训、知识竞赛、科技赶集、发放资料、观摩展示、咨询指导等多种方法,带动辐射农民10000余人;建立了人才服务平台、技术服务平台、经验交流平台、网络联动平台,实现了"六个一"工程。专家提出,要真正使该平台发挥作用,应当在技术资源和网络资源上进一步整合、共享,并对农村科村协调员队伍进行筛选、扩大,最终形成一支稳定、高效的农技科技服务队伍。

（市科委农村处）

【北京市农业设施建设标准研讨会】　7月31日,农村科技服务港组织召开了"北京市农业设施建设标准研讨会",市农业局等主管部门,农业部、中国农大等设施农业行业专家,6家农业设施工程建设企业的代表,农业设施需求方代表等参加。研讨会上,结合京郊农业产业情况、区域定位和农民投资能力等因素,就农业设施类型、设施构造及规格、建筑成本、适宜种植作物类别、设施保温效果、节能措施、信息化控制等内容进行了交流。

（市科委农村处　农村中心）

【国家星火科技培训东北部协作网工作会议】　8月20—23日,由市科委星火办承办的2008年度"国家星火科技培训东北部协作网工作会议"在南戴河召开,北京、天津、黑龙江、吉林等9个省和直辖市的科技厅星火办负责人40余人参加。会上,回顾和总结了星火20年所取得的成绩,就开展星火科技培训、科技特派员等工作的主要做法和典型经验进行了交流,讨论了工作中存在的共性问题,并对下一阶段开展星火工作的新思路进行了探讨。

（市科委农村处　农村中心）

【农村科技协调员建设工作汇报交流会】 9月11—12日,农村科技服务港组织召开了"农村科技协调员建设工作汇报交流会",来自京郊13个区县科委的协调员建设工作负责人、各委办局相关领导及各市级资源站负责人参加。经过近两年的工作,北京市已建立起一支以市场化、乡土化、信息化、社会化为特征的7000余人的协调员队伍,在培育新型产业、提高组织化程度、带动农民致富、建设基层组织、改善生活环境等方面正发挥着重要作用。

(市科委农村处　农村中心)

【爱农信息驿站课题验收会】 9月26日,市科委农村处、农村中心组织召开"爱农信息驿站课题验收会",恒信通公司承担的"北京郊区信息化工程Ⅲ"项目中的"首批爱农信息驿站建设工程"、"远程教育改造成爱农信息驿站暨爱农信息驿站示范站建设与应用"和"中心站运营平台一期建设"3个子课题通过验收。其成果是在京郊11个区县完成了504个爱农信息驿站、1000个二级服务点的建设与运营任务,建设开通了驿站管理系统、爱农网系统、呼叫中心管理系统、远程教育平台、驿站视频系统、综合代费管理系统平台、爱农卡中心平台、农产品配送系统、农产品进销存管理系统等,初步形成了有效的爱农信息驿站运营管理制度,实现了以爱农信息驿站为经营、服务载体,以市场化运作、企业化运营为实施手段,整合在郊区遍布的农村信息资源,服务三农的设计理念。

(市科委农村处　农村中心)

【奶牛冬季健康体检及安全越冬技术推广课题通过验收】 9月26日,市科委农村中心组织对农业科技成果推介及科技服务专项"奶牛冬季健康体检及安全越冬技术推广"课题进行验收。该项目1月启动,北京农业职业学院承担。研究通过对9个区县的12726头奶牛进行的冬季健康体检,基本摸清郊区奶牛常见疾病现状,并针对具体病因和各区县特点进行分析,提出相应的防治措施。该课题采用边实施边推广的方式,重点推广了奶牛冬季稳产高产综合技术,建立了47个技术推广示范点,初步探索和构建了"大专院校技术专家—农村科技协调员—奶农"一线式奶牛技术服务体系。

(市科委农村中心)

【市人大赴昌平区考察农村科技协调员建设工作】 10月14日,市人大常委会副主任赵凤山、农村委主任雷德才、市科委主任马林等一行12人到昌平区考察农村科技协调员建设以及新农村建设工作。昌平区委书记关成华、区长金树东等陪同。赵凤山一行参观了康陵村污水处理设施示范基地、十三陵果业协会、崔村镇苹果协会科技协调员工作站。同时,到百善镇狮子营村和上郭村了解新农村建设情况,听取了科技协调员"协会技术托管、科技小时工"等典型事迹的汇报,详细询问了其面临的问题和科技需求,并对今后农村科技协调员建设工作提出了希望。

(市科委农村处)

【顺义站启动农村科技服务港科普资源服务活动】 10月15日,由市科委农村发展中心主办的"'农村科技服务港科普资源服务活动'顺义站启动仪式"在河北村天天康乐果品产销合作社工作站举行。仪式上,为典型科普工作站赠送了科普图书、科普挂图和科普光盘等,以增强工作站科技成果展示和科普辐射能力,提高协调员的科学素养;为一批协调员工作站赠送了数码观测王,以增强工作站病虫害检测、疫病诊断等科技服务能力;为近百名优秀农村科技协调员发放农事通手机卡,以提升协调员的信息服务能力。顺义区近百名农村科技协调员参加了此次活动。

（市科委农村中心）

【2008年区县科技工作总结交流会召开】 10月22日,由顺义区科委、农村中心承办的"2008年区县科技工作总结交流会"在顺义召开。市科委相关领导以及18个区县科委的负责人50余人参加。会上,市科委副主任杨伟光回顾了科技工作取得的成效,指出,科委在谋事的过程中要实现四个转变,即变被动为主动、变局部谋事为全局谋事、变同步走为领先带动、变单打独斗为协调谋事。18个区县科委主任总结了本区科技工作特点、要点、亮点,梳理了2008年取得的科技成果,对2009年的科技工作进行了展望。

（市科委农村处　农村中心）

【大兴区农事通手机卡发放启动仪式暨礼贤镇农民科技培训班】 11月13日,由农村科技服务港、市农林科学院信息所、大兴区科委等,在大兴区礼贤镇贺北村举行了"大兴区农事通手机卡发放启动仪式暨礼贤镇农民科技培训班"活动。培训班上,农业局信息中心、农科院信息所相关人士介绍了蔬菜市场信息的查找与利用、如何获取农业科技信息以及农事通手机卡的使用方法等,有关专家对农户进行了蔬菜种植技术的培训,发放了实用技术资料。100余农户参加。

（市科委农村处　农村中心）

【启动重大项目监理工作】 11月27日,市科委农村处4个重大项目的监理启动会在北京技术交易促进中心召开。4个项目分别是"蛋种鸡大规模产业化生产关键技术研究"、"优质葡萄酒产业带关键技术开发与示范工程"、"京承路都市型现代农业走廊科技示范工程"、"现代绿色生猪基地建设及产业化升级工程",北京科技园项目评价有限公司负责监理项目实施。项目主持单位、课题承担单位以及区县科委主管部门等单位近40人参会。会上,监理机构详细说明了其工作规范、流程以及"监理信息表"的填报要求和经费审计要点等,与会人员就其中的热点问题进行了充分讨论。

（市科委农村处）

【科技助推怀柔冷水鱼产业发展】 12月9日,由市水产所组织的"北京市水产科学研究所冷水鱼试验示范基地授牌仪式"在卧佛山庄召开,市科委农村处、农村中心相关人员参加。市水产科学研究所相关领导为怀柔渤海镇卧佛山庄养殖有限公司授牌,双方签订了技术合作协议。由此,市水产所冷水鱼新品种在基地试养成功后推广到全国各地。生长快、肉质鲜、抗病性强的三倍体虹鳟鱼和产卵多的全雌虹鳟鱼已进入批量生产阶段。

（市科委农村处　农村中心）

【北京农业职业学院科研与三农服务工作大会召开】 12月9日,由农村科技服务港、北京农职院组织的"北京农业职业学院科研与三农服务工作大会"在北京农职院召开,市科委、市农委、农村科技服务港相关领导及三农服务中心全体成员等共200余人参加。会上,三农服务中心主任杜保德做题为"加强统筹,调动主体,扎实推进学院科研与三农服务工作再上新台阶"的工作报告,全面回顾和总结了学院成立以来的科研与三农服务工作。宣读了学院《关于表彰科研与三农服务工作先进集体和个人的决定》,授予园艺系等3个系为科研与三农服务工作先进集体;授予"奶牛专家门诊技术服务"等2个项目团队一等奖,"生态环保养猪关键技术研究与示范推广"等4个项目团队二等奖,"都市现代农业服务工作室"等6个项目团队三等奖,"五项基础设施建设专家调研与规划编制"等12个项目团队鼓励奖;授予郭秀山等10人科技标兵称号。

(市科委农村处 农村中心)

【2008农村领域科技项目经费管理培训班召开】 12月11日,市科委农村处、条财务处在市科委机关共同举办"2008年农村领域科技项目(课题)承担单位经费管理培训班",由市科委支持的科技项目(课题)负责人、财务负责人150余人参加。此次培训主要针对科技项目(课题)财政预算评审标准和相关注意事项、科技项目(课题)经费管理审计要点与风险分析,旨在提高项目(课题)的管理水平,特别是加强经费使用方面的理解和认识。

(市科委农村处 农村中心)

【举办三聚氰胺快速检测国家标准培训班】 12月25日,农村科技服务港联合中国计量科学研究院、三元集团、北京普析通用仪器有限责任公司在北京农科大厦举办"三聚氰胺快速检测国家标准培训班",邀请行业专家讲授养殖业投入品的安全控制、乳品加工业安全生产等,并推介了乳制品三聚氰胺快速检测方法,对10月15日由国家质检总局、国家标准化管理委员会批准发布的《原料乳中三聚氰胺快速检测液相色谱法》(GB/T 22400—2008)国家标准进行宣讲。来自延庆、怀柔的50余名协调员参加了培训。

(市科委农村中心)

【首批新农村建设科技示范(试点)启动】 年内,由科技部组织的首批新农村建设科技示范(试点)启动实施。2007年12月11日,科技部办公厅发布了《关于同意启动首批新农村建设科技示范(试点)的通知》(国科发农字[2007]724号),启动首批73个新农村建设科技示范乡镇(试点)、120个新农村建设科技示范村(试点)工作,包括以现代农业为重点的综合示范(试点)、以特色经济为重点的综合示范(试点)、以生态经济为重点的综合示范(试点)、以民生为重点的综合示范(试点)等四种类型。北京地区2个乡镇、4个村榜上有名。

北京地区首批新农村建设科技示范(试点)

| 序号 | 乡镇/村 | 乡镇、村名称 | 主要技术依托单位 |
| --- | --- | --- | --- |
| 1 | 乡镇 | 大兴区长子营镇 | 北京市农林科学院 |
| 2 | 乡镇 | 延庆县张山营镇 | 中国农业大学 |
| 3 | 村 | 顺义区赵全营镇北郎中村 | 北京市农学会 |
| 4 | 村 | 顺义区南彩镇河北村 | 中国农业大学 |
| 5 | 村 | 昌平区流村镇菩萨鹿村 | 昌平区科技交流与合作促进中心 |
| 6 | 村 | 密云县巨各庄镇蔡家洼村 | 中国农业大学、中国农民大学、北京聚拢山生态农业开发有限公司 |

(市科委农村处 农村中心)

【晚熟桃实现生物冰点保鲜100天】 年内,市科委支持的平谷区果品生物冰点保鲜重大农业科技项目效果明显。研究利用生物冰点贮藏保鲜库,对久保、华玉、24号、新世纪、9号、晚蜜、中华寿桃和青州蜜8个中晚熟桃品种进行贮藏,贮藏量达16660千克,保鲜期达2—3个月。贮藏后桃的风味和口感均好于刚入库时,每千克增值5元。

（市科委农村处）

【北京都市型现代农业技术支撑体系科技专项】 年内,"北京都市型现代农业技术支撑体系科技专项"（简称"都市农业"专项）被列入《北京市中长期科学和技术发展规划纲要（2008—2020年）》。其工作重点是加强农业科技创新,在籽种农业、农产品加工、农产品安全生产、现代农业装备等重点领域组织研发和技术攻关;针对农村重大关键技术问题,包括作物控释肥生产技术、人畜禽共患病害的病原菌传染规律及防控技术、重大疫病监控及防疫技术等,集中力量进行研究,争取尽快取得突破;加强以农村科技协调员队伍为核心的新型农村科技服务体系建设,强化农村科技协调员在都市型现代农业发展中的作用;加快农业信息化建设,整合涉农信息资源,建设信息服务平台。争取到2020年,明显提高北京地区的农业科技发展能力,基本建成统一完善的农业信息公共服务系统与高效完备的农村科技服务体系,保障北京都市型农业的健康与可持续发展。

（张　竞）

【北京农村生活环境改善科技专项】 年内,"北京农村生活环境改善科技专项"（简称"农村环境改善"专项）被列入《北京市中长期科学和技术发展规划纲要（2008—2020年）》。其工作重点是围绕北京市新农村建设工作整体部署,落实"暖起来、亮起来、循环起来"三起来工程,依靠科技手段,为农村基础设施和配套设施建设提供技术支撑,提高公共服务水平,努力解决农村基础设施相对薄弱等问题,给农民带来实惠;加快城区科技资源向郊区扩散,促进农村能源、环境、教育、卫生、文化等社会事业发展;推进非粮食原料生产生物质能技术、太阳能等清洁能源利用及清洁燃烧技术、农村新型节能住宅、生产生活垃圾处理及污水处理技术等在农村的推广使用,发展生态农业,切实改善农村生活环境,培养新型农民,形成现代绿色文明的生活方式。到2020年,建成比较完善的农村基础设施,为农村居民提供良好的生产生活、医疗卫生和文化娱乐条件,提高农村社区现代化管理水平,建成乡风文明、村容整洁、管理民主、生活富足的社会主义新农村。

（张　竞）

【创新型乡镇建设成效显著】 至年底,京郊创新型乡镇的建设成效显著。现已建成37个创新型乡镇,其中,年内新建创新型乡镇5个,分别是顺义区李桥镇,房山区琉璃河镇、大石窝镇,大兴区青云店镇以及怀柔区琉璃庙镇;帮助10个少数民族村制定具有科学性、前瞻性和可操作性的产业发展规划,指导其确立村域主导产业。37个创新型乡镇分为3种模式:特色产业支撑模式、文化先导模式和生态经济模式。该项工作2005年由市科委启动,清华大学、中国农业大学、市农林科学院、城市规划学院等诸多科研院所以及企业共同实施。

（市科委农村处　农村中心）

【农村科技服务港能力提升】 至年底,农村科技服务港依托市区三级协调员工作体系,通过各类信息服务手段应答需求8万余条,其中:农村科技服务港自身收集和应答需求8300条;解答问题12000次;开展下乡指导1996人次;依托各类培训主体资源开展科技培训5681次,累计培训人数达到47万人次;服务港网络登陆近80万人次;累计提供短信息服务2万余条;建立了食用菌产业协调员工作站、农业技术推广协调员工作站、畜禽产业协调员工作站、林果业协调员工作站、爱农信息驿站协调员工作站等6个市级协调员资源站;颁布实施了《依托市场主体建设农村科技协调员典型工作站的管理办法》。

（市科委农村中心）

【爱农驿站信息富农】 至年底,京郊共建成包括爱农信息驿站示范站和标准站在内的504个爱农信息驿站,1000个二级服务点,聘用信息员1500人,覆盖了10个区县的163个乡镇,1600个行政村。累计提供了100万人次的信息咨询采集发布、各种培训、数码冲印、代收费等服务,解决农民需求问题500余条,约使2000余农户直接受益,辐射带动1万余人受益。推出爱农卡安全农资消费服务,引导城市居民消费安全绿色农产品的爱农卡/爱农店农产品电子销售服务,以及爱农卡京郊游农家乐服务等,以满足市区居民追求绿色健康生活的需要。

(市科委农村中心)

# 科技奥运

## Olympic Science and Technology

【科技奥运与工业设计论坛】 2月20日,由奥科委主办,北京工业设计促进中心承办的"科技奥运与工业设计论坛"在中华世纪坛举行,主题为"科技·奥运·设计"。奥科委主席林文漪、奥组委技术部部长杨义春、市科委副主任郑吉春等领导及百余家企业、设计公司、院校、专业协会和媒体的代表270余人参加。论坛上,2000年悉尼奥运会首席设计顾问、2000年德国汉诺威世界博览会设计师、2007年瑞典世界高山滑雪锦标赛场馆首席执行官等3位国际设计专家结合自身实战经验,阐述了大型活动与设计产业之间的关系。奥组委、北京工业设计促进中心、中央美术学院的领导及专家分别就奥运会筹备过程中设计如何为奥运设施建设服务;如何把握奥运机遇提升自主创新水平;奥运与可持续设计的关系等进行研讨。

(左 倩)

【专题调研奥运水安全保障】 2月26—27日,水利部科委、市水务局、北京水利学会联合组织奥运水安全保障专题调研咨询活动。由水利部、民盟中央、中国工程院组成的专家团,实地考察了奥运会水资源保障工程情况。专家们就奥运会期间城市防洪、供水安全、再生水利用、奥运场馆水环境维护等问题进行研讨。市水务局领导向专家组介绍了北京水务总体情况和北京奥运水安全保障工作。副市长牛有成出席会议。

(水利学会)

【举办奥运科普互动体验展】 3月13日,由中国科协、奥科委主办,市科协承办的"'科技圆梦想 和谐迎奥运'大型奥运科普互动体验展全国巡展启动仪式"在青岛市银海大世界海星会展中心举行。中国科协、青岛市、奥科委的相关领导与部分社区群众和青少年一同参观了展览。展览通过丰富的内容和生动有趣的互动体验形式,宣传奥林匹克精神,宣传北京奥运会,倡导"科技奥运、绿色奥运、人文奥运"理念,旨在普及奥运相关科学知识,让更多的公众"了解奥运、参与奥运、体验奥运"。随后,还要在厦门、太原、郑州、杭州、成都等地巡展。

(何素兴)

【完成奥运厨房燃气用具检验任务】 4月,市公用事业科学研究所与奥运会厨房设备中标的英国PKL公司签订了北京奥运会全部厨房燃气用具的现场检验协议。至7月底,该所利用两台检验车、4台进口检验仪器,先后出动检验人员60人次,共对运动员村、国际广播中心、主新闻中心和两个媒体村内的12个厨房的164台燃气设备进行了检验,检出存在液化石油气设备未置换成天然气设备、燃烧状态一氧化碳超标、长途运输拆装导致的零配件缺损等问题的不合格设备共9台。该所对不合格设备发出整改意见书,PKL公司采取相应整改措施后,又进行了二次检验。

(陈汝凤 李海丽)

【市科委积极支持奥运火炬研发】 5月8日,北京奥运圣火由19名中国登山队队员送上珠峰,创造了奥运圣火登上世界第三极的新纪录。火炬研制期间,为研究解决火炬在珠峰面临的低压、低温、缺氧、强风等极端条件下燃烧技术难题,市科委组织了几十名专家,经过反复研究讨论,提出了火炬在珠峰燃烧应达到的7大类、22项指标,并从技术和经费方面给予了大力支持。特别是在两次珠峰大本营实地测试过程中,市科委主任马林等委领导亲临现场指导慰问,激励参试技术人员战胜各种困难。

(黎晓东)

【科技奥运展成为第十一届科博会的最大亮点】 5月20—25日,"第十一届中国北京国际科技产业博览会"举行。由奥运科技(2008)行动计划领导小组、奥科委各成员单位共同主办的科技奥运展览是本届科博会的最大亮点。展览设在中国国际展览中心1号馆,主题为"让北京更美好 让奥运更精彩"。展示内容包括奥运会中的信息服务、城市交通、食品安全和气象服务等高新技术成果,以及在"鸟巢"、"水立方"等国家大型体育场馆建设和开闭幕式、火炬传递等大型活动中的重大技术突破。参展项目约160项,分为总体篇、支撑篇、工程篇、信息篇、城市篇、合作篇六大部分。

(黎晓东)

【科技·时尚暨奥运服装设计及论坛】 6月27日,由北京科技协作中心、北京服装学院联合主办的"科技·时尚暨奥运服装设计及论坛"在北京服装学院举行。奥科委主席林文漪、市科委主任马林等领导出席。在京科研机构的代表、北京服装纺织企业的代表、百荣世贸商城体育服装知名品牌企业的代表等参加。活动包括奥运系列服装设计论坛、展示两部分。论坛上,3位奥运系列服装设计团队的核心成员做主题发言,围绕服装设计、设计管理、服装技术等内容介绍了在奥运服装设计过程中,如何运用科学、有效、独特的设计方法和设计理念,成功地降低了奥运服装的制作成本,同时也将传统和时尚元素融为一体,表现了北京的特点、历史与愿望,体现了"绿色奥运、科技奥运、人文奥运"三大理念;服装展示则通过平面及实物相结合的方式向大家展示了火炬手服装、颁奖礼仪服装、中国运动员领奖服装。

(李海燕)

【"科技与奥运"澳门展】 7月4日,由澳门特别行政区政府科技委员会、中国科学技术交流中心、市科协承办的"2008科技活动周开幕仪式"在澳门渔人码头会展中心举行。澳门特区行政长官何厚铧、科技部副部长尚勇、中央政府驻澳门特区联络办公室副主任高燕等出席。此次活动主题是"科技与奥运"。展览向公众介绍了奥运火炬,"鸟巢"、"水立方",雨水和太阳能高效利用等项目,安排了虚拟射箭和模拟射击等互动内容。2000余人参观了当天展览。澳门电视台、《澳门日报》、《澳门新闻》、《侨民日报》、《市民日报》、《新华澳报》等10余家媒体对展览进行了纪实报道。

(何素兴)

【十大奥运智能交通管理系统投入使用】 7月13日,"北京公安交管局奥运智能交通管理新闻发布会"召开。项目承担单位北京公安交管局向媒体介绍了市科委支持的"奥运智能交通系统的研发与应用"课题研发的十大奥运智能交通管理系统建设及应用情况。十大系统包括:现代化的交通指挥调度系统、交通事件的自动检测报警系统、自动识别"单双号"的交通综合监测系统、数字高清的奥运中心区综合监测系统、闭环管理的数字化交通执法系统、智能化的区域交通信号系统、灵活管控的快速路交通控制系统、公交优先的交通信号控制系统、连续诱导的大型路侧可变情报信息板、交通实时路况预测预报系统。十大系统为保障道路交通安全、有序、畅通,实现平安奥运,提供了强有力的

技术支撑。

（梁廷政）

【紧急医学救援无线移动信息平台启用】 7月17日，由市科委、市卫生局共同主持的"北京市重大科技项目'首都紧急医学救援科技工程建设研究'成果奥运应用启动汇报会"在人民医院举行。副市长丁向阳、原市人大科教文卫委主任史炳忠、市科委主任马林、市卫生局局长金大鹏等到会。该项目的阶段性成果"紧急医学救援无线移动信息平台"奥运应用同时在北京大学人民医院启动。该平台是本项目众多科研成果的综合体现和应用，采用了卫星定位等尖端技术，在模式创新、流程创新、技术创新、集成创新等方面做了大量开创性工作。平台包括4个主要系统：现场急救信息录入系统、急救转运信息系统、院前—院内急救信息系统、急救调度监控系统。实现了急救全程信息化的新模式，可大大缩短抢救时间，提高抢救成功率和急救质量。该平台在北京奥运会、残奥会期间运行，并在奥运会后服务于首都紧急医疗救助保障。该项目2005年立项，科技经费总投入1300万元。

（市科委生物医药处）

【胡锦涛总书记参观反兴奋剂展览】 7月23日，国家主席胡锦涛、国家副主席习近平在奥组委主席刘淇等陪同下到国家体育总局训练局，考察奥运备战工作，并参观了由奥科委、奥组委以及中国奥委会联合主办的市科委重点科普项目"历史与未来——奥林匹克反兴奋剂四十年"主题展览，在反兴奋剂签名卷轴上签名，充分表达了中国政府支持反兴奋剂工作的态度和决心。总书记强调，做好反兴奋剂工作，是成功举办奥运会的重要前提。中国作为本届奥运会的东道主，有责任在反兴奋剂方面做出表率。

（黎晓东）

【奥运村三大理念展示中心低能耗建筑示范交付使用】 7月，由市科委支持开展的"奥运村三大理念展示中心低能耗建筑示范"项目移交奥组委使用。该项目2006年3月正式启动，2009年2月19号召开结题验收会。工程建筑面积2000平方米，共三层，能收集自然界的热能、冷能、光能、地能、风能，为建筑提供可再生能源，且集成应用了光热供暖、光伏热电联产、风力发电、地源热泵、免拆模网、冬季自然储冷供夏季空调等22项高新技术，采暖设计热负荷4瓦/米$^2$，仅是现行节能建筑标准的1/8，是未来型的绿色示范建筑。其主要成果：建筑设计符合建筑功能要求，适于幼儿特点，采用高效的被动节能技术，使建筑供冷、供热和采光所需要的能耗大幅度减少；采用跨季节蓄冷和夜间蓄冷复合蓄冷系统与地源热泵相结合，实现了高效冷源供应；应用太阳能光热技术供热及全年生活热水，还用于夏季空调的溶液新风机组，并与土壤源热泵相结合，实现了高效的热源供应；采用温湿度独立控制系统和溶液除湿新风机组，在保障室内良好空气品质的同时，又充分利用了蓄冷水池蓄存的冷量，提高了系统的能效；对能源进行了全面的分类计量，实现了复杂系统的自动控制。

（黎晓东）

【奥运村科普教育园区试运行】 8月1日，"北京市奥运村科普教育园区（试运行）启动仪式"

在中科院奥运村科技园区举行,同时举行了主题为"科学传播 科技奥运"的科普活动。奥科委主席林文漪、中科院副院长李静海、市科委主任马林等以及300余名中小学生参加,2006年度国家最高科学技术奖获得者李振声院士做了"小麦的进化与远缘杂交育种"的科普报告。该园区是市科委与中科院共建的具有示范意义和独特价值的科普教育园区,位于奥运会主场馆腹地,占地面积约1.6平方千米,现有国家天文台、地理科学与资源研究所等8个研究所,涵盖了天体、地球和生命等数个自然科学领域,具有科技人才密集、科普资源丰富、科普内容推陈出新能力强、科普理念创新先进等优势。园区建设内容包括常年对外开放的特色展厅、科研过程展示、市民体验科研、科学大师"零距离"交流、互动式网络科技展示等5个方面。

(张宇蕾)

【科技"炮弹"打出好天气】 8月8日,奥运会开幕式当天,预测到河北保定降雨量100毫米,本市房山区降雨量25毫米,"鸟巢"降雨量5毫米。北京奥运气象中心在部队、气象部门和京津冀地方政府的密切配合下,用1104枚火箭弹,成功实施了我国有史以来最大规模,也是历史上奥运会开幕式首次人工消雨。同样,为了消除闭幕式面临的雨情,从24日14时到20时50分,北京市人工影响天气部门启用8架次飞机分别在张家口、房山、门头沟、延庆等区域进行催化消云作业。此外,北京、天津、河北的地面发射点共进行了9轮作业,发射火箭弹241枚,有效解除了北京境内的雨情。此成绩的取得,得益于北京市人工影响天气办公室张蔷、何晖、马舒庆等承担的市科委科技奥运专项"奥运期间人工防雹、消雨作业试验研究"课题。该研究隶属于大气科学类,主要内容有:奥运会开、闭幕式消雨技术的研究,包括降雨特征、降雨云动力和微物理结构、各型降雨的消雨原理、最佳作业方法和预计效果;消雨技术、工具和实施方案的研究;通过外场综合研究试验,为奥运会召开期间进行人工防雹、消雨作业提供技术储备;微型无人飞机对作业云体进行探测;对奥运会期间北京地区的冰雹气候特征,冰雹云动力和微物理结构、成雹机制和人工防雹原理、最佳作业方法和预计效果的研究;防雹技术系统布局和实施方案。该项目提出"奥运会开闭幕式人工消雨作业实施方案",于2007年6月通过了由中国气象局组织的专家评审。

(黎晓东)

【奥运农业科技成果落地嘉兴】 8月28日,由北京技术交易促进中心组织的"奥运农业科技成果推广转移签约仪式"在嘉兴市南湖区政府举行。根据协议,将集成北京市农林科学院的奥运农业科技成果及专业服务优势,在浙江嘉兴国家农业科技园区共同开展奥运农业科技成果的示范与推广转移。由北京技术交易促进中心、嘉兴市科技局、嘉兴南湖区科技局共同组织的"奥运蔬菜成果推广洽谈会"同期召开。会上,北京市农林科学院与浙江嘉兴国家农业科技园区管委会进行了种子交接,并根据嘉兴推广团队提出的20余种需求品种,组织各路专家,分别就选育、种植、栽培等技术问题现场指导、培训。

(马正运)

【大客户业务保障系统确保奥运通信畅通】 8月,由北京市天元网络技术股份有限公司自主开发的大客户业务保障系统应用于奥运网管系统的建设,确保了奥运会的通信服务达到业务开通及时率100%、通信需求满足率100%。该系统可实现对北京网通管理范围内的各类与奥运相关网元设备的告警和性能事件的集中监控,从全网、综合的角度进行故障定位,以确定故障原因,及时排除故障;实现跨专业网管告警关联、网管告警和客户及业务自动关联,支持对客户的服务质量监视管理,为实现差异化服务监控提供技术手段;资源管理系统中与相关奥运资源结合,实现了客户拓扑定制,分权分域管理功能,为客户提供了直观的监视手段;为所服务客户提供客户虚拟网管,服务质量报告等功能;通过奥运网管与各专业网管接口的测试、评估、连接,规范并统一各专业网管的对外接口。

(陈汝凤 李海丽)

【电视转播中文字显示图文系统成功用于奥运赛事】 8月,奥运期间,新奥特硅谷视频技术有限责任公司的"奥运比赛现场电视转播中文字显示图文系统和关键技术开发"项目承担了全部33个比赛场馆大屏幕中文显示及计时计分系统的开发和现场技术支持服务,提供"电子中文翻译"设备系统约200套,200余名技术人员参与现场技术服务。通过高清晰电视图文制播系统,与2008北京奥运会赛事信息系统主要供应商法国源讯公司、瑞士OMEGA公司、日本松下公司以及BOB公司等进行了复杂的网络、数据库等技术对接与调试。其成果MARIANA系统及专业体育转播软件应用比赛现场大屏幕,用中文实时播报项目、场馆、参赛选手、比赛成绩等赛事信息,满足了所有场馆现场大屏幕、公共记分牌等公共信息载体,以及电视转播中文字显示和图文转播的需要,打破了历届奥运会单一英文语种显示的历史,第一次采用中、英双语同步实况显示。

(陈汝凤 李海丽)

【康比特24种运动营养产品服务奥运】 8月,奥运期间,北京康比特威创体育新技术发展有限公司运动营养品全方位为运动员提供服务。该公司自主研发了国内首创、国际领先的"运动营养生化监控恢复系统"。该系统根据运动员不同运动时期、不同运动项目的营养、生理、生化指标的变化情况,在对运动员的疲劳、身体机能和体能、心理能力、训练状态等多方面进行分析的基础上,判定运动员疲劳程度和体能水平状况,明确运动员训练和体能方面尚可挖掘的潜能和需要解决的问题,为运动员制订营养学恢复方案,包括运动员膳食的改进方法、营养强化剂的合理使用等。该项技术长期服务于中国女子排球队、中国乒乓球队、中国举重队等国家训练队。公司自主研发的产品100余种,24种产品入选奥运会国家队的运动营养品的公开申报采购,并成为第十三届残奥会中国体育代表团营养品独家供应商。

(陈汝凤 李海丽)

【北京奥运会开闭幕式焰火关键技术研究】 8月,奥运会开闭幕式上,科技部、市科委立项的"北京奥运会开闭幕式焰火关键技术研究"众多成果应用到焰火燃放中,"奥运五环焰火"、29个大"脚印"、"笑脸"等不规则动态图形,实现了焰火的多项新创意。该研究由"无烟/微烟焰火"、"延时增效焰火"、"防潮防水焰火"、"无残渣无公害环保焰火"等组成,采用了精确控制膛压控制发射技术、点火技术、发射装药技术、高效能发光体技术、耐强冲击技术、暗燃技术及动态焰火图形技术,在保留传统焰火品类的同时,新研发了芯片礼花弹、特效造型礼花弹、微烟火药等新产品,完成了烟火施放时无烟、无燃烧垃圾、芯片控制高度和燃放时间、采用空气压缩发射等科研任务,微烟乃至无烟火药的采用有效地减少了焰火燃放对大气的污染。

(黎晓东)

【组织科技奥运成果推广工作座谈会】 10月21—30日,北京科技开发交流中心连续组织召开6场"科技奥运成果推广工作座谈会",奥运成果完成单位、投资机构、行业协会等102家单位、150余人参加。6次座谈会宣传了科技奥运成果推广计划的意义、总体目标和方案,统一了方向与行动计划;了解各成果单位的实际需求,充实和完善推广工作方案;掌握相关单位已洽谈成功或正在洽谈的项目进展情况；初步筛选出了一批行业龙头企业，与一批有实力的公司商议组建集群共同推进的方法；加强与相关行业协会、投资公司、高新技术企业间的相互沟通，积累多方资源，为中心其他工作的开展做铺垫。

（北京科技开发交流中心）

【科技奥运结硕果】 10月30日，"奥运科技（2008）行动计划"领导小组、奥科委发出《关于表彰科技奥运先进集体和先进个人的通知》（国科发计〔2008〕650号）。11月10日，两单位召开"科技奥运总结大会"，奥科委主席林文漪、科技部部长万钢出席。会上，对奇瑞汽车公司等单位的奥运混合动力出租车运行与技术保障项目组等101个"科技奥运先进集体"（北京地区88项）、奥组委技术部等21个"科技奥运特别荣誉集体"、孙逢春等549名"科技奥运先进个人"给予表彰。中国科协副主席齐让为科技奥运先进集体和先进个人授牌，颁发了荣誉证书。有关单位200余人参加。7年来，奥科委、奥运科技（2008）行动计划领导小组成员单位累计支持1200余个奥运项目（课题）的研发工作，参与科研人员超过3.5万人，国家及单位自筹投入资金总计30余亿元。其中，市科委共立项支持的奥运相关项目140余项，总经费5亿余元，涵盖场馆建设、信息通讯、运动科技、大型活动、能源环保、气象保障、交通、安保等领域。

（黎晓东）

【中国向国际奥委会赠送反兴奋剂万人签名长卷】 12月18日，由国际奥委会、奥组委、奥科委和中国奥委会共同组织的"'历史与未来——奥林匹克反兴奋剂四十年'主题活动万人签名长卷捐赠仪式"在瑞士洛桑国际奥林匹克博物馆举行。奥科委主席林文漪代表北京市政府向奥林匹克博物馆捐赠了签名长卷，国际奥委会医疗科技部主任帕特里克·沙马什以及博物馆全球项目总监弗里德里克代表博物馆方面出席仪式接受捐赠，并向中方颁发了捐赠证书。国际奥委会体育委员会主任Christophe Dubi、中国驻瑞士联邦大使馆大使董津义、国家体育总局科教司司长蒋志学、市科委主任马林等出席了此次活动。

（北京生物医药中心）

【四大展厅各具特色，面向专业面向国际】 年内，市科委在北京体育大学、中国反兴奋剂中心、奥运村反兴奋剂检查站、国家体育总局训练局设立了"历史与未来——奥林匹克反兴奋剂四十年"主题活动四大固定展厅。展览通过大量的图片和实物，生动形象地展示了国际社会、中国政府为反兴奋剂所做的不懈努力。北京体育大学展厅，直接面向备战奥运的体育健儿、体育教育工作者进行宣传教育，进一步强化运动员的反兴奋剂意识和能力。中国反兴奋剂中心展厅作为反兴奋剂教育基地，常年承担科普教育任务，永久保留，成为公众和专业人士的"第二课堂"一直延续下去。奥运村兴奋剂检查站展厅内容采取英、法文对照，直接面对国内外选手进行反兴奋剂宣传教育。国家体育总局训练局展厅是直接面对备战运动员，更具宣传教育作用。

（黎晓东）

【奥运科普】 年内，在中国科协和奥科委的支持下，北京科技周主题展览在10个省（市）及澳门特别行政区历时5个月巡回展出，受众40万人次。期间：首都科学讲堂邀请孟兆祯院士和袁泉、朱东华等专家，以奥运为主题举办5场专题讲座；市科协与首都文明办、市残联、市卫生局联合开展了"牵手残疾人、心理无障碍"首都迎奥运健康心理志愿服务行动；依靠所属学会社团，举办了"平安北京、安全奥运防灾减灾知识问答"、"奥运科技之光展"、"传播奥运理念展示美好自然展"等奥运科普活动;编写《北京奥运会残奥会市民读本》、《全民健身科普知识手册》、《奥运会志愿者工作读本——志愿者服务心理指南》等科普图书,并免费向公众发放百万册;百万家庭数字生活大赛将动漫奥运科普引入千家万户,满足了广大市民了解奥运、参与奥运的愿望。

(董小玲)

【北京奥运"碳平衡"研究】 年内,由中国21世纪议程管理中心、北京市可持续发展科技促进中心等单位完成了"北京奥运'碳平衡'研究"。研究按照 IPCC、ISO14064 等国际通用排放清单的计算标准,采用市科委、北京奥组委、市环保局等提供的活动水平数据,对奥运期间的二氧化碳直接排放量、相关活动所避免的二氧化碳排放量,以及北京自申奥以来采取节能减排措施所减少的二氧化碳排放量进行了研究分析。结果显示,奥运期间产生的二氧化碳直接排放量约为 118 万吨;相关活动所避免的排放量大约为 2.2 万吨;采取的企业减排、交通单双号限行、城市绿化等措施所减少的二氧化碳排放量约为 103 万—130 万吨。经验证,基本实现了奥运期间碳排放平衡。(所谓"碳平衡"是指在特定情况下,通过各种措施抵消二氧化碳等温室气体排放,实现"平衡"。这一手段也被称为"碳中和"。)

(张平 邹继东)

【江河幕墙成功应用于奥运配套设施】 年内,北京江河幕墙装饰工程有限公司研制的点支式幕墙、穿条式隔热铝合金明框幕墙、拉栓式隔热幕墙等成功应用于奥运配套设施 CCTV 新台址、首都国际机场 T3 航站楼、北京奥运射击馆、天津奥体中心、国家会议中心等,为奥运会提供了满足运动功能需求,符合"三大理念",能反映现代都市品味、有时代感的建筑艺术精品。

(陈汝凤 李海丽)

【为奥运粮油供应提供科技支撑】 年内,市粮食科研所为市粮食公司实施"保障奥运粮油供应,完善基础设施建设项目"提供技术支撑,包括项目可行性研究,杂粮生产线的工艺设计、设备选型、指导安装调试等。为保证奥运粮油产品供应,该公司改造建设了 2000 平方米的"奥运会特供粮油产品"低温专用储存库,建设了日产 9 吨的"奥运会专供系列杂粮产品"生产线,为奥运会提供健康安全的粮油产品。此外,粮科所为北京古船油脂有限责任公司实施"奥运精品油脂研发与质量检测平台建设"项目提供技术服务,完成了有关设备选型、实验小试、工艺设计、设备布置等全部技术工作;为北京古船米业有限公司奥运系列特供米、古船香米、古船精制米的研发提供技术支持。

(陈汝凤 李海丽)

【提升 2008 年奥运会北京竞技体育水平技术研究】 年内,"提升 2008 年奥运会北京竞技体育水平技术研究"完成。该项目是 2006 年由市科委立项支持的北京市重大科技计划项目,北京市体育局主持,市体育科学研究所等单位共同承担。研究由 4 个课题 13 个子课题组成。项目多学科综合科技攻关,在技术动作分析、运动损伤康复、体能训练等领域中开展了大量的研究,且学习、引进了国际最新运动训练理念和先进的科研仪器设备,实现了首都科技资源共享,加快了体育科技人才梯队的建设,从多方面给予北京市竞技体育有力的支持。

(陈晓波)

**【奥运开闭幕式科技需求调查及跟踪服务结题】** 年内,市科委人才交流中心陈立军、汪欣完成了"北京奥运会开闭幕式科技需求调查及跟踪"课题。该课题于2007年7月立项,为市科委奥运科技专项题目。其主要内容为针对开闭幕式涉及的燃放技术、指挥控制和诊断技术等,进行多方位、多角度深入细致的调研及跟踪服务,并组织优势资源,对出现的问题及时加以解决,为奥运会开闭幕式提供必要的保障。

(汪欣 付星辰)

**【奥运小语种人才需求的调研与数据库建立结题】** 年内,由市国际科学技术合作协会委托市科委人才交流中心承担的"奥运小语种人才需求的调研与数据库建立"结题。该课题于2007年12月立项,为市科委奥运科技专项题目,主要完成人为陈立军、汪欣。研究完成了奥运外语人才数据的获取、整理,外语人才数据库的建库、调试、使用、查询等工作,并为今后外语人才数据库的扩充构建了一个基本框架。

(汪欣 付星辰)

**【科技促进北京奥运建设及成果推广应用专项】** 年内,"科技促进北京奥运建设及成果推广应用专项"(简称"科技奥运"专项)被列入《北京市中长期科学和技术发展规划纲要(2008—2020年)》。其工作重点是加快推进流媒体、宽带无线互连、智能卡、实时信息服务、信息安全等先进信息及通讯技术的研究应用,为奥运提供先进、安全、稳定的信息技术支撑;从整体的角度研发公共场合的系统安全问题,研制人员快速疏散和危险品快速检测等项技术和装备,保障奥运会的顺利进行;继续开展电动汽车、清洁燃料汽车、动力锂离子电池及关键材料的研究开发与示范应用,满足奥运会交通需求;在奥运场馆建筑结构、绿色建筑标准、建筑节能、施工技术等方面,继续开展科技攻关和成果示范应用。通过科技成果应用满足奥运会的各项需求,把北京奥运会办成一届展示中国科技成果和创新实力、高科技含量的体育盛会。对奥运科技成果进行深度开发,促进其在北京城市建设和管理中的广泛、持续应用,加快创新型城市建设。

(张 竞)

# 高新技术及其产业

Hi-tech and it's Industries

# 电子信息技术

【赴港参加香港国际资讯科技博览会】 4月14—17日,由香港贸易发展局主办的"2008香港国际资讯科技博览会"在香港会展中心召开。本届博览会设置了网络及移动科技、企业解决方案、数码生活及多媒体等9个主题展区,吸引了585家参展商。北京软件与信息服务业促进中心组织了方正科技、泛太领时科技、纬创科技、北京体育科技、北京软件产品质量检测检验中心参展,主要展示了IT解决方案及企业在服务外包方面的实力。

(关荣荣)

【世界首款SOA架构的企业管理软件发布】 4月18日,用友软件股份有限公司联合中国软件行业协会和微软公司在用友软件园举办了"中国的世界级——全球第一款完全基于SOA架构的企业管理软件UFIDA U9上市发布会",正式发布新一代企业管理软件产品UFIDA U9。U9面向大中型和中型制造、流通、服务等企业,以"实时企业,全球商务"为产品理念,完全基于SOA架构,具有按需应用、业务驱动、国际化的最佳实践三大特性,支撑企业全面应用,包括供应链、制造、财务、成本、质量、资产、服务、人力资源、协同、知识管理、门户等多个方向和多个层面,支持多组织、多地点、多账簿、多语言、多会计制度,是一款世界级的企业管理软件。

(张 竞)

【45纳米液晶电视电脑面世】 4月18日,"同方—英特尔国内首发45纳米液晶电视电脑"媒体沟通会在北京第六俱乐部汤泉分部举行。会上,同方联手英特尔全球首发配备45纳米双核E7200CPU的两款液晶电视电脑新品——CoCoM3160和真爱S8370。在独立的液晶电视功能之外,E7200的加盟使这两款产品具有更强大的数据处理功能和更低功耗,再配合DX10.1显卡、2G双通道内存和320G硬盘,可完美支持高清播放,将卓越的娱乐功能与时尚性能完美融合。

(张 竞)

【考察日本软件业机构】 5月12—22日,北京软件与信息服务业促进中心赴日考察了17家主要软件产业相关机构,其中东京9家、横滨4家、大阪4家。此次活动采取座谈讨论、专家面谈、专题研讨、现场参观等形式。议题包括日本软件产业的外包需求、人才现状、高级人才考试制度、信息安全管理制度(ISMS)、个人信息保护(P-MARK)、认证制度、日本离岸外包特点和问题、中国新《劳动合同法》对软件产业和企业的影响等。

(李 菲)

【RFID芯片研制成功】 5月,清华大学、同方微电子公司共同研制成功我国最小尺寸的(无线射频电子标签RFID)芯片。该芯片最小面积0.3平方毫米,最小厚度50微米,可嵌入纸张内,最远识别距离5米左右。该项目2005年1月立项,其相关技术已用于2008年奥运会,在奥运历史上首次使用芯片嵌入的门票。

(张平 邹继东)

【大尺寸电视液晶屏关键技术研究通过验收】 5月,市科委重大项目"大尺寸电视液晶屏关键技术研究"通过专家验收。该项目2006年立项,由京东方科技集团股份有限公司主持完成,拥有完全自主知识产权,申请了30余项发明专利。该项研究在国内首次应用FFS宽视角技术设计和试制了32英寸电视用LED背光液晶显示屏和模块,色彩还原好、省电、寿命长,其宽视角特性、特别是在不同视角情况下的色漂移远远小于市场同类产品。此项目攻克了背光源模块过厚、传统 LED 背光散热量大、工作时间过长和高温下容易产生亮度和色彩漂移等技术难题，使其色域范围超过 110% NTSC。

（张 平 邹继东）

【第十二届中国国际软件博览会】 6月12—14日，由工业和信息化部、国家发改会、科技部、市政府主办，中国软件行业协会、中国信息产业商会、北京软件与信息服务业促进中心等承办的"2008 第十二届中国国际软件博览会"在北京展览馆举行，主题为"落实科学发展观，构建软件产业链，以用兴业，促进软件产业做强做大"。此次软博会规模为 2 万平方米，主要活动有高层论坛、专业论坛及技术交流、展览会等。论坛方面：设有 14 个论坛，突出了高规格与前瞻性，邀请政、产、学、研、用各界人士参与，从政策、资本、技术与市场等多个角度全方位聚焦软件行业的创新应用；展览会：设有 6 个展区，包括技术标准、电子政务、城市管理、数字奥运、新农村建设、行业信息化、无线娱乐、智能手机、专业人才招聘等，微软、英特尔、IBM、联想、神州数码、用友等 500 余家软件企业、3000 余件软件产品参展。经评审，获本届软博会奖项的有：金奖 61 项、创新奖 68 项。北京地区获金奖 8 项、创新奖 9 项。新华社、《人民日报》中央电视台、北京电视台、等媒体做了报道。

（周 娜 李云芝）

第十二届中国国际软件博览会北京地区获奖情况

| 产品名称 | 单 位 |
| --- | --- |
| 金奖 | |
| 中软运行管理系统（COMS）V3.0 | 中国软件与技术服务股份有限公司 |
| 中软业务基础平台（SWORD）V3.0 | 中国软件与技术服务股份有限公司 |
| 竞开通讯之星（GK－Express）V3.2 | 北京点击科技有限公司 |
| 信城通电子政务公共服务平台 V1.0 | 北京信城通数码科技有限公司 |
| 贸促通协同知识管理软件 MYTONG－RTX V2.0 | 北京贸促通国际资讯有限公司 |
| 开普网站群内容管理平台软件（UCAP CMSPro）V4.2 | 北京开普互联科技有限公司 |
| 易建工程项目管理软件 V6.0 | 易建科技（北京）有限公司 |
| 金富瑞应用框架开发平台 UCML.Net V3.1 | 金富瑞（北京）科技有限公司 |
| 创新奖 | |
| 中软统一终端安全管理系统 V8.0 | 中国软件与技术服务股份有限公司 |
| 华美博弈移动即时管理系统 JJeto MTM V2.0 | 北京华美博弈软件开发有限公司 |
| 通邮传媒 NOC 管理系统 V1.0 | 通邮信息技术有限公司 |
| 开普智能信息采集系统软件（UCAP InfoPro）V3.0 | 北京开普互联科技有限公司 |
| 开普安全智能表单平台软件（UCAP FormPro）V4.2 | 北京开普互联科技有限公司 |
| 信城通集中认证系统 V7.0 | 北京信城通数码科技有限公司 |
| 爱普信 IPMeeting 网络会议 V3.0 | 北京爱普信科技有限公司 |
| 维鼎森"商务展会通"语音信息平台 V1.0 | 北京维鼎森通信技术有限公司 |
| 道特韦伯大蜘蛛反病毒 2008 专业版 V4.44 | 道特韦伯（北京）信息技术有限公司 |

【第十二届中国国际软件博览会北京馆】 6月12—14日，由市科委主办，北京软件与信息服务业促进中心、长风联盟承办的"第十二届中国国际软件博览会"北京馆展示活动在北京展

览馆举行,主题为"自主创新打造中国软件之都——创新应用 联合发展"。此次北京馆展示面积约 4000 平方米,长风联盟、神州数码、首信等 25 家企业展出了 SOA、基础软件、信息服务业研究与应用等,展示了北京软件产业的整体形象及产业重点发展领域。期间,举行"长风联盟互联网信息服务工作组成立仪式"。该工作组由长风联盟牵头组建,中企开源信息技术有限公司发起,集合了 10 余家 IT 技术及服务提供商,业务涉及基础软件、信息安全、中间件、电子支付及通信服务等多领域。

（周娜　李云芝）

【北京市第三届优秀软件构件评选启动会召开】　7月10日,由北京软件行业协会、北京软件与信息服务业促进中心和北京软件产业基地公共技术支撑体系主办,北京软件产品质量检测检验中心、北京大学承办的"北京市第三届优秀软件构件评选启动会"在柏彦大厦举行。本届活动强调提升参与软件复用过程的"人"的作用,增加了针对软件构件开发人员的奖励,并将活动参与者的范围从软件开发企业扩大到了独立的软件开发者与开发团队。活动将于 2009 年 9 月开始评审参选构件。

（林森）

【设立 SOA – EERP 技术工作组】　8月6日,北京神州商桥技术服务有限公司牵头在 OASIS 发起设立 SOA – EERP 技术工作组,EERP 国际标准工作正式立项。该工作组的成立标志着中国软件企业首次在国际标准组织中起主导作用,其独特之处在于将 SOA 工作与 EERP 优化构架组合,致力于实现业务流程的优化和改善。

随着 SOA 作为一项开发、部署和管理方法论的日趋成熟,以 EERP 为代表的自主系统将变得更加灵活和必要。

（李云芝）

【联想深腾 7000 百万亿次高效能计算机系统签约仪式】　8月7日,中科院信息化工作领导小组办公室主持召开的中科院计算机网络信息中心与联想公司"联想深腾 7000 百万亿次高效能计算机系统签约仪式"举行。科技部、中科院等部门相关人员参加。仪式上,中科院计算机网络信息中心、联想公司签署了《高效能计算机系统委托研制合同》。根据协议,联想公司将研制并部署一套具备每秒百万亿次运算能力的"深腾 7000"高效能计算机,用于装备中科院超级计算环境总中心和国家网格（北方）主节点,于年底前完成并投入使用。该百万亿次高效能计算机的节点机,采用模块化刀片服务器;采用数千颗多种类型的 Intel 处理器,涉及 2 路 Xeon、4 路 Xeon 和安腾处理器;采用异构体系机群,为用户提供瘦节点、厚节点、胖节点、图形加速节点等四类计算节点。

（张竞）

【北京呼叫中心产业基地奠基】　9月18日,由密云县政府主办,密之云（北京）呼叫产业基地有限公司承办的"中国·北京呼叫中心产业基地奠基仪式"在密云举行。副市长苟仲文出席并讲话。市发改委、市商务局等 6 个委办局,以及密云县委、县政府的相关领导和嘉盛控股国际金融机构、通讯行业专家、产业链关联企业的 600 余人出席。该基地（www.ccd.gov.cn）2007 年 8 月经市政府批准建设,位于密云新城西部,

规划占地面积3平方千米,划为起步区、核心区、发展区。基地面向全国,主要为金融、电信、IT等行业及政府机关、事业单位等提供集中式、专业化、低成本、高水准的信息服务。本次开工奠基的呼叫中心大厦总面积3.98万平方米,位于起步区。仪式上,密之云(北京)呼叫产业基地有限公司、北京华嘉企划有限公司和北京生产力促进中心签署了三方合作协议,共建基地的"公共服务中心"和"产业研究中心"。

(董炳艳)

【国家软件质检中心获奥组委表彰】 9月18日,国家应用软件产品质量监督检验中心、北京软件产品质量检测检验中心获得由第29届奥组委颁发的两块奖牌,以表彰中心在奥运会、残奥会期间"实现被检测信息系统'零事故'"。2007年2月,国家应用软件产品质量监督检验中心竞标成为北京奥组委软件系统测试定点服务唯一提供商。至奥运会、残奥会结束,中心共承担了包括信息发布系统、运动员管理系统、多语言综合信息服务系统等67项奥运信息系统的质量检测工作,完成了技术保障任务。

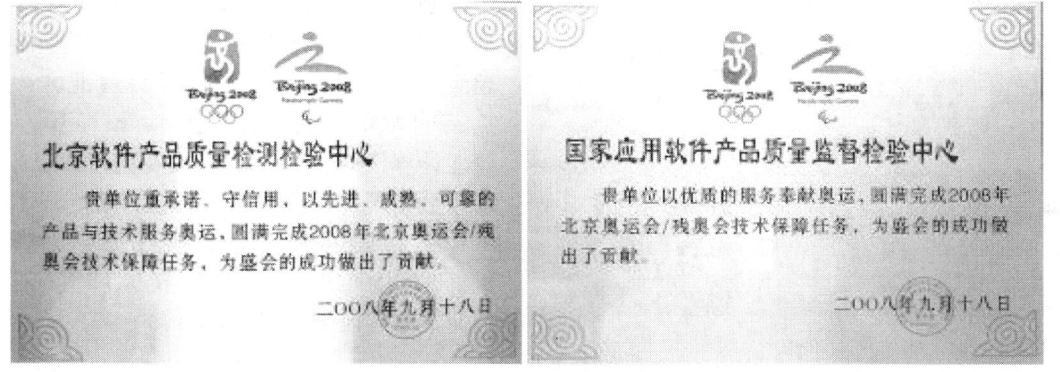

(郭 伟)

【赴日参加东京国际IT人才招聘会】 9月28日,由《日本新华侨报》主办的"第12届东京国际IT人才招聘会"在东京住友不动产原宿大厦举行,共有32家企业参加,其中日本境内企业10家,来自北京、上海、大连等地的中国企业22家,求职者达1500余人。北京软件与信息服务业促进中心组织北京软通动力信息技术有限公司、北京NTTDATA系统集成有限公司等4家软件企业参加,希望到京工作的求职者为总数的20%。

(李 菲)

【第三届全国优秀手机应用软件暨手机游戏评选揭晓】 10月28日,由国家应用软件产品质量监督检验中心、北京公共技术支撑体系联合新浪网共同主办的"'自主创新 精品分享'第三届全国优秀手机应用软件暨手机游戏评选颁奖大会"在丽亭华苑酒店举行。国家版权局、市科委等部门的领导莅临现场。来自北京、上海、广州等10个省市的42家厂商提交了94款参选产品,47款产品获奖,其中北京地区有29款产品获奖。本届参选作品的特点是:在手机应用软件方面引入了有线网络技术,手机软件设计更趋人性化;手机游戏类在造型、音乐、系统及使用习惯4个方面均有提升。

(薛 娜)

【2008中国信息服务业高峰论坛】 12月19日,由中国电子信息产业发展研究院主办,北京软件与信息服务业促进中心、中国计算机报社承办的"2008中国信息服务业高峰论坛"在京都信苑饭店召开,主题为"服务转型和融合创新"。来自政府部门、相关领域以及从事信息服务业的产学研单位代表150余人共同探讨了中国实现信息服务业发展目标的路径,以及新形势下信息服务业发展的新战略、新思路和新举措。论坛还评选产生了"2008中国信息服务业最佳业务创新奖",神州数码、中企开源等7

家企业榜上有名。

（张 燕）

【SOA取得重大核心技术成果】 年内，北京软件行业协会（长风联盟分会）承担了2008年北京市重大科技计划项目"SOA支撑工具集及服务集成框架研发"。该研究已形成了一批填补国内空白的SOA核心软件，涉及通用和专用两大类产品。通用产品包括业务建模、集成开发工具、流程管理、服务管理等工具；专用产品方面，研发了我国首个集成多家企业技术精华而形成的SOA行业平台——SOA服务集成框架，支持集成商快速实施SOA，弥补了国外产品在SOA实施方面的不足。联盟依据SOA技术成果成功实施了北京公交运营与组织调度系统、奥运会RFID电子门票查验服务系统等一批重大工程。

（李云芝）

【认定软件企业及产品】 年内，经市科委认定的软件企业973家，软件产品登记2370个。现经市科委认定的软件企业累计5318家，软件产品登记13178个。

（市科委信息处）

【奖励软件企业高级人才】 年内，北京地区有600家企业的15297人获得软件企业高级人才奖励，金额1.476亿元。现累计有3021家企业的58703人获得北京市软件企业高级人才奖励，金额累计达6.595亿元。

（市科委信息处）

【北京基础软件研发与应用科技专项】 年内，"北京基础软件研发与应用科技专项"（简称"软件"专项）被列入《北京市中长期科学和技术发展规划纲要（2008—2020年）》。其工作重点是研究满足行业应用、服务业发展及新技术趋势要求的基础软件，研究可信安全技术，研发以互联网通信、数字家电、信息安全和移动计算平台为重点领域的嵌入式基础软件；采用国际合作机制，推动自主知识产权软件产品的国际化，提升IT外包服务能力，研发基础软件技术标准及规范，建立保证基础软件质量的测试认证环境、服务质量标准和服务体系；研发和推广基于基础软件的应用解决方案，壮大基础软件应用产业链；面向生产性服务业、公共服务业等应用需求，研究新型软件应用服务模式，改进完善软件公共技术与服务支撑体系，研发基于新一代技术架构、面向行业的全程业务优化技术与标准规范、知识库、应用平台及软件产品。到2010年，基于开放标准的基础软件平台、嵌入式软件、信息安全等基础软件领域的关键技术取得突破，产业化初具规模。到2020年，北京基础软件的产业化应用水平继续提升，形成一批具有自主知识产权的、成熟的软件产品和在国内外有重大影响的软件企业，在桌面和嵌入式平台等领域的技术创新达到国际领先水平。

（张 竞）

【北京新一代宽带无线移动通信技术研发和应用科技专项】 年内，"北京新一代宽带无线移动通信技术研发和应用科技专项"（简称"新一代宽带无线移动通信"专项）被列入《北京市中长期科学和技术发展规划纲要（2008—2020年）》。其工作重点是研发新一代电信综合网络管理平台，进一步完善业务开发、运营支撑等第三代移动通信产业链；突破TD－SCDMA后续演进关键技术，制订相关标准，研制系统、终端、芯片、仪器仪表等关键设备，完善相关产业链；研究SCDMA宽带无线接入关键技术及标准，研发宽带无线接入基站、业务交换中心等核心设备；研究无线射频标签、IGRS－UWB等技术，加速短距离无线互联网技术产业化；研究与新一代宽带无线移动通信密切相关的应用技术，发展信息业。到2010年，TD－SCDMA产业配套比较完善，HSPA/HSPA＋、LTE TDD等后续演进技术或产品处于国际先进地位，SCDMA宽带接入系统应用范围较大，IGRS－UWB技术的短距离超高速设备产业化进展较大,为加速新一代移动通信技术产业化提供有力支撑。到2020年,形成完善的新一代宽带无线移动通信系统的标准和技术体系,产业化水平显著提升。

(张 竞)

【北京纳米级集成电路产业核心技术研发科技专项】 年内,"北京纳米级集成电路产业核心技术研发科技专项"(简称"集成电路"专项)被列入《北京市中长期科学和技术发展规划纲要(2008—2020年)》。其工作重点是以研制开发高性能微处理器和系统级芯片(SOC)为突破口,攻克和掌握纳米级芯片设计、制造工艺、装备技术,开发满足纳米级集成电路需求的测试技术、封装技术、配套材料、关键制造装备及部件,形成自主开发与创新体系;积极推进集成电路研发中心建设,构建和完善公共技术支撑和服务平台,提升纳米级集成电路产业技术水平,降低研发和生产成本。到2010年,集成电路研发水平突破45纳米级。到2020年,集成电路生产技术水平与国际先进水平同步,实现32纳米和22纳米两大技术节点的突破,并在设计、装备、工艺、材料的一些领域达到国际领先水平。

(张 竞)

# 先进制造技术

【北京数控装备创新联盟实验室建设】 1月22日,北京数控装备创新联盟分别与北京机床研究所共建的高效精密加工技术开放实验室,与北一机床、北京工业大学共建的重型机床开放实验室,与北二机床、东方精益共建的高精度高速磨削技术研究中心等3个实验室获市科委授牌。高效精密加工技术开放实验室侧重共性关键技术的攻关和标准规范的研究制定,为行业提供基础技术支撑;重型机床开放实验室侧重重型结构的数字化设计技术、机床关键部件的研发等,占领行业制高点,提升北京在重型数控机床的研发能力和产业化水平;高精度高速磨削技术研究中心,重点开展精密复合数控磨床、立式磨床、数控切点跟踪曲轴磨床等的研发。开放实验室的建设作为一种机制创新,通过联盟主导,参与方共同投入,实现技术、人才、资金等要素的有机结合,在共建、共管、共有、共享、共担原则下,联盟主导开放实验室的技术成果和知识产权,并通过市场化运作推广服务于全行业。

(陈国英 董炳艳)

【推进北京高档数控机床在重点行业的应用技术讲座】 4月23日,中国数控机床展览会期间,北京数控装备创新联盟在北京国际展览中心举办了"发挥联盟作用,推进北京高档数控机床在重点行业的应用技术讲座"。市科委、北汽控股、中国航空工业第一集团公司、北京机床研究所、北京工业大学的相关人员就政府支持的重点、用户方的自身发展以及给机床行业带来的机遇、当前数控装备行业存在的瓶颈问题和关键共性技术的发展趋势、北京的磨床优势和服务能力等方面进行交流与研讨。约100位行业人士参加。

(韦 瑾)

【工业设计与现代制造业对接】 5月13日,北京工业设计促进中心、顺义区工业局在顺义区工业局联合举办了针对大型现代制造企业的工业设计讲座。北一数控机床、燕京啤酒、顺鑫农业等30家顺义区骨干企业及空港、林河等重点经济开发区代表与专家围绕企业如何进行设计创新,工业设计对制造业的服务切入点等话题进行了深入交流。

(左 倩)

【顺义 DRC 工业设计促进中心启动】 6 月 6 日，由顺义区政府主办，区投资促进局承办的"顺义区第十七届燕京啤酒节招商推介暨合作项目签约仪式"在顺义宾馆举行。顺义区工业局与北京工业设计促进中心签署了《北京顺义 DRC 工业设计促进中心项目共建协议》。此次合作，目标是以顺义区域制造业为支撑，建成一个以政府为引导的工业设计促进服务体系，其核心内容包括：通过市科委"设计创新提升计划"、"中小企业创新基金"、"中国创新设计红星奖"等产业发展扶植政策的引入，对现代制造业设计创新活动加以引导和鼓励；通过开展工业设计统计调研，挖掘企业需求和对接市场；通过组织设计咨询、诊断，提供相关服务，培育设计人才，提升企业自主创新能力；通过搭建设计条件平台，为企业创新活动提供技术共享支撑，推动顺义现代制造业和都市工业发展。

（左　倩）

【中日工业工程（IE）交流研讨会】 10 月 21 日，北京生产力促进中心在该中心举办了"中日工业工程（IE）交流研讨会"。会上，邀请了日本工业工程协会和日产汽车、日本流程产业的工业工程专家，就日本开展工业工程活动的历程及工业工程在日产汽车（Nissan）、日本流程产业（新日铁）中的应用情况进行了详细的介绍。北京地区机床制造、重工机械、电气、数控等领域 60 余位企业代表参加，并与专家进行互动，交流了如何进一步推动工业工程在中国，特别是在北京地区企业中的应用实施。

（石　丰　董炳艳）

【确定基础装备专项实施方案】 年内，市科委先进制造技术办公室牵头编写"北京基础装备与关键设备核心技术研发及设计制造科技专项"实施方案，组织召开了两次该专项实施方案征求意见会，邀请北京数控装备行业相关企业、院所、高校的负责人和专家，以及各相关委办、园区的代表，针对方案进行了研讨。该专项是《北京市中长期科学和技术发展规划纲要（2008—2020 年）》中 18 个项目之一。未来 3 年，本专项将依托数控装备创新联盟，发展国内急需的高档数控装备，将组线技术作为做大做强数控装备产业的突破口，面向重点行业组织组线配套服务，开展高档数控机床关键共性技术和关键功能部件攻关和应用研究，做强北京数控装备品牌。本专项将由市工业促进局、市科委牵头，市发改委、中关村管委会、市国资委等参加。

（侯国光）

【自助服务装备关键技术研究与应用项目服务奥运】 年内，由北京兆维科技股份有限公司承担的北京重点产业技术竞争力提升主题计划项目"自助服务装备关键技术研究与应用"成功服务奥运，研制成功地铁自动售票机，在北京地铁 13 号线、地铁机场快线安装 159 台，保证奥运期间地铁设施的正常运转。该机采用独创的硬币循环处理模块，简单、高效，处理更加可靠。产品外形及内部结构均采用不锈钢拉丝板冲压成型，能抵抗外力破坏，且在售票机与外部可能暴露的地方增加防尘装置，提高了售票机的防尘性能。

（李树勇）

【环保大客车实现奥运承诺】 年内，由北京理工大学牵头承担的"面向奥运的电动汽车优化及运营环境研究"项目研制的 50 台环保大客车在奥运村核心区域 24 小时不断运行，是国际上第一次大规模使用纯锂电池动力电动车，为运动员、裁判员、新闻媒体以及部分观众提供服务。考虑到残奥会的应用，这批电动客车还首次在国内使用纯电动客车的低地板设计，真正实现了零污染、零故障、无障碍。该项目是市科委 2005 年启动实施的 37 个重大科技项目之一。

（沈 湘）

【北京集成电路设计公共服务平台服务 IC 企业】 年内,北京集成电路设计公共服务平台为 19 家 IC 公司提供了 EDA 工具服务和设计优化指导,完成了 IP 实体交易。且依托军工企业已有的投资,通过建立集成电路小批量封装平台,为 40 家北京地区 IC 设计企业服务,增强了集成电路设计关键的环节,有力地支持了北京 IC 设计业的发展。

（李树勇）

【31 家企业获准为北京市制造业信息化示范企业】 年内,市科委组织实施的北京市制造业信息化科技"两甩示范工程（甩图纸、甩账表）"示范企业的遴选和认定工作落下帷幕。经企业申请、现场考察和专家评审,首批 31 家企业被市科委批准为"北京市制造业信息化示范企业",其中设计制造数字化应用（"甩图纸"）示范企业 12 家,经营管理信息化应用（"甩账表"）示范企业 15 家,设计制造管理综合集成应用（"两甩综合集成"）示范企业 4 家。

（侯国光）

【北京基础装备与关键设备核心技术研发及设计制造科技专项】 年内,"北京基础装备与关键设备核心技术研发及设计制造科技专项"（简称"基础装备"专项）被列入《北京市中长期科学和技术发展规划纲要（2008—2020 年）》。其工作重点是研究开发数字化设计制造集成技术、绿色流程制造技术、大型及特殊零部件成型及加工技术,加强重大装备所需的关键基础件和通用部件的设计、制造和批量生产的关键技术攻关,增强高档数控机床、重大成套技术装备、关键材料与关键零部件的自主设计制造能力;加大对重大引进技术和装备的消化、吸收和再创新投入,增强对引进技术和装备的消化吸收和再创新能力;推进信息化技术在制造业的应用,加快运用高新技术改造传统装备,提升装备制造业技术水平。到 2010 年,突破机床、模具、汽车等重点行业装备设计、制造方面的一批关键技术,以数控机床为代表的基础装备和基础零部件生产水平显著提升,模具设计制造达到中等发达国家水平。到 2020 年,技术创新能力明显增强,在重点行业关键设备设计制造方面形成一大批具有自主知识产权的产品和技术,一批重大装备的技术创新能力处于国际领先地位。

（张 竞）

# 生物工程与新医药技术

【市科委对接国家传染病重大专项】 1 月 8 日,以中国工程院院士、复旦大学医学院教授闻玉梅为组长的国家科技重大专项论证专家组在军事医学科学院微生物流行病研究所召开调研论证工作会。市科委主任马林、市卫生局局长金大鹏、总后卫生部科训局局长彭东平、北京大学常务副校长柯杨等 40 余位领导、专家出席。马林向"重大专项"论证专家组表明了北京与"传染病重大专项"的对接基础、对接思路,希望国家重大传染病专项的部分工作由北京承担。专家组对北京地区参与考察的各单位开展重大传染病防治的研究能力和基础设施条件给予充分的肯定,同时也提出了相应的建议。

（市科委生物医药处）

【清华大学—约翰·霍普金斯大学生物医学工程联合研究中心成立】 1 月 8 日,"清华大学—约翰·霍普金斯大学生物医学工程联合研究中心签字成立仪式"在清华大学医学院举行。清华大学常务副校长陈吉宁和美国约翰·霍普金斯大学第一副校长克里斯蒂娜·詹森共同为中心挂牌,并代表双方签署了科研与教学合作协议。该中心将成为两校生物医学工程学科科研与教育合作的载体,在神经工程、医学影像、组织工程等领域进行合作研究,同时实施博士生联合培养计划、本科生暑期互访计划、课程教育合作计划,支持两校教师的短期互访和学术休假访问、定期组织双边学术研讨会。

（张 竞）

【协和洛奇与 PPD 合建药物研发中心】 1月23日,北京协和洛奇生物医药科技发展有限公司(简称协和洛奇)与美国药物研发外包服务组织——PPD 公司签订独家合作协议。根据协议,PPD 公司将全球中心实验室服务扩展到中国。协和洛奇实验室建在中关村生命科学园,其用于药物研发临床检验的设备与 PPD 位于比利时布鲁塞尔和美国肯塔基州海兰黑茨的全球中心实验室平台设备完全相同,分析过程也经过了与上述实验室全面的交叉比对,确保与 PPD 全球各地的实验数据可以互认。协和洛奇实验室的仪器网络与 PPD 的计算机系统 ConneXion 实现了实时连接,保证检验报告的协调一致。

(王红彬)

【召开中国生物技术外包服务联盟会员大会】 1月29日,中国生物技术外包服务联盟(ABO)在北京生物技术和新医药产业促进中心召开会员大会,北京生物技术和新医药产业促进中心、北京昭衍新药研究中心、康龙化成新药技术有限公司、新型疫苗国家工程研究中心等21家成员单位参加。会议表决通过了《中国生物技术外包服务联盟(ABO)章程》,选举产生7位执委共同组成 ABO 联盟第一届执行委员会,生物中心雷霆主任当选为第一届执行委员会主席。同日,联盟第一届执行委员会第一次会议召开,就市场拓展、标准体系建设及公共关系维护等重点工作进行了分工与部署。

(北京生物医药中心)

【奥瑞金独家占有转植酸酶基因玉米生产权】 1月,北京奥瑞金种业股份有限公司与中国农科院生物技术研究所签订协议,就生技所范云六等自主研发的转植酸酶基因玉米的商业化展开合作。根据协议,奥瑞金公司将独家享有该产品在我国境内的生产权,并将独占对转植酸酶基因玉米升级研究所形成的新知识产权的使用权,为此,奥瑞金公司需向农科院生技所支付该产品的许可使用费以及产业化阶段的销售提成。("一种利用转基因植物生产植酸酶的方法"由农科院生技所范云六等完成,2003年申请专利,2005年获国家发明专利,专利号:ZL03137476.X。)

(北京生物医药中心)

【医药企业与"爱农驿站"谈合作】 2月18日,北京柯瑞生物工程有限公司、北京天惠药业股份有限公司、北京锦绣大地农业股份有限公司的企业家与"爱农驿站"的负责人在北京生物技术和新医药产业促进中心召开讨论会。会议就合作建立"爱农旗舰店",进一步加强品牌宣传,大力推广京产保健产品和农产品等进行研讨。

(北京生物医药中心)

【ABO 与长风联盟尝试跨领域合作】 2月19日,中国生物技术外包服务联盟、长风开放标准平台软件联盟在北京生物技术和新医药产业促进中心召开研讨会。会上,双方分别介绍了各自的发展状况和组织架构,并就发展过程中遇到的问题、今后的发展方向以及双方的合作前景进行了深入探讨。

(北京生物医药中心)

【投资非洲·签约仪式】 3月25日,由市科委、北京经济技术开发区管委会共同主办的"悦康药业集团有限公司、尼日利亚菲森健康公司、科迪健康产业公司投资非洲·签约仪式"在钓鱼台国宾馆举行。来自中国、尼日利亚两国卫生和药监部门的负责人以及北京市各相关委办局的领导出席。仪式上,三方签署合作协议,拟在尼日利亚拉格斯州中国投资建立的莱基自由贸易区内新建 YFK 药业有限公司,总投资达5000万美元,将分期建成国际先进的固体生产线、水针/粉针生产线和冻干粉注射针

剂生产线。

（北京生物医药中心）

【泰欣生正式投入生产运营】 3月,百泰生物药业有限公司开发的全球第一个针对表皮生长因子受体(EGFR)的人源化单抗、国家Ⅰ类新药——尼妥珠单抗(商品名"泰欣生")通过国家食品药品监督管理局的GMP认证(国药准字S20080001),正式投入生产运营。该类药物具有靶向性强、特异性高和毒副作用低等特点,并能增强放、化疗的治疗效果,与放疗联合适用于治疗表皮生长因子受体(EGFR)阳性表达的Ⅲ/Ⅳ期鼻咽癌,代表着肿瘤分子靶向治疗领域最新发展方向。

（北京生物医药中心）

【盼尔来福获准生产】 4月2日,国家食品药品监督管理局正式下发北京生物制品有限公司研制的我国第一支人用H5N1禽流感疫苗——大流行流感病毒灭活疫苗盼尔来福(Panflu)的药品批准证明文件和药品批准文号(国药准字S20080005),批准疫苗生产,从而为我国在北京奥运会召开之前做好大流行流感疫苗储备奠定了基础,也标志着市科委全力推动的禽流感科技防控体系构建完成。本品系采用世界卫生组织(WHO)推荐并提供的NIBRG-14(A/Vietnam/1194/2004(H5N1))疫苗病毒株接种鸡胚,经培养、收获病毒液、灭活病毒、纯化和氢氧化铝吸附后制成。

（北京生物医药中心）

【启动肠病毒71型(EV71)疫苗研制项目】 5月28日,"国家科技支撑计划项目——肠病毒71型(EV71)疫苗研制项目启动会"在北京生物制品研究所召开。中国生物技术发展中心、北京生物技术和新医药产业促进中心、中国药品生物制品检定所等单位的领导和专家参加。项目牵头单位为北京微谷生物医药有限公司(新型疫苗国家工程研究中心),ABO联盟相关企业参与,北京生物制品研究所沈心亮教授为该项目的负责人。会上,与各协作单位就课题任务分工、课题进度等事项进行了讨论。

（北京生物医药中心）

【第三届中美医药讲习班】 5月30日,由中国药品生物制品检定所、北京生物技术和新医药产业促进中心、美中医药开发协会联合主办的"第三届中美医药讲习班——新药开发中的毒性病理学"在博大大厦举行。本次培训班以"新药开发中的毒性病理学"为主题,邀请了美国毒性病理学会、美国强生制药公司、美国EPL病理实验室、美国诺华制药公司的4位专家,分别就毒性病理学研究中的基本原理、病理外包及一般操作、新药研发中的系统病理研究和组织形态学等方面与国内同行进行了专题交流和讨论。来自全国27家机构的55人参加了本次培训。

（北京生物医药中心）

【ABO联盟日本"路演"初见成效】 5月,中国生物技术外包服务联盟(ABO)组团出访日本。在为期12天的活动中,先后与日本札幌经济局和横滨经济局共同举办了"札幌—北京生物医药产业信息交流会"、"横滨—北京生物医药产业信息交流会",访问了日本制药工业协会、大

阪生物公司联盟以及日本卫材制药公司等医药企业和研究机构。联盟成员与日方机构共签署了三项合作协议：北京生物制品研究所与日本DNAVEC公司、日本国立感染研究所就合作开发单纯疱疹病毒项目和合作开发戊肝项目达成协议；北京生物技术和新医药产业促进中心与日本DNAVEC公司就合作编译《日本生物技术年鉴》和开展日本生物医药产业研究等达成合作意向。

（北京生物医药中心）

【重组人肝细胞生长因子裸质粒注射液进入临床试验】 6月3日，京诺思兰德生物技术有限公司自主研发的治疗用生物制品1类新药"重组人肝细胞生长因子裸质粒注射液"通过国家食品药品监督管理局评审，正式进入Ⅰ期临床试验。该注射液是利用新型肝细胞生长因子（HGF）基因和高效pCK载体构建的一种裸质粒型基因治疗药物，当其注射于缺血部位肌肉时，裸质粒转染横纹肌细胞，使横纹肌细胞表达和分泌具有血管生长作用的HGF，建立"分子搭桥"机制，促进局部侧支循环形成，增加缺血部位的血液供应，可用于下肢动脉硬化性闭塞症、糖尿病肢体动脉闭塞症、血栓闭塞性脉管炎以及冠心病的治疗。

（徐建春）

【北京国家生物产业基地亮相第二届中国生物产业大会】 6月21—23日，由中国生物工程学会等共同主办的"第二届中国生物产业大会"在长沙举行，市发改委、市科委、市工业促进局、中关村管委会、北京国家生物产业基地等单位及基地部分企业参加。北京国家生物产业基地在会上设置了专门展位，重点展出北京市生物产业的发展成就，推介了中关村生命科学园、北京经济技术开发区医药园和中关村（大兴）生物医药产业基地3个专业园区及中国生物技术创新服务联盟（ABO）、中关村CRO联盟、北京医药集团、同仁堂、万东医疗、乐普医疗、天坛生物、北京科兴等一批机构和企业的技术成果、项目需求、资金需求等信息。期间，在重大项目签约仪式上，北京生物医药产业基地发展有限公司与中国医学科学院病原生物学研究所签订了"中国医学科学院病原生物学研究所项目"，金额30000万元；北京凯因生物技术有限公司暨病毒生物技术国家工程研究中心与中南大学湖南湘雅三医院签约建立"病毒生物技术国家工程研究中心分中心"，金额1000万元。

（北京生物医药中心）

【海燕药业建成诊断试剂开发及生产平台】 6月，北京海燕药业有限公司正式通过国家食品药品监督管理局的体外诊断试剂质量体系现场考核，成为北京市首家通过该考核的荧光定量PCR诊断试剂生产厂家。目前，海燕药业已完成具有自主知识产权的乙型肝炎病毒（HBV）和丙型肝炎病毒（HCV）荧光定量检测试剂盒的临床研究工作，海燕药业相关产品预计2008年底上市。

（北京生物医药中心）

【北京生物技术产业联席会】 7月10日，北京生物技术和新医药产业促进中心召开北京生物技术产业联席会。来自市发改委、市科委、市商务局等委办局的领导，以及各园区相关人员、企业代表30余人出席。会上，各委办局和园区介绍了各自在生物医药领域的开发思路和重点工作，并就如何推动北京生物医药产业发展互通信息、交换意见。会议商定今后将继续沿袭多方参与、高层沟通的"产业联席会"的模式，定期组织会议，旨在促进北京生物医药产业健康、快速发展。

（北京生物医药中心）

【杰华生物蛋白质工程奠基】 7月11日，杰华生物蛋白质工程项目奠基典礼在电子城西区B9地块举行。朝阳区政府相关领导出席。该项目一期投资5亿元，建设用地45亩，其中包括核心厂区1.9万平方米和研发及销售中心2.2万平方米，将建设安装2条国际一流水平的西林瓶包装和预灌装注射器包装生产线，形成2亿支乐复能的产能。项目将于2009年建成、2010年投产。

（朱文利）

【伟嘉集团、中国农业科学院饲料所生物化工联合实验室正式挂牌】 7月14日，"韦嘉集团、中国农科院饲料所生物化工联合实验室揭牌仪式"在中国农科院饲料所举行。市科委副主任杨伟光和饲料所所长蔡辉益共同为该实验室揭牌。伟嘉集团为实验室投入研发和管理费用，饲料所提供技术支持。双方将依托联合实验室，进行项目合作，关键性技术科技攻关，共同申请国家及省级计划，合作建设科研平台，联合培养行业人才，建立相应的考核评估指标体系，利益共享，风险共担，增强技术创新的内在动力与能力。

（张 妍）

【启动新发传染病快速应急反应体系】 7月18日，中国生物技术外包服务联盟（ABO）组织的"新发传染病快速应急反应体系建设启动会"在北京生物技术和新医药产业促进中心召开。京天成生物技术（北京）有限公司、北京爱普益生物科技有限公司等成员单位及中国CDC病毒病研究所、北京金豪生物技术有限公司、北京科兴生物制品有限公司等多家机构参加。"新发传染病快速应急反应体系"是以手足口病EV71诊断试剂盒与预防疫苗的研制为切入点构建的联盟第六套解决方案。该方案由北京微谷生物医药有限公司（国家新型疫苗工程研究中心）牵头，以京天成生物技术（北京）有限公司、北京爱普益生物科技有限公司等ABO成员单位为核心，整合中国CDC、北京科兴生物制品有限公司和北京金豪制药股份有限公司等多家机构，旨在通过该体系的构建，拓展ABO服务内涵，建立多机构间无缝衔接的合作模式。启动会上讨论了合作协议书和管理办法，明确了"体系"的参与单位及分工，理顺了单位之间的合作关系，且成立了工作组，初步确定了下一步的实施方案。

（北京生物医药中心）

【ABO联盟成员达28家】 7月18日，ABO联盟第一届执委会召开了第三次会议。会上批准了北京迈康斯德医药技术有限公司、北京正旦国际科技有限责任公司、中国中医科学院西苑医院、北京维通达生物技术有限公司、北京科莱博医药开发有限责任公司、北京康蓝生物技术有限公司6家单位入会。11月，第四次会议上，批准了美国ASDI公司加盟，成为联盟的首个国外成员。同时，北京百川飞虹生物科技有限公司因主营业务转型而提出退出。至此，ABO联盟成员达28家。

（北京生物医药中心）

【博奥生物公司与CPGR达成战略合作协议】 9月9日，博奥生物有限公司暨生物芯片北京国家工程研究中心（简称"博奥生物"）与南非蛋白质及基因组研究中心（CPGR）共同宣布，双方就基因组药物和生物标志物开发等领域的合作达成战略协议。据此，博奥生物授权CPGR使用其全套微阵列检测平台，包括微阵列扫描仪和一系列自主研发的基因芯片。CPGR将在南非建立应用博奥生物微阵列平台的技术中心，包括定制结核（TB）菌株分型和耐药性测试系统。

（曹 妍）

【林木病虫害监测车和消杀车通过验收】 9月18日，北京生物技术和新医药产业促进中心承担的"林木病虫害监测车和消杀车的研究开发"课题通过市科委验收。由普通勇士吉普车改装而成的监测车和消杀车解决了现有监测车无法远距离定位、车辆机动性较差,难以满足偏僻地区作业要求等问题,不仅实现了对林木病虫害的移动监测及监测视频图像的实时存储功能,还可现场取样分析鉴定,并根据情况对病虫害采取快速消杀等处理。改装后的监测车可定位 3 千米以外的目标,误差可控制在 10 米之内;改装后的消杀车最高喷雾高度可达 15 米,满足了对病虫害快速处理的要求。

(北京生物医药中心)

**【ABO 推动牛奶中三聚氰胺快速现场检测工作方案】** 9 月 28 日,北京生物技术和新医药产业促进中心邀请清华大学分析中心、中国检验检疫科学研究院、中国农科院饲料所等机构的专家研讨 9 月 27 日在科技部等组织召开的"食品安全快速检测新技术与新方法专家研讨会"上,北京生物技术和新医药产业促进中心代表中国生物技术外包服务联盟(ABO)提出的"以抗体为手段的牛奶中三聚氰胺现场快速检测试剂"等方案。会上,专家们认真听取了方案汇报,认为 ABO 联盟提出的以抗体为手段研制三聚氰胺检测试剂盒和试纸卡的技术路线可行,技术实力先进,并提出了相关建议。

(北京生物医药中心)

**【先正达生物科技(中国)有限公司开业】** 10 月 20 日,"先正达生物科技(中国)有限公司开业仪式暨先正达生物技术研究中心启用仪式"在中关村生命科学园举行。科技部、国家发改委、海淀区、昌平区、市科委、市农业局等部门的有关领导以及先正达全球研发管理高层代表出席并讲话,有关单位 100 余人参加。先正达生物科技(中国)有限公司是世界领先的农业生物技术公司瑞士先正达全球六大研发中心之一,也是中国首家外资农业生物技术研究机构。公司投资总额 2900 万美元,注册资本金 1200 万美元,5 年内预计投资 6500 万美元,计划于两年内在园区建立世界一流的现代化生物技术研究机构。公司将专注于玉米、大豆等主要作物早期转基因和天然农艺性状领域的研究,用于提高作物产量、抗旱性及抗病抗虫能力等。

(北京生物医药中心)

**【赛诺菲-安万特中国研发中心开业】** 10 月 21 日,"赛诺菲-安万特中国研发中心开业庆典"在中国大饭店举行。市科委、上海生命科学研究院、中国医学科学血液研究所等部门领导,赛诺菲-安万特全球药物研发资深副总裁 Marc Cluzel 及赛诺菲-安万特中国研发中心总裁江宁军等出席并致辞。该中心业务将涉及药物基础开发、临床研究中心、生物统计及编程、临床数据管理以及注册等多个层面。

(北京生物医药中心)

**【第十二届生物医药产业发展论坛召开】** 10 月 24 日,由北京生物技术和新医药产业促进中心、中国生物技术外包服务联盟(ABO)共同主办的"第十二届生物医药产业发展论坛"在北京国际会议中心举行。本届论坛以"同一世界 统一标准"为主题,来自国家发改委、国家药监局、世界卫生组织(WHO)的官员,以及 Merck、AZ 等著名跨国公司,国内知名医药企业代表逾 500 余人参加了论坛。与往届不同,中国生物技术外包服务联盟企业在本届论坛上高调亮相。围绕 ABO 联盟,还举办了生物医药技术转移峰会、生物技术投资峰会和 ABO 合作伙伴大会等系列活动。

(北京生物医药中心)

**【生物·医药领域"高成长企业俱乐部"成立】** 12 月 15 日,由北京生物技术和新医药产业促进中心组织的"高成长性企业(生物·医药领域)2008 年座谈会"在上园饭店举行,同仁堂健康、科兴生物、北京修正制药等近两年获市科委"高成长企业自主创新科技专项"支持的33家企业代表参加了此次会议。会上,企业家们对于生产环保、高新技术企业认定等企业发展中面临的难点问题进行了讨论,并提出了集中选址建基地和高成长企业应当成为高新技术企业认定的优先对象等建议。北京生物技术和新医药产业促进中心提出的成立"高成长企业俱乐部"的倡议,得到了与会者的响应,33家企业当场在倡议书上签字,成为俱乐部成员。"俱乐部"成立后将建立"北京生物医药高成长企业统计指标",通过高成长企业的增长来判断北京生物医药产业的增量,为政府主管部门提供决策依据。"俱乐部"将定期举行活动,搭建企业家沟通平台,推动产学研合作,营造创新发展环境。

(北京生物医药中心)

【十类重大疾病实施方案编制讨论会】 12月24—25日,市科委生物医药处组织召开了为期两天的"十类重大疾病实施方案编制讨论会",市属、中央在京单位以及军科院系统等的宏观战略管理、公共卫生、卫生经济专家50余人参加。"十类重大疾病实施方案"重点是开展以肝炎等为代表的重大传染病和以心脑血管疾病等为代表的重大慢性非传染病的预防、诊断、治疗技术的研究与推广应用;围绕重大传染病及重大慢性非传染性疾病开展创新药和医疗器械的研究和开发。此次会议明确医疗卫生领域的关键问题是以患病率、死亡率、疾病负担等排名位于前列的、严重影响市民健康的十个重大疾病作为重点攻关对象,通过阶段目标、重点任务的不断讨论,确定"十大病"的攻关"路线图",组织优势单位牵头编制"十类重大疾病实施方案"。

(市科委生物医药处)

【开发出两种生物芯片】 年内,北工大留创园内企业基诺克(北京)生物检验科技有限公司与北京工业大学生命科学院合作,以产学研相结合的方式,采用ILLUMINA微珠生物芯片平台技术,开发出两种生物芯片。一是自身免疫病检测蛋白质芯片,可用于红斑狼疮、类风湿等多种自身免疫病的临床检测;二是心脑血管疾病检测芯片,可用于预测冠心病的发生。

(陈 坤)

【完成新型超声冲击波碎石机保护装置与第四代超声冲击波碎石机的研发】 年内,基诺克(北京)生物检验科技有限公司在北京工业大学生命科学院的协助下完成"新型超声冲击波碎石机保护装置与第四代超声冲击波碎石机的研发"项目。在体试验表明,该装置对肾组织具有明显保护作用,使肾损伤减少了95%,且适用性强,可用于各种类型的超声碎石机。在碎石机的研发中,针对第三代超声冲击波碎石机治疗后病人通常会出现血尿、肾及周边组织血肿和出血等现象,通过削弱肾组织中气泡空化作用达到减少冲击波对肾组织造成的损伤,提高临床冲击波碎石术的安全性。

(陈 坤)

【承担国家生物产业基地实验动物及动物实验公共服务平台建设任务】 年内,北京维通达生物技术公司承担了北京国家生物产业基地实验动物及动物实验公共服务平台的建设任务,获得国家发改委2008年第二批国家生物产业基地公共服务条件建设专项资金支持。该项目的实施将在中关村生命科学园内建设动物实验技术平台和实验动物平台,建成集实验动物制备、动物模型开发等技术及产品研发、产业化为一体的现代实验动物公共服务平台,为生物医药筛选、开发及药物安全评价等提供动物模型、动物实验等相关服务。

(曹 妍)

【北京市民健康生活促进科技专项】 年内，"北京市民健康生活促进科技专项"（简称"健康市民"专项）被列入《北京市中长期科学和技术发展规划纲要（2008—2020年）》。其工作重点是开展以肝炎等为代表的重大传染病和以心脑血管疾病等为代表的重大慢性非传染病的预防、诊断、治疗技术的研究与推广应用；加强食品安全相关检测技术、方法、标准等的攻关研究；围绕重大传染病及重大慢性非传染性疾病开展创新药和医疗器械的研究和开发。以"预防为主"、"城乡统筹"、"推动社区发展"、"加强科普知识传播"、"中西医并重"、"加强示范推广"等为组织原则，提高科学技术在全市城乡疾病防治和食品安全监测工作中的整体工作水平。到2010年，初步建立重大传染病、重大慢性非传染病防治及食品安全监测的科技支撑体系，部分科技成果应用于实际工作中。到2020年，全面提高北京重大疾病防治和食品安全监测工作的技术支撑能力，北京城乡普遍受益，为市民健康主要指标达到国内先进水平提供科技支撑。

（张　竞）

## 新材料与新能源技术

【"微特电机用高性能、低成本稀土永磁材料产业化关键技术研究"通过验收】 3月24日，市科委召开"微特电机用高性能、低成本稀土永磁材料产业化关键技术研究验收会"。该项目为2006年度市科技计划重大项目，由中国钢研科技集团公司、安泰科技股份有限公司和中科三环高技术股份有限公司共同承担，共有"微观结构控制、成分优化研究和高性能磁体产业化"、"电机用低成本高性能钕铁硼材料近终成型技术研究"、"电机用低成本高性能钕铁硼材料基体耐蚀性研究和新型表面处理技术研究"3个子课题。项目针对钕铁硼磁体应用于永磁电机存在的问题，通过以磁体微观组织控制技术为核心的一系列关键技术的开发研究和材料优化的研究，使产品结构从中高档向高档转化，进入稀土永磁电机的主流市场。通过项目的实施，安泰科技建成了国内首创的近终成型磁体生产线，成功开发了千吨级工艺技术和装备技术，产品性能得到大幅度提高，团队的研发能力得到显著提升。

（龙　琦）

【先进铁基金属材料产业化关键技术开发项目通过验收】 3月28日，市科委主持召开"先进铁基金属材料产业化关键技术开发验收会"。该项目为2005年市重大科技项目，由安泰科技股份有限公司承担，包括"新型热喷涂材料研究及产业化关键技术开发"、"新型电磁兼容材料研究及产业化关键技术开发"两个子课题。通过项目的实施，开发出多种新型的铁基非晶、纳米晶热喷涂粉芯丝材和粉末材料，并设计加工了一条热喷涂粉芯丝材中试线，解决了兼备耐蚀耐磨性能的铁基非晶、纳米晶涂层制备关键技术；开发出性能优异的非晶软磁合金粉末，建成了非晶、纳米晶磁粉芯中试线，制备出综合性能优异的非晶磁粉芯；发明了连续电沉积多次复合金属薄膜的关键技术，开发出同时具有高磁导率和高电导率的宽频带电磁屏蔽薄膜材料；研发出非晶、纳米晶薄带连续热处理和在线覆膜封装技术，并建成示范中试线。

（龙　琦）

【国内首条玻璃基板投产】 3月28日，美国康宁公司投资建设的国内第一条TFT（薄膜场效应晶体管）－LCD（有源矩阵液晶显示器）玻璃基板生产线在亦庄园竣工投产。该生产线目前只进行第5代TFT－LCD玻璃基板后段加工，包括切割成客户需要的尺寸、清洗、包装等，主要应用于IT行业，包括桌面电脑显示器和笔记本电脑等。

（于春玲）

【生态砂基透水砖铺设奥运场地】 8月，北京仁创科技有限公司研发的生态砂基透水砖在国家体育馆、丰台体育中心垒球场、"鸟巢"、"水立方"等工程项目中采用。该产品通过"破坏水的界面张力"的透水原理，有效解决了传统的孔隙透水易被灰尘堵塞的技术难题,并发明采用一种环保型、高强度的黏结剂及免烧结成型工艺,从而首创以沙漠中风积沙为原料的生态砂基透水砖及配套技术产品。

(王 妮)

【纳米防护液用于奥运工程】 8月,北京首创纳米科技有限公司生产研制的纳米防护液用于奥运工程,成功解决了国家体育馆玻璃幕墙和石材清洁养护等问题。该产品采用纳米仿生学原理,是含有特殊纳米结构物质的水溶性液体,涂覆在石材及玻璃品表面,能自动组装成具有荷叶表面结构的涂层,赋予表面防水、防油和防污的自洁效果。

(王 妮)

【500余万只生物降解塑料袋应用于奥运村】
8月,由奥组委采购的500余万只、7个品种的生物降解塑料袋在奥运村中全面得到应用,其降解性能达到了世界最严格的降解塑料材料标准(欧盟EN13432膜类认证标准),全降解材料的成分占全部材料的92%以上。北京新材料发展中心作为被委托执行单位,为此成立了攻关课题组,并联合中国塑料加工工业协会降解塑料专业委员会以及一批科研专家,与联合国工业发展组织高技术中心(ICS-UNIDO)合作,连续3年组织了绿色材料、绿色奥运生物降解塑料国际研讨会与展示会。同时,委托开展对全生物降解塑料产品及技术的调查与评估,在此基础上制定了全生物降解塑料产品在奥运会中的应用导则和筛选原则。此外,委托中国塑料加工工业协会降解塑料专业委员会,起草制定了《降解塑料的定义、分类、标示和降解性能要求》、《降解塑料垃圾袋》和《降解塑料商品零售包装袋》等行业标准,以完善降解塑料产品的评价体系。为此,奥运科技(2008)行动计划领导小组、奥科委联合授予材料中心"科技奥运先进集体"称号。

(蔡永香 曹 磊)

【中国新材料新能源产业投融资论坛】 9月24—26日,由中国国际投资促进会投融资工作委员会、北京新材料发展中心、《新材料产业》杂志、《快公司》杂志、投资者报主办的"首届中国新材料新能源产业投融资论坛"在中关村生命科学园创新大厦举行。会议包括主题演讲、项目展示、交流洽谈、投资评审、投融资沙龙、园区考察等形式。来自材料领域、投融资机构、政府部门、科技园区等近200名代表参会。与会者就中国新材料新能源产业的发展现状与前景;国际新材料新能源产业发展趋势及对我国的影响;新材料与传统产业和其他行业的结合与发展;新材料产业上下游资源的整合;新材料向多功能、智能化发展的趋势;新材料产业的科技成果如何以市场为导向;风险投资机构和金融机构与新材料新能源产业的嫁接;投资机构和金融机构在新材料新能源产业发展中的作用;国内外资本市场为新材料新能源企业提供的强大融资动能等进行研讨。红杉资本、硅谷银行及IDG、经纬资本等众多国际知名投融资机构针对新材料企业如何获得风险投资、如何选择融资渠道、如何与私募股权基金对接以及如何进行IPO策略分析等做报告。会议还精选了北大先行科技产业有限公司、北京当升材料科技有限公司、北京国电富通科技发展有限责任公司等一批新能源、电子信息、生物医用材料等热点领域中的精品项目向投融资机构推介。

(关 璐 黄海峰)

【2008中国北京国际节能环保展览会】 10月17—20日,由市政府、国家发改委主办的"2008中国北京国际节能环保展览会"在北京展览馆举行。展会以"技术进步与机制创新"为主题。共有203家国内外企业参展。此次展会分为综合展区、国际展区、环保与资源综合利用展区等

11个展区，展示了工业节能、建筑节能、新能源与可再生能源、"绿色奥运"、节水及水处理等近20大类节能环保领域的新技术和新产品。期间，组委会还举办了高层论坛、交流演示、推介洽谈等活动。展会共接待参观者56000人，有8460人参加观众互动活动，共有50多家参展企业达成合作意向，协议金额9.5亿元。

（张　竞）

【**新材料北京市技术转移中心建设项目通过验收**】　11月27日，市教委、市工促局对北京科大科技园承担的新材料北京市技术转移中心建设项目进行验收。该项目2005年9月启动，建成了技术转移专业网站，包含280余项精选科技成果的项目库、包含70余项技术需求的需求库、190余名专家教授组成的专家库、80余条技术转移中介渠道构成的中介机构库。在体制机制创新方面，引入技术经营理念，实行虚拟实体化运作，探索出基于材料测试的技术转移"前店后厂"模式，并将技术转移与学生创业、社会实践有机结合。总结出孵化转化、直接融资、技术咨询、产业研发等6种技术转移模式。至项目验收，已累计转化项目52个，其中：重大项目11个；服务企业121家，包括北京地区企业54家；实现融资额1.5亿余元，实现技术交易额5700余万元，创造技术性收入近600万元。

（张慧秋）

【**2008动力锂离子电池技术及产业发展国际论坛**】　12月11—13日，由清华大学、北京工业大学、市科委联合主办，北京新材料发展中心等单位承办的"2008动力锂离子电池技术及产业发展国际论坛"在香山金源商旅中心酒店召开，论坛主题为"后奥运时代的动力锂离子电池产业"。中国工程院院士陈立泉、杨裕生，美国Argonne国家实验室电池技术研发组负责人Amine Khalil等国内外知名专家及企业家近200人参加论坛。与会代表就动力锂离子电池材料及电池技术、应用技术、产业政策、各国电动汽车的市场需求等焦点问题进行了研讨。

（郭澜涛　张　杰）

【**完成集成电路制造用超高纯金属/合金靶材的关键技术研究及产业化项目**】　年内，有研亿金新材料股份有限公司联合北京有色金属研究总院完成了市重大科技项目"集成电路制造用超高纯金属/合金靶材的关键技术研究及产业化"。该项目解决了超大规模集成电路用超高纯铝、钛、钨、铜、钽金属/合金靶材的关键技术和规模生产方面的难题，自行设计建立了超高纯铝及铝合金靶材生产线、超高纯钛、钨靶材加工生产线、超高纯铜靶材中试线和超高纯钽靶材中试线，在国内率先实现了超高纯金属/合金靶材的规模生产，并申报多项专利和国家标准。项目已成功制备的4—12英寸线用铝及铝合金靶材、钛靶材等达16种，通过了用户的认证考核。

（潘红艳）

【**完成脱硫石膏综合利用项目**】　年内，北京金隅集团有限责任公司等单位完成了市重大科技项目"脱硫石膏综合利用"。该项目2007年立项，属材料领域。研究突破了中国脱硫石膏在生成、加工、利用过程中的众多技术难题，形成脱硫石膏、水泥调凝剂、石膏粉、石膏制品的综合利用示范产业链；为我国燃煤电厂实施烟气脱硫，解决脱硫石膏二次环境污染问题提供了技术支撑；建立了利用脱硫石膏制造各种建筑材料的技术体系，实现对脱硫石膏的高效和循环利用。本项目编制建材行业标准3项，其中《黏结石膏》、《石膏基自流平砂浆》两项标准已被国家发布实施。《烟气脱硫石膏》行业标准正在报批。

（郭澜涛　王　惠）

【**北京材料分析测试服务联盟服务能力持续提升**】　至年内，北京材料分析测试服务联盟成员单位已发展到了18家，拥有分析检测仪器设备约3500台套，价值总额约为3.6亿元，服务范围涵盖了钢铁材料、有色金属材料、非金属材料、电子材料、建筑材料、化工新材料、生物医药制品等领域。联盟的服务能力持续提升，主持完成了近百项国家及市重大科技项目；制修订国家、行业标准1000余项；承担了奥运工程、地铁工程、首都机场等重大工程检测，以及食品安全、国家质量抽检等法检检测服务任务；与国际领先的测试服务机构（SGS、TUV、UL等）在部分领域建立了互认或合作关系。年内,联盟服务收入实现 3.24 亿元,同比增长 62%;机时利用率从 2005 年的不到 50% 提高到 80.7%;客户数达到 3.61 万人。

(潘红艳 凌 玲)

【北京碳纤维、纳米、超导等高性能材料技术提升与产业发展科技专项】 年内,"北京碳纤维、纳米、超导等高性能材料技术提升与产业发展科技专项"(简称"高性能材料"专项)被列入《北京市中长期科学和技术发展规划纲要(2008—2020年)》。其工作重点是加强纳米材料、超导材料、电子信息材料、碳纤维材料、高性能金属材料、新能源材料、磁性材料、生物医用材料、高端节能环保建材等新材料领域关键技术攻关;推进高性能材料技术在加快传统材料产业技术提升与产业升级中的应用;搭建材料共性技术服务平台,促进高性能材料相关领域生产性服务业发展;以项目为载体凝聚优质资源,加速高性能材料技术成果的产业化应用。到 2010 年,在纳米材料、电子信息材料、碳纤维材料、高性能金属材料、生物医用材料等重点领域形成一批具有自主知识产权的技术成果。到 2020 年,高性能材料技术研发实力进一步增强;超导、纳米、新能源材料、磁性材料等部分前沿领域关键技术达到国际先进水平。

(张 竞)

# 中关村科技园区

## Zhongguancun Science Park

# 园区建设

【中关村科技园区2008年工作会议召开】 1月16日,"中关村科技园区2008年工作会议"在清华科技园召开,会议围绕"总结2007年园区工作和部署2008年工作任务"主题展开。市委常委朱善璐、国家知识产权局副局长张勤出席。教育部、财政部、国家自然科学基金委员会等单位相关人士400余人参加。中关村管委会主任戴卫做园区工作报告。朱善璐向大会传达了市委书记刘淇在市委常委会和市长郭金龙在市长办公会上关于中关村科技园区发展的指示。

(王 锦)

【17家企业入围《福布斯》】 1月17日,世界知名商业杂志《福布斯》中文版发布了"2008中国潜力企业榜"榜单,中国动向(集团)有限公司(运动服饰)等200家企业入选,包括百度(互联网搜索引擎)等17家中关村企业,其中上市企业7家,连续上榜2次以上(含2次)企业3家。此次入选企业标准由首次发布榜单时销售规模上限5亿元提高到今年的10亿元。

(王 锦)

【中关村数字电视增值业务产业联盟成立】 1月22日,由海淀园管委会与中关村高新技术企业协会联合发起的"中关村数字电视增值业务产业联盟"正式成立。联盟是一个非营利的合作平台,由40余家业内企业组成,旨在融合海淀园众多内容创意企业的资源,在数字电视双向互动平台上进行增值内容移植,加强增值内容的交流与合作,从而提升园区创新能力和文化创意产业的市场影响力,增强从事数字电视增值业务的中关村企业整体竞争优势。

(王 锦)

【海淀园首推科技租赁公共技术服务平台】 1月22日,海淀园管委会举行了创新体系建设"科技租赁公共技术服务平台成立仪式暨新闻发布会"。该平台由北京东方中科集成科技有限公司负责日常运营,采用市场化机制,面向园区内高新技术企业,通过"电子开放实验室"以及"科技租赁"等创新模式搭建高效率、低成本的科研基础条件共享平台,为企业提供电子测试仪器、分析仪器、实验室科学仪器设备、专用软件开发平台和引擎、个人计算机、服务器、小型机和网络设备等产品的中短期综合使用服务。

(张 竞)

【中关村管委会与山西省科技厅签署战略合作框架协议】 2月1日,"中关村管委会与山西省科技厅战略合作框架协议签约仪式"在太原市迎泽宾馆举行。山西省科技厅厅长廉毅敏、中关村管委会副主任李石柱分别代表各方签字。双方商议,先期合作重点放在煤炭、焦化、冶金、电力四个传统产业和煤化工、装备制造、新材料、旅游四个新兴产业以及高新技术产业等领域,支持中关村企业在山西建立产业化基地,引导两地技术转移机构、创业投资机构之间开展合作,不定期举办两地高新技术及产品推介会、交流活动等,推荐园区优秀的节能环保技术产品和方案应用于山西省的经济建设。

(王 锦)

【中关村代表参加联合国会议】 2月11—12日,第62届联大专题会议在纽约联合国总部举行,主题为"致力解决气候变化,联合国与世界在行动"。中关村管委会副主任夏颖奇应邀参加,并发表了题为"北京高科技园区以清洁技

术参与解决气候变化问题"的专题文章,介绍中关村科技园区充分发挥科技创新与技术支撑作用、促进社会可持续发展的情况。这是中国科技园区代表第一次把声音带入联合国总部的讲坛。夏颖奇还作为特邀嘉宾出席了联合国会员国大会讨论,与参会来宾广泛接触和交流。

(王 磊)

【中关村参与互联网行业数据标准建设】 3月1日,市互联网宣传管理办公室主办的"共建行业数据标准,共筑中国数据体系"专题活动在北京新闻大厦举行。国务院新闻办、公安部、国家统计局相关领导以及国内主要互联网企业负责人和相关业界人士参加。会上,近百家中国互联网领军网站的代表共同签署《共建数据标准,促进行业发展》倡议书,倡议创建具有权威性、公正性、准确性和全面性的中国互联网行业数据标准和数据体系。期间,北京缔元信互联网数据技术有限公司发布了万瑞数据服务平台和万瑞互联网数据指标体系。该平台是缔元信公司自主研发和独立运营的一个国内最大规模的,集互联网数据采集、传输、计算、存储、发布于一体的超大型综合性互联网数据服务平台,是目前国内唯一一家面向互联网行业,提供海量数据全样本、全天候处理和服务的第三方数据平台。

(夏文佳)

【红旗2000获得第6届OpenOffice.org年会承办权】 3月3日,国际开源社区OpenOffice.org公布了"2008年第6届OpenOffice.org世界开源大会"举办地的申办投票结果,由北京共创软件联盟和北京长风开放标准平台软件联盟以及国内众多开源社区支持,以北京红旗中文贰仟软件技术有限公司为代表的申办团队提交的申办提案,以597票的总票数获得认可,取得承办权。这也是国际OpenOffice.org年会首次在亚洲国家举行。

(夏文佳)

【首届动漫品牌项目推介会】 3月7日,由中关村手机动漫产业联盟主办的"首届动漫品牌项目推介会"在皇苑大酒店举行。海淀园管委会、北京商报社等单位领导出席。会上,联盟就原创动漫品牌国际引进及输出渠道、原创版权深度开发、国内原创漫画输出等多个领域分别与香港多莱宝、目标软件、视界佳讯签订战略合作协议,并与其欣然影视机构和万豪卡通等动漫原创与制作公司达成长期的合作协议。此外,联盟还宣布"中关村动漫游戏公共服务平台"( www.cctsp.org.cn)正式搭建,并介绍了平台中已经签约代理的50个动漫游戏品牌。

(夏文佳)

【四项闪联标准成为国际标准提案】 3月26日,在国际标准化组织(ISO)和国际电工委员会(IEC)的第25分技术委员会会议上,由北京市闪联信息产业协会主导创制的应用框架、基础应用、设备类型、服务类型四项标准,以17票赞成、1票弃权和0票反对的高票一次性通过新工作项目立项和委员会草案两个阶段的投票,成为国际标准提案。

(夏文佳)

【中法创新集群论坛】 4月10—11日,中关村管委会、法国索菲亚科技园在文津饭店共同举办了"中法创新集群论坛"。该论坛主题为"科技创新、商务合作、企业对接",涉及信息、通讯与软件、清洁技术、环境保护、生物工程、制药与医疗器械等众多领域。科技部和法国驻华使馆的有关人员出席,双方园区的140余名企业代表参加。会上,中关村科技园区与索菲亚科技园区正式签署《交流合作协议》,来自法国索菲亚科技园的信息、通讯与软件、清洁技术、环境保护生物工程、制药与医疗器械等领域的企业、研发机构与中关村的企业进行项目对接,初步达成了进一步交流合作的意向。

(王 锦)

【推广国际标准培养高级人才新闻发布会】 4月18日,海淀园管委会在世纪金源大酒店举行"海淀园与IEEE-CS携手推广国际标准培养高级人才新闻发布会",用友软件、联信永益等40余家企业的领导出席。会上,海淀园管委会副主任于军与IEEE-CS前主席、美国爱达荷州州立大学计算机科学系主任张可昭共同启动了"千人百家软件工程国际标准测试"活动。此项测试由海淀园近50家企业与中国软件行业协会等单位联合倡议,海淀园管委会主办,是国内首次由政府支持、专业机构组织的大规模软件从业人员水平测试,旨在帮助软件从业人员,尤其是软件项目和工程的管理者,更快地向国际化标准靠近,以提升园区软件企业的综合竞争力。

(夏文佳)

**【康得集团与青海省节能改造战略合作启动】** 4月19日,青海省经济委员会与康得投资集团有限公司在北京饭店举行"青海省节能改造战略合作协议签字仪式"。青海省副省长马建堂,青海省发改委、北京市工业促进局、北京市发改委、中关村管委会的领导出席。双方协议将在未来的3年里,利用康得集团在电机节能领域的产品优势与节能诊断专业能力及资金实力和融资能力,以青海电力、铁合金、钢铁、电解铝、水泥和石化等高耗能企业为突破口,对重点耗能企业用能情况进行全面普查,在节能诊断基础上,以合同能源管理模式进行集中改造。

(夏文佳)

**【闪联标准检测联合实验室落成】** 5月14日,中国电子技术标准化研究所(CESI)举办的"闪联(IGRS)标准检测联合实验室揭牌暨首批IGRS标准产品认证证书颁发仪式"在钓鱼台国宾馆举行。认监委、工信部、国标委以及北京市有关政府部门的领导和闪联联盟核心企业代表出席。该实验室是由工信部电子工业标准化研究所与闪联共同组建的,是国内首个电子信息产品协同互联的验证机构,将依托于中国电子技术标准化研究所的认证平台,按照国家颁布的闪联标准对电脑、电视、DVD、音响、投影仪、数码相机等3C产品进行验证,以保证基于闪联标准产品的功能和品质。会上,为向首批通过检测的联想、TCL、闪联信息技术工程中三家企业的6款IGRS产品获中国电子技术标准化研究所首批颁发的产品认证证书。

(夏文佳)

**【中关村虚拟现实产业联盟成立】** 5月16日,北京中关村虚拟现实产业(VR)联盟在"第五届中国虚拟现实(VR)国际峰会"上正式宣告成立,这是我国第一家虚拟现实产业联盟。联盟是由VR领航企业中视典、水晶石、红京鸟等发起成立,旨在通过联盟凝聚行业产业链各领域代表,建立虚拟现实产业促进机构,搭建行业学术交流、资金技术对接、市场应用、人才开发等平台。红京鸟、动态时空、中视典等33家企业成为首批联盟会员。

(夏文佳)

**【中关村园区与古巴信息通信部签署合作备忘录】** 5月20—23日,中关村管委会副主任任冉齐率中关村数字电视产业联盟代表团访问古巴,与古巴信息通信部部长梅内德兹·巴尔德斯就数字电视项目相关问题进行了洽商,并与古巴信息通信部签署合作备忘录。根据协议,双方将确保近期在古巴顺利实施第二次中国数字电视地面广播标准的测试工作;古方将在其他拉美国家中宣传中国标准的特点与优势,促进推广采用;一旦古巴确定采用中国标准,中关村管委会将组织相关企业建设古巴数字电视广播网络,并作为园区国际化重点工作给予支持。在古巴承担中国数字电视地面广播标准测试工作的是以清华大学、北京海尔IC等单位为核心的中关村数字电视产业联盟,旨在促使古巴、委内瑞拉等国家采用中国数字电视地面广播标准,实现中国的标准、技术乃至产品的出口。

(夏文佳)

【韩国总统李明博到中关村生命科学园访问】
5月28日,韩国总统李明博一行到中关村生命科学园北京生命科学研究所访问,与该所科研人员、研究生代表等举行座谈,就提高科技创新能力等问题进行交流。李明博总统了解了该所概况,参观了罗敏敏和董梦秋博士的实验室,并为该所留言。

(王 磊)

【中关村下一代互联网产业联盟参加"欧洲IPv6活动"】 5月30日,欧盟在布鲁塞尔组织了"'欧盟IPv6日活动'暨欧洲IPv6行动计划发布仪式",主题为"IPv6:未来最佳之路"。其主要内容:刺激IPv6内容访问、服务和应用软件能力;通过公共采购行动促使产生IPv6互连和产品需求;保证及时的IPv6部署准备的行动;应付安全和隐私问题行动。来自全球的IPv6高层代表出席了会议。中关村下一代互联网产业联盟应邀参加,天地互连公司总裁刘东代表联盟做了"IPv6在中国,新北京、新互联网经济和新机会"的主题发言,介绍了中关村下一代互联网产业情况及相关产品情况。

(夏文佳)

【光能疫情通手机协助监控震后疫情】 5月,汶川地震后,根据中国疾病预防控制中心(CDC)的疫情监控需求,恒基伟业公司成功研发出疫情上报专用手机——光能疫情通。该手机在光能手机的基础上加入多项专用疫情上报软件,具有个案监控、每日疫情等功能,可通过手机信号,以短信的方式,将疫情监控内容发送到中国疾病预防控制中心信息中心,实现了实时数据交换。

(王 锦)

【发布《进一步推进中关村科技园区百家创新型企业试点工作的若干意见》】 6月17日,中关村园区管委会、中科院北京分院、市发展改革委、市科委、市财政局、市人事局、市商务局、市质监局、市工促局、市知识产权局联合发布《进一步推进中关村科技园区百家创新型企业试点工作的若干意见》(中科发〔2008〕17号)。《意见》共分统一思想认识,集成资源支持试点企业发展;聚焦技术创新,掌握技术主导权;强化管理创新,提升综合竞争力;转变政府职能,完善公共服务环境;完善统筹机制,加强组织协调五部分。8月1日起施行。

(王 锦)

【无线新媒体产业联盟成立】 6月18日,电子城科技园管委会在燕翔饭店召开了"无线新媒体产业联盟成立大会暨无线新媒体与文化创意产业发展论坛",国家发改委、市文化创意产业促进中心、朝阳区有关委办局、中关村各园区管委会和产业基地的有关领导以及联盟成员单位的代表等参加。会上,电子城科技园内第一家产业技术联盟——中关村无线新媒体产业联盟宣布正式成立。联盟是以蓝海星空信息技术(北京)有限公司为主发起单位,联合中关村科技园区德信无线、英滕科技、华旗资讯等16家单位共同参与成立的,是具有产、学、研、用完整产业链特色,以跨行业协同合作为基础的产业技术及应用联盟,力求形成具有自主知识产权的技术和应用标准,推动无线新媒体产业的发展。

(夏文佳)

【2008年中关村科技园区百家创新型企业试点工作大会召开】 6月20日,市政府、科技部、中科院联合主办的"2008年中关村科技园区百家创新型企业试点工作大会"在北京会议中心举行。科技部副部长李学勇,副市长吉林、赵凤桐等出席。试点企业代表,科技部、中科院及北京市的有关人员共计500余人参会。中关村管委会主任戴卫做中关村科技园区百家创新型企业试点工作报告。会议全面总结了试点工作开展一年来取得的阶段性成果,发布了《进一步推进中关村科技园区百家创新型企业试点工作

的若干意见》，公布了由试点联合工作组（科技部政策体改司、中科院北京分院、北京市科委和中关村管委会）确定的79家中关村科技园区第二批百家创新型试点企业名单，颁发了市政府、科技部、中科院授予的"中关村科技园区创新型试点企业"证书。79家中，能源环保类17家、生物工程及新医药类12家、新材料类9家、先进制造类12家、软件及信息服务业29家。目前，参与试点工作的园区企业总数达到了179家。

（夏文佳）

【联想成为我国首家出口免验电脑厂商】 6月26日，国家质检总局在北京联想新大厦举行了"联想集团出口商品免验颁证仪式"，市商务局、北京出入境检验检疫局、北京海关、市工促局、中关村管委会的领导应邀出席。会上，国家质检总局司长王新宣布：联想设在北京、上海、深圳及惠阳的4家工厂生产的Lenovo和Think 2个品牌9个系列的电脑产品全部符合《进出口商品免验审查条件》78条标准，将同时享受出口免验待遇，成为我国首家荣获"出口免验"资质的电脑厂商。联想集团高级副总裁兼大中华和俄罗斯区总裁陈绍鹏代表联想集团接受了由国家质检总局副局长魏传忠、副市长程红颁发的出口免验证书和铜牌。

（王 锦）

【信息电子产业"闪联标准"获批为国际标准】 7月6日，中国自主研发的信息电子产业"闪联标准"提案正式通过（国际标准化组织、国际电工委员会ISO/IEC）最后一轮投票，被正式接纳为ISO国际标准，成为中国在信息技术领域的首个国际标准。

（夏文佳）

【16家入围中国最具投资价值企业50强】 7月10日，中国领先的创业投资与私募股权综合服务及投资机构清科集团发布了"清科——2008年中国最具投资价值企业50强"榜单，这是该集团第三次发布的权威榜单。北京21家企业入围，其中中关村企业16家，占50强的32%，占北京入围企业数的76%。北京碧水源科技股份有限公司、爱康网健康科技（北京）有限公司、北京环球天下教育科技有限公司3家企业分列50强的第2、第4和第10。

（王 锦）

【中科院联想学院开班】 7月14日，"中国科学院联想学院开班仪式"举行。中科院院长路甬祥及联想控股总裁柳传志为学院揭幕。各研究院所代表、"联想之星"创业CEO特训班第一期30名学员出席。该院旨在进一步加大创新创业人才培养力度，积极推进科技成果转移转化。特训班首期将在一年的时间里，针对科技创业不同阶段对CEO素质和能力的差异化要求，以联想企业实战经验为主要内容进行培训与辅导。

（张 竞）

【中关村激光显示技术取得突破】 7月17日，全球首家激光影院在北京华星国际影城诞生，投入商业运营。影院采用了由中关村企业中视中科光电技术有限公司与中科院光电研究院联合研制的激光光源数字高清电影放映设备。激光显示技术以高饱和度的三基色激光作为显示光源，具有色域范围广、寿命长、节能环保等优势，是继黑白显示、彩色显示、平板显示技术之后的第四代显示技术，可广泛应用于大屏幕投影、电影、电视、游戏机、计算机和手机显示等。

（王 锦）

【两项高科技项目落户青海】 7月21日，"北京中关村科技园区援助青海海东地区项目签字仪式"在青海平安举行。分别投资300万元的两项高科技项目即将在海东地区落户，即由北京京鹏环球科技股份有限公司支援建设的"青海省新品种培育示范中心"项目，通过搭建新型高效能温室并配备智能喷灌设备，提供蔬菜新品种的引进、培育、生产、筛选和展示及服务；由北京北大众志微系统科技有限公司在海东搭建基于网络计算机教学和人才培训的示范工程项目，为海东建设教育信息化和人才培训，并做好相关的项目规划、设计、人才培训、跟踪服务。

（夏文佳）

【李克强副总理考察嘉博文公司】 7月31日，中共中央政治局常委、国务院副总理李克强在北京奥组委主席刘淇陪同下考察北京奥运场馆和奥运村，参观了由北京嘉博文生物科技有限公司建设并负责运行的奥运村餐厨垃圾资源循环处理站。李克强听取了嘉博文公司首席执行官于家伊和总工程师冯幼平的介绍,了解了该站的微生物处理技术、循环经济理念以及产出的再生产品对改善环境、农业产业升级带来的现实意义,并询问了处理站运行等情况。

(王 锦)

【联想集团跻身全球500强】 7月,在美国《财富》杂志公布的2008年度全球企业500强排行榜上,中国35家企业入选,联想集团排名列499位,营业收入为167.88亿美元,成为首家跻身世界500强的中国民营高科技企业。

(王 锦)

【联想高性能计算机入驻国家同步辐射实验室】 8月27日,联想深腾1800高性能计算机正式入驻中国科技大学国家同步辐射实验室XAFS实验站。此高性能计算平台,是一套应用于并行计算环境的高性能机群系统,主要用于承载VASP专业软件的大规模计算处理,可通过丰富的工程和调优手段,满足用户提出的"总理论计算峰值高于1万亿次,并行效率不低于55%,总能耗不高于8kVA"的要求,将VASP算题时间大幅缩短至原有的10%—20%。深腾1800采用主流的SMP Cluster体系结构,计算结点均采用16台基于最新的Intel四核Harpertown 5410处理器的联想万全R510服务器,能够提供峰值为1.2万亿次(1193G Flops)的强劲计算能力;各节点通过机群域网和管理域网实现结点间互连、系统管理与监控,所有硬件集成在联想机群基础架构中,并通过联想机群系统软件及应用支撑环境和工具等,对外提供单一系统映象(single system image),支持大规模科学工程计算应用。

(夏文佳)

【24家入选2008年中国软件收入前百家企业】 9月5日,工业和信息化部、国家统计局发布"2008年(第七届)中国软件业务收入前百家企业",北京地区24家企业入围,居各省市之首,且全部为中关村园区企业,神州数码、北大方正、同方股份3家企业位居第四、第八和第九。同时还发布了"2008年中国自主品牌软件产品前十家企业",神州数码、北大方正和用友软件3家园区企业分列第二、第五和第七。

(王 锦)

【6品牌入围2008年度"亚洲品牌500强"】 9月16日,由世界品牌实验室编制的2008年度"亚洲品牌500强"榜单发布,这是世界品牌实验室第三次针对亚洲品牌进行的权威评估。共有17个国家和地区、33个行业的品牌入选,中国内地99个品牌入选,其中中关村品牌占6个,即联想、中国中铁、清华同方、爱国者、长城润滑油、中青旅。

(王 锦)

【国务院联合调研组进驻中关村】 9—11月,根据国务院领导指示,在国务院办公厅组织下,由科技部牵头,国家发展改革委、财政部、教育部、人社部、商务部、民政部、国税总局、中国证监会、中国银监会、北京市政府等11个单位组成了联合调研组,对中关村进行了深入的实地调研。调研组组长由科技部火炬中心主任梁桂、市政府副秘书长刘志担任;秘书组由科技部火炬中心、中关村管委会相关负责人组成。联合调研组召开了政府采购座谈会、中关村产业促进组织座谈会、中关村创新和发展专家座谈会;对中关村重点企业在政策的制定、政府采购支持方式、国家重大专项安排、组织管理、税收政策、人才引进及高新技术企业认定等方面提出了建议,并就中关村的战略定位和支持中关村进一步发展的政策建议提出看法。通过此次调研,形成了上报国务院的《创新之路——中关村科技园区调研报告》。

(王 锦)

【中关村20周年成就展】 10月9日,由科技部火炬中心、中科院北京分院、中关村管委会、海淀区政府联合举办的"创新之路——中关村科技园区成立20周年成就展"在国家会议中心开幕。副市长赵凤桐、科技部副部长杜占元等出席开幕式并讲话。该成就展着重展示了中关村企业通过技术创新贡献社会、服务国家重大战略、助力国家重大工程,中关村自主创新产品在奥运会中的应用,以及中关村达到世界一流先进水平的创新成果等,包括中关村企业参与

"神舟"飞船和"嫦娥探月"工程的技术研发;一批解决方案在国家电子政务"金字工程"、"三峡工程"、青藏铁路、核电站建设中的应用等。展览为期10天,展出面积9900平方米,10个园区、280余家企业的近千个高新技术项目及1800余件展品参展。新华社、《人民日报》、中央电视台等30家媒体进行了报道。

(王 锦)

【发布《中关村科技园区发展战略纲要(2008—2020年)》】 10月12日,市政府印发了《中关村科技园区发展战略纲要(2008—2020年)》(京政发[2008]41号)。《纲要》指出,"在20年的创新和发展历程中,中关村有力地支撑了国家创新战略的实施,成为我国最重要的创新中心"。《纲要》分发展背景、发展战略、重点领域、保障措施四大部分,将重点发展电子信息技术、生物技术、能源环保产业、新材料和高端制造业、高技术服务业等领域。

(王 锦)

【闪联在产业化道路上迈出了重要的一步】 10月12日,联想集团、创维集团以及闪联公司在深圳第十届高交会召开"'闪联'你的生活——联想·创维闪联产品联合营销战略新闻发布会",工业与信息产业部副部长娄勤俭、深圳市常务副市长许勤等出席。会上,首次联合展示基于闪联标准的联想 IdeaPad 系列电脑和创维酷开系列电视,并启动了闪联产品联合营销战略,宣布在技术研发和市场推广上紧密合作,加快闪联产品的市场化进程。创维酷开系列电视不仅能同时共享多台联想 IdeaPad 系列电脑的影像资料,还能共享丰富的互联网内容,极大地拓展了电视的内容来源和应用模式;联想 IdeaPad 系列电脑下载的高清影像资料能够快速无线传输到电视上播放,使消费者可及时享受到无线高清带来的影音震撼,彻底打破了原来高清电视不能快速拥有高清片源的尴尬。

(夏文佳)

【2008年中关村·京都府环境技术商务论坛】 10月14日,由中关村管委会与日本京都府、日本关西学术研究都市共同主办的"2008年中关村·京都府环境技术商务论坛"在紫光国际交流中心举行。由京都府、关西学研都市30余人组成的日本代表团与中关村园区20余家水处理相关企业以及清华大学、中科院的知名专家、学者参加。本次论坛探讨了中关村与京都府如何在环境技术领域加强交流与合作等问题,并着重研讨了中日企业和研究院所共同开展"2008年地域间交流援助项目(RIT)——陕西省水处理项目"有关问题。

(王 磊)

【第八期科技型中小企业技术创新国际研讨班举行】 10月20—31日,由中关村管委会主办,北京国际企业孵化中心(北京 IBI)承办的"第八期科技型中小企业技术创新国际研讨班"在丰台总部基地举行。本次研讨班培训了来自俄罗斯、蒙古等11个国家的18名学员;安排了8场专题讲座,涵盖经济全球化与中小企业发展、国家创新体系和中小企业孵化体系建设及管理实践、信用担保与技术创新型中小企业发展等相关方面的知识;组织学员参观了中关村国际孵化园、清华科技园、丰台科技园及部分科技企业;参加了在清华科技园国际会议中心举办的"2008世界科技园协会亚洲分会暨亚洲科技园协会联合年会";举办了2场优秀项目推介会、1场企业教学互动活动和学员国科技政策交流会;促成学员国与丰台园企业及北京 IBI 签订了24项科技合作协议。

(王 磊)

【2008'国际版权论坛举行】 10月27—28日,由世界知识产权组织、国家版权局主办,中国新闻出版报社、北京国际版权交易中心承办的

"2008'国际版权论坛"在北京丽思卡尔顿酒店举行,主题为"版权创造财富"。来自世界20余个国家版权管理部门的官员及国际行业协会、知名企业、版权界专家学者等300余位中外嘉宾出席开幕式。论坛内容包括开幕式、主论坛、3个专题发言、版权精品展、午间沙龙、闭幕式及版权之夜晚会等。论坛中,中外版权专家就"版权保护与经济发展——知识产权战略和版权产业对国民经济的贡献"、"21世纪知识产权和软件——趋势、问题和前景"、"版权与文化发展——收获传统和现代财富"、"数字环境下版权保护的新问题"四大主题展开研讨;国家版权局召开"世界知识产权组织版权创意金奖(中国)表彰大会",这是世界知识产权组织"版权创意金奖"首度在中国颁奖。北京金山软件有限公司董事长求伯君等6人获"世界知识产权组织——版权创意金奖人物奖",北京华旗资讯数码科技有限公司等6单位获"世界知识产权组织——版权创意金奖单位奖"。

（夏文佳）

【百度加入联合国全球契约组织】 10月28日,百度正式加入联合国"全球契约"组织,成为中国第一个加入"全球契约"的互联网企业。至此,百度将遵循这一契约来推进自身企业社会责任的日常管理工作,进一步提升自身国际化运营管理水平。(联合国"全球契约"组织是世界上最大的以自愿为基础的全球企业公民集合体,号召各公司遵守人权、劳工标准、环境及反贪污等方面的十项基本原则,旨在动员全世界跨国公司与联合国机构联合起来,共同参与减少全球化负面影响的行动,推进全球化朝积极、可持续的方向发展。)

（夏文佳）

【中关村15家企业入选2008年度"德勤高科技、高成长中国50强"】 10月31日,德勤全球发起的"2008年德勤高科技、高成长中国50强"评选结果在深圳华侨城洲际大酒店揭晓。50家公司分别来自12个城市和地区,北京地区18家。18家中,中关村园区企业15家,占50强的30%,占北京市的83%。北京一百易科技有限责任公司、乐视移动传媒科技(北京)有限公司、航美联合传媒技术(北京)有限公司3家分列第二、第三和第六。

（夏文佳）

【中国文档标准获国际认可】 11月4日,由中国电子工业标准化技术协会、国际开放标准组织(OASIS)中国办事处主办的"中国首个软件核心技术国际标准——UOML标准新闻发布会"在翠宫饭店举行。会上宣布,由该协会文档库技术标准工作委员会制定的电子文档领域的读写接口标准——UOML标准正式被批准成为OASIS标准(美国东部时间2008年10月10日),这是中国首个得到国际产业界和市场普遍认可的软件核心技术国际标准。(UOML是基于XML、跨平台、与编程语言无关、与具体应用无关、定义了非结构化文档操作通用功能的开放标准,使用UOML可以实现文档库、文档集、文档提取等,并提供存储安全、角色管理、访问控制等安全机制。)

（夏文佳）

【《北京志·中关村科技园区志》举行首发式】 11月5日,中关村管委会在翠宫饭店举行"《北京志·中关村科技园区志》首发式"。《北京志》编委会、市地方志办公室相关领导,以及参与中关村园区建设的老领导、老同志和企业家代表,参与志书撰写工作的代表100余人出席。该志书以翔实的资料,客观、系统、全面记述从第一家民营科技企业的诞生,到中关村电子一条街的出现,再到北京市新技术产业开发试验区,及中关村科技园区的建立和发展25年的历程。全书共分园区形成与沿革、企业与产业、园区建设、园区资源与服务、园区管理等5篇16章54节,近100万字。

（王 锦）

【2008年第6届OpenOffice.org世界开源大会举行】 11月5—7日,由Open Office.org国际社区主办,北京红旗中文贰仟软件技术有限公司、北京大学承办的"2008年第6届OpenOffice.org世界开源大会"在钓鱼台国宾馆举行。工信部、科技部、市科委、北京经济技术开发区管委会等部门相关领导出席开幕式并致辞。本届大会以"绿色·生态·友好——开源软件的

普世责任"作为研讨主题,重点围绕承载 IT 业对环保的责任,让 OpenOffice.org 界面更友好,资源更节约;促进 OpenOffice.org 与第三方软件系统的开放与融合,加强与开放标准的融合;尊重不同文化,提供和完善 OpenOffice.org 的自由定制;满足用户需求,帮助用户提高工作效率,促进 OpenOffice.org 的普及等方面进行深入探讨。共有来自 30 个国家和地区的 600 余名国际开源专家参会。

(夏文佳)

【2008 中关村论坛举行】 11 月 14—15 日,由科技部、中科院和市政府主办,科技日报社、科技部火炬中心、市政府外事办、中关村管委会、海淀区政府承办的"2008 中关村论坛"在稻香湖景酒店举行。论坛以"科技——全球创新挑战"为主题。全国政协教科文卫体委员会主任徐冠华、市长郭金龙等领导出席论坛。来自美国、德国、瑞典等国家的代表与国内 53 个高新区的代表 1000 余人参加。与会人士围绕"技术发展前沿趋势"、"全球创新区域"、"创新协作与共赢"、"科技金融"4 个专题进行交流和讨论。诺贝尔奖获得者若尔斯·阿尔费罗夫、罗杰·科恩伯格,图灵奖获得者姚期智,清华大学校长顾秉林等 20 位国内外嘉宾就"纳米技术人才的培养体系"、"基础研究——发展的希望"、"在中国培养人才:一些经验之谈"、"加强科技创新,推动区域与社会发展"等议题在论坛上发表演讲。

(王 磊)

【曙光 5000A 入围全球高性能计算机 TOP500 强】 11 月 17 日,全球高性能计算机 TOP500 强排行榜发布,中国曙光 5000A 以峰值速度 230 万亿次、Linpack 测试值 180 万亿次的成绩列世界超级计算机前 10 名。曙光 5000A 由中国科学院计算所国家智能计算机研究开发中心、曙光信息产业(北京)有限公司、上海超级计算中心联合研制,2008 年 9 月在天津成功下线,11 月在北京完成性能测试。它是目前中国国内运算速度最快的超级计算机,它的研制成功标志着中国成为世界上第二个可以研发生产超百万亿次超级计算机的国家。

(王 锦)

【超级计算机迈入面向社会服务新阶段】 11 月 26 日,中科院计算技术研究所、曙光信息产业有限公司和中科院计算机网络信息中心在中科院计算技术研究所正式签署战略合作协议,共同建设中科院网格超级计算平台。根据协议,计算所提供该平台的研制,曙光负责超级计算机的生产,后期的维护运营则有网络中心负责。平台向社会提供商业化服务的运作则由中国互联网络信息中心(CNNIC)负责。

(夏文佳)

【第十一届中关村电脑节】 11 月 12—30 日,由中关村高新技术企业协会、中关村外商投资企业协会、中关村电子产品贸易商会承办的"第十一届中关村电脑节"举行,主题为"追溯创新之源,迈向全球创新中心"。活动包括两大板块:以中关村电子一条街大卖场活动为主的相关活动,由中关村电脑节高峰论坛、电子卖场科普系列活动、中关村 IT 移动服务站等构成;电脑节校园行活动,将电脑节延伸到北京的高校和大学生中间,开展了企业家创业之路报告会、创意集市、校园招聘会等系列活动。

(张 竞)

【世界科技园协会与海淀区共发展】 12 月 1 日,中关村海淀园管委会在清华科技园举办了"中关村科技园区海淀园管理委员会与世界科技园协会战略性框架合作协议签字仪式 世界科技园协会北京办公室落户海淀区清华科技园仪式"。会上,总干事 Luis Sanz 和海淀区长助理傅首清分别代表世界科技园协会、中关村海淀园管委会签字,并与清华科技园负责人签署了关于世界科技园协会北京办公室落户海淀区清华科技园的协议。战略性框架合作协议主要内容：双方将共同依托 IASP 和 iBridge 网络平台，促进全球科技园高层专业对话，开展调研、论坛等活动，并就高新技术产业创新发展、人才培养、产业规划、区域关系、产学合作等开展合作。北京办公室将主要从事 IASP 总部网站在中国的落地工作，建立与中国科技园区的有效联络途径，并经该途径协调中国科技园区与各国科技园区之间的联络和交流。

（夏文佳）

【中美创新与产业化大会举行】 12月2日，由科技部与美国国务院、美国商务部共同主办的"中美创新与产业化大会"在西苑饭店举行，中美两国200余位政府、科技界、企业界和教育界代表围绕创新生态系统和技术转移等议题进行研讨。科技部副部长曹健林、美国驻华大使雷德和美国国务院助理国务卿沙利文出席。中关村管委会副主任夏颖奇应邀在会上就"构建创新生态系统：人才培养与激励机制"这一议题发表演讲，为与会中美来宾详细地介绍了中关村科技园区的人才战略与政府作用。

（王 磊）

【中国下一代互联网阶段总结和成果汇报大会举办】 12月3日，国家发改委主办，中国下一代互联网（CNGI）专家委员会承办的"CNGI阶段总结和成果汇报大会"在清华大学举行，工信部、教育部等相关部委领导参加。会议设有CNGI成果展示、CNGI示范网络运行演示。清华大学、中国移动集团公司等相关人士做题为"建好示范网络，突破关键技术，推动我国下一代互联网发展"、"支持国家下一代互联网工程，推进我国互联网的发展和演进"的演讲。经过5年建设，CNGI现已建成包括6个核心网络，22个城市59个节点，2个交换中心，273个驻地网的IPv6示范网络，远远超过了项目当初的设计及要求。依托CNGI，已开展了大规模的基于下一代互联网的应用研究，如视频监控、环境监测等，并开通了基于IPv6的奥运官方网站。

（夏文佳）

【联想"深腾7000"跻身世界超级计算机前列】 12月，联想集团成功研制出每秒实用性能超过百万亿次的高性能计算机"深腾7000"，全球排名第19位。联想"深腾7000"是世界上规模最大的一个结点无盘启动的机群系统，实现了基于1428个无盘结点的机群系统；也是世界上第一个实现了对所有硬件部件统一管理和监控功能的机群系统，实现了对机群系统内数千个计算、互连、存储等硬件部件的统一管理和监控；是国内第一个实际性能突破每秒百万亿次的异构机群系统，成功实现了1240个2路薄结点和140个4路厚结点的协同计算，实际Linpack性能突破每秒106.5万亿次，实现了三级结构海量存储系统，在线、近线、离线存储容量超过PB级。同时，联想集团与中科院网络信息中心签署了战略合作协议，将落户中科院，成为国家网格主结点的关键设备。

（王 锦）

## 产业基地

【甲骨文中国办公大楼落户中关村软件园】 3月12日，甲骨文在中关村软件园举行"甲骨文中国办公大楼奠基仪式"。副市长赵凤桐、海淀区区长林抚生以及国务院信息办、国资委、工信部等部门领导，甲骨文公司战略合作伙伴的高层管理人员参加。该办公楼建成后将成为该公司支撑中国运营的核心办公场所,以及在华研发中心和合作伙伴解决方案中心。仪式上宣布,"北京甲骨文软件系统公司"正式更改为"甲骨文(中国)软件系统有限公司"。

(夏文佳)

【启动生态型园区建设】 4月18日,由中关村管委会主办,中关村国际环保产业促进中心承办的"中关村科技园区生态型园区建设启动大会"在海淀展览馆举行。大会以"倡导生态文明·建设生态园区"为主题。环境保护部、商务部、科技部、市发改委、市科委、市工促局等部门领导出席,来自德国、加拿大等国的专家及国内代表300余人参加。会上,中关村管委会主任戴卫做题为"中关村科技园区开展生态型园区建设思路与重点"的报告。他指出,将陆续启动燃煤锅炉系统节能改造、建筑节能、绿色照明等10项生态型科技园区建设重点专项工程。同时,还出台了《中关村科技园区生态型园区建设支持资金管理办法》。期间,举办了中关村园区环保、新能源技术产品展览展示活动,展览设有综合展示区、专业展示区、园区展示区和金融联盟服务区,共有近百家园区企业参展。

(夏文佳)

【中关村与延庆县共建新能源环保产业基地】 4月24日,中关村管委会与延庆县政府在延庆县举行"共建八达岭新能源和环保产业基地签约仪式",市工业促进局副局长冯海、中关村管委会主任戴卫,县领导侯君舒、孙文锴等出席。侯君舒、戴卫共同为基地揭牌,孙文锴、戴卫代表双方签字。该基地位于延庆县八达岭经济开发区内,占地面积约2.5平方千米,将在风能、太阳能、环保设备等领域形成较为完备的产业集群,北京八达岭经济开发区为该基地的执行机构。根据协议,在共建基地内注册并经认定的符合新能源和环保要求的高新技术企业,可享受中关村科技园区的辐射优势、配置优化、政策优惠;享受产业联盟、开放实验室、创业投资、信用担保等产业投融资政策支持;享受获得县政府在土地、规划、基地设施、产业政策、公共服务配套、入区企业服务等方面的支持。

(夏文佳)

【微软中国研发集团总部落户中关村】 5月6日,由微软中国研发集团、北京科技园建设(集团)股份有限公司主办的"微软中国研发集团总部大楼奠基典礼"在中关村广场举行。全国人大常委会委员程津培,中国国际贸易促进委员会副会长于平,中关村园区管委会副主任夏颖奇,微软(中国)有限公司董事长、微软中国研发集团主席张亚勤等出席,来自微软客户、合作伙伴的百余名嘉宾参加。总部大楼位于中关村广场,占地面积11600平方米,将建南北两栋大楼,总建筑面积约15万平方米,可容纳5000名员工,投资超过2.8亿美元,由北京建工集团承建,预计2010年竣工。

(夏文佳)

【东雍创业谷揭牌】 6月18日,雍和园管委会与东方置地投资发展有限公司共同主办的"中关村科技园区雍和园创业服务楼暨'东雍创业谷'揭牌仪式"在东城区后永康胡同17号举行。中关村管委会副主任李石柱、东城区副区长王佩立等有关领导出席。"东雍创业谷"是雍和园"胡同文化创意工厂"的一部分,是为高科技创新型中小文化创意企业服务的"孵化器",总面积近7000平方米,由80余个面积在20—100平方米之间的办公单元组成,所有入驻企业即可享受每平方米0.5元的房租补贴,并获得公交卡支持,同时入园2年内还将享受免税收等优惠政策。

(夏文佳)

【石景山园启动"中国绿能港"项目】 8月27日,由市科委主持的软科学项目"北京新能源服务基地(中国绿能港)战略规划及品牌营销研究"启动邀标工作,5家单位参与。最终,中关村国际环保产业促进中心中标。该项目实施期为2008年9月25日至2009年5月31日。"中国绿能港"依托石景山园南区,面向新能源产业和节能环保领域,以服务全国新能源与节能产业发展为目标,从新能源与节能产业高端服务着手,打造北京新能源服务基地。

(夏文佳)

【先正达生物研究中心落户中关村生命科学园】 10月20日,先正达生物科技(中国)研究中心(SBC)落户昌平中关村生命科学园。该中心是中国迄今为止首家外资农业生物研究机构,将致力于玉米、大豆等主要作物早期阶段的转基因和天然农艺性状方面的研究,以及如何提高作物产量、抗旱性、疾病控制和提高生物能源转换效率等,并将与中国科研院所密切合作,共同为解决中国乃至世界日益增长的食品、饲料及能源需求提供新的解决方案。该项目第一个五年的首期投资总额约为6500万美元。

(夏文佳)

【北京综合性医疗器械检验基地奠基】 11月20日,"北京综合性医疗器械检验基地开工奠基仪式"在通州园光机电基地举行。国家食品药品监督管理局、市政府、通州区委、区政府等部门领导参加。该基地占地面积34280平方米,总投资15372万元,一期总建筑面积14000平方米,包括综合性实验楼,医用电磁实验楼,办公楼和其他相关设施。预计2010年全部建成投入运营。

(王 波)

【碧水源膜产业基地投产】 11月22日,北京碧水源科技发展有限公司在北京雁栖经济开发区举行"碧水源膜产业基地投产仪式"。副市长赵凤桐、国家环保产业协会会长王心芳等出席。该基地由北京碧水源科技发展有限公司2007年投资3亿元建立,专门从事膜生物反应器膜组器和膜片的研发与生产,具备年产200万平方米PVDF中空纤维膜的能力,是世界最大的高品质PVDF膜生产基地之一。

(夏文佳)

【中国石油科技创新基地奠基】 11月30日,"中国石油科技创新基地奠基仪式"在昌平举行。副市长赵凤桐、苟仲文、中国石油集团副总经理王宜林、区人大、区政府等相关部门领导出席。该基地由中国石油集团与昌平区人民政府共同建设,位于昌平区中关村国家工程技术创新基地,规划占地1438亩,总投资约80亿元。拟入驻单位包括钻井工程技术研究院、石油化工研究院、规划总院、安全环保技术研究院、北京数据中心、北京测井技术研究中心、北京石油机械厂和中石油(北京)科技开发有限公司等。该项目建成后,将成为集科技创新、研究试验、产品开发和机械制造于一体的石油工程技术研发与装备制造基地。

(张平 邹继东)

# 投资与融资

【中关村科技(创业)银行研讨会召开】 1月17日,中关村管委会、中国科学技术发展战略研究院、北京银监局等部门在中关村管委会召开关于设立中关村科技(创业)银行的研讨会。会上,中关村管委会相关人员介绍了关于申请在中关村设立科技(创业)银行的需求、有利条件和良好工作基础;中国科学技术发展战略研究院介绍了硅谷银行、印度中小企业银行等国外科技银行发展概况、运行模式和特点,以及设立中关村科技(创业)银行的初步方案;九三学社介绍了有关科技银行提案情况及设立科技银行的设想。

(刘卫东)

【ATA公司在纳斯达克上市】 1月29日,全美测评软件系统(北京)有限公司(ATA公司)正式在美国纳斯达克上市(股票代码"ATAI"),首次公开发行(IPO)约490万份美国存托凭证(ADS),融资金额为4300万美元,首日开盘价为9.5美元,美林公司是此次ATA公司IPO主承销商。ATA公司作为中国智能化考试服务的创始者,是国内最大的考试和教育服务供应商,致力于为考试机构及教育机构提供技术和运营服务。

(刘卫东)

【中关村科技园区与硅谷银行集团商谈合作】 2月20日,副市长赵凤桐、中关村管委会主任戴卫、市金融办公室主任霍学文等与硅谷银行金融集团总裁肯尼思·威尔科克斯一行在市发改委会谈。各方就北京市金融业发展环境和有关促进政策、中关村科技园区的创新优势和产业发展状况、硅谷银行的运作模式和成功经验，以及中关村与硅谷银行集团的合作领域和合作模式等问题进行了深入讨论。

（刘卫东）

【推进科技银行工作协调会召开】 3月25日，全国工商联、九三学社、科技部在全国工商联机关召开"推进科技银行工作协调会"。全国工商联主席黄孟复、科技部部长万钢、全国工商联副主席孙安民等出席。会议听取了北京中关村科技园区和上海浦东新区关于探索成立科技银行的有关工作情况汇报，有关人员介绍了国外科技银行的成功经验和我国设立科技银行的初步设想。与会领导就科技银行特征、设立科技银行的必要性、可行性、紧迫性以及下一步推动科技银行工作进行了讨论。会议决定：建立"三加二"（全国工商联、九三学社、科技部和北京市、上海市）的协同工作机制，加强与相关部门的沟通协调；继续研究和细化成立科技银行的具体方案；方案成熟时再通过"三加二"的工作机制向国家提出成立科技银行的建议。

（刘卫东）

【中关村天使投资联盟成立】 6月10日，由中关村管委会主办的"中关村企业家天使投资联盟信息发布会"在北京创业大厦召开。会上，宣布由北京民营科技实业家协会推动的中关村企业家天使投资联盟正式成立。该组织由联想控股董事局主席柳传志、用友软件董事长王文京等43位中关村企业家以自然人身份发起成立，创始资本金约430万元。该联盟通过运用"投资加辅导"、"投资人加创业导师"的模式，采用一套完整的流程，帮助种子企业解决创业初期最棘手的市场经验不足、管理团队不完善等难题，并与"联想投资"等专业投资机构衔接，为企业提供系统的、全方位的创业指导，培育出更多成功企业。（天使投资是指个人出资协助具有专门技术或独特概念而缺少自有资金的创业家进行创业，并承担创业中的高风险和享受创业成功后高收益的一种投资。这种投资往往出现在创业者最困难的时候，因此被称为"天使投资"。）

（刘卫东）

【汉王科技首发（IPO）获批】 7月7日，汉王科技股份有限公司首发（IPO）获得中国证券监督管理委员会发行审核委员会2008年第97次会议通过。汉王科技本次拟在深圳证券交易所发行2700万股，占发行后总股本比例的25.22%，预计募资金额为3亿元人民币。汉王公司主要生产和提供手写识别与笔迹输入、光学字符识别（OCR）技术等软硬件产品、技术授权和技术服务。

（刘卫东）

【久其软件首发（IPO）获批】 7月30日，北京久其软件股份有限公司首发（IPO）获得中国证券监督管理委员会发行审核委员会2008年第111次会议通过。久其软件本次拟发行1530万股，占发行后总股本的25.07%，预计募资金额为2亿元人民币。公司主营业务为报表管理软件、电子政务软件、ERP软件、商业智能软件等管理软件的研究和开发。

（刘卫东）

【正保远程教育成功登陆纽交所】 7月31日，北京正保远程教育集团有限公司在美国纽约证券交易所高增长板上市交易，成为中关村园区在纽交所上市的第6家企业。正保远程教育通过IPO发售了875万股美国存托凭证，发行价为7美元，融资6125万美元。正保远程教育的IPO主承销商为花旗集团和美林公司。股票代码为CDEL。正保远程教育集团作为首家在美国上市的国内远程教育企业，其网络教育已经拓展到各大领域，拥有法律教育网、医学教育网、建设工程教育网等13个行业教学网站。

（刘卫东）

【北大千方成功登陆纳斯达克】 7月31日，北京北大千方科技有限公司正式在美国纳斯达克证券交易所转板上市交易，成为中关村园区在纳斯达克证券交易所上市的第21家企业，也是中国交通信息化企业首次正式登陆纳斯达克。此次融资金额为2190万美元。公司股票代码为CTFO，首日开盘价为6.1美元。北大千方立足于交通信息化建设和服务，致力于成为中国最大的交通信息调查和解决方案提供商、交通综合信息平台和交通出行媒体平台运营商。

(刘卫东)

【资助小企业创新资金 4000 万元】 9月17日,中关村管委会发出《中关村科技园区 2008 年度小企业创新支持资金项目公示的通知》(中科园发[2008]25号)。根据《中关村科技园区小企业创新创业孵化支持资金管理办法》(中科园发[2006]21号),经评审,确定本年度园区小企业创新资金支持项目 106 个,经费总额 4000 万元。海淀园 79 家、3025 万元;丰台园 6 家、230 万元;昌平园 6 家、220 万元;石景山 4 家、140 万元;德胜园 6 家、210 万元;电子城 1 家、35 万元;通州园 2 家、70 万元;亦庄园 1 家、35 万元;雍和园 1 家、35 万元。其中电子信息 65 家、新能源与高效节能 5 家、光机电一体化 19 家、生物医药 6 家、高技术服务业 4 家、资源与环境 5 家、新材料 2 家。

(高促中心)

【5 家公司挂牌"新三板"】 10月28日,北京凯英信业科技股份有限公司、北京彩讯科技股份有限公司、北京九州岛大地生物技术集团股份有限公司、北京中兴通科技股份有限公司和北京鼎普科技股份有限公司等 5 家中关村企业在深圳交易所的中关村股份报价转让系统集中挂牌。至此,在该系统挂牌的中关村科技型企业已达 36 家。

(刘卫东)

【保罗生物登陆多伦多】 11月27日9时30分(加拿大时间),北京中加保罗生物科技有限公司在加拿大多伦多股票交易所(TSX)登陆开盘,Amicus Capital Corp. 正式更名为 Polo Biology Global Group,股票代码为 PGG。(北京中加保罗生物科技有限公司前身为保罗生物园科技股份有限公司,是源于企业投身资本运作市场,奠基市场全球化战略的合理布局而诞生的合资企业,是北京保罗科工贸发展集团的旗舰成员,是集生物保健系列产品的研发、制造、销售于一体的北京市高新技术企业。12月27日,"保罗生物上市庆典"在人民大会堂举行。)

(刘卫东)

【中关村企业董事会秘书联席会成立】 12月4日,中关村企业改制上市服务中心在永丰基地召开"中关村企业董事会秘书联席会成立大会暨第一次联谊会"。中关村管委会、中关村创业投资发展中心等单位相关领导及联席会代表 40 人出席。会议通过了《中关村企业董事会秘书联席会章程》,选举了联席会第一届执行委员会(7 人),并推选佳讯飞鸿王翊为执行主席。该联席会由园区各企业董事会秘书自愿组成,主要为了增进中关村科技园区内上市企业的交流,实现资源共享,加强企业与政府部门的联系,推动中关村企业改制上市工作。

(刘卫东)

【中关村创业投资引导资金确定第三批参股创投企业】 年内,北京中关村创业投资发展中心与今日资本投资咨询(北京)有限公司、维梧生技创业投资管理公司签订了合作意向书,成立两家创投企业(名称待定)。今日资本出资 1 亿元人民币,维梧生技出资 1.5 亿元人民币,创业投资发展中心分别出资 0.2 亿元和 0.3 亿元人民币。今日资本管理资金 2.8 亿美元,已投资了德青源、京东商城、中华英才网等企业;维梧生技创业投资管理公司管理资金 6.5 亿美元,专注于投资生物技术领域。至此,北京中关村创业投资发展中心已承诺出资累计为 3.05 亿元,共成立 9 家参股创投企业,总规模为 11.52 亿元。

(刘卫东)

【6 家企业成功上市】 年内,汉王、ATA 全美测评软件、久其软件、北大千方、保罗生物、东大正保等 6 家中关村园区企业获准上市,其中 4 家在境外、2 家在境内。至年底,中关村园区上市公司总数(包括通过证监会发审会待发行企业)已达 112 家,其中境内 55 家,境外 57 家。

(刘卫东)

【为 350 余家企业提供贷款担保近 40 亿元】 年内,中关村科技担保有限公司、北京昌平晨光昌盛投资担保有限公司两家担保机构通过瞪羚计划等 4 条担保贷款绿色通道共为 350 余家企业提供贷款担保近 40 亿元。

(刘卫东)

【中关村代办股份转让试点进展顺利】 年内,有76家企业参与中关村科技园区非上市股份公司进入证券公司代办股份转让系统进行股份报价转让试点,已挂牌企业和正在备案企业54家,比2007年增加了26家。其中,有9家挂牌企业完成或启动了定向增发股份,共发行1.16亿股,融资4.3亿元,市盈率最高达到35倍,最低12倍,平均为16.38倍。

(刘卫东)

【中关村科技型中小企业信用贷款试点进展顺利】 至年底,北京银行、交通银行、北京农村发展银行、上海浦东发展银行等4家试点银行总计为北京英惠尔生物技术有限公司、北京瑞斯福科技有限公司、北京东方广视科技有限责任公司等43家中关村科技型信用贷款试点企业发放了59笔信用贷款,总额4亿元,且已有24笔共1.13亿元贷款按时还本付息。

(刘卫东)

# 归国创业

【海外学人考察团考察中关村科技园区】 5月20—23日、12月21—23日,由中关村科技园区驻美国硅谷、华盛顿,日本东京,加拿大多伦多,英国伦敦等5个海外联络处组织的来自美国、日本、加拿大等国的10个海外学人创业考察团共350余人到中关村科技园区考察参观,部分人员还应邀参加了由市委、市政府主办的"北京海外学人中心揭牌仪式暨2008北京国际金融人才发展论坛"。通过参观考察,海外学人亲身体验到中关村科技园区优惠的创业扶持政策,完善的创业、创新环境,特别是各留学人员创业园各具特色的创业服务。数十位海外学子决定归国到中关村科技园区创业。

(贺 明)

【华北电力大学留学人员创业园揭牌】 10月21日,"北京市中关村管委会、华北电力大学共建留学人员创业园揭牌仪式"在华北电力大学举行。中关村管委会主任戴卫,华北电力大学党委书记吴志功、校长刘吉臻等出席,双方领导为创业园揭牌。仪式上,中关村管委会与华北电力大学签订了共建留学人员创业园协议。中关村管委会现场拨付200万元资金,用于创业园建设。

(贺 明)

【中关村优秀创业留学人员表彰大会举行】 11月28日,由中关村管委会主办的"2008年度优秀创业留学人员表彰大会"在清华科技园召开。中组部、市委组织部、市政府相关委办局的领导以及受表彰的优秀创业人员、园区留学人员代表等300人出席。中关村管委会主任戴卫宣读决定,共表彰54名优秀创业留学人员。他们所创办的企业涵盖了信息技术、生命科学、新医药、新材料、新能源、环保等领域。

(贺 明)

【北京海外学人中心揭牌仪式暨2008北京国际金融人才发展论坛】 12月23日,市委、市政府主办的"北京海外学人中心揭牌仪式暨2008北京国际金融人才发展论坛"在国际饭店举行。市长郭金龙、国家外国专家局局长季允石共同为中心揭牌。会上,开通"北京海外学人中心"网站(www.8610hr.cn)。该中心将负责北京市引进海外高层人才的评定工作,并广泛联系驻外使领馆、海外专家组织、海外人才交流机构、留学生组织,代表市委、市政府寻访海外高层人才;组织海外高层人才培训交流活动,为在北京创业的海外高层人才提供事业发展和生活条件等综合配备服务。论坛围绕把北京建设成为有国际影响的金融中心城市对金融高端人才的需求这个主题,宣传推介了北京金融业吸引海外高层金融人才的优惠政策,并发布了在京金融机构高层职位需求信息。400余人参加了此次活动。

(贺 明)

【继续扶持留学人员企业】 年内,中关村科技园区无偿资助留学人员企业155家,总金额1428万元。留学人员创业企业小额担保贷款绿色通道扶持海归企业31家,总金额3210万元。

(贺 明)

【归国留学人员到园区创业持续高涨】 年内,中关村管委会留学人员创业服务总部接待海外留学人员咨询来访5500余人次,创办海归企业510余家、1100余人,注册资本4.8亿元。

(贺 明)

【举办7场留学人员精品项目推介会】 年内,在北京科大留学人员创业园、中关村生命科学园留学人员创业园、中央财大留学人员创业园和石景山数字娱乐留学人员创业园等举办涉及电子信息和新材料、财经及文化创意等领域的"三三会"共7场,推介精品项目20余个,展示项目200余个。

(贺 明)

# 知识产权

## Intellectual Property Rights

बौद्धिक सम्पदा

Intellectual Property
Rights

## 专利管理与服务

【发布《2008年北京市知识产权宣传工作要点》】 3月,市知识产权局向市知识产权办公会议及保护知识产权工作组各成员单位发布《2008年北京市知识产权宣传工作要点》。《要点》确定了2008年北京市知识产权工作的宣传主题——"知识产权与奥运同行"五大宣传要点:围绕奥运盛会深入开展宣传、围绕改革开放30年成就深入开展宣传、围绕知识产权战略深入开展宣传、做好2008年"保护知识产权宣传周"的宣传工作、做好"五五"普法工作。

(李建荣)

【发明专利奖评选工作办公室成立】 4月2日,"北京市发明专利奖评选办公室成立会议"在市知识产权局召开。办公室由市知识产权局、市人事局、市财政局、市发改委、市教委、市科委、市工促局及市农委组成,将负责市发明专利奖的组织、协调和管理工作。该奖项是全国首次由地方政府设立的专利奖,将鼓励创新成果取得专利权,提高发明专利质量,促进发明专利实施和商用化。成员单位负责人及秘书处成员出席了会议。会上,介绍了奖励办秘书处组成人员名单、评选筹备工作情况,审议并原则通过了《工作会议职责》、《实施细则》、《申报书》等。首届主任为市知识产权局局长刘振刚。

(赵 薇)

【奥运知识产权信息平台建成】 4月,市知识产权局组织完成的奥运知识产权信息平台正式上线运行。该平台是在市知识产权局现有网站系统基础上改造扩建而成,增加了奥运知识产权图文解说、问题专家解答、投诉举报通道、经典案例分析、电子地图、双语平台等功能。可为政府部门、新闻媒体提供奥运知识产权信息,与奥运有关的知识产权知识,奥运知识产权政策法规、维权执法动态、执法机构电子地图以及奥运五城市信息等内容。实现了多渠道的信息采集、跨部门的信息资源共享。

(刘 倩)

【发明专利奖评选工作正式启动】 5月8日,市发明专利奖评选工作办公室在国务院第二招待所召开"北京市发明专利奖评选工作会议",正式启动了北京市首次发明专利奖的评选工作。市政府有关委办局、区县知识产权管理机构、重点行业协会、高等院校、科研机构等单位100余人参加。会上,市发明专利奖评选工作办公室主任、市知识产权局局长刘振刚以事实和数字为例,揭示了北京市专利工作与国内先进城市和发达国家的差距,强调设立发明专利奖的目的是为了鼓励创新成果取得专利权,促进发明专利实施和商用化;希望专利推荐单位和相关机构共同做好市发明专利奖的评选工作。

(赵 薇)

【《国家知识产权战略纲要》发布】 6月5日,国务院发布《国务院关于印发国家知识产权战略纲要的通知》(国发[2008]18号),正式颁布《国家知识产权战略纲要》,明确到2020年把我国建设成为知识产权创造、运用、保护和管理水平较高的国家,5年内自主知识产权水平大幅度提高,运用知识产权的效果明显增强,知识产权保护状况明显改善,全社会知识产权意识普遍提高。《纲要》分序言、指导思想和战略目标、战略重点、专项任务、战略措施五部分、65条,确定了专利、商标、版权、商业秘密、植物新品种、特定领域知识产权、国防知识产权等专项任务,并提出了提升知识产权创造能力、鼓励知识产权转化运用、加快知识产权法制建设、提高知识产权执法水平、加强知识产权行政管理、发展知识产权中介服务、加强知识产权人才队伍建设、推进知识产权文化建设、扩大知识产权对外交流合作等9项战略措施。

(吴晓敏)

【智能卡行业知识产权联盟成立】 8月6日，市知识产权局在北京握奇数据系统有限公司召开"北京市智能卡行业知识产权联盟成立大会"，市知识产权局、朝阳区知识产权局相关领导出席并讲话。该联盟是由握奇数据、中电华大发起，联合飞天诚信、大唐微电子、同方微电子3家智能卡企业自发成立的开放、非营利、合作型企业团体，将在市知识产权局和市重点产业知识产权联盟支持下，集合多家企业，共同应对涉外知识产权纠纷。其主要任务是：建立培训机制，加强联盟成员间合作与交流；引导企业规划知识产权战略，提升专利数量和质量，并通过联盟间的交叉许可，减少专利交易成本，实现专利联盟的防御功能；实现由防御型专利联盟向进攻型专利联盟转变，并做到以技术标准控制市场、创造市场，逐步形成专利社会经营体系。

(马鸿雅 黄显智)

【中关村国家知识产权制度示范园区通过国家验收】 10月22日，中关村国家知识产权制度示范园区顺利通过由国家知识产权局组织的知识产权试点工作考核验收。经过实地考察、审阅资料、听取汇报、现场提问、评议打分，专家组对园区知识产权工作体系构建、政策法规布局完善、企业知识产权工作等园区知识产权工作情况进行检查，并一致同意通过验收。此次验收主要围绕《关于中关村国家知识产权制度示范园区工作实施方案》中要求的工作任务展开，集中回顾了示范园区成立的背景，指出了示范园区知识产权发展现状，总结了五年来的知识产权建设工作成果，并认真深入地探讨了所遇到的问题和有益经验，就今后的发展提出有益建议。

(林巧婴)

【发布《北京市文化创意产业知识产权保护与促进意见》】 11月19日，市知识产权局、市工商局、市版权局联合发布《北京市文化创意产业知识产权保护与促进意见》（京知局[2008]178号）。《意见》包括加大文化创意产业知识产权保护力度；促进文化创意产业知识产权取得和拥有；推进文化创意产业集聚区知识产权工作；提升文化创意产业知识产权服务水平；加强文化创意产业知识产权工作的领导与保障五个方面。《意见》于发布之日实施。

(吴晓敏)

【首届发明专利奖揭晓】 11月20日，"北京市首届发明专利奖评审委员会成立暨项目评审会议"在北京会议中心举行，副市长赵凤桐出席，发明专利奖评审委员会主任、北京工业大学校长范伯元主持了对50余个入围专利项目的评审。专家对涉及电子通讯、计算机自动化、化工冶金材料、医疗医药、建筑环保、轻工机械、仪器仪表、农林食品8个专业领域的建议授奖项目进行评审。最终，49个项目被评为北京市发明专利奖，其中，特等奖1项，一等奖3项，二等奖15项，三等奖30项。清华大学、同方威视技术股份有限公司的"车载移动式集装箱检查系统"获特等奖，奖金100万元。

(赵薇)

【技术合同登记大幅增加】 至11月28日，市知识产权局技术合同登记处共登记合同208份，比上年同期增长41.78%；合同成交总金额7.8亿元，比上年同期增长47.73%，其中技术交易额7.72亿元。

(刘倩)

【北京知识产权研究会承担软科学研究课题通过验收】 11月，由北京知识产权研究会承接的市市政管委"北京市市政科技知识产权体系的研究"课题通过了专家验收。该课题深入了解了北京市市政行业的知识产权拥有现状、重点技术领域的科技和知识产权发展水平与趋势,提出了北京市市政科技知识产权的发展目标、体系和保障措施。评审组专家一致认为:这项研究是国内市政行业的创新性研究,对市政行业以环境领域为主的科技创新以及知识产权的发展和管理提供了翔实的数据和分析,具有可操作性,对加强市政行业科技创新应用和知识产权管理有重要现实意义。

(知识产权研究会)

【园区专利申请量大幅上升】 年内,园区企业专利申请量达到16547件,同比增加9580件,占全市增量的81.0%,增长率达到137.5%,分别占全市和全市企业专利申请量的38.0%和72.6%。其中发明专利申请量12842件,占园区专利申请的77.6%,占全市发明申请量的45.2%。

(林巧婴)

【完善市区两级知识产权办公平台】 年内,市区两级知识产权办公平台充分利用和整合资源,完善服务与应用,发布各类政务信息375条,通知公告30条,区县上报各种材料100余条,区县间消息沟通数量达5000余条。

(朱 燕)

【实施示范园区知识产权专项资金350万元】 年内,中关村知识产权促进局实施了示范园区的知识产权专项资金。共为14家拥有专利且急需完善专利制度的中小高科技企业资助150万元,帮助其开展专利战略研究;评审出10家正在将专利技术市场化、产业化的高新技术企业,资助100万元;为8家符合知识产权贷款贴息要求的企业贴息100万元。

(林巧婴)

【366人通过全国专利代理人资格考试】 年内,市知识产权服务中心组织北京地区专利代理人资格考试,共有3430人报名,占全国报名人数约39.1%,实考2259人。最终,366人通过,占全国通过资格考试692人的52.9%。

(马东辉)

【审核设立20家专利代理机构】 年内,市知识产权局审核设立北京尚诚知识产权代理有限公司、北京隆安律师事务所等20家专利代理机构;审批北京中恒高博知识产权代理有限公司、北京铭硕知识产权代理有限公司等12家专利代理机构在乌鲁木齐、成都等外省市设立办事机构。至年底,北京市专利代理机构已达175家,占全国专利代理机构总数的1/4,其中非国防代理机构158家,国防代理机构17家。

(党建新)

【164家专利代理机构通过年检】 年内,共有164家专利代理机构、1834名专利代理人通过网上年检,包括市知识产权局组织的147家代理机构及国家知识产权局组织的营业地在北京的17家国防专利代理机构。

(党建新)

【专利申请量达43508件】 年内,北京市专利申请量达43508件,与上年相比增长了37.3%,高出全国专利申请平均增长率15个百分点。其中,企业(包括央属企业)专利申请量为22792件,高校、科研机构专利申请量分别为5541件和5341件。

(张伯友)

【PCT专利申请稳步增长】 年内,北京市共有117家企业申请PCT专利,申请数量为625件,占全国PCT专利申请总量(6089件)的10.3%。[PCT是《专利合作条约》(Patent Co-operation Treaty)的英文缩写,是有关专利的国际条约。根据PCT的规定,专利申请人可以通过PCT途径递交国际专利申请,向多个国家申请专利。]

(李 泽)

【发明专利密度指数名列全国榜首】 年内,北京市"每百万人口提交专利申请量"为2567件,比上年提高了627件;其中,"每百万人口提交发明专利申请量"为1675件,比上年提高了526件。北京市"每10亿元GDP专利申请量"为41.5件,比上年提高了7.6件;其中,"每10亿元GDP发明专利申请量"为27.1件,比上年提高了7.1件。北京市发明专利密度指数蝉联全国榜首。

(李 泽)

【园区专利受理及资助】 至年底,北京代办处受理专利申请36055件,同比增长51%。其中受理发明专利申请25710件,同比增长63%;实用新型专利申请7582件,同比增长33%;外观设计专利申请2763件,同比增长11%。收取各项专利费用79114笔,金额为9389.165万元,同比分别增长56%和62%。资助23111件国内专利申请,金额2109万元;资助381件国外专利申请,金额677万元。协助中关村管委会面向园区企业,办理中关村专利促进资金,共受理213余家企业递交的申报材料,经初审163家合格,核定资助金额为8340余万元。

(林巧婴)

【37家中小企业获知识产权质押融资40275万元】 至年底,已累计有37家科技型中小企业的44个项目获得交通银行北京分行知识产权质押贷款40275万元,其中,专利权质押贷款5745万元,商标权质押贷款24330万元,版权担保贷款10200万元,帮助创新型中小企业解决了发展中存在的资金短缺问题,且所有到期企业全部还贷,未形成一笔不良贷款。

(党建新)

# 专利保护

【召开北京知识产权保护状况新闻发布会】 5月8日,由市政府新闻办公室、市知识产权办公会议主办的"北京知识产权保护状况新闻发布会"在北京奥运新闻中心举行。市知识产权办公会议办公室主任、市知识产权局局长刘振刚受市知识产权办公会议委托,向社会发布北京地区2007年知识产权保护的整体状况,市知识产权局、市工商局、市版权局、市文化执法总队、北京海关、市高级人民法院六部门的有关领导出席发布会并就新的知识产权保护法规、网络著作权的保护、奥运知识产权保护、海关专项行动情况、文化市场知识产权保护工作等问题现场回答了记者的提问。国内外媒体、外国驻华机构和外资企业代表100余人参加。

(陈 健)

【"12312"进驻科博会】 5月21—25日,市保护知识产权举报投诉服务中心(北京12312)进驻"第十一届中国北京国际科技产业博览会",摆放了40余块展板,宣传知识产权基础知识,包括专门设立的奥运知识产权保护宣传区。同时,以有奖知识问答、播放知识产权宣传动画、解答提问、发放宣传材料等方式,调动参观者学习知识产权的积极性,并主动走出去,向企业宣讲知识产权保护途径。

(郭 文)

【举办奥运知识产权保护论坛】 7月16日,由国家知识产权局主办、市知识产权局承办的"奥运知识产权保护论坛"在东方君悦酒店举行,旨在探讨奥运知识产权保护,提高奥运知识产权保护工作的水平,发扬奥林匹克精神,营造尊重奥林匹克知识产权工作的良好氛围。奥组委法律事务部副部长刘岩就"奥林匹克知识产权保护工作综述"、国家工商行政管理总局商标局副局长刘燕演就"深化奥林匹克标志专有权保护,打好奥运攻坚战"、市知识产权局局长刘振刚就"营造知识产权保护环境,展示首都北京良好形象"做主题演讲。各区县知识产权管理部门、科研院所、知名企业、大型商业零售经营单位等百余人出席。

(杜 伟)

【开展打击专利侵权假冒行为专项行动】 8月,市知识产权局在商品流通领域开展打击专利侵权假冒行为专项行动,重点检查了包括秀水市场在内的大型商品批发零售市场及奥运场馆周边地区。同时,协调沟通各区县并要求"无冒充专利示范单位",建立涉嫌专利违法行为及时上报制度,为成功举办奥运会营造良好氛围。

(杜 伟)

**【启用北京市专利商品动态监控系统】** 9月,市知识产权局在专利商品检查中正式启用北京市专利商品动态监控系统。来自18区县的88家"无冒充专利示范单位",上报标注专利标记商品3062种,其中不规范标注行为涉及商品335种,合格率为89.1%。

(刘志平)

**【公益宣传短片获法制动漫征集活动优秀奖】** 12月,在由全国普法办主办的"第六届全国法制动漫作品征集活动"中,市知识产权局制作的十集保护知识产权flash公益宣传短片获优秀奖,并荣获组织奖。十集公益宣传短片分别涉及专利、商标、版权、奥运标志等类型,均选自百姓生活中常见的小故事,旨在唤起公众树立知识产权意识。

(李建荣)

**【开展"雷雨"、"天网"知识产权执法专项行动】** 年内,市知识产权局依据国家知识产权局《"雷雨"、"天网"知识产权执法专项行动方案》(国知发管字[2008]10号),制定了专项行动方案,并向区县做出部署。行动期间,查处了"多功能保健鞋"假冒他人专利案件、"名辉宝狮油田设备有限公司"冒充专利案件等。向市公安局刑侦支队移送了美国奥普海默资本集团有限公司涉嫌诈骗专利权人张运合技术对接费、评估费案件,美国太平洋涛集团北京代表处与北京建信资产评估有限公司涉嫌诈骗专利权人黄远振专利评估费用案件等。("雷雨行动"的主要任务是打击知识产权侵权假冒行为,特别是打击恶意、群体及反复专利侵权、假冒他人专利和严重的冒充专利行为。"天网行动"的主要任务是打击涉及专利的诈骗行为。)

(张大伟)

**【受理专利纠纷案件38件】** 年内,市知识产权局共受理专利纠纷案件38件,其中专利侵权纠纷36件,专利权属纠纷案件2件。涉及发明专利15件;实用新型专利19件;外观设计专利4件。审结案件34件,其中做出处理决定结案6件;经市知识产权局调解,双方和解后撤案27件;因专利权被宣告无效,撤案1件。

(张大伟)

**【查处假冒他人、冒充专利行为】** 年内,市知识产权局共立案查处北京易发鑫研科技有限公司"远红外节能燃气灶头"假冒他人专利行为案件等3件;立案查处华效资源有限公司"闪蒸复合发电"冒充专利行为案件等8件,结案2件。

(刘志平)

**【进驻巡视展会解决投诉】** 年内,市知识产权局执法人员进驻、巡视政府主办或者具有国际、国内重大影响的展会33个,包括"2008年中国北京国际汽车展"、"第十七届中国国际专业音响·灯光·乐器及技术展览会"等,解决展会中发生的涉及专利、商标、著作权的知识产权侵权投诉100余件并现场立案17件。

(张大伟)

**【出台《北京市保护知识产权举报投诉服务中心举报重大知识产权违法、犯罪行为奖励办法》】** 年内,北京市保护知识产权举报投诉服务中心制订出台了《北京市保护知识产权举报投诉服务中心举报重大知识产权违法、犯罪行为奖励办法》。《办法》指出,对举报重大知识产权违法、犯罪行为给予奖励;北京12312成立举报奖励工作小组,负责举报奖励的评审、奖励资金的管理及奖金的发放。《办法》自公布日起30日后施行。

(倪 伟)

# 知识产权统筹协调

**【北京市专利示范工作启动大会召开】** 1月15日,由市知识产权局主办的"北京市专利示范工作启动大会"在北京会议中心召开,国家知识产权局领导出席并讲话。会上宣读了《关于认定2007年北京市专利示范单位的通知》和《关于成立企业知识产权工作志愿团的通知》。市知识产权局局长刘振刚、副局长刘东威等为联想、中星微、北方微电子、中科院计算所、华旗资讯等20家首批北京市专利示范单位授牌。刘振刚在讲话中指出，市知识产权局在专利示范工作中会进一步强化对示范企业的支持，加大对示范单位申请发明专利的资助力度，对专利示范单位每项发明专利最高将资助5000元；通过帮助示范单位培育一批知识产权高级管理人才，资助专利示范单位开展知识产权战略及预测预警研究。会上还宣布成立北京市企业知识产权工作志愿团。

（马鸿雅 黄显智）

【召开公知公用项目专利研讨会】 2月26日，市知识产权局在首都大酒店召开"公知公用专利项目研讨会"，来自重点产业知识产权联盟成员单位、中介机构、高校的知识产权专家18人参会。会上，2007年提出项目需求的联盟成员单位代表针对公知公用项目检索分析献计献策；中介机构代表介绍了项目检索过程中积累的经验，并表示将调动本单位最优秀的专业人员参与到2008年的公知公用项目中来，为企业提供更好的服务。

（黄显智）

【示范园区知识产权专项资金启动仪式】 2月29日，中关村知识产权促进局在丽华亭苑大酒店举行"中关村国家知识产权制度示范园区知识产权专项资金启动仪式暨2008年度工作通气会"。市知识产权局、中关村管委会的领导，联想（北京）有限公司、中科院计算技术研究所等企业、科研院所以及中介机构代表近50人参加。会上，中关村知识产权促进局发布了2007年示范园区知识产权十大新闻；发布了中关村科技园区出台的《中关村科技园区专利促进资金管理办法》；启动了2008年示范园区专项资金资助工作；介绍了示范园区重点企业联系制度的具体情况；预告了2008年"世界知识产权日"示范园区的活动安排。

（林巧婴）

【2007年示范园区知识产权十大新闻】 2月，中关村知识产权促进局组织的2007年中关村国家知识产权制度示范园区知识产权十大新闻评选揭晓。十大新闻是：中关村知识产权工作跨上新台阶；中关村科技园区出台专利促进办法；专利引擎计划"星火燎原"；中关村百家企业助力奥运；知识产权质押贷款贴息为园区中小企业发展助力；Sisvel公司就扣押申请失误向华旗道歉；中国3G标准有望实现国内外开花；北大方正诉美国暴雪公司侵权；中关村组建知识产权顾问团队；中关村电子阅览室启动。

（林巧婴）

【第二届北京发明创新大赛落幕】 3月13日，北京发明协会、北京电视台科教节目中心主办的"'aigo爱国者杯'暨第二届北京发明创新大赛"颁奖仪式在创业大厦举行。中国发明协会理事长朱丽兰、市科委主任马林、北京发明协会理事长曹凤国等相关部门的领导出席并为获奖者颁奖。此次大赛的主题是"发明 成就未来"，采取网上发布、现场报名的方法，面向社会公开征集参赛项目。共有755个项目报名参赛，其中青少年项目243项，涵盖技术领域宽泛，涉及机械、电子、能源环保、城市建设等方面。大赛共评出4项大奖：发明创新奖391项、专项奖4项、最佳组织及项目推荐奖4名；热心观众奖3名。发明创新奖中特等奖1项，奖金10000元；金奖9项，每项奖金3000元；银奖20项，每项奖金1000元；铜奖30项，每项奖励价值500元的奖品；优秀奖331项。

（马正运）

【召开专利试点工作表彰大会】 5月9日，市知识产权局在北京会议中心召开"2007年度北京市专利试点工作表彰大会"。各区县、中关村园区各科技园主管知识产权工作的相关人士以及获奖单位和个人的代表共计90余人参会。会上，对荣获"2007年度北京市专利试点工作先进单位"称号的42家单位、荣获"2007年度北京市专利试点工作先进个人"的44位个人进行了表彰。

（黄显智 王龄枞）

【北京发明协会第四次会员代表大会召开】 5

月13日,"北京发明协会第四次会员代表大会"在市科研院召开,83名会员代表参加。中国发明协会、市科委的领导出席并讲话。大会审议并通过上届理事会工作报告、财务报告、监事报告;审议并通过北京发明协会章程、北京发明协会会费收取标准;选举产生了北京发明协会第四届理事会、监事会。之后,召开了"北京发明协会第四届理事会第一次会议",选举产生了第四届理事会理事长、副理事长、秘书长和监事长。理事长为原市科研院院长曹凤国;副理事长为北京华旗资讯数码科技有限公司总裁冯军等10位;秘书长为北京技术交易促进中心主任牛近明;理事会成员36位。

(马正运)

【举办奥运知识产权宣讲活动】 5月20日,由市知识产权局组织的"首都知识产权'百千对接工程'奥运知识产权展示及对接宣讲活动"在丰台区科技馆举行。此次活动是科技周的一部分,设置了200余平方米的图解奥林匹克知识产权教育展厅,并邀请相关专家介绍和讲解了奥林匹克运动会中所涉及的知识产权问题,重点宣讲奥运知识产权保护对于成功举办奥运会的意义与重要性,并现场解答了参与者提出的问题。该活动获得2008年北京市科技周优秀活动奖。

(党建新)

【区县知识产权工作研讨会召开】 5月20—21日,市知识产权局在九华山庄召开"2008年北京市区县知识产权工作研讨会",各区县知识产权局及亦庄开发区的主管领导等参加。会上,市知识产权局相关人员做了题为"夯实基础,开拓创新促进区县知识产权工作又好又快发展"的报告,总结了2007年区县知识产权工作,提出了2008年知识产权工作基本思路。朝阳区、石景山区、昌平区代表做典型发言。会上,向获得2007年度全国专利系统先进集体奖的石景山区知识产权局和昌平区知识产权局颁发了奖牌。

(朱 燕)

【举办知识产权质押融资培训班】 5月27—28日,由国家知识产权局主办,市知识产权局与宣武区知识产权局"北京知识产权保护与质押融资培训班"在密云县云佛山旅游度假村承办行开班。来自80余家创新型中小企业、"老字号"企业以及工商联等相关企事业单位的代表130余人参加了培训。培训班上,市知识产权局、维诗律师事务所、北京连城创新知识产权代理有限公司的相关人士分别就"实施知识产权'百千对接工程',促进企业创新发展"、"知识产权保护的概念、种类、特点,及其对经济发展的促进作用"、"知识产权无形资产的价值体现与价值评估"、"知识产权风险控制以及质押贷款条件、贷款办理程序"等内容进行了讲解,使学员们对知识产权保护运用和质押贷款的条件、贷款办理程序等内容有了更深的理解和认识。

(党建新)

【召开知识产权联盟大会】 5月30日,市知识产权局在稻香湖畔酒店召开"北京市重点产业知识产权联盟大会",联盟成员单位代表60余人参加。会上,宣布成立能源环保类、电子信息类、生物医药类以及综合类4个分支联盟,并指定了各分支联盟秘书长,布置了2008年公用公知项目,对参加北京市专利奖评定的重点企业进行了培训。

(黄显智)

【召开与在京外商投资企业保护知识产权沟通对话会】 6月25日,市保知办在秀水街市场组织召开了第四次"与在京外商投资企业保护知识产权沟通对话会"。美国、英国、日本等驻华大使馆的知识产权官员,美国商会、中国欧盟商会、日本贸易振兴机构北京代表处等30余家外国驻京机构、外商投资企业代表参加。会上，市知识产权局、工商局、版权局等部门有关负责人介绍了各自管理领域内的知识产权保护政策及措施。各有关单位听取了外商投资企业代表对北京市保护知识产权工作的意见和建议，并现场解答了与会代表提出的问题。

(倪 伟)

【知识产权质押贷款取得新进展】 7月22日，市科委、北京银行"全面战略合作暨推动知识产权质押贷款协议签字仪式"在北京银行总行举行，科技部、首创担保公司的领导以及北京银行有关业务部门、企业代表近100人参加。仪式上，市科委、北京银行共同签署了《全面战略合作暨推动知识产权质押贷款协议》；北京银行与经纬律师事务所、首创担保公司签署了《知识产权质押贷款业务合作协议》，与经纬律师事务所、连城评估公司签署了《知识产权质押贷款业务合作协议》；北京银行与企业签订了放贷合同。至年底，已累计35家企业获得44笔知识产权质押贷款，共计3.4亿元，涉及电子科技、生物医药、新材料、节能环保等领域。

(付文均)

【组团参加专利技术与产品交易会】 9月3—5日，由国家知识产权局、辽宁省人民政府和中国国际贸易促进委员会主办的"2008年中国国际专利技术与产品交易会"在大连举行。市知识产权局组织首钢集团、同方威视、安东石油等8家企业携30余项专利技术参展。以车载移动式车辆检查系统、连铸结晶电磁搅拌技术等为代表的多项专利处于国际先进地位。市知识产权产权局获组委会授予的最佳组团奖。

(王龄枞)

【组团参加专利与名牌博览会】 9月19—21日，市知识产权局组织汉王科技、同方威视、仁创集团、中科院计算所、科净源等5家企业的40余项专利技术参加在顺德展览中心举行的"第5届中国国际专利与名牌博览会暨首届中国顺德国际工业设计创意博览会"，展品涉及电子信息、能源环保、新材料等领域。汉王科技、同方威视两家企业荣获最佳布展奖，同方威视公司荣获十佳专利和十佳商标奖。市知识产权产权局荣获最佳组团奖。

(黄显智)

【举办区县知识产权局长培训班】 10月8—9日，由市知识产权局主办、海淀区知识产权局协办的"2008年度北京市区县知识产权局长培训班"在稻香湖畔酒店举行。来自18个区县以及北京经济技术开发区知识产权局的局长、副局长等40余人参加。培训班上，国家知识产权局、市高级人民法院、中国社科院、中科院科技政策与管理科学研究所的专家分别就《国家知识产权战略纲要》、知识产权司法审判、知识产权基本原理、知识产权经营管理等问题进行讲授。授课后，与会者结合各区县知识产权工作进行研讨。

(李建荣)

【召开保护奥运知识产权专项行动总结表彰会】 10月10日，市保护知识产权工作组在首都大酒店召开"北京市保护奥运知识产权专项行动总结表彰会"，副市长赵凤桐出席并讲话，市知识产权局、市工商局、市版权局等18个成员单位的领导和专项行动联络员等参加了会议。大会对专项行动中作出突出贡献的10个先进集体、23个先进个人和10个文明经营商场(店)进行表彰。会议听取市保护知识产权工作组办公室主任、市知识产权局局长刘振刚代表市保组所做的题为《统一部署，协调联动，净化环境，展示形象，全力打好保障奥运成功举办的知识产权阻击战》的工作报告。据不完全统计，专项行动期间，共查处各类侵犯知识产权违法案件3900余件，共计罚没款2300余万元，收缴各类盗版产品420余万张(册)，取缔制售盗版产品窝点、摊店和网站1800余个，抓获侵权犯罪嫌疑人694人。检察机关共受理公安机关提请批准逮捕的侵犯知识产权犯罪案件43件、86人；各级法院知识产权庭共受理各类一审知识产权纠纷案件3266件；北京12312共接到涉奥举报投诉26件，咨询37件，转交执法部门举报投诉22件，执法部门共办结反馈案件17件。各有关部门共发放各类宣传品5万余份，宣传资料35万余份(张)、张贴宣传海报

2.1万张、设立广告牌、宣传展板及横幅3600块(条),培训各类人员4万余人次。

(倪 伟)

【企业专利信息与专利管理高级培训暨研讨会】 10月15—17日,由中关村知识产权促进局主办,中企知权科技(北京)有限公司承办的"企业专利信息与专利管理高级培训暨研讨会"在北京教育考试院举行,主题是"专利信息的应用与知识产权管理"。国内外知名知识产权专家就"企业运营中的专利信息利用策略"、"企业专利预警实务"、"专利侵权纠纷中的专利信息分析应用及案例"、"跨国企业知识产权管理策略"、"跨国企业知识产权管理与法律风险防范"等多个方面进行系统培训,并进行研讨。中关村科技园区企事业单位知识产权、专利和研发管理人员,科研机构、高等院校的知识产权管理人员,专利代理人、专利工程师、专利律师等200余人参加。

(林巧嫛)

【北京组团参展第6届中国国际发明展】 10月16—19日,由中国发明协会、发明者协会国际联合会(IFIA)、江苏省科技厅、苏州市政府共同主办的"第6届中国国际发明展览会"在苏州市国际展览中心举行。展览以"节能减排,服务三农"为主题。由北京发明协会组织的北京展团设有22个展位,精选了90个项目参展,有64项获奖,其中北京工业大学的"串联式混合动力电动汽车辅助动力单元控制方法"等16项获金奖,并获银奖22项,铜奖26项(包括青少年金奖2项,银奖5项,铜奖2项)。同时北京展团荣获"优秀展团奖"。

(马正运)

【知识产权培训融入现代农业】 10月20—21日,由市知识产权局主办,丰台区知识产权局承办的"重点产业及现代农业领域知识产权培训班"开班。各乡镇主管领导、区知识产权局系统各单位的领导和工作人员以及农村科技协调员等近90人参加。有关专家就"知识产权概述及企业知识产权战略"、"实施知识产权'百千对接工程',促进区域创新发展"、"专利行政执法"、"知识产权实务及侵权案例——植物新品种、地理标志和品牌经营"等进行了专题讲解。

(党建新)

【举办专利示范战略推进培训班】 10月21—24日,市知识产权局在清华大学国际技术转移中心举办"北京市专利试示范2008年度知识产权战略推进培训班"。培训改变了参训人员被动接受课堂讲座的培训模式,课程由部分示范企业的知识产权负责人员设计和组织,理论学习和企业案例分析相结合,共设四个主题,即企业知识产权战略制定、企业知识产权经营、标准战略、企业知识产权侵权和诉讼的策略与技巧。

(姚军甫)

【举办专利试点负责人培训班】 10月30—31日,市知识产权局在银龙苑宾馆举办"2008年专利试点企业领导人培训班",共有350名专利试点单位负责人与知识产权主管参加。北京大学、中科院等单位的专家分别就企业知识产权战略制定、企业知识产权商用化策略等进行讲解。

(黄显智 王龄枞)

【举办区县知识产权局新任人员培训班】 11月3—6日市知识产权局在稻香湖畔酒店举办"2008年度北京市区县知识产权局新任人员培训班",来自18区县以及市局下属事业单位的40余名新任人员参加。此次培训内容主要包括:拓展训练、业务培训和研讨总结。期间,国家知识产权局、清华大学法学院、市知识产权局、市高院知识产权庭的专家分别讲授专利申请及审查流程、知识产权基本理论、专利行政执法和知识产权诉讼实务等课程。

（李建荣）

【2008年度北京市专利技术展示交易周】 11月18—22日，由市知识产权局、市教委、市工业促进局主办，北京产权交易所承办的"2008年度北京市专利技术展示交易周"在经开汇展中心举行。主题为"交易增进价值 合作实现共赢"。近70家高校、研究机构、企业，8家金融机构、风险投资公司，多家中介机构以及河北、天津的近30家企业的代表共计200余人参展。此次展览举办了风险投资公司的投资方向宣传，生物医药专利项目专场推荐会，生物医药行业利用公知公用技术研讨会，生物医药行业知识产权战略研讨会，知识产权战略研讨会；建材行业专利展示交易；中小企业融资与产权交易培训研讨会等活动。

（马鸿雅 王龄枞）

【组织知识产权示范观摩课】 11月20日，市知识产权局组织了昌平区南邵中学知识产权示范课观摩活动。东城、石景山、密云等各区县知识产权局管理人员、参与知识产权进学校活动的部分教师等30余人参加。本次示范课由南邵中学赵秀英老师讲授，主题是商标。课上，学生们听教师讲授，观看音像教材，动手设计，在了解知识产权知识的同时，更加激发学生保护知识产权的热情。观摩课后，参会人员还进行了座谈。

（朱 燕）

【举办行业协会知识产权培训班】 12月11—12日，市知识产权局主办，北京高博隆华律师事务所承办的"行业领域技术引进与合作知识产权管理与应对策略培训班"在密云云佛山度假村开班。来自中国中小企业协会等近30家协会代表50余人参加。市知识产权局、国务院发展研究中心、高博隆华律师事务所的专家分别以国际知识产权保护最新发展动态、行业协会如何引导会员单位整体应对知识产权争端、行业领域技术引进与合作中知识产权风险控制及问题处置策略为主题，向与会者介绍了国际知识产权保护战略发展新趋势、发达国家和跨国公司在华知识产权保护的主要方式以及行业协会在引导会员开展知识产权工作方面的地位和作用。

（党建新）

# 质量技术监督

Technical Supervision over Quality

# 标 准

【**新增 26 个国家级农业标准化示范区项目**】 1月10日，北京市第五批26项国家级农业标准化示范项目全部通过考核验收，其中种植业类16项、养殖业类7项、生态类3项，建设时间3年。至此，北京市已建成国家级农业标准化示范区49项，其中养殖类示范区有13项，粮经类示范区3项，林木花卉类示范区5项，果蔬及其综合类示范区共28项。国家和地方管理部门投入资金30343.3万元，企业投入资金43172.8万元。覆盖面积达2216232.37公顷，其中，养殖类示范区6874.5公顷，粮经类示范区21720公顷，果蔬及其综合类示范区2049827.2公顷，林木花卉类示范区137810.67公顷。直接带动示范户14万余户，带动农民32万余人，累计增加产值20余亿元。

（谢翔燕）

【**《太阳能光伏室外照明装置技术要求》地方标准审查会召开**】 1月15日，市质监局主持召开"《太阳能光伏室外照明装置技术要求》地方标准审查会"，市科委、市农委等部门相关人员出席。该标准由北京照明学会主持编制。专家组认为，该标准符合国家节能减排的能源政策和可持续发展的要求，为规范和指导太阳能光伏室外照明装置的生产、安装提供了可靠的技术保证，且对环境保护、新农村建设以及太阳能光伏室外照明装置在北京市乃至全国的推广应用具有重要意义。标准内容、结构和指标严谨、合理、适用，具有科学性、先进性和可操作性。

（照明学会）

【**图像信息管理系统技术规范发布**】 1月17日，市政府在北京会议中心召开"2008年全市图像信息管理系统建设工作暨技术规范发布会议"。市政府、市质监局、市公安局等部门领导参加。会上，市质监局正式发布了《图像信息管理系统技术规范 第8部分：危险场所的施工与验收》(DB11/T 384.8—2009)、《图像信息管理系统技术规范 第9部分：图像资源及系统设备编码与管理》(DB11/T 384.9—2009)、《图像信息管理系统技术规范 第10部分：图像采集点设置要求》(DB11/T 384.10—2009)、《图像信息管理系统技术规范 第11部分：控制权限分类与管理》(DB11/T 384.11—2009)、《图像信息管理系统技术规范 第12部分：图像采集区域标志的设计与设置》(DB11/T 384.12—2009)5项标准。《图像信息管理系统技术规范》规定了各级图像信息管理系统平台建设的基本技术要求。

（周巧霖）

【**中关村国家高新技术产业标准化示范区工作会议召开**】 1月28日，市质监局、中关村管委会在北京会议中心组织召开"2008年中关村国家高新技术产业标准化示范区工作会议"。国家标准委以及各区县质监局、各园区管委会的相关领导和试点企业代表参加。会议总结了

2007年度中关村国家高新技术产业标准化示范区的建设工作,部署了2008年的建设工作,布置了在中关村科技园选择部分企业开展标准化试点的有关工作,公布了北京启明星辰信息技术有限公司、汉王科技股份有限公司等首批55家试点企业名单。

(王海虹 汪驰)

【出台两项奥运会食品安全标准】 3月28日,市质监局发布《奥运会食品安全 食品追溯编码规则》(DB11/Z 523—2008)、《奥运会食品安全 数据元目录规范》(DB11/Z 524—2008)两项地方标准(属于指导性技术文件),由市质量技术监督信息研究所、中国物品编码中心杨毅、文向阳、刘雪涛等起草。其中《食品追溯编码规则》规定了为奥运会供应的各种食品追溯编码的术语和定义、编码规则、编码对象、编码结构和数据载体,适用于供应奥运会的各种食品追溯编码。《数据元目录规范》规定了奥运会食品数据元的术语和定义、符号、分类和基本要求,适用于奥运食品安全追溯系统的数据共享与交换。

(田 川)

【《太阳能光伏室外照明装置技术要求》发布】 3月28日,市质监局发布北京市地方标准《太阳能光伏室外照明装置技术要求》(DB11/T 542—2008),5月1日实施。该标准是市科委2007年度立项的软科学项目"太阳能光伏室外照明装置的技术保障体系的研究"的主要任务之一,由北京市照明学会吴初瑜等完成。该标准对太阳能光伏室外照明装置的应用范围,一般要求和安全要求,基本组件的结构及技术要求,检验测试,安装要求,维护管理等方面从技术上进行规范。

(田 川)

【《户用生物质炉具通用技术条件》、《生物质成型燃料》发布】 3月28日,市质监局发布《户用生物质炉具通用技术条件》(DB11/T 540—2008)、《生物质成型燃料》(DB11/T 541—2008)两项北京市地方标准,5月1日实施。两项标准由市质量技术监督信息研究所、市环境保护科学研究院、中国农村能源行业协会等单位刘雪涛、田川、郝芳洲等起草。《户用生物质炉具通用技术条件》规定了户用生物质炉具的型号表示方法,技术、制造和安全使用要求,试验方法和检验规则等,适用于燃用生物质成型燃料(颗粒状、块状、棒状等形状)的户用生物质炊事、采暖炉具及炊事采暖炉。《生物质成型燃料》规定了生物质成型燃料的分类、要求、检验规则和包装运输、储存,适用于以生物质为主要原料生产的成型燃料。

(田 川)

【国外标准化(认证)组织在京机构座谈会召开】 4月11日,市质监局主办的"国外标准化(认证)组织在京机构座谈会"在顺义空港工业区蓝天大厦举行。市质监局、顺义区政府、中关村管委会等部门领导出席,ASTM、IHS、德国莱茵TUV、韩国标准协会等国际知名的标准化和认证服务机构负责人参加。会议主要就政府管理部门如何推动标准研究服务机构、检测机构和认证机构更好地服务于首都经济建设,形成品牌服务,加强国内外合作交流等问题进行研讨。

(闫 涛)

【奥运标准体系研究通过验收】 4月,由市质监局、市公安局、市市政管委等组成的项目组正式启动了奥运标准体系研究。7月18日,市质监局在国林宾馆召开"'奥运标准体系研究'验收评审会"。国家标准委副主任孙晓康、市质监局局长赵长山参加并讲话。会上,市交通委、市环保局、市市政管委等委办局的14位专家组成的评审组听取了该研究项目组有关奥运标准体系编制的工作报告和研究报告,对《奥运标准体系研究报告》总报告和《公安领域奥运标准体系研究报告》等9个分报告进行了审查,认为研究工作主题突出,领域选取准确,标准体系内容覆盖全面,结构合理、完整适用,其方法和技术路线具有创新性。

（马晓蕾）

【奥运会食品执行标准方案发布会召开】 6月19日,市质监局在中国现代文学馆召开"奥运会食品执行标准方案发布会"。奥运食品定点生产企业等70余人参加。会上,市质监局正式发布了《奥运会食品执行标准方案》,包括企业的基本信息、供奥运会产品的规格种类、每个产品应当执行的标准、产品的指标要求和指标限值、检验检测标准的依据等,且对每个供奥运会产品从原材料、食品添加剂、生产过程控制,到产品的包装、标识标注、贮存、运输及检验检测,明确了全部的标准要求;开通了由北京市质量技术监督信息研究所建设的食品企业标准服务平台"首都标准网"。

（闫　涛）

【"水立方"等获环保部建筑装饰装修绿色标准证书】 7月18日,由环境保护部环境发展中心、环境认证中心主办的"中国环境标志建筑装饰装修标准颁布新闻发布会暨首批中国环境标志建筑装饰装修工程颁证仪式"在人民大会堂举行。会上,颁布了《建筑装饰装修工程环境标志技术标准》;为北京城建集团有限责任公司申请的国家体育馆装饰装修工程、中建一局集团装饰公司申请的国家游泳中心室内装饰工程等首批获得"中国环境标志"认证的15个建筑装饰装修工程项目颁发了认证证书。

（闫　涛）

【北京市食品标准化技术委员会研讨会召开】 8月1日,北京标准化协会在国林宾馆召开了"北京市食品标准化技术委员会工作研讨会"。市质监局、中国标准化研究院食品与农业研究所、中国食品发酵研究院、市质量技术监督信息研究所等单位的代表参加。会议介绍了食品标准化技术委员会奥运相关食品类地方标准制修订及应用情况,奥运期间食品安全领域奥运标准体系建设情况,首都标准网的食品企业标准平台建设情况,并对食标委的自身建设、工作领域等问题进行了讨论。

（田　川）

【3项地理标志产品国家标准通过审查】 8月28—29日,全国原产地域产品标准化工作组在昌平召开了《地理标志产品　昌平苹果》、《地理标志产品　房山磨盘柿》、《地理标志产品　大兴西瓜》国家标准审查会,均以全票通过审查。这3项地理标志产品国家标准是市质监局组织昌平区质监局、房山区质监局、大兴区质监局及区农林部门制定的,是北京市地理标志产品首次制定的国家标准,将成为质监部门实施地理标志产品保护的技术依据。

（谢翔燕）

【乳制品企业标准服务平台开通】 9月10日,市质监局在首都标准网开通了"乳制品企业标准服务平台"。该平台设有乳制品企业、乳制品执行标准、标准检索、新闻动态、政策文件等栏目;建立了39家乳制品企业的动态企业信息数据库;整理公布了巴氏杀菌乳、婴儿配方乳粉15大类所有乳制品的执行标准、检测标准、指标要求等信息。该平台是围绕乳制品食品安全保障,面向乳制品供应企业、政府监管部门和检验检测机构建立的标准文本查询数据库、标准指标比对数据库、检验检测标准数据库和企业监管数据库。

（闫　涛）

【3单位被列为第二批良好农业规范(GAP)试点】 9月22日,市质监局召开了"第二批良好农业规范(GAP)试点工作启动会",相关区县质监局和有关企业参加了会议。会上部署了第二批良好农业规范试点工作计划安排,首批试点单位——北京东升方圆农业种植开发有限公司介绍了实施良好农业规范试点工作的经验。北京顺丽鑫生态观光农业园有限责任公司(樱桃)、北京交道富恒农业技术开发有限公司(梨、大枣、西梅)、北京绿富隆农业股份有限公司(蔬菜)3家单位被国家认监委、国家标准委列为国家第二批良好农业规范(GAP)试点项目,执行时间为2008年7月至2009年7月。国家认监委、国家标准委委托试点地方质监部门对试点项目进行验收,对符合试点要求,通过GAP认证并取得良好经济效益和社会效益的试点企业,国家认监委、国家标准委将给予支持。

（谢翔燕）

【西门子办公大楼落成】 9月23日,"西门子中国总部大楼开幕典礼"举行。副市长程红、朝阳区委书记陈刚等领导及西门子股份公司、国家发改委、市商务局等单位200余人参加了庆典。该建筑是北京市第一座绿色智能建筑,为西门子中心(北京)一期工程,占地面积17500平方米,总投资额为1亿欧元,高123米、30层。中心采用了热能回收、免费供冷和冷梁技术等,全套节能措施比未采取节能措施的同等规模楼宇将降低28%,实现了二氧化碳年排放量减少1200—1600吨的目标。

（闫　涛）

【举办第39届世界标准日纪念活动】 10月14日,市质量技术监督信息所、北京标准化协会在和平里大酒店联合举行"纪念第39届世界标准日大会",主题为"标准与智能绿色建筑"。中国标准化协会及其会员单位、各区县质监局、相关单位的负责人等80余人参加。与会者就国际绿色建筑标准、《绿色建筑评价标准》、绿色施工技术与管理、奥运工程绿色建筑评估等进行了交流。会上,揭晓了2008年"质量与标准化"征文活动获奖者名单,33篇文章获奖。中建一局集团第二建筑有限公司崔君君的《标准化在绿色施工示范工程中的应用》等13篇文章获优秀奖;朝阳区质监局王云志的《我市标准化工作现状》等20篇文章获鼓励奖。

（闫　涛）

【北京标准与绿色建筑技术交流会召开】 10月14日,市质监局、市建委在北京建设大厦联合举行"'标准与绿色建筑'技术交流会"。近70家施工、设计、建设等单位及相关研发单位的技术、管理人员约120人参加。会议介绍了北京市从节能建筑走向绿色建筑,实现节能工作跨越发展的目标和历程,讲解了《绿色建筑评价标准》(GB/50378—2006)、《绿色建筑评估标准》(DBJ/01—101—2005)和《绿色施工管理规程》(DB11/513—2008)等现行国家标准和地方标准。

(闫 涛)

【我国成为ISO常任理事国】 10月16日,第31届国际标准化组织(ISO)大会在阿联酋迪拜闭幕。会议通过了修改ISO章程,扩大ISO常任理事国数量的决议。按ISO贡献率排名第六的中国,正式成为ISO的常任理事国。这是中国自1978年加入ISO 30年来首次进入国际标准化组织高层的常任席位。

(闫 涛)

【中国关键技术标准战略实施推进学术论坛举行】 10月24日,国家质检总局、国家标准委联合主办,中国标准化研究院承办的"'中国关键技术标准战略实施推进'学术论坛"在京举行。科技部发展计划司以及主办方领导出席,来自全国的200余名标准化相关人员参加。论坛从专项背景、专项思路与目标、主要研究内容与课题设置、组织管理及实施措施、专项进展及阶段性成果等五个方面对"关键技术标准推进工程"专项总体情况做了详细介绍,并分别围绕"提升制定国际标准的能力"、"提升应对和应用技术性贸易措施的能力"、"提升基础类公益性技术标准的创新研究能力"和"促进技术标准的示范应用"四个议题展开深入研讨。会上,"中国关键技术标准战略实施推进"学术论坛大型有奖征文活动评选揭晓,共评出30篇获奖论文,"科技成果转化为技术标准模式研究"、"含硫气井安全规划标准研究"等15篇论文获优秀奖。

(闫 涛)

【参与科技奥运的部分园区企业标准化工作经验交流会举行】 10月31日,市质监局、中关村管委会主办的"参与科技奥运的部分园区企业标准化工作经验交流会"在国林宾馆举行。主办单位相关领导、部分企业代表出席。会议介绍了北京奥运会相关标准的执行情况。利亚德、仁创、北新建材等8家为"科技奥运"作出突出贡献的中关村企业发言。

(王海虹 汪 驰)

【北京市法人基础信息数据库建设工作会议召开】 11月28日,市质监局召开"北京市法人基础信息数据库建设工作会"。市信息办、市民政局、市编办、市工商局等北京市法人基础信息数据库项目建设工作组成员参加。会议汇报了该项目建设的情况及下一步的工作计划;进行了法人库系统的演示;讨论了《北京市法人基础信息数据库管理办法(暂行)》。

(杨 毅)

【软件质量测试工作组成立】 12月2日,由市产品质量监督检验所主办的"全国信息技术标准化技术委员会软件工程分技术委员会软件质量测试工作组(以下简称'工作组')(SAC/TC28/SC7/WG1)成立大会"在北京国际会议中心举行。国家标准委、中国工程院、全国信息技术标准化技术委员会、市质监局等部门的领导以及软件质量测试工作组各委员、软件质量检测机构代表、知名软件生产企业代表、媒体代表等参加。该工作组的宗旨为：加快我国软件测试技术的发展，促进和保障标准化水平的提高，推动我国软件产业的发展。主要任务是组织研究、制定、推广与维护软件质量测试相关的各项技术标准。北京中科正宇高新技术有限公司技术总监、高级工程师袁玉宇任组长。会上，与会者就如何加快软件质量测试国家标准和行业标准的制（修）订，加强软件质量测试标准化人才的培养和标委会队伍的建设，加强软件质量测试标准的宣传、贯彻、实施和监督，推动企业积极参与制（修）订软件质量测试标准等问题进行了讨论。

（路桂芬）

【IEEE标准现状和发展趋势讲座举行】 12月10日，由市质监局、中关村管委会主办的"IEEE标准现状和发展趋势"讲座在翠宫饭店举行。各区县质监局、各园区管委会相关负责人以及软件、计算机网络、移动通信等领域约60家重点企业的代表参加。美国电气和电子工程师协会802.15无线个域网工作组主席和创始人Bob Heile详细介绍了IEEE组织和IEEE 802标准的情况，以及企业如何参与制订IEEE标准，IEEE与ISO之间的关系等，并对参会人员的相关提问进行了解答。

（王海虹　汪驰）

【有机生鲜乳生产技术规范地方标准通过审查】 12月12日，市质监局在中国农业大学召开《有机生鲜乳生产技术规范》(DB11/631—2009)地方标准审查会"。中国农业大学、农业部饲料工业中心、中国农科院饲料研究所、中美奶牛研究中心、北京奶牛中心等单位的专家参加。《规范》由中国农业大学、北京归原生态农业发展有限公司李胜利等起草，规定了有机生鲜乳生产过程中饲料作物、饲草种植和奶牛养殖要求，适用于北京地区有机生鲜乳生产。

（谢翔燕）

## 计　量

【组织计量专项监督检查】 6月2日至7月21日，市质监局共出动计量执法人员4856人次，组织开展了"加强计量监管、确保奥运安全"计量专项监督检查工作。集中检查加油站、医疗卫生单位、出租汽车服务业、集贸市场、超市、餐饮业、奥运定点服务企业1850家，在用计量器具77145台，合格75761台，合格率98.2%；检查定量包装商品净含量721批次，合格699批次，合格率96.9%；检查现场称重零售商品1621件次，合格1548件次，合格率95.5%；检查道路交通、旅游景点指示牌、广告牌、宣传栏和电视、报刊、互联网等使用法定计量单位场所5586处，发现使用非法定计量单位场所127处。

（刘　勇）

【增建出租车计价器检定站】 8月5日，北京计量院计价器检定站正式启用。该站位于朝阳

区望京机动车检测场,是北京市第三家出租车计价器检定站,将受理检定周期在奥运会期间或奥运会后到期的出租车。至此,出租车检定装置增至9套,检定能力从原来的平均每天260余台上升为现在的600余台。

（张庆华）

【启动测量管理体系建设工作】 12月22日,市质监局与中国石化北京石油分公司共同主办了"测量管理体系建设启动会"。主办单位相关领导参加。会上,建立了测量管理体系建设领导小组和联合办公制度,形成了政府与石油企业共同推进加油行业诚信计量管理试点工作机制;明确了此项工作的体系策划和设计,文件编制,体系试运行和全员培训,评审和认证等几个阶段的工作内容。

（张庆华）

【设立6个汽车维修企业计量器具检测站】 年内,市质监局设立了市计量院和朝阳、海淀、顺义、大兴、昌平计量检测所共6个汽车维修企业计量器具检测站,全面覆盖北京市汽修企业,以解决汽车维修企业计量器具检测管理与汽车维修用计量器具检测的社会公用计量标准较为短缺之间的矛盾,提高汽修用计量器具受检率。

（张庆华）

【开展能力验证和计量比对工作】 年内,市质监局分别组织全市52家获证实验室参加饮用水中铁、锰检测能力验证活动,按照能力验证的标准和相关要求,各单位均在规定的时限内独立完成相关检测工作,及时提交了检测结果。经专家组对初测、复测结果汇总、数据处理和统计分析,形成此次能力验证活动最终结果,其中初测结果满意的实验室有49家,复测结果满意的实验室有7家,两次检测结果均不满意的实验室有2家。39家法定计量检定机构和检定授权机构参加接地电阻表、绝缘电阻表、数字多用表的市级计量比对活动。针对检测结果,对存在问题的技术检定机构进行了整改。

（杨利民）

【完成奥运会、残奥会赛事用计量仪器的检定工作】 年内,市质监局完成了对200台奥运赛事用电子台秤和电子天平,2005台件奥运场馆建设和设备维护用的经纬仪、热量表、水表、电器安全检测仪器,36台奥运物流管理用的仪器设备、24台奥运出入境口岸专用检测仪器,50辆新型无障碍出租车计价器,22家奥运定点医院的5201台医用计量器具,806块竞赛场馆医疗点使用的血压表和氧压力表等计量检定。检定结果全部合格。

（陈京桦）

【3项地方计量技术法规出台】 年内,市质监局发布《停车场电子收费计时器计量检定规程》[JJG(京)40—2008,11月1日起实施],《可燃气体报警器检定规程》[JJG(京)41—2008,7月24日起实施]、《机动车超速自动监测系统(激光)检定规程》[JJG(京)42—2008,10月1日起实施]3项地方计量技术法规。

（陈京桦）

【完成9区县治超卸载站称重设备的检定】 年内,市质监局完成了9个区县(延庆、通州、顺义、怀柔、密云、平谷、大兴、房山、门头沟),共24个固定治超卸载站的31台称重设备的检定工作。检定结果全部合格。

（陈京桦）

【开展能源计量检查与测试工作】 年内,市质监局制订了能源计量检查与测试工作方案,统一了能源计量检测工作标准、检测方法。同时,完成了159家重点用能单位的水、电、煤、油、天然气、蒸汽等的使用状况检查和测试工作,涉及计量检测点11451个。通过检查和测试结果对照《用能单位能源计量器具配备通则》发现,153家用能单位应配备计量器具数量为20470

台,未按规定配备能源计量器具684台,配备率为96.7%。对存在问题的用能单位,各区县局计量执法人员已依据《节约能源法》《计量法》以及强制性国家标准《能源计量器具配备和管理通则》等相关法律法规的要求,按照能源计量检测报告督促用能单位完成能源计量器具的配备、检定等整改工作,使能源计量器具的配备符合规定要求。

(刘 勇)

【14套加油机检测设备投入运行】 年内,市质监局投入专项资金60余万元,为昌平区、大兴区、顺义区和房山区计量检测所购置4套加油机检测设备。至年底,共有14套加油机检测设备正式投入运行,承担18个区县加油机的法定检测工作。

(周爱民)

# 质检科研

【机动车污染物排放检测系统的检定装置的研制通过验收】 1月25日,市计量检测科学研究院承担的"机动车污染物排放检测系统的检定装置的研制"通过了市科委验收。该课题2005年10月启动,2007年9月结束。课题主要由市计量检测科学研究院人员担任设计并委托北京欧林特高科技有限公司、北京海智科技中心、福建莆田传感器厂加工完成。其主要内容:完成了污染物排放比对装置、设定功率检定

装置、温湿度及大气压力传感器的现场检定装置的研制,建立了"机动车污染物排放检测系统"计量检定方法。其创新点是:能够在检测线现场实现排气污染物比对装置与工作尾气仪同步比对测量,为工作用道路模拟器的设定值功率的动态检定及工作尾气仪的检定,提供了一种机动车动态功率测量和排气污染物比对测试的高效、准确的检测手段。

(李 红)

【燕山板栗获地理标志产品保护】 3月14日,国家质检总局发布《关于批准对燕山板栗实施地理标志产品保护的公告》(2008年第28号),自公告发布之日起,对燕山板栗实施地理标志产品保护。保护范围为密云县石城镇、冯家峪镇等28个乡镇现辖行政区域;保护品种为燕红、燕昌、燕丰、燕山短枝、燕魁、银丰、黑七、辛庄2号、南早3号、怀九5号。

(王筱华)

【调整食品生产许可工作的发证检验机构】 3月24日,市质监局发布了《关于调整我市食品质量安全市场准入发证检验机构和承检范围的通知》(京质监质管发[2008]99号)。《通知》对北京市食品质量安全市场准入发证检验机构及其承检范围进行了适当的调整,指定北京市产品质量监督检验所、海淀区产品质量监督检验所等14家检验机构为粮食加工品等28类食品质量安全检验工作的发证检验机构或委托检验机构。市质监局对各指定检验机构的违规违纪行为将严肃处理,情节严重的停止其承担的发证和委托检验工作,并追究相关责任。

(周小丰)

【重点用能单位能源计量器具配备检查工作动员会】 4月3日,由市计量检测科学研究院组织的"北京市重点用能单位能源计量器具监督检查工作动员会"在吐哈石油宾馆举行。东城、宣武、崇文等年耗能1万吨标准煤以上的53个用能单位100余名代表参加。至此,开始了用能单位及所属次级用能单位主要耗能设备使用水、电、燃气、煤(焦炭)、热等能源的分类检查和测试,对检查结果存在问题的企业限期其整改,帮助和督促企业合理配备能源计量器

具,从而达到《能源计量器具配备和管理通则》规定的要求。

(李 红)

【《停车场电子收费计时器检定规程》通过审定】 5月22日,市质监局在市计量检测科学研究院召开了"《停车场电子收费计时器检定规程》审定会"。来自中国计量院、北工大电控学院、航天科技集团514所、市产品质监所、西门子(中国)有限公司的5位专家组成的审定委员会认为《规程》检定项目全面,检定方法正确,可操作性强;在技术法规方面为停车场电子收费计时器的检定提供了依据。《规程》是市质监局年初下达的任务,由市计量检测科学研究院完成。停车场内的电子收费计时器是停车场收费系统的收费终端,一般以条码或IC卡、磁卡等方式为计时收费载体,用计算机处理和存储有关信息,依据费率和停车时间实现道路或场地临时停车的实时收费管理,适用于停车场电子收费计时器的首次检定、后续检定和使用中的检验。

(李 红)

【奥运残疾人专用出租车的检测】 5月,市计量检测科学研究院采取单轮、低速(不超过20千米/时)的方式对奥运残疾人专用出租车的计价器进行测试,北汽九龙出租汽车公司5辆全顺出租车、5辆英伦及15辆桑塔纳VISTA均通过了测试检定。且在此基础上,又完成了对首汽(集团)公司的同样数量三种残疾人专用出租车计价器的测试和检定。

(李 红)

【完成奥林匹克水上比赛场地计量检测工作】 5月,北京计量院承接了顺义奥林匹克水上公园比赛距离标志线、标识点的检测工作。主要是在现有的计时楼、终点楼和场地设施的基础上,建立起一个空间坐标体系,将水上比赛场地的各项基础设施有序、定量地测定和标定。检测团队经多次研讨、修正,形成了一个科学、合理、可行的测量方案,在顺义奥林匹克水上公园比赛场地建立了一个空间坐标,共检测了58个标志点,确定了赛艇、皮划艇、马拉松游泳的比赛终点位置(赛艇、皮划艇共用一个比赛终点),4个比赛的起始点(皮划艇有两个比赛起始点),8个计时板的安放位置,10根计时线的安装位置,20个距离标志提示牌的摆放位置,30个距离标志牌的固定位置。

(李 红)

【《火焰原子吸收法测定ROHS样品中铅测量不确定度分析》获奖】 6月29日,由市产品质量监督检验所孔庆媛、彭永伦、沈虹等撰写的《火焰原子吸收法测定ROHS样品中铅测量不确定度分析》获中国科学技术联合会科技论文评比一等奖。本文主要通过原子吸收法测定ROHS样品中铅的含量,分析其测量不确定度的合成因素,包括A类不确定度,即重复测定带来的误差;B类不确定度,即取样量、样品定容、标准储备液配备标准曲线、标准曲线回归方程和仪器本身带来的不确定度。其结论是：通过建立数学模型，分析多方面的影响因素，可对火焰原子吸收法测定ROHS样品中铅的测量不确定度进行合理的评定。

（路桂芬）

【完成全国大区级计量技术机构标准环规比对】 6月，由华北国家计量测试中心组织、市计量检测科学研究院为主导实验室的2008年度大区级计量技术机构标准环规比对工作结束。该任务2007年6月由国家质检总局下达，主导实验室起草比对方案和比对细则，提供标准环规，全国7个单位参加。各参比实验室根据比对细则，按照国家计量检定规程JJG894—1995《标准环规》进行比对，客观、真实地反映了目前我国各大区国家计量测试中心标准环规检定工作的现状。

（李 红）

【出租车计价器国家型式评价实验室评估会召开】 7月15—16日，根据国家质检总局《关于对原授权承担计量器具新产品型式评价任务的单位重新评估的通知》（国质检量函[2008]150号）的要求，国家质检总局计量司组织专家评估组对市计量检测科学研究院出租车计价器型式评价任务的能力进行考核。评估组听取了市计量检测科学研究院的机构整体情况、开展项目情况、评估准备及自查情况的汇报，通过现场考察、查阅文件和资料及与相关人员座谈等形式，提出了评估意见，认为该院出租车计价器项目型式评价能力在全国属于领先水平。

（李 红）

【《可燃气体报警器检定规程》通过审定】 7月21日，市质监局在市计量检测科学研究院召开了"《可燃气体报警器检定规程》审定会"，由中国计量科学研究院、北京工业大学、北京市华云分析仪器研究所有限公司、北京凯尔科技发展有限公司、北京华夏科创仪器技术有限公司的5位专家组成了审定委员会。该规程由市计量检测科学研究院制定，是为了对重点计量器具加强监控力度，根据北京地区大量存在的可燃气体报警器的特点而特别编制的，旨在加强重点计量器具的监控力度，对在用安全报警设备进行检定，以保证量值的准确。

（李 红）

【《机动车超速自动监测系统（激光）北京市地方检定规程》通过审定】 9月2日，市质监局主持的"《机动车超速自动监测系统（激光）北京市地方检定规程》审定会"在市计量检测科研院召开。由中国计量院、北京长城计量测试所、清华大学等单位组成的审定委员会审查了《规程》起草组提供的技术资料，听取了《规程》编制说明，审阅了验证试验报告及不确定度评定报告。认为，《规程》从技术法规方面对应用激光原理的机动车超速自动监测系统现场测速计量性能的检定提供了技术依据。《规程》由市计量检测科研院制订，已发布实施。

（李 红）

【积极应对突发事件】 9月19日，市质检所被市质监局指定为北京市第一批承担三聚氰胺检验任务的质检机构。截至11月20日，共计承担完成北京光明健能乳业有限公司、蒙牛乳业（北京）有限责任公司两大乳品生产企业的4436批次原料、原奶及液态奶的检验，并及时将检验数据反馈给市质监局应急领导办公室及生产企业，较好地帮助企业控制住了原奶的质量问题，减少了生产损失。

（路桂芬）

【完成计量器具型式评价能力评估】 9月23—25日，国家质检总局计量司组织召开了"国家型式评价实验室现场评估会"，承担型式评价任务的实验室主任及项目组负责人出席，对市计量检测科学研究院承担的计量器具型式评价任务的能力进行重新评估。11位专家组成的评估组通过参观相关实验室、现场考察、查阅文件和资料以及与有关人员沟通、交流等形

式对该院电能表、加油机、冷（热）水表、燃气表、热量表和衡器等7个计量器具型式评价能力进行了评估。

（李　红）

【市计量院通过CNAS复评审/扩项评审考核】10月31日至11月2日，"北京市计量院CNAS实验室复评审/扩项评审现场会"召开。会上，市计量检测科研院通过了中国合格评定国家认可委员会（CNAS）校准/检测实验室复评审/扩项评审的现场考核，并通过了申请的233项校准项目和67项检测项目。评审员依据认可规则文件CNAS—CL01《检测和校准实验室能力认可准则》等6个认可文件，对该院18名授权签字人的能力资质进行了考核；通过召开小型座谈会，了解了市计量检测科学研究院日常检测/校准工作情况；通过审查质量监督检查记录、期间核查记录、内审、管理评审等质量记录，了解了该院管理体系的实际运行情况；通过参观实验室，调阅人员、技术档案，对该院的人力资源、技术能力状况进行了全面的审查。

（李　红）

【七项国家标准通过专家审查】11月8日，海淀区产品质量监督检验所召开了"《食品中1,2-丙二醇的测定》等七项国家标准审定会"。由北京大学、国家标准委国家标准技术审查部等单位9名专家组成的标准审定委员会对该所承担制订的《高效液相色谱—电感耦合等离子体质谱联用测定食品中的无机砷》等7项标准给予充分肯定，一致同意通过审定。

（曹宝森）

【完成市质监局国家质检中心二次规划制定工作】11月29日，按照国家质检总局《关于报送国家质检中心、国家级重点实验室建设规划方案的通知》（质检科函〔2008〕111号）要求，市质监局结合首都质量监督工作要求、产业特点、市场需求以及检测资源布局等具体情况，并根据年内市质监局向国家质检总局申请筹建国家质检中心情况，制订了市质监局国家质检中心建设二次规划，拟在今后几年内规划建设汽车、化妆品、家具等国家质检中心。

（王筱华）

【电磁兼容测试系统通过验收】12月12日，市质量技术监督局在市计量检测科学研究院召开了"电磁兼容测试系统验收会"。验收组专家们认为，"电磁兼容测试系统"各项技术指标达到并优于合同中的技术指标，满足了相关国家标准要求，能进行电工电子产品和计量产品的检测，可为今后计量服务提供标准测试场地。该项目2007年启动，投资近千万元，由市计量检测科学研究院、市产品质量监督检验所承担完成。

（李　红）

【开展奥运期间特种设备的安全保障工作】年内，市特种设备检测中心成立了奥运服务保障工作领导小组，及时解决奥运特种设备存在的问题。科研人员进行了"电梯抗电磁干扰性能研究"，找出了在电磁辐射干扰下，电梯门机系统及部件的敏感源和敏感频段，并提出了初步预防措施；承担了奥运核心区特种设备的检验检测工作，负责其中22个场馆的电梯、12个场馆的所有起重机械、奥运村等6个相关设施的所有电梯和起重机械、奥运核心区113家签约饭店和签约医院的特种设备的检验检测和安全保障工作；完成了电梯验收检验635台、电梯定期检验2249台、电梯保障性检验745台、奥运场馆及相关设施电梯回头看检验591台、起重机械检验66台、电动观缆车和厂内机动车辆检验696台、游乐设施(奥运观览车)70台、锅炉检验(含电站锅炉)66台、压力容器检验(含氧舱)51台。

(熊 华)

【开展奥运专项培训和考核工作】 年内,市特种设备检测中心共组织了三期奥运核心区特种设备安全管理人员培训,490人参加;组织了两期奥运核心区电梯维保人员培训,554人参加;举办了两期奥运核心区电梯现场保驾人员和外围技术支持人员培训班,208人参加;培训用于礼仪服务的电梯司机18名,并在电梯设备内进行了补充讲解和实际操作。

(熊 华)

【完成特种设备检验检测及作业人员考核】 年内,市特种设备检测中心受市质监局委托,共完成特种设备检验检测及作业人员考核900期、42623人次。其中,作业人员考试862期、40184人次,累计初试发证49748个;特种设备检验检测人员考试38期、2439人次。

(熊 华)

【参加Fapas国际试验比对】 年内,海淀区产品质量监督检验所多次参加食品分析领域全球第一的国际评价体系FAPAS的能力验证。尤其在可乐软饮料中苯甲酸、糖精钠和牛肉中乳酸菌等微生物项目的比对中,取得比对结果排名第一的优异成绩。

(曹宝森)

【25人获食品生产许可证国家注册审查员资格】 年内,北京市顾跃红、焦烨等25人参加了2008年食品生产许可证审查员全国统一资格考试,获得食品生产许可证国家注册审查员资格和证书,有效期自2009年1月14日至2012年1月13日。截至年底,北京市共有99名食品生产许可证国家注册审查员。

(周小丰)

【技术机构仪器设备更新改造项目投入2000万元】 年内,市质监局共投入2000万元用于技术机构的仪器设备更新改造项目,重点对茶叶检测、化妆品功能性检测、QS准入产品淀粉检测、计量器具检测二维标识码系统、汽车罐车和流动式起重机械检测、家具及室内环境产品检测、纺织与皮革检测、汽车修理行业计量器具检测等8个项目加大投入力度,共为26个技术机构配备了292台套仪器设备。

(王筱华)

【落实科研经费3650万元】 年内,市质监局共向国家质检总局、市科委申报科研项目28项,落实包括"首都标准化发展战略及推进机制研究"、"大口径热量表标准装置研制及热计量应用实践"和"家具化学污染物释放标识体系构建与示范"等重大课题12项,涉及科研经费3650万元,其中,各级财政支持2893万元,有关单位自筹757万元。

(王筱华)

【确定在研科研项目43项】 年内,市质监局直属技术机构在研科研项目43项,在研科技经费3212万元,其中由市质量技术监督信息研究所、市产品质量监督检验所承担的"家具有害物质释放量快速检测方法及标准研究",由北京市特种设备检测中心承担的"特种设备安全检测关键技术研究"等项目均为在市科委立项的重大科研课题。

(王筱华)

# 高校科技

## Science and Technology in Institutions of Higher Education

【北京师范大学脑成像中心成立】 1月16日，北京师范大学脑成像中心揭牌仪式在北京师范大学举行。科技部原部长徐冠华等出席，教育部、国家自然科学基金委、美国麻省理工学院Mc-Govern脑科学研究所等单位相关人士到会。中心下辖脑与认知科学研究中心、磁共振技术的研发中心和人才培训中心三部分，将围绕高场磁共振成像仪，结合国家重点实验室已有的清醒猴单细胞记录仪、脑电图、经颅磁刺激等多种脑成像设备，形成一个能从事神经元、脑功能核团和行为认知等多个水平研究的大型技术支撑平台。脑成像中心与西门子合作的"北京师范大学——西门子磁共振数据采集与分析技术联合实验室"同期挂牌成立。仪式上，认知神经科学国家重点实验室还与美国Banner阿尔茨海默病研究所签署合作协议，双方将在认知老化和老年痴呆等方面开展合作研究。

（张 竞）

【实施高校科学技术与研究生教育创新工程】 1月，市教委、市财政局、市科委发布《关于实施北京高等学校科学技术与研究生教育创新工程的意见》（京教研[2008]1号）。文件的主要内容："十一五"期间，首都高校将重点建立30个左右产学研联合、国内外联合的研究生培养基地；重点实施150项左右重大科研专项，涉及先进制造、信息技术、新材料、生物医药与医疗卫生、节能减排与清洁能源、城市建设、新农村建设、生产性服务业、文化创意产业、基础研究和前沿高技术研究等领域。

（翟 昊）

【评选第二期北京市重点学科347个】 4月，市教委组织专家进行重点学科评审，共选出第二期市重点学科347个。其中，一级学科市重点学科41个，二级学科市重点学科168个，一级学科市重点建设学科15个，二级学科市重点建设学科94个，市交叉学科29个。新增的市重点学科中，中央高校159个，占45.8%；市属高校157个，占45.2%；科研机构有24个，占6.9%；军队机构有7个，占2.0%。自然科学类学科206个，占59.4%；社会科学类学科141个，占40.6%。这些学科涉及信息技术、生物医药与医疗卫生、新材料、能源环境、先进制造、新农村建设、文化创意、现代服务、城市建设与管理等领域。

（姜世军）

【开展第一期北京市重点学科建设项目验收】 4月，市教委组织专家对第一期182个市重点学科建设项目按学科点的主要研究方向及各方向的特色、优势，学科点学术梯队建设情况等进行验收。结果显示，84个学科为优秀，89个学科为合格，9学科为基本合格。北京大学等高校的41个市重点学科通过建设成为国家级重点学科，其中包括首都医科大学、首都师范大学等市属高校10个。

（姜世军）

【我市科学家找到癌症治疗潜在靶点】 7月11日，《分子细胞》（Molecular Cell）刊登了首都师范大学生命科学学院许兴智教授的最新研究成果。该研究显示，在细胞周期检验点的信号传导过程中起着重要作用的蛋白磷酸酶可以形成各种不同功能的复合物；而且与学界以往主流观点相悖的是，他们发现一种蛋白磷酸酶PP4复合物对蛋白质底物的作用有很强的特异性选择，能特异性地对DNA复制胁迫而产生的一种细胞周期检验点核心蛋白γ-H2AX去磷酸；还发现蛋白磷酸酶PP4在人乳腺癌和肺癌中存在过度表达。而如果抑制PP4的表达可增强乳腺癌和肺癌细胞对化疗药物顺铂的敏感性。这表明蛋白磷酸酶PP4有潜力成为以上两种癌症的新药物作用靶点。

（张 竞）

【我国第一头转抗体基因奶牛在北京诞生】 8月2日，由中国农业大学李宁领导的研发团队与北京济普霖生物技术有限公司和北京科润维德生物技术有限责任公司合作研发，在北京转基因动物试验基地，顺利产出了一头健康的转人CD20抗体基因的转基因奶牛——贝贝。本项目是通过转基因技术，获得转基因奶牛乳腺生物反应器，即转基因奶牛的牛奶含有人CD20单克隆抗体，通过纯化该单克隆抗体制备成癌症特效药，可将生产成本降低到原来的1/10，有望开辟一条单克隆抗体生产新途径。

（张　竞）

【首次评选 50 篇优秀博士学位论文】　9 月 8 日,市教委、市学位委员会发布《关于公布 2008 年北京市优秀博士学位论文名单的通知》(京教研[2008]8号),确定 50 篇论文为北京市优秀博士学位论文。其中:北京大学廖志敏的"准一维纳米结构中的电子输运研究(物理学)"等自然科学类 33 篇;北京大学顾江龙的"汉唐间的爵位、勋官与散官——品味结构与等级特权视角的研究(历史学)"等社会科学类 17 篇。41 篇为中央在京、市属高校;9 篇为中央在京及军队科研院所。市教委将设立专项资金支持优秀博士学位论文指导教师开展新的科学研究;在高校工作的优秀博士学位论文作者,可优先获得北京高等学校科学技术与研究生教育创新工程中有关建设项目的资助。

（侯东云）

【"体细胞克隆猪和转基因体细胞克隆猪技术平台的建立与应用"通过鉴定】　9 月 8 日,中国农业大学李宁院士课题组完成的"体细胞克隆猪和转基因体细胞克隆猪技术平台的建立与应用"通过鉴定。该研究建立了一套系统、有效的体细胞克隆猪、转基因克隆猪和基因敲除克隆猪生产技术平台;先后获得哥廷根医用小型猪、中国实验用小型猪、长白猪和大白猪品种的体细胞克隆猪共 28 头,16 头转人溶菌酶基因克隆猪和 1 头转人溶菌酶基因再克隆猪,4 头肌肉生长抑制素(MSTN)基因单位点敲除的克隆长白猪,其中体细胞克隆哥廷根医用小型猪、转人溶菌酶基因克隆猪、MSTN 基因单位点敲除克隆猪均是国际上首次获得。

（张　竞）

【北工大技术转移方向研究生班开班】　10 月 11 日,全国首个技术转移方向硕士研究生班——"北京工业大学软件工程硕士(技术转移方向)研究生开学典礼"在北京工业大学举行,科技部、市科委、中科院的相关领导和专家以及首届技术转移方向研究生参加了典礼。该研究生班是由北京工业大学软件学院与市技术市场管理办公室共同组织开办的,旨在培养具有技术创新精神和管理能力的国际化、复合型、高层次的技术转移专业人才。教学过程采用集先进性、国际性、体系化和实用性为一体的课程体系,由知名管理部门官员、学者、中外教授、业界资深讲师和知名企业高管组成授课团队,以搭建知识、能力的专业学习平台的和官员、学者专家和学生间的资源共享平台。

（陈丽萍）

【大学生校外就业实习工作总结会召开】　10 月 22 日,市科委人才交流中心组织的"北京市大学生校外就业实习服务平台 2008 年实习工作总结会"在北京工业大学举行。北京工业大学、北京四方继保自动化有限公司、北京软件产品质量检测检验中心等单位相关人员出席。会上,平台负责人介绍了本次教学实习的基本情况。此次活动有北京工业大学电控学院 2005 级自动化、通信工程、电子信息工程和微电子共 4 个专业 161 名学生参加,被分配到 31 家企事业单位从事技术助理或行政助理岗位的相关工作。实习结束后,148 人有资格参加实习考核并获得市科委人才交流中心和实习单位共同颁发的实习证书,其中 61 人获优秀实习生称号。

（焦正辉　付星辰）

【组织 7 家北京市技术转移中心验收】　11 月 25—28 日,市教委联合市工业促进局对首批认定的 7 家北京市技术转移中心的组织机构建设、运作模式、一站四库建设、技术推广交流与技术转移情况等进行考察,组织验收。结果显示,新材料北京市技术转移中心(依托单位北京科技大学)、化工与环保北京市技术转移中心(依托单位北京化工大学)获得优秀,其他 5 家为良好。7 家中心 3 年内共筛选整理科研成果 2200 余项;收集企业技术需求 800 余项;聚集专家教授 1000 余名;拓展中介渠道库 50 余个;累计转移技术成果 150 项,服务首钢、燕山石化等重点企业超过 100 家;累计举办技术推广会、成果发布会以及国内、国际专业交流会 110 余次;通过课堂、网络等形式为企业举办各类技术、管理和政策培训班 70 余场,培训专业人员 3500 人次。

（张年武）

**【确定 2009 年度科技发展计划项目 274 项】** 11 月,市教委批准 2009 年度 29 所高校计划项目 468 项。其中,科技发展计划项目 274 项(重点项目 32 项、面上项目 242 项),社会科学研究计划项目 194 项(重点项目 24 项、面上项目 170 项)。资助经费总额 5510.5 万元(科技发展计划项目经费 4396.5 万元,社会科学研究计划项目经费 1114 万元)。

(车庆珍 翟昊)

### 北京市教育委员会 2009 年度科技发展计划重点项目一览表

| 序号 | 项目名称 | 承担单位 |
| --- | --- | --- |
| 1 | 生物样品显微成像的数字全息方法研究(光学重点学科) | 北京工业大学 |
| 2 | 城市高架桥抗震性能与减隔震控制(结构工程重点学科) | 北京工业大学 |
| 3 | 自夹持式相贯线焊缝专用焊接机器人系统 | 北京工业大学 |
| 4 | 电迁移引发的电子连接材料内部物质运动和晶须生长机理 | 北京工业大学 |
| 5 | 基于贝耶斯框架的自发荧光断层成像重建方法的研究 | 北方工业大学 |
| 6 | 光掩模板缺陷的紫外激光微修复技术研究 | 北京工业大学 |
| 7 | 电动汽车能量管理策略及能量管理系统研究 | 北京工业大学 |
| 8 | 超高层多重组合剪力墙及筒体结构抗震关键技术研究 | 北京工业大学 |
| 9 | 基于多场耦合作用的北京深埋地下工程关键技术研究 | 北京工业大学 |
| 10 | 高产 γ-癸内酯酵母基因工程菌的构建 | 北京工商大学 |
| 11 | 基于三维人体形态数据的参数化人台技术及应用研究 | 北京服装学院 |
| 12 | 铜版纸用微乳化喷墨墨水研制及其印刷着色机理研究 | 北京印刷学院 |
| 13 | 地面激光雷达与摄影测量集成三维测量与建模 | 北京建筑工程学院 |
| 14 | 药物洗释支架生物惰性涂层材料的合成与研究 | 北京石油化工学院 |
| 15 | 设施果树果实成熟关键调控技术的研究 | 北京农学院 |
| 16 | 胶质细胞在帕金森病发病中的作用及机制研究 | 首都医科大学 |
| 17 | 长爪沙鼠脑缺血模型近交系的培育 | 首都医科大学 |
| 18 | 多巴胺对胃运动功能调节及其在胃轻瘫中的作用 | 首都医科大学 |
| 19 | 纳米水平组装和高活性 Cu(Ⅱ)-寡肽络合物研究 | 首都医科大学 |
| 20 | 阿尔茨海默病的表观遗传机制研究 | 首都医科大学 |
| 21 | 基于磁场的心脏三维定位及解剖重组系统的研究 | 首都医科大学 |
| 22 | 趋化因子 CXC 受体受体 3 在肺老化发生发展中的作用 | 首都医科大学 |
| 23 | 调节性 T 细胞在变应性鼻炎中的功能调控机制研究 | 首都医科大学 |
| 24 | 供体骨髓抑制诱导嵌合体抗高危角膜移植排斥反应研究 | 首都医科大学 |
| 25 | 算术代数几何及其在信息技术中的应用 | 首都师范大学 |
| 26 | 高精度有限体积格式及其在流体力学等中的应用 | 首都师范大学 |
| 27 | 小麦籽粒发育蛋白质组特征与品质形成的分子机制研究 | 首都师范大学 |
| 28 | 叶绿体镁离子光感应波动调控光合碳循环的分子机制 | 首都师范大学 |
| 29 | 中生代晚期传粉昆虫与虫媒植物的协同演化 | 首都师范大学 |
| 30 | 北京市可吸入颗粒物遥感监测技术与变化机制研究 | 首都师范大学 |
| 31 | 嵌入式系统苛刻环境抗辐照高速通信机制与算法的研究 | 首都师范大学 |
| 32 | 面向光机电一体化仪器的测控系统柔性集成技术研究 | 北京信息科技大学 |

【面向新农村的综合信息服务研讨会召开】 12月28日,中国农业大学、延庆县政府在圣世苑温泉大酒店联合举办"面向新农村的综合信息服务研讨会"。教育部、发改委、财政部、科技部的领导,市相关部门领导、农村信息化方面的专家以及各县市干部共200余人参加。研讨会总结了面向新农村开展综合信息服务的成功经验,探讨、交流和分析了农村信息化的有关问题,深入研究了高校农业科技与教育网络联盟在农村基层开展综合信息服务的成功模式。会上,中国农业大学向延庆县东关、新宝庄、刁千营等7个试点村免费发放了"新农村社区数字视频资源包",为农户提供数字信息资源服务。

(张 竞)

【首批建立19个高校产学研联合及国内外联合研究生培养基地】 年内,市教委正式启动"研究生教育质量工程"。经学校申报、专家评议、市教委审核,首批认定北京交通大学、北京工业大学、北京理工大学、北京科技大学、北京邮电大学、北京林业大学、北京体育大学、中国政法大学、华北电力大学等9所高校为北京高校产学研联合研究生培养基地;中国人民大学、北京化工大学、首都医科大学、北京师范大学、首都师范大学、北京外国语大学、北京语言大学、中央财经大学、对外经济贸易大学、首都经贸大学等10所高校为北京高校国内外联合研究生培养基地。

(侯东云)

【增补2家北京市重点实验室】 年内,市教委、市科委共同认定华北电力大学"工业过程测控新技术与系统实验室"、北京交通大学"物流管理与技术实验室"为北京市重点实验室。至此,北京市重点实验室已达72家,分布在31所高等学校中。

(翟 昊)

【纯电动客车关键技术及在公交系统中的应用】 年内,由北京理工大学、北京公共交通控股(集团)有限公司等单位孙逢春、冯幸福、林程等共同完成的"纯电动客车关键技术及在公交系统中的应用"项目,建立和完善了纯电动客车设计理论、开发流程与平台;提出了兼容无轨电车弓网的电电混合等两种高效节能构型方案,实现了轻量化设计,解决了用电体制、二次绝缘以及安全可靠和冗余稳定等难题。研究为奥运会开发出纯电动低地板客车,专家鉴定"整车综合技术指标达到国际先进水平,部分性能指标达到国际领先水平"。该项目首次规模应用高能锂离子动力电池,提出了电池成组应用性能与寿命的理论与分析方法、电池组系统评价体系;开发了电池组模块化封装系统,实现了快速更换过程中动力电缆和通讯线的自动同步插接;提高了能量利用效率和循环使用寿命,解决了使用安全等核心技术问题。研究发明和开发了电机和机械自动变速器组成的一体化动力传动、卧式涡旋式零泄露一体化冷暖空调、整车信息化控制、电池组能量管理等关键技术产品;制订了电动客车产业化生产标准和工艺规范,开发的系列电动客车获得国家产品公告;构建了电动客车城市推广应用模式,开发了集中充电、分箱充电、电池组快速自动更换、远程监控与智能调度、维护保养等系统。项目获授权专利23项,企业技术标准和规范18项,发表论文120余篇和著作6部。从7月20日至9月20日,世界上规模最大锂离子无障碍电动客车车队在奥运中心区顺利运营,累计运行12万千米,载客14万人次,未出现一起故障。其自主研发建设的世界上规模最大的现代化公交充电站,可为50辆奥运纯电动客车提供整车电池快速更换和集中充电服务。该项目获2008年度国家科学技术进步二等奖。

(张 竞)

【世界首台单螺杆膨胀机成功运行】 年内,北京工业大学马重芳教授等完成10千瓦和40千瓦单螺杆膨胀机的设计和加工,并在北京工业大学传热强化与过程节能教育部重点实验室搭建了单螺杆膨胀机性能测试试验台,对排气量0.36升的单螺杆膨胀机进行了性能测试,机器运行平稳,振动和噪声均远低于传统的活塞式发动机。测试结果表明,以压缩空气为工质,在进气压力0.6兆帕、转速3000转/分的工况下,单螺杆膨胀机可稳定输出5千瓦的功率,排气温度达到-45℃,进出口温差约为62℃,且单螺杆膨胀机部分负荷特性较好,带液膨胀有利于功率输出。

（张　竞）

【名优花卉矮化分子、生理、细胞学调控机制与微型化生产技术】　年内,由北京林业大学、中国农业大学等单位尹伟伦、王华芳、段留生等完成的"名优花卉矮化分子、生理、细胞学调控机制与微型化生产技术"获2008年国家科学技术进步奖二等奖。该项目1996年立项,得到5个国家级和省部级课题的支持。主要成果为:采用分子生物技术与生理调控技术等创造出微、矮、精、美、特的花卉新造型,满足了花卉市场新、奇、特以及室内宜居、生态环境建设等需要;研究了矮小株型的分子育种、育苗、调控栽培、花芽分化与开花调控技术等矮化生产关键技术,将花期从春季拓展到秋季;首次系统搜集了矮化基因资源(木本为主),建立了基因库,研究了各株型发育分子调控机制,揭示了矮化基因表达、生理代谢反应、细胞形态建成的矮化调控途径和机制;建立了大型花卉微型化栽培技术体系、矮化资源分子调控育种技术体系、名优微型花卉快速繁育技术体系、花卉微型化生产新技术体系。且提出了四类矮化技术,即以AFLP分子标记辅助选择技术,获矮化资源33个;克隆矮化关键基因2个,建立矮化分子育种技术,获转基因月季株系;竹、梅、菊、牡丹等化控和中间砧矮化调控技术,9年生株高仅为对照的1/3;调控光合、水分、营养代谢和根系生长矮化栽培技术,综合实现株型矮化。

（张　竞）

【90—65纳米级大规模集成电路大生产关键技术研究】　年内,由北京大学、中芯国际集成电路制造有限公司等单位王阳元、吴汉明、康晋锋等完成的"90—65纳米级大规模集成电路大生产关键技术研究"获2008年国家科学技术进步奖二等奖。该项目2003年立项,2007年完成,属于国家"863"计划,信息技术领域。该成果成功开发了90纳米大生产核心技术,包括微细加工、钴硅化物浅结、铜互联/低钾、器件模型、光刻模型和版图的可制造性、可靠性分析和评测等,并成功地用于12英寸大生产中,建立了开放式的90纳米CMOS大生产关键工艺技术平台,使我国成为掌握当前国际最先进集成电路大生产工艺制造技术的少数国家和地区之一,为我国集成电路设计、制造、专用设备和材料技术的研发,提供了一个产学研相结合的技术平台。

（张　竞）

【科技人员及投入】　至年底,北京地区55所设有理工农医类高校(含21所附属医院)共有教学与科研人员59009人,其中教授职称5926人,高级职称20937人,研发人员28033人;科技经费投入111.39亿元,其中政府投入69.62亿元,企事业单位委托投入34.66亿元。市属14所设有理工农医类高校(含13所附属医院)共有教学与科研人员23368人,其中教授职称952人,高级职称5838人,研发人员8139人;科技经费投入13.75亿元,其中政府投入10.12亿元,企事业单位委托投入3.30亿元。

（张　豫）

【科技活动】　至年底,北京地区55所设有理工农医类高校(含21所附属医院)共有科研活动机构349个;开展科技课题32909项,其中研发课题29712项,研发成果应用及科技服务课题3197项;派遣进修访问学者2879人次,接受进修访问学者4456人次;出席国际学术会议17410人次,交流论文13027篇。14所市属设有理工农医类高校(含13所附属医院)共有科研活动机构55个;开展科技课题5319项,其中研发课题4975项,研发成果应用及科技服务课题344项;派遣进修访问学者460人次,接受进修访问学者544人次;出席国际学术会议2527人次,交流论文1724篇。

（张　豫）

【科技产出】　至年底,北京地区高校共出版科技专著469部,大专院校教科书563部,编著471部;发表学术论文56047篇,其中,在国外学术刊物发表12091篇;SCI(科学引文索引)收录论文10216篇、EI(工程索引)11925篇、ISTP(科技会议索引)6977篇;鉴定成果292项,获奖成果441项,其中国家级奖70项,省部级奖236项。市属高校出版科技专著144部,大专院校教科书179部,编著168部;发表学术论文11801篇,其中,在国外学术刊物发表947篇;SCI收录论文972篇、EI收录1072篇、ISTP收录596篇;鉴定成果52项,获奖成果项36项,其中国家级奖9项,省部级奖13项。

(张 豫)

【科技推广】 至年底,北京地区高校共签订技术转让合同1204项,总金额9.23亿元,实际收入7.85亿元;专利出售192项,合同金额1.28亿元,实际收入0.41亿元;申请专利5641项,授权2779项,其中申请发明专利4831项,授权1655项。市属高校签订技术转让合同120项,总金额0.79亿元,实际收入0.42亿元;专利出售12项,合同金额0.29亿元,实际收入0.11亿元;申请专利853项,授权492项,其中申请发明专利535项,授权180项。

(张 豫)

# 合作与交流

## Cooperation and Exchange

【送科技到西沙】 1月18日，解放军海军后勤部特致函感谢市科委、市农林科学院对改善西沙驻军生活条件的支持。市林农科学院在市科委蔬菜育种、设施栽培等相关科研项目的支持下，组织科技人员赴西沙，克服了当地高温、高湿、高盐、高日照、多台风、缺淡水、缺土壤等困难，通过利用椰糠代替土壤、收集雨水等技术，保证了温室内种植的黄瓜、哈密瓜、番茄等20余种蔬菜成功收获。

（张平　邹继东）

【国际专家设计咨询诊断会启动】 2月22日，由北京工业设计促进中心主办的"国际设计专家设计咨询诊断会"活动启动。本次活动分为制造企业设计创新国际专家交流诊断走访和国际专家同国内知名设计、高科技企业座谈两部分。澳大利亚的Michael Bryce，瑞典的Lars Lindqvist、Tore Brännlund三位设计专家走访了北京谊安医疗系统股份有限公司，就其成长中的问题进行座谈，并对该公司的发展提出了中肯的建议；在北京DRC工业设计创意产业基地召开了设计、高科技企业座谈会，3位国际设计专家与易造、汉王、华旗资讯等11家企业代表深入交流。与会代表就设计经理如何成为一名优秀的管理者；如何使企业认识到设计的重要性；如何处理设计中成本、速度与质量三者之间的关系等问题向专家咨询。

（左倩）

【环渤海大型仪器设备共享平台建设第四次工作会议召开】 2月26—27日，市科委在门头沟区召开"环渤海区域大型仪器设备共享平台建设第四次工作会"。科技部、市科委相关领导出席。来自北京、天津、河北、山东、山西、内蒙古科委、(科技厅)条财处、平台处的负责人、大型仪器主管单位的负责人及相关网站建设技术人员参加了本次会议。会上，北京科学仪器装备协作服务中心代表六省市对2007年该平台建设工作进行了总结。六省市共同研究部署了2008年平台建设的重点工作；讨论了《环渤海区域大型科学仪器设备共享平台运行管理办法》(讨论稿)；探讨了平台功能进一步开发与完善问题；研究了"环渤海区域大型科学仪器设备共享平台"二期建设方案。同时，针对平台大型仪器信息重要数据不够完善，限制了平台服务功能的拓展与实践等问题进行了重点讨论。8月，平台第五次工作会议在内蒙古海拉尔市召开。

（李易洋）

【举办福安电机(北京)专场对接会】 4月2日，由福建省发改委、福安市政府、北京科技开发交流中心联合主办的"福安电机(北京)专场对接会"在清华大学举行。会上，福安市电机企业与来自中科院、清华大学等院校的专家共对接项目成果32项；福安市政府与中科院电工所、清华大学电机系签订了战略合作协议；中国工程院顾国彪院士等10位专家被聘为福安市电机工程研究院专家。通过此次对接，福安市借助北京科研机构、科学技术、科技成果众多的优势，为电机企业引进技术，开发生产电动机、发电机、水泵等高附加值产品提供了交流空间和合作平台，以解决福安市电机产业发展所面临的技术难点。

（孙刚）

【可持续发展设计论坛暨DRC科普系列活动】 4月3日，由北京工业设计促进中心、北京工业设计促进会、西城科协主办的"'资源有限　设计无限'可持续发展设计论坛暨DRC科普系列活动开幕式"在DRC基地召开。此次活动旨在共享DRC设计科普工作成果，培养文化创意产业、高新技术企业从业人员及企业经理人树立回收再利用意识。会上，中央美院、北京天龙天天洁再生资源回收利用有限公司的专家分别做"奥运·可持续·设计"、"再生资源的循环利用"的演讲；北京工业设计促进中心与北京天龙天天洁再生资源回收利用有限公司签署了《DRC再生资源回收利用示范点合作协议》；安排了现场兑换再生品体验活动，参会人员可用废弃的胶版纸、铜版纸、新闻纸现场兑换A4再生纸，让有限的资源无限循环。

（左倩）

【嘉兴科技局与北京技术交易促进中心签订合作协议】 4月5日，嘉兴市南湖区科技局与北京技术交易促进中心在中心报告厅签订长期合作协议。根据协议,北京技术交易促进中心将在中国技术交易网(www.ctmnet.com.cn)设立"嘉兴南湖科技合作"专栏,推介嘉兴科技城以及嘉兴国家农业科技园区的国际科技合作政策导向、新闻热点、科技招商、技术需求、合作机会等,并且每月为嘉兴科技局提供国际科技合作与国际技术转移项目。双方将不定期举办各类国际技术转移研讨会,项目对接会。

(马正运)

【组团参加第七届英国伦敦国际外包展】 4月16—17日,由OutsourceWorld主办的"OutsourceWorld London 2008"在伦敦卓越国际会展中心举行。共有来自不同国家的30余家参展商参展。北京软件与信息服务业促进中心带领由北京用友软件工程有限公司、北京信必优系统技术有限公司、北京斯福泰克科技股份有限公司3家外包企业组成的China Sourcing代表团参展,得到了外界的高度关注。

(兰 嘉)

【首届中国新西兰科技产业化研讨会】 4月17日,由科技部、新西兰研究与科技部主办,北京科技开发交流中心承办的"中国新西兰科技产业化研讨会"在香格里拉饭店举行。科技部副部长刘燕华、新西兰研究与科技部部长霍奇森分别在开幕式上发表主旨演讲。中新双方200余位政府官员、科研人员和企业家就加强在能源、环境、食品科学、健康与生物技术、农业等领域的科技成果产业化合作进行了研讨。

(市科技开发交流中心)

【参加OASIS 2008开放标准SOA可组合性专题研讨会】 4月28日至5月1日,"OASIS 2008开放标准SOA可组合性专题研讨会"在美国硅谷举行,长风联盟组织会员单位参加。大会召开了全程优化专题研讨会,长风联盟有4篇相关报告做会议演讲,且由联盟会员神州商桥公司在大会上举办了全程优化(EERP)讲座。大会期间,市科委带领联盟会员代表拜访了位于硅谷的Salseforce公司,了解SAAS技术、标准、运营方面的情况。

(市科委合作处)

【红星奖走进福州】 5月18—22日,2008中国创新设计红星奖全国巡展首展在福州市"第十届海峡两岸经贸交易会"上拉开帷幕。此届海交会首次设立创意产业展馆,展出了乐凯便携打印机、笔式心电仪、i-mu幻响神州超能晶体音响等共近50件2006年、2007年红星奖获奖产品,涉及信息和通讯产品、消费类电子和家用电器、家居用品等七大类,共接待参观者愈10万人。中央电视台、新华社、新浪网等众多媒体对红星奖巡展进行了报道。之后,7月在青岛举办的"第7届中国国际消费电子博览会"、9月在宁波举办的"2008中国工业设计周暨中国宁波国际工业设计博览会"以及在东莞、顺德、香港等7地相继展出。

(左 倩)

【新疆科技需求与合作项目推介会】 5月21日,由科博会组委会办公室和新疆维吾尔自治区政府主办,新疆科技厅承办的"全国科技支疆行动——新疆科技需求与合作项目推介会"在北京新闻大厦召开。新疆维吾尔自治区副主席靳诺、科技部发展计划司副司长许倞出席并致辞。两地科研院所、高校代表及媒体共120

余人参加。会上,重点推介了新疆在特色林果业技术的综合开发、牛羊养殖业高效生产技术的集成与示范、干旱区农业节水技术开发与示范等12个领域的科技需求与合作项目;新疆高新技术企业发展促进会与首都科技集团签署长期科技合作协议书。

(刘 畅)

【中日生物学实验技术与动物实验代替法研讨会】 5月21—23日,由市动管办、日本动物实验替代法学会和北京实验动物行业协会联合主办的"中日生物学实验技术与动物实验代替法研讨会"在龙泉宾馆举行。此次会议主题为"食品毒理中的动物实验"。来自日本东京大学、镰仓女子大学的博士以及中国疾病预防控制中心营养与食品安全所、北京市疾病预防控制中心等单位的北京和其他省市的专家30余人参加。会上,中日专家分别就"我国毒理学安全性评价相关标准和方法"、"细胞组织学在保健食品功能与安全评价中的应用前景"、"保健食品功能学评价动物模型的建立"等专题做报告。期间,北京实验动物行业协会与日本实验动物替代法研究会签订合作框架文件。

(市科委合作处)

【参加罗马尼亚第二十届国家针灸年会】 5月28日至6月3日,由罗马尼亚国家针灸协会主办的"罗马尼亚第二十届国际针灸会议"召开,来自美国、澳大利亚等国家200余位针灸专家出席,北京市国际科技合作协会率团参加。会上,来自北京市中医医院、北京市儿童医院的专家做主题报告。会后,北京针灸协会与罗马尼亚雅西"Gr.T波巴"医药大学、罗马尼亚针灸协会就建立中医针灸合作沟通体系签订协议,希望通过民间、政府等多种渠道促进双方针灸界在产学研等领域的合作,在科技、经济、社会多个层面实现双赢。

(市科委合作处)

【首届高新技术成果与企业需求网上交易会】 6月11日,由市工促局、市教委、市科委、市知识产权局、中关村管委会、中科院北京分院共同主办,北京市经委经济技术市场发展中心、北京技术市场管理办公室承办的"首届北京高新技术成果与企业需求网上交易会"在凯富大厦开幕。副市长苟仲文,主办单位及市政府相关委办局领导和相关人士出席。本届网交会征集了中科院、高校等单位技术成果项目669个,来自不同企业的技术难题236个,可供洽谈、交易的项目达800余个,共开辟500间项目洽谈室以及项目洽谈、现场报告、成果转化等10个服务频道。据统计,3天网站总访问量达74611人次,其中,参与现场报告15410人次,现场咨询近10000人次,查询科技成果12696人次,查询企业难题6969人次,进入洽谈室交流15487人次。

(陈丽萍)

【组团参加第六届中国·海峡项目成果交易会】 6月18—20日,由科技部、建设部、教育部、信息产业部等15个部委和福建省政府共同主办的"第六届中国·海峡项目成果交易会"在福州市举行。北京科技开发交流中心组织25家奥运科技单位参加,涉及节能减排和城市信息化两大领域。期间:中心与福建省发改委、科技厅共同举行"科技奥运暨抗震减灾科技成果新闻发布会",5家科技奥运成果单位进行项目发布及成果演示;北京金隅集团纳美科技发展有限公司与福州莱安建材公司签订了400万元人民币的纳美涂料项目代销合同,北京智能佳科技有限公司与福州市科技馆签订了10万元人民币购买机器人合同;北京仁创科技集团有限公司透水砖项目等与福建省多家公司达成合作意向。

(北京市科技开发交流中心)

【伦敦市政府代表团来访】 7月8日,市科委副主任朱世龙会见了英国伦敦市政府代表团一行,伦敦市国际事务部主任 Dominic Hurley、发展署新兴市场部主管 David Adam 以及市科委高新处、社会发展处、国际合作处负责人出席。为举办下一届奥运会,伦敦市政府特在北京建立了伦敦之家,且举办各种活动,众多英国政府官员、企业家、专家学者均在此与北京相关人士交流。

(市科委合作处)

【残障人士康健服装展演举办】 9月15日,由首都科技集团、北京服装学院主办的"'非常美'残障人士康健服装展演"在国家奥林匹克公园举行,奥科委主席林文漪、市科委副主任王荣彬以及市团委、市残联等有关部门的领导出席。活动展出了40件(套)由北京服装学院专业技术团队设计并制作的服装,兼顾修正体型、便于生活起居、增强安全防护性能等残障人士的需求和特点。这是国内首次举办残障人士康健服装展演活动。

(李海燕)

【组团赴淄博招商洽谈】 9月16—19日,北京技术市场协会、北京科技协作中心组织中科院过程研究所、理化研究所、中国钢研科技集团等13家科研院所参加了在淄博举行的"第七届中国(淄博)新材料技术论坛暨国际科技成果招商洽谈会"。中科院过程工程研究所的半干法循环流化床烧结机与锅炉烟气脱硫技术等项目与山东淄博大工机械有限公司、山东齐都药业有限公司等多家企业达成合作协议。

(陈丽萍)

【福建三明与中央企业投资机构项目对接会】 9月25日,由国务院国资委、福建省发改委、国资委、经贸委、科技厅、三明市政府与北京科技开发交流中心共同主办的"福建三明与中央企业投资机构项目对接会"在京都信苑大酒店举行。主办方相关领导以及央企、投资机构、三明市企业代表400余人出席,共签约59个,总投资134.9亿元。其中,合同项目25个,总投资39.74亿元;意向项目34个,总投资95.19亿元。签约项目平均投资额2.29亿元/项,亿元以上的项目37个,总投资128.87亿元。

(孙 刚)

【北京实验动物管理国际研讨会】 9月26日,由市实验动物管理办公室、北京实验动物行业协会和深圳依科曼公司共同主办的"北京实验动物管理国际研讨会"在永兴花园酒店举行。国际实验动物科学理事会主席、加拿大实验动物管理委员会主席 Gilles Demers,加拿大 Louis Richard、Jim Gourdon 和 Ronald Charbonneau,分别就加拿大科学界对于实验动物福利和使用方面的监督情况、社区代表在伦理审查委员会中的作用、隔离检疫与生物净化、实验动物设施的生物安全评估和 ICLAS 制订与落实实验动物使用指南做了报告。有关实验动物专家30余人参加了会议。

(市科委合作处)

【亚洲实验动物学会联合会(AFLAS)第三次会议暨中国实验动物学会(CALAS)第八届学术年会】 9月27—29日,亚洲实验动物学会联合会、中国实验动物学会联合主办"亚洲实验动物学会联合会(AFLAS)第三次会议暨中国实验动物学会(CALAS)第八届学术年会"在中信国安第一城举行,主题是"亚洲实验动物科学的发展"。中国科协、民政部、卫生部等部门领导出席,日本、韩国、泰国等国家以及台湾地区实验动物学会的专家,相关领域的代表700余人参加。会议设实验动物基础和应用、实验动物资源与模式动物、实验动物伦理与福利、重大疾病和新发传染病研究中的动物实验、影像技术与比较医学、实验动物与中医药研究、动物实验技术培训、技术交流论坛等8个专题论坛,收到论文477篇;举办了近万平方米的"生命科学设备及相关产品展示会",展示了转基因设备与显微操作设备、胚胎工程设备、分子生物学与细胞生物学研究设备等;举行了AFLAS 2008年理事会会议;召开了中国实验动物学会全国第五次会员代表大会,选举了第五届理事会理事。会议授予18位中外专家"中国实验动物学会贡献奖",还表彰了4位中外青年科学家。

（李根平　刘冕）

【赴英国参加2008开放标准大会】　9月30日至10月3日,长风联盟组织联盟企业赴英国伦敦参加"OASIS欧洲年会——2008开放标准大会"。此次会议主题为"信息社会的安全挑战",IBM、Microsoft、SUN、Oracle、WS-I、W3C等多家国内外知名企业和机构参会。会议围绕现在及未来的安全服务、安全标准和安全产品等议题展开。长风联盟将中国在信息安全方面的研究方向、技术创新、成功经验及典型案例与来自各国的嘉宾进行交流和探讨。

（市科委合作处）

【参加2008首尔设计奥林匹克大会】　10月7—11日,市政府代表团一行4人赴韩国出席了"2008首尔设计奥林匹克大会"。此次大会主题为"设计就是空气(Design is AIR)"。北京工业设计促进中心组织参加了"未来世界设计城市展",主题为"新北京·新设计",展厅占地450平方米,分为奥运设计和北京设计两部分,共展出58件奥运会设计成果,展现其设计竞争力。应邀参展的还包括米兰、纽约、巴黎、都灵、鹿特丹等11个全球设计发达城市。10月11日,首尔市市长吴世勋亲临北京展厅参观并题词。

（左　倩）

【京台两地签署设计合作备忘录】　10月13日,台湾创意设计中心与北京工业设计促进中心在北京DRC基地签署了合作备忘录,旨在促进两地设计产业发展。双方表示,要通过具体措施,鼓励设计公司及设计师参与两地举办的各类设计活动,互通互换信息,强化人才教育及技术交流,建立常态性沟通管道,开展项目合作,同时联手加强知识产权的保护与管理。

（左　倩）

【中美知名企业领袖圆桌会议召开】　10月14日,由北京软件与信息服务业促进中心与美国CIO集团共同策划的"中美知名企业领袖圆桌会议"在纽约万豪酒店举行,主题为"基奠未来:充分利用新机遇"。会议围绕近期全球经济下滑的走势对企业IT规划和发包规模的影响展开。万人以上规模、确有发包需求的33家公司管理层代表和9家软件外包企业代表参加了交流。此次会议旨在使中国外包企业与潜在发包商进行交流,了解发包商对中国外包产业的认识和看法。同时,宣传北京外包产业的优势地位,提高发包商将中国作为IT外包首选国的意识。

（兰 嘉）

【2008纽约外包世界展览会】 10月15—16日,受市商务局委托,北京软件与信息服务业中心率领China Sourcing代表团参加了在纽约Jacob K. Javits会议中心举行的"2008年OutsourceWorld纽约展会"。本届展览会主题是"经济动荡时期的竞争与繁荣",来自中国、印度、哥斯达黎加等25个国家和地区的135家服务提供商参展。China Sourcing代表团由用友、文思、大展、SoftTech等10家企业组成,集中展示了中国软件外包企业在业务流程外包、IT解决方案、数据安全等方面的服务能力。作为大会唯一的白金赞助商,China Sourcing代表团以其专业的软件与信息技术服务和一流的技术研发实力,吸引了众多参观者和洽谈者。

（兰 嘉）

【全国科技动漫大赛协办单位座谈会】 10月16—19日,北京科技开发交流中心在京召开"首届全国科技动漫大赛协办单位座谈会"。来自13个省、直辖市和香港特别行政区共32家高校、媒体、动漫协会和动漫企业参加。会议就如何办好首届"全国科技动漫大赛",如何建立宣传网络,搞好作品征集、作品展示、作品评选和颁奖典礼等展开讨论。会后,中心与协办单位签订合作协议。

（北京市科技开发交流中心）

【北京协同创新服务联盟、甘肃省技术交易服务联盟合作签约仪式】 10月20日,"北京协同创新服务联盟、甘肃省技术交易服务联盟合作签约仪式"在北京技术交易促进中心举行。科技部火炬中心、市科委等部门相关领导出席。北京技术交易促进中心主任牛近明和甘肃省科技发展促进中心主任刘谨代表双方在合作协议上签字。根据协议,双方将以奥运农业成果推广为切入点,发挥北京协同创新服务联盟的服务优势,根据甘肃技术交易服务联盟提出的相关需求组织筛选奥运农业成果和中介机构开展有效对接与服务。

（马正运）

【2008北京地区实验动物管理工作经验交流会】 11月6—7日,由市实验动物管理办公室主办、北京实验动物行业协会承办的"2008北京地区实验动物管理工作经验交流会"在龙泉宾馆召开。来自中央驻京单位、军队系统和地方的120余个实验动物相关单位的领导以及专业技术人员160余人参加。会上,中国药品生物制品检定所实验动物中心等单位的专家、学者和设施负责人分别从实验动物管理工作的不同侧面介绍了本单位、本领域的先进经验,并进行了交流和讨论。

（李根平　刘晃）

【京港设计界共谋设计发展】 11月10日,由商务部、香港贸发局主办的"第二届中国(香港）国际服务贸易洽谈会开幕式暨服务贸易发展论坛"在香港会议展览中心开幕，内地和香港近500名政府和工商界人士出席。市商务局、北京工业设计促进中心等承办了"京港工业设计发展论坛暨中国创新设计红星奖香港推介"活动，北京4家设计企业，香港工业设计师协会、商业设计公司、建筑咨询公司以及江苏、天津、福建等地相关企业的20余人参加了会议。与会者分别介绍了北京和香港设计业及其服务贸易的发展概况，北京市设计创意产业发展情况和红星奖情况，探讨了京港两地设计企业和促进机构的合作模式，以及设计服务贸易中存在的问题。

（左　倩）

【赴日参加商务博览会第22届北海道技术及商务交流会】　11月13—14日，由日本贸易振兴机构（JETRO）与北海道政府联合举办的"商务博览会第22届北海道技术及商务交流会"在札幌轴心大厦举行。本届展会共有237家企业和研究机构参展，涉及IT、生物技术、环境、电气机械等产品，参观人数愈2万人。北京软件与信息服务业促进中心组织大展信息科技（北京）有限公司、北京鸿鹄志软件技术有限公司、北京软通动力信息技术有限公司3家企业参加了此次活动，展示研发服务外包的能力，并与多家日本公司进行了洽谈。

（李　菲）

【中日环保技术与商务小型交流会】　11月21日，由市科委主办，市可持续发展科技促进中心承办的"中日环保技术与商务小型交流会"在可持续发展科技促进中心举行。东京都立大学渡边恒雄教授率日本环境代表团一行6人出席。金隅集团、北京排水集团、北京昊业怡生科技公司、北京德通化纤公司等企业代表参加。渡边做题为"东京都的环境政策、环境技术、环境教育及产业"的主题演讲。中方企业向日方专家和企业提出了在黄河水资源处理系统和淡水湖有机污染物处理技术上的具体需求，并希望就技术转让、技术许可或技术入股等多种形式的合作进行探讨。

（市科委合作处）

【中美创新与产业化大会】　12月2日，由科技部与美国国务院、美国商务部共同主办，北京科技开发交流中心承办的"中美创新与产业化大会"在西苑饭店召开。科技部副部长曹健林和美国国务院助理国务卿沙利文，以及美国驻华大使雷德分别在开幕式上发表主旨演讲。来自中美两国200余位政府官员、科研人员和企业家就构建创新生态系统、创新生态系统维护、技术转化等主题进行了讨论。

（北京市科技开发交流中心）

【2008中国服务创新研讨会】　12月9—10日，由清华大学技术创新研究中心（RCTI）与北京现代服务业科技促进中心联合在清华大学举办了"2008中国服务创新研讨会"。科技部、商务部、市科委等部门的政府官员、业内知名的专家学者、知名企业管理者等200余人参加。研讨会共包括一个主论坛和两个专题演讲。与会代表围绕"中国的服务创新研究：政策、理论与实践"的主题，研讨了科技促进服务创新的新思路、新模式；寻求行业服务创新的新机遇、新目

标；探讨推动服务创新的有效政策和措施；研讨服务创新方面的理论，以及如何加强理论与行业、企业创新实践的深入结合等问题。

（石丰　董炳艳）

【设计创意展亮相文博会】 12月18—21日，"第三届中国北京国际文化创意产业博览会"在北京中国国际展览中心举行。由市科委主办，北京工业设计促进中心承办的"设计创意展馆"设在4号馆，主题为"科技·创意·设计"，面积约3000平方米，参展机构60余家，吸引参观者约8万人。中共中央政治局常委李长春、市委书记刘淇、全国人大副委员长韩启德、文化部部长蔡武、市长郭金龙、市人大常委会主任杜德印等参观了设计创意展馆。该展馆分主题展区和四大分展区。主题展区集中展示了北京市在设计创意业方面所开展的重点工作和成果案例，以DRC设计资源协作成果、设计创新提升计划、中国创新设计红星奖和相关企业为展示主体。其中，中国创新设计红星奖展区，宣传"路演"成果，展现设计创意的高端、高效、高辐射力的产业特征，展出了联想笔记本电脑、清华美院奥林匹克公园街道照明灯具、李宁运动鞋等产品。在工业设计、平面设计、建筑设计、服装设计四大分展区，重点展示北京设计创意业的丰富资源和各类设计创意机构的巨大潜力。新华社、中央电视台、北京电视台、《科技日报》等50家媒体进行了报道。

（付文均）

【北京中关村·辽宁葫芦岛区域合作共建签约仪式举行】 12月22日，"北京中关村·辽宁葫芦岛区域合作共建签约仪式暨绥中滨海经济区投资环境座谈会"在清华科技园举行。全国人大华侨委员会副主任于均波、辽宁省省长陈政高、中关村管委会副主任郭洪等有关领导出席，中关村管委会，北京技术交易促进中心，葫芦岛市委、市政府及省直有关部门负责人以及两地企业代表150余人参加。会议就如何推进绥中滨海经济区"海岸中关村、生态新城区"建设进行了座谈。会上，葫芦岛市政府与中关村管委会、清华科技园启迪控股有限公司签订了战略合作框架协议；绥中县政府分别与北京技术交易促进中心、北京启迪创业孵化器有限公司、北京碧水源科技股份有限公司等8家机构签订了合作协议。

（马正运）

【资助国际合作交流11项】 年内，市自然科学基金共资助对外合作交流活动11项，涉及农业、医药、生物、信息等领域。资助总金额57万元。参与交流的国外专家学者600余人，国内3000余人。其中"第四届超快与太赫兹波国际研讨会"等7项已完成；"第九届国际乳铁蛋白会议——结构、功能及应用"等4项将在2009年实施。

（市基金办）

# 科学技术普及

## Science and Technology Popularization

# 城乡科普

【实行科技惠农定村长期服务】 1月3日,北京农学会组织专家小组来到黄松峪镇凋窝村进行调研。根据该村山场资源情况和村委会要求,学会决定为该村提供野生植物开发全程服务。当年,帮助引进了优质毛桃品种和麻核桃,推广了野生猕猴桃苗的无性繁殖技术。

（农学会）

【市委常委会对市科协工作提出要求】 1月9日,市委常委会议听取了市科协工作汇报,就新形势下发挥社会组织的作用提出新的要求。会议强调,要加强社会组织建设,形成中国特色的社团管理体制;要广泛团结首都科技力量,服从国家和北京市发展大局,为全市中心工作开展决策咨询服务;要研究加强对所属基层科技团体的管理和指导,维护科技工作者利益,在建设创新型国家、维护社会稳定中发挥巨大作用;在社区有计划地建设户外科普设施,普及科学基础知识,提高青少年学科学的兴趣,把节能、环保知识进社区活动作为当前科普工作的重点,提高公众的科学素质。

（郭　健）

【北京市科委科普志愿者培训班结业】 1月26日,由市科委、北京师范大学组织的"北京市科委科普志愿者培训班结业典礼"在该校英东学术会堂举行。此次培训自2007年11月开始,历时三个月,共有60人参加。市科委、北京师范大学的领导共同为学员颁发了结业证书,并为评选出的优秀学员和获得特殊奖励的学员和单位颁发了奖品和证书。

（张　熙）

【北京市健康教育公益宣传车建设项目论证会】 3月4日,市科委、市卫生局联合在市疾控中心召开"北京市健康教育公益宣传车建设项目论证会"。会上,项目承担单位北京市疾病预防控制中心的负责人介绍了北京市健康科普教育工作的现状和建设科普宣传车的必要性。宣传车的核心服务是为学生、居民、流动人口、职业人群、农民和特殊人群等提供直接、流动的健康教育知识,功能包括取阅健康科普作品、浏览信息、讲座等,并将配置电脑、数字放映设备等硬件设施。

（张　熙）

【第一期北京市科委科普管理工作者培训班结业】 3月14日,"第一期北京市科委科普管理工作者培训班结业典礼"在北京大学举行。此次培训由市科委、北京大学共同主办,历时三个月,来自区县科委和委办局科普联席成员单位的学员听取了科普界的专家、学者对有关科普理念、场馆建设、科技发展等问题的阐述和讲解。通过学习、考察,学员们增强了自身作为科普管理工作者的科学素养和科普意识,丰富了开展科普工作的科学方式和科学方法,提高了科普工作的素质和能力。

（张　熙）

【面向社会公开征集科普项目40项】 3月15日,市科委2008年科普项目社会征集工作正式启动。征集重点包括:主题式成套互动科普展品研发与制作;博物馆、科技馆或科普展厅建设;传媒科普创意与策划;科普新载体和新形式。截至5月15日,共有150个单位提出了209个项目建议,最终40个项目入围,其中,互动展品3项,展厅建设11项,传媒科普10项,新载体新形式16项,共资助经费1200万元,项目承担单位匹配2086万元。

（张宇蕾　常越）

## 2008年北京市科委社会征集科普项目一览表

| 序号 | 项目类别 | 项目名称 | 项目承担单位 |
| --- | --- | --- | --- |
| 1 | 互动展品 | 几何精灵科普展品 | 北京市西城区青少年科技馆 |
| 2 | 互动展品 | 绿色生活社区行——主题式成套展品 | 北京自然博物馆 |
| 3 | 互动展品 | 铁路综合数字通讯系统模拟演示沙盘 | 中国铁道博物馆 |
| 4 | 展厅建设 | 航天科普体验基地 | 北京东高地青少年科技馆 |
| 5 | 展厅建设 | 军事高科技互动参与项目 | 中国人民革命军事博物馆 |
| 6 | 展厅建设 | 工业设计科普教育平台建设 | 北京工业设计促进中心 |
| 7 | 展厅建设 | 三峡科技馆 | 中国长江三峡工程开发总公司 |
| 8 | 展厅建设 | 北京排水科普展览馆更新改造 | 北京排水集团职业技能培训学校 |
| 9 | 展厅建设 | 建立北京地区健康科普教育示范医院 | 北京市心肺血管疾病研究所 |
| 10 | 展厅建设 | 防震减灾科普展厅建设 | 北京市地震局 |
| 11 | 展厅建设 | 北京太阳能科技馆建设 | 北京天普太阳能工业有限公司 |
| 12 | 展厅建设 | 眼卫生保健与防病科普公益展厅建设 | 北京市眼科研究所 |
| 13 | 展厅建设 | 耳鼻喉科卫生保健宣传的开放式展厅建设 | 北京同仁医院 |
| 14 | 展厅建设 | 蟹岛有机农业科普展厅建设 | 北京蟹岛种植养殖集团有限公司 |
| 15 | 传媒科普 | "妙想进社区"流动科普站 | 北京电视台 |
| 16 | 传媒科普 | 魅力科普365(暂定名) | 北京电视台 |
| 17 | 传媒科普 | 基于遥感与地理信息的北京水系历史变迁三维影片 | 北京市计算中心 |
| 18 | 传媒科普 | "北京市民日常生活能源消耗评估与对策"网络科普平台 | 中国科学院地理科学与资源研究所 |
| 19 | 传媒科普 | 医学科学普及读物《中老年养生诗话》的创作编写与出版 | 北京老年医院 |
| 20 | 传媒科普 | 电磁辐射科普多媒体读物 | 北京市劳动保护科学研究所 |
| 21 | 传媒科普 | 北京科普旅游丛书及漫画集 | 北京工商大学 |
| 22 | 传媒科普 | 健康教育从娃娃抓起 | 北京市公共卫生信息中心 |
| 23 | 传媒科普 | "青春见证科教强国"——改革开放三十年青年科学家访谈电视节目 | 科学时报社 |
| 24 | 传媒科普 | 运动营养科普知识宣传平台建设项目 | 北京康比特体育科技股份有限公司 |
| 25 | 新载体新形式 | "有机体的赞歌"动画故事板(连环画)编绘 | 北京自然博物馆 |
| 26 | 新载体新形式 | 掌上科技馆 | 北京闻言科技有限公司 |
| 27 | 新载体新形式 | 卡通科普广播剧《小红袄与五福猫》及图书(配光盘) | 中国文联出版社 |
| 28 | 新载体新形式 | 科学动画城 | 中国科学院计算机网络信息中心 |
| 29 | 新载体新形式 | 系列科普动画片《兔儿爷008》 | 北京迪乐动漫信息技术有限公司 |
| 30 | 新载体新形式 | 科普连续剧 | 北京科技报社 |
| 31 | 新载体新形式 | 全国科技动漫大赛 | 北京科技开发交流中心 |
| 32 | 新载体新形式 | 数字社区科普教育试点项目 | 北京博越世纪科技有限公司 |
| 33 | 新载体新形式 | 脑科学与预防老年性痴呆 | 享寿科技(北京)有限公司/国际老年痴呆协会中国委员会 |

续表

| 序号 | 项目类别 | 项目名称 | 项目承担单位 |
|---|---|---|---|
| 34 | 新载体新形式 | "和谐生活"之节能减排虚拟互动社区开发与宣传 | 北京斯坦德科技发展有限公司 |
| 35 | 新载体新形式 | 吃出来的寄生虫病 | 北京热带医学研究所 |
| 36 | 新载体新形式 | 《心灵的呼唤》话剧(暂定名) | 北京环之源文化传播中心 |
| 37 | 新载体新形式 | 消防安全知识宣传 | 北京意达利技术开发有限责任公司 |
| 38 | 新载体新形式 | 情景体验式虚拟生态农庄建设 | 北京市农林科学院农业科技信息研究所 |
| 39 | 新载体新形式 | 汉石桥湿地自然保护区环境教育能力建设 | 北京市顺义区汉石桥湿地自然保护区管理办公室 |
| 40 | 新载体新形式 | 社区科普在线帮助系统 | 北京帮助在线信息技术有限公司 |

【北京市第一、二批全国科普示范区县检查验收工作完成】 3月18日,根据中国科协《关于开展全国科普示范县(市、区)总结检查的通知》精神,由市科协、首都文明办、市农委、市妇联等部门和科研院所专家领导组成科普示范区县联合检查组,对北京市第一、二批5个全国科普示范区县进行检查验收。经查,房山、西城、宣武、海淀、延庆的基本指标、特色指标达到了科普示范县(市、区)的要求。

(刘 芳)

【第十届北京科普之春】 3月21日,市科协、市农委、通州区委和区政府联合在通州区台湖镇中心广场举行"2008年第十届北京科普之春暨通州区文化、科技、卫生三下乡启动仪式",中国科协及主办单位相关领导,中国农业大学、市农林科学院、北京老科技工作者总会等单位的专家出席。本届活动主题是"提高农民素质,弘扬奥运理念,促进和谐发展"。仪式上,举办了大型奥运、科学健身图片展览,专家送医、义诊,科普展板展览展示、有奖竞答,现代农业农民培训基地揭牌,运用远程教育网络开展新型农民(村官助理)培训,专家入户技术指导,首发《农民科学素质读本(政策法规篇)》、《农村应急手册》,赠送科普图书、农业技术书籍等科普器材和资料,现场文艺演出等活动。本届科普之春基层活动近1000项。

(张永锋)

【首期非农专业大学生村官助理农业知识专题培训班】 3月25日,由延庆县委组织部、县人事局,北京农学院科教兴农办公室主办的"'1+1+X'工程——非农专业大学生村官助理农业知识专题培训班"在北京农学院科技培训中心举行,为期一周。此次培训班是北京农学院与延庆县委组织部特为延庆县非农专业背景的村官助理"量身定做"的,课程内容涉及新时期党的路线方针政策、日光温室种菜、暖棚圈舍养畜禽、粪便封闭发酵、沼气做饭、沼渣肥田、种植技术和农业管理知识,新时期农村工作的方式方法,以及郊区、山区经济发展方向。首批50名非农专业村官助理接受培训。

(农学院科协)

【"走进科普的春天"系列科普活动】 3月28日,由市科协主办的"第六届'走进科普的春天'系列科普活动启动仪式暨来京务工人员子弟'走进春天迎奥运'活动"在北京游乐园举行。活动由北京科技活动中心、中国青少年科技辅导员协会、中国自然科学博物馆协会、北京青少年科技文化交流中心、北京学生活动管理中心、崇文区科协和北京游乐园及首都部分科普场馆共同承办,为期三个月,主题为"同享一片蓝天 携手共迎奥运"。主要包括:"百年奥运"图片展、"牵手福娃 走进自然"动物保护科普展、百校倡议书——百余所外来务工人员子弟学校联合发起"同在蓝天下,共为奥运作贡献"倡议活动、万人长卷签名——万余名外来务工人员子弟学生迎奥运长卷签名活动、百人同绘"我心中的奥运"——百余名外来务工人员子弟学生迎奥运绘画活动等。活动中提出三个"特别关爱":特别关爱外来务工人员子弟,特别关爱贫困地区的孩子,特别关爱遭受冰雪灾害的孩子。仪式上,主办单位向来京务工人员子弟和贫困地区的学生赠送科普图书和奥运书籍千余册,科普小制作和科普标本近200套。500余名打工子弟学生、50名来自北京周边河北、内蒙古等省区贫困学生和今年遭受冰雪灾害的湖南、贵州等地区学生们观摩了机器人、车模、直升机、火箭、飞艇表演,参加了快乐制作、科普图书阅览等活动,参观了植物、环保、节能和气象等科普展览。

(贾 丽)

【2008年北京百万家庭数字生活技能大赛】4月11日,由市科协、市信息办、市妇联主办,市科协信息中心、北京数字科普协会承办的"2008年北京百万家庭数字生活技能大赛"正式启动,主题为"百万家庭迎奥运,数字北京新生活"。5月11日,在北京新大都国际会议中心举行决赛,来自18个区县的18支家庭代表队经过知识问答、网上冲浪、网上运动会三个项目的比拼,最后决出家庭技能奖一等奖3名,即通州区、崇文区、宣武区;二等奖5名,即东城区、朝阳区、海淀区、石景山区、西城区;三等奖10名,即密云县、平谷区、延庆县、门头沟区、昌平区、顺义区、丰台区、房山区、怀柔区、大兴区。东城区等8区县获区县组织工作一等奖,西城区等10区县获区县组织工作二等奖。期间,大赛组委会还安排了科技奥运报告会、数字社区、数字农村体验参观活动等。

(赵 冉)

【命名首批103家科普基地】4月22日,市科委、市科协在朝阳公园的"索尼探梦"科技馆共同举行"北京市科普基地命名仪式"。市委常委梁伟,市科委主任马林、副主任朱世龙,市科协副主席周立军等出席。仪式上,公布了首批北京市科普基地名单,并为科普基地代授牌;梁伟、马林为"索尼探梦"科普教育基地揭牌。科普基地代表,各区县科协、科技馆代表,媒体记者近100人出席了仪式。此次共有135家单位申报北京市科普基地,根据《北京市科普基地命名暂行办法》,有103家被命名为北京市科普基地。中国科学技术馆、北京天文馆、北京自然博物馆等90家为科普教育基地;北京师范大学科学教育研究中心、北京大学科学传播中心为科普培训基地;北京电视台、北京科技报社等9家为科普传媒基地;北京天文馆、北京自然博物馆为科普研发基地。市科委将每年拨出500万元的经费,以项目资助的形式支持基地的发展,并将对已命名的科普基地申报的科普项目予以优先支持,同时择优向国家有关部门推荐申报国家级科普基地。

(常 越)

【国内首家科普基地联盟成立】4月22日,在市科委、市科协支持下,由中国科技馆、北京自然博物馆、北京天文馆、北京电视台、北京规划展览馆、北京科技报社、华夏地理、排水科普馆、北京索明科普乐园有限公司(索尼探梦)、北京市可持续发展科技促进中心等多家科普基地单位自愿联合发起,成立"北京科普基地联盟",是国内首家科普基地联盟。联盟将北京市百余家科普基地分为科普教育基地、科普培训基地、科普传媒基地和科普研发基地四类,通过"政府引导、公众参与、社会兴办、市场推动"的工作机制,在繁荣科普创作、拓宽科技传播渠道、完善科学教育体系、建立科普工作社会组织网络、培养科普人才队伍等方面开展全方位与多角度的支撑与服务。以联盟为平台,共同策划组织科普活动、共同研发科普产品、共同申报及执行科普项目,并通过每年定期或不定期的工作交流、研讨、考察及培训等活动,逐步提升各科普基地的科普能力。

(肖健 王旭彤)

【北京市科普工作联席会议】4月23日,"2008年北京市科普工作联席会议"在北京会议中心召开。市科普工作联席会议主席、副市长赵凤桐出席并讲话。市科普工作联席会议副主席、市科委主任马林，市科普工作联席会议副主席、市科协常务副主席田小平以及25个联席会议成员单位负责人出席。会议审议通过了北京市2007年科普工作总结、2008年科普工作要点以及第14届北京科技周总体方案。副市长赵凤桐在讲话中指出，联席会议成员单位除了组织开展大活动，还要发挥区县积极性，形成城乡互动，吸引更多的公众参与。

（肖健　王旭彤）

【中国化工博物馆开馆】　5月1日，由市科委资助建设的中国化工博物馆免费向社会开放。博物馆位于北四环西路62号，中国化工集团大厦3层，展陈面积2540平方米。设有古代厅、近代厅、当代厅、集团公司展厅、展望未来厅、国计民生厅、多功能厅等。各展厅除布置有大量的文字、照片、图表、模型等展品外，还收集有从古代到现代的各种化工文物和复制品。博物馆延用展板、模型等传统的展陈方式，并采用触摸屏、视频、多媒体互动、幻影造型等现代化展陈手段，集声、光、电于一处，有声、有色、有景，融知识性、艺术性、趣味性于一体，带给观众一定的愉悦和享受。

（常越）

【"平安北京，安全奥运"科普知识宣传图片上公交】　5月13日，北京减灾协会在北京市100辆公交车厢内，推出"平安北京，安全奥运"防灾减灾科普知识宣传图片。介绍了气象灾害预警级别及播报、交通安全、游泳安全、家庭灭火、家庭用电、食物中毒、狂犬病、灾难事故危机心理应对等内容。

（减灾协会）

【第二届情系五环奥运科普漫画展】　5月15—29日，由市科协、市文联主办，北京美术家协会承办的"第二届情系五环奥运科普漫画展"在北京科技活动中心开展。李滨声、苗地、缪印堂、孙以增等著名漫画家，以幽默、生动的手笔，创作了百余幅科技促进体育发展的漫画作品，每幅作品都配以简要文字说明，使观众在欣赏漫画的同时学到科技知识。首展结束后，所有作品在北京理工大学、北京农学院和石景山、怀柔、顺义、丰台区巡回展出，参观人数超过10万人次。20余家网站、报纸报道。

（郭红）

【2008年北京科技周】　5月17日，由中宣部、科技部、中国科协等19个部门和单位主办的"2008年全国科技活动周暨北京科技周开幕式"在中国科技馆举行。全国人大常委会副委员长、中国科协主席韩启德出席，全国政协副主席、科技部部长万钢发表讲话。全国科普联席会议成员单位及有关部门的负责同志、社会各界和青少年代表1000余人参加了开幕式。由市政府主办，北京科技周组织委员会承办的2008年北京科技周（第14届）同时举行，主题为"携手建设创新型国家——科技点燃圣火，创新圆梦中国"。本届科技周重点宣传奥运理念、节能减排、生态文明、安全健康等内容，主要围绕北京科技周主会场大型活动、博物馆日系列活动等4项标志性活动以及首都科学讲堂对话科技奥运等40项重点活动展开，18区县配

合活动538项。科技周期间,共举办科普讲座959场,14.7万人次;组织开展科普咨询、宣传服务600余场次,发放宣传材料130余万份;科普场馆(基地)开放214个,参观人数达21万人。各成员单位、各区县、学术团体、企业科协、高校科协、科普教育基地共开展活动1.2万余项,总受益人数达520余万人。首都40余家新闻单位的近百位记者累计报道100余篇(条),其中,"科技圆梦2008"科技周主题晚会在北京电视台录播。

(赵扬)

【信息化公益活动举办】 5月18日,由市信息办、市科协和市体育总会联合主办"信息社会在我身边"——信息化公益活动,主题是"让通信信息技术惠及残疾人"。活动在宣武区牛街东里街道举行,主要内容包括:上网技能知识培训、网上运动会、奥运知识问答等。40余名来自社区的居民代表参加了活动,年龄最大者71岁。

(李卫民)

【北京地区5·18国际博物馆日活动暨第二届"我看博物馆"公益摄影大展颁奖活动】 5月18日,由国家文物局、中国博物馆协会、市委宣传部、市科委、市文物局、北京博物馆学会主办的"国家一级博物馆授牌仪式 北京地区5·18国际博物馆日活动暨第二届'我看博物馆'公益摄影大展颁奖及开幕仪式"在首都博物馆举行,文化部部长蔡武、国家文物局局长单霁翔、中国科协书记处书记程东红、副市长蔡赴朝等有关部门领导和部分国家一级博物馆代表出席。此次博物馆日活动主题是"博物馆:促进社会变化发展的力量"。围绕这一主题,开展了第二届"我看博物馆"公益摄影大展、文物鉴赏、"扬古都文明 迎奥运盛典"讲解员风采展示宣讲、"流动的5·18"博物馆探宝和"博物馆讲座月"以及摄影名家向首都捐赠作品等活动。

(肖健 张宇蕾)

【濒危珍稀水生野生动物科技馆正式开放】 5月30日,北京市水生野生动物救治中心暨濒危珍稀水生野生动物科技馆正式开放。"救治中心"是农业部和市政府批准建立的全国唯一从事水生野生动物保护、救治、繁育及科普宣传教育的公益性事业单位,隶属北京市农业局,内设的"野生动物科技馆"由市科委资助建设,是市科委与市科协新命名的北京市科普教育基地。该馆总面积2800平方米,主要展示《中国国家重点保护水生野生动物》和《濒危野生动植物种国际贸易公约》附录一、附录二保护的水生野生动物,有中华鲟、娃娃鱼、玳瑁、斑海豹和各种龟类等30余种、100余个活体,并展出白鳍豚、鹦鹉螺、珊瑚和鲸鱼类标本200余种、3000余件。馆内设有摸摸鱼、踩踏板等互动科普设施,多功能厅能容纳近百人,可开展科普专题讲座、会议和播放水生野生动物3D专题片。

(肖健 王旭彤)

【发放《公众地震应急避险要诀》】 5月,市地震局、市科委针对汶川地震,迅速编印了《公众地震应急避险要诀》地震知识宣传册50万册。该宣传册共分地震认识、避震要诀、自救互救三篇,向公众宣讲地震知识,着重介绍地震应急预案以及实用的应对地震的措施。

(张宇蕾)

【《北京市防震减灾科普教育基地申报和认定管理办法》发布】 6月16日,为推进北京市防震减灾科普教育基地建设,规范申报和认定管理工作,市地震局、市科委根据《关于加强国家科普能力建设的若干意见》和《北京市全民科学素质建设工作方案》,参照《国家防震减灾科普教育基地申报和认定管理办法》,制定并发布了《北京市防震减灾科普教育基地申报和认定管理办法》。《办法》包括：总则、申报条件、组织要求、工作要求、申报与认定的程序和办法、附则等6个方面、24条，自发布之日起施行。

（张宇蕾）

【举办首期北京市创新型科普社区管理工作者培训班】 6月23日，由市科委、北京师范大学共同举办的首期"北京市创新型科普社区管理工作者培训班"在北京师范大学英东学术会堂举行开幕式。之后，在平谷金海湖碧海山庄，进行了为期五天半的脱产培训。市科委首批命名的23家及年内准备命名的40余家北京市创新型科普社区的工作者参加了培训。此次培训内容分为北京市科普社区现状、问题与思考，社区科普活动一般指导原则与技能，创新型科普社区建设，社区专题科普活动设计与组织，创新型科普社区考察与交流5个板块。重点介绍了社区科普的概念、组织和设计方式等，并结合参观平谷北寨首批创新型科普社区，组织实务讨论。11月25—27日，举办了第二期"北京市创新型科普社区管理工作者培训班"。

（张熙　张宇蕾）

【40个社区入选2008年北京市创新型科普社区】 7月3日，《北京市科学技术委员会关于公布2008年北京市创新型科普社区创建名单的通知》发布。第二批北京市创新型科普社区的评选共有74个社区申报，经评审，确定崇文区东花市枣苑社区等40个社区开展创建工作。

（张熙　张宇蕾）

**2008年北京市创新型科普社区一览表**

| 序号 | 区县 | 街道、乡、镇 | 入选社区 |
|---|---|---|---|
| 1 | 东城区 | 东直门街道 | 清水苑社区 |
| 2 | | 和平里街道 | 七区社区 |
| 3 | | 景山街道 | 黄化根北街社区 |
| 4 | 西城区 | 什刹海街道 | 松树街社区 |
| 5 | | 展览路街道 | 朝阳庵社区 |
| 6 | | 西长安街街道 | 北新华街社区 |
| 7 | 崇文区 | 体育馆路街道 | 国家体育总局社区 |
| 8 | | 永外街道 | 杨家园社区 |
| 9 | | 东花市街道 | 枣苑社区 |

续表

| 序号 | 区县 | 街道、乡、镇 | 入选社区 |
|---|---|---|---|
| 10 | 宣武区 | 广安门内街道 | 西便门东里社区 |
| 11 | 朝阳区 | 小关街道 | 惠新北里社区 |
| 12 | | 香河园街道 | 柳芳北里社区 |
| 13 | | 大屯街道 | 嘉铭园社区 |
| 14 | 海淀区 | 紫竹院街道 | 车南里社区 |
| 15 | | 青龙桥街道 | 林科院社区 |
| 16 | | 上庄镇 | 李家坟村 |
| 17 | 丰台区 | 云岗街道 | 北区社区 |
| 18 | | 西罗园街道 | 西罗园第三社区 |
| 19 | | 东高地街道 | 三角地第二社区 |
| 20 | 石景山区 | 老山街道 | 老山东里社区 |
| 21 | | 八宝山街道 | 四季园社区 |
| 22 | 门头沟区 | 永定镇 | 万佛堂村 |
| 23 | 房山区 | 霞云岭乡 | 四马台村 |
| 24 | | 西潞街道 | 西潞园社区 |
| 25 | 通州区 | 新华街道 | 天桥湾社区 |
| 26 | | 北苑街道 | 复兴南里社区 |
| 27 | | 玉桥街道 | 玉桥北里社区 |
| 28 | 顺义区 | 南彩镇 | 河北村 |
| 29 | | 北务镇 | 北务村 |
| 30 | 大兴区 | 清源街道 | 枣园社区 |
| 31 | | 林校路街道 | 天堂河社区 |
| 32 | | 林校路街道 | 车站中里社区 |
| 33 | 昌平区 | 南口镇 | 南农社区 |
| 34 | 平谷区 | 镇罗营镇 | 五里庙村 |
| 35 | 怀柔区 | 九渡河镇 | 西水峪村 |
| 36 | | 杨宋镇 | 花园村 |
| 37 | 密云县 | 东邵渠镇 | 石峨村 |
| 38 | | 鼓楼街道 | 花园社区 |
| 39 | 延庆县 | 八达岭镇 | 小浮坨村 |
| 40 | | 张山营镇 | 前黑龙庙村 |

【继续实施科普惠农兴村计划】 7月10—15日，市科协、市财政局组织专业机构对2007年惠农计划专项进行了绩效考核测评，专业、财务及综合测评结果均为优秀。9月11日，中国科协、

财政部发布《关于2008年"科普惠农兴村计划"入选名单公示的通知》。通州区的北京市可再生能源科普教育基地及许桂华,北京多多奶牛合作社(怀柔区),密云县高岭镇上甸子村缪文荣,房山区霞云岭乡龙门台村杨国军,平谷区南独乐河乡符仲坤等两个单位和4名农村科普带头人入选。年内,市科协奖补农民专业合作组织21个、农村科普示范基地21个,科普致富带头人、科技服务专家和专业技术指导员共53名。

(董小玲 张永锋)

【北京科普工作网正式开通】 7月,由市科委主办的"北京科普工作网"(www.bjkepu.gov.cn)正式开通。该网有政策法规、科普新闻、通知通告、科普人员、科普园地、科普成果等多个栏目,并设有科普基地评审系统、科普基地申报系统、科普培训系统等,充分显示了互联网容量大、信息传递快、查询方便、交互性强等特点。

(张宇蕾 常越)

【《科学北京人》发行】 7月,由市科委主办、北京科技报社承办的大型科普月刊《科学北京人》正式对外出版。该刊由专业采编团队操作,完全按照新闻写作和媒体运作规律,采用生动鲜活的文字、独特的科学视角、图文并茂的形式,设有城乡之声、热点聚焦、明星社区、周末地理、环保呼吸、健康新知、科学阅读等栏目。

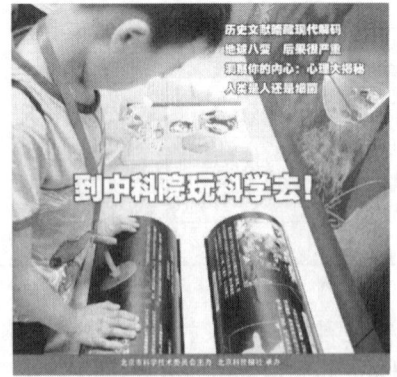

(张 熙)

【18项目获科普创作出版专项资金】 8月5日,"2008年北京科普创作出版专项资金资助项目终评会"在市科协召开。由市科协名誉主席顾方舟等14位专家组成的评审委员会,对入选的《帮你的心减压——对心脏病患者心理问题的关注》、《太空出舱竞风流——神舟七号科普挂图》等16个图书项目和《快乐生活,平安成长——幼儿安全常识小故事》、《首都科学讲堂·名家讲科普精品DVD》2个音像项目进行终评,决定给予资助。此次北京科普创作出版专项资金面向全国征集选题64项,其中图书类57项,音像类7项。

(刘 芳)

【《2007—2008年北京市科普工作报告》发布】 8月,市科委发布《2007—2008年北京市科普工作报告》。《报告》共分科普概览、科普基地、科普社区、社会征集、人才培训、奥运科普和交流考察七个部分,全面介绍了2007—2008年市科委推进全市科普工作的战略规划、行动方案、重大举措以及工作成效。

(张宇蕾)

【全国科普日活动】 9月21日,国家副主席习近平与王兆国、刘淇、刘云山、刘延东、李源潮、令计划、路甬祥、韩启德等,到中科院植物研究所北京植物园,同首都各界群众和青少年一起参加以"节约能源资源、保护生态环境、保障安全健康"为主题的全国科普日活动。此次活动北京主会场由中国科协、中科院和北京市政府联合主办,主题是"坚持科学发展,建设生态文明"。共设有主题展览活动区、动手体验活动区、美好生活活动区、科技成果体验区、科普游园活动区和科技行动区6个区域,以展览、讲座、咨询、表演、交流、互动、体验等多种形式与市民和青少年互动。市科协承担了动手体验区的数码产品辐射测试、实物垃圾分类、节水小窍门、节电小知识、环保电脑游戏、机器人表演、环保剧场等10项互动项目。18区县同时配合行动。此次活动持续到9月26日。

(郭 健)

【第11届北京科技交流学术月开幕式 奥运·科学发展国际研讨会举行】 10月6—31日,市科协主办第11届北京科技交流学术月,主题为"科学与社会"。10月10日,"2008年第11届北京科技交流学术月开幕式 奥运·科学发展国际研讨会"在北京科技活动中心举行。中国科协、北京市科协以及来自美国、俄罗斯等11个国家的29名专家学者和相关人士近200人出席了开幕式。市科协副主席贺慧玲主持,常务副主席田小平致开幕词。来自韩国、日本、美国等国和国内专家、学者做了报告,内容涉及气象科技应用与未来气象科技发展、科学和技术发展如何帮助最终实现绿色北京的目标、奥运智能交通系统建设与应用研究、奥运公共卫生保障与疾病预防控制等。学术月期间,市科协及所属150余家自然科学、工程技术、交叉科学类科技社团围绕能源、水和矿产资源,生态环境和城市发展,农业科学与新农村建设,现代工业与节能减排技术,医学与健康,自主创新与交叉科学等科学技术发展的重要方面,组织了包括62项重点学术活动的百余项学术交流。

(李 斌)

【第八届北京图书节科普主题日】 10月10—20日,由市委宣传部、市新闻出版局和首都文明办等共同主办的"2008年第八届北京图书节"在地坛公园举行,主题为"阅读点燃梦想 创意成就未来"。市科协专门设立了1700平方米科普展览互动区,内容包括北京优秀科普图书展、希望书库基金会、首都科学讲堂、全民科学素质行动、节能减排及航天展等展览和互动活动。北京科普创作出版专项资金资助图书展区,将自1998年以来资助的百余种优秀科普图书和音像制品进行集中展示和推介。图书节期间,由市科协主办的"科普环保游园日开幕式暨节能减排进社区活动启动仪式"举行,火箭系统控制专家、中国科学院院士梁思礼,中国科学院空间中心、中科院空间总体部顾问张厚英等专家出席。

(刘 芳)

【2008年北京市科普管理工作者研修班】 10月28—31日,市科委、北京大学共同举办的"2008年北京市科普管理工作者研修班"在顺义安利隆山庄举行。来自18区县科委、市科普工作联席会议成员单位、部分市属科研院所的科普工作管理人员参加。民政部办公厅朱耀垠、市科协副主席王渝生、北京大学科学与社会研究中心苏贤贵等分别就"科学发展观:背景与内涵"、"神七的科学意义与社会影响"、"环境伦理思想及其传播"等问题授课。

(张 熙)

【2008诺贝尔奖获得者北京论坛】 11月11日,由中科院、市政府主办的"2008诺贝尔奖获得者北京论坛"在人民大会堂开幕。全国人大常委会副委员长、中科院院长路甬祥,全国人大

常委会原副委员长许嘉璐、市长郭金龙出席并致辞。本次论坛主题为"信息与创新"。应邀出席的有诺贝尔化学奖获得者罗杰·科恩伯格,诺贝尔物理学奖获得者伊瓦尔·贾埃弗、马丁内斯·韦尔特曼、若尔斯·阿尔费罗夫和戴维·格罗斯,诺贝尔经济学奖获得者詹姆斯·莫里斯和迈隆·舒尔斯;图灵奖获得者罗伯特·卡恩、约翰·郝普克若夫、巴特勒·兰普森和美籍华人姚期智。开幕式后,2000年诺贝尔奖获得者、俄罗斯国家科学院副院长若尔斯·阿尔费罗夫和1973年诺贝尔物理学奖获得者伊瓦尔·贾埃弗分别做题为"现代信息技术发展的新型材料"和"诺贝尔奖与科学的未来"的演讲。论坛既包括"诺贝尔奖与科学的未来"、"改变信息科学技术的重点研究方向"、"支撑信息时代的研究方向"、"卓越大学:在加快科技发展的同时关注人类"等宏观话题,也包括"以网络为基础的信息管理:数字对象体系结构"、"粒子加速器:过去、现在、未来"以及"现代信息技术发展的新型材料"等具体课题。与以往相比,活动的层次性与多样性更为丰富。嘉宾们参观中科院的有关研究所和实验室并做报告,走进101中学和三帆中学与学生交流互动,还与大学生和普通百姓进行面对面的交流。

(石 军)

【诺贝尔奖·图灵奖获得者专场讲座】 11月12日,首都科学讲堂特别邀请1999年诺贝尔物理奖得主马丁内斯·韦尔特曼和1992年图灵奖得主巴特勒·兰普森来到中山公园音乐堂作报告,主题是"诺奖之路"和"图灵之途"。他们讲述了自身求学经历以及科研历程,与首都大众分享了他们的人生感悟。中科院院士贺福初及中央电视台主持人王蓉主持专场讲座。活动吸引了众多的讲堂老听众、科技人员、大中学生以及科普工作者,30余家媒体参加。

(何素兴)

【2008诺贝尔奖获得者北京论坛——信息与创新主题展举行】 11月14日,由中科院、市政府主办,中科院国际合作局、市外办、市科委、市教委、市发改委、市科协承办的"2008诺贝尔奖获得者北京论坛——信息与创新主题展"在中国科技馆开幕,市政府、中国科技馆、中国科协、市科协的领导,马丁内斯·韦尔特曼等5位诺贝尔奖获得者、约翰·郝普克若夫等4位图灵奖获得者出席。主题展分为点击历史、搜索天下、酷e时代和寄语未来四个展区,从人类信息文明的起源切入,数十件展品和近百幅照片,细数信息革命历史中具有里程碑意义的科技事件,展示了当今国内乃至全球信息科技应用的热点。中央电视台、北京电视台、中新社、北京晚报等近20家媒体进行了现场报道。

(何素兴)

【21家创新型科普社区通过验收】 11月14—21日,市科委组织专家对首批创新型科普社区进行验收。西城区三里河一区、延庆县康庄镇刁千营村等21个社区(村)经现场汇报、实地考察等通过专家组的验收,成为首批北京市创新型科普社区。

(张 熙)

首批北京市创新型科普社区一览表

| 编号 | 区县 | 街道 | 社区 |
| --- | --- | --- | --- |
| 1 | 东城区 | 东直门街道 | 东环社区 |
| 2 | 西城区 | 月坛街道 | 三里河一区 |
| 3 | | 德胜街道 | |
| 4 | 崇文区 | 天坛街道 | 金鱼池中区社区 |
| 5 | 宣武区 | 天桥街道 | 香厂路社区 |
| 6 | 朝阳区 | 垡头街道 | 垡头三区社区 |
| 7 | | 高碑店地区 | 高碑店社区 |

续表

| 编号 | 区县 | 街道 | 社区 |
|---|---|---|---|
| 8 | 海淀区 | 北太平庄街道 | 太月园社区 |
| 9 | 海淀区 | 东升乡马坊村 | 宝盛里社区 |
| 10 | 丰台区 | 长辛店街道 | 南墙缝社区 |
| 11 | 石景山区 | 八角街道 | |
| 12 | 门头沟区 | 大峪街道 | 承泽苑社区 |
| 13 | 通州区 | 北苑街道 | 果园西社区 |
| 14 | 通州区 | 漷县镇 | 黄厂铺村 |
| 15 | 顺义区 | 赵全营镇 | 北郎中村 |
| 16 | 大兴区 | 清源街道 | 兴华园社区 |
| 17 | 平谷区 | 南独乐河镇 | 北寨村 |
| 18 | 怀柔区 | 龙山街道 | 丽湖社区 |
| 19 | 密云县 | 果园街道 | 密西花园社区 |
| 20 | 密云县 | 高岭镇 | 上甸子村 |
| 21 | 延庆县 | 康庄镇 | 刁千营村 |

【诺贝尔奖获得者北京论坛主题展虚拟展馆建立】 11—12月,2007诺贝尔奖获得者北京论坛——能源与环境主题展虚拟展馆在中国科技馆公开展示。虚拟展馆以三维互动的方式将展览内容移植到互联网。参观者以计算机为终端,即可在虚拟展馆中随意漫游参观。虚拟展馆完整收录了实体馆警示思考区、庄严承诺区、科技创新区、寄语未来区四个分区的全部内容,详细介绍了相关诺贝尔奖获得者的生平及其在人类进步中作出的巨大贡献。

(李　宁)

【绿色生活进社区】 12月19—21日,北京科技活动中心、北京动物学会等在大屯街道育慧里社区开展以健康生活、节能减排、环境保护、防灾减灾为主要内容的"践行科学发展观、绿色生活进社区"活动。期间,举办"绿色健康生活展",展示了植物与环境、植物与健康、节能减排等方面科普展板100余块;向社区居民发科普资料、科普图书和环保购物袋;举行现场有奖问答,且邀请302医院的10余名医务专家进行防病治病专科咨询。社区居民500余人参加。

(贾　丽)

【北京大学科学技术协会成立】 12月29日,"北京大学科学技术协会成立大会"在北大博雅国际会议中心召开。中国科协常务副主席、书记处第一书记邓楠出席并讲话,市科协常务副主席田小平宣读对北京大学成立科协的批复,北京大学常务副校长、市科协副主席林建华讲话。中国科学院陈佳洱院士当选北京大学科协首届主席。北大科协是在校党委和行政领导下的教师、科研人员、管理人员和学生自愿参加的群众性学术组织,以加强党和政府同科技工作者的联系为基本职责,以为科技工作者服务为根本任务,在促进科技繁荣发展、科技普及推广、科技人才成长提高、科技与经济相结合等方面发挥重要作用。

(郭　红)

【抗震救灾科普行】 年内,北京科技咨询中心会同北京心理卫生协会,组织9名专家在第一时间深入地震重灾区,为300人做心理安抚治疗,4700人进行心理辅导。北京心理卫生协会还组织了"心系汶川大地震、心理专家灾区行"在线访谈和志愿者培训活动。市科协启动了"相约十年、携手成长"北京与什邡青少年科普交流计划和首都小学生与震区孤儿"点亮希望　走向未来"手拉手活动,为灾区的青少年带去生活的勇气和希望。同时开展"关爱生命万里行"科普宣传行动,制作了抗震知识课件,并在网上向市民进行宣传。

(董小玲)

【社区科普益民计划启动】 年内,市科协和市财政局启动了"社区科普益民计划",加大对社区科普活动室、科普场馆、科普宣传员的奖补力度,计划用三年时间,使社区科普条件明显改善,科普能力明显增强,科普宣传员队伍明显壮大,科普资源共建共享明显见效。2008年市财政投入资金1300万元,奖励优秀科普社区73个;优秀基层科普场馆26个;社区科普宣传员200名;资助重点新城新建社区,经济适用房、廉租房社区18个,包括重点新城新建社区4个、经济适用房社区11个、廉租房社区3个;户外科普园地(试点区县)4个。

(董小玲)

【科普资源共建共享】 年内,市科协推出北京市科普资源交易目录,其中包括:大型展览10套,户外科普展教品16个主题、133件,讲座83场(光盘),图书167套,展教品354件。推进北京数字博物馆试点项目,征集科普动漫作品2400余项。"首都科学讲堂"全年举办讲座52期,出版《名家讲科普》图书两册、光盘两套。与市科委共同认定和命名99家科普教育基地。改版首都科技网,建成市科协门户网站。

(董小玲)

【参与百年奥运回顾展】 年内,北京科技活动中心与北京青少年科技文化交流中心、北京学生活动管理中心共同参与"百年奥运回顾展"图片宣传活动。以百余张配有文字介绍的图片展板,展示奥运百年的发展历程以及中国参加奥运会的辉煌成就。展览从3月下旬开始,相继在打工子弟学校、公园、科技馆、社区及企业等进行巡回展出,受到公众特别是青少年的欢迎。

(贾 丽)

【弱势群体培训】 年内,市科协围绕"提高信息技能,争当奥运百姓"的主题,全面推进弱势群体培训工作,3月18日在大兴区召开了区县座谈会。4月28日在通州区召开区县工作会,向各培训试点单位赠送3000余册《上网实用手册》。7月9日,在密云县召开了培训工作交流会,组织参观密西花园社区"社区居民弱势群体科普成果展"。8月就推进西部山区的培训,到门头沟区进行调研。自4月以来,各培训试点单位举办了为社区居民、低保家庭、郊区农民、来京务工人员和残疾人的信息技能培训班,开展了信息科普大篷车进社区、企业、农村、学校等活动。据不完全统计,各区县已举办信息技能培训班289期,6920人经过了系统培训,开展信息科普活动298次,受益31800余人次。

(李卫民)

【"北京科普之窗"内容丰富多彩】 年内,"北京科普之窗"充分发挥网络优势,加强科普知识网上传播,共上传科普文章8241篇,图片8459幅,许多文章在首都之窗的月度统计报告中名列前茅。网站加强与学会合作,扩充原创内容,与北京植物学会整合扩充"植物大观"、"古生物"、"宝石拾趣"、"有机体的赞歌"等专题栏目。与北京动物学会、北京老年科技工作者总会等合作,扩充网站内容。与《基础数论与哥德巴赫猜想》一书作者武焕章先生达成网络传播协议,对书中部分内容在网上连载。

(应 杰)

【报送建议和工作信息】 年内,市科协共征集科技工作者建议240余项,编发《科技工作者建议》30期;报送市委、市政府专家建议和工作信息170余项,被市领导批示13项,被中央及市属相关单位采用32项,另经市人民建议征集办转交相关政府部门参阅48项。

(郭 健)

【为服务业发展建言献策】 年内,北京数字科普协会4位专家何新贵、盛智龙、华平澜、陆志远结合北京信息服务业发展现状以及存在的问题,建议将信息服务业作为北京生产性服务业发展的重点。内容包括:①建立高层信息服务业协调机构,理顺纵向和横向的管理关系,制定促进发展的政策措施。②制订和完善信息服务业的相关政策法规,出台发展信息服务业的优惠政策。③加大信息服务业高端人才、复合型人才的培养和引进力度,放宽此类人才的进京指标。④建议尽快组织有关管理部门及相关专家,制订发展规划,出台有关政策措施。⑤保护自主知识产权,加强制订信息服务业的有关法律法规。

(郭 健)

【开展学术与科普活动】 年内,市科协与市属学会共举办国内学术会议854次、111995人次参加,交流论文15949篇;举办国际学术会议62次、87822人次参加,交流论文1745篇,其中外方参加会议1531人次、交流论文473篇。举办与港澳台地区学术交流11次、1134人次参加,交流论文147篇,其中港澳台地区人员参加会议98人次、交流论文48篇。接待国外科技团组104个、1359人次;港澳台地区科技团组20个、458人次。派往国外科技团组61个、485人次;派往港澳台地区的科技团组23个、353人次。出版科技期刊79种,年发行1672790册,内载论文6185篇;科技报纸3种、1600000份;科技图书71种、1330360册,其中科普图书40种、1203400册。编印论文集203种,总印数129371册,论文6773篇。制作科技光盘19套、24355张;制作科普广播电视节目4613分钟。主办科技网站41个,浏览人数7504475人次。市科协、市属学会举办培训班1784个、培训65579人次,区县科协及学会举办培训班1015个、培训62850人次,其中农函大本年结业学员40000人次,农村基层干部培训5525人次,城镇劳动者培训5825人次。市科协、市属学会和区县科协共举办科普讲座5879次、听众2171793人次,其中院士科普报告85次。举办科技展览1426个、3626327人次参观,发放科普宣传资料896万份,参加活动工作人员26883人次。市科协、市属学会和区县科协共组织科技下乡、进社区1953次,举办实用技术培训1342次、培训165343人次,开展科技咨询403次,播放科普广播影视节目22843分钟。现有科普画廊(宣传栏)1837个,建筑长度26879米,科普教育基地151个,科普活动站(室)1932个。举办青少年科普讲座376次、254730人次参加;青少年科普展览134次、434270人次参观;青少年科技竞赛271个、1152032人次参加,获奖32987人次;组织青少年参加国际竞赛21场、226人次,获奖133人次;科技夏、冬令营18个、1807人次参加;青少年科技教育培训111次、培训72370人次;制作、放映青少年科普广播、电视节目220分钟;编印青少年科技教育资料25种、235200份。

(王 静)

【科普工作取得新进展】 年内,市科普工作联席会议各成员单位共举办以北京科技周、社会科学普及周、"科技、文化、卫生三下乡"、"中小学生科技节"、生物多样性科普宣传月为代表的全市性重大活动40余项;举办科普讲座近13000余场,130余万人次参加;放映科普影片、录像片14000余场,观众达300余万人次;组织开展科普咨询宣传服务4000余次,科技传播人员30000余人次,发放宣传材料2000万余份。市级科普活动专项经费达5000万元,比上年增加840万元;区(县)级科普活动专项经费达3341.14万元,比上年增加357.14万元;市、区(县)两级按《北京市科学技术普及条例》规定的在财政列支并逐年增长的科普活动专项经费合计达8341.14万元。

(张宇蕾 刘彦锋)

【设立"推进科学技术传播,提升公众科学素质"专项】 年内,市科委推出"推进科学技术传播,提升公众科学素质"专项。该任务提出了"八小时内外科普"的核心思想,旨在为了将科学思想、科技政策、创新方法、先进适用技术,特别是近几年的科技工作思路、成熟的项目组织管理经验及包括奥运科技成果在内的大量的科研成果和科学有效的管理经验和方法迅速推向企业、院所、机关、学校、农村、社区,有重点地、有计划地推进科技进单位、科技进学校、科技进农村、科技进社区的"四进"工程,从而全面推进科技传播工作的开展,提升企业现代经营管理水平、学校素质教育水平、农民增收致富能力和社区居民生活质量。同时通过"三推"工程,加强社会力量兴办科普场馆,举办科普活动,研发科普产品的能力,提升公众的科学文化素质。

(张宇蕾)

# 青少年科普

【第八届北京市青少年机器人(工程设计)竞赛】 1月24日,北京市第八届青少年机器人(工程设计)竞赛在汇文中学举行,主题为"智能机器人创新设计与应用"。东城、西城等10区县和北京市青少年科技馆选送的61个机器人项目参赛,其中高中项目20项、初中24项、小学17项,评出一等奖18项、二等奖15项、三等奖26项。在一等奖基础上,根据工程设计作品的创新性、工程目标的整体设计、项目制作的精致程度,特别是学生对作品的演示、答辩的水平，最终评出 2 中"易站式老年人、残疾人马桶"等 10 项作品参加北京市创新大赛终评。

（董金荣）

【获全国青少年科技辅导员论文奖 55 篇】 2月，由中国青少年科技辅导员协会组织的"第十六届全国青少年科技辅导员论文征集活动"启动，主题是"责任·创新·发展——落实《科学素质纲要》的实践探索"。10 月，评奖揭晓。北京市共有 55 篇论文获奖。其中一等奖 4 篇、二等奖 12 篇、三等奖 39 篇，涉及东城区、西城区、宣武区等 10 区县的 56 名科技辅导员。

（董金荣）

【第 28 届安捷伦北京青少年科技创新大赛】
3 月 21—23 日，由市科协、市教委、市科委、市知识产权局、朝阳区人民政府和北京青少年科学基金会在 80 中联合举办"第 28 届安捷伦北京青少年科技创新大赛"，主题为"体验·创新·成长"。共有 30 余万青少年参与，1141 项作品参加初评，160 项入围终评。新加坡、巴西、南非、意大利共 11 个国家、13 支代表队参赛。最终评出科幻画一等奖 38 项、二等奖 75 项、三等奖 112 项；论文类一等奖 66 篇、二等奖 126 篇、三等奖 158 篇；工程类一等奖 36 项、二等奖 60 项、三等奖 74 项；科技辅导员科教创新项目一等奖 15 项、二等奖 38 项、三等奖 36 项。并评出十佳优秀实践活动奖、十佳优秀科技辅导员奖。

（董金荣）

【北京青少年科技后备人才早期培养计划学生论坛】 3 月 22 日，由市科协举办的"北京青少年科技后备人才早期培养计划学生论坛"在 80 中进行。论坛上，院士、导师、中学教师、历届后备人才学生代表首次汇聚一堂，共同交流探讨青少年后备人才培养的意义、方法及途径。现清华大学博士生王小峰等四名老学员发言，他们以亲身经历，以科学实践为主线，畅谈活动的收获体会。中科院院士王绶琯和王乃彦作为后备人才培养计划的元老，讲述了进实验室对培养学生严谨的科学态度及执著进取的意志品质的积极意义。指导教师和新学员也踊跃发言，现场氛围活跃。论坛还通过展板和实物，展示了后备人才计划的概况及十年来所取得的成就。

（董金荣）

【颁发北京青少年科技创新市长奖及提名奖】
3 月 23 日，在"第 28 届安捷伦北京青少年科技创新大赛闭幕式"上，第六届"北京青少年科技创新市长奖"揭晓。获得"市长奖"的是汇文中学杨奕、人大附中贺虎、101 中赵伟斯、5 中钱君岩、161 中黄昊。副市长赵凤桐为荣获"市长奖"的五位同学颁发了由郭金龙市长亲笔签名的获奖证书和奖牌。本届大赛首次设立北京青少年科技创新市长奖"提名奖"，获奖者为人大附中王萌、80 中刘锦程、师大实验中学李星野、清华附中李梦溪、中关村中学康博。

（董金荣）

【"北京小作家园地"启动仪式暨"我的快乐暑假"征文大赛颁奖典礼】 4 月 12 日，由首都精神文明办、市科委、市科协等联合主办"'北京小作家园地'启动仪式暨'我的快乐暑假'征文大赛颁奖典礼"在北京青年宫举行。主办单位代表及著名儿童作家樊发稼等与来自全市

18个区县的中小学生代表参加了活动。市科协副主席周立军和科普工程师张宇蕾共同为"北京小作家园地"活动揭幕。"我的快乐暑假"征文大赛共收到来自各个城区上百所中小学以及外省市学校的8500余份稿件,选出小学、初中、高中组一等奖30名、二等奖60名、三等奖90名。获奖的征文作品集《迎来翅膀张开的季节》、《我和快乐共成长》、《永远飘香的丁香花》由北京少年儿童出版社出版。

(张宇蕾)

【第八届北京市青少年机器人竞赛】 4月13日,由市科协、市教委主办的"第八届北京市青少年机器人竞赛"在八一中学举行。东城区、西城区、崇文区等15个区县及中国儿童中心、北京市青少年科技馆等单位组成130个队,360余名青少年参加比赛。最终,北大附小火炬传递、顺义少年宫机器人投球、20中福娃登长城获智能机器人竞技比赛第一名;灯市口小学、陈经纶中学分校、北工大附中获足球杯比赛第一名;海淀区理工附小、八一中学、2中获主题是"破解能源"的FLL机器人世界锦标赛第一名;中关村三小、陈经纶中学分校、80中获主题是"桥梁战斗"的FVC机器人工程挑战赛第一名。

(董金荣)

【两校选手获2008年VEX机器人世界锦标赛优秀奖】 5月1—3日,2008年VEX机器人世界锦标赛在美国洛杉矶市举行,来自世界13个国家和地区的91支代表队400多名中学生参赛。八一中学和人大附中的12名参赛选手参加了18场对抗赛,最终获得2008年VEX机器人世界锦标赛优秀奖/TOP10。

(董金荣)

【第一届北京市安捷伦"清洁空气挑战"竞赛】 5月25日,由市科协青少年部、安捷伦科技有限公司、美国清洁空气的挑战组织、中国汽车工程学会等主办,东城区科协、东直门中学承办的"第一届北京市安捷伦'清洁空气挑战'竞赛"在东直门中学举行,主题为"科学迎奥运,绿色我行动"。来自12个区县的43支参赛队通过"停车场空气污染状况"、"农业与现代城乡的布局对空气污染的影响"、"测定北京奥运场馆周边空气颗粒物状况"、"密云水库及周边地区空气质量调查报告"等项目的研究,充分展示出青少年的团队精神、动手能力、创造力和想象力以及对北京大气情况的密切关注。经评审,西城区青少年科技馆、石景山区京源学校、2中、广渠门中学等8个组获得一等奖。本次竞赛由安捷伦科技公司领衔赞助。

(董金荣)

【"节粮在我身边——2008年青少年科学调查体验活动"启动】 5月27日,北京青少年科技活动中心、北京青少年科学基金会和东城区科协共同主办的"节粮在我身边——2008年青少年科学调查体验活动启动仪式"在史家胡同小学举行。史家胡同小学的学生向全市青少年发出"一米一粟来之不易,爱粮节粮人人有责"的倡议,在横幅上签下自己节粮的诺言,同时还开展了围绕节粮和为灾区人民祝福等内容动手绘画,参照《节粮在我身边活动手册》自制营养配餐和设计节粮游戏棋等活动。该活动是中国科协等五部委主办的全国性青少年科普活动,分宣传启动、调查体验活动、向社会展示成果三个阶段,旨在让青少年认识节约粮食的重要意义,增强他们节约粮食的意识和社会责任感。

(董金荣)

【提高儿童青少年体质论坛】 5月28日,北京微量元素学会在东城区中小学生保健所举办"北京市提高儿童青少年体质论坛"。北京大学儿童青少年卫生研究所教授马军,清华大学教授张威,首都儿科研究所教授米杰、吴光弛分别做"中国儿童青少年体质状况"、"青少年(学校)体育活动现况及促进对策"、"儿童肥胖和代谢综合征"、"积极预防儿童青少年超重与肥胖"的报告。与会者认为,通过进一步加强学校体育工作及推广运用《中国居民膳食指南》和《中国儿童青少年膳食指南》等综合措施,将有助于普遍提高青少年体质。城八区130余名代表参加。

(微量元素学会)

【第八届中国青少年机器人竞赛北京代表团成绩优异】 7月14日,由中国科协、湖南省政府共同主办的"第八届中国青少年机器人竞赛"

在长沙市举行,主题为"2008 快乐奥运"。由市科协青少年部带队的北京代表团,共 38 支代表队,160 余名中小学生参加了所有竞赛项目。最终,北京儿童活动中心、171 中、海淀区理工附小的选手,共获得机器人工程设计成果展评、智能机器人竞技比赛、足球比赛、FLL 机器人挑战赛、VEX 机器人挑战赛、即兴机器人擂台赛等 15 项金牌,居全国之首,八一中学潘跃金老师获十佳优秀教练员称号。

（董金荣）

【小学生西门子暑期快乐环保行动启动】 7 月 18 日,由北京少年科学院、西门子（中国）有限公司共同主办,北京青少年科技文化交流服务中心承办的"北京市小学生西门子暑期快乐环保行动启动仪式"在（北京）国际儿童发展中心举行。仪式上,学生代表宣读了环保倡议书,主办方向学生代表现场发放了《西门子——快乐家庭环保日记》。此项活动号召广大少年儿童以《西门子——快乐家庭环保日记》规定的内容为指导,通过学生自主学习、快乐实践,增进节能环保意识,主动开展生活中的节能环保活动,积极营造节约能源的舆论氛围和社会环境。该书由衣、食、住、行四个主题组成,每个环节均有环保知识点,各知识点的设计具有互动性的任务要求,并在每个主题结束后配合有环保实验、环保儿歌、环保创意等内容。

（张　熙）

【全国青少年信息学奥林匹克竞赛北京队取得好成绩】 7 月 27 日至 8 月 2 日,中国计算机学会主办的"AMD"杯第二十五届全国青少年信息学奥林匹克竞赛在浙江省绍兴一中举行,来自 31 个省、市、自治区及港澳地区的 164 名选手、136 名夏令营营员参加了竞赛。北京市代表队获得金牌一枚,铜牌四枚。清华附中高逸涵以 450 分获得金牌第二名并进入国家集训队,人大附中王一帆、何博硕、张瀚天和八一中学陈凤娇各获得一枚铜牌。

（梁　晨）

【参加第 23 届全国青少年科技创新大赛喜获佳绩】 8 月 2 日,"第 23 届全国青少年科技创新大赛"在新疆乌鲁木齐市落下帷幕。北京代表队 61 个项目,53 人参赛。经过激烈角逐,青少年科技创新成果项目获得一等奖 10 项,二等奖 10 项,三等奖 4 项,并有 16 个项目获得包括英特尔英才奖在内的专项奖;辅导员创新项目获得一等奖 6 项,二等奖 6 项,三等奖 3 项;西城科技馆闫莹莹老师获得十佳优秀科技辅导员奖,师大二附中胡红信老师获得优秀科技辅导员科教方案单项奖;优秀科技实践活动获得一等奖 2 项,二等奖 1 项,三等奖 2 项;少年儿童科学幻想绘画获得一等奖 9 项,二等奖 5 项;北京代表队获得最佳组织奖。

（董金荣）

【认识粮食小实验活动】 9 月 20 日,由中国科协青少年科技中心、市科协主办,北京青少年科技活动中心等承办了"全国科普日'认识粮食小实验'科普活动",主会场设在师大附属实验中学,由西城区青少年科技馆特级教师周又红指导,100 名初中生按照《认识粮食小实验活动手册》要求,开展科学实验、记录数据和分析数据,并提交实验报告。同时,55 中、崇文区青少年科技馆、通州三中、华嘉小学等区县的中小学和青少年科技馆设立了分会场,共有 2000 余名青少年参加活动,涉及"面粉燃烧实验"、"土豆为什么会变色"、"储存粮食小实验"等内容,把"节粮在我身边"主题活动推向了高潮。

（董金荣）

【"大手拉小手"科学家登台讲科普】 10 月 13—24 日,市科协青少年部与中科院老科学家科普演讲团联合主办"大手拉小手——科技专家进校园"活动,邀请徐文耀、张孚允、张少泉、何香涛等百名专家走进北京市 70 余所中小学,做关于航天、地球空间、生态环境等方面的科普报告。约有 15000 名中小学生聆听报告。

（董金荣）

【北京市中学生在"国际科学与和平周"上做精彩演讲】 11 月 9 日,由中国宋庆龄基金会、中国社会工作协会等 37 个单位共同主办的"第二十届国际科学与和平周开幕式"在人民大会堂举行。青少年代表、166 中崔桐和李京晨同学做了"触摸科技,拥抱和平"的精彩演讲。他们用自己亲身参加科技活动的经历,阐述了"科学和平、和谐发展"这一主题。

（董金荣）

【评选第八届"明天小小科学家"】 11月10日，由教育部、中国科协、香港周凯旋基金会共同主办的"第八届'明天小小科学家'奖励活动颁奖典礼"在人民大会堂举行。此次活动共评选出3名"明天小小科学家"，一等奖10名、二等奖30名、三等奖60名。4中胡瑞、汇文中学李思然、北师大实验中学秦一骁获"明天小小科学家"称号（在一等奖中产生），7人获一等奖，7人获二等奖，14人获三等奖。中国科协常务副主席、书记处第一书记邓楠，教育部副部长陈小娅，中国科协副主席韦钰，香港周凯旋基金会理事长张培薇出席颁奖典礼，并为学生颁奖。3名"小小科学家"分别获得香港周凯旋基金会5万元人民币的奖学金，其他一等奖获得者各获得2万元奖学金，二等奖获得者各获得1万元奖学金，同时获得一、二等奖学生的学校和辅导机构获得相同数额的奖励。教育部为该活动提供了政策支持，通过公示的一、二等奖获得者将有机会免试进入大学学习。

（董金荣）

【"我有一双灵巧手"科技小制作竞赛】 11月12日，由市科协主办的"2008年'我有一双灵巧手'科技小制作竞赛"在北京市学生活动管理中心举行。来自东城、西城、顺义、平谷等15个区县283所中小学校、市青少年科技馆共2万余人参加，160余件作品进入市级决赛。共评出一等奖34件、二等奖59件、三等奖65件。

（董金荣）

【青少年机床现场制作竞赛】 11月29日，由市科协青少年部、北京学生活动管理中心主办的"2008年北京市青少年机床现场制作竞赛"在丰台区丽泽中学举行，13个区县、81个队、100余名学生参加比赛。根据作品完整性、创意性、功能性、制作工艺等要求，顺义县李桥小学获小学组一等奖，崇文区11中分校获初中组一等奖，延庆县延庆一中获高中组一等奖，丰台区蒲三社区获社区组一等奖，另评出每组二等奖2个、三等奖3个。

（董金荣）

【北京青少年科技后备人才早期培养计划第九期启动】 12月20日，由市科协青少年部组织的"北京青少年科技后备人才早期培养计划第九期启动会"在人大附中召开。48个实验室的导师和25所中学老师参加。市科协青少年部就后备人才培养计划的整体情况做汇报，并对参加本期计划的学校提出要求。科技后备人才早期培养计划活动顾问邓希贤教授做题为"关于学生科研习作开局阶段的一家之言"的报告。会上，宣读了入选实验室的学生名单，共有6个区县、26所学校100多名学生将进入44个实验室进行科学研究活动。

（董金荣）

【自然科学知识竞赛】 12月20日，由市科协青少年部、北京青少年科技活动中心、北京学生活动管理中心主办，中国地质博物馆等承办的"第十四届北京市中小学生自然科学知识竞赛"决赛在北京自然博物馆举行。来自全市各区县的31支代表队150余名选手参加。比赛分高中、初中、小学三个组进行，包括：必答题、抢答题、竞猜题和科普剧表演。经过激烈角逐，通州区代表队获高中组冠军，海淀、西城区代表队分获初中组和小学组的第一名。此次活动主题为"地球 绿色 生命"，由参观科普场馆、网上科普知识答题、科普讲座和各类科普征文等活动组成，有400所学校、12万余名中小学生参与，发放活动指导手册约2万册。

（董金荣）

【奥运科普走进打工子弟学校】 年内，北京科技活动中心主办了"奥运科普进校园"活动。在朝阳区沙子营实验学校、东坝实验学校等10所打工子弟学校组织了奥运科普展板展示、红十字会工作人员急救知识介绍演示、科学家做科普报告等活动，并向师生们赠送了奥运知识等科普图书和科普标本。近万名师生参加了活动。

（贾 丽）

【继续开展"互动作品进校园"活动】 年内，市科协继续为朝阳、海淀、石景山、崇文、宣武5个区县配备互动作品，每个区40件（22万元）。在已装备互动作品的延庆、昌平、密云等11个

## 重点科普活动

【创造能力开发研讨暨2007年年会】 1月18日，北京创造学会在中石化干部管理学院召开"创造能力开发研讨暨2007年年会"。王文光等6名资深学者分别做"创新的时代与社会环境的创新"、"建设创新型国家的政策思考"、"从网络文化创新看组织管理变革"、"国民创新能力与创新型国家建设系统工程"、"自主创新的哲学思考"、"开发创造创新能力是建设创新型国家的核心"的专题发言。与会专家还分析了近代以来中国科学技术落后的原因、创新型国家的评价标准、创新型国家建设需要解决的问题以及我国目前存在的差距，总结了创新型国家建设的社会条件，提出了组织管理上应当关注的问题。共有60余人参加，共收到论文18篇。

（创造学会）

【第七届儿少卫生学术年会】 1月24—25日，北京预防医学会在国门路大酒店召开"北京预防医学会第七届儿少卫生学术年会"。会议包括专题讲座和论文交流两部分。北京大学儿童青少年卫生研究所所长马军做"中小学校校园安全及管理"专题报告。14位论文获奖者进行演讲。本次年会共征集到289篇论文，经评审，48篇论文获奖，其中一等奖10篇，二等奖16篇，三等奖22篇。东城、西城、朝阳、顺义中小学卫生保健所获得"优秀组织奖"。18个区县疾控中心、卫生监督所及中小学卫生保健所儿少卫生专业人员140余人参加年会。

（预防医学会）

【市科协七届二次全委会议召开】 2月25日，"北京市科协七届二次全委会议"召开，市科协主席顾秉林主持，中国科协副主席、书记处书记齐让，市委常委梁伟出席并讲话。会议审议通过了市科协常务副主席田小平所做的"北京市科协2007年工作总结和2008年工作要点"报告。梁伟同志就做好2008年工作提出三方面意见：第一要围绕办好一件大事，动员和组织首都广大科技工作者为北京奥运会做好服务工作。第二要围绕营造良好局面，在开创首都各项工作新局面过程中发挥积极作用。第三要以改革创新的精神，不断加强科协团体自身建设。会上，北京机械工程学会、北京燕化公司科协分别做典型发言；朝阳、昌平、通州、石景山科协获得全国科普示范区奖牌。100余名委员参加会议。

（郭 健）

【归国留学人员和华商企业创业环境恳谈会】 2月28日，市科协、市侨联在北京科技活动中心联合主办"归国留学人员和华商企业创业环境恳谈会"。中国科协海智办、欧美同学会及市委组织部、市科委、市人事局、市科协等单位的领导就高科技项目资金及相关政策进行了详尽解读，并现场回答了与会者的提问。来自北京侨联归国留学人员联合会、北京华商会及北京各侨界商会、社团的华商、归国留学人员等70余人参加活动。

（郭 健）

【北京市科协系统工作会议召开】 2月29日，"2008年北京市科协系统工作会议"在中工大厦召开。常务副主席田小平传达了市委常委会对科协工作的指示精神。副主席贺慧玲、周立军分别做2007年学会学术工作和科普工作报告。北京粘接学会、北京林学会、朝阳区科协、中电国华北京电力公司科协介绍了工作经验。共300余人参加会议。

（郭 健）

【石油天然气生成新理论系列讲座】 3月15—24日，北京石油学会分别在中国石油大学、中国地质大学、中国矿业大学、北京大学连续举办四场讲座。大庆油田研究院崔永强博士、中化集团地质研究院李扬鉴教授从石油天然气地幔来源和深部构造的控制作用两方面向与会专家做介绍。这一理论极大地拓展了石油天然气的勘探领域,将成为21世纪石油天然气深部勘探、非盆地勘探的理论基础。欧阳自远等12位院士出席,并为进一步开展此项研究提出宝贵意见。460余位科技工作者参会。

(石油学会)

【可完全降解塑料购物袋专题研讨会】 3月16日,由中国环境科学学会主办,中国环境科学学会绿色包装专业委员会、北京环境科学学会承办的"可完全降解塑料购物袋专题研讨会"在中科院理化技术研究所召开,主题是:国务院发布《关于限制生产销售使用塑料购物袋的通知》后,用什么来替代。中国环境科学学会绿色包装专业委员会季军晖博士做主题发言,介绍了塑料袋的历史发展情况;我国可完全降解塑料购物袋技术研发与知识产权及国际认证;可完全降解塑料购物袋与普通塑料购物袋、其他购物袋的性能比较;可完全降解塑料购物袋产业规模与市场需求;可完全降解塑料购物袋的优势及存在问题等等。武汉华丽公司董事长张先炳介绍了利用淀粉制作"热塑料淀粉生物降解材料"的情况。中国环境科学学会、国家质检总局、市发改委、市市政管委、市商务局等单位的25名专家,围绕减少塑料袋使用量,可完全降解塑料购物袋的标准、降解的最终产物,宣传与公众参与等问题进行了讨论。

(环境学会)

【中小型高新技术企业融资专题沙龙】 3月17日,北京经济开发区科协与北京科技咨询中心在亦庄共同举办中小型高新技术企业融资专题沙龙活动,旨在解决中小型高新技术企业融资渠道不畅通、融资形式单一、信息不足、风险过大和成本过高等难题。鑫通律师事务所和北京科技交流中心的专家详细讲解了创业板上市和中关村新三板的上市条件、具体流程、国家支持政策以及资金流通方式等;北京银行和交通银行专家就如何解决企业融资难的问题,力推银行新产品,帮助企业解决融资瓶颈;中担公司专家介绍了该公司作为北京市发改委融资办成员单位,在融资担保等方面与多家银行签订战略联盟合作协议,可以便捷企业贷款。开发区内的部分高新技术企业代表等40余人参加了本次活动。

(何素兴)

【举行中外学术交流会】 3月19日,北京工业大学科协举行中外学术交流会。邀请中国外专局外籍专家Robert Vincin和耶鲁大学访问学者Adam Presser做学术报告。Robert Vincin讲述了生态圈的碳循环过程及其在可持续消费与生产中的重要意义,并就中国的环境治理途径回答了同学们提出的一系列问题。Adam Presser介绍了美国耶鲁大学在科学研究、学生培养方面的主要措施和成功经验,并结合其多年在中美两国的切身体会,阐述了耶鲁大学与中国高校在教育理念、学术气氛、文化背景等诸多方面存在的差异。

(工大科协)

【科学规划学术讲座】 3月25日,北京土地学会在市国土资源局举办"从科学发展观看我国主体功能规划学术讲座"。中国科学院可持续发展研究中心主任樊杰从我国当前区域发展存在的失衡问题入手,结合国外在区域发展管制方面的主要做法,分析了我国在区域战略发展方面的转变、理念、内涵和难点,明确提出把基本公共服务均等化作为战略发展核心目标,建议根据各地区资源环境承载力、开发密度和发展前景进行合理的功能定位,选择差异化的发展途径,并在体制机制上进行系统改革和创新,突出政府和市场力量的共同作用。学会会员和国土资源局相关人士100余人出席。

(土地学会)

【"迎奥运"传染病防治知识师资培训班】 3月31日至4月2日,北京预防医学会在北苑宾馆举办"'迎奥运'传染病防治知识师资培训班"。学会组织16位专家编写《"迎奥运"传染病防治知识简明读本》,以此为教材,讲授相关传染病的国内外疫情动态、流行趋势、临床特点及预防控制措施等内容。18个区县164个医疗卫生机构的229名学员参加培训。

(预防医学会)

【第八届北京生命科学领域学术年会】 4月2—3日,由北京生物工程学会、北京肿瘤研究联盟主办的"回眸与前瞻·第八届北京生命科学领域学术年会"在北京师范大学英东学术会堂召开,主题为"肿瘤预防与控制"。中国医科院肿瘤所高燕宁教授代表程书均院士做题为"肿瘤防治,路在何方"的报告;第四军医大学陈志南院士、北京大学常务副校长柯杨以及北京大学临床肿瘤学院、中国协和医科大学等单位的20余位专家,分别从肿瘤预防、肿瘤临床诊断、肿瘤临床治疗和肿瘤基础研究等方面做专题报告。300余名科技工作者参加。

(生理科学会)

【举办国外博物馆设计理念讲座】 4月10日,市科协在北京科技活动中心举办"国外博物馆设计理念讲座"。国际展览中心主席、联合国世界遗产委员会地质公园项目主席、加拿大展览学会主席菲尔·奥德里奇教授通过大量精美的图片,介绍了国外博物馆策划设计的4个步骤:明确任务、使命,确定总体规划,制订设计方案,贯彻实施方案。并通过大量的国外博物馆设计的实例,形象地将参观博物馆的人群分为探索者、协助者、体验者、爱好者、朝拜者5类。他提出,作为博物馆的策划、设计人员就是要将一些历史、科学的知识、经验,以各类参观者喜爱的方式,进行有效传播,使得参观者能够真正地体验到探索、发现、研究的乐趣。40多人聆听讲座。

(郭 健)

【全国中尺度气象学术研讨会】 4月17日,由中国气象学会动力气象学委员会、解放军理工大学气象学院、北京气象学会等部门联合主办的"全国中尺度气象学术研讨会"在南京召开。武荣生、李崇银院士等专家,主办方的有关领导,以及来自全国各地的科技工作者180余人出席。大会共收到科技论文114篇,其中53篇在大会上交流。与会者就暴雨及强对流中尺度系统形成的动力机理及发展过程中的动力描述、利用卫星雷达等观测资料与数值模式模拟的资料来分析诊断中尺度系统的结构特征及环流特点、分析水汽相变和分布特征同中尺度对流系统发展及其降水强度的关系、用于可分辨中尺度系统中的数值模式发展及其资料同化的理论和方法、预测预警中尺度系统发展及其可引起的定量降水方法和技术、中尺度系统的数值模拟及其概念模型分析等问题进行了交流。

(气象学会)

【生物多样性保护科普宣传月举行】 4月19日,由市园林局、市公园管理中心、市科委主办的"北京市第十一届生物多样性保护科普宣传月启动仪式"在北京动物园科普馆广场举行。仪式上,科普读物《同在一个地球上——动物知识与趣闻》的作者许焕岗先生现场向青少年和游客签字赠书;北京动物园、首都师范大学生命科学学院的师生向游客介绍了水禽湖内鸟类的知识并展示鸟类标本,同时还组织了"动手制作你自己的爱鸟展板"等互动游戏。本届宣传月主题为"保护生物多样性 绿色奥运我行动",为期一个月,涉及全市18个区县的各大公园,共举办百余项科普活动,包括奥运绿化建设、新优植物推荐、野生动植物保护、奥运花卉栽培技术、生态保护以及文明素质提升、建设节约型城市、社会主义新农村建设等。

(王旭彤 肖 健)

【第八届功能性纺织品及纳米技术应用研讨会】 4月19—20日,由中国纺织科学研究院、纺织行业生产力促进中心、北京纺织工程学会等6个单位主办的"'绿典杯'第八届功能性纺织品及纳米技术应用研讨会"在宁波举行。24人做大会报告,内容包括:国内、国外功能性纺织品及纳米技术的最新进展;纳米技术、纳米材料在纤维、服装、服饰、家纺及纺织产品上的应用;新型纺织功能性整理剂及整理技术;功能性纤维及复合纺织品等。期间,举办了纺织重点实验室与企业座谈会,举行了互动交流及新技术、新产品发布等活动。会议征集论文131篇,112篇编入论文集。评选出"绿典杯"报告奖6项,其中一等奖1项、二等奖2项、三等奖3项;论文奖32项,其中二等奖4项、三等奖8项、优秀奖20项。来自全国140余位代表参加了会议。

(纺织学会)

【第三届图像图形技术与应用学术会议】 4月20日,由北京图像图形学学会主办,北京师范大学承办的"第三届图像图形技术与应用（IGTA2008）学术研讨会"在京师大厦召开。中国工程院院士汪成为做"虚拟现实的战略意义和实践准则"报告。嫦娥工程地面应用系统总工程师刘建军副研究员、清华大学丁晓青教授、澳大利亚纽卡斯尔大学Jesse S. Jin首席教授、北京大学袁晓如教授、北京师范大学信息学院院长周明全分别做"嫦娥工程地面应用系统"、"人脸识别技术在海关、机场安检系统中的应用"、"非建模三维虚拟环境产生及可视化"、"从二维图像的角度解决复杂三维图形问题"、"虚拟现实在教育技术中的应用"学术报告，从不同视角介绍了图像图形领域的先进理念和最新进展。会后，代表们到北京师范大学的"认知神经科学与学习国家重点实验室"和"虚拟现实与可视化技术研究所"参观。此次会议共有130余位代表参加，收到论文124篇，论文集录用82篇，评出优秀论文3篇。

（图像图形学会）

【举办第111期IT沙龙】 5月9日，北京软协、北京民协在翠宫饭店联合主办了"第111期IT沙龙——优化项目管理，促进成功交付"。联想软件有限公司、奥博杰天软件（北京）有限公司、北大方正电子有限公司、多星管理咨询公司、用友软件工程有限公司、方正国际软件系统有限公司6位主讲嘉宾从市场、客户、技术、团队、文化等方面介绍各自在优化项目管理方面的经验，并针对"正确预测产品的市场和保持技术的先进性是研究型组织项目成功的关键"、"尊重市场和客户，他们是我们过程改进的原动力"、"做好需求确认和变更管理记录，为本次和下次项目成功奠定基础"、"收集历史数据，才能不断降低项目失败的风险"、"企业的管理文化要公开透明，员工的薪酬激励要公平公正"等相关主题演讲。60余家企业相关负责人参加沙龙活动，书生公司提供特别支持。

（民　协）

【首届北京·下萨克森（德国）职工国际焊接对抗赛】 5月18日，"首届北京·下萨克森（德国）职工国际焊接对抗赛闭幕式"在首钢高级技工学校举行。此次活动由市总工会、市科协和德国下萨克森金属协会主办，北京市职工技术协会、首钢高级技工学校承办，3月27日启动。共有来自首钢公司、北京燃气集团、北京巴布科克·威尔科克斯有限公司等10余个单位29名选手参加了北京市范围内的选拔赛，9人进入决赛。最终，北京代表队获得了团体优胜奖，石冠忠获手工钨极氩弧焊管状水平固定焊第一名，韩积冬获二氧化碳气体保护焊管状水平固定焊第一名，程庆武获焊条电弧焊板状仰焊第一名。

（郭　健）

【向灾区群众提供心理援助】 5月20日、24日，北京心理卫生协会先后参加了由共青团中央、中国红十字会组织的救灾一线心理援助团队。主办方共派出两批25名专家奔赴四川抗震救灾一线。为使更多心理卫生工作者了解心理危机干预和灾后正常心态重建的知识与技能，协会邀请台湾著名创伤心理专家许宜铭在北京同仁医院做专题报告，并与中国心理学会、北京大学联合组织媒体"见面会"及为期两天的培训课程，10余位知名专家义务授课，几十名编导、记者和200多名准救灾队员和志愿者接受了辅导和培训。

（心理卫生协会）

【农业物流产业发展研讨会】 5月26日，北京系统工程学会在市政协会议中心举行"农业物流产业发展研讨会"。与会者就物流产业的发展对现代农业的保障作用，强化农村流通基础设施建设，发展现代流通方式和新型流通业态，培育多元化和多层次的市场流通主体，构建开放统一、竞争有序的市场体系等议题进行交流。来自清华大学、中国人民大学、北京理工大学、北京工业大学等单位的专家学者50余人出席。

（系统工程学会）

【首届北京海智网交会能源与环境专场举行】6月10日,由中华全国归国华侨联合会、市侨联、市科协主办,北京科技咨询中心、清华大学相变与界面传递现象实验室和国家农业信息化工程技术研究中心承办的"首届北京海智网交会能源与环境专场"在北京科技活动中心举行,来自美、英、法、日等近40位海外专家学者,通过网上网下两种形式,与政府、企业、高校、科研院所等各方面人士就能源环境发展和经济科技项目对接进行了不分时限和地域的深入交流与研讨。会上,北京市节能环保中心负责人介绍了首都能源与环境建设发展现状及技术需求。日本东洋电化工业株式会社、日本东京大学、中津商事株式会社和北京绿创环保集团董事局就日本政府推动建立循环经济社会的有关举措、风洞发电和环保高效电解液大型蓄电池、水质与土壤改良的微生物菌剂、创建城市环境医院等进行了项目发布。海外专家学者与北京市各区县科协和开发区企业界人士就项目意向进行了实地洽谈对接。本次网交会还汇聚了北京市各委办局有关鼓励海外留学人员来京创业发展的相关政策近百项,并邀请市科委、市投促局和中关村科技园区管委会留学人员服务总部等领导进行在线政策咨询和政策解读。

（郭 健）

【冶金循环经济发展论坛】 6月17日,由中国金属学会主办,北京金属学会等承办的"2008冶金节能宣传周暨冶金循环经济发展论坛"在京燕饭店举行,主题为"节约资源能源,保护生态环境,发展循环经济"。国家环保总局、中国金属学会、北京科技大学、东北大学的专家分别就"发展循环经济保护生态环境的国家政策法规"、"钢厂的能量流网络——推动全面节能"、"行业技术转移、工业节能减排的新途径"、"钢铁工业循环经济的大系统设计和链接技术开发"、"加快固体废弃物零排放,促进钢铁工业节能减排"等内容做报告,8位优秀论文的作者也在会上进行了交流。论坛共征集119篇论文,评选出40篇优秀论文,并印发了论文集。全国50多家钢铁企业的200余位代表参加会议。

（金属学会）

【举办进出口领域知识产权工作者培训班】 6月25日,市科协、市知识产权局在北京经济技术开发区博大大厦共同举办"进出口领域知识产权工作者培训班",140余名企业从事知识产权工作者参加了培训。市知识产权局副局长周砚以"实施首都知识产权'百千对接工程',促进企业创新发展"为主题,就国家和北京市的知识产权相关政策为开发区内的高新技术企业做了详细讲解。北京中创阳光知识产权代理有限责任公司总经理尹振启讲解知识产权基础知识。市科协副主席周立军指出,在我国加紧制定和推进实施国家知识产权战略、全面建设创新型国家的发展过程中,知识产权培训和人才培养,越来越成为我们运用知识产权制度增强创新力与竞争力的重要基础和有力保障。

（姚仪鸾）

【农产品产地环境快速检测技术培训班举办】6月27—28日,北京农业信息化学会联合国家农业信息化工程技术研究中心和北京农产品质量检测与农田环境监测技术研究中心,在北京农科大厦举办"农产品产地环境快速检测技术培训班"。培训内容包括"XRF7便携式X荧光土壤重金属测定仪"的基本原理、应用领域、操作使用、测定数据分析处理和基于GIS软件的土壤污染评价技术等。培训采取讲课与实际上机操作相结合的方式。来自北京、天津、河北等省市从事农产品产地环境和农产品安全检测人员参加了此次培训。("XRF7便携式X荧光土壤重金属测定仪"是由国家农业信息化工程技术研究中心、北京普析通用仪器有限公司和北京农产品质量检测与农田环境监测技术研究中心共同研制开发的,能够快速准确地对固体样品所含元素进行定性和定量分析的检测仪器。)

（农业信息化学会）

【植物病理专家实地考察植物园】 7月3日,北京植病学会组织20余位专家在北京植物园实地考察,并同市公园管理中心、市园林绿化局以及北京植物园的领导和科技人员进行座谈。专家们认为:入夏以来气温高、雨水多,因此,要充分估计到气候的特点对病虫害发生种类及规律的影响,注意镰刀菌、丝核菌、腐霉、疫霉、轮枝霉等真菌病害的传播。

(植病学会)

【电子信息技术师资培训班】 7月5—9日,由中国电子学会、教育部教学仪器研究所、市科协青少部、北京青少年科技教育协会主办,中国电子学会承办的"北京市中小学电子信息师资培训班"在西城区青少年科技馆举行,18个区县的100名教师参加培训。教育部教学仪器研究所刘诗海、中国电子学会戴茗、北京信息职业技术学院万冬分别讲解电子、控制、机器人等信息技术知识。培训班采用边学习、边做实验的方式进行培训。

(董金荣)

【第三届航空航天轴承技术国际学术研讨会】 7月14—18日,北京航空航天学会在山东威海举办"第三届航空航天轴承技术国际学术研讨会"。航材院赵振业院士、空军指挥学院王镇凯少将参加了研讨会。德国舍弗勒集团3位专家分别就航空航天使用的特殊轴承、航空航天轴承的设计与材料,污染物、润滑及轴承表面质量对轴承寿命的影响;航空航天轴承的寿命计算方法,航空航天轴承的各种试验,新型材料在航空发动机上的应用;圆锥滚子轴承及球面滚子轴承在直升机传动机构中的应用以及如何防止在安装过程中对轴承的损害等内容做了报告。90余位相关人员进行了交流讨论。

(航空航天学会)

【第19届中国过程控制学术会议】 7月22—25日,由中国自动化学会过程控制专业委员会主办,北京自动化学会等协办的"第19届中国过程控制学术会议"在九华会议中心举行。中国自动化学会副理事长孙优贤院士致辞。中国自动化学会理事长戴汝为院士、副理事长孙柏林将军等出席。北京控制工程研究所、浙江大学工业自动化国家工程研究中心、中国计量科学研究院、北京化工大学的专家学者以及美国国际控制专家分别做"特征建模的理论及应用"、"现代计量与检测科学技术的现状和新进展"、"诊断与自愈——防技术灾害于未然研究"等学术报告。来自我国控制领域的6位院士和300余名代表参加会议。

(自动化学会)

【参加奥运前照明效果检查验收】 7月24日,北京照明学会专家参加了"北京市夜景照明工程竣工新闻发布会",参与了由市市政管委组织的奥运前照明效果现场检查,并对北辰桥、安慧桥等11座立交桥,以及颐和园、龙潭湖公园等共17个重点夜景照明工程项目,从概念设计、方案优化、现场试验到施工质量进行了检查与验收。

(照明学会)

【京津沪渝穗科普合作机制研讨会】 7月25—26日,"京津沪渝穗科普合作机制研讨会"在天津国际科技咨询大厦举行。五城市科委、科普中心的代表参加。会上,介绍了天津科技工作及科普工作进展情况,五城市合作机制2007年会议及科普能力建设论坛的情况,进一步阐述了五城市科普合作机制建立宗旨、目标、任务,提出建立科普资源共享机制、合作与交流、共同发起活动等下一步工作设想。科技部政策体改司副司长李普结合2008年科技部"三定"方案和转变政府职能,提出了六项重点工作。

(肖健 王旭彤)

【2008年油气储层研讨会】 8月15—20日,由中国石油学会石油地质专业委员会、北京石油学会和中国石油油气储层重点实验室联合主办的"2008年油气储层研讨会"在湖北宜昌召开,主题是"非均质性油气储层描述、评价与预测"。与会者就碳酸盐岩储层、火山岩储层、低渗透砂岩储层、非均质性储层的地球物理描述与预测技术等进行研讨。各大石油企业、石油院校等200余位代表出席。会议共收到103篇论文,大会报告12篇。

(石油学会)

【举办郊区县科技教师培训班】 8月25—27日,由北京青少年科技活动中心、北京青少年科技教育协会主办,密云县科协、密云青少年宫承办的"2008年北京市郊区县科技教师培训班"在密云青少年宫开班。密云、延庆等10个郊区县62所学校、102名教师参加。培训班邀请中国科协科教专家景海荣博士,全国创新大赛评委黄辰教授,国际机器人竞赛教练、全国机器人竞赛评委潘跃金老师做"创新重在实践、创新成就未来"、"中小学生科技创新论文写作和选题"、"青少年机器人竞赛项目介绍"等报告,并组织教师参观了北京天文馆。

(董金荣)

【急诊专业护士资格认证师资培训班】 10月13日,北京护理学会在东城区委党校举办首期"急诊专业护士资格认证师资培训班"。本期培训为期两个月,采用理论学习与临床实践相结合的方式进行,最终通过理论考试、操作考核、综述考核,学员将获得《北京地区急诊专业护士资格证书》,并授予市级Ⅰ类继续教育10学分。北京地区各医院急诊专业护理骨干共112人参加了培训。

(护理学会)

【第三届海峡两岸阳光心理论坛】 10月13日,由北京心理卫生协会主办,1980阳光部落科技有限公司承办的"第三届海峡两岸阳光心理论坛"在北京科技活动中心举行,主题是"2008关注灾区人群心理康复——艺术方法在震后安全感重建和潜能开发运用的研讨"。北京心理卫生协会副理事长杨凤池、秘书长张淑芳及台湾卡方国际咨询顾问有限公司负责人柏丞刚就"5.12震后心理救援实践及其中艺术方法运用的选择"、"四川5.12地震心理援助经验分享"、"心理学的未来展望及台湾经验分享"进行讲座与交流,以启发和带动心理学工作者对艺术方法应用于心理帮助的积极思考与实践,帮助震区的心理辅导与复健服务,治疗心理创伤;同时也为非震区的人群心理潜能开发提供技术方面的引导与支持。论坛上,台湾专家邱姿瑛和周光昭女士还带来了9.21地震的艺术治疗成果展,总结展示了此次地震的经验:在适当的艺术活动设计与参与下,更易发现受助者情绪和心理受困扰的症结,从而有助于问题的解决。协会会员和理事单位代表100多人出席会议。

(心理卫生协会)

【数字技术在救灾减灾中的应用研讨会】 10月14日,由市科协主办,北京数字科普协会和市科协信息中心承办的"数字技术在救灾减灾中的应用研讨会"在北京科技活动中心召开,来自中科院、高校、科研单位、企业的40余位专家参会。原中国测绘科学研究院院长林宗坚、北京大学教授唐世渭等14位专家,紧密结合数字技术在汶川地震中的应用做主题发言,内容涉及3S、卫星遥感、各种通讯系统、海事卫星、互联网信息、数据库等多项技术。

(李克勤)

【蔬菜生产、质量与加工标准化国际研讨会】 10月14—17日,由国际园艺学会、市农林科学院、市科协、市科委、国家自然科学基金委、市自然科学基金委主办,国家蔬菜工程技术研究中心与北京蔬菜学会承办的"蔬菜生产、质量与加工标准化国际研讨会"在北京会议中心举行。35个国家的100余位代表参加。大会名誉主席陈杭教授、市农林科学院院长李云伏、国际园艺学会蔬菜委员会主席Silvana Nicola博士分别致词。Schnitzler教授代表国际园艺学会向大会主席Silvana Nicola博士、许勇博士和刘伟博士颁发了国际园艺学会奖章。会议收到论文100余篇。与会专家就蔬菜产前、产中、产后安全生产新技术;蔬菜生物活性物质;蔬菜养分与活性物质代谢的分子调控与基因工程改良;蔬菜产品安全性与营养成分分析评价;具有保健功能的蔬菜新品种;蔬菜生产流通相关政策等进行了研讨。

(蔬菜学会)

【国际静脉输液交流大会】 10月16—18日,由北京护理学会主办,北京美中智源医院管理有限公司承办的首届"2008北京——国际静脉输液交流大会"在北京外研社国际会议中心举行,主题为"安全输液 保护你我"。会议邀请了美国静脉输液护理专家以及国内著名学者共同就静脉治疗的新进展、静脉专科护士资格认证和实施等进行专题演讲。与会者就静脉治疗专科发展、北京地区及国内静脉输液发展现状、导管相关性感染的解决方案、国际静脉输液治疗临床实践等进行交流。大会设主会场、分会场、论文墙报三种形式，并邀请国内外知名厂商做现场展示，组织与会者参观北京地区三级甲等医院。400余位代表参加了大会。

（护理学会）

【第六届北京地区博物馆科普培训班】 10月16—18日，由市科委、市文物局主办，文博交流馆承办的"第六届北京地区博物馆科普培训班"在延庆博物馆举行。市文物局、中国科技馆、首都博物馆等单位领导就"北京地区博物馆科普工作情况"、"科技馆科普项目"、"首都博物馆信息化建设与博物馆科普推广"等进行演讲，业界70余人参加。之后，学员们参观了延庆博物馆，并赴古崖居遗址、野鸭湖湿地博物馆、马文化博物馆、中国长城博物馆实地考察学习。

（张宇蕾）

【北京粘接学会第十七届年会召开】 10月20—22日，北京粘接学会在北京科技活动中心召开"北京粘接学会第十七届年会暨胶粘剂、密封剂应用技术论坛"。国内知名专家马启元做题为"胶粘剂的发展与创新"的特邀报告。15名学者、专家做大会报告，内容涉及丙烯酸酯改性水性聚氨酯的研究进展、欧洲汽车胶粘剂的发展趋势、特种胶粘剂发展趋势、建筑涂料发展趋势、塑料的涂装与粘接应用技术研究、加固型混凝土界面剂的研究与应用等。与会专家围绕目前各领域使用的胶粘剂、密封剂及新材料的环保、安全及性能等问题进行交流和技术研讨。近90位全国各地代表参加了会议。

（粘接学会）

【中国2008带钢连续热镀锌发展论坛】 10月20—23日，由北京腐蚀与防护学会、先进金属材料涂镀国家工程实验室等承办的"中国2008带钢连续热镀锌发展论坛"在中苑宾馆举行，主题是"技术、工艺、产品、应用和市场"。本次论坛是该行业的首次全国性会议，设有特邀报告、学术讲座、技术交流会、信息发布会、技术参观等。加拿大、美国等国和国内企业、院校、科研等单位100余人参加。会议共发表论文25篇，并出版了论文集。与会中外专家就中国钢铁工业发展与现状；国际连续镀锌技术和工业——历史、现状和未来发展；钢板热镀锌层形成的冶金原理；热镀锌板生产技术发展及我国热镀锌生产现状；中国锌市场发展趋势；镀锌钢板的应用——使用范围、腐蚀特点和寿命预测；新一代钢铁材料涂镀技术等问题做报告。会场展示了张启富教授专著《现代钢带连续热镀锌》和加拿大章小鸽博士的专著《锌的腐蚀与电化学》中文版。

（腐蚀与防护学会）

【面向2020年都市型现代农业论坛】 10月21日，由市科协、朝阳区政府联合主办，北京市涉农学会联席会议、朝阳区科协承办的"面向2020年都市型现代农业论坛"在望京科技创业园开幕。市农林科学院、市园林局等单位专家分别就"北京都市型农业发展的现状与评估"、"如何实现京郊设施蔬菜可持续发展"、"北京生态涵养区保护性开发的技术对策"、"北京循环农业发展的理论与实践"、"都市型现代农业的科技支撑体系建设"等问题做报告，并对北京市都市型农业的发展提出了相关对策和建议。朝阳区副区长阎军做"朝阳区都市农业现状与未来发展思路"主题发言。各郊区县科协、市属涉农学会负责人等近百人参加会议。

（陈立新）

【2008北京青年通信科技论坛】 10月22日，北京通信学会在中国网通北京分公司举办"2008北京青年通信科技论坛"，主题为"全业务运营：机遇与挑战"。论坛邀请中国网通研究院副总唐雄燕、大唐电信集团总工程师陈山枝、北京邮电大学研究生院常务副院长王文博等分别就"我国电信全业务运营机遇与挑战"、"TD-SCDMA产业发展"、"通信产业发展对人才培养的机遇与挑战"、"电信全业务经营下的竞争与发展"、"固网移动融合的终端层实现技术"等发表见解。与会代表就当前业界关注的

热点问题进行了研讨并提出了建议和意见。论坛共征集论文 56 篇，编辑了论文集。市科协、市通信管理局、北京通信学会等相关部门的领导、专家及青年通信科技工作者近 200 人参加交流。

（通信学会）

【电子产品节能、环保与安全技术国际研讨会】 10 月 29 日，北京电子学会在北京科技活动中心召开"电子产品节能、环保与安全技术国际研讨会"。会议围绕电子产品节能、环保和安全技术等热点问题进行了交流研讨。与会专家建议，当前要推动电子产品节能降耗新技术的开发及应用，协助政府部门推动电子产品节能降耗和技术标准的制定和推广工作，创造良好的政策环境；要倡导电子和 IT 企业采用先进节能降耗技术及产品，在产业层面形成强大的推动力；要宣传、推广、使用绿色环保安全长寿命的新能源技术和产品；对污染环境的废旧电子产品进行回收并加强管理。英、美、德等国家的代表和国内专家、政府部门领导及企业代表 130 余人参加。

（电子学会）

【第九届亚太地区燃烧及能源利用国际会议】 11 月 2—6 日，由北京热物理与能源工程学会、中科院工程热物理研究所、北京神雾热能技术有限公司及美国燃烧研究所共同主办的"第九届亚太地区燃烧及能源利用国际会议"在建国饭店举行。来自美国、加拿大、法国、中国等 23 个国家及地区的 100 余名学者出席，发表论文 91 篇。会议分特邀报告和分组报告两部分进行，主题为：燃烧科学与技术的理论和应用研究，内容涵盖化学动力学、煤燃烧、层流和湍流燃烧、微尺度燃烧、燃烧诊断和数值模拟等领域。

（工程热物理学会）

【第九届北京青年学术演讲比赛举办】 11 月 8—9 日，由市科协主办，北京航空航天大学科协和北京工程图学学会共同承办的"第九届北京青年学术演讲比赛决赛"在北京航空航天大学举行。此次比赛 5 月份启动，共有来自 35 个学会的 94 位选手进入决赛，涵盖理、工、农、医以及交叉学科等多个领域。比赛评出一等奖 6 名，二等奖 12 名，三等奖 20 名，优秀奖 32 名。

（杜 扬）

【2008 中国汽车自动变速器研讨会】 11 月 9—11 日，北京汽车工程学会主办、北京正帅汽车技术顾问中心承办的"2008 中国汽车自动变速器研讨会"在河南大厦召开。舍弗勒集团、德尔福（中国）公司、博世公司、日本小松株式会社、北京博格华纳汽车传动系统有限公司、吉利汽车公司、上汽商用技术中心、吉林大学等就当今最新的 AT、AMT、DCT、CVT 技术进行了介绍，展示了部分样品，会上发表论文 28 篇。美国、日本、德国、荷兰及国内生产变速器的知名厂家、公司、研究机构的专家代表近 200 余人参加会议。

（汽车学会）

【举办奥运建功"双千日"活动表彰大会】 11 月 17 日，市卫生局、市总工会、北京护理学会在北京会议中心举行首都护士"发扬成绩　奥运建功　新北京、新奥运'双千日'文明优质服务"系列活动总结表彰大会。卫生部医政司副司长周军、市卫生局党组书记金大鹏、市总工会党组书记张建民等出席并讲话。会议表彰了优秀组织单位 30 个，先进集体 92 个，"奥运护理之星"189 名。授予北京安贞医院等 5 家单位、北京友谊医院 ICU 等 10 个先进集体"首都劳动奖状"荣誉称号，授予中日友好医院汪丽等 10 人"首都劳动奖章"荣誉称号。首都护士代表近千人身着护士服参加大会。该活动 2003 年由 3 单位联合启动，相继开展了"学习推广年"、"科技论坛年"、"双语服务年"、"服务质量年"和"优质服务年"5 个主题年活动，近 4 万名护理工作者参加。

（护理学会）

【2008 信息通信网技术业务发展研讨会】 11 月 19 日，北京通信学会在京都信苑饭店召开"2008 信息通信网技术业务发展研讨会"。中国工程院副院长邬贺铨、工信部电信研究院院长杨泽民、中国移动集团北京有限公司副总经理范云军、国家气象信息中心副主任周林等分

别做题为"宽带网机遇与挑战"、"我国工业信息化发展的认识与实践"、"宽带业务的应用"、"全业务背景下的信息产业创新与发展"、"电信业务转型与信息化应用"、"我国气象领域信息服务"的主旨发言,就当前业界所关注的热点问题提出了建议和意见。本次研讨会共征集论文72篇,160余人参加会议。

(通信学会)

【2008年坎帕尼亚—北京科技经贸周】 11月24—30日,由市商务局、市科协及意大利那波利科学城主办,北京科技咨询中心及市科协国际联络部承办的"2008年坎帕尼亚—北京科技经贸周"在意大利那不勒斯举行。中国驻意大利大使孙玉玺出席开幕式并发言,中意双方代表近300人参加。此次活动主要由展览展示、主题论坛、对口洽谈、交流考察构成,包括"中意科技经贸展览洽谈会"和"北京奥运·科技之光"主题展览等。北京市属和中央在京单位30家、68人参加交流洽谈。展览共接待参观者约5万人,展示了北京的科技经济发展水平和北京奥运科技的成果。

(何素兴)

【第五届北京激光高峰论坛】 11月26日,北京光学学会、中国光学光电子行业协会激光分会、北京光机电一体化协会等在中国国际展览中心举办"第五届北京激光高峰论坛"。周立伟院士代表著名光学家王大珩院士致词。激光专家邓树森研究员做"中国激光产业与激光加工技术的发展"报告。阎大鹏博士、崔健丰博士及奥地利Heinz Huber博士、日本住吉哲实博士等分别就国际激光器技术与应用的最新发展做报告。与会专家就如何加速我国激光光电子产业化发展进行了交流。来自全国从事激光科研、教育、制造的专家、技术人员150余人出席。

(光学会)

【无线及移动通信技术发展研讨会】 11月27日,北京通信学会主办的"2008无线及移动通信技术发展研讨会"在中国移动通信集团北京公司举行,主题是"新运营体系下信息通信业的机遇与挑战"。工信部电信研究院副院长曹淑敏、北京邮电大学经济管理学院院长吕廷杰、工信部电信研究院副总工陈金桥、中国移动研究院业务支撑所所长周文鳞、微软大中华电信及媒体事业部应用解决方案总监徐荣耀分别做题为"TD-SCDMA技术及产业链的发展与展望"、"移动信息化助力经济发展"、"电信业发展的宏观环境与政策走向"、"云计算平台——移动信息服务基础设施"、"走向融合的电信产业"的演讲。MTK中国区首席代表廖庆丰、中国联通北京分公司高级业务经理顾立新、中国电信研究院副总工杨峰义等嘉宾也在会上发言。会议征集56篇论文,制作了光盘。160余位代表参加了会议。

(通信学会)

【北京市水文科学技术研讨会】 11月27日,由北京水利学会、市水文总站联合主办,北京水利学会水文分会承办的首届"北京市水文科学技术研讨会"在大方饭店召开。会议共征集论文67篇,涵盖了水文水资源、水文信息化、水环境等方面。水利部水文局副局长林祚顶做"加强水文科技工作,加速水文现代化进程"的讲话。有关领导就北京市目前的地下水状况、开发利用程度及存在问题;循环水务理念、雨洪利用、湿地生态系统等在奥林匹克公园的应用做演讲。15篇论文在会上宣读,就水文发展中的前沿科学技术进行了深入的交流与探讨。来自清华大学、中科院地质与地球物理研究所等9家高校和研究机构及各区县水务局、市水务局等近150人参加了会议。

(水利学会)

【7人赴巴西参加世界工程师大会】 12月2—6日,由巴西工程师协会和巴西工程师学会联合主办的"世界工程师大会"在巴西利亚召开,主题是"工程——创新与社会责任"。市科协组织7名优秀青年工程师参加,提交论文11篇,全部被大会接受录用,9篇论文被安排大会或者分组发言。

(姚仪鸾)

【第十八届北京优秀青年工程师总结表彰暨宣讲交流大会】 12月25日,市科协在北京科技活动中心召开"第十八届北京优秀青年工程师总结表彰暨宣讲交流大会"。中国地质环境监测院祁小博等210人荣获"北京优秀青年工程师"称号,其中中铁工程设计咨询集团有限公司刘永锋等6人荣获"北京优秀青年工程师标兵"称号。会上,王玉宝等3位标兵做先进事迹宣讲。中国科协组织人事部部长李森、市科协常务副主席田小平到会讲话。近百家企业科协和工商联所属企业的代表260人参加了大会。

(姚仪鸾)

【第五届北京生态论坛】 12月26日,北京生态学学会、民盟北京市委在北京师范大学联合举办"第五届北京生态论坛"。会议主题为"构建生态服务业、推进城乡一体化"。民盟北京市委主委葛剑平以"巩固奥运生态建设成果,构建北京生态服务产业"为题,从生态学、经济学的角度,介绍了北京在未来发展中将会面临的机遇与挑战。北京生态学学会张新时针对"生态修复"与"自然恢复"两种基本观点提出了自己的看法。清华大学王光谦介绍了北京水资源量呈现衰减趋势、供需平衡紧张、水污染加重水危机、地下水超采严重四大问题,并提出了解决措施。中国环境科学院生态研究所高吉喜就城乡统筹的概念和内涵、面临的问题与挑战做了剖析,阐述了"农村特色化,城市生态化"的新理念和城乡统筹发展的有关对策和建议。北京师范大学白暴力、李晓西分别介绍了各自对"生态服务业"的理解与研究,将经济学相关内容引入到生态学研究中,提出了"生态产品"及其价格等诸多新名词与新概念。60余位专家、学者参加。

(生态学会)

【第七届北京迈向国际化大都市论坛】 12月27日,北京生产力学会在中国化工信息中心举办"第七届北京迈向国际化大都市论坛",主题是"人文北京、科技北京、绿色北京"。论坛就目前北京热点社会问题、改革开放与宏观调控、绿色北京、产业经济与可持续发展、金融贸易等方面进行研讨,并提出相关建议。本次论坛共收集论文49篇、专家建议12篇,编辑出版了《北京迈向国际化大都市论坛——人文北京、科技北京、绿色北京纵横谈(第七集)》。90余位专家参加论坛。

(生产力学会)

# 区县科技

Science and Technology for Districts and Counties

# 东城区

【5家单位被命名为北京市科普基地】 3月,东城区有5家单位被命名为北京市科普基地。北京古观象台、北京自来水博物馆、北京市东城区青少年科技馆、北京市健康教育所为北京市科普教育基地;健康杂志社为北京市科普传媒基地。

(夏圣彪)

【第八届东城区青少年机器人大赛】 4月5日,区科协、区教委在171中联合举办"第八届东城区青少年机器人大赛",共有36支队伍近百名中小学生参赛。竞赛设火炬传递、投球、福娃登长城、足球、FLL等项目。足球类奖项9个:55中、171中、灯市口小学分获高中、初中、小学一等奖;二等奖高中2项、初中2项、小学2项。FLL类奖项11个:2中、2中分校、灯市口小学分获高中、初中、小学一等奖;二等奖高中2项、初中2项、小学2项;三等奖初中1项、小学1项。常规类奖项15个:171中、西中街小学分获高中、初中、小学一等奖;二等奖高中1项、初中2项、小学2项;三等奖小学7项。

研平台联合举办"知识产权与奥运同行——保护中华老字号 走进茶香吴裕泰"主题实践活动。市知识产权局、东城区政府等有关部门领导参加活动。活动中,吴裕泰相关部门领导介绍了公司在知识产权保护方面所做的工作以及知识产权在老字号企业创新发展中的重要作用。东直门中学学生代表张梓昕向全市中小学生发出《保护奥运知识产权,从我做起》的倡议:全市同学要积极行动起来,自觉学习和积极宣传奥运知识产权保护的法律知识;购买正版奥运商品;不歪曲、不篡改奥运作品;发现侵权行为及时制止和举报,树立"创新可颂、维权可敬、侵权可耻"的思想观念,为2008年北京奥运会的成功举办贡献自己的力量。近200余名同学参加了此次活动。

(朱 禾)

【东城区数字生活技能大赛】 4月27日,区科协、区信息办、区妇联、区610办联合举办了"2008年东城区数字生活技能大赛",主题是"百万家庭迎奥运,数字北京新生活"。大赛设有网上冲浪、3G手机寻福娃、FLASH制作等内容,共有8支学生队、5支家庭队参加。最终,评出一等奖2名(东直门中学学生队、2中分校家庭队各1名)、二等奖4名(学生队3名、家庭队1名)、三等奖7名(学生队4名、家庭队3名)。

(刘跃进)

(刘跃进)

【开展知识产权与奥运同行主题实践活动】 4月25日,区知识产权局、东直门中学、吴裕泰茶业股份有限公司在吴裕泰国际茶文化创意产学

【高新技术企业政策宣讲会】 9月18日,中关村科技园区雍和园管委会和区科委在区行政服务中心联合召开"东城区高新技术企业政策

宣讲会",100余家区内的高新技术企业和重点科技类企业的主管人员参加。会上,市科委相关部门负责人讲解了《高新技术企业认定管理办法》、《高新技术企业认定管理工作指引》、北京市高新技术企业的新认定程序和高新技术企业的税收优惠政策;向企业发放了《东城区科技政策汇编》;就企业面临的实际问题进行了现场答疑。

(武聪颖)

【举办"认识粮食小实验"科普活动】 9月20日,区科协在55中举办了"认识粮食小实验"青少年科普活动。在老师指导下同学们亲自动手做土豆为什么会变色、淀粉遇碘、大米的膨胀力、植物细胞的渗透等多项粮食科学小实验,有100余名学生参加。

(刘跃进)

【出版《科技东城人》】 12月初,由区科协、区科委、雍和园区联合主办,《北京科技报》编辑的《科学东城人》出版发行。该刊不定期发行,彩色印刷,主要介绍东城区科技发展状况,区科协、企业科协、街道科协、学会的工作等,旨在体现科普的作用,让居民了解东城区在科学技术普及方面的成果。刊物设有东城概况、组织建设、素质行动、科普活动、基层活动、青少年活动、学术交流、科技硕果、创新特写、数读东城、知识产权、科技园区、重点项目、明星企业、重大活动、东城奥运等栏目。

(冯书武)

【技术交易呈上升趋势】 年内,东城区输出技术582项,合同成交额达13.02亿元,其中:技术交易额为12.10亿元,较上一年度增长1.26%;吸纳技术1783项,合同成交总额达16.15亿元,其中技术交易额为13.61亿元,同比增长0.74%。

(刘金静)

【建成10个科普宣传活动中心】 年内,区科委、区科协联合建成海运仓社区下沉广场、南池子社区的普渡寺科普广场、东四奥林匹克社区广场等10个科普宣传活动中心,每年可开展5次以上的大型科普宣传活动,把科普传播工作推进到基层社区,使科普宣传活动更贴近百姓。

(夏圣彪)

【高新技术企业达93家】 年内,区内高新技术企业总数达到93家,以电子信息业为主。其中,中关村雍和科技园区内70家,园区外23家。

(武聪颖)

【组织科普三大活动】 年内,区科协组织开展了北京科技周、科普之夏、全国科普日三大主题宣传活动。期间,通过大型宣传咨询、与民盟东城区委联合开展送奥运知识进社区、利用东方广场科普文化长廊组织四期奥运科普展览等,为广大市民进行科学健身,体能测试,食品卫生,防灾减灾,节水节电,废旧物品利用,家庭花卉种植,奥运历史、知识、礼仪等方面的宣传、咨询服务,指导社区开展活动近千项,有十几万群众参与。

(冯书武)

# 西城区

【通过全国科普示范城区复查】 3月,按照中国科协《关于开展全国科普示范县(市、区)总结检查的通知》要求,西城区再次接受了中国科协委托市科协组织的全国科普示范城区复查验收。经过听取汇报、材料审核、座谈讨论、实地考察、综合评定后,西城区第三次通过全国科普示范城区复查。

（苏保成）

【组织参加各类青少年科技竞赛】 3月，区科协组织区内青少年参加"第28届安捷伦北京青少年科技创新大赛"，获中学项目一等奖18项、二等奖22项、三等奖4项；小学项目一等奖9项、二等奖2项、三等奖1项；少年儿童科幻绘画一等奖4项、二等奖5项、三等奖6项；科技辅导员科教创新项目三等奖以上奖项14项；"北京市市长奖"1名，"北京市市长提名奖"1名；"十佳优秀科技教师"1名。4月，参赛"第八届北京市青少年机器人竞赛"，获工程设计竞赛各组别一等奖4项、二等奖3项、三等奖2项，智能机器人竞技比赛三等奖以上8项。7月，"第23届全国青少年科技创新大赛"上，获一、三等奖各4项；优秀科技实践活动、科学幻想、科技辅导员科教制作项目三等奖以上奖项10项；十佳优秀科技辅导员1名、优秀科技辅导员（科教方案）单项奖1名。7月，在"第八届中国青少年机器人竞赛"中，获一、二、三等奖各1项。

（苏保成）

【西城区科学技术协会第六次代表大会】 4月16日，"西城区科学技术协会第六次代表大会"在金台饭店举行。市科协常务副主席田小平、各区县科协代表以及区机关、科技界的154名代表到会。大会听取并表决通过了第五届委员会主席马国馨院士所做的"团结和动员广大科技工作者，努力为推动西城区科学发展和谐发展率先发展而奋斗"的工作报告；选举产生了第六届委员会领导机构，北京有色金属研究院院长屠海令院士当选新一届区科协主席。

（苏保成）

【10单位被命名为市科普基地】 4月22日，在市科委、市科协共同举办的"北京市科普基地命名仪式"上，西城区有10家单位被命名为北京市科普基地。其中，科普教育基地7家：中国科技馆、北京天文馆、首都博物馆、中国地质博物馆、北京动物园、北京工业设计促进中心、郭守敬纪念馆；科普传媒基地2家：北京天文馆《天文爱好者》编辑部、北京科学技术出版社；

科普研发基地1家：北京天文馆。

（郭志娥）

【中国科技促进经济发展政策与经验研修班考察西城区】 4月24日，由科技部、商务部组织，"中国科技促进经济发展政策与经验研修班"考察了西城区可持续发展工作，区政府办、区科委、区外事办等部门相关人士参加。研修班由来自亚洲、非洲、南美洲等发展中国家科技和经济部门的专家和官员共73人组成。考察组考察了西城区图书馆和月坛三里河二区社区卫生服务站2个实验区重点示范工程，参观了视障人阅览室、中瑞可持续发展信息中心，听取了西城区开展可持续发展实验工作的介绍，双方还就可持续发展工作进行了交流。

（郭志娥）

【举办区科技周】 5月17日，区政府在西城文化中心举行"2008年西城区科技周活动启动仪式"，市科协、区委区政府有关领导，区各委办局、各街道、学协会的代表及社区群众近300人参加。此次活动主题是"携手建设创新型国家——科技点燃圣火，创新圆梦中国"。期间，在相关街道、社区开展了"走进科技奥运"文艺演出、青少年科技发明创新比赛、网络科普夕阳红等活动30余项，2000余人参与了科普活动的组织、宣传和实施，受益群众达20余万人。

（苏保成）

【西城区获国家可持续发展先进示范区称号】 9月27日，科技部社会发展科技司发布《关于北京市西城区等13个单位开展首批国家可持续

发展先进示范区建设工作的通知》，全国有13个可持续发展实验区被认定为首批国家可持续发展先进示范区。12月5日，科技部在人民大会堂举行"国家可持续发展先进示范区授牌仪式暨工作座谈会"，科技部部长万钢讲话，并向13个可持续发展实验区授予"国家可持续发展先进示范区"牌匾。区长张建东做主题为"以城市社区健康、和谐为重点，推进国家可持续发展先进示范区建设"的发言，介绍了西城区可持续发展工作的重点以及今后发展目标。

（郭志城）

【评选区科技进步奖23项】 年内，区科委按照新修订的《北京市西城区科学技术奖励办法》，组织专家评审组评选出2007年度西城区科技进步奖23项。其中：北京梅泰诺通信工业技术有限公司"基于TD－SCDMA三管通信塔——中国电信保定TD－SCDMA试验网"等4项成果获一等奖；北京绿洲德瀚环境保护中心"直接膨胀式地源热泵空调机组"等6项成果获二等奖；北京智博联科技有限公司"ZBL－R650混凝土钢筋检测仪"等13项成果获三等奖。根据新办法，一、二、三等奖奖金额度分别由1万元、5千元、2千元提高到5万元、3万元和1万元。

（郭志城）

【技术合同登记8008份】 年内，西城区实现技术合同登记8008份，技术合同交易总额81.86亿元，同比增长3.2%，其中技术交易额45.6亿元。输出技术4288项，合同成交金额21.04亿元，其中技术交易额18.39亿元；吸纳技术3720项，合同成交金额60.82亿元，其中技术交易额27.21亿元。

（郭志城）

【制定可持续发展示范区规划】 年内，区科委制定出《北京市西城区国家可持续发展先进示范区建设规划（2008—2012）》。规划着眼于区域经济社会协调持续发展，立足首都功能核心区发展要求及区域的实际，注重统筹解决资源、人口、环境问题，全面提升区域发展和创新能力。规划确定"区域健康促进体系"和"特殊群体扶助体系"2个示范重点和21个重点示范项目。

（郭志城）

【编辑出版科普读物13种】 年内，区科协出资并组织编辑出版了科普读物13种。其中，健康科普类9种：《漫话健康》上、下册，《中医话健康》上、下篇，《中国公民健康素养基本知识与技能（绘画本）》，《生命周期全程健康维护》教案及教学光盘，《健康"一二一"大家齐步走——自我监测手册》，《运动健康，走进2008》杂志，《西城卫生奥运特刊》，《2009年健康科普周历》和《健康大步走，楼宇健身》宣传折页。文化类科普读物4种：《什刹海的民俗风情》，《什刹海的传说和故事》丛书，《什刹海文化研究（2004—2008）》，《什刹海历史变迁画卷》。

（苏保成）

# 崇文区

【举办龙潭庙会科普游园活动】 2月6—13日，市科协、区科协联合举办2008年龙潭庙会科普游园活动，主题为"探索科技奥秘、体验快乐科学"。中国科协、市科协、区委、区政府等部门领导出席开幕式。活动内容有中国科技馆最新开发的立体成像、莫式条纹、纳米材料、透气不透水的布、沉浮子、双曲狭缝、长余辉材料等12项有趣的科学小实验；还有人体拼装游戏，简易空模、海模、车模拼装制作以及福娃盲贴游戏，航天科普知识展览等。游客在工作人员的辅导下通过亲自动手操作，探索科学奥秘，学习科学知识，体验科学带来的无限快乐。8天接待游客近2万人。中央电视台等多家新闻媒体报道。

（李海曼）

【创新大赛创佳绩】 3月，区科协组织区内学生参加"第28届安捷伦杯北京青少年科技创新大赛"，获得大赛一等奖3项：文汇中学金墨林等的"几种芳香植物对杂草的抑制作用探究"、汇文中学李思然的"北京市龙潭公园植物生态需水测定与整合计算"、广渠门中学姚洋的"多功能助阅器"。同时,获少年儿童科学幻想绘画一等奖1项(光明小学石文达的"海洋考古船");汇文中学许勇进获十佳优秀科技辅导员;汇文中学杨奕获第六届北京青少年科技创新市长奖;汇文中学李思然获安捷伦英才奖和奖学金5000元(10月又获全国"明天小小科学家"称号);广渠门中学姚洋获南京紫光科技创新一等奖;本区获优秀组织工作奖。

(李海曼)

【举办4·26保护知识产权宣传周】 4月20—26日,区知识产权局联合崇文工商分局等20余单位组织"崇文区2008年保护知识产权宣传周活动",主题为"知识产权与奥运同行"。期间,举办各类活动近20项,包括保护知识产权宣传活动、专题培训、竞赛、奥运知识展览、专门执法检查等。共发放宣传品约3万余册(页),专门物品约5000余份,数百人参加了保护知识产权现场签名活动。除此,还成立了知识产权自律组织,组织自主知识产权参观,出版知识产权保护专刊,签订"保护知识产权承诺书",启动保护知识产权流动工作车,海报张贴场所遍及区内的社区、学校、医院、各城管分队、图书馆以及200余家商户和区行政服务大厅等,宣传对象超过20万人次。

(袁 燕)

【区高科技救援队赴汶川执行勘察任务】 5月14—17日,受中科院遥感技术专家之邀,崇文区高科技救援队——北京观典航空设备有限公司一行6人,携3架高科技遥控无人侦察小飞机,赴汶川执行超低空灾情勘察与搜救航拍任务。先后飞行20余架次,范围涉及四川理县,茂县,绵竹县汉旺镇,什邡市洛水镇,北川县及北川县擂鼓镇、通口镇等7个区域,面积达417平方千米,共航拍2030张照片,为国家抗震救灾总指挥部适时掌握灾情提供第一手资料。

(袁 燕)

【举办崇文区科技周】 5月16—24日,区政府主办、区科协承办的"2008年崇文区科技周启动仪式暨科技奥运社区行"在体育馆路街道五环广场举行。启动仪式上,向各社区颁发科普图书,表彰优秀科普志愿者,宣读《从我做起,了解、宣传、参与科技奥运》的倡议书。区医学会、药监局、环保学会、园林学会、烹饪学会等10余个单位举办科普展览和科普咨询活动,向社区居民普及节能减排、科技奥运、保护环境等科学知识,发放宣传材料1万余份,展出科技奥运展板30块,千余名社区居民参加。在科技周期间,有关单位围绕"科技点燃圣火 创新圆梦中国"的主题,组织开展科普活动150余项,包括地震应急避险知识宣传、参观全国科技周科技奥运主题展览、科技奥运网上行等重点活动20余项。直接受益群众20余万人次。

(李海曼)

【第十届北京科普之夏启动】 7月5日,市科协主办、区科协承办的"第十届北京科普之夏启动仪式"在东花市枣苑社区文化广场举行。中国科协、市科协、崇文区的领导及城八区科协主席、东花市街道负责人出席。启动仪式上,近500名社区居民参加了与奥运火炬零距离接触活动。与会领导参加了科普活动,参观东花市街道社区博物馆。北京电视台、《北京日报》、

《北京科技报》等十余家新闻媒体进行了报道。期间,围绕"科学生活 激情奥运"的主题,开展了以奥运科普、安全健康、科学生活为主要内容的80余项社区科普活动。

(李海曼)

【开展科普日活动】 9月20日,区科协组织区青少年科技教育协会、天坛街道科协在金鱼池社区开展科普宣传活动,向社区居民普及防灾减灾、保护环境、食品安全、卫生保健、科技奥运等科学知识。活动中,发放科普资料、科普图书10余种、2000余份,500余名社区居民参加。同日,又组织100名青少年参加在北京18个区县同时举行的"认识粮食小实验"活动。全国科普日期间,区科协及所属团体在区内共组织开展科普讲座、科普咨询、科普展览、节能宣传等活动20余项。

(李海曼)

【龙潭湖节水和再生水利用的研究与示范项目通过验收】 11月13日,市科委在崇文区机关召开了"'龙潭湖节水和再生水利用的研究与示范'项目验收会"。聘请市节约用水管理中心教授级高工刘红、市排水集团教授级高工甘一萍、中国城市规划设计研究院高工宋兰合等5位专家参加验收。该项目由区科委组织,北京建工学院、区科技创新服务中心等承担。项目根据龙潭西湖各汇水面的实际状况,结合其发展规划,研究了雨水资源化概化模型、雨水利用系统,建立了植被浅沟、土壤渗滤系统以及小山雨水收集沟等示范工程;分析了人工湿地的构建要素、净化机理、设计参数以及净化效果,研究了人工湿地对再生水中总磷、总氮、氨氮等以及其他污染物的净化能力,并建立了生态修复示范工程。研究通过对龙潭西湖水质和水量全年、多点动态监测,基本掌握了龙潭西湖的水质、水量现状及变化规律,提出了其水质改善和节约用水的技术方案。该项目经一年多的运行和监测,验证了示范工程的有效性。

(袁 燕)

【2008年崇文区科技工作会议】 11月27日,区科委在京东第一温泉度假村召开"2008年崇文区科技工作会议",区人大、区政府、区政协等相关领导,区科技企业家协会、部分区属企业负责人等50余人参加。会上,区科委主任周晓沪总结了年内区科技工作情况,提出了明年科技工作设想;同仁堂股份公司、晶珠藏药集团、观典航空设备有限公司、松上技术有限公司4家高新技术企业代表发言,介绍了各自单位在企业发展理念、加强自主创新、科技项目申报、支援灾区建设等方面的经验。

(袁 燕)

【互动科普展品进校园】 12月5日,由区科协组织的互动科普展品进校园活动在汇文中学启动。市科协青少部为支持本区青少年科技教育活动,特为区科协配备了价值20万元的40件青少年互动科普展品。这些互动展品将数学、物理等科学知识融入游戏中,用声光电的手段表达出来,集科学性、趣味性、互动性为一体,深受青少年欢迎。副区长宋甘澍及区科协、区教委、区科委、区体育局的负责人出席启动仪式,汇文中学近千名学生参加活动。

(李海曼)

【颁发科技园丁奖少年科学奖】 12月5日,由区科协、区教委组织的"崇文区第29届中小学生科技节闭幕式暨第七届科技园丁奖少年科学奖颁奖仪式"在汇文中学举行。区政府、区相关委办局的领导出席,各中小学校长、科技教师和部分获奖学生代表参加。大会表彰了获得先进集体的12所中小学校、12名先进科普工作者和12名优秀科技辅导员,并向获得科技园丁奖、少年科学奖的50名教师和60名学生颁发证书和奖品。同时,大会还向区青少年科技馆、汇文中和11中分校颁发了"崇文区青少年科技俱乐部"标牌,宣布3个青少年科技俱乐部正式成立。(崇文区"科技园丁奖、少年科学奖"每两年评选一次。在市级重点青少年科技竞赛中取得一等奖和在全国或国际重点青少年科技竞赛中获奖的才有资格参评。)

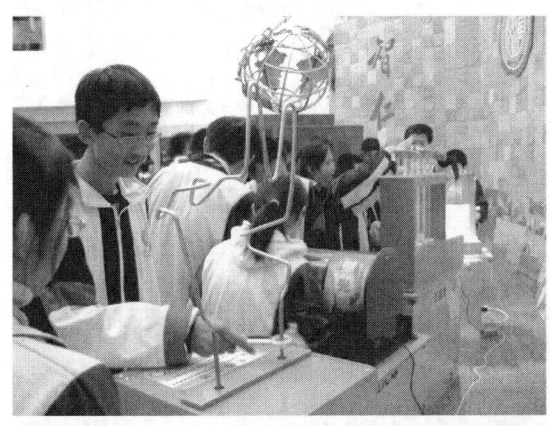

(李海曼)

【组织实施科技项目24项】 年内,区科委共征集科技计划项目(包括软课题)56项,涉及电子信息技术、传统手工艺、科普、医疗卫生、食品卫生、城市管理、文化创意、环保、城市建设等20余个领域。经评审,确定立项实施24项,其中资金支持的重点科技项目(包括软课题)17项,共116万元。

(袁 燕)

【开展科普活动】 年内,崇文区组织开展各类科普活动1671次,受益57万余人次。其中:举办科普讲座990次,受益10.5万人次;科普展览、宣传咨询157次,受益18万人次;技术竞赛169次,受益近9万人;国际交流21次;科技夏令营8次,受益1290人次;成立青少年科技兴趣小组396个,9665名学生参加;投入科普专项经费69万元,开展科技周专题活动150余项,20余万人参加。

(袁 燕)

【技术合同成交1008份】 年内,崇文区技术合同登记处登记技术合同1278份,合同成交1008份,与上年同比分别增长了39.8%、3.3%;合同成交额8.95亿元,与上年同比减少了0.2%,其中技术交易额8.79亿元,与上年同比增长了0.5%。

(袁 燕)

【社区设计俱乐部项目获专项经费80.608万元】 年内,经区科协申报、市财政局评审中心评审后,市财政局拨付区科协专项经费80.608万元,用于"社区设计俱乐部"项目建设。该项目通过对崇文区职工大学各艺术工作室的整合、定位、建构、调整,在利用学院现有软硬件资源平台的基础上,依托学校建立对社会开放的设计活动室。包括科普艺术综合展示、创意设计体验、数字多媒体艺术互动三大板块,基本囊括当今视觉艺术及创意设计领域的各主要方面。项目结合本区文化艺术发展热点问题,从最传统的架上绘画、工艺美术、版画制作一直横跨到当今最现代的数字与多媒体艺术,使群众拥有更多的参与自主权和更广泛的互动体验空间。摆脱简单展示的传统做法,融科学性、知识性、趣味性于一体,在转换科学与艺术原理的创意思维上有所创新,能够使参与者在娱乐中感受到科技与艺术的完美结合以及创意设计的无所不在。

(李海曼)

【实施社区科普益民计划】 年内,经区科协申报,本区获"社区科普益民计划"专项资金61.5万元,用于资助4个优秀科普社区:前门街道前东社区、体育馆路街道法华南里社区、天坛街道金鱼池社区、永外街道杨家园社区,一个廉租房社区:东花市街道广北社区,一个优秀基层科普场馆:崇文区青少年科技馆,13名优秀科普宣传员。"社区科普益民计划"是市科协、市财政为支持区县科协工作、提升社区科普服务能力实施的重要举措,此次为计划实施的第一年。区科协在项目资金使用规范框架范围内结合社区具体需求,针对每个资助单位制定了个性化实施方案。

(李海曼)

# 宣武区

【**举办周末大讲堂第一课**】 1月18日,区委组织部、区科协在区机关共同组织了"2008年宣武区党政领导干部'周末大讲堂'",邀请航天专家张厚英教授,为区领导干部做题为"嫦娥绕月·载人航天与应用"科普报告,300余人参加。张教授运用制作精美的多媒体课件和翔实的数据,深入浅出地从中国为什么要发展载人航天、国际载人航天发展的情况、中国载人航天发展的情况、神舟一号到神舟六号所做的科学研究及取得的重要成果、神舟七号的有关情况等方面细述了中国在载人航天发展中取得的重要成果和今后的规划设想,并就大家关注的"嫦娥探月一号"的进展情况及今后的规划做详细的介绍。

(史凌芳)

【**科普互动走进红楼庙会**】 1月,大观园红楼春节庙会期间,区科协、大观园管委会共同主办了"奥运科普互动区",主题是"和谐北京、科技奥运、数码体验",活动占地200平方米,15000余人参加。活动主要分为两个部分:"互动虚拟乒乓球比赛",参与者可以与虚拟业余选手、专业选手、奥运冠军对决,体验乒乓球竞赛的快乐;"数码健身体验区",在体之杰(北京)体育文化发展有限公司提供的健身自行车、拳击数码健身体验设备上,应用网络技术体验健身与竞技娱乐。项目设计集科学性、趣味性、竞技性、参与性为一体,使参与者充分感受信息时代数码科技的魅力与乐趣。

(史凌芳)

【**马连道茶行业信息服务系统研究与建设项目通过验收**】 3月14日,北京软件与信息服务业促进中心组织的"'马连道茶行业信息服务系统研究与建设'课题验收会"在马连道茶行业信息服务中心召开。该项目2006年立项,是市区两级政府重大科技需求专项,由区科委承担。验收组认为:该项目一是建成了茶叶电子信息分类与编码数据字典;茶行业信息统一内容管理平台和多通道、多媒体、多终端发布系统;马连道茶企业动态门户系统;马连道茶叶信息服务系统;互联网接入网络环境。二是采用了WEB2.0、J2EE架构、分布式Mesh等先进技术,实现了对多个子系统间异构数据的整合与发布功能。软件通过了国家应用软件产品质量监督检验中心的测试,各项系统指标达到了任务书中规定的技术要求;系统进行了试运行,取得了较好的效果,用户反映良好。该项目已进行了软件登记,并发表论文2篇。

(韩 阳)

【**通过全国科普示范城区复查**】 3月18日,由市科协副主席周立军任组长,中国科普研究所、首都文明办、市农委、市妇联等部门领导和科普专家参加的联合检查组,按照中国科协《关于开展全国科普示范县(市、区)总结检查的通知》要求,对宣武区进行了检查验收。检查组听取了汇报,查阅了相关档案资料,认为宣武区达到中国科协的基本指标、特色指标和《科学素质纲要》工作主题指标。11月4日,宣武区通过全国科普示范区县复查验收。

(史凌芳)

【4单位被命名为市科普教育基地】 4月22日，市科委、市科协在朝阳公园"索尼探梦"科技馆共同举办"北京市科普基地命名仪式"。宣武区青少年科技馆、北京古代建筑博物馆、北京宣武区万寿公园管理处、北京市劳动保护科学研究所4家单位被命名为北京市科普教育基地。

（史凌芳）

【3项目获区中小企业专项资金支持】 4月，区科委推荐北京市唐杰城市节能环保科技发展有限公司等单位的"泡沫式节水生态卫生间新技术成果产业化"等9个项目申报区科技型中小企业发展专项资金，经评审，"陶瓷封装光MOS继电器系列产业化"（北京科通电子继电器总厂）等3个项目获得总计119万元资金支持。

（韩 阳）

【回民幼儿园"快乐科普苑"揭牌】 5月27日，由市科协、区科协投资10余万元，为回民幼儿园建立的宣武区第一家"幼儿科普教育基地——快乐科普苑"揭牌。区人大常委会副主任郑然、区科协主席王建一、区教委、区妇联、牛街街道等的领导及部分家长30余人参加。快乐科普苑由科普益智玩具、灵巧手制作、快乐互动科普、自由创意工厂、石膏制作及上色等几部分组成，旨在通过动手、体验的过程，培养孩子们的洞察力、想象力等综合能力，激发其创新意识，促进相互学习与交流，增进身心健康和智力发展。

（史凌芳）

【北京知识产权保护与质押融资培训班】 5月27日，由国家知识产权局主办，市知识产权局、区知识产权局承办的"北京知识产权保护与质押融资培训班"在广安会议中心开班。培训班上，市知识产权局、市维诗律师事务所、北京连城创新知识产权代理有限公司等单位相关人员分别就"实施知识产权'百千对接工程'，促进企业创新发展"、"知识产权保护的概念、种类、特点、及其对经济发展的促进作用"、"知识产权无形资产的价值体现与价值评估"、"知识产权风险控制以及质押贷款条件、贷款办理

程序"等内容进行讲解。来自80余家中小企业、"老字号"以及工商联等相关企事业单位共120余人参加了培训。

（韩 阳）

【北京科普之夏宣武区活动启动】 7月4日，区科协、大观园管委会等在大观园内举办了以"科学生活激情奥运"为主题的"第十届北京科普之夏宣武区启动仪式"。围绕绿色奥运、科技奥运、人文奥运、科学生活、全民健身、节能环保、应急避险、宣南文脉、红楼文化、保护知识产权、劳动政策法规、构建和谐社会等群众关注的热点话题，相关单位开展了科普咨询宣传活动，设置了奥运知识科普展板150块，发放科普图书、宣传资料、节能环保用品等近万册（件）。共400余人参加。

（史凌芳）

【实施社区科普益民计划】 7月8日，市科协发布《关于2008年北京市社区科普益民计划评审结果的通知》，广内街道宣西社区、白纸坊街道右北社区、大栅栏街道百顺社区、天桥街道天桥小区社区被评为优秀科普社区；宣武区青少年科学技术馆被评为优秀基层科普场馆；白纸坊街道右内后身社区马武军等13人被评为优秀科普宣传员。共奖励51.5万元。

（史凌芳）

【广安门外街道获准为市可持续发展实验区】 7月，市科委根据《北京市可持续发展实验区管理办法》，批准区科委推荐的广安门外街道为市可持续发展实验区，成为唯一的街道实验区，建设期3年。为此，广安门外街道成立了可持续发展领导小组，参加了市可持续发展实验区管理办公室组织的各种学习、培训和考察活动，重新修编了广外街道可持续发展规划，凝练了科技需求，并召开了可持续发展研讨会，为北京市其他乡镇和街道的可持续发展探索路径，提供示范。

（韩 阳）

【和谐宣武规划研究及资源循环利用技术应用示范项目通过验收】 7月，市科委组织的"和谐宣武规划研究及资源循环利用技术应用示范项目验收会"在广安会议中心召开。该项目由

区科委承担，其主要成果：针对和谐宣武建设、节能减排等亟待解决的关键性问题，编制了《推进和谐宣武建设五年规划》，提出了推进和谐宣武建设的思路、目标、任务和措施，初步建立了和谐宣武评价指标体系；开展了"宣武区社会经济发展对能源需求及环境的影响研究"和"宣武区节能模式技术选择与政策研究"，实施了公共场所照明节能技术应用试点、雨洪利用及浅层地热技术应用和节水生态厕所推广示范；开展了宣武区科委政务公开能力建设工作，为区科委初步建立了较为规范的政务公开制度和监督保障措施。

（韩　阳）

【开展宣武区科技政策及法律法规培训】　9月，区科委组织的"宣武区科技政策及法律法规培训"在广安会议中心开班，区内相关政府部门、街道办事处、科研机构、企业的百余人参加。培训邀请科技部、市科委、市高技术创业服务中心的专家就新修订的《科学技术进步法》、《北京市中长期科学和技术发展规划纲要》及《北京市高新技术企业认定工作细则》等进行解读，为企业自主研发和创新发展明确了方向。

（韩　阳）

【区首届中小学生观鸟大赛】　11月1日，由区学生科技节办公室主办，区青少年科技馆、区青少年科技辅导员协会和"索尼探梦"科技馆联合承办的"'索尼探梦杯'宣武区第一届中小学生观鸟大赛"在朝阳公园举行。来自区内7所中小学的12支代表队参加。在观鸟专业向导的全程引导下，参赛学生共观察了21种鸟类，根据在规定时间内观察到鸟类种类的多少进行了大赛评比。本次竞赛评选出了"优胜奖"、"观鸟小能手"、"最佳记录奖"、"最佳团队配合奖"、"优秀组织奖"、"积极参与奖"等奖项，增强了青少年对鸟类与生态环境的保护意识。参赛师生纷纷作出"保护环境，争做爱鸟、护鸟的小卫士"的承诺，并在象征着环境保护的绿色旗面上签下了自己的名字。

（史凌芳）

【确定实施16个科技项目】　年内，根据《宣武区科技计划项目管理办法》，区科委公开征集各类科技项目71项，包括推动区域社会发展的重大科技项目和科技应用、科普宣传、医疗卫生、软科学等。经评审，确定实施"宣南文化资源分类及开发利用"等16个项目，给予资金支持80万元。

（韩　阳）

【社区居民健康管理服务模式及健康一卡通研究与示范】　年内，区科委实施了2008年科技进步促进区县发展专项"社区居民健康管理服务模式及健康一卡通研究与示范"项目。至12月底，组建了项目领导小组和专家组，编撰了《宣武区社区卫生服务管理与技术操作规范（医疗分册）》，明确了社区卫生各类医疗服务流程及标准；成立了居民健康及疾病管理服务团队85支，建立了"分片包干、团队合作、责任到人"的工作机制；选择3个试点社区卫生站，建立了全科医师工作站，安装社区健康管理软件，录入了1500份个人健康档案；开展社区居民健康管理服务模式评价研究、社区卫生服务信息化现状研究等，深入区内6家卫生服务站及东城区、上海市闵行区等，对社区医疗状况进行调研；制定了"健康一卡通"数据标准，完成了管理系统需求分析、卡片和读写设备选型等工作。

（韩　阳）

【新认定高新技术企业9家】　年内，宣武区按照新标准重新认定北京索德电气工业有限公司、北京瑞麟百嘉科技有限公司、北京协和建昊医药技术开发有限责任公司等9家企业为高新技术企业，总收入共计3.15亿元。

（韩　阳）

【继续开展"科技馆活动进校园"活动】　年内，牛街青少年科学工作室继续承担"科技馆活动进校园"试点工作，组织青少年开展包括益智游戏、手工制作、电动模型、机床模型、趣味试验等项目的科技活动，并获得中国科协"科技馆活动进校园二等奖"，市科协"社区青少年科学工作室一等奖"、"科技馆活动进校园优秀组织奖"，北京校外教育协会"阳光少年行动系列主题活动优秀组织奖"。（"科技馆活动进校园"由中央文明办、教育部和中国科协于2006年6

月共同发起的,旨在充分发挥科技馆作为公益性科普活动场所作用,使科技馆贴近和服务未成年人。牛街青少年科学工作室为首批全国30个试点之一。)

(史凌芳)

# 朝阳区

【13家单位被命名为市科普基地】 3月12日,市委委、市科协发出《关于命名北京市科普基地的通知》,公布市科普基地命名评审结果。朝阳区13家单位榜上有名,即中国电影博物馆、中国农业博物馆等科普教育基地11个,华夏地理杂志社等科普传媒基地2个。

(刘伟凡)

【62个项目获第28届北京青少年科技创新大赛奖励】 3月21—23日,"第28届安捷伦北京青少年科技创新大赛"在80中举行。朝阳区青少年选手共获得一等奖10项、二等奖24项、三等奖28项,获奖总数列18个区县第4位。80中刘锦程同学研究的科技项目"'速生杨'树种的选择对改善生态环境与提高经济效益的调研"获得本届北京青少年科技创新大赛市长奖提名奖。

(齐 文)

【朝阳区健康科普讲师团成立】 3月28日,区卫生局、区科协组织的"朝阳区健康科普讲师团成立启动仪式暨培训会"在区疾病预防控制中心召开,市卫生局、市科协的领导出席。该讲师团是在区卫生局、区科协的合作下,由区域内的9家三级医院和局属各级医疗机构的234名医护工作者组成,且聘请了北京大学医学部公共卫生学院社会医学与健康教育系主任王培玉等9位资深的健康教育专家组成"朝阳区健康教育专家顾问团",为讲师团的培训和朝阳区健康教育工作的开展提供技术支持和帮助。该讲师团旨在建立长效机制,弘扬志愿者行为,倡导讲师深入社区、学校、机关、企事业单位,根据不同人群的需求有针对性地普及健康知识和技能,宣讲新时期卫生方针和公共卫生政策,倡导健康文明的生活方式,提高人民健康素养。会上,相关人士介绍了讲师团成立的情况,颁发了聘书;讲师团代表做了健康科普示范演讲;北京师范大学于丹做题为"构建和谐心灵"的讲座。

(齐 文)

【《科学朝阳人》创刊】 4月7日,由区科协主办,北京科技报社承办的以传播科技奥运知识、展示科技奥运成果、宣传科技带头人、弘扬科学精神为主要内容的《科学朝阳人》季刊出版发行。区委政法委书记佟克克、副区长谢朝斌作为刊物的主编发表了"主编的话",市科协副主席周立军发表了"寄语"。《科学朝阳人》每季度发行2万余册。

(齐 文)

【朝阳区温榆河地区新农村建设项目通过验收】 4月18日,由区科委承担的北京市科技促进区县发展主题计划——朝阳区温榆河地区新农村建设项目通过了市科委组织的专家验收。该项目重点完成了金盏乡北马房村社会主义新农村建设试点规划研究,编制了可行的试点规划报告;开展了孙河就业劳动培训中心建设,进行了物业管理、计算机应用、家庭护理等多项技能培训及引导性培训,年培训1000—1500人次,实现就业人数920人,占全部培训总人数的85%以上;开展了缤纷四季生态园雨水储蓄再利用研究与实施工作,改善了120亩天然湿地的功能,提高了自净能力,为各种水生植物和鸟类提供了栖息场所,构成自然的生态景观；初步构建了区科技进步信息动态监测系统，为朝阳区科技进步监测体系的建设提供有力的技术保障。

（刘伟凡）

【举办蔬菜实用技术培训班】 4月，区科委、区种植业养殖业服务中心联合举办"朝阳区农村科技协调员蔬菜实用技术培训班"。各乡农业服务中心技术人员及北京朝来农艺园、蟹岛绿色生态度假村等8个重点农业园区的负责人共60余人参加。市农林科学院蔬菜研究中心、北京蔬菜学会相关人员就名特优新蔬菜品种及其发展模式、栽培技术、销售方式以及应注意的问题等进行讲解。还为北京永顺华蔬菜种植有限公司、方圆平安集团等7个蔬菜质量安全追溯试点企业发放掌上农事信息采集器，用以规范田间生产记录，提高基层科技协调员的工作效率。

（刘伟凡）

【区科技周开幕】 5月17日，由中国健康教育协会主办，区科协、区科委、区卫生局承办的"健康中国直通车北京启动仪式暨朝阳区科技周开幕式"在望京体育文化广场举行。中国社区卫生协会、中国健康教育协会、中国科协、市科协的领导及望京街道社区居民300余人参加。仪式上，强生医疗健康直通车的开启，将把"科学生活、健康同行"的理念和医疗服务送到社区百姓身边。来自北京同仁医院、中日友好医院等10个三甲医院的医疗专家，围绕糖尿病防治、关注冠心病、关注骨关节等不同主题开展义诊和科普宣传活动，并向社区居民发放各种宣传材料3000余份；首都图书馆等7家单位被命名为"朝阳区科普教育基地"。期间，围绕"绿色奥运、科技奥运、人文奥运"、自主创新、节能减排、生态文明、健康生活等，开展数百项科普活动。

（齐文）

【金盏乡成为首批北京市可持续发展实验乡镇】 6月16日，朝阳区金盏乡被市科委批准为北京市首批4个可持续发展实验乡镇（街道）之一，试验期为2008—2010年。该乡的实验主题是依靠科技促进生产型服务业和废弃物资源再利用，推动产业结构调整、发展循环经济、高效利用资源。

（刘伟凡）

【专利实施项目资助计划启动】 7月，区知识产权局共受理了专利实施项目资助计划13家、15个项目。经评审，最终确定中电华大电子设计有限责任公司、兆维科技股份有限公司、绿茵天地体育产业股份有限公司和尚华扬电子技术开发有限公司的4个项目入选，资助金额130万元。

（刘伟凡）

【建立首批8家农村科技协调员工作站】 8月，朝阳区在区种植业养殖业服务中心、金盏乡、崔各庄乡、豆各庄乡、孙河乡、黑庄户乡金鱼协会、三间房乡动漫企业孵化器、永顺华蔬菜种植有限公司建立8个农村科技协调员工作站。区科委、区农委制订《朝阳区农村科技协调员工作站管理办法》，将协调员工作站的建设列入朝阳区2008年科技计划项目，并安排专项资金给予支持。

（刘伟凡）

【资助专利申请和授权2092项】 8月，按照《北京市朝阳区专利资助及奖励暂行办法》，区知识产权局对44家单位，17人发放2007年专利申请资助和授权奖励资金，共2092项、156万余元。其中，资助专利申请947件，奖励授权专利463件，奖励增量专利682件，分别占总数的45.27%、22.13%和32.60%。

（刘伟凡）

【举办全国科普日面向公众开放活动】 9月20日，区科协和中科院天地生科学文化传播中心在中科院奥运村科普园区举行全国科普日面向公众开放活动。中科院奥运村科普园区向公众开放了遗传所、心理所、微生物所、遥感所、生物物理所等研究所的科普设施,举办科普讲座。来自和平街一中、日坛中学的150余名学生和部分社区居民参加了此次活动。

(齐 文)

【实施企业研发投入资助计划】 10月,区科委组织开展企业研发投入资助计划,共有35家企业的36个项目申报,经评审,确定17个项目列入2008年度区企业研发投入资助计划,资助总金额为300万元。

(刘伟凡)

【4单位被命名为市防震减灾科普教育基地】 11月25日,经市地震局、市科委联合组织专家评审,认定9家单位为北京市首批防震减灾科普基地。朝阳区4家,即建外街道应急指挥宣教中心、小关街道应急指挥中心、望京街道应急指挥中心和八里庄街道公共安全指挥所。

(刘伟凡)

【蔬菜病虫害防治技术远程培训】 12月9日,区科委在豆各庄乡协调员工作站举办"朝阳区蔬菜病虫害防治技术远程培训班",区种养中心,豆各庄乡、崔各庄乡3家农村科技协调员工作站及蟹岛、朝来2个农业园区的65名农村科技协调员收看了市农林科学院李明远教授的网络授课,并与专家就蔬菜病虫害防治进行在线互动交流。市科委及市农林科学院信息所、朝阳区、北京恒信通公司的领导和相关人员参加了此次活动。

(刘伟凡)

【技术市场交易活跃】 年内,朝阳区技术输出5457项,比上年增长25.48%,成交额84.94亿元;吸纳技术4215项,比上年下降2.99%,成交额44.49亿元。

(刘伟凡)

【组织实施区级科技计划项目43项】 年内,区科委组织实施区级科技计划项目43项,包括新上项目25项,延续项目18项,涉及59个课题,总资金1230万元。其中,可持续发展计划9项,科技奥运与新农村建设计划9项,高新技术产业发展计划14项,社会发展计划11项。

(刘伟凡)

【高新技术企业项目立项】 年内,区内19项高新技术企业项目被列入2008年国家和北京市重点新产品计划、火炬计划:北京华大信安科技有限公司等企业的7个项目被列入国家重点新产品计划;北京水宜生科技发展有限公司等企业的3个项目被列入国家火炬计划;北京美科互动科技有限公司的1个项目被列入国家中小企业创新资金项目;北京世纪互联宽带数据中心有限公司等企业的8个项目被列入市火炬计划。

(刘伟凡)

【202家高新技术企业通过重新认定】 年内,按照科技部、财政部、国家税务总局新颁布的《高新技术企业认定管理办法》(国科发火〔2008〕172号),全区重新认定高新技术企业202家,其中电子城科技园区内178家,园区外24家。

(刘伟凡)

【举办送科普"五进"活动】 年内,区科协围绕科技奥运、节能减排、健康生活、安全避险等主题,组织开展送科普"进社区、进农村、进工地、进学校、进军营"活动。其中,科普宣传600余项,奥运科普巡展100余场,科普讲座5000余场,更换社区科普画廊展板5000余块次,为社区科普图书室配送科普书籍10000余册,受益群众达162万人次。

(齐 文)

【11家企业被批准为首批北京市制造业信息化示范企业】 年底,首批31家企业被市科委批

准为"北京市制造业信息化示范企业"。朝阳区有 11 家,其中,设计制造数字化应用("甩图纸")示范企业 5 家,经营管理信息化应用("甩账表")示范企业 3 家,设计制造管理综合集成应用("两甩综合集成")示范企业 3 家。

(刘伟凡)

# 海淀区

【海淀区被评为全国科技进步考核先进区】 1月 7 日,科技部发布《关于确认北京市昌平区等 1763 个县市通过 2005—2006 年度全国科技进步考核,河北省霸州市等 713 个县市为 2005—2006 年度全国科技进步考核先进县、市的通知》(国科发农[2008]4 号)以及《关于表彰 2005—2006 年度全国县(市)科技进步工作先进个人的决定》(国科发农[2008]5 号),海淀区被评为"全国科技进步考核先进区",谭维克、彭兴业、王际祥 3 人被授予"全国县(市)科技进步工作先进个人"。

(程晓荷)

【召开区科协系统工作会】 3 月 10 日,区科协在区政府召开"海淀区科协系统工作会"。会上,区科协领导做《2007 年工作总结和 2008 年工作要点》报告;发布区全民科学素质建设 2008 年工作要点;表彰区科协系统 2007 年度科普工作先进集体、先进个人和特色科普活动。北太平庄街道科协等 10 家单位获科普工作先进集体标兵称号,羊坊店街道科协等 18 家单位获科普工作先进集体称号,赵卫东等 29 人获科普工作先进个人称号,并对青龙桥街道举办的"绿色生活你我他"等 5 项特色科普活动给予表彰。

(刘 传)

【20 家科普场馆成为北京市科普基地】 4月 22 日,市科委、市科协共同举办"北京市科普基地命名仪式",99 家单位被命名为北京市科普基地,其中海淀区 20 家:北京市科普教育基地 15 家,即北京市植物园、中国医学科学院药用植物研究所(药用植物园)、中国科学院植物研究所(植物园)、中国科学技术信息研究所(院士著作馆)、中国人民革命军事博物馆、海淀科技中心(科技馆)、海淀区安全教育馆管理中心(公共安全馆)、北京锦绣大地农业股份有限公司、大钟寺古钟博物馆、海淀区青少年活动管理中心、海淀区博物馆、北京市气象台、北京市理化分析测试中心、中国林业科学研究院、北京天卉苑花卉研究所;北京市科普培训基地 2 家,即北京师范大学科学教育研究中心、北京大学科学传播中心;北京市科普传媒基地 3 家,即科学时报社、大众科技报社、北京电视台。

(程晓荷)

【区科技周启动】 5 月 17 日,区科协主办的"海淀区科技周"在中科院北京植物园启动,主题为"携手建设创新型国家——科技点燃圣火,创新圆梦中国"。中科院院士匡廷云、副区长孙宝启及市科协、中科院植物所等单位领导出席,400 余名学生和社区居民参加。活动中,举办了科技动感大本营。

(刘 传)

【学习实践科学发展观院士报告会】 5 月 23日至 6 月 13 日,区科协配合区委组织部连续每周五举行"学习实践科学发展观院士报告会",共 4 场。报告会特邀中科院刘光鼎院士、中国工程院副院长杜祥琬院士、中国月球探测工程首席科学家欧阳自远院士、中科院常务副院长白春礼院士分别做"中国油气资源的二次创业"、"对我国能源、环境可持续发展的战略思考"、"让月球留下中国的足迹"、"科学发展观的思考"的专题报告。区内各单位党政正职领导均参加了报告会。

(刘 传)

【四季青镇成为市级可持续发展实验区】 6月 16 日,四季青镇被市科委批准成为北京市可持续发展实验区,实验期为 2008—2010 年,宗旨是在保障北京市重点绿化隔离带绿化功能的同时,不断探索生态作用好、经济效益高、资源特别是水资源节约型的生产生活方式。

(程晓荷)

**【实施留学生研发专项资助计划】** 6月，区科委首创实施"留学生研发专项资助计划"，直接对以海外人才为项目负责人的企业科研项目进行资助，从而吸引海外高层次人才及其所就职的企业，来海淀区投资发展。至年底，总计投入634万元资金，带动企业投资2496.8万元，使近20名以海外留学人员为主的人才落户海淀，14个高科技项目在海淀实现产业化运作，涉及信息技术、新材料和先进制造等领域。今后，区科委每年都将拨出600万元资金，实施此计划。

（程晓荷）

**【知识产权质押贷款贴息政策发布会】** 8月1日，由区政府主办，区科委、海淀园管委会、区发改委、区财政局、工商分局承办的"知识产权质押贷款贴息政策发布会"在北大博雅国际会议中心举行，国家知识产权局、市知识产权局、市科委、交通银行等部门的领导，以及部分高新技术企业、知识产权中介服务机构的代表100余人出席。会上，发布了《北京市海淀区知识产权质押贷款贴息管理办法》；区科委与交通银行北京中科院支行签订了合作协议；交通银行北京中科院支行与北京突破电气有限公司和北京柯瑞生物医药技术有限公司分别签订了知识产权质押贷款协议，贷款额达1300万元；"交通银行北京分行中小企业金融服务中心"宣告成立并揭牌。

（程晓荷）

**【8家企业项目被授予"国家高技术产业化十年成就奖"】** 10月12日，国家发改委对十年来100项高技术产业化项目进行表彰，海淀区内的和利时系统工程股份有限公司的"开放分布式控制系统及现场总线开放式控制系统高技术产业化示范工程"、清华同方威视技术股份有限公司的"新型辐射成像高技术产业化示范工程"、联想控股有限公司的"安全主机系统高技术产业化示范工程"、汉王科技股份有限公司的"汉王形变连笔的手写汉字识别方法与系统高技术产业化示范工程"、大唐移动通信设备有限公司的"TD-SCDMA HSDPA系统设备研发生产环境及规模生产能力建设高技术产业化示范工程"等8家单位承担的8个项目被授予"国家高技术产业化十年成就奖"。

（程晓荷）

**【中关村海淀专业园联盟成立】** 10月28日，"中关村海淀专业园联盟成立大会"在清华科技园举行，科技部火炬中心、中关村管委会、海淀区政府、海淀园管委会等单位领导出席。会议讨论并通过了联盟章程、联盟理事会秘书处人选以及2009年工作计划。中关村软件园董事长周放当选联盟首届理事长。会上，清华科技园与西山创意园和中关村生命科学园分别就西山创意园G区合作项目及海淀园知识产权服务平台共享合作事宜签订了协议。联盟由中关村软件园、上地信息产业基地、中关村永丰高新技术产业基地、清华科技园等14家发起成立，是在海淀区委、区政府和中关村管委会的支持下，在海淀园管委会指导下设立的海淀各专业园区非营利性组织。其目标是依托海淀园的各种资源优势，建立起专业园资源共享机制，进一步完善各专业园孵化体系，加快科技成果转化，加强各专业园之间、各专业园与北京市各大高校之间、各专业园与社会创新服务机构的产、学、研、金、介、贸、媒互动结合；提升海淀专业园的整体服务水平，推动各专业园的品牌创新；探索各专业园的发展模式。

（程晓荷）

**【完成区域内院士状况调查统计工作】** 10月底，区科协完成了对区域内的两院院士情况的重新调查统计，包括工作单位或个人居住在区域内的中国科学院院士和中国工程院院士。结果显示，目前区域内的两院院士总数为511名，其中中科院院士307名、工程院院士224名；院士总数占全国院士总数的36.74%，占北京市院士总数的76.38%。结合调查结果,区科协还出版了《海淀院士》。

（刘 传）

【双榆树公园被选定为户外科普园地】 10月,双榆树公园被市科协选定为"户外科普园地"的试点建设项目。该公园将改善科普设施条件,增强科普活动能力,让市民亲自动手参与能源与资源各式各样的展品制作,体验节能环保理念,增强节约能源和资源意识,提升科学素质,推动社区科普的开展。

（刘 传）

【海淀区知识产权局被确定为全国知识产权质押融资试点单位】 12月22—24日,在广东东莞召开的"中国专利奖励制度暨中小企业创新发展研讨会"上,国家知识产权局发布了《关于确定第一批全国知识产权质押融资试点单位的通知》(国知发管函字[2008]409号),海淀区知识产权局被国家知识产权局确定为第一批全国6个知识产权质押融资试点单位之一。试点工作自2009年1月1日启动,为期两年。试点期间,国家知识产权局将结合知识产权评估工作重点,在政策指导、战略研究、人员培训和信息化建设方面对试点单位给予支持。试点单位将主要承担通过知识产权质押贴息、扶持中介服务等手段,降低企业运用知识产权融资的成本;在评估专业机构和银行之间搭建知识产权融资服务平台等九大任务。

（程晓荷）

【52个项目获国家级奖励】 年内,区域内共有52个项目获2008年度国家级科学技术奖,其中:国家自然科学奖13项,占全国获奖总数的38.24%;国家技术发明奖12项,占全国获奖总数的34.28%;国家科技进步奖27项,占全国获奖总数的14.84%。

（程晓荷）

【科技经费投入达40211.9万元】 年内,区财政共投入科技经费40211.9万元,其中,技术研究与开发经费22566万元,科委支配的科三费9800万元(含星火贴息100万元)。科三费项目包括基本计划和专项计划两大类,共分三批立项,其中:第一批为基本项目,立项66项,支持资金3151万元;第二、三批为专项项目,立项132项,支持资金6489万元;星火计划项目立项4项,贴息100万元。专项计划共分7个,其中:公共技术服务平台12个,资金800万元;中小企业虚拟研发中心57个,资金2960万元;企业博士后科研5个,资金100万元;新农村建设3个,资金125万元;初创科技型小企业研发28个,资金980万元;技术与金融互动13个,资金890万元;留学生研发14个,资金634万元。

（程晓荷）

# 丰台区

【举办科普体验一日营活动】 1月29日,区科委组织科普体验一日营活动。该活动设有科普互动、数字科普、观看天文节目、迷你小机床制作、观看地震知识展览、环保体验等项目,110余名学生参加。其中数字科普活动是以计算机网络、多媒体等技术支持的电脑中的科技馆,学生们在动植物王国、太空旅行、火星探秘、生命与健康、动手拼装、迷你小游戏等多个知识宝库中,通过游戏、互动问答、模拟现实等形式,轻松愉快地学习科普知识。

（李咏红）

【7单位被认定为市级科普教育基地】 3月,北京市丰台区科技馆、中华航天博物馆、丰台区东高地青少年科技馆、北京辽金城垣博物馆、北京市大葆台西汉墓博物馆、北京青龙湖公园有限公司、北京花乡世界花卉大观园有限公司被市科委、市科协认定为市级科普教育基地。

（李咏红）

【启动知识产权托管工程】 4月21日,市知识产权局、丰台区政府在赛欧科技孵化器举行"北京市知识产权托管工程启动仪式"。国家知识产权局、市知识产权局相关领导为本次知识产权托管试点基地——赛欧科技孵化器揭牌。北京赛欧科园科技孵化中心有限公司与北京市伊文特知识产权咨询有限公司、北京兴远达科技有限公司三方签订了知识产权托管服务协议。至年底，孵化器内94家科技企业全部签订了托管协议，企业知识产权需求意愿达到100%；企业通过托管申请专利数量大幅度上升，已申报专利40件，是该中心同期专利申请量的5倍。

（李咏红）

【开展科技周活动】 5月17日，由区全民科学素质领导小组办公室、区科普联席会议办公室主办，区科协、区科委、区文明办、西罗园街道等单位承办的"二〇〇八丰台科技周暨科普直通车——全民科学素质行动号启动仪式"在西罗园街道举行，区人大、区政府、区政协有关领导，社区居民和学生200余人参加。本届科技周的主题为"携手建设创新型国家"。期间，组织开展了"科普直通车——全民科学素质行动号"进军营、进学校、进社区、进农村活动，以及迎奥运花卉摄影展、青少年小机床制作比赛、国际博物馆日展览、"我与2008奥运"征文、迎奥运社区科普趣味运动会、"科技奥运，人文奥运，绿色奥运"报告会等几十项活动，共有10万余人

参加。活动于5月23日结束。

（李咏红）

【首都知识产权"百千对接工程"丰台区互动对话活动】 5月20日，由区科委组织的"首都知识产权'百千对接工程'丰台区互动对话活动"在丰台科技馆举行，40余家区内专利试点和高新技术企业代表参加。市知识产权局有关人员介绍了北京市"百千对接工程"的进展情况，就专利质押贷款政策进行了宣讲；北京维诗律师事务所、北京安信方达知识产权代理有限公司相关人员讲解了企业知识产权战略及操作实务。

（李咏红）

【第一届丰台区青少年科技创新大赛】 10月15—16日，由区科协、区科委、区教委共同主办，以"创新助成长，科技助发展"为主题的"第一届博奇环保丰台区青少年科技创新大赛"在12中举行，中国博奇环保科技（控股）有限公司、市劳保护所等单位提供赞助。此次大赛设有青少年科技创新成果竞赛奖、优秀科技实践活动奖、少年儿童科学幻想绘画奖、科技辅导员科教创新成果奖、优秀科技辅导员奖、高新技术和工商业界赞助专项奖、丰台区政府区长奖、优秀组织奖等共8个奖项，201个项目进入决赛。最终，79名选手、38支代表队获奖。12中高辰轩等的"智能停车场"获发明作品一等奖；10中的"了解可再生能源 节约资源，从我做起"获科技实践活动类一等奖。闭幕式上，还对参加北京市第27、28届创新大赛获得一等奖的5名同学颁发了"2008年度丰台青少年科技创新区

长奖"。中国博奇环保科技公司获得大赛"特别贡献奖"。

（李咏红）

【3个项目获资金支持1410万元】 年内,区科委组织申报的多项科技项目获得市科委资金支持。其中,区榆树庄构件厂承担的"高效节能环保型工业化住宅的关键技术研究及示范"项目获得资金800万元;王佐镇承担的"北京亚太种业物流交易中心建设科技支撑"项目获得资金500万元;区科委承担的"丰台区农村科技协调员促进区域重点产业发展示范工程"获得资金110万元。3项目均为2008年内立项。

（李咏红）

【登记技术合同3906份】 年内,全区登记合同3906份,合同成交总金额171.24亿元,其中技术交易额129.86亿元;实现合同3680份,实现合同总金额124.67亿元,其中实现技术额99.09亿元。输出技术方面:登记合同2307份,合同成交总金额157.22亿元,其中技术交易额117.13亿元;实现合同2532份,实现合同总金额113.64亿元,其中实现技术额88.41亿元。吸纳技术方面:登记合同1599份,合同成交总金额14.02亿元,其中技术交易额12.73亿元;实现合同1148份,实现合同总金额11.03亿元,其中实现技术额10.68亿元。

（李咏红）

【6人获丰台区科技新星称号】 年内,区科委实施《丰台区科技新星计划管理办法(试行)》,首次选拔来自农业、科技、教育、卫生等领域的6名青年科技骨干为"丰台区科技新星",并分别由区财政经费支持6万—10万元。区"科技新星"评选工作采取自由申报、专家评审、政府批准的办法,每年评选一次。主要资助两类人员,一类为正在承担国家、北京市及区级课题研究的负责人或主要参加者;另一类为独立承担科研项目的青年科技人员。北京意宏安生物科技有限公司技术总监、副研究员陈光宇,因从事重组人促红细胞生成素和重组人生长激素的快速检测法课题研究,入选首批区"科技新星"。

（李咏红）

【开设科普大讲堂栏目】 年内,区科委依托丰台有线电视开设"科普大讲堂"栏目,制作并播出22期以环境与健康、绿色奥运等为主要内容的专题讲座,并将光盘发至24个科普型社区(村)。

（李咏红）

# 石景山区

【北京数字娱乐产业示范基地项目通过验收】 2月22日,市科委召开"北京数字娱乐产业示范基地"项目验收会。由北京大学教授崔光佐等7位专家组成的专家组听取了项目报告,审查了相关文件,认为项目全面完成任务书各项指标,通过验收。该项目为2005年启动的市重大科技计划项目,总投资6000余万元,其中市科委支持2500万元。主要内容是通过完善服务体系、搭建技术平台,鼓励自主创新,以规模数字娱乐企业为核心,从功能区的建设来推动北京数字娱乐产业基地的建设。该项目的完成树立了区域特色品牌,促进了区域产业结构调整。

（于海春）

【兑现优惠政策】 3月7日,石景山园区管委会召开"2006年度中小企业发展资金兑现工作会"。依据《石景山区促进经济发展资金管理暂行办法》中的规定,经园区管委会、国税局、地税局审核,对47家符合发展资金发放条件的企业,补贴金额1100余万元;对获得2007年度房租补贴的21家企业进行政策兑现,补贴金额共计100余万元。

（王亚迅）

【加入国际蓝光光盘联盟】 3月,区内企业"中国华录"加入国际蓝光光盘联盟(BDA),成为联盟贡献级会员。中国华录向联盟提交了拥有中国自主知识产权的DRA音频编码标准和AVS视频编码标准。国际蓝光光盘联盟是蓝光技术与格式的开发者,是推动下一代光盘,发展大容量高清电影、游戏、图像和数字内容的国际组织。中国华录加入蓝光联盟并参与国际标准制定,将使中国标准在国际碟机新一轮的产业升级和产品竞争中占据产业制高点,提升中国蓝光技术的国际地位。

(罗耀玲)

【开展科普进矿山活动】 3月和5月,区科协先后两次深入河北首钢迁安矿山社区,开展了"科普进矿山活动"。期间,为迁安矿山社区带去了2000册科普图书以及电视机、DVD、电脑等电教设备;并针对矿区特点,组织石景山医院心内科和脑外科的专家为矿山社区居民进行心脑血管防病、治病知识的宣传和义诊,普及医疗保健、应急自救及文明健康生活等科普知识。受益群众达2000余人次。

(于 娜)

【举办区科技周活动】 5月17—23日,区科协在八角街道举行"2008年石景山区科技周启动仪式",主题是"科技助力奥运、健康促进和谐"。仪式上,140名群众和学生代表参加"模拟奥运火炬传递活动";发放《科学健身宣传手册》,开展快乐健身运动会;展示防震救灾、救

护知识等90块科普展板。5月18日,在苹果园海特广场举办"北京科技动感大本营",以"和谐社区,科技奥运"为主题,开展展品体验、游戏互动、舞台竞技、动手DIY等活动。科技周期间,共发放宣传手册72230份,组织科普报告会89场(次),组织主题科普活动100余场(次),受益群众9万余人次。

(于 娜)

【蓝港在线公司获风险投资2500万美元】 5月,园区企业蓝港在线公司获得北极光创投、新企业联合公司(NEA)两家风险投资机构共计2500万美元的联合投资。这是该公司继去年5月份获得美国国际数据集团(IDG VC)1000万美元风险投资后,一年之内获得的第二笔风险投资。此资金将主要用于技术研发、顶尖游戏设计人才招募、大规模市场营销及加大运营服务投入等方面。

(罗耀玲)

【举办区科普之夏活动】 7月5日至8月31日,区科协开展了为期2个月的"第十届科普之夏活动",主题是"科学生活,激情奥运"。期间,共组织了"迎奥运 情系灾区"书画展、迎奥运文明礼仪知识竞赛活动、"携手共筑奥运平安"科普知识展览、"奥运来了——科技动感大本营"互动活动、科技救灾系列讲座等67项重点活动,受益群众7万余人次。

(于 娜)

【21个项目获区科学技术奖】 7月,由区政府主办的2007年度石景山区科学技术奖评审结果揭晓。共有21个项目获奖,其中,一等奖3项、二等奖6项、三等奖12项,涉及电子信息、机电及节能环保、新材料和医疗卫生等领域。根据新修订的《石景山区科学技术奖励办法》,区科学技术奖一等奖奖金由2万元提升至5万元,二等奖由1万元提升至3万元,三等奖由5000元提升至1万元。

(岳继华)

【举办区科普日活动】 9月20日,由区科协、区科委、区文委、金顶街街道共同主办的"2008年石景山区科普日开幕式"在金顶街街道第五社区文化广场举行。市科协、区委社会工委等部门的领导以及300余名社区居民和学生参加。仪式上,为科普基地代表赠送了科普图书。仪式后,中国第四纪冰川遗迹陈列馆、石景山医院、北京建材研究院等单位向公众展示了生态环境、地质生物、昆虫知识、建筑节能环保材料、口腔健康卫生等科普展板、实物模型;北京京源学校的学生们亲自动手做"节粮在我身边"科学实验。

(于 娜)

**【开展科普基地在行动主题活动】** 9月,由区科协、区科委发起,主题为"节约能源资源、保护生态环境、保障安全健康"的科普基地在行动活动启动,18个区(市)级科普教育基地共同参与。活动至11月结束,参与群众达1.9万人。期间,农业、教育、科技、卫生等领域的科技工作者、科普工作者和科普志愿者,深入社区、学校、公共场所,面向公众,运用展示、咨询、传授、体验、展播、培训等形式,开展了丰富多彩的科普活动。

(于 娜)

**【举行航天科普报告会】** 10月8日,区科协、区政府举行"石景山区领导干部航天科普报告会",200余人参加。会议邀请装甲兵工程学院副政委吴川生做"太空行走技术与中国航天员"的专题报告,讲述了神舟系列飞船的发展、神舟7号飞船的技术突破、航天员的选拔、训练以及太空行走技术等航天知识及中国航天人的航天精神在航天事业发展中的巨大作用。

(于 娜)

**【2008年(石景山)国际技术传播专业交流会】** 10月24日,由区科协、区科委主办,北京数字娱乐产业示范基地承办的"2008年(石景山)国际技术传播专业交流会"在中国虚拟经济区DOT-MAN世界大厅举行。美国技术传播专业代表团一行15人,区外事办、区商务局、区信息办等部门负责人,企业代表等50余人参加。会上,北京数字娱乐产业示范基地执行总裁郝勇做"改变生活的新的数字化传播技术与方式"、美国技术传播专业代表团肯特做"信息质量管理"、北京领步科技有限公司副总裁陈骞做"北京数字内容制作(CG)外包服务基地"等主题报告,与会嘉宾就相关话题展开热烈讨论。之后,代表团观看了《北京数字娱乐产业示范基地巡礼》专题片,参观了数字娱乐产业示范基地,与入驻企业展开深入交流。

(于 娜)

**【区科委获全国科技管理系统先进集体称号】** 12月31日,人社部、科技部联合发布《关于表彰全国科技管理系统先进集体、先进工作者的决定》(人社部发[2008]120号),石景山区科委被授予"全国科技管理系统先进集体"称号。

(王亚智)

**【22项目获北京青少年科技创新大赛奖】** 年内,区科协组织区内中小学生参加"第28届北京青少年科技创新大赛",共有22个项目获奖,其中一等奖2个、二等奖5个、三等奖14个,优秀活动奖1个。北京市石景山区实验中学张林森的"物体倾斜倒置检测记录装置"项目获创新大赛一等奖、国际因特奈特工程学奖、北京发明特殊奖,同时获北京市发明学会颁发的2000元奖金。

(于 娜)

**【组织实施社区科普益民计划】** 年内,区科协继续组织实施北京市"社区科普益民计划"。期间,完善了社区科普活动室、科普图书室、科普画廊等科普设施,提高了社区科普队伍整体水平,增强了社区科普活动能力,满足了社区群众日益多样化的科普需求;4个优秀科普社区、1个经济适用房社区、1个优秀基层科普场馆和13名优秀科普宣传员获市科协表彰,奖励资金65.5万元。

(于 娜)

【推进全民科学素质行动计划纲要工作】 年内,区科协面向领导干部、公务员、城镇劳动人口、青少年等开展了系列科学素质教育活动,全面推进《全民科学素质行动计划纲要》工作。其主要内容包括:将该活动列入2008年石景山区政府折子工程;成立工作领导小组办公室,制订出《石景山区科普资源开发与共享工程实施方案》等8项专项行动及工程实施方案;创办《工作动态》,在《石景山报》科普专栏中详细解读《全民科学素质行动计划纲要》;利用石景山新闻、记者视线、科技先导等栏目播放科普专题节目;与北京科技报社合作,编印《科学·石景山》;围绕奥运、节能、环保、安康等主题,借助科技周、科普之夏、全国科普日组织系列主题活动。

(于 娜)

# 昌平区

【开展科技下乡活动】 1月8日,由市科协、市农委主办,市科协学会主办、区委宣传部、区科协、区农委等承办的"2008年'科技下乡'活动启动仪式"在昌平区马池口镇丈头村文化广场举行,主题为"科技服务三农,全面建设小康"。市科协、昌平区政府等部门领导出席,500余人参加。来自医疗卫生以及畜牧、作物、果树、蔬菜、植物病理等领域的30余位专家,为村民义诊,进行心理卫生咨询,提供田间指导,普及农业知识。此次活动是2008年市委宣传部等18家单位联合发起的"三下乡"活动重要内容之一,标志着年度内"科技下乡"活动全面启动。期间,以农民致富"科技套餐"配送工程为具体抓手,以农民"点菜"、专家"掌勺"的形式,将专家配好的"科技套餐"送到农民手中。试点乡镇由2007年的20个扩大到100个,且向区县赠送了玉米和蔬菜新品种、有机化肥资料、科普图书和光盘、种植养殖科普展板以及电视机、DVD机等电教设备。

(李扶摇)

【"嫦娥一号"探月科普校园巡展启动】 2月27日,由区科协、区教委主办,北京宇航竞铭文化发展中心承办的"探寻地球的伙伴——'嫦娥一号'探月科普校园巡展启动仪式"在前锋学校举行。国防大学校长裴怀亮上将、军事科学院杨春长少将、区科协党组书记王秋生等出席,300余人参加。中国月球探测工程总指挥栾恩杰院士发来贺信。展览分为探月情缘、今朝嫦娥、奔月之路、科技嫦娥、憧憬未来5个章节,从为什么探月到怎样探月,系统地介绍了中国探月工程的总体部署和一期工程的科技知识,以通俗易懂的图文和轻松活跃的形式,对中小学生进行探月工程的宣传普及。活动在昌平区的24所中小学巡回展览,历时2个月。

(李扶摇)

【参加第28届安捷伦北京青少年科技创新大赛】 3月,区科协组织区内中小学生参加"第28届安捷伦北京青少年科技创新大赛",取得优异成绩:昌平五中张书林的"二合一伯努力演示仪"获创新大赛一等奖;昌平二中阿卜力克·图热木的"中学生心理压力与心理健康的现状调查"、昌平二中李桐等的"新型实用高灵敏度纤栅式地震检波器的研究"、昌平五中马越的"自制激光李萨如图形演示仪"3个项目获创新大赛二等奖。获科幻画评比一等奖3幅、二等奖3幅、三等奖4幅;优秀科技实践活动三等奖4项。昌平四中获得优秀组织奖。

(孔繁华)

【第三届昌平区青少年科技创新大赛颁奖】 4

月26日，由区科协、区教委等主办的"第三届昌平区青少年科技创新大赛颁奖仪式"在昌平二中举行。区政府、区科协等单位有关领导出席，600余师生参加。共评出科学幻想绘画一等奖10名、二等奖12名、三等奖14名；优秀项目一等奖8项、二等奖7项、三等奖7项；优秀科技实践活动奖5项；优秀科技辅导教师52名；优秀组织奖8项；人口与科学十佳优秀科技辅导教师奖10名；专利申报奖4项；公共安全特别奖1项。

（李扶摇）

【北京昌平国家农业科技园区发展研讨会】 4月27日，昌平园管委会、区农委、区科委、区旅游局、小汤山镇政府联合在小汤山国家农业科技示范园举办"北京昌平国家农业科技园区发展研讨会"，主题为"科技示范，辐射带动，旅游观光"。科技部、中国农科院、市农委、市科委、区政府、区政协等部门相关部门的领导出席。开幕式上，区政府与中国农科院，小汤山国家农业科技示范园与未名凯拓农业生物技术有限公司分别签订科技合作框架协议和入园合作协议。来自中科院、清华大学、中国农业大学等单位的专家、学者做题为"国家农业科技示范园现状与发展"、"地热资源的开发与综合利用"、"生物医药新技术与农业发展"等主题报告。与会者就小汤山农业园功能定位、农业科技示范平台建设、温泉资源综合利用、农业休闲旅游等进行研讨交流。

（孔繁华）

【3企业入围福布斯《2008最具潜力中小企业榜》】 4月，全球知名商业杂志《福布斯》中文版发布《2008最具潜力中小企业榜》。这是《福布斯》第四次针对中国中小企业进行全面调查，200家企业入选。其中昌平园3企业榜上有名：高德软件有限公司排名第53位、北京北科麦思科自动化工程技术有限公司排名第139位、北京新雷能有限责任公司排名第192位。此次调查的范围为2006年销售额500万—10亿元、主营业务在中国内地的中小型企业。根据企业的增长性指标（销售增长率及利润增长率）、回报率指标（总资产回报率及净资产回报率）和赢利性指标（销售利润率）进行加权计算，并根据企业最近3年的销售规模及2007年的经营状况进行调整，从而得出排名。

（王红彬）

【基于循环农业内涵的百合花卉产业科技示范工程获批实施】 4月，由区科委主持，区林业局和北京盛斯通生态科技有限责任公司承担的北京市"科技进步促进区县发展"主题计划项目"基于循环农业内涵的百合花卉产业科技示范工程"建议方案获得批准，项目经费974.4万元。该示范工程主要开展设施农业及生态景观技术、百合切花生产及种球国产化关键技术、百合花卉技术推广模式及营销模式3个课题的研究；集成推广节水、防虫、土壤改良等成熟技术，建设1000栋日光温室，覆盖3000亩沙荒地，每年减少扬尘30吨，培训100名农民技术员，带动1500名农民就业，年生产1400万支百合花和3000吨优质绿色蔬菜，实现销售收入9000万元。

（孔繁华）

【开展北京科技周昌平区活动】 5月17日，由区政府主办，区科协、区体育局、区文化委、区文明办承办的"2008年北京科技周昌平区活动开幕式"在昌平永安公园举行。市科协、区政府、区科协的领导参加。开幕式设有5个板块，即：文艺演出板块；主题展览板块；群众参与互动板块；科普宣传板块；迎奥运、讲文明、树新风，我参与、我奉献、我快乐群众签名活动板块。昌平红十字会现场组织了抗震救灾募捐活动，共捐款12070元。此次昌平科技周共开展了绿色奥运与北京大气环境科普报告会；科技奥运、安全健康、环境保护科普巡回展;科普文艺演出暨科普宣传进军营;科普电影放映周;"网络生活新体验"互动展进社区;防震减灾基地参观;迎奥运"安全昌平"宣讲;电脑知识培训、宣传、咨询服务;农村住宅节能改造;气象与奥运;气象、新能源展示与宣传等62项活动,3000余人参加。

(李扶摇)

【6企业入选第二批百家创新试点企业】 6月16日,市政府、科技部、中科院联合发布《关于印发中关村科技园区第二批百家创新性试点企业名单的通知》(京政办函[2008]41号),公布79家企业入选,其中昌平园有6家,分别是北京泰宁科创科技有限公司、北京科诺伟业科技有限公司(能源环保类)、北京北陆药业股份有限公司、北京亚东生物制药有限公司(生物工程及新医药类)、北京英特莱科技有限公司(新材料类)、高德软件有限公司(软件及信息服务业)。

(王红彬)

【6企业获北京市第十一批企业技术中心认定】 8月18日,市工业促进局发布《北京市工业促进局关于公布2008年度北京市第十一批企业技术中心认定结果的通知》(京工促发[2008]118号),同意曙光信息产业(北京)有限公司等61家企业的技术中心通过北京市第十一批认定,昌平园区6家企业榜上有名,即北京神雾热能技术有限公司、北京利德华福电气技术有限公司、北京长空机械有限责任公司、有研亿金新材料股份有限公司、北京康得新复合材料股份有限公司、北京万泰生物药业股份有限公司。

(王红彬)

【举办全国科普日昌平区活动】 9月20日,由区科协、区科委、区发改委、区文化委、区环保局共同组织的"2008年全国科普日昌平区活动"在昌平永安公园举行,主题是"节约能源资源,保护生态环境,保障安全健康"。市科协、昌平区等部门相关领导出席。活动共有5个板块,即文艺演出、主题展览、科技成果展示、优质安全农产品展示、科普游园活动,累计发放宣传资料15000余份,各界人士3000余人参加。

(李扶摇)

【举办区中小学生科技节】 9月23日,由区教委、区科协组织的"第26届北京学生科技节开幕式昌平分会场"在昌平二中举行。区政府及主办方相关领导出席。此次活动4月启动,12月结束。期间,开展了中小学生机器人比赛、摄影比赛、电脑创意比赛、青少年科技创新大赛、科技英语大赛等系列活动。

(孔繁华)

【神雾公司与石油大学合作共赢】 10月4日,"中国石油大学—北京华福工程有限公司石化工程联合研究院揭牌暨中国石油大学神雾奖学金签字仪式"在中国石油大学举行,国家发改委、中国化工油气开发中心等单位负责人参加。中国石油大学党委副书记吴小林、中国神雾集团华福公司执行总裁金健就"中国石油大学(北京)神雾奖学金"协议签字;中国石油大学副校长徐春明与神雾集团执行总裁金健共同为"中国石油大学—北京华福工程有限公司石化工程联合研究院"揭牌。此次合作是华福公司加强产学研校企合作建立的首个联合研究院,也是公司在大学设立的首个神雾奖学金。双方将充分发挥各自在工程设计、市场推广方面的优势和人才资源、技术创新方面的优势,在人才培养、炼油、石油化工、煤化工等领域的应用研究或应用基础研究等方面进行长期的战略合作,并根据市场发展状况,不断开发新产品和新工艺。

(王红彬)

【引进太阳能供热技术】 12月,小汤山农业园引进苏州晶鑫光能科技有限公司的主动式太阳能供热系统,为农业园西区5000平方米温室供暖。该系统以太阳能集热器作为热源代替以煤、石油、天然气等常规能源作燃料的锅炉,具有可以不受气象条件影响,使室内温度保持稳定,满足作物生长需要等特点,年供热周期达8个月,达到了节能减排的目的。

(王红彬)

【昌平园实现总收入623.6亿元】 年内,园区内企业实现总收入623.6亿元,同比增长

18.4%；上缴税金28亿元，同比增长25%。大中型工业企业数量已占昌平园企业总数的63.4%，其中年收入超亿元的共75家，超10亿元的9家。

(王红彬)

【15家企业获政府2290万元资金资助】 年内，园区内15家企业通过申报各类项目计划得到了政府相关部门2290万元的资金支持。其中，北京利德华福电气技术有限公司、乐普（北京）医疗器械股份有限公司、北京神雾热能技术有限公司、北京建工华创科技发展股份有限公司4家企业获得中关村产业发展资金专项共860万元的资金支持；北京普源精仪科技有限责任公司、北京英特莱科技有限公司、北京亚东生物制药有限公司等5家企业获得北京市工促局支持中小企业发展专项共1210万元的资金支持；北京东华合创北美科技有限公司、北京超代成科技有限公司、北京强申医学科技有限公司等6家企业获中关村园区创新基金项目220万元的资金支持。

(王红彬)

【登记技术合同930份】 年内，昌平园技术合同登记处共登记技术合同930份，合同成交总金额31.48亿元，同比增长71%。其中，流向本市技术459项，成交额6.77亿元，占技术合同成交总金额的比重为22%；流向外省市技术393项，成交额7.31亿元，占23%；技术出口78项，成交额17.40亿元，占55%。实现合同283份，实现合同交易额5亿元，同比增长18%。

(王红彬)

【203家企业通过高新技术企业认定】 年内，根据《高新技术企业认定管理办法》，园区内共有232家企业提交了申报材料，由市科委、市财政局、市国税局、市地税局联合审批，通过认定的企业203家，通过率为88%。

(王红彬)

【4企业产品列入成果转化项目】 年内，中国软件与技术服务股份有限公司的"动车组列控系统车载设备（CTCS2—200H）"项目、北京中拓机械有限责任公司的"CTG气体辅助注塑设备"项目、修正药业集团北京修正制药有限公司的"胸腺蛋白口服溶液"项目、北京广夏环能科技有限公司的"BHC改进型波纹管换热器"项目列入了2008年度北京市高新技术成果转化项目。

(王红彬)

【区科研机构达106个】 年内，区科委组织对区内科研机构进行多次调查，结果显示，全区现有106家科研机构，其中，国家级的9家、市区级的4家、高校所属的38家、企业兴办的36家，科技人员兴办的15家、医院性质的4家。106家中的100家，共有科研人员6834人，其中：院士4人，长江学者6人，博士学位1016人，硕士学位1671人，高级职称1305人、中级职称1348人。

(孔繁华)

# 大兴区

【共建大兴新媒体产业基地、榆垡高新技术产业基地】 3月20日，"中关村科技园区管委会、大兴区人民政府共建大兴新媒体产业基地、榆垡高新技术产业基地签约仪式"在大兴宾馆举行。市发改委、市科委、区委、区政府及中关村管委会的领导出席。协议主要内容为：中关村管委会、区政府将成立联合工作组，研究、协调、推进合作共建中的重大事项；北京榆垡镇工

业园区管委会作为该联合工作组的执行机构，负责对共建基地的开发建设和管理；中关村管委会和区政府共同适时向市政府申请将共建基地纳入中关村科技园区范围，享受园区优惠政策；中关村管委会将利用其高新技术产业聚集的优势，积极引导项目入驻共建基地；两基地享受部分中关村的政策支持。

（王丽华）

**【命名9家市级科普教育基地】** 3月，中国印刷博物馆、安定镇御林古桑园、大兴区苗圃、北京永定河现代农业示范区、北京八方新概念投资管理有限责任公司、北京大东高科种植中心、大兴区留民营生态农场、北京麋鹿生态实验中心、北京天普太阳能工业有限公司等9家科普教育基地被市科委、市科协正式命名为"北京市科普教育基地"。

（袁凤红）

**【大兴区梨产业优化升级关键技术研究通过验收】** 4月3日，区科委在大兴宾馆召开"大兴区梨产业优化升级关键技术研究项目验收会"，市科委、区政府相关领导出席。该项目是市科技计划重大项目、市科委首批绿色通道项目，由区科委主持、区林业局承担，实施期限为2005—2007年，分3个子课题，总经费1600万元，其中市科技经费1000万元。通过项目研究，编写出西洋梨生产技术规程、棚架梨生产技术规范，形成了梨树农艺节水技术、梨病虫害防治BIO-IPM、有机果园生产等技术体系；提出了冬末春初人工捕捉梨木虱的防治方法；5万亩梨园采用标准化技术，在农药应用量（应用次数）减少50%的情况下，好果率在95%以上；建成了西洋梨生产基地；建立了1.5万亩的农艺节水示范基地，年节水200万吨以上；建设了梨树平面网架栽培示范基地，面积近5万亩；建成了与选果机设施相配套的鲜梨贮藏保鲜体系，配备了冷链运输及果品售前安全检测设施；将品种结构调整与贮藏技术有机结合，实现大兴梨全年上市供应；开发出富硒梨汁加工技术，制定大兴梨产业发展规划，创立并注册大兴"派尔"精品梨品牌。

（王丽华）

**【大兴区科技周启动】** 5月18，由区政府主办，区科委、区科协承办的"大兴区2008年科技周"在科普文化广场拉开帷幕。市科协、区政府以及区各委办局、街道办事处的领导出席，500余群众参加。在启动仪式现场，播放奥运宣传片，举办奥运知识展览，区中医院的专家为群众进行义诊。期间，共开展科普活动26项，涵盖奥运知识普及、社区精神文明建设、果蔬种植和栽培、节能环保、医疗卫生、健康保健等十余个方面，3万余人次参加活动。科技活动用于23日结束。

（王丽华　袁凤红）

**【开展改革开放30年科技10件大事评选活动】** 10—12月，区委宣传部、区科委组织开展"大兴区改革开放30年科技10件大事评选活动"，采取公开投票与组委会专家审议相结合的方式进行。最终，评议产生了10件大事，即：1978年，正式成立大兴县科学技术委员会；1984年，国际生态学界80多位专家到留民营视察，联合国环境规划署命名留民营村为"全球环境500家"；1996年，县科技大会召开，颁布实施《大兴县关于加快民营科技企业发展的暂行规定》，提出民营科技企业"三步走"发展战略；1996年，县政府与中国航天总公司合作进行西、甜瓜籽种卫星搭载试验，经过10年育种试验培育出拥有自主知识产权的"航兴"系列西瓜品种；2003年，科技部部长徐冠华到大兴考察奶业发展情况，大兴区开始实施"北方大城市郊区奶业现代化技术集成与示范"国家重大科技专项；2005年，区科协被评为"全国农村科普工作先进集体"；2006年，区科学技术大会召开，颁布实施《大兴区"十一五"科技发展规划》，修订出台《大兴区科学技术奖励办法》及《实施细则》，恢复了大兴区科学技术奖励制度；2006年，经国务院批准，"中关村科技园区大兴生物医药产业基地"挂牌成立；2006年，区政府与中国农科院、市农林科学院开展院区科技合作，推进科技协调员队伍建设，实施"科技助农"工程；2007年，北京奥宇科技企业孵化器有限责任公司被科技部批准为大兴区第一家国家高新技术创业服务中心。

（王丽华）

【安定镇农业信息服务体系建设通过验收】 11月7日,"大兴区安定镇农业信息服务体系建设"通过市科委农村发展中心聘请市农林科学院信息所副所长张俊峰等组成的专家组的验收。该项目由安定镇政府主持,2007年启动。项目以安定镇农业综合服务中心为依托,建设了农业信息收集和发布平台,完善了镇级农业资源、农业企业档案系统和农民素质教育及农业技能培训体系,建立了双向咨询诊断平台和农业科技知识决策支持平台,形成了较完善的镇级农业信息服务体系。项目共组织各类培训82次,10000余人次参加,发布农业信息8000余条,上报各类信息7000余条,接待咨询农民2400余人次,咨询电话5000余个,登记需求信息4000余条。项目的完成标志着镇级农业信息服务体系建设迈上一个新的台阶。

(王丽华 刘玉库)

【召开区科学技术奖励大会】 11月17日,区政府在大兴宾馆召开"大兴区科学技术奖励大会",表彰在科技进步与技术创新中作出突出贡献的单位和科技工作者。市科委、区政府,各镇、街道办事处及各委办局领导,获奖项目完成单位和完成人代表,驻区科研院所、大专院校,区内重点企业负责人等260余人参加了大会。副区长谢冠超宣读了《大兴区人民政府关于表彰2007年度大兴区科学技术奖获奖单位和个人的决定》,有35个项目分获区科学技术奖一、二、三等奖。

(王丽华)

【建设10个农业特色产业基地】 年内,区科委以特色优势农业发展需求为切入点,结合区内农业主导产业,选取有一定基础的果园、菜园,以西瓜、梨、甘薯、葡萄、蔬菜等为主题,围绕品种引进、开发、新技术示范应用与推广、文化展示、科普宣传等,建设10个既满足观光采摘、科技宣传和展示,又突出旅游和休闲度假的综合性特色产业基地,用现代科技的手段展示了农业产业,提升了其科技与文化内涵。

(王丽华)

【实施科技计划项目214项】 年内,区科委共组织实施各类科技计划项目214项,其中:国家级16项,市级51项,涉及生物医药、新媒体、都市型现代农业等多个领域,争取市级以上科技经费5000余万元;区级147项,分6大类。

(王丽华)

【完善新型农村科技服务体系】 年内,区科委共组织建设安定镇、榆垡镇等5个镇级科技服务中心,建立了20个农村科技协调员工作站、460人的科技协调员队伍、102个农民专业服务组织、25个远程教育站点、37个爱农驿站、14个农民田间学校,树立了1100个科技示范户,推广农业科技成果200余项,且搭建了区、镇、村三级科技信息服务网络平台。

(王丽华)

# 房山区

【召开区科普工作会】 3月11日,区科协在区政府召开"房山区2008年科普工作会"。区四大部门领导以及各乡镇、区直各学(协)会主管领导,以及荣获2007年度科普工作先进集体、先进个人和实施"科普惠农兴村计划"获奖单位和个人等200余人参加。会上,区科协副主席张志做题为"关于2007年工作总结和2008年工作要点"的工作报告;长阳镇科协、区农学会做典型发言;相关领导分别为2007年度房山区36个科普工作先进集体、23个优秀农村专业技术合作组织、22个优秀农村科普示范基地以及10名优秀农村科技服务专家、30名优秀科普工程师、40名优秀农村技术指导员、25名优秀农村科技致富带头人颁奖,并为房山区老科技工作者协会揭牌。

(刘 敏)

【2008年房山区保护知识产权宣传周】 4月25日,区科委在良乡大学城组织北京工商大学、北京理工大学进行知识产权宣传,正式拉开了房山区2008"知识产权与奥运同行"保护知识产权宣传周的序幕。在当日宣传周启动仪式

上，制作了会标和宣传条幅，分发了1000余份宣传品，并现场为学生提供专业咨询，解答各种与知识产权有关的问题，让广大师生切实了解和感受到"创新可颂、维权可敬、侵权可耻"，推进了知识产权保护工作的开展。

（李 鹏）

【联合举办科技周活动】 5月17—23日，区科协、西潞街道办事处在西潞园社区举行区科技周活动启动仪式。此次活动以"携手建设创新型国家——科技点燃圣火·创新圆梦中国"为主题。期间，燕山区办事处、琉璃河镇等24个乡镇科协和区农学会、医学会、青少年科技教育协会等共80个单位开展了科普活动152项，2000余人参与了组织工作，受益群众30余万人次。

（闫 洋）

【科普惠农兴村计划通过验收】 7月12日，由中国科协、市农业局、市农学院、市农林科学院、市农职院等单位7名专家组成的北京市科普惠农兴村计划检查验收组到房山区检查验收。区科协主席祝庆忠汇报了房山区2007年科普惠农兴村计划实施情况；青龙湖镇庙耳岗村、长沟镇北甘池村等分别汇报了依靠科技发展产业、带动农户发家致富的经验，特别是在建设科普示范基地、发展农村专业技术合作组织、为农民提供生产服务方面的做法和成效。检查组到庙耳岗村实地察看了食用菌基地、科普示范基地，走访了农村专业技术合作组织、农村科技服务专家、技术指导员及农村科技致富带头人等，认为房山区科普惠农兴村计划各实施项目符合市财政局、市科协的要求，通过验收。

（刘 敏）

【举办预防艾滋病科普宣传活动】 11月29—30日，区科协、区医学会、西潞街道办事处科协、北京农职院志愿者协会在北潞园、西潞园社区举办"房山区'预防艾滋病'科普宣传活动"。区委、区政府的领导出席。40名市、区医学和预防艾滋病专家以及50余名科普志愿者，为居民进行了健康咨询和义诊，并展出"预防艾滋病"、"崇尚科学 摒弃陋习"等科普展板40余块，发放各种健康保健知识资料10000余册、光盘500余张，受益群众达2000余人。

（刘 敏）

【房山区林业标准化技术推广项目获奖】 11月，由区林业局、区林果科技服务中心顾金锁、王良合、张喜利等完成的"房山区林业标准化技术推广"项目获2008年北京市农业技术推广奖二等奖。该项研究自2005年开始实施，其主要内容为：将林业标准化的技术成果推广应用于房山区人工造林、林木良种繁育和磨盘柿产业化建设，并制定出《林木育苗技术规程》（DB110111/T 001—2005）、《无公害食品 磨盘柿生产技术规程》（DB110111/T004—2005）等5个林业地方标准，且以地方标准核心技术为主要推广应用措施，在各乡镇进行示范。通过该项目的实施，新建林业标准化示范基地0.6万亩，完善林业标准化示范基地1.7万亩，使房山区总体造林水平得到提高，造林成活率提高5%，保存率提高5%，全区森林覆盖率提高0.75%，良种壮苗使用率提高15%，造林工程质量也得到改善，促进了全区种苗生产向基地化、良种化、市场化、产业化方向转变，初步建成了高标准的绿色生态体系。除此，还研制开发出国内第一座多功能磨盘柿脱涩保鲜库，研究并推广了磨盘柿脱涩保鲜应用技术。

（王文伟）

【奥运赛时花卉达到《北京市奥运用花标准》】年内，区林业局、林果科技服务中心分别与东城区、西城区、崇文区等签订了奥运赛时花卉生产订单协议，且以"公司＋基地＋农户"的生产方式，在长阳、良乡、窦店、城关等8个乡镇推广奥运赛时花卉500万盆。通过技术推广，奥运赛时花卉全部达到北京市奥运用花标准的要求，总产值达到900万元。

（王文伟）

【实现技术合同总金额4807.57万元】 年内，区科委技术合同登记处共认定登记各类技术合同59项，其中，技术转让合同7项，技术咨询合同40项，技术服务合同12项。合同成交总金额4807.57万元，其中，技术交易额4807.57万元。实现合同68项，实现合同总金额2600.03

万元,其中,实现技术交易额 2590.52 万元。

(李 鹏)

【四大举措力推农村科技协调员队伍建设】
年内,区科委本着"用第一资源实现第一要务"的工作理念,采取"横向织网纵向连线、聚集资源狠抓关键、龙头带动产业优先、抓住重点典型示范"四项措施,加强农村科技协调员队伍建设。充分发挥农村科技协调员工作领导小组横向联动的协调作用,构建区、乡镇、村(合作组织)三级协调员工作体系;聚集区内 115 个协调员工作站、41 个爱农信息驿站、58 个远程教育站点和 2 个国家级星火培训学校的科技资源,形成"三站二校"为支点的农村科技协调员培训结构;突出龙头企业与优势产业之间的"血缘关系"和地缘关系,以"公司+基地+农民技术服务队+示范户+农户"模式,壮大食用菌、豆类、肉禽、磨盘柿、优质核桃等特色优势产业;以市场化为基础,社会化为背景,信息化为手段,乡土化为特色,组织一支 600 人的农村科技协调员队伍,培养了 120 名骨干协调员,其中有 12 名优秀协调员受到了区政府表彰和重奖。

(王文伟)

【实施各类科技计划项目 76 项】 年内,区科委组织实施各级、各类科技计划项目 76 项,其中国家级 4 项、市级 17 项。76 项中,新上项目 46 项,其中国家级 2 项、市级 9 项;延续项目 30 项,其中国家级 2 项、市级 8 项。76 项共计争取资金 3500 余万元。通过科技计划项目的实施,开发应用工业新技术、新产品 96 项次,推广农业新技术、新产品和品种 300 项次,自主研发新产品、新技术 35 项次。

(郭红英)

【房山区天敌昆虫防治技术与推广项目获奖】
年内,由区林果科技服务中心等单位屈海学、卢文锋、穆希凤等完成的"房山区天敌昆虫防治技术与推广"项目获 2008 年度北京市园林绿化局科技推广奖。该研究自 2005 年 1 月至 2008 年 11 月,其主要内容:进行了释放赤眼蜂防治杨扇舟蛾和杨小舟蛾、释放管氏肿腿蜂防治双条杉天牛、释放周氏啮小蜂防治美国白蛾等的研究工作,累计释放各种天敌昆虫 7.75 亿头,其中管氏肿腿蜂 693 万头,赤眼蜂 3.3 亿头,周氏啮小蜂 4.38 亿头,防治面积 4.2 万亩;通过实践总结出一系列关于天敌昆虫运输、保存、释放的操作程序和实践经验,形成特有的推广应用体系和技术规范,尤其"北京地区赤眼蜂对杨扇舟蛾卵的寄生效果调查"的成果,发表于《现代林业研究》,为全国杨扇舟蛾生物防治提供了参考。本项目的实施,以生物防治技术成功替代 7.85 吨化学农药防治林业害虫,总经济效益 1134.9 万元,增强了生态系统自我调控能力。

(王文伟)

【科协队伍不断发展壮大】 至年底,区科协直属学(协)会达 16 个,会员 1400 余人;厂矿科协(含驻区中央及市属)达 20 个,会员 5600 人;乡镇科协达 24 个,会员 1200 人;农村专业技术协会达 50 余个,会员 7500 人;农村、社区和学校科普小组 400 余个,专兼职科普宣传员近 1000 人。

(刘 敏)

# 怀柔区

【怀柔区 2008 年科技工作大会】 3 月 6 日,区科委在怀柔双阳宾馆报告厅召开"怀柔区 2008 年科技工作大会"。区各级领导及区内相关单位代表 200 余人参加。会上，副区长祝自河做"求实创新立足服务为建设京郊经济强区提供科技支撑"的工作报告，总结了 2007 年的工作，提出了 2008 年五大设想，即实施农业科技带动工程；以争创国家可持续发展先进示范区为契机，抓大做强生态建设项目；积极推进生产型服务业发展，建立完善的科技服务体系；积极培育和引进高新技术企业；实施科技宣传与科学普及成果推广工程，加快创新型怀柔建设步伐。同时，对 2007 年度区科技工作先进单位和先进个人进行了奖励。庙城镇等 5 个镇乡获科技先进镇乡称号；龙山街道等 10 个单位获得科普工作先进单位称号；237 人获先进个人称号。

（尤晶颅）

【板栗加工项目通过验收】 4 月 15 日，"农产品加工关键技术研究与科技示范工程——板栗加工"项目通过市科委农村发展处及有关专家组成的验收组验收。该项目为市级科技计划重大项目，2005 年初启动，由区科委委托 9 家科研院所共同承担，旨在解决板栗贮藏、加工关键技术及产业化开发，提高干果深加工技术水平，通过产学研联合，培育科技龙头企业，加快科技成果转化。其成果：贮藏、加工技术以及贮藏保鲜剂在控制板栗贮藏病害、延长板栗贮藏时间的同时，保持板栗的品质。参加项目的 2 个板栗主产镇共新栽植板栗 51 万余株，成活率达到 90%，嫁接新品种 26 万余株。板栗示范基地内的产量比普通栗园增加了 20%，病虫果率下降了 60%。共培训栗农和技术人员达 4860 余人次，发放技术资料近 2 万份。

（尤晶颅）

【实施怀柔生态环境科技示范走廊建设项目】 4 月，由区科委主持实施"怀柔生态环境科技示范走廊建设"项目。该项目 2007 年被列为市科委支持区县的重点工程，得到市科委资金支持 1500 万元。项目在渤海镇三渡河村到八道河岭（全长 8.1 千米）的沟域，从保护水资源与生态环境、提高农民素质及生活质量、发展生态型经济等方面入手，应用综合生态、节能等技术成果进行沟域治理，为科技促进生态涵养区可持续发展提供示范。项目实施遵循 4 个原则：在生态保护、生态治理的前提下，进行合理开发利用；结合农民的需求，选择新的、实用的低成本维护技术；结合生态问题、都市休闲农业，在机制创新、技术与实际应用的集成创新上有所突破，形成示范经验；从整体上体现生态价值，促进当地产业的发展，提高人民的生活水平。

（尤晶颅）

【举办 10 场科普报告会】 5 月 15—16 日，区科协、区教委组织由北京老科学技术工作者总会的专家组成的科普宣讲团先后走进长哨营、汤河口等 10 所地处深山区的中小学校，举办了 10 场科普报告会，内容涉及环境、生物、武器、航天等不同学科。专家们通过生动的照片和珍贵资料，真实的实验和演绎，使 2300 余名青少年感受到科学的无穷魅力，激发同学们学科学、爱科学的兴趣。

（尤晶颅）

【民居穿上"保暖衣"】 5 月，区科委启动了"栗花沟"科技示范长廊项目，使渤海镇的部分民居穿起了银色的"保暖衣"。该项节能改造工程主要是在房屋内外墙以及顶部粘贴保温效果好的"聚苯板"，也就是所说的"保暖衣"，然后外面覆上银色抹灰。改造后的房屋达到冬暖夏凉的效果，使夏天室内温度降低 2℃，冬天提高 5—8℃，且冬天还可节省燃煤 40% 左右。至年底，共对近 200 户民居房屋进行了改造。

（尤晶颅）

【市创新型科普社区达 3 家】 7 月，九渡河镇西水峪村、杨宋镇花园村入选第二批北京市创新型科普社区，得到市级资金支持 24 万元。花园村以"打造四季花卉产业园区"为主题，西水峪以"挖掘、宣传、弘扬历史文化"为主题。至年底,全区的科普示范社区总数达到3家。

(尤晶颇)

【农村信息化工作有新突破】 年内,区农村信息化工作又有新突破。一是完成基于国产软硬件产品的怀柔区政农一体信息化服务平台建设,国产软件产品使用率达到100%。二是在平台上开发民俗村信息化管理系统、完善村务管理系统、乡镇管理系统和村级全程办公管理系统。三是选取杨宋镇花园村、渤海镇北沟村等10个行政村作为农村信息化示范单位,建立村级办公局域网和农民网络技术学校等硬件设施。四是培养50人的农村信息化信息员队伍,包括高端人才3名,并培训农民计算机应用人员1000余人。

(尤晶颇)

【多项举措优化农业种植结构】 年内,区科委采取多项举措优化农业种植结构。支持花园村完成了四季花卉园区5亩阳光温室大棚新品种示范区建设,引进市场前景好的新品种30种,引导农民进行规模化种植;支持邓各庄村完成200亩标准化樱桃观光示范园建设,引进八仙红、红冠等10个新品种7500株;支持北京蓝天白鸽种植业协会280亩特色种养基地建设和北京宏英工贸公司460亩特色种养基地建设,引种紫玉米、黑小米等8个新品种,推广种植2000亩;支持怀柔区绿发生态食用菌合作社冷凉温室大棚示范建设工程,年种植食用菌菌棒60万棒。

(尤晶颇)

【实施特色农产品种植、加工、销售创业服务平台建设】 年内,区科委主持并实施了"农村科技协调员特色农产品种植、加工、销售创业服务平台建设"项目。该研究由北京宏英工贸有限公司承担,其成果:依托中国农科院、中国农大等科研单位建立特色农产品种植养殖示范基地,引种韩国辣椒和日本红薯、黑小米、紫玉米等4个新品种,在区内推广种植1000亩;建立了460亩新品种种植示范基地,增加了会员短信群发系统;带动农民250户,与示范户签订订单合同100份,实现多品种交叉种植;完善农村科技协调员工作站建设,培养协调员15人,培训农民550人。

(尤晶颇)

# 门头沟区

【日本专家交流讲学】 3月至4月,区科委通过北京市对外技术交流协会邀请日本樱桃专家小林良次和日本"花甲协会"果树专家熊谷俊一在妙峰山镇、永定镇、王平镇和雁翅镇就樱桃树的修剪、病虫害防治和苹果花期管理、授粉等问题进行技术交流和讲学,共有500余人次参加了学习培训。

(张岳武)

【召开生态城专家顾问委员会会议】 4月18日,由区科委主办的"中芬生态城专家顾问委员会第一次会议"在龙泉宾馆召开。区长刘云广主持,芬兰生态城之父艾洛·帕罗海墨、北京大学博士生导师叶文虎、北京师范大学教授刘学敏参加。会议首先听取了芬兰VTT公司Jyri Nieminen先生对中芬生态城规划项目的总体介绍,随后中方专家就生态城的规模、可持续发展、交通系统、水系统、能源生产、信息通讯等方面提出了具体意见,并于会后签署《门头沟生态城顾问委员会第一次会议备忘录》。

(张岳武)

【开展奥运知识产权宣传】 4月,区科委开展主题为"知识产权与奥运同行"的知识产权宣传活动,通过"知识产权走进社区"、"知识产权走上街道"、"知识产权走进荧屏"、"知识产权走进学校"等4个单元进行奥运知识产权宣传。活动中,共发放知识产权宣传材料2800余份,提供咨询30余人次,并通过300余份问卷,对区内广大青少年和教职工的知识产权教育情况进行调查。

(张岳武)

【举办区科技周活动】 5月17日,由区政府主办,区科技周组委会、科普联席会成员单位承办的"迎奥运——2008年门头沟区'北京科技周'开幕式"在区博物馆举行。副区长、区科普联席会主席翟云峰出席,28个区科普联席会成员单位及科协所属各学(协)会、基层科协工作人员、科技辅导员、中小学生、社区干部共计400余人参加。此次科技周以"科技点燃圣火,创新圆梦中国"为主题,共组织各类活动58项,包括举办科普报告会、科普知识讲座,观看科技电影,组织参观等,着重体现"绿色奥运、科技奥运、人文奥运"理念,突出宣传节能减排和生态文明主题,以提升全民科学素质。

(张岳武)

【编制生态修复示范基地总体规划】 6月,区科委和中科院地理科学与资源研究所编制完成"国家生态修复综合示范基地总体规划"。该规划以建设"一所六园"(北京山区发展研究所、生态修复试验示范园、生态涵养试验示范园、新能源利用试验示范园、现代农业综合试验示范园、新型工业技术试验示范园、旅游发展试验示范园)为突破口,以科技成果转化和公益研究为重点,旨在建设成一个集自然、科技、人文共生交融的新型综合试验示范基地。规划选址在永定镇北岭十村(27平方千米)和王平镇的大部分区域(23平方千米),是门头沟区生态脆弱最敏感区域,又是矿山生态修复的重点区域。选择该区作为生态修复综合示范基地,既有生态修复的典型性,又有生态再开发的代表性,能够体现国家生态涵养建设目标,符合北京山区和乡村发展需求。

(张岳武)

【清水镇养鸡协会建设项目通过验收】 7月18日,区科委实施的科技服务组织建设项目——"清水镇养鸡协会建设"通过市科委的验收。验收组由市农林科学院王金洛、中国农科院蜜蜂研究所石巍、中国农大宁中华等5人组成。该项目完成了协会规范化建设,制定了组织管理办法和技术人员操作规程,建立了肉鸡养殖管理档案,搭建了信息互动平台,建立了24小时服务热线;完成疾病防疫检测实验室和培训教室的建设,开展技术培训8期,培训养殖人员850人次。通过该课题实施,带动发展养殖户146户,解决300名农民就业,年出栏肉鸡210万只,纯收入416万元,平均每只纯利1.98元。验收组听取了课题组汇报,认为项目达到验收标准,通过验收。

(张岳武)

【召开国际生态修复研讨会】 10月27—28日,由市科委、区政府主办,区科委、市可持续发展科技促进中心承办的"2008北京国际生态修复研讨会"在龙泉宾馆召开。会议邀请澳大利亚、比利时、德国、芬兰等9个国家的30余名国际专家以及中科院、北京大学、清华大学等国内科研机构和知名高校的30余名国内专家参加,相关国家部委、地方政府、企业和媒体的代表也应邀出席,会议规模达到300人。研讨会的主题是"多层次生态修复、生态文明:技术、产业与村镇发展",下设"受损生态系统修复模式与典型技术"、"矿山生态修复技术与示范工程"、"产业转型与生态产业孵化"、"生态文明与村镇生态建设"等4个专题,并设政府论坛、专家论坛和企业论坛3个分论坛,就生态修复的可持续发展做深入探讨。

(张岳武)

【启动知识产权进校园活动】 12月18日,由区科委、区教委和育新中学联合举办的"门头沟区'知识产权进校园'启动仪式"在育新中学举行。仪式上,为学生赠送知识产权宣传书籍和知识产权宣传学习用具300余套;区科委副主任田军做普及知识产权知识的报告,分析了知识产权在当今国际竞争中的重要作用,鼓励同学们学好知识产权、用好知识产权。育新中学200余名学生参加了仪式。

(张岳武)

【实施饮水安全示范工程】 年内,区科委实施"农村饮水安全及污水资源化工程技术示范"项目。根据因地制宜、突出重点原则,在清水镇李家庄村、王平镇东八村联村水厂、永定镇卫星队村、永定镇岢萝坨村、妙峰山镇黄台村以及区科技开发实验基地建设6个农村安全饮水工程示范点和清水镇李家庄村、永定镇东辛称村等2个农村污水处理示范点,并在年内全部竣工,实现正常运行。同时,在水质检测方面,培养100名科技协调员。

（张岳武）

【完成92户建筑节能改造示范工程】 年内,区科委在2007年度完成58户节能改造基础上,再实施改造工程92户,完成全区150户房屋技术改造研究与示范工程。并通过对不同技术方案的测试、比较和经济性分析,撰写完成"关于农村建筑节能康居工程试点的研究报告"和"农村建设节能康居试点工程的实施方案"2个调研报告。

（张岳武）

【引进特色花卉果蔬】 年内,区科委在区科技开发实验基地引种特色花卉果蔬,包括名贵品种兰花1700余株、金银花10000株及红珍珠、鲁旺等6个品种的草莓22000株。另外,还引种包括美国黑番茄、木本番茄德国皇后果、法国长寿豆等特菜。

（张岳武）

【引进北京油鸡1万只】 年内,区科委实施"北京油鸡的引进与推广"项目,引进北京油鸡1万只。与柴鸡相比,北京油鸡具有毛色一致、标识明确、遗传稳定、肉蛋品质优良等优点,其生产性能比柴鸡提高30%—40%,是柴鸡养殖更新换代的优良品种。1万只北京油鸡免费赠送给妙峰山镇上苇甸、担礼等村20户农民养殖。

（张岳武）

【6个单位被命名为市科普教育基地】 年内,由区科委组织申报的北京小龙门森林公园有限责任公司、门头沟区科技馆、门头沟区博物馆、北京妙峰灵溪科技中心、门头沟区中小学生素质教育培训中心、门头沟区科技开发实验基地等6家单位被市科委、市科协命名为北京市科普教育基地。

（张岳武）

# 密云县

【密云甘栗中文域名申请获注册】 1月25日,县知识产权局以密云县知识产权保护协会的名义向信息产业部递交的"密云甘栗.cn"、"密云甘栗.com"、"密云甘栗.net"中文域名注册申请获得注册,有效期为10年。"密云甘栗"是目前本市仅有的6件地理标志证明商标之一,也是密云县唯一一件地理标志证明商标。此次注册旨在加强对地理标志证明商标的保护,提高"密云甘栗"品牌知名度,维护栗农利益,促进农民增收致富。

（李延秋）

【乡镇科技指导员入乡工作启动】 3月18日,县科委举办"乡镇科技指导员入乡工作启动仪式",并对与会人员进行了培训。全县18个乡镇科技工作负责人及县科委选派的乡镇科技指导员共36人参加了培训。会上,县科委领导宣读了《乡镇科技指导员工作方案》,就创建全国科技进步县、科技项目申报、农民技术职称评定等进行讲解,并部署相关工作。

（胡凤霞）

【认定自主创新产品12种】 3月26日,县知识产权局发布《2008年度密云县自主创新产品认定结果公示》。经实地考察和严格审核,最终,北京亨通斯博通讯科技有限公司等11家企业的12种产品通过了县自主创新产品认定。

（李延秋）

### 2008年度密云县自主创新产品一览表

| 企业名称 | 产品名称 | 产品编号 | 认定时间 |
| --- | --- | --- | --- |
| 北京亨通斯博通讯科技有限公司 | 特高绝缘铝塑导线复合屏蔽抗干扰市内通信电缆 | CP—0021 | 2008.3.15 |
| 吉福合成电气（北京）有限公司 | GFE煤矿专用冷缩电缆附件 | CP—0022 | 2008.3.15 |
| 内蒙古伊利实业集团股份有限公司北京乳品厂 | 伊利桶装酸牛奶 | CP—0023 | 2008.3.15 |
| 北京仁创技术发展有限公司 | 铝合金铸造用易溃散覆膜砂 | CP—0024 | 2008.3.15 |
| 北京互润农业生态园有限公司 | 营养强化蜂蜜 | CP—0025 | 2008.3.15 |
| 北京三辰化工有限公司 | PRTV防污闪涂料 | CP—0026 | 2008.3.15 |
| 北京京联发数控科技有限公司 | 单晶硅棒切方滚磨机床 | CP—0027 | 2008.3.15 |
| 北京阿斯可来生物工程有限公司 | 甲型流感病毒诊断试剂盒<br>乙型流感病毒诊断试剂盒 | CP—0028<br>CP—0029 | 2008.3.15 |
| 北京国华伟业工贸有限公司 | 日式保健拖鞋 | CP—0030 | 2008.3.15 |
| 北京牡丹电子集团公司 | 1P128S扬声器 | CP—0031 | 2008.3.15 |
| 北京恒裕达食品有限公司 | 酸辣粉丝 | CP—0032 | 2008.3.15 |

【启动生态县建设百村行】 4月8日，由县委宣传部、县科委等10家单位组织开展的"生态县建设百村行（第70站）启动仪式"在溪翁庄镇东智东村举行。县科技馆制作的"奥运知识"、"国家生态县建设"、"科学素质纲要"等50余块展板，吸引了众多观众驻足观看；20余件互动科普展品引发了村民们的兴趣，纷纷上前亲手操作，在工作人员的讲解下直观地了解展品所阐释的科学道理；现场知识问答，激发了群众仔细观看、记忆展览内容的积极性。本次展览、展示活动，参加群众达500余人次。年内，生态县建设百村行宣传活动巡展了16个乡镇的31个生态村，参加群众达12000余人次。

（张宝忠）

【开设奶牛产业"专家门诊"】 4月9日，"密云奶牛联社协调员工作站免费专家门诊启动仪式"在密云县李各庄奶牛联社举行。全县共拥有奶牛20000余头，奶牛养殖已成为农民增收致富的重要手段。农村科技服务港组织北京农学院、北京农业职业技术学院的奶牛养殖专家组成顾问团，在奶牛联社开设免费专家门诊，为奶牛养殖户解决各合作社及养殖户在奶牛养殖、饲料营养配方、牛病的快速诊断治疗及品种改良等方面的技术难题。同时，以奶牛联社为试点，帮助合作社建立奶牛规范化、标准化养殖体系。自4月17日起，每周的周四、周五，都有3名以上不同特长的奶牛养殖技术专家免费出诊。

（金广生）

【密云青少年活动中心被命名为首批市科普基地】 4月22日，密云县青少年活动中心被市科委、市科协命名为首批"北京市科普教育基地"。该中心将成为开展社会性、群众性、经常性科普活动的重要场所，成为弘扬科学精神、普及科学知识、传播科学思想和科学方法的主要载体，成为培训科普人才、开发科普产品的重要机构，起到完善"政府引导、公众参与、社会兴办、市场推动"的科普工作机制、提升公众科学素质、推动全县科普事业持续健康发展的作用。

（马红霞）

【举办保护知识产权宣传周活动】 4月26日，县知识产权局和工商分局在密云大剧院联合举行"4.26保护知识产权宣传周"活动。本次活动采取广场大屏幕滚动播放知识产权公益广告、氢气球悬挂宣传标语、发放资料和宣传品等形式,突出"知识产权与奥运同行"的主题。互动现场共发放《北京市保护知识产权手册:奥运知识产权》《北京市保护知识产权手册:北京知识产权》《北京市保护知识产权手册:基础知识》等宣传资料3000余份;环保购物袋600余个、扇子1000余把。宣传周期间举办了"奥运知识产权知识竞赛"、"小小发明家"青少年发明创新大赛、密云县农民自主创新成果专家论证会及知识产权进乡镇宣传等活动。

(李延秋)

【县科技周举行】 5月17日,由县科技周组委会主办,县科委、县科协协办的"密云县2008年科技周开幕式暨文化广场主题科普活动"在果园街道文化广场举行,县体育局、县科技馆、县卫生局、县地震局等单位参加了此次活动。县政府相关领导出席。此次活动分为科普体验互动区(科普大篷车)、企业自主创新知识产权宣传和成果展示区、健康生活与公共卫生区、医疗咨询义诊区、科普图书发放及科普知识灯谜竞猜区、环境保护宣传区、气象知识宣传区、"绿色奥运、科技奥运、人文奥运"宣传区、青少年创新大赛成果展示等区域,共展出地震灾害现场救护、气象知识、健康生活等展板30余块,发放《公民行为规范》《全民健身科普知识手册》《社区气象灾害避险指南》等科普宣传材料48种、7200余份,义诊200人次,参加群众达500人次。在科技周期间,以绿色奥运、节能减排、生态文明环境保护、健康健身、文明生活、都市农业为内容,组织了领导干部科普一日,科普大篷车进农村、进校园、进社区等科普活动29项,参加群众达11000余人次。

(刘竹云)

【密云农村安全饮水及污水资源化工程技术示范项目通过验收】 5月21日,由密云县生产力促进中心组织的"密云农村安全饮水及污水资源化工程技术示范课题验收会"在县科委召开。该课题2007年启动,由县科委承担。会上,县水务局史淑晨等5名专家组成的专家组听取课题组的汇报,进行实地考察,同意通过验收。该项目按照任务书要求完成了各项考核指标:开展了农村生产、生活污水处理技术培训2000人次,以科技协调员队伍建设为核心,培养了10—15人的农村污水处理技术服务队伍;在冯家峪镇和东邵渠镇2个卫生院建设了污水处理系统,在溪翁庄镇晓慧农家院建设了1个渔业小区污水处理系统,在冯家峪镇建设了1个农村生活污水处理系统,污水排放达到相关标准。

(冯占胜)

【百万家庭数字生活技能大赛总结表彰大会】 7月16日,由县科协、县信息办、县妇联、县教委主办的"2008年北京密云百万家庭数字生活技能大赛总结表彰会"在县青少年宫举行。副县长程文华、县科委主任欧玉金等出席。大赛以"百万家庭迎奥运,数字北京新生活"为主题,突出"趣味性、参与性、普及性、互动性、实践性"。全县12支学生代表队以及各乡镇、街道、县直属机关的8个家庭队共60名选手参加了奥运知识问答、网上冲浪、手机短信息交流3个项目的比赛,以及数码摄影、网上答题等2个互动项目。最终,密云四中代表队在奥运知识问答、网上冲浪、手机短信息交流3个项目的比赛中排名总分第一,荣获学生组一等奖;县直机关工委两支代表队在家庭队中排名并列第一,荣获家庭组一等奖。

(刘竹云)

【认识粮食小实验科普活动】 9月20日,由县科协组织的"全国科普日'认识粮食小实验'科普活动"在县青少年宫举行,密云二中、密云六中、密云县河南寨镇中心小学的 17 个实验小组参加。本次活动以"节粮在我身边"为主题,旨在通过动手实验的形式,提高学生对粮食的认识,向学生传播节约粮食的理念。活动中,实验指导老师根据粮食的特性,设计了淀粉遇碘、大米"吃水"、植物细胞的渗透、大米的膨胀力、土豆为什么会变色、面粉中的面筋、制作豆腐脑、面粉燃烧、新米陈米速测等 9 个实验课题。各小组在指导老师的帮助下,设计实验步骤,认真参与实验。

(吕 青)

【密云县休闲渔业污水处理设施建设项目通过验收】 10 月 24 日,由县科委组织的"'密云县休闲渔业污水处理设施建设'项目验收会"在县科委举行。该项目 2006 年实施,是市级"科技促进区县发展主题"计划项目,县科委、县生产力促进中心共同承担,旨在保护生态环境,保护密云水库,促进农民增收致富。由北京工业大学环境与能源工程学院程水源、北京轻工业环境保护研究所陈立平等 5 名专家组成的验收组审查了项目验收报告,听取了项目负责人的汇报,并到现场进行了实地考察。该项目在北庄镇清水湾、高岭镇青山秀水庄园和溪翁庄镇楚乡人家建立了 3 个渔业小区污水处理系统示范基地,均采用了目前最先进的膜生物法,建设了格栅、集水井、调节池、膜生物反应池、污泥浓缩池等处理设施,形成了人工湿地综合处理系统,日处理污水量可达 10 立方米以上,完全可以满足渔业小区日常需求,投入使用后水质均达到了任务书规定的考核指标,避免了水污染。项目经费使用合理,符合《北京市科技计划项目(课题)经费管理办法》规定,同意通过验收。

(冯占胜)

【召开科学技术奖颁奖大会】 12 月 25 日,县科委在县会议中心召开"密云县 2008 年度科学技术奖颁奖大会",副县长程文华出席。此次科学技术奖共有 18 项科研成果、85 人获奖,其中一等奖 3 项(县环境卫生管理所完成的"微型垃圾挤压头设备"、北京奥金达蜂产品专业合作社完成的"密云县养蜂产业化配套技术推广应用"、县医院完成的"小切口非超声乳化白内障手术效果评价"),二等奖 6 项,三等奖 9 项,涉及农业、工业、医疗卫生、信息化建设、环境保护等各方面。会上,县领导分别向获奖单位颁发 3 万、2 万、1 万元的奖金和证书。

(宋立荣)

【评出技术人员 1496 人】 年内,县科委在全县 17 个乡镇开展农民技术职称评定工作,采用笔试和面试相结合的评审办法,共评出技术人员 1496 人,其中高级技师 66 人、中级技师 215 人、初级技师 1215 人。

(魏长山)

【创新三联机制】 年内,县科委创新"三联机制",实施"奶牛专家门诊"。共诊疗奶牛 300 余头,帮助奶牛联社挽回经济损失 20 余万元;服务奶牛约 7000 头,占密云奶牛总数三分之一;服务 280 个养殖户、2 个规模化奶牛场;开展集中培训 2 次,受训人数达 100 余人次,发放资料 500 份。("三联机制":一是联资源。制定科技管理创新与资源、科研院所技术成果与推动区县科技进步、专家技术与奶牛联社农民利益相结合的措施,进一步完善奶牛养殖业科技推广服务体系。二是联农民。将奶牛合作联社作为农业科技成果推广创新的载体,有效地规范产加销一条龙运行,为农民增收提供保障。三是联科研。通过"奶牛专家门诊"拓展产学研内容,将实用、实效、实惠的技术带到农村,进一步提高奶牛产量和品质。)

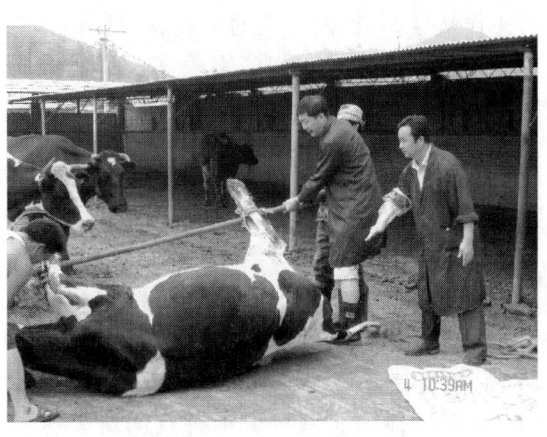

(金广生)

# 平谷区

【2008年平谷区科协科普工作会】 1月16日,区科协在小渔阳饭店召开"2008年平谷区科协科普工作会",16个乡镇科协的负责人、区直属学会秘书长及50位科普宣传员等70人参加。会议总结了2007年的科普工作,介绍了"一站、一栏、一员"试点情况,部署了2008年工作任务,交流了科普工作经验。南独乐河镇科协、区农学会及镇罗营镇五里庙村、东高村镇崔庄子村等科普宣传员代表做典型发言,分别从不同侧面、不同角度介绍了开展科普工作的经验与体会。

(孙福忠)

【召开农村科技协调员工作会】 3月6日,由区委、区政府主办,区科委承办的"平谷区农村科技协调员工作会议"在平谷区影剧院召开。市科委主任马林、区委书记秦刚、区长丘水平等领导及各委办局、乡镇负责人,部分科技协调员代表1000余人参加。会议总结了2007年农村科技协调员建设工作;部署了2008年科技协调员建设工作任务;宣读了《北京市平谷区科学技术委员会、北京市平谷区农业委员会关于对先进农村科技协调员工作站、优秀科技协调员给予表彰的决定》,授予北寨村农村科技协调员工作站等20个单位"先进农村科技协调员工作站"荣誉称号,授予陶广银等32人"优秀协调员"荣誉称号,并对获得荣誉称号的集体和个人颁奖;进行了《乡村科技旗手》首发仪式;为区科委与区人事局、农委联合聘请的353名大学生村官颁发农村科技协调员证书。

(陈鹏飞)

【参加第28届北京青少年科技创新大赛】 3月21—23日,区科协组织区内青少年科学论文25篇、科技发明15件、科学幻想画20幅,参加"第28届安捷伦北京青少年科技创新大赛",获奖43项,包括一等奖8项、二等奖20项、三等奖15项。其中,黄松峪中学王龙飞等3名同学的"由IMO单站流星摄像数据库发现新的流星群"、平谷三中尤雅的"活性乳酸菌预防仔猪黄白痢及腹泻试验"、平谷三中姜韩等3名同学的"红磷白磷着火点的比较实验改进"3项目获一等奖;平谷中学肖子健获"能力风暴不断创新"专项奖;黄松峪中学王龙飞等获"天文新星"专项奖;科学幻想画获一等奖3幅,二等奖3幅,三等奖6幅;平谷中学获优秀科技实践活动奖二等奖;平谷三中的刘福华老师获十佳优秀科技辅导员称号;两项目获科技辅导员科教创新项目三等奖,区科协获优秀组织奖。

(王紫荔)

【桃产业优化升级关键技术研究通过验收】 4月10日,由市科委组织的"'桃产业优化升级关键技术研究'项目验收会"在北京农学院召开。该项目2004年9月启动,属北京市重大科技项目,市科委农村发展中心、区科委、区果品办、泰华公司、市园林绿化局、市农林科学院林果所联合承担,市科委、平谷区共同投资2400万元,主要包括"桃新品种选育及育苗基地建设"、"桃绿色果品标准化生产关键技术研究"、"平谷桃产业科技创新服务体系建设"和"桃贮运加工关键技术研究及产业化开发"4个课题及13个子课题。项目建成桃优异种质资源圃400亩,筛选出30个适合平谷区种植的桃优良品种和30个加工专用桃、温室专用桃、优良桃砧木品种以及8个观赏桃品种;制订了大久保等10个桃品种生产技术规程和产品标准;建立专家库,引进国内外专家33人;建立和完善研发推广队伍300人,形成区、乡镇、村三级科技

服务网络；建立平谷主栽桃品种防腐保鲜配套技术规程，使桃贮藏期大于45天，好果率大于95%；建立桃科技成果示范与旅游观光示范区1.5万亩，辐射带动10万亩，辐射区桃农综合效益提高20%。

（陈鹏飞）

【联合举办农业技术咨询科普赶集活动】 4月26日，区政协、区科协在峪口镇联合举办农业技术咨询科普赶集活动，旨在集中利用农闲和春耕、春种前后农民赶集的时机，普及农业科学技术。区蔬菜种植业服务中心、立京饲料厂、北京金土地复合肥有限公司、区大华山镇农业技术推广站等多家单位的技术人员参加。活动共发放了《农民科学素质读本》、《身边的科学》、《农村应急避险手册》、《全民科学素质行动专刊》等各种科普读物和宣传材料3万余册（份），并现场解答果农、菜农及养殖户提出的问题。500余人参加了活动。

（倪学东）

【生物科技示范基地授牌】 5月14日，市农林科学院、区科协共同主办的"生物科技示范基地授牌仪式"在黄松峪乡雕窝村举行，市农委、市农林科学院、北京农学会的有关领导、专家40人出席。该基地是北京农学会为配合市科协开展农业"科技套餐工程"推出的活动，针对该村2000亩山场的野生资源开发利用。仪式后，向当地村民赠送了高产杂交谷子种子、扦插成活的野生猕猴桃种苗和试剂，传授了野生猕猴桃苗木繁殖技术，考察了甜毛桃资源圃实验基地。

（孙福忠）

【参加北京百万家庭数字生活技能大赛】 5月20日，区科协组织区代表队参加"2008北京百万家庭数字生活技能大赛"总决赛，付一标家庭代表队获家庭技能奖三等奖，5人获网上知识答题二等奖，获数码摄影二、三等奖各1名，平谷区获得组织一等奖。

（卢春凤）

【联合举办科技下乡活动】 5月21日，区科协、熊儿寨乡科协在熊儿寨乡北土门村联合举办科技下乡活动。主办单位、区果品办的相关人员及村科技员等20余人参加。活动中，共向村民发放了《有机农业种植技术》、《农村应急避险手册》、《身边的科学》、《农民科学素质读本》等科技书籍和各种宣传材料2000余册。专家就种植养殖中遇到的疑难问题进行耐心解答，并到桃园现场为果农讲解桃树疏花芽、疏嫩梢、疏果等技术。

（倪学东）

【举办科普报告会】 9月23日，区科协组织的科普报告会在小渔阳宾馆举行，主题是"发展循环农业 打造生态平谷"，区政府、市科协、区直学会、乡镇科协的相关人士及科普宣传员等共200余人参加。市农林科学院周连第教授以发展循环农业为题，分别从国际、国内农业资源与环境形势日益严峻；发展循环农业是必然选择；北京发展循环农业的进展；北京发展循环农业的思考；发展循环农业的几点建议5个方面进行讲解，同时结合平谷区的实际情况提出了建议和意见。

（孙福忠）

【新农村信息创新服务体系建设通过验收】 10月16日，市科委组织的"平谷区新农村信息创新服务体系建设项目验收会"在区科委举行。该项目是市科委"区县能力建设"专项，于2007年6月立项，由区科委承担。通过项目实施，开发了农村系列实用软件，建立和完善了30个信息服务站、100个信息服务示范点，加强了区、乡镇、村三级技术人员的培训工作；共举办各种培训班160期，培训人员1万余人次；完成了"平谷区'十五'期间工业、农业科技进步贡献率测算报告"。由北京农业信息技术研究中心秦向阳博士等5人组成的专家组听取了项目总结汇报，审阅了相关材料，认为该项目完成了任务书中各项指标，经费使用合理，资料完整齐全，通过验收评审。

（陈鹏飞）

【北寨村创新型科普社区通过验收】 11月19日，市科委组织专家对北寨村创新型科普社区进行了验收。该社区是市首批创新型科普社区之一，主要结合红杏特色产业结构开展创建工作。期间，建立了社区科普顾问委员会、环保服务队、果树技术服务队等多层次、多形式的科普志愿服务队伍;建成了绿色环保清洁型的科普社区;推广了农业标准化技术,实现户户掌握无公害果品生产基础知识;开展了红杏王擂台赛、城乡手拉手、共建新农村、科普短信惠农等6次科普活动;举办了专题讲座和科技论坛5次,各类实用技术培训30期,参加人数2900人次。通过社区的创建,普及了科学知识,传播了科学思想与方法,提高了社区居民的科学素质,科普宣传覆盖率达到了100%,使科学、文明、健康的生活方式深入人心,促进了绿色生产、绿色生活和绿色旅游,推进了农民收入的增加和社会主义新农村建设。由北京大学科学传播中心吴国盛教授等6人组成的专家组听取了汇报、审阅了验收材料,并进行实地考察,认为该项目完成了任务书规定的各项指标,经费使用合理,通过验收。

(陈鹏飞)

【出台科技协调员管理政策】 年内,平谷区制定出台《平谷区农村科技协调员建设方案》、《平谷区农村科技协调员工作流程》、《平谷区农村科技协调员服务港职责》、《平谷区农村科技协调员工作站职责》等相关文件,实现了科技协调员管理制度化。

(陈鹏飞)

【为农村科技协调员著书立传】 年内,由区委宣传部和区科委共同编著的《乡村科技旗手:北京市平谷区农村科技协调员事迹选》和《平谷区农村科技协调员汇编》出版发行。为农村科技协调员著书立传,这在本市尚属首次。两本书记述了黄松峪乡雕窝村邢凤全、镇罗营镇宋长文等45个农村科技协调员的先进事迹和平谷区开展农村科技协调员工作的基本情况。

(陈鹏飞)

# 顺义区

【召开科技政策宣讲会】 4月16日,由区科委主办的"顺义科技保险及相关科技政策宣传工作会"在区科委召开,科技企业代表40人参加。市科委、平安保险公司的相关领导和专家为与会者宣讲了中小企业上市融资实务、新兴的科技企业保险等相关知识,并发放了"科技政策摘编"、"顺义区科委服务指南"等宣传材料100份。

(闫兆东)

【高新技术产业快速、健康发展】 年内,顺义区新发展高新技术企业10家,累计经市科委认定的高新技术企业110家;民营科技企业新发展21家,累计346家;市级研发机构新发展6家,累计11家。110家高新技术企业实现增加值121.2亿元,同比增长19.56%。

(闫兆东)

【实施科技奥运行动】 年内,区科委组织实施"北京市汉石桥湿地自然保护区保护与建设示范"、"潮白河(顺义段)水质改善和保障关键技术研究与示范"、"奥运水上公园周边林地节水设施工程"等一批与奥运相关的科技项目,其中:由汉石桥湿地管委会承担的"北京市汉石桥湿地自然保护区保护与建设示范"项目是市区两级政府重大科技需求专项,已通过专家组验收,其湿地生态系统与动植物群落恢复技术、鸟类栖息地与繁殖场所建造技术等成果将为北京湿地的恢复与保护提供重要的技术支撑;举办顺义区科技奥运巡回展览、顺义区"迎

奥运讲文明树新风"知识竞赛、顺义电视台科技奥运专题宣传片、顺义区科技信息网专栏等各种形式的宣传活动,13000人次参加,营造了科技奥运氛围。

(闫兆东)

【开展科普工作】 年内,区科委围绕"科普之春"、"科技周"等组织各类科普活动50余次,制作宣传奥运三大理念的科普展板400块,发放《科普惠农专刊》等宣传资料20000份;4月22日,在"北京市科普基地命名仪式"上,顺义区少年宫、北京神笛陶艺文化有限公司、顺义汉石桥湿地自然保护区3家单位获准命名;在11月6日区科协召开的"2008年顺义区科普示范社区、示范户、示范家庭表彰会"上,对6个区科普示范社区、15个区科普示范家庭、34户区农村科普示范户进行了授牌表彰。

(闫兆东)

【科技项目运作取得新进展】 年内,区科委组织申报国家级火炬、国家级重点新产品、市级研发机构等科技项目69项,落实48项,争取上级资金6375.8万元;利用高新技术产业博览会、燕京啤酒节、农博会等,组织一系列科技对接活动,引进科技项目31项,涉及电子信息、机电一体化、汽车及零部件、新能源、新材料、都市现代农业等领域,协议资金总额14亿元,其中建成项目11项,在建项目20项。

(闫兆东)

【技术培训11600人次】 年内,区科委发挥基层科技组织、农民专业合作社、农村科技协调员的作用,通过集中授课、播放课件、邀请农业专家深入田间地头实地指导等多种形式,开展农民实用技术培训,共有11600人次参与。

(闫兆东)

# 通州区

【2社区获市创新型科普社区称号】 1月,区科委组织开展了市创新型科普社区创建工作,对基层单位推荐的25个社区进行严格筛选,经市科委专家考评和实地考察后确定,以"建设社区科普俱乐部"为创建主题的北苑街道果园西社区和以"依托农民科普学校,组织农民科技培训"为创建主题的漷县镇黄厂铺村为第一批创新型科普社区创建单位。市科委将提供扶持经费用于创建工作。11月,两社区通过了市科委组织的验收和评估,正式成为北京市创新型科普社区。

(蔺文颖 陈兵)

【通州区2007年度农村科技协调员建设工作总结表彰大会】 2月26日,区科委组织的"通州区2007年度农村科技协调员建设工作总结表彰大会"在东方宾馆举行,市科委领导参加。会上,区科委主任季志会做通州区2007年度农村科技协调员建设工作总结;对在2007年度工作成绩突出的侯桂森等10名优秀农村科技协调员标兵、吕秀云等90名优秀农村科技协调员进行表彰。

(赵国亮 陈兵)

【召开科普工作会暨创建全国科普示范区表彰大会】 3月13日,区科协在东方宾馆召开"通州区科普工作暨通州区创建全国科普示范区表彰大会",市科协、区委和区政府领导以及部分专兼职科普工作者共180余人参加。区科协主席杜伟做通州区科普工作报告,对2005年以来通州区的科普工作进行简要回顾,并重点介绍了2008年区科普工作的总体思路和重点任务;市科协常务副主席田小平代表中国科协向通州区授予"全国科普示范县(市、区)"奖牌。大会对在创建科普示范区工作中作出贡献的北苑办事处等20个先进集体、区科委任中平等65名先进个人、北苑街道办事处果园西社区等12个科普示范社区、台湖镇台湖村等40个科普示范村、台湖生态观光农业科普示范基地等14个科普示范基地、北京潞河中学等10所科普示范校进行了表彰。

(马振英)

**【通州区农村污水粪便处理项目通过验收】** 9月18日,市科委组织专家在区科委召开了"通州区农村污水粪便处理技术研究与示范应用项目结题验收会"。该项目2006年1月立项,2008年6月完成,由区科委、区生产力促进中心、区水务局、区养殖业服务中心共同承担。主要内容包括:通州区规模化猪场粪污处理及资源化利用技术集成与示范、通州区全生物无电力农村污水处理技术示范应用等。

(康连元 陈兵)

**【组织师生参加全国科普日活动】** 9月19日、24日、25日,区科协分别组织运河中学、台湖学校、通州三中、通州四中的3000名师生,到中科院北京植物园参加全国科普日活动。学生们以游园方式自由参与了主题展览活动区、动手体验区、美好生活活动区、科技成果体验区、科普游园活动区和科技行动区6个区域的50余项互动式科普活动。通过实践,激发了青少年探索科学、求知求新的热情,增强了保护生态环境的意识与社会责任感。

(马振英)

**【举办"大手拉小手——科技专家进校园"科普报告会】** 10月22日,区科协、市科协青少部在区运河中学、运河小学、台湖学校、2中通州分校、龙旺庄小学分别举行"大手拉小手"——科技专家进校园科普报告会。中科院国家天文台研究员、老科学家科普演讲团成员李竞和中国科协青少年部专家委员会委员、中科院老科学家科普演讲团成员周又红等5名专家分别在5所学校为3000余名师生做以天文、发明与创造、公共安全等为内容的科普讲演。专家们深入浅出的讲解,使学生们体会到科学的神奇和无穷魅力,激发了参与科技创新实践活动的兴趣。

(马振英)

**【户外科普园地——"七彩世界"向公众开放】** 12月22日,区科协在北苑街道复兴南里小区举行"北京社区科普益民计划之户外科普园地揭牌仪式"。市科协副主席周立军、区委副书记张文山、副长于世疆等出席,市科协、区科协、北苑街道的相关人员及通州区社区专职工作者代表和居民代表参加。首批户外科普园地试点6月筹建,由北京科普发展中心负责组织实施,共4个。七彩世界园地区科协投资40万元,第一个投入使用。园地以"七彩世界"为主题,以光为主要内容,普及光的吸收与反射、衍射、光的穿透力等光学知识,主要包括5组7件展品:彩虹喷泉、三棱镜、三色旋转坐椅、紫外线测试和杀毒仪、知识树(3件)。揭牌仪式后,"七彩世界"正式向居民开放。

(马振英)

**【组织实施科技项目40项】** 年内,区科委组织实施科技计划项目40项,包括市级科技计划项目15项,区级科技计划项目25项,涉及农业、环境保护、社会可持续发展等多个领域。其中,由区科委主持的"北运河通州区城市段水环境改善研究与示范"项目被列为北京市2008年重大科技项目,"种业新品种展示基地及繁育体系建设"项目被列为北京市2008—2010年绿色通道项目。

(张春兰 鲁新龙)

**【村级公共浴室节能环保技术综合应用示范项目】** 年内,北京市通州区能源技术服务站全面完成了市科委"绿色通道"项目"村级公共浴室节能环保技术综合应用示范"。该项目于2007年立项,采用地源热泵采暖、太阳能热水系统、新型节能保温墙体材料、污水处理等一系列新型节能环保技术,在区内实施村级太阳能公共浴室示范建设工程,形成了经济、合理的利用可再生能源的村级公共浴室建设规范,为通州区乃至北京市的新农村建设提供了科技支撑。

(鲁新龙 陈兵)

**【3企业获高成长企业专项资金支持310万元】** 年内,区科委组织实施高成长企业专项3项,获

得支持资金310万元,其中北京同易中特种纤维有限公司的"新一代超高强聚乙烯纤维产业化——双组分浆料制备创新装置及工艺技术开发"、北京英泰世纪环境科技有限公司的"汽车废气净化金属蜂窝载体催化剂开发与产业化"分别获得项目支持资金80万元;北京华东电气股份有限公司的"小型化、智能化145千伏气体绝缘金属封闭开关设备的研发"获得项目支持资金150万元。

(康连元 陈兵)

【2项目被认定为市高新技术成果转化项目】 年内,北京聚龙科技发展有限公司的"YJL高速列车全自动三层作业立体检测平台"、北京永乐华航精密仪器仪表有限公司的"智能型数字化加速度计"被认定为2008年北京市高新技术成果转化项目,属于光机电一体化领域。

(鲁新龙 陈兵)

【开展农村远程教育站点建设及培训】 年内,区内新建农村远程教育站点16个,累计已达146个,其中农村和专业协会站点达125个。各站点通过专家授课、农民田间学校等形式,累计组织开展设施农业系列讲座、乡村旅游、家庭安全保障和农业实用技术等培训共1900期,38924人次。

(蔺文颖 陈兵)

【建设农村科技协调员工作站】 年内,区内23个农村科技协调员工作站挂牌运行,涉及蔬菜、林果花卉、籽种及养殖等主导产业,且配套了相应设备,并发放了全区农村科技协调员工作站分布图,指定了各站管理员,明确了管理员职责。同时,创建了蔬菜、观赏鱼、葡萄及花卉等协调员工作站典型,各工作站积极与市农林科学院、中国农业大学等科研院所合作,引进品种及技术进行推广。

(赵国亮 陈兵)

【技术合同成交额达988.01万元】 年内,经区科委技术合同登记处登记技术合同16份,合同成交总金额988.01万元,其中技术交易额928.01万元;实现合同19份,实现金额875.61万元,其中技术交易额875.61万元。

(董金 陈兵)

【4项目被列入火炬计划项目】 年内,区内有4个项目被列入火炬计划项目,其中北京中科信电子装备有限公司的"太阳能成套装备制造与太阳能电池生产线"项目被列入国家火炬计划;北京中纺锐力机电有限公司的"高性能伺服型开关磁阻调速系统"、北京新福润达绝缘材料有限公司的"高性能酚醛棉布板"、北京驰普网络技术有限公司的"饲料行业(管理软件)系统"项目被列入北京市火炬计划。

(张春兰 王万清)

【科技直通车"三下乡"】 年内,由区科委组织的科技直通车参与"三下乡"以及各类科普宣传、培训、参观学习等活动50余次,行程3300余千米,发放科普书包、科普扑克、科普扇子、科普海报、农业科技彩页等3万余份,受益12000余人次。

(张亚利 陈兵)

【6项目获科技型中小企业技术创新基金支持】 年内,北京君山表面技术工程有限公司的"连续退火线高温炉辊先进涂层"项目获得2008年度国家级科技型中小企业技术创新基金支持,无偿资助65万元。5项目获得2008年度北京市科技型中小企业创新资金支持,无偿资助195万元,其中:北京创导高科绝热材料有限公司的"利用林业废弃物锯末生产绝热轻质砖"、北京赛凡光电仪器有限公司的"7 - SCSpecIII型太阳能电池光谱性能测试系统"分别获得项目支持资金45万元;北京布兰科技有限公司"计算机智能人像捕捉动画原画生成支撑系统"、北京欧普光学仪器有限责任公司"LC10全自动360°多功能调制激光投线仪"、北京雷格讯电子有限公司的"精密成型半刚电缆组件"项目分别获得项目支持资金35万元。

(康连元 陈兵)

【共认定高新技术企业23家】 至年底,经市科委、市财政局、市国税局、市地税局组成的北京市高新技术企业认定小组审定,区内共认定高新技术企业23家,职工总数4410人,其中科技人员1115人,资产总额38.49亿元,工业总产值57.00亿元。全年总收入58.50亿元,工业增加值4.14亿元,净利润1.19亿元,上缴税金1.65亿元,出口创汇7209万美元。

（张永浩　陈兵）

# 延庆县

【与市农林科学院签订科技合作协议】 1月9日,县政府与市农林科学院在延庆举行"延庆县与市农林科学院科技合作协议签字仪式"。县长孙文锴、市农林科学院院长李云伏代表双方签署了《延庆县人民政府与北京市农林科学院科技合作协议书》。根据协议,双方将通过长期有效的合作,在农业信息技术、农业生物技术和农业规划等领域,探索农业科技服务有效途径,实现共赢。延庆县将为农林科学院专家提供良好的工作和生活环境,保证科技推广工作顺利开展。

（崔秀兰）

【特聘专家开展板栗栽培管理技术培训】 1月29日,县科协特聘请北京农学院秦岭教授到珍珠泉乡进行板栗栽培管理技术培训。秦教授就板栗的生长习性、品种选育、栽培技术、管理方法等问题做详细讲解,手把手教学员们板栗的修剪技术,针对广大板栗种植户提出的具体问题一一作答,并与该乡的板栗种植户签订了延庆县农村实用人才开发培养工作协议书。

（丁永德）

【健康科普快车走进延庆"科技套餐工程"系列活动】 3月14日,市科协学联办在康庄镇举行健康科普快车走进延庆"科技套餐工程"系列活动。此次,县科协特聘请了中华中医药学会韩平就什么是健康、怎样做才能健康等问题做详细而又深刻的讲解,解答了听众的提问和咨询,且现场发放了《肛肠疾病预防常识》等医学科普读物。

（丁永德）

【农村科技协调员工作站挂牌】 3—4月,县畜牧科技协调员工作站、县循环农业科技协调员工作站、县蔬菜产业科技协调员工作站、县有机蔬菜东龙湾生产基地先后挂牌成立。县科委与各工作站聘请市奶牛中心、北京农学院、市农林科学院的专家就奶牛常见病、多发病及饲养管理,奶牛常用畜药使用方法,奥运蔬菜生产技术及蔬菜新品种介绍,仁用杏相关知识和防冻技术等分别组织了培训。

（崔秀兰）

【举办北京市郊区科技教师培训班】 4月7—8日,市科协青少部、县科协、县教委在县青少年活动中心联合举办"北京市郊区科技教师培训班"。培训班聘请北京天文馆专家授课,采用互动、实践的方式,运用图片、动画等多媒体手段,就科技论文写作、天文教育、天文科普、天文观测、望远镜的使用等进行了现场讲解。近40名中小学校科技教师参加。

（丁永德）

【青年农业科普示范基地揭牌】 4月23日,县科协在大榆树镇岳家营村花卉基地举行"青年农业科普示范基地揭牌仪式"。该基地面积500亩,主要以生产各种花卉为主,还生产食用菌、百福西红柿、绿芦笋等。与会领导向种植户发放《有机农业种植技术》、《珍稀食用菌栽培技术》等书籍。仪式后,与会领导参观了基地,种植服务中心的专家为种植户进行现场指导。

（丁永德）

【举办保护知识产权宣传活动】 4月23日,县科委、县知识产权局在绿韵广场举行了保护知识产权大型宣传活动,主题为"文化、战略、发展"。市知识产权局、县工商局、县文委、县旅游局、县商委等部门领导出席。活动中,播放了知识产权宣传片,发放知识产权法律法规书籍、宣传画报、宣传册等4000余份,宣传群众2000余人,接受群众咨询50余人。

(崔秀兰)

【举办科普讲座】 4—5月,县科协组织北京老科学技术工作者总会、中科院老科学技术工作者协会科普讲师团的沈乃澂、王成凤赴延庆一中为1000余名中学生做题为"地震与海啸"、"曹操与孙子兵法"的科普讲座。5月13—14日,科普讲师团一行5位专家,又为该县7所中小学的2000余名师生做"奇妙的植物世界"、"探测月球"、"巡天遥看祖国山河"等12个主题的大型科普知识讲座。

(丁永德)

【举办果树技术培训班】 5月9日,县科协科技之家、市科协学联办、县果品中心联合举办"果树技术培训班"。这是县科技之家果林专业技术培训班的第一课。市农林科学院林业果树研究所鲁韧强从现代果树生产理念、果树土肥水的管理、果园的节水灌溉、土壤局部改良与交替灌溉技术等几个方面,为100余位果林技术员、土专家和种植大户等进行讲述,并在大棚中实地指导。

(丁永德)

【迎奥运健康义诊进社区活动】 5月17日,由县科协主办,县城镇办事处、县医药卫生学会承办的"迎奥运健康义诊进社区"活动在川北小区举行。此次活动共展出以宣传"绿色奥运、科技奥运、人文奥运"为主要内容的展板50块,

且设立健康义诊咨询服务站,聘请县医院、县中医院的8名医生,为社区居民进行内科、外科、中医内科、中医外科等7项内容的免费服务,共计义诊社区居民150人次。

(丁永德)

【成立知识产权科】 7月,经县机构编制委员会办公室批准成立知识产权科,定编2人。该机构由县科委领导,主要职责为:制定县知识产权工作计划;查处各种侵权行为;统筹协调所属涉外知识产权事宜;宣传、普及知识产权,组织培训;协助企业建立知识产权工作制度;开展与知识产权有关的咨询、服务工作;完成市知识产权局和县政府交办的其他事项。

(崔秀兰)

【完成"延庆县改革开放30年科技篇"的撰写】 8月,县科委完成了县博物馆"延庆县改革开放30年科技篇"展览材料的撰写,题为"科技成果推广对延庆农业发展的推动作用",内容包括优良品种的引进和推广、种植业科技成果的推广、蔬菜科技成果推广、林业科技成果的推广、果品科技成果推广、畜牧科技成果推广、科技成果推广取得的成效和作用等7部分。

(崔秀兰)

【举办认识粮食小实验科普活动】 9月20日,由县科协、县教委共同主办的"全国科普日——'认识粮食小实验'科普活动"在延庆八中举行,120余人参加。学生们在科技教师指导下参与制作豆腐脑、提取面筋、面粉燃烧、认识粮食等12项实验活动,并做详尽的实验记录。之后,还分组参加了"合理膳食宝塔搭建棋"游戏;参观各种节粮知识展板,且向全县中小学生发出"节粮倡议书"。

(丁永德)

【"一站、一栏、一员"宣传员培训班】 9月25日,市科协科普部、县科协在县科协共同举办"'一站、一栏、一员'宣传员培训班",15个乡镇、17个行政村的32位"一站、一栏、一员"活动宣传员参加。中国科协专业技术学会的相关人员重点介绍了中国农业的现状、农民的素质、农村发展的方向、各级政府对科普农业发展的重视情况以及科普农业的重要性等,并分析当

前存在的问题，提出了相应的建议。村级图书管理员介绍了"益民书屋"的管理方法与技巧。

（丁永德）

【康庄镇刁千营村创新型科普社区通过验收】 11月14日，市科委组织由中国科普研究所科学素质研究室主任翟立原等6人组成的专家组到康庄镇刁千营村就"创新型科普社区"创建工作进行考核验收。专家组听取了社区创建工作汇报，认为该社区"农民科普之家"、"院校带动村庄共建科普"、"贴近村民的生产生活，围绕生态搞科普"等科普形式符合农村实际，具有示范性。考察了刁千营村"农民科技之家"、"农民学校"、"科普文化大院"的建设情况，同意该社区通过验收。该社区2007年10月开始创建，是市首批"创新型科普社区"23个社区（村）之一。其创建特色主要是发挥大学生"村官"作用，依托高校资源，实现"一校带一村"；做到资源共享，打造农民精神品牌，创建"农民科技之家"；立足本村实际开展科普工作，做到"三个相结合"，促进产业发展。

（崔秀兰）

【5个单位通过高新技术企业认定】 年内，经市科委、市财政局、市国税局、市地税局组织专家评审，县内的北京双鹤高科天然药物有限责任公司、北京富邦博尔生物科技有限公司、北京九龙制药有限公司、北京汽车玻璃钢有限公司、中材科技风电叶片股份有限公司5单位通过高新技术企业认定。

（崔秀兰）

【39项成果获县科技进步奖】 年内，县环保局的"创新生态环境管理体系，推进生态县建设"、县种植业服务中心的"延庆县蔬菜安全保障体系建设和推广"、北京迪威尔石油天然气技术开发有限公司的"调峰用LNG汽化工艺及装备研究"等39项科技成果获得县科技进步奖，包括：一等奖9项，二等奖11项，三等奖19项，涉及环保、农业、工业、卫生、教育等领域。

（崔秀兰）

【3项科研课题被列为市级科技项目】 年内，3项目被列为市级科研项目：北京阔利达生物技术开发有限公司承担的"蔬菜废弃物与秸秆混合发酵饲料研发与示范"，实施期为2008—2010年，财政科技经费200万元；北京兴利鹏奶牛养殖中心承担的"有机犊牛肉生产技术体系的建立"，实施期为2008—2009年，财政科技经费100万元；县科委承担的"新型农村科技服务体系促进延庆县生态奶牛业发展"，实施期为2008年7月至2009年6月，财政科技经费110万元。

（崔秀兰）

【7项市级科研课题通过验收】 年内，由县科委组织，县科学技术协作服务部、县水务局承担的"延庆农村安全饮水及污水资源化工程技术示范工程"，县种植业服务中心承担的"采用高新技术建立蔬菜安全保障体系"，国家马铃薯产业高科技园区管委会承担的"马铃薯脱毒微型种薯雾培技术应用研究（Ⅰ期）"，县政府办公室承担的"延庆县生态安全综合管理指挥系统应用研究"，沈家营镇蔬菜协会承担的"沈家营镇蔬菜产业科技服务能力建设"，张山营镇前庙葡萄产销协会承担的"延庆县前庙村有机葡萄示范基地建设"，北京精精准奶牛技术服务中心承担的"犊牛代乳品应用技术示范与推广"7个市级科研课题通过了市科委组织专家的验收。

（崔秀兰）

# 重大科技成果

## Great Science and Technology Achievements

# 2008年度国家最高科学技术奖简介（北京地区）

【获奖者】 王忠诚，男，1925年12月生于山东省烟台市，1950年毕业于北京大学医学院，1994年当选为中国工程院院士。现为北京市神经外科研究所教授、所长，首都医科大学附属北京天坛医院名誉院长，首都医科大学神经外科学院院长，中国医学科学院神经科学研究所所长。

王忠诚是新中国培养的第一代神经外科专家，也是中国神经外科的开拓者之一。在半个世纪的医学生涯中，他为中国神经外科事业的发展壮大、走向世界作出了创新性贡献。

他率先提出了"脑干和脊髓具有可塑性"的观点，总结出一套不同脑干肿瘤采取不同手术入路的理论和方法，这些理论要点对打开医学界的"禁区"——脑干肿瘤手术，起到了决定性的作用。在这一理论指导下，迄今已施行手术1100余例，手术死亡率低于1.0%，手术质量和数量居世界领先。

在发现脑干具有可塑性的基础上，他又悉心研究脊髓结构及功能，通过大量动物实验和数十年的临床实践，得出"脊髓对于慢性的肿瘤压迫也同样具有可塑性"的结论。迄今他带领团队已施行髓内肿瘤手术2500余例，无一例死亡和手术致残，手术水平居世界领先。他提出的"脊髓缺血预适应"的观点，对防止脊髓内肿瘤术后瘫痪起到了关键性作用，病人的生存质量得到很大提高。

他率先提出了"大型血管母细胞瘤术后可产生正常灌注压突破"的观点，利用术前供瘤血管栓塞、术中亚低温等措施，有效地预防了"正常灌注突破现象"的发生，使手术死亡率降至4.3%，并极大降低了手术致残率，而该项手术死亡率国际综合组报道高达24%。

20世纪50年代，王忠诚为提高神经外科诊疗水平，在缺少资料及设备的情况下研究脑血管造影术，忍受了大剂量放射线照射，先后患肺炎6次，身体受到严重摧残，但积累了2500余份病例，编著了中国第一部神经外科专著《脑血管造影术》，并荣获"全国科学大会奖"，使当时的神经外科诊断水平发生了质的飞跃。60年代，他首先在国内采用并推广显微神经外科技术，施行逾千例动脉瘤手术，使该病死亡率由10%降到2%以下。70年代，他率先在国内开展并推广颅脑显微手术，利用显微外科技术第一次完全切除了垂体腺瘤并保留患者的正常垂体功能。80年代，他摘除了直径为9厘米的巨大动脉瘤，至今为世界罕见。

他带领他的团队建立了神经外科手术新方法，解决了神经外科领域众多世界性难题，极大地提高了脑干肿瘤、脊髓内肿瘤、丘脑肿瘤、颅底中线肿瘤等疑难脑病疗效，使患者术后基本享有正常人的生活质量，把中国神经外科整体水平带入世界先进行列。

王忠诚院士牵头组建了"中华医学会神经外科分会"，创办《中华神经外科杂志》，统一了全国神经外科疾病诊断标准。他创建并扩建了北京市神经外科研究所和天坛医院，使之成为亚洲最大的神经外科基地。他带领学生研制成功了国产导管、球囊栓塞等7种材料，填补了中国这方面的空白。他领导并组织国内神经流行病学的调查工作，为党和国家制定预防政策提供了依据。

从医60年来，他发表学术论文290余篇，出版专著20余部；荣获66项科研成果奖，其中国家级奖项8项、部市级奖项30项。1997年荣获"何梁何利科学与技术成就奖"，2000年荣获全国卫生系统最高奖"白求恩奖章"，2001年荣获世界神经外科学会联合会颁发的"最高荣誉奖章"。2006年在"亚大颅底神经外科大会"上，荣获"领导促进颅底外科贡献奖"。

近年来，他又创立了世界华人神经外科协会，并成功召开了三届世界华人神经外科会议。如今，他仍然工作在医疗、教学和科研一线，为患者、为学生、为医学事业奋斗拼搏。

【获奖者】 徐光宪，男，1920年11月生于浙江省绍兴市，北京大学教授，1980年被增选为中国科学院学部委员,是中国著名的化学家和教育家。

徐光宪院士1951年在美国哥伦比亚大学获得博士学位后,旋即回国投入社会主义建设。他创建了北京大学稀土化学研究中心和稀土材料化学及应用国家重点实验室,先后担任主任、学术委员会主任和名誉主任。他曾任第4届亚洲化学联合会主席,中国化学会第22届理事长,中国稀土学会副理事长和名誉副理事长,国家自然科学基金委员会第一、二届化学科学部主任。

徐光宪院士始终坚持"立足基础研究,面向国家目标"的研究理念,将国家重大需求和学科发展前沿紧密结合,在稀土分离理论及其应用、稀土理论和配位化学、核燃料化学等方面作出了重要的科学贡献。

稀土元素在诸多功能材料中扮演着无可替代的主角,被美、日等国列为本世纪的战略元素。中国几代领导人都十分重视稀土科学事业和产业的发展。小平同志指出:"中东有石油,中国有稀土,中国的稀土资源占世界已知储量的百分之八十,其地位可与中东的石油相比,具有极其重要的战略意义,一定要把稀土的事情办好,把我国的稀土优势发挥出来。"

徐光宪院士基于对稀土化学键、配位化学和物质结构等基本规律的深刻认识,发现了稀土溶剂萃取体系具有"恒定混合萃取比"基本规律,在20世纪70年代建立了具有普适性的串级萃取理论。该理论已广泛应用于国内稀土分离工业,彻底改变了稀土分离工艺从研制到应用的试验放大模式,实现了设计参数到工业生产的"一步放大",引导了中国稀土分离科技和产业的全面革新,实现了从稀土资源大国到生产和应用大国的飞跃,为稀土功能材料和器件的发展提供了物质保证,大大地提高了中国稀土产业的国际竞争力。串级萃取理论的广泛应用提升了中国在国际稀土分离科技和产业竞争中的地位,迫使国外稀土垄断企业纷纷减产和停产。

作为一名化学教育家,他撰写了《物质结构》和《量子化学——基本原理和从头计算法》等重要教材。其中《物质结构》自1959出版以来,已修订再版印刷了20余万册,迄今依然是化学领域的重要教学参考书,教育和培养了中国几代化学工作者。该书1988年荣获全国高等学校优秀教材特等奖,是化学领域唯一获此殊荣的教材。

几十年来,徐光宪院士发表期刊论文560余篇,论文被他人正面引用2200余次。他不仅培养了近百名博士生和硕士生,还为中国稀土产业界培养了大批工程技术人员。

徐光宪院士曾先后获得了国家自然科学二等奖(1987年)和三等奖(1987年)、国家科技进步二等奖(1998年)和三等奖(1991年)、何梁何利基金科技进步奖(1994年)和科技成就奖(2005年),以及多项省部级科技奖励。

徐光宪院士知识渊博,热爱祖国、奉献科学、服务人民,至今仍活跃于科研和教育第一线。

# 2008年度国家自然科学奖二等奖简介(北京地区)

【均匀试验设计的理论、方法及其应用】 该项目由中国科学院数学与系统科学研究院王元、方开泰完成,属于数论、统计学和计算机科学的交叉领域。均匀设计由王元、方开泰于1978年根据原七机部三院3个不同型号导弹指挥仪数学模型研制的要求而创立,是国际统计学领域中一种全新的试验设计理论与方法,被用于"计算机仿真试验"和农业、工业、医药和高技术创新等领域中"模型未知的稳健试验设计"。其贡献如下:①在国际上首次创立了均匀设计理论与方法。理论研究揭示了均匀设计与古典因子设计、近代最优设计、超饱和设计、组合设计深刻的内在联系,证明了均匀设计比上述传统试验设计具有更好的稳健性。②在计算机模拟仿真试验中,解决了在高维空间利用为数不多的试验点来建立高度非线性问题的近似模型,使之与真模型在全空间一致地接近。③在农业、工业、医药和高技术创新等领域中,突破了传统试验设计方法强烈依赖模型的局限性,解决了模型未知且有试验误差的试验设计问题,是国际试验设计研究领域中的重要理论创新。④发表了 80 多篇论文及两本英文专著。40 篇论文和专著他引 622 次,10 篇主要论文和专著他引 391 次。均匀设计已被多种国际权威百科全书和统计手册收录,并被著名国际软件商 SAS 软件化。⑤均匀设计在中国国防、航天、医药工业等产品研制中发挥了重要作用,已获得 2000 多成功案例。

(张 竞)

【人工边界方法与偏微分方程数值解】 该项目由中国科学院数学与系统科学研究院余德浩、清华大学韩厚德完成,特别研究了有广泛应用背景的无界区域偏微分方程的数值解,属于计算数学和科学计算研究领域。主要研究成果:系统发展了求解各类问题的自然边界元方法,特别对椭圆形偏微分方程得到了相当完整的结果;发展了各类人工边界方法,给出了一系列高精度的人工边界条件,并应用于科学和工程计算的许多领域;提出了边界元与有限元的对称直接耦合法;建立了自适应边界元的数学基础等。此外在超奇异积分计算,无界区域分解算法,低阶四边形非协调元的构造和应用,矩形网格下双 p 次有限元的渐近准确后验局部误差估计,边界积分——微分方程的数值解,变分不等式问题的边界元法、奇异摄动问题的数值方法等相关方面也有首创的研究成果。本项目出版专著中、英文版及发表学术论文 160 余篇,其中被 SCI 收录 101 篇。论著被他人引用 987 次,其中 SCI 他引 685 次,CSCD 他引 236 次,国内外专著他引 66 次。

(张 竞)

【固体的微尺度塑性及微尺度断裂研究】 该项目由中国科学院力学研究所魏悦广、王自强、陈少华完成,属固体力学研究领域。固体的微尺度塑性及微尺度断裂研究主要涉及固体在细观和微观层次的强度、韧性和断裂等关键问题的研究。成果包括理论模型的建立和相关数值方法的提出和发展等,取得了具有原创性和引领性的成果:①解决了应变梯度理论建立过程中遭遇的"断裂强度为负"和"无有限元法可用"的两大困惑(puzzle)。建立了可压缩 F - H 型塑性应变梯度理论和在国际上率先提出了适合该理论分析的有限元方法,被美国 UIUC 教授 Y. Huang 和美国科学院/工程院两院院士 Nix 评价为"非常有效"的方法。②从第一原理计算结合理想晶体的大变形失稳理论出发,提出了固体理论强度的一种严格算法,依此获得了对铝和碳化硅理论强度的预测。成果被作为材料理论强度的标准值被包括 5 位中外院士在内的学者多次重点引用。③提出了不含高阶应力的应变梯度理论,克服了含高阶应力理论在计算上的困难和边界条件的复杂性,被作为一种代表性的理论在国际上广泛采用。④由系统的实验研究建立了具有微结构的材料的微硬度的简捷 Taylor 型关系,成功地表征了该类材料的微压痕尺度效应。本项目共发表 SCI 论文 87 篇,被 SCI 刊物引用 1078 次,其中他引 810 次,10 篇代表论文 SCI 他引 203 次。

(张 竞)

【通过恒星丰度探索银河系化学演化的研究】 该项目由中国科学院国家天文台赵刚、陈玉琴、张华伟等完成,属基础科学研究领域。主要发现点有:① 完成不同星族恒星的大样本高分辨率光谱观测和化学丰度的系统性定量分析。发现了年老而又富金属、运动学参数异常和低 [α/Fe] 比率等三类性质异常的恒星,表明银河系演化中存在更为复杂的一些物理过程。② 首次给出中性氢原子碰撞对谱线影响的正确公式。考虑了某些元素的超精细结构分裂效应和非局部热动平衡效应,显著提高了元素丰度的确定精度。③ 将丰度分析方法运用于太阳系外行星系统候选体的观测研究。首次发现有行星系统的恒星可以存在于厚盘星族。新的观测结果为高金属丰度有利于行星形成的假说提供强有力的观测支持。本项目以大量高质量光谱观测为基础,采用创新的方法,分析各类恒星的化学丰度及演化趋势,使分析精度(0.04 dex)超过了国际同类研究(0.10 dex),因而成为构建银河系化学演化理论模型的重要依据。其研究工作主要基于中国最大的2.16米望远镜和世界先进观测设备获得的高分辨率光谱数据。项目共发表SCI论文103篇，被SCI论文引用1194篇次，他人引用947篇次。其中63篇论文发表在A&A、ApJ、MNRAS和AJ等四大国际著名天文学期刊，研究成果曾先后被国际天文界最具权威的"天文与天体物理年评"的10篇综述引用，其中关于大样本的系统性研究结果成为本领域的经典工作而被写入教科书和专著。

（张　竞）

【量子开系统方法及其在量子信息的应用】该项目由中国科学院理论物理研究所孙昌璞、全海涛完成，属交叉学科——量子信息领域。1987年，孙昌璞即开始对量子开系统理论等量子物理问题进行了前瞻性、基础性和系统性研究，契合了量子信息的发展。10年后，在量子信息物理基础方面取得创新性的研究成果。其主要学术成果：①提出了q变形玻色子概念并给出杨-Baxter方程新型解的量子群构造，发现其低能集体激发的微观解释，发展了基于集体准自旋波激发的量子存储方案。②提出了量子绝热近似高阶修正方法和推广的玻恩-奥本海默近似，发现了诱导规范场的可观测效应。基于量子比特绝热操纵，研究了固态量子比特的相干集成、纳米机械冷却和约瑟芬森结量子计算的问题，指出了可变耦合自旋链单粒子谱具有可公度性，从而可实现完美的量子态传输。③建立了量子退相干的因子化模型和自洽的量子测量理论。发现了处于临界点的自旋链具有量子混沌特性活动力学敏感性，与之耦合的外部系统会发生退相干增强效应，并被最近的实验证实。研究发表SCI论文150余篇，被引用1600余次，其中关于q变形玻色子的工作单篇引用超过300次，入选斯坦福大学统计的"引用最多的数学物理论文"（排名第51），获得美国ISI"经典引文奖"。2006年，孙昌璞关于量子相变动力学敏感性的工作，由于联系了量子测量、量子混沌和凝聚态物理等不同物理领域，引起国际同行的重视。

（张　竞）

【原子分子操纵、组装及其特性的STM研究】该项目由中科院物理研究所高鸿钧、中科院化学研究所宋延林、中科院物理研究所时东霞等完成，属物理科学中的应用基础研究。项目自1993年起系统研究了材料表面的结构特性及其原子分子操纵和纳米加工、纳米结构的组装、生长和功能特性，取得了一系列创新性成果：①基于对硅表面结构与特性的研究，在硅表面实现了原子提取、放置和原子级平整沟槽的纳米加工；在国际上首次实现了沿硅表面特定晶格方向的单原子有序移植。在硅表面操纵原子写出了纳米尺寸的汉字"中国"，被两院院士评为"1994年中国十大科技新闻"。②提出了一种提高STM观察材料表面精细结构及其电子结构的新途径，得到了自STM发明以来最高分辨的Si(111)77的STM图像，清晰地分辨出单胞中的所有adatom和rest atom；建立了Ge在Si(111)77表面上初期吸附的"替代机制"，解决了Ge在Si(111)77表面上初期吸附位置长期以来悬而未决的问题；揭示了金属纳米粒子成核生长的动力学机制。③设计和合成了一系列有特色的功能纳米分子体系，首次实现了在单个分子尺度上的电导转变，显示了其在纳米存储材料中的潜在应用前景。该项研究从1996年至今一直居国际前沿，连续被国际科学机构报导，成为美国物理学会的Physical Review Focus、美国的Science News、美国能源部的每周报道和Nature Materials的研究亮点，分别在1997和2001年被两院院士评为"中国十大科技进展"和"中国基础科学研究十大新闻"。本项目包含55篇重要国际刊物论文，被SCI他引785次，10篇代表性论文被SCI他引251次。在重要国际会议做邀请报告20余次。

（张　竞）

【功能纳米材料的合成、结构、性能及其应用探索研究】该项目由清华大学李亚栋、王训、彭卿、孙晓明等完成，属无机合成化学领域。研究取得的创新性成果：①创立了通用性的单分散纳米材料"液/固/溶液"相转移合成方法，揭示了不同相界面化学反应调控机理,解决了纳米材料制备过程中的成核、生长、尺寸与形貌均一性调控难题,实现了用同一种方法制备出数十种像贵金属、氧化物(磁性、介电)、稀土荧光粉、半导体量子点等一些不同种类的功能性单分散纳米晶,为纳米生物、医药、环境等交叉科学的发展提供了物质基础。②首次水热合成出具有层状结构的铋及钛酸盐纳米管,提出了纳米管层状卷曲形成机制;由此开辟了空心及一维纳米材料水热/溶剂热合成新路径,并合成出包括 $Bi、W、WS_2、MoS_2、MnO_2、V_2O_5/VO_2$ 纳米管/线、钛酸盐、硅酸盐纳米管/线、稀土化合物纳米管/线、富勒烯球等系列具有广阔应用前景的功能纳米材料,为实现纳米材料规模化制备及纳米器件等领域的开拓提供了关键技术。③发现了具有特定晶形与晶面的 $CeO_2$ 纳米材料对一氧化碳催化氧化反应的结构敏感特性,并在烯烃的环氧化等多个催化反应体系中得到验证,从而初步揭示出纳米材料的催化各向异性特征。该成果共计在 SCI 刊物上发表论文 181 篇,主要论文 SCI 他引 3584 次。多次在国际学术会议上作邀请报告,受邀为 Acc, Chem, Res. 等撰写综述性论文 4 篇。

(张 竞)

【血糖调节相关的调控型分泌的分子机理研究】 该项目由中国科学院生物物理研究所徐涛、徐平勇、陈良怡等完成,属基础生物学、物理学和医学之间的交叉科学。调控型囊泡分泌是一个具有高度时序性的多蛋白参与的调控过程,是目前细胞生物学研究的前沿方向之一。血糖调控中的关键步骤包括葡萄糖刺激胰岛b细胞分泌胰岛素以及胰岛素作用于靶细胞(肌肉和脂肪细胞)促进葡萄糖吸收,两步骤均与调控型分泌密切相关。项目建立和发展了一系列先进的研究技术和检测方法,比较系统地研究了囊泡分泌的分子机制及其与血糖调控之间的关系。发现细胞通过调控钙离子敏感性而调控胰岛素分泌,Munc13—1 蛋白参与调控胰岛素第二相分泌;确定了脂肪细胞中胰岛素调控血糖吸收的关键步骤。这些发现加深了对血糖调控分子事件的理解,对糖尿病的防治具有一定的指导作用。其研究成果发表在 Cell Metabolism, PNAS, Traffic, JBC 等国际知名刊物上,在国际知名杂志如 Development Cell, PNAS 等被特约评论。

(张 竞)

【雌激素和三苯氧胺诱发妇科肿瘤的分子机制】 该项目由北京大学尚永丰、张华、伍会健等完成,属基础医学研究领域。研究利用肿瘤组织和基因组学的方法,发现 PAX2 基因在介导雌激素和三苯氧胺刺激的子宫内膜细胞的增殖和癌变过程中起着关键作用。PAX2 只在子宫内膜癌细胞中被雌激素和三苯氧胺激活表达,而在正常细胞中则不能被激活,这种差异是由于 PAX2 基因启动子低甲基化造成的。该成果阐明了三苯氧胺治疗乳腺癌却导致子宫内膜癌这一重要问题,并为子宫内膜癌的治疗和预防提供了新的思路和药物靶点。研究揭示了雌激素受体协同激活因子 SRC—1、GRIP1 和 AIB1 三成员在雌激素受体介导的基因转录调控中的组织特异性和基因特异性作用模式,提出雌激素受体介导基因转录调控的两维性(two-dimensional)和双相性(bi-modal)的新理论。AIB1(Amplified In Breast cancer)在乳腺癌和子宫内膜癌中扩增和过表达而被认为是乳腺癌和子宫内膜癌发生中的癌基因,还揭示了 AIB1 致癌的分子机理。研究筛选出乳腺癌和子宫内膜癌相关新基因 12 个,其中 8 个新基因的功能已初步研究确定并申请了国内专利;在 Nature 等高水平期刊上发表 4 篇研究论文,最高单篇文献他引次数为 18 次,具有国际先进水平和极高的学术价值。

(张 竞)

【复杂非线性系统镇定控制的理论与设计】 该项目由中国科学院数学与系统科学研究院程代展、洪奕光、席在荣与山东大学王玉振合作完成。项目在三个层次上对非线性系统进行镇定的理论分析与控制设计研究。首先,项目给出反馈线性化的有效算法,使工程应用成为可能。对于动态反馈及完全线性化等的研究,扩大了线性化的适用范围,被国际社会公认为首创。

其次,对不能线性化但可光滑反馈镇定的系统给出广义哈密顿系统的称为伪 Poisson 流形的几何框架,广义哈密顿实现的充要条件,以及基于能量的镇定设计方法。这些工作被国际哈密顿系统著名专家 R. Ortega 评价为:"结果是重要的",它"为进一步应用铺平了道路"。第三,如果系统不能光滑镇定或光滑镇定达不到目的,就考虑非光滑反馈镇定。项目的一个重要结果是,给出高阶系统有限时间非光滑反馈镇定分析与设计方法,被国际同行誉为"原创性"结果。项目还提出矩阵半张量积的新理论,为镇定控制的算法实现提供有效工具。

(张 竞)

【非经典计算的形式化模型与逻辑基础】 该项目由清华大学应明生完成,属计算机科学基础理论。研究建立了进程演算拓扑结构理论与带噪音 pi 演算,发现了概率谓词转换器范式定理,提出了基于 vonNeumann 量子逻辑的自动机理论。论文被美国 MIT、英国牛津大学等著名学术机构的学者广泛引用,国外学者的论著中用专节论述所提出的理论和方法,题目为"Ying's Similarity Logic",所引入的新概念出现在国外学者的系列论文题目中。研究成果对相关学科的发展起到推动作用。

(张 竞)

【用于纳米电子材料的碳纳米管控制生长、加工组装及器件基础】 该项目由北京大学刘忠范、张锦、朱涛等完成,取得如下成果:①丰富和发展了单壁碳纳米管的 CVD 表面控制生长技术,发明了 MgO 载体法、双金属催化剂法、脉冲供料法、异质和图形衬底生长法,实现了单壁碳纳米管的定点/定向生长、超长阵列生长等。②率先将分子组装技术拓展到纳米材料的有序组装,建立了单壁碳纳米管的化学组装方法和零维纳米材料的定位组装方法;针对碳纳米管的成键结构特点,在实现化学开口的基础上,发展出金硫键法、成盐法、表面缩合法以及电场增强组装法等;利用 AFM 限域反应法和分子识别法,实现了纳米粒子的定位组装。③建立和发展了多种基于扫描探针技术和纳米压印技术的非传统纳米加工方法,包括:AFM 限域氧化与各向异性化学蚀刻联用纳米加工技术、纳米粒子掩模氧化刻蚀技术、生物模板和负型纳米压印技术、纳米间隙电极的高频阻抗电化学反馈控制制备技术等。④提出了基于轴向能带调控思想的单壁碳纳米管器件集成原理,发展了三种局域能带调控方法:图形基底生长法、表面控制转移法以及温度阶跃生长法,为碳纳米管电子学器件的实用化提供了新思路。本项目共发表 SCI 论文 65 篇,论文他引 1063 次,单篇最高他引 118 次。共申请发明专利 21 项,其中授权专利 3 项。

(张 竞)

【电力大系统非线性控制学】 该项目由清华大学卢强、梅生伟、孙元章等完成,属于电气工程与自动化领域。研究创立了电力大系统非线性控制学科体系,包括最优控制和鲁棒控制两方面:前者提出了电力大系统非线性动态建模方法,开发了状态反馈精确线性化算法,提出了非线性最优控制律设计方法,明确解答了长期困惑电力控制界的难题;后者建立了考虑干扰的电力大系统非线性模型,提出了反馈线性化方法、SDM 混合反馈方法和直接求解耗散积分方程法,冲破了电力控制界多年难以逾越的两个瓶颈:HJI 不等式求解和非线性非最小相位系统的控制问题。项目研制了面向三峡电站的大型发电机非线性励磁控制器和水轮机调速非线性控制器,可显著改善系统稳定性,提高功率输送极限 15% 以上。研究出版专著 3 部(英文专著 1 部);SCI、EI 和核心期刊论文分别为 55、196 和 175 篇;SCI、核心期刊他引 178 和 2328 次。

(张 竞)

# 2008 年度国家技术发明奖一等奖简介(北京地区)

【小型高精度天体敏感器技术】 该项目由北

京航空航天大学等单位张广军、江洁、魏新国等完成,在近40年的学科研究基础上,完成国家民用航天重大科研计划、国家"863"计划、国家"211工程"建设项目以及多个国防基础科研计划,历经10年,项目发明了天体敏感器量值传递新方法和新装置,建立了完善的量值传递体系;发明了全新的天体敏感器质心跟随成像机制、信息处理专用芯片及系列硬件装置;发明了4种小型化高性能天体敏感器光学成像系统;发明了一系列星图快速识别与跟踪新方法,电注入星图的天体敏感器功能测试装置;发明了天体敏感器系列航天型号产品,主要性能指标国际领先,为实现我国航天器小型化、高精度自主运行提供了重要技术途径与更新换代产品。该技术是军民两用技术,已应用于我国7项重大航天型号和空间计划、4项新一代航天武器研制计划、星敏感器校准设备国家建标、近20家国防工业和科研部门关键技术攻关,在2家航天工业部门实现了成果转化,并在10余家民口企业中创造了重大经济效益。项目申请发明专利38项(含美国发明专利5项),已授权23项,在SCI和EI收录源期刊发表论文70余篇,撰写国防科技报告百余份。

(张 竞)

# 2008年度国家技术发明奖二等奖简介(北京地区)

【完全预分散—动态硫化制备热塑性硫化橡胶的成套工业化技术】 该项目由北京化工大学张立群、田明,山东道恩北化弹性体材料有限公司田洪池等完成。2001年,北京化工大学取得了该技术和工艺的重大突破。2003年后,该校与山东道恩集团有限公司合作,在国内建立了第一条具有自主知识产权的千吨级高性能TPV动态全硫化技术工业化生产线。主要研究内容:①提出了完全预分散—动态全硫化技术制备TPV的方法,开发了橡塑高温预混、大量配合剂低温预混、高温动态全硫化串联的制备工艺技术,实现了多种形态的共混组分、高填充共混体系(就橡胶相而言)的均匀混合、精细分散、橡胶相动态全硫化与破碎,进而实现了TPV的工业化制备。②提出了适合工业化生产TPV的双螺杆反应器的设计参数,结合独特的共混物配合设计,解决了动态硫化反应难控制、橡胶的硫化与破碎速度难匹配等问题,突破了动态全硫化技术工业化的最关键技术。③提出把橡胶相的破碎效应作为TPV配合设计的重要原则,进而通过采用特殊的生胶体系、硫化体系、填充补强体系、软化增塑体系等加以实现,形成了一系列高性能TPV专用配方。④利用研究所发现的对TPV连续相可以进行增塑和增容现象,开发了低硬度(邵氏38A)、高弹性和高流动性TPV的新型工艺。本项目生产线已连续稳定地生产出不同硬度等级(邵氏38A – 50D)的三元乙丙橡胶(EPDM)/聚丙烯(PP)TPV系列产品,性能达到美国AES公司同类产品水平。

(张 竞)

【以脂肪酶为催化剂的绿色化学合成工艺】 该项目由北京化工大学谭天伟、陈必强、王芳等完成,国家"十五"攻关项目。生物质转化的首要问题是寻找高效、低成本的催化剂"酶"。经测序发现,该脂肪酶是一种新酶,即亚罗解脂酵母脂肪酶。经过菌种选育、发酵工艺优化和新的固定化工艺开发,研究攻克了酶活性和稳定性等相关技术难题,成功地实现了国内酯化用脂肪酶的产业化生产,酶的制备成本仅为80元/千克,填补了中国酯化用脂肪酶领域的空白,获得了国家发明专利授权4项。在实现酯化用脂肪酶产业化的基础上,项目组进行了一系列应用研究。开发了新的脂肪酶固定化技术,突破了固定化酶制备成本高、稳定性差等关键问题,建立了脂肪酶催化合成化学品平台;将亚罗解脂酵母脂肪酶用于维生素A和多元醇酯及棕榈酸异辛酯等产品的合成;建立了酶法生产棕榈酸异辛酯的工业装置,无废水排放,且成本低于化学法所生产的产品。此外,还发明了一种新的酶法绿色合成工艺,在常温下合成了二元醇酯和多元醇酯，并实现了产业化，打破了国外高档军用润滑油的封锁，结束了我国多元醇酯一直不能工业化生产的历史。且研究出一种新的膜状载体固定亚罗解脂酵母脂肪酶，开发出反应和分离耦合的连续酶法转化废油合成生物柴油新工艺，使生物柴油转化率达96%，产品品质达到欧美标准，并建立了2套万吨级的酶法生物柴油装置。

（张 竞）

【纳米晶磷酸钙胶原基骨修复材料】 该项目由清华大学崔福斋、冯庆玲、李恒德等完成，属材料科学领域。主要研究了胶原分子的自组装与调控钙磷盐晶体生长的机理，并研究了人类骨痂的分级结构。在此基础上，根据仿生的思路，在体外模拟生物矿化和自组装过程，研究合成出人骨的纳米晶磷酸钙在I型胶原纤维中的有序组装体——纳米晶磷酸钙胶原基骨修复材料。材料的孔隙率约为80%，空隙大小主要分布在100—400微米。X射线衍射、原子力显微镜和高分辨率透射电镜研究结果表明，材料中羟基磷灰石晶粒尺寸约为30纳米，生长在胶原纤维间隙，而且羟基磷灰石晶体的c轴择优取向与胶原纤维轴向平行，这些特征与天然人骨的成分和纳米结构相同，力学性能同人松质骨，修复效果接近自体骨移植的85%，成为临床治疗代替取自体骨的新疗法。主要应用在：四肢各类闭合性骨折骨缺损修复或难愈合部位骨折或开放性骨折骨缺损的二期修复；骨折延迟愈合、不愈合或畸形愈合；脊柱椎体间、横突间或椎板间植骨融合；各类解雇矫形植骨融合；良性骨肿瘤或瘤样病变切除后骨缺损修复；人工关节置换或翻修术中骨缺损的修复；整形外科和口腔科需要植骨填充的骨性缺损。纳米晶磷酸钙胶原基骨修复材料是国内外首次在体外人工合成出的具有与天然人骨成分和纳米结构相同的人工基骨修复材料，具有我国自主知识产权，是生物材料领域的原始创新，开辟了一条用自组装制备生物材料的新途径。目前已成功临床应用2万余例。产品获中国发明专利4项，授权美国发明专利1项。

（张 竞）

【金属原位统计分布分析】 该项目由钢铁研究总院王海舟、陈吉文、贾云海完成，属冶金分析领域。原位统计分布分析技术以单次放电理论及信号分辨提取技术为基础，在国际上率先提出"原位统计分布分析"理论，并研制成功金属原位分析仪，成功解决了金属材料测试领域中的一个科学难题。发明了火花微束技术、无预燃连续激发同步扫描定位技术。采用该项技术可以获得与材料原位置相对应的各元素原始含量及状态信息，用统计解析的方法定量表征材料化学成分的偏析度、疏松度、夹杂物的统计分布等特性。该项技术可以获得金属材料较大尺度范围内各成分的位置分布、状态分布及定量统计分布的准确信息，解决了在金属材料的较大范围内的元素、成分以及组织状态的定量统计分布这一关键技术难题。该方法具有原始性、原位性及统计性的特点，为冶金工艺材料研究及质量判据提供了一个新方法。该项目成果以测量信息的原位性、原始性及统计性为特征的原位统计分布分析，作为现有宏观平均含量分析及微观结构分析之外的另一种材料性能全面表征的重要技术和方法，受到国内外同行的广泛关注，并已成功地应用到"新一代钢铁材料"、"高效连铸连轧"、"新型海军舰船用钢"等一批国家重大研究项目中，为解决目前材料研究中的疑点难题提供新视角和新手段，为材料设计提供理论指导和科学依据。以原位统计分布分析理论为基础而开发成功的金属原位分析仪目前已实现商品化、产业化，在宝钢、武钢、首钢等多家企业得到广泛应用。不仅应用到中国大型钢铁企业的技术升级，而且实现了对欧洲的出口。该项成果已获2项中国发明专利授权和1项国外发明专利。

（张 竞）

【多元复合稀土钨电极及其制备技术】 该项目由北京工业大学聂祚仁、北京矿冶研究总院胡福成、北京工业大学周美玲等完成，属有色金属新材料技术领域。本项目通过承担"973"、"863"等课题，自主创新研制出原创性的多元复合稀土钨电极系列新产品、制备技术体系，以及生产和检测装备等全套产业化技术。

所研制产品经国家焊接材料质量监督检测中心检测和用户使用证明,比现行钍钨和单元稀土钨电极性能优越,满足工业标准和使用要求,并能替代钍钨电极。项目研究在材料成分设计、制备工艺及设备核心技术、产品性能和环境影响方面均有突出的特点,形成 15 项专利技术(13 项发明专利、1 项实用新型专利和 1 项外观设计专利)和产品技术标准体系。项目主要特点和创新点:发明了综合焊接性能优于现行钍钨电极的多元复合稀土钨电极;开发出制备多元稀土钨电极的 APT 直接掺杂、大温度梯度还原、低电流垂熔烧结等工业技术,形成了稀土钨电极的工业生产技术规程;集成创新研制出生产线关键装备,实现了高效生产和过程质量控制,工业生产成品率比现行钍钨电极等高 5%以上,为该类材料加工的领先水平;建立了世界上首条年生产能力 120 吨的多元复合稀土钨电极工业生产线。该成果被列为北京市高新技术成果转化项目,在北京矿冶研究总院北京钨钼材料厂实现了工业化大规模生产和全球市场销售,产品可应用到工业、农业、国防等领域。项目产业化后,实现了该领域的绿色生产和使用,解决了国内相关材料产业的一大技术难题。

(张 竞)

【三维协调的新一代电网能量管理系统关键技术及应用】 该项目由清华大学张伯明、孙宏斌、吴文传等完成,属于电网调度自动化领域。本项目重点针对新一代 EMS 系统的设计、建模、分析决策、控制、平台、仿真培训等七方面的核心关键技术,取得了以下首创性成果:①提出了在空间、时间和控制目标等三个维度分解协调的新一代能量管理系统(EMS)新概念和体系;提出了自动、跟踪、递归和智能预警的运行模式;实现了电网在线全局、实时闭环、综合预警和控制决策。②提出了全局电网模型实时重建技术,实现了多控制中心之间在线外网等值模型的自动生成、电网模型拆分合并和潮流匹配等技术。③提出并实现了电网在线综合安全预警技术,包括静态、动态、电压稳定以及继电保护和安全自动装置配合等多侧面的安全评估、综合预警和决策支持。④提出了基于软分区的三级电压优化闭环控制技术,自动适应电网变化,实现了多目标协调的 AVC 闭环控制。⑤提出了协调有功优化闭环控制技术,实现了有功控制的不同时间尺度的协调以及和网络安全约束之间的协调。⑥开发了基于多智能代理(MAS)和集群机的新一代 EMS 分布式支撑平台,实现了可视化。⑦提出并实现了"集中建模、统一仿真、分布式培训"的网省两级电网联合反事故演习方法,以及"分布式建模、分布式仿真、分布式培训"的省地两级电网联合反事故演习方法。基于上述核心关键技术,开发了相应的应用系统,在国内近 20 家网省级电网得到应用,已取得的直接经济效益超过 2.5 亿元。项目研究、开发和应用历时十余年,已受理的国家发明专利 11 项,授权 1 项;发表了相关论文 117 篇。

(张 竞)

【防止配电网雷击断线用穿刺型防弧金具、箝位绝缘子和带间隙避雷器】 该项目由中国电力科学院的陈维江、孙昭英、陈伟明完成。该项目在国内绝缘导线相关研究几乎空白、国外防护技术不适合我国国情的前提下,通过对国内外大量的绝缘导线雷击断线事故进行分析的基础上,发明了穿刺防护技术,并基于穿刺技术,研发出穿刺型防弧金具、箝位绝缘子和带间隙避雷器 3 类产品,有效解决了近年来国内架空绝缘线路雷击断线问题突出、严重影响配网供电安全的问题,获得了发明专利 4 项,实用新型专利 2 项,同时产品已在全国广泛应用,有效保障了配网安全可靠运行。

(张 竞)

【基于网络融合的流媒体服务新技术】 该项目由清华大学戴琼海、陈峰、刘烨斌等完成。项目针对网络流媒体难题进行攻关,揭示了不同视频变换的规律,建立了多分辨率的元数据的多维表示,发明了动态反馈弹性周期调度方法,开发了 Linux 的流媒体集群系统和自适应视频转码系统。突破了异构网络下的大规模视频传输和不同类型终端的自适应播放难题。流媒体集群调度和自适应转码等技术达到国际先进水平。本项目授权发明专利 11 项,SCI 收录 36

篇。

(张 竞)

【构件化应用服务器核心技术与应用】 该项目由北京大学的梅宏、杨芙清、黄罡完成。该项目从软件工程的角度来研制构件化应用服务器PKUAS,提出并实现了基于微内核的应用服务器构件化平台体系、支持构件在线演化的容器系统、支持自定义连接子的互操作框架、基于反射的运行时软件体系结构、公共服务优化技术,以及系统性能优化技术等6个主要技术发明点。新型构件化应用服务器PKUAS在构件化软件的运行和管理技术等方面取得了一系列创新性成果,已应用于金融、交通、政务、电信等领域,是国家中间件套件四方国件的重要组成部分,与AVAYA和Platform等国际知名公司的产品实现了集成,与国际著名开源应用服务器JOnAS对等合并,成为国际中间件技术联盟OW2主推的新一代应用服务器JO2nAS。

(张 竞)

【宽带无线移动 TDD – OFDM – MIMO 技术】 该项目由北京邮电大学张平、陶小峰、李立华等完成,由国家"863"计划、国家自然科学基金、北京市自然科学基金资助。项目在国内首次研制完成宽带 TDD – OFDM – MIMO 技术演示平台。该平台包括一个基站(AP)和一个移动终端(MT),采用载频 3.4GHz、48 天线配置、自定义的 5ms TDD 帧结构,在 20MHz 带宽内实现峰值传输速率 100Mbps,频谱利用率达到 5bit/(s·Hz)。该平台实现了上行业务能力,支持 VoIP、流媒体、高速数据下载、Internet 等业务。项目组在 TDD – OFDM – MIMO 链路的同步算法、信道估计方法、垂直分层空时码(V – BLAST)MIMO 检测算法、天线失衡保护方法等方面取得了多项自主创新成果。在 TDD – OFDM – MIMO 技术演示平台中,针对单设备(AP 或 MT)设计出具有强大的数字信号处理能力的基于 ATCA 标准的母板和各种子板。宽带无线移动 TDD – OFDM – MIMO 技术创新性突出,演示平台达到了国际领先水平。部分相关技术已被国际标准化组织采纳,产生了明显的社会效益。相关技术已经成功应用于产品中,部分专利成果转让给企业,已经产生了经济效益。

(张 竞)

# 2008年度国家科学技术进步奖特等奖简介(北京地区)

【青藏铁路工程】 该项目由铁道部孙永福、中铁第一勘察设计院集团有限公司李金城等50个单位120人集体完成。青藏铁路格尔木至拉萨段全长1142千米,海拔高于4000米地段长达960千米,工程建设成功克服了冻土、高寒缺氧、生态脆弱三大世界性工程难题。通过研究试验、勘察设计和施工技术等方面积极探索,确立主动降温、冷却地基、保护冻土的设计思想,创造性地综合采用片石气冷、热棒路基,以桥梁跨越特殊不良冻土地段,防冻胀隧道衬砌结构等成套冻土技术措施,保证了多年冻土工程安全稳定。建设中,针对大群体、高海拔、作业时间长的特点,创建三级医疗保障救治体系,应用高原病综合救治等技术和创建鼠疫预防监控体系,实现高原病零死亡和人间鼠疫零感染。开展了野生动物、高寒植被、多年冻土、江河源水质保护等方面的综合研究和创新实践,在大规模建设中保护了生态环境,实现了工程建设与自然环境相和谐。青藏铁路建设形成行业标准、部级和国家级工法多项,获专利数十项,发表论文千余篇,推动了多年冻土工程、高原医学和环境保护等领域的科技进步,总体技术达到国际领先水平。开通运营以来,工程设施保持稳定,旅客列车运行速度达100千米/时,创造了高原冻土铁路运行时速的世界纪录。

(张 竞)

## 2008 年度国家科学技术进步奖一等奖简介（北京地区）

**【输电系统中灵活交流输电（可控串补）关键技术和推广应用】** 由中国电力科学研究院郭剑波、周孝信、汤广福等完成。项目历时12年，解决了基础理论、试验手段、设备研制、标准规范、工程实施等诸多世界性技术难题。在应用基础理论研究方面，解决了电力电子和MOV等可控串补非线性元件在以状态量正弦特性为基础的电力系统分析理论与方法中难以模拟的技术难题；提出了可控串补的系统分析模型和方法，提高了电网输电能力和安全运行水平的系统控制策略。在系统分析和设计方面，建立了一整套包括数字、数模混合、物理模拟和大功率电力电子实验室在内的灵活交流输电技术的系统分析的模型、方法和试验研究手段；打破了传统过电压保护设备与被保护设备之间"单向"被动配合关系的设计理念，提出了充分利用电力电子装置快速可控特点的过电压保护及主动绝缘配合设计方法，提高了设备性能、降低了设备造价；形成了独立设计可控串补系统的能力。在试验技术方面，解决了高电压、大电流、持续、可控、多物理场综合作用下整组阀组件试验技术难题，提出了大功率电力电子设备的等效试验机理和方法，发明并研制了满足多种FACTS装置试验要求的试验装置。在关键设备研制与集成方面，克服了强电和弱电设备在超高压、大电流环境下的集成与测量控制，设备运行范围从100安到100千安、几百伏到几百千伏等技术难题，所研制装置的主要技术参数，如可控串补度、串联容抗、额定电压等居世界第一。在工程应用和产业化方面，提出了可控串补装置的技术标准、规程、规范。串补技术研究项目获得授权及受理的专利共计46项，其中发明专利15项。该项目以可控串补为代表的灵活交流输电技术，通过电力电子技术实现了对电力系统的快速控制，提高了现有输电线路送电能力和安全运行水平，适用于220千伏、500千伏、750千伏和特高压等各电压等级电网，是实现西电东送和全国联网战略的重大创新技术。该项目拥有完全的自主知识产权，获专利46项，其中发明专利15项，发表学术论文300多篇。

（张　竞）

**【中国小麦品种品质评价体系建立与分子改良技术研究】** 该项目由中国农业科学院作物科学研究所等单位何中虎、晏月明、夏先春等完成，曾获2006年度北京市科学技术奖一等奖，项目简介刊登在2008年《北京科技年鉴》重大科技成果栏目中。

（张　竞）

## 2008 年度北京市科学技术奖一等奖简介

**【国家系列比例尺地形图保密处理技术及测绘数据共享应用】** 该项目由中国测绘科学研究院林宗坚、李成名、印洁等完成，属测绘科学技术领域。其主要内容：一是根据国家地形图保密管理要求，研究出一套对我国系列比例尺地形图进行大地坐标加密处理的算法及软件，使处理后的地形图既符合国家保密要求又能满足一般建设工程和民众生活需求，且处理过程全自动化。二是突破了测绘数据网络共享的两个瓶颈——保密问题与数据规范问题，研制出《基础地理信息标准数据基本规定》和《导航电子地图安全处理技术基本要求》两项强制性国家标准，建成含228个数据集的共享数据库，总量达5TB，建立起面向科学界的测绘数据网络化共享平台，24小时持续开通，两年来网络服务量已达4万人次，330GB数据量。三是为各导航电子地图制作资质公司建成覆盖全国的道路导航电子地图数据库提供了技术服务，解决了导航电子地图的保密和安全问题。该项目缓解了长期以来我国地形图及测绘产品服务中存在的国家安全保密与民众应用间的矛盾,为进一步开发基于网络的地理信息产品服务提供了可行的技术基础。

（市奖励办）

【**计算几何理论、方法及应用**】 该项目由北京理工大学周培德、付梦印、邓志红等完成,属于支持计算机应用的基础学科。该研究在基础研究方面,系统地探讨了计算几何中的核心算法,提出了如平面点线集和线段集的三角剖分、时间复杂性为 $O(N)$ 的密集点集凸壳、基于中轴和凸壳 TSP 问题求解、任意多边形中轴生成、多边形划分、红蓝点线集划分等算法,具有创新性;在应用研究方面,将计算几何的理论成果成功应用于车辆导航定位、地图匹配、红外图像边缘提取、下料和模具加工等实际问题,所形成的算法时间复杂度低、执行快速,满足了系统的实时性需要,同国内外目前流行的算法相比,在快速性、复杂性和有效性等方面具有明显的优势,在计算机图形学、计算机辅助设计、机器视觉、地理信息系统、车辆导航、工业设计、集成电路设计和通讯基站选址等领域具有广阔的应用前景。该成果出版了《计算几何——算法设计与分析》学术专著,发表学术论文 80 余篇,其应用领域涉及计算机科学与技术、图形图像处理技术、控制科学与工程、材料加工、物流等多个学科,且提出了 15 个计算几何领域目前尚未解决的难题,表明了该成果研究的前沿性和对该理论发展的促进作用。(注:1975 年,Shamos 和 Hoey 利用计算机有效地计算了平面点集的 Voronoi 图,并发表了一篇著名论文,标志着计算几何的诞生。)

（市奖励办）

【**BEPCII 正电子源研制**】 该项目由中科院高能物理研究所裴国玺、刘晋通、孙耀霖等完成。BEPCII 是高能物理和核物理及技术的大型科研装置,是北京正负电子对撞机重大升级改进工程。为了提高 BEPCII 的对撞亮度,必须为储存环提供高流强、高品质的正电子束流。正电子源是提供正电子的关键设备之一,涉及束流动力学、精密机械与控制、电真空、强磁场和大功率微波等领域,其中被称为横向相控间匹配装置的关键部件"磁号",要在 10 厘米产生由 4.5 特到 0.5 特轴向渐变磁场,设计、加工非常困难,且之前国内无法研制,BEPC 时期也只能退而求其次用螺线管代替。科研团队经不懈努力,使正电子产额达到或超过美国 SLAC、意大利 DAFNE 和日本 KEK 的水平,保证了 BEPCII 工程的按期完成,也提高了我国加工制造业的高科技含量,提升了国际竞争能力。除在高能加速器应用外,还可以应用到材料结构研究。BEPCII 正电子源是国内唯一一台加速器用强流正电子源,2004 年 3 月建成,5~10 月安装到直线加速器隧道,经过 2 个月的调试后,全部性能达到设计要求。2007 年 12 月 23 日中科院组织的专家组对 BEPCII 直线加速器的总体性能进行了测试:"BEPCII 直线加速器总体和各系统的性能全面达到设计要求,建成后的近两年来,运行稳定可靠,机器性能达到同类装置的国际先进水平。"

（市奖励办）

【**高热容材料保护的无液氦复杂磁场分布的超导磁体技术**】 该项目由中科院电工研究所等单位王秋良、严陆光、戴银明等完成,属于电气工程和高磁场科学仪器领域。其主要特点:首次研究成功基于制冷机提供冷源、可控热管连接、用高热容材料保护复杂磁场分布超导磁体系统;提出了新型结构的无低温液体冷却制冷机冷却的高热容材料保护复杂磁场分布的超导磁体系统,使得系统可以脱机运行,从根本上改变了其运行和使用方式;提出了考虑制冷机冷却功率动态变化的高磁场超导体动态稳定化理论和设计方法;首次提出了新型配方的磁体工艺实现磁热稳定性,发明了新型热管技术,冷却时间和同类磁体比较减少 6 个小时以上;发展新型装配技术达到磁场位形差值小于 2G;在电磁结构、极低温密封、高效率电绝缘热连接、低电阻接头和冷却等关键技术上取得突破并具有自主创新。该技术可用于高精密的科学仪器、超导储能、电磁除铁器、工业废水处理和矿物分选、大功率毫米波回旋管以及特种电工装备,为我国首次研制成功,具有自主知识产权,从根本上改变了我国超导磁体长期依赖国外进口的局面、打破了特殊行业的技术封锁,突破了超导磁体的技术瓶颈;发表论文377篇,SCI引用769次,他引652次,国际会议大会特邀报告8次,申请发明专利28项,授权5项,出版专著两部。该项目已实现产业化,在国内、外科研机构、大学和工业部门中得到了广泛应用,并对外出口,累计新增利润6000多万元。

(市奖励办)

**【中国农作物种质资源技术规范研制与应用】** 该项目由中国农科院作物科学研究所等单位刘旭、曹永生、江用文等完成。该项目针对我国农作物种质资源收集、整理、保存、鉴定、评价和利用不规范、缺乏质量控制手段和操作技术手册、缺少科研和生产急需的技术指标等突出问题,从技术指标、技术规范、规范体系三个层次开展了跨部门、跨地区、多作物、多学科综合研究。其主要内容:①在国际上首次提出利用作物种质资源质量控制规范保证描述规范和数据规范可靠性、可比性和有效性的创新技术思路,以此为指导研制了110种作物种质资源数据质量控制规范;系统研制了110种作物种质资源描述规范和数据规范,拓展和创新了国际生物多样性中心的描述规范,其中38种作物种质资源描述规范为国际首创,并得到国际同行广泛应用。②首次研制了110种作物种质资源技术指标3824个,重点涵盖了品质(营养品质、感官品质、加工品质、贮藏保鲜品质等)、抗病虫、抗逆特征特性等新的技术指标,集成创新了1793个技术指标,改进规范了9436个技术指标。③在国内外首次统一了实验设计、样本数、取样方法、计量单位、精度和允许误差、等级划分方法等10大类度量指标,系统研制110种作物种质资源技术规范336个,创建了作物种质资源科学分类、统一编目、统一描述的技术规范体系,首次编制出版110种作物的《农作物种质资源技术规范》系列丛书,共110册。④提出了以规范化和数字化带动作物种质资源共享和利用的思路、方法和途径,在20万份种质资源的标准化整理、数字化表达和远程共享服务上得以实现,利用分发种质11.18万份次,育成新品种累计推广面积9.17亿亩,极大提高了资源利用效率和效益。该成果实现了农作物种质资源收集、整理、保存、评价和利用全过程的规范化和数字化,对中国以及世界农作物种质资源的深入研究、科学管理与共享利用具有重大意义。

(市奖励办)

**【转化生长因子-β和雌激素信号途径在肿瘤发生中的功能和机理研究】** 该项目由解放军军事医学科学院生物工程研究所杨晓、叶棋浓、滕艳等完成,为生物医学领域的基础研究。该项研究应用先进的小鼠组织特异性条件基因敲除技术,结合动物整体研究和体外生化系统的优势,研究了转化生长因子-β(TGF-β)和雌激素信号途径在皮肤癌、食管癌、乳腺癌和肝癌等肿瘤发生中的作用和可能机制。经近10年的努力,获得主要创新发现:①发现Smad 4介导的TGF-β信号通过诱导角质细胞凋亡促使毛囊周期进入退化期,并通过上调Cyclin D1和细胞周期抑制蛋白抑制角质细胞的增殖和皮肤肿瘤的发生;揭示了Smad 4和PTEN协同抑制角质细胞增殖以及皮肤癌和食管癌发生的功能和机制。②发现TGF-β信号途径中的核心转导分子Smad 4具有调节大规模染色质伸展活性的新功能,并发现利用染色质伸展活性可区分Smad 4野生型与肿瘤突变体,为Smad 4相关肿瘤的诊断和治疗提供了重要思路;发现TGF-β信号途径的新型调节因子RBPMS通过与Smad的相互作用、增强Smad的磷酸化和有利于进入细胞核,增强TGF-β信号途径活性。③发现雌激素信号途径中新型调节因子XBP-1通过改变雌激素受体(ER)介导的大规模染色质结构调节ER的转录活性,证实转录因子可通过其大规模染色质伸展活性调节另一转录因子的转录激活活性。④发现新型的ERa和ERb共调节因子NFAT 3在不同细胞中增强或者抑制ER的转录活性。⑤发现乙肝病毒X蛋白可以通过与ER的相互作用抑制雌激素信号途径。⑥报道了角质细胞等4种组织特异性Cre重组酶转基因小鼠的研制和应用。

(市奖励办)

**【SARS流行病学研究】** 该项目由解放军军事医学科学院微生物流行病研究所等单位曹务

春、刘玮、阎锡蕴等完成。研究围绕病原体、宿主、社会、环境因素，将现场调查与实验室分析相结合，综合应用描述性研究、分析性研究、理论研究方法，空间信息技术等手段系统阐述了 SARS 传播及流行规律，主要创新性发现有：① SARS－CoV 病毒变异的分子流行病学研究：首次发现了 SARS－CoV 北京流行株在传播流行过程中遵循的变异规律；阐明了病毒变异与疾病流行规律间的关系，并进行了 SARS 病毒的结构特征研究，为病毒变异的特点提供了解释。② SARS 易感基因的病例对照研究：确定了多个宿主基因，包括 OAS1、MXA、IL12R 基因中多个 SNP 位点与 SARS 易感性的关联，揭示了宿主易感基因在 SARS 感染过程中的作用。③ SARS 队列的前瞻性流行病学研究：对确诊 SARS 病人队列进行 3 年的追踪随访，掌握了自然感染状态下机体保护性抗体的变化趋势，在国际上首次提出了 SARS 病人体液免疫持续时间；从抗体库中筛选到能有效抑制病毒侵染的特异抗体，证实了中和抗体对机体的保护作用；报道了结核合并 SARS 病例的发生，首次提出其排毒时间显著延长，机体免疫水平低于一般 SARS 病人的现象。④ SARS 流行病学分布特征研究：阐明了全国的整体流行趋势，确定了 SARS 扩散的空间分布模式，SARS 发生远距离扩散的主要影响因素，完善了对我国 SARS 流行特征的认识。并利用数流行病学数学模型，评价了流行过程中干预措施的有效性。

（市奖励办）

【异种（猪）皮肤替代物的基础与临床研究】该项目由解放军总医院第一附属医院等单位柴家科、杨红明、梁黎明等完成，属于烧伤外科和整形外科学的领域。创面修复是烧伤救治的关键环节，创面类型不同，修复方法不同。对于大面积深度创面，异体皮＋自体微粒皮移植是公认最有效的修复方法，但异体皮来源极度匮乏。该项目创造性地建立了选择性去细胞的技术方法，成功研制出选择性去细胞猪皮，动物实验与临床应用均取得了与异体皮同样的修复效果，验证了其取代异体皮用于修复大面积烧伤切削痂创面的可行性。其成果：率先采用高渗盐水/氢氧化钠法成功制备猪去细胞真皮基质；率先开展猪去细胞真皮基质、异体去细胞真皮基质与自体刃厚皮复合移植用于修复烧伤切削痂和整形切疤创面的对比性研究，证实了其与异体去细胞真皮基质在移植成活率及组织学上均无明显差异；率先将激光打孔技术应用于真皮基质的加工，成功研制出激光微孔猪去细胞真皮基质，克服了传统网状真皮基质分布不均匀的缺点，提高了真皮基质质量。该项目率先将猪去细胞真皮基质一次性包扎治疗 II 度烧伤创面，无需换药，极大减轻了患者痛苦和医护工作者的劳动强度；治疗过程中患者血清 C－反应蛋白水平明显降低，全身炎症反应减轻，有助于病情稳定；创面愈合时间明显缩短，瘢痕明显减轻；同时缩短了住院时间，降低了医疗费用。该项目研制的皮肤替代物来源广泛，费用低廉，彻底摆脱了异体皮来源匮乏的困境；研究成果对于改善修复质量，降低伤残率，提高烧伤整体救治水平具有重要意义。

（市奖励办）

【复合振动的超声骨骼手术仪】该项目由北京博达高科技有限公司等单位周兆英、田伟、史文勇等完成。这是一种独特的手术医疗器械，在系列超声手术仪中是技术难度最大的一类。其技术创新点为：①复合超声振动技术。刀具可同时实现纵向和切向振动，既有切割功能（开槽、成形、锯），又能进行铣磨削，适用于复杂部位的三维精细切割，有超声、机械双动力，提高了切割能力和效率。②"冷切割"技术。超声爆破式输出（1～50 次/秒），可设置释放时间与参数（切入、终止、不同组织、工作与待机），减少了热量积累，减少对切口、脊髓、周围神经和血管的热损伤，术后愈合时间短。③超声负载识别技术，判断组织和调整控制系统，实现安全手术，在脊柱手术切割椎板中，不伤害椎膜。④发展了优化设计技术。超声手术仪是力—电—声—不同生物组织的复合系统，优化设计技术包括：超声振动系统优化设计、阻抗优化设计、机电声一体化设计、热设计和疲劳设计。⑤长寿命超声刀具技术。发展了刀具设计制造技术，实现切割高效又长寿命工作。⑥和医院共同发展新刀具,进行大量超声刀手术临床考验,提高了精细脊柱手术的安全性,降低了复杂脊柱手术的难度和风险性。产品通过国家医用超声波仪器检测,获得国家食品药物管理局颁发的医疗器械注册证和生产许可证,以及国家 CMD 机构颁发的质量管理体系认证,且已投入生产和临床应用。

(市奖励办)

【国家体育场钢结构工程关键施工技术研究与应用】 该项目由北京城建集团有限责任公司等单位李久林、邱德隆、高树栋等完成。经过 4 年全面、系统的研究,课题组攻克了"鸟巢"独特造型下钢结构施工带来的一系列施工技术难题,并研究开发了空间弯扭构件展平放样软件和多点无模成形技术、异型复杂钢结构综合安装技术、计算机控制集群液压千斤顶同步卸载及监控量测技术、高精度测量控制网建立和工业测量技术、三维激光扫描测量技术研究和应用以及低温焊接技术、高强钢厚板焊接技术等多项关键技术,形成了 3 项国家级工法、5 项北京市工法,申请了 5 个发明专利、4 个实用新型专利以及 1 个企业标准。仅用 16 个月完成了"鸟巢"42000 吨钢结构加工和安装,保证了工程质量,推动了我国钢结构施工技术的进步,获得了中国建筑钢结构金奖。

(市奖励办)

【奥运交通指挥控制系统】 该项目由北京市公安局公安交通管理局等单位隋亚刚、张惠民、梁玉庆等完成。奥运交通指挥控制系统属于交通运输系统工程类,智能交通技术领域。该系统具有综合监测、信号控制、指挥调度、信息服务四大功能,在系统集成模式、数字化综合监测、可视化指挥调度、交通流预测预报等技术领域进行了集成应用创新,建成了服务于北京道路交通管理的 32 个智能交通指挥控制应用子系统,在提高道路通行效率、增强路面管控能力、提升信息服务水平、保证社会交通和奥运赛事交通高效和谐运转方面,取得了突破性的成果。该系统投入使用以来,全市路网综合通行能力提高 15%;快速路网日均时速提高 6.9%;突发事件处置时间缩短 5~6 分钟;信息服务诱导里程达 700 千米;交通事故万车死亡率由 2005 年的 5.87 降低到 2007 年的 3.78。奥运期间,综合监测系统 24 小时支撑了市政府削减流量政策的实施;信号控制系统自动适应奥运交通流量变化,保证奥运班车准时准点运行;指挥调度系统保障 3000 余场赛事安全准点,缩短开闭幕式散场时间 13%。系统保障了奥运会、残奥会和各种特大型勤务活动的集结、疏散车队安全有序,与社会交通交替放行精确到秒,兑现了奥运交通"安全、准点、可靠、便利"的承诺,社会交通和奥运交通和谐运转。

(市奖励办)

【转炉流程生产优质特殊钢工艺技术的开发与创新】 该项目由首钢总公司等单位张功焰、王新华、刘浏等完成。该项目研究攻克了以下关键技术:特殊钢转炉冶炼技术、特殊钢超低氧精炼技术、特殊钢夹杂物控制技术、无缺陷坯连铸技术、窄淬透性带控制技术、特殊钢组织性能控制技术、特殊钢控轧控冷技术,形成了具备自主知识产权的转炉流程生产优质特殊钢成套技术软件,已申报 12 项发明专利,其中 6 项获授权。项目取得了原始性创新:以造渣、脱氧和夹杂物转化为目的的转炉出钢预精炼工艺;采用高 $Al_2O_3$ 含量的高碱度精炼渣系,在实施超低氧含量控制同时,使夹杂物向较低熔点化转变;基于增量神经元网络算法的齿轮钢淬透性控制模型。该项目形成了具有重要意义的"转炉流程生产优质特殊钢工艺技术"集成创新。在夹杂物控制方面提出了"采用与夹杂物目标成分相近的渣系有利于将夹杂物控制在该目标区域"、"可通过在夹杂物中生成一定厚度的较低熔点外表层以改善钢材疲劳性能"等新理论见解,得到了国际钢铁界的关注。通过该项目研究,首钢特殊钢近 3 年产量达到 333 万吨,形成了齿轮钢、非调质钢、弹簧钢、轴承钢等产品系列,近 3 年获经济效益 3.64 亿元。

(市奖励办)

【KBBF 族深紫外非线性光学晶体的发现、生长和应用】 该项目由中科院理化技术研究所等单位陈创天、许祖彦、王继扬等完成,属无机非金属材料领域。在长达 18 年的研究过程中,研究人员运用分子工程设计学方法，发现了KBBF 族非线性光学晶体。针对此晶体层状习性严重、易解理这一缺点，发明了一种棱镜耦合技术（PCT），应用这一技术就无需对晶体进行角度切割，而只需在晶体表面实施超光滑抛光加工的条件下，就可制作成激光倍频、和频器件，从而突破了此晶体进行切割时易解理这一难关，使这类晶体的实用化问题得到解决。此技术已获得中、美、日三国专利授权。该项目还发明了"局域自发成核助熔剂生长 KBBF 单晶技术"，通过自主设计并制作的密闭式坩埚和特殊炉型，以及相应的晶体生长工艺规范，实现了大尺寸 KBBF 晶体的生长及其质量控制。解决了精密光学加工、光接触棱镜制作等一系列关键技术，形成了 KBBF – PCT 器件的小批量生产能力，使我们成为国际上唯一能够研制和生产实用化、精密化深紫外激光源的国家；首次实现了 Nd 基激光的 6 倍频 177.3 纳米谐波光有效功率输出；首次实现了 Ti：Sapphire 激光的 4 倍频谐波光的有效功率输出；以及首次实现了 Ti：Sapphire 激光的 4 倍频 180—220 纳米可调谐激光输出。该项目研发的 KBBF – PCT 器件已经在中、日两国研制的真空紫外超高分辨率光电子能谱仪中得到应用，并成功地观察到超导体在超导态时的一系列新的现象，为高温超导体的机理研究提供了新的实验证据。

（市奖励办）

【大功率全固态激光器开发及产业化】 该项目由北京国科世纪激光技术有限公司等单位樊仲维、赵剑波、崔建丰等完成，属固体激光技术领域。其主要技术问题及创新点：①通过工艺设计的不断改进与优化，解决了大功率 LD 侧泵激光模块和大功率 LD 光纤耦合模块的批量化生产技术。②通过工艺设计的不断改进与优化，解决了大功率全固态激光器的批量化生产技术；同时在大功率激光器装调与测试上采用了大量的设计理念和先进技术，解决了国产大功率激光器难以长期稳定工作的问题。③采用专利技术实现高能量脉宽可调激光器，填补了国内空白；并且在国内首次获得了高平均功率、窄线宽的可调谐激光输出，复杂激光器的设计能力接近国际水平。侧泵模块和光纤耦合模块是全固态激光器的核心器件，该项目生产的这两类产品目前均已满足工业应用的要求，公司已逐渐成为国内最大的激光元器件供应商。其中模块类产品累计实现销售 500 余台，实现销售收入约 1800 万元，在 2007 年占国内市场份额的 15.6%。全固态绿、蓝光激光器基本实现了产业化过程，并累计实现销售 250 余套，实现销售收入近 1050 万元，占有国内激光表演市场的 50% 以上。

（市奖励办）

【轻元素新纳米结构的构筑、调控及其物理特性研究】 由中国科学院物理研究所王恩哥、白雪冬、于杰等完成。其研究成果：①构筑了 5 种新的轻元素纳米材料。采用自行研发的热丝和微波等离子化学气相沉积技术首次制备出：CN 聚合纳米钟（nanobell）、单壁 BCN 纳米管、管状碳纳米锥、高定向 BCN 纳米纤维阵列、碳双螺旋纳米纤维阵列。②对满足特殊需求的纳米材料进行结构调控。分离出大量十几至几十纳米大小的单个纳米钟；采用分步生长方法获得了界面清晰的 CN 纳米钟/C 纳米管异质结和 BCN/C 纳米管异质结；提出一种低温掺氮化学气相沉积生长技术，获得了具有单一螺旋角的多壁碳纳米管和管状碳纳米锥。③研究发现了一些具有重要应用前景的新奇物理特性：通过硼、氮共掺杂实现了单壁碳纳米管从金属性向半导体性的转变，使样品中半导体导电性的单壁纳米管比例由 67% 提升到大于 97%；发现了单个 BCN/C 纳米管异质结的非线性整流特性；在 BCN 纳米纤维中观察到波长可调的强蓝荧光；获得了优异的 CN 纳米钟电化学储锂性能；系统研究了一维轻元素纳米管的电子场发射机理，发现了 CN 纳米管的"顶—边"电子发射机制。上述研究发表 SCI 论文 52 篇，被 SCI 他人引用 1173 次；获得 2 项国家发明专利；在国际学术会议上做特邀报告 10 个。

（市奖励办）

# 政策法规选

## Selected Policies and Regulations

# 中华人民共和国专利法

> 中华人民共和国主席令
> 第八号
>
> 《全国人民代表大会常务委员会关于修改〈中华人民共和国专利法〉的决定》已由中华人民共和国第十一届全国人民代表大会常务委员会第六次会议于2008年12月27日通过,现予公布,自2009年10月1日起施行。
>
> 中华人民共和国主席　胡锦涛
> 2008年12月27日

## 第一章　总　　则

**第一条**　为了保护专利权人的合法权益,鼓励发明创造,推动发明创造的应用,提高创新能力,促进科学技术进步和经济社会发展,制定本法。

**第二条**　本法所称的发明创造是指发明、实用新型和外观设计。

发明,是指对产品、方法或者其改进所提出的新的技术方案。

实用新型,是指对产品的形状、构造或者其结合所提出的适于实用的新的技术方案。

外观设计,是指对产品的形状、图案或者其结合以及色彩与形状、图案的结合所作出的富有美感并适于工业应用的新设计。

**第三条**　国务院专利行政部门负责管理全国的专利工作;统一受理和审查专利申请,依法授予专利权。

省、自治区、直辖市人民政府管理专利工作的部门负责本行政区域内的专利管理工作。

**第四条**　申请专利的发明创造涉及国家安全或者重大利益需要保密的,按照国家有关规定办理。

**第五条**　对违反法律、社会公德或者妨害公共利益的发明创造,不授予专利权。

对违反法律、行政法规的规定获取或者利用遗传资源,并依赖该遗传资源完成的发明创造,不授予专利权。

**第六条**　执行本单位的任务或者主要是利用本单位的物质技术条件所完成的发明创造为职务发明创造。职务发明创造申请专利的权利属于该单位;申请被批准后,该单位为专利权人。

非职务发明创造,申请专利的权利属于发明人或者设计人;申请被批准后,该发明人或者设计人为专利权人。

利用本单位的物质技术条件所完成的发明创造,单位与发明人或者设计人订有合同,对申请专利的权利和专利权的归属作出约定的,从其约定。

**第七条** 对发明人或者设计人的非职务发明创造专利申请,任何单位或者个人不得压制。

**第八条** 两个以上单位或者个人合作完成的发明创造、一个单位或者个人接受其他单位或者个人委托所完成的发明创造,除另有协议的以外,申请专利的权利属于完成或者共同完成的单位或者个人;申请被批准后,申请的单位或者个人为专利权人。

**第九条** 同样的发明创造只能授予一项专利权。但是,同一申请人同日对同样的发明创造既申请实用新型专利又申请发明专利,先获得的实用新型专利权尚未终止,且申请人声明放弃该实用新型专利权的,可以授予发明专利权。

两个以上的申请人分别就同样的发明创造申请专利的,专利权授予最先申请的人。

**第十条** 专利申请权和专利权可以转让。

中国单位或者个人向外国人、外国企业或者外国其他组织转让专利申请权或者专利权的,应当依照有关法律、行政法规的规定办理手续。

转让专利申请权或者专利权的,当事人应当订立书面合同,并向国务院专利行政部门登记,由国务院专利行政部门予以公告。专利申请权或者专利权的转让自登记之日起生效。

**第十一条** 发明和实用新型专利权被授予后,除本法另有规定的以外,任何单位或者个人未经专利权人许可,都不得实施其专利,即不得为生产经营目的制造、使用、许诺销售、销售、进口其专利产品,或者使用其专利方法以及使用、许诺销售、销售、进口依照该专利方法直接获得的产品。

外观设计专利权被授予后,任何单位或者个人未经专利权人许可,都不得实施其专利,即不得为生产经营目的制造、许诺销售、销售、进口其外观设计专利产品。

**第十二条** 任何单位或者个人实施他人专利的,应当与专利权人订立实施许可合同,向专利权人支付专利使用费。被许可人无权允许合同规定以外的任何单位或者个人实施该专利。

**第十三条** 发明专利申请公布后,申请人可以要求实施其发明的单位或者个人支付适当的费用。

**第十四条** 国有企业事业单位的发明专利,对国家利益或者公共利益具有重大意义的,国务院有关主管部门和省、自治区、直辖市人民政府报经国务院批准,可以决定在批准的范围内推广应用,允许指定的单位实施,由实施单位按照国家规定向专利权人支付使用费。

**第十五条** 专利申请权或者专利权的共有人对权利的行使有约定的,从其约定。没有约定的,共有人可以单独实施或者以普通许可方式许可他人实施该专利;许可他人实施该专利的,收取的使用费应当在共有人之间分配。

除前款规定的情形外,行使共有的专利申请权或者专利权应当取得全体共有人的同意。

**第十六条** 被授予专利权的单位应当对职务发明创造的发明人或者设计人给予奖励;发明创造专利实施后,根据其推广应用的范围和取得的经济效益,对发明人或者设计人给予合理的报酬。

**第十七条** 发明人或者设计人有权在专利文件中写明自己是发明人或者设计人。

专利权人有权在其专利产品或者该产品的包装上标明专利标识。

**第十八条** 在中国没有经常居所或者营业所的外国人、外国企业或者外国其他组织在中国申请专利的,依照其所属国同中国签订的协议或者共同参加的国际条约,或者依照互惠原则,根据本法办理。

**第十九条** 在中国没有经常居所或者营业所的外国人、外国企业或者外国其他组织在中国申请专利和办理其他专利事务的,应当委托依法设立的专利代理机构办理。

中国单位或者个人在国内申请专利和办理其他专利事务的,可以委托依法设立的专利代理机构办理。

专利代理机构应当遵守法律、行政法规,按照被代理人的委托办理专利申请或者其他专利事务;对被代理人发明创造的内容,除专利申请已经公布或者公告的以外,负有保密责任。专利代理机构的具体管理办法由国务院规定。

**第二十条** 任何单位或者个人将在中国完成的发明或者实用新型向外国申请专利的,应当事先报经国务院专利行政部门进行保密审查。保密审查的程序、期限等按照国务院的规定执行。

中国单位或者个人可以根据中华人民共和国参加的有关国际条约提出专利国际申请。申请人提出专利国际申请的,应当遵守前款规定。

国务院专利行政部门依照中华人民共和国参加的有关国际条约、本法和国务院有关规定处理专利国际申请。

对违反本条第一款规定向外国申请专利的发明或者实用新型,在中国申请专利的,不授予专利权。

**第二十一条** 国务院专利行政部门及其专利复审委员会应当按照客观、公正、准确、及时的要求,依法处理有关专利的申请和请求。

国务院专利行政部门应当完整、准确、及时发布专利信息,定期出版专利公报。

在专利申请公布或者公告前,国务院专利行政部门的工作人员及有关人员对其内容负有保密责任。

## 第二章 授予专利权的条件

**第二十二条** 授予专利权的发明和实用新型,应当具备新颖性、创造性和实用性。

新颖性,是指该发明或者实用新型不属于现有技术;也没有任何单位或者个人就同样的发明或者实用新型在申请日以前向国务院专利行政部门提出过申请,并记载在申请日以后公布的专利申请文件或者公告的专利文件中。

创造性,是指与现有技术相比,该发明具有突出的实质性特点和显著的进步,该实用新型具有实质性特点和进步。

实用性,是指该发明或者实用新型能够制造或者使用,并且能够产生积极效果。

本法所称现有技术,是指申请日以前在国内外为公众所知的技术。

**第二十三条** 授予专利权的外观设计,应当不属于现有设计;也没有任何单位或者个人就同样的外观设计在申请日以前向国务院专利行政部门提出过申请,并记载在申请日以后公告的专利文件中。

授予专利权的外观设计与现有设计或者现有设计特征的组合相比,应当具有明显区别。

授予专利权的外观设计不得与他人在申请日以前已经取得的合法权利相冲突。

本法所称现有设计,是指申请日以前在国内外为公众所知的设计。

**第二十四条** 申请专利的发明创造在申请日以前六个月内,有下列情形之一的,不丧失新颖性:

(一) 在中国政府主办或者承认的国际展览会上首次展出的;
(二) 在规定的学术会议或者技术会议上首次发表的;
(三) 他人未经申请人同意而泄露其内容的。

**第二十五条** 对下列各项,不授予专利权:

(一) 科学发现;

（二）智力活动的规则和方法；
（三）疾病的诊断和治疗方法；
（四）动物和植物品种；
（五）用原子核变换方法获得的物质；
（六）对平面印刷品的图案、色彩或者二者的结合作出的主要起标识作用的设计。

对前款第（四）项所列产品的生产方法，可以依照本法规定授予专利权。

## 第三章　专利的申请

第二十六条　申请发明或者实用新型专利的，应当提交请求书、说明书及其摘要和权利要求书等文件。

请求书应当写明发明或者实用新型的名称，发明人的姓名，申请人姓名或者名称、地址，以及其他事项。

说明书应当对发明或者实用新型作出清楚、完整的说明，以所属技术领域的技术人员能够实现为准；必要的时候，应当有附图。摘要应当简要说明发明或者实用新型的技术要点。

权利要求书应当以说明书为依据，清楚、简要地限定要求专利保护的范围。

依赖遗传资源完成的发明创造，申请人应当在专利申请文件中说明该遗传资源的直接来源和原始来源；申请人无法说明原始来源的，应当陈述理由。

第二十七条　申请外观设计专利的，应当提交请求书、该外观设计的图片或者照片以及对该外观设计的简要说明等文件。

申请人提交的有关图片或者照片应当清楚地显示要求专利保护的产品的外观设计。

第二十八条　国务院专利行政部门收到专利申请文件之日为申请日。如果申请文件是邮寄的，以寄出的邮戳日为申请日。

第二十九条　申请人自发明或者实用新型在外国第一次提出专利申请之日起十二个月内，或者自外观设计在外国第一次提出专利申请之日起六个月内，又在中国就相同主题提出专利申请的，依照该外国同中国签订的协议或者共同参加的国际条约，或者依照相互承认优先权的原则，可以享有优先权。

申请人自发明或者实用新型在中国第一次提出专利申请之日起十二个月内，又向国务院专利行政部门就相同主题提出专利申请的，可以享有优先权。

第三十条　申请人要求优先权的，应当在申请的时候提出书面声明，并且在三个月内提交第一次提出的专利申请文件的副本；未提出书面声明或者逾期未提交专利申请文件副本的，视为未要求优先权。

第三十一条　一件发明或者实用新型专利申请应当限于一项发明或者实用新型。属于一个总的发明构思的两项以上的发明或者实用新型，可以作为一件申请提出。

一件外观设计专利申请应当限于一项外观设计。同一产品两项以上的相似外观设计，或者用于同一类别并且成套出售或者使用的产品的两项以上外观设计，可以作为一件申请提出。

第三十二条　申请人可以在被授予专利权之前随时撤回其专利申请。

第三十三条　申请人可以对其专利申请文件进行修改，但是，对发明和实用新型专利申请文件的修改不得超出原说明书和权利要求书记载的范围，对外观设计专利申请文件的修改不得超出原图片或者照片表示的范围。

## 第四章 专利申请的审查和批准

**第三十四条** 国务院专利行政部门收到发明专利申请后,经初步审查认为符合本法要求的,自申请日起满十八个月,即行公布。国务院专利行政部门可以根据申请人的请求早日公布其申请。

**第三十五条** 发明专利申请自申请日起三年内,国务院专利行政部门可以根据申请人随时提出的请求,对其申请进行实质审查;申请人无正当理由逾期不请求实质审查的,该申请即被视为撤回。

国务院专利行政部门认为必要的时候,可以自行对发明专利申请进行实质审查。

**第三十六条** 发明专利的申请人请求实质审查的时候,应当提交在申请日前与其发明有关的参考资料。

发明专利已经在外国提出过申请的,国务院专利行政部门可以要求申请人在指定期限内提交该国为审查其申请进行检索的资料或者审查结果的资料;无正当理由逾期不提交的,该申请即被视为撤回。

**第三十七条** 国务院专利行政部门对发明专利申请进行实质审查后,认为不符合本法规定的,应当通知申请人,要求其在指定的期限内陈述意见,或者对其申请进行修改;无正当理由逾期不答复的,该申请即被视为撤回。

**第三十八条** 发明专利申请经申请人陈述意见或者进行修改后,国务院专利行政部门仍然认为不符合本法规定的,应当予以驳回。

**第三十九条** 发明专利申请经实质审查没有发现驳回理由的,由国务院专利行政部门作出授予发明专利权的决定,发给发明专利证书,同时予以登记和公告。发明专利权自公告之日起生效。

**第四十条** 实用新型和外观设计专利申请经初步审查没有发现驳回理由的,由国务院专利行政部门作出授予实用新型专利权或者外观设计专利权的决定,发给相应的专利证书,同时予以登记和公告。实用新型专利权和外观设计专利权自公告之日起生效。

**第四十一条** 国务院专利行政部门设立专利复审委员会。专利申请人对国务院专利行政部门驳回申请的决定不服的,可以自收到通知之日起三个月内,向专利复审委员会请求复审。专利复审委员会复审后,作出决定,并通知专利申请人。

专利申请人对专利复审委员会的复审决定不服的,可以自收到通知之日起三个月内向人民法院起诉。

## 第五章 专利权的期限、终止和无效

**第四十二条** 发明专利权的期限为二十年,实用新型专利权和外观设计专利权的期限为十年,均自申请日起计算。

**第四十三条** 专利权人应当自被授予专利权的当年开始缴纳年费。

**第四十四条** 有下列情形之一的,专利权在期限届满前终止:

(一)没有按照规定缴纳年费的;

(二)专利权人以书面声明放弃其专利权的。

专利权在期限届满前终止的,由国务院专利行政部门登记和公告。

**第四十五条** 自国务院专利行政部门公告授予专利权之日起,任何单位或者个人认为该专利权的授予不符合本法有关规定的,可以请求专利复审委员会宣告该专利权无效。

**第四十六条** 专利复审委员会对宣告专利权无效的请求应当及时审查和作出决定,并通知请求人和专利权人。宣告专利权无效的决定,由国务院专利行政部门登记和公告。

对专利复审委员会宣告专利权无效或者维持专利权的决定不服的,可以自收到通知之日起三个月内向人民法院起诉。人民法院应当通知无效宣告请求程序的对方当事人作为第三人参加诉讼。

**第四十七条** 宣告无效的专利权视为自始即不存在。

宣告专利权无效的决定,对在宣告专利权无效前人民法院作出并已执行的专利侵权的判决、调解书,已经履行或者强制执行的专利侵权纠纷处理决定,以及已经履行的专利实施许可合同和专利权转让合同,不具有追溯力。但是因专利权人的恶意给他人造成的损失,应当给予赔偿。

依照前款规定不返还专利侵权赔偿金、专利使用费、专利权转让费,明显违反公平原则的,应当全部或者部分返还。

## 第六章  专利实施的强制许可

**第四十八条** 有下列情形之一的,国务院专利行政部门根据具备实施条件的单位或者个人的申请,可以给予实施发明专利或者实用新型专利的强制许可:

(一)专利权人自专利权被授予之日起满三年,且自提出专利申请之日起满四年,无正当理由未实施或者未充分实施其专利的;

(二)专利权人行使专利权的行为被依法认定为垄断行为,为消除或者减少该行为对竞争产生的不利影响的。

**第四十九条** 在国家出现紧急状态或者非常情况时,或者为了公共利益的目的,国务院专利行政部门可以给予实施发明专利或者实用新型专利的强制许可。

**第五十条** 为了公共健康目的,对取得专利权的药品,国务院专利行政部门可以给予制造并将其出口到符合中华人民共和国参加的有关国际条约规定的国家或者地区的强制许可。

**第五十一条** 一项取得专利权的发明或者实用新型比前已经取得专利权的发明或者实用新型具有显著经济意义的重大技术进步,其实施又有赖于前一发明或者实用新型的实施的,国务院专利行政部门根据后一专利权人的申请,可以给予实施前一发明或者实用新型的强制许可。

在依照前款规定给予实施强制许可的情形下,国务院专利行政部门根据前一专利权人的申请,也可以给予实施后一发明或者实用新型的强制许可。

**第五十二条** 强制许可涉及的发明创造为半导体技术的,其实施限于公共利益的目的和本法第四十八条第(二)项规定的情形。

**第五十三条** 除依照本法第四十八条第(二)项、第五十条规定给予的强制许可外,强制许可的实施应当主要为了供应国内市场。

**第五十四条** 依照本法第四十八条第(一)项、第五十一条规定申请强制许可的单位或者个人应当提供证据,证明其以合理的条件请求专利权人许可其实施专利,但未能在合理的时间内获得许可。

**第五十五条** 国务院专利行政部门作出的给予实施强制许可的决定,应当及时通知专利权人,并予以登记和公告。

给予实施强制许可的决定,应当根据强制许可的理由规定实施的范围和时间。强制许可的理由消除并不再发生时,国务院专利行政部门应当根据专利权人的请求,经审查后作出终止实施强制许可的决定。

**第五十六条** 取得实施强制许可的单位或者个人不享有独占的实施权,并且无权允许他人实施。

**第五十七条** 取得实施强制许可的单位或者个人应当付给专利权人合理的使用费,或者依照中华人民共和国参加的有关国际条约的规定处理使用费问题。付给使用费的,其数额由双方协商;双方不能达成协议的,由国务院专利行政部门裁决。

**第五十八条** 专利权人对国务院专利行政部门关于实施强制许可的决定不服的,专利权人和取得实施强制许可的单位或者个人对国务院专利行政部门关于实施强制许可的使用费的裁决不服的,可以自收到通知之日起三个月内向人民法院起诉。

## 第七章　专利权的保护

**第五十九条** 发明或者实用新型专利权的保护范围以其权利要求的内容为准,说明书及附图可以用于解释权利要求的内容。

外观设计专利权的保护范围以表示在图片或者照片中的该产品的外观设计为准,简要说明可以用于解释图片或者照片所表示的该产品的外观设计。

**第六十条** 未经专利权人许可,实施其专利,即侵犯其专利权,引起纠纷的,由当事人协商解决;不愿协商或者协商不成的,专利权人或者利害关系人可以向人民法院起诉,也可以请求管理专利工作的部门处理。管理专利工作的部门处理时,认定侵权行为成立的,可以责令侵权人立即停止侵权行为,当事人不服的,可以自收到处理通知之日起十五日内依照《中华人民共和国行政诉讼法》向人民法院起诉;侵权人期满不起诉又不停止侵权行为的,管理专利工作的部门可以申请人民法院强制执行。进行处理的管理专利工作的部门应当事人的请求,可以就侵犯专利权的赔偿数额进行调解;调解不成的,当事人可以依照《中华人民共和国民事诉讼法》向人民法院起诉。

**第六十一条** 专利侵权纠纷涉及新产品制造方法的发明专利的,制造同样产品的单位或者个人应当提供其产品制造方法不同于专利方法的证明。

专利侵权纠纷涉及实用新型专利或者外观设计专利的,人民法院或者管理专利工作的部门可以要求专利权人或者利害关系人出具由国务院专利行政部门对相关实用新型或者外观设计进行检索、分析和评价后作出的专利权评价报告,作为审理、处理专利侵权纠纷的证据。

**第六十二条** 在专利侵权纠纷中,被控侵权人有证据证明其实施的技术或者设计属于现有技术或者现有设计的,不构成侵犯专利权。

**第六十三条** 假冒专利的,除依法承担民事责任外,由管理专利工作的部门责令改正并予公告,没收违法所得,可以并处违法所得四倍以下的罚款;没有违法所得的,可以处二十万元以下的罚款;构成犯罪的,依法追究刑事责任。

**第六十四条** 管理专利工作的部门根据已经取得的证据,对涉嫌假冒专利行为进行查处时,可以询问有关当事人,调查与涉嫌违法行为有关的情况;对当事人涉嫌违法行为的场所实施现场检查;查阅、复制与涉嫌违法行为有关的合同、发票、账簿以及其他有关资料;检查与涉嫌违法行为有关的产品,对有证据证明是假冒专利的产品,可以查封或者扣押。

管理专利工作的部门依法行使前款规定的职权时,当事人应当予以协助、配合,不得拒绝、阻挠。

**第六十五条** 侵犯专利权的赔偿数额按照权利人因被侵权所受到的实际损失确定;实际损失难以确定的,可以按照侵权人因侵权所获得的利益确定。权利人的损失或者侵权人获得的利益难以确定的,参照该专利许可使用费的倍数合理确定。赔偿数额还应当包括权利人为制止侵权行为所支付的合理开支。

权利人的损失、侵权人获得的利益和专利许可使用费均难以确定的,人民法院可以根据专利权的类型、侵权行为的性质和情节等因素,确定给予一万元以上一百万元以下的赔偿。

**第六十六条** 专利权人或者利害关系人有证据证明他人正在实施或者即将实施侵犯专利权的行为,如不及时制止将会使其合法权益受到难以弥补的损害的,可以在起诉前向人民法院申请采取责令停止有关行为的措施。

申请人提出申请时,应当提供担保;不提供担保的,驳回申请。

人民法院应当自接受申请之时起四十八小时内作出裁定;有特殊情况需要延长的,可以延长四十八小时。裁定责令停止有关行为的,应当立即执行。当事人对裁定不服的,可以申请复议一次;复议期间不停止裁定的执行。

申请人自人民法院采取责令停止有关行为的措施之日起十五日内不起诉的,人民法院应当解除该措施。

申请有错误的,申请人应当赔偿被申请人因停止有关行为所遭受的损失。

**第六十七条** 为了制止专利侵权行为,在证据可能灭失或者以后难以取得的情况下,专利权人或者利害关系人可以在起诉前向人民法院申请保全证据。

人民法院采取保全措施,可以责令申请人提供担保;申请人不提供担保的,驳回申请。

人民法院应当自接受申请之时起四十八小时内作出裁定;裁定采取保全措施的,应当立即执行。

申请人自人民法院采取保全措施之日起十五日内不起诉的,人民法院应当解除该措施。

**第六十八条** 侵犯专利权的诉讼时效为二年,自专利权人或者利害关系人得知或者应当得知侵权行为之日起计算。

发明专利申请公布后至专利权授予前使用该发明未支付适当使用费的,专利权人要求支付使用费的诉讼时效为二年,自专利权人得知或者应当得知他人使用其发明之日起计算,但是,专利权人于专利权授予之日前即已得知或者应当得知的,自专利权授予之日起计算。

**第六十九条** 有下列情形之一的,不视为侵犯专利权:

(一)专利产品或者依照专利方法直接获得的产品,由专利权人或者经其许可的单位、个人售出后,使用、许诺销售、销售、进口该产品的;

(二)在专利申请日前已经制造相同产品、使用相同方法或者已经作好制造、使用的必要准备,并且仅在原有范围内继续制造、使用的;

(三)临时通过中国领陆、领水、领空的外国运输工具,依照其所属国同中国签订的协议或者共同参加的国际条约,或者依照互惠原则,为运输工具自身需要而在其装置和设备中使用有关专利的;

(四)专为科学研究和实验而使用有关专利的;

(五)为提供行政审批所需要的信息,制造、使用、进口专利药品或者专利医疗器械的,以及专门为其制造、进口专利药品或者专利医疗器械的。

**第七十条** 为生产经营目的使用、许诺销售或者销售不知道是未经专利权人许可而制造并售出的专利侵权产品,能证明该产品合法来源的,不承担赔偿责任。

**第七十一条** 违反本法第二十条规定向外国申请专利,泄露国家秘密的,由所在单位或者上级主管机关给予行政处分;构成犯罪的,依法追究刑事责任。

**第七十二条** 侵夺发明人或者设计人的非职务发明创造专利申请权和本法规定的其他权益的,由所在单位或者上级主管机关给予行政处分。

**第七十三条** 管理专利工作的部门不得参与向社会推荐专利产品等经营活动。

管理专利工作的部门违反前款规定的,由其上级机关或者监察机关责令改正,消除影响,有违法收入的予以没收;情节严重的,对直接负责的主管人员和其他直接责任人员依法给予行政处分。

**第七十四条** 从事专利管理工作的国家机关工作人员以及其他有关国家机关工作人员玩忽职守、滥用职权、徇私舞弊,构成犯罪的,依法追究刑事责任;尚不构成犯罪的,依法给予行政处分。

## 第八章　附　则

**第七十五条** 向国务院专利行政部门申请专利和办理其他手续,应当按照规定缴纳费用。

**第七十六条** 本法自1985年4月1日起施行。

# 关于修改《国家科学技术奖励条例实施细则》的决定

> **中华人民共和国科学技术部令**
>
> **第13号**
>
> 《关于修改〈国家科学技术奖励条例实施细则〉的决定》已经2008年11月13日科学技术部第27次部务会议审议通过,现予公布,自2009年2月1日起施行。
>
> 　　　　　　　　　　　　　　　　部长　万钢
> 　　　　　　　　　　　　　　　二〇〇八年十二月二十三日

为进一步做好国家科学技术奖励工作,保证国家科学技术奖的评审质量,现对科学技术部1999年12月24日公布、2004年12月27日修改的《国家科学技术奖励条例实施细则》(科学技术部令第9号)作如下修改:

一、将第六章中"异议处理"部分的规定单独作为一章,作为第五章,其他章节序号顺延。第四章"推荐"修改为"推荐和受理"。第七章"授奖"修改为"批准和授奖"。第六章"监督及异议处理"调整为第八章,并修改为"监督及处罚"。

二、第三条修改为:"国家科学技术奖励工作深入贯彻落实科学发展观和'尊重劳动、尊重知识、尊重人才、尊重创造'的方针,鼓励团结协作、联合攻关,鼓励自主创新,鼓励攀登科学技术高峰,促进科学研究、技术开发与经济、社会发展密切结合,促进科技成果向现实生产力转化,促进国家创新体系建设,营造鼓励创新的环境,努力造就和培养世界一流科学家、科技领军人才和一线创新人才,加速科教兴国、人才强国和可持续发展战略的实施,推进创新型国家建设。"

三、第四条修改为:"国家科学技术奖的推荐、评审和授奖,遵循公开、公平、公正的原则,实行科学的评审制度,不受任何组织或者个人的非法干涉。"

四、将第十三条、第二十条和第三十一条第二项中的"一年以上"修改为"三年以上"。

五、第二十六条修改为:"奖励条例第十一条第一款(四)所称'重大工程项目',是指重大综合性基本建设工程、科学技术工程、国防工程及企业技术创新工程等。"

六、第三十条修改为:"国家科学技术进步奖一等奖单项授奖人数不超过15人,授奖单位不超过10个;二等奖单项授奖人数不超过10人,授奖单位不超过7个;特等奖单项授奖人数不超过50人,授奖单位不超过30个。"

七、第四十四条修改为:"国家科学技术奖各评审委员会的委员因故不能出席会议,可能影响评审工作正常进行时,可以由相关评审组的委员或者经科学技术部认定具备评审资格的专家代替,并享有与其他委员同等的权利。具体人选由评审委员会秘书长提名,经相应评审委员会主任委员批准。"

八、删除第五十条第二款。

九、第五十三条修改为:"凡存在知识产权以及有关完成单位、完成人员等方面争议并正处于诉讼、仲裁或行政裁决、行政复议程序中的,在争议解决前不得推荐参加国家科学技术奖评审。"

十、删除第五十四条中的"且直接关系到人身和社会安全、公共利益"。

十一、第五十六条修改为:"经评定未授奖的国家自然科学奖、国家技术发明奖和国家科学技术进步奖候选人、候选单位,如果再次以相关项目技术内容推荐须隔一年进行。"

十二、第五十九条修改为:"符合奖励条例第十五条及本细则规定的推荐单位和推荐人,应当在规定的时间内向奖励办公室提交推荐书及相关材料。奖励办公室负责对推荐材料进行形式审查。经审查不符合规定的推荐材料,不予受理并退回推荐单位或推荐人。"

十三、增加一条作为第六十一条:"候选人、候选单位及其项目如被发现存在本细则规定不得推荐的情形的,不提交评审。"

十四、增加一条作为第六十二条:"候选人、候选单位及其项目经奖励办公室公告受理后要求退出评审的,由推荐单位(推荐人)以书面方式向奖励办公室提出。经批准退出评审的,如再次以相关项目技术内容推荐国家科学技术奖,须隔一年以上进行。"

十五、将第七十三条调整为第六十三条,并将第二款修改为:"任何单位或者个人对国家科学技术奖候选人、候选单位及其项目的创新性、先进性、实用性及推荐材料真实性等持有异议的,应当在受理项目公布之日起60日内向奖励办公室提出,逾期不予受理。"

十六、删除第七十四条。

十七、将第七十七条调整为第六十六条,并修改为"奖励办公室在接到异议材料后应当进行审查,对符合规定并能提供充分证据的异议,应予受理。"

十八、将第七十八条调整为六十八条,并修改为:"涉及候选人、候选单位所完成项目的创新性、先进性、实用性及推荐材料真实性等内容的异议由奖励办公室负责协调,由有关推荐单位或者推荐人协助。推荐单位或者推荐人接到异议通知后,应当在规定的时间内核实异议材料,并将调查、核实情况报送奖励办公室审核。必要时,奖励办公室可以组织评审委员和专家进行调查,提出处理意见。

涉及候选人、候选单位及其排序的异议由推荐单位或者推荐人负责协调,提出初步处理意见报送奖励办公室审核。涉及跨部门的异议处理,由奖励办公室负责协调,相关推荐单位或者推荐人协助,其处理程序参照前款规定办理。

推荐单位或者推荐人接到异议材料后,在异议通知规定的时间内未提出调查、核实报告和协调处理意见的,该项目不提交评审。

涉及国防、国家安全项目的异议,由有关部门处理,并将处理结果报奖励办公室。"

十九、增加一条作为第七十三条:"初评可以采取定量和定性评价相结合的方式进行。奖励办公室负责制订国家科学技术奖的定量评价指标体系。"

二十、增加一条作为第七十六条:"必要时,奖励办公室可以组织国家科学技术奖有关评审组织的评审委员对候选人、候选单位及其项目进行实地考察。"

二十一、将第六十二条调整为第七十七条,并将其中的"初评结果"修改为"评审结果"。

二十二、将第六十六条调整为第七十九条,并将第一款第一项修改为:"(一)初评以网络评审或者会议评审方式进行,以记名限额投票表决产生初评结果。"

二十三、增加一条作为第八十一条:"奖励办公室应当在其官方网站等媒体上公布通过初评和评审的国家自然科学奖、国家技术发明奖、国家科学技术进步奖的候选人、候选单位及项目。涉及国防、国家安全的保密项目,在适当范围内公布。"

二十四、增加一条作为第八十六条:"国家自然科学奖、国家技术发明奖和国家科技进步奖每年奖励项目总数不超过 400 项。其中,每个奖种的特等奖项目不超过 3 项,一等奖项目不超过该奖种奖励项目总数的 15%。"

二十五、将第七十一条调整为第九十一条,并修改为:"科学技术奖励监督委员会对评审活动进行经常性监督检查,对在评审活动中违反奖励条例及本细则有关规定的单位和个人,可以分别情况建议有关方面给予相应的处理。"

二十六、增加一条作为第九十二条:"对通过剽窃、侵夺他人科学技术成果,弄虚作假或者其他不正当手段谋取国家科学技术奖的单位和个人,尚未授奖的,由奖励办公室取消其当年获奖资格;已经授奖的,经国家科学技术奖励委员会审核,由科学技术部报国务院批准后撤销奖励,追回奖金,并公开通报。情节严重者,取消其一定期限内或者终身被推荐国家科学技术奖的资格。同时,建议其所在单位或主管部门给予相应的处分。"

二十七、增加一条作为第九十三条:"推荐单位和推荐人提供虚假数据、材料,协助被推荐单位和个人骗取国家科学技术奖的,由科学技术部予以通报批评;情节严重的,暂停或者取消其推荐资格;对负有直接责任的主管人员和其他直接责任人员,建议其所在单位或主管部门给予相应的处分。"

二十八、增加一条作为第九十四条:"参与国家科学技术奖评审工作的专家在评审活动中违反评审行为准则和相关规定的,由科学技术部分别情况给予责令改正、记录不良信誉、警告、通报批评、解除聘任或者取消资格等处理;同时可以建议其所在单位或主管部门给予相应的处分。"

二十九、增加一条作为第九十五条:"参与国家科学技术奖评审组织工作的人员在评审活动中弄虚作假、徇私舞弊的,由科学技术部或者相关主管部门依法给予相应的处分。"

三十、增加一条作为第九十六条:"对国家科学技术奖获奖项目的宣传应当客观、准确,不得以夸大、模糊宣传误导公众。获奖成果的应用不得损害国家利益、社会安全和人民健康。

对违反前款规定,产生严重后果的,依法给予相应的处理。"

此外,对条文的顺序做了相应调整,对个别文字做了修改。

本决定自 2009 年 2 月 1 日起施行。

《国家科学技术奖励条例实施细则》根据本决定做相应的修改,重新公布。

# 北京市人民政府关于在中关村科技园区开展政府采购自主创新产品试点工作的意见

京政发[2008]46号
(2008年11月29日)

各区、县人民政府,市政府各委、办、局,各市属机构:

为贯彻党的十七大精神,全面落实科学发展观,发挥政府采购对自主创新的促进作用,根据《国家中长期科学和技术发展规划纲要(2006—2020年)》(国发[2005]44号),及发展改革委、科技部、财政部等部门《首台(套)重大技术装备试验、示范项目管理办法》(发改工业[2008]224号)、财政部《自主创新产品政府首购和订购管理办法》(财库[2007]120号)和《自主创新产品政府采购评审办法》(财库[2007]30号),现就在中关村科技园区(以下简称中关村)开展政府采购自主创新产品试点工作提出以下意见:

**一、充分认识在中关村开展政府采购自主创新产品试点工作的目的和重要意义**

政府采购自主创新产品是增强企业自主创新能力的重要举措,也是发挥政府采购调控功能和公共财政职能的重要措施。中关村作为我国科教智力资源最密集的区域和新时期建设创新型国家、首都创新型城市的龙头,围绕国家战略、首都发展和民生需要,大力开展自主创新,不断创造出技术领先的新产品,转化了大批重大科技成果。这次试点的目的是,本着先行先试的原则,通过政府采购,推进中关村自主创新产品在首都发展建设中的广泛应用。在中关村开展政府采购自主创新产品试点工作,将进一步拓展政府采购工作的广度和深度,为探索建立政府采购自主创新产品的新机制和新模式,不断完善政府采购制度,以及在本市全面开展政府采购自主创新产品提供经验。各区县政府、市政府各有关部门和单位要高度重视在中关村开展的试点工作,确保试点工作取得成效。

**二、明确自主创新产品采购范围,扩大政府采购适用领域**

参加本次试点的范围,是使用市区两级财政性资金采购的机关、企业、事业单位(以下统称采购单位)、市区两级财政性资金全额投资或部分投资项目的出资、建设和管理单位(以下统称项目业主单位)以及研发并提供自主创新产品的中关村企业、大学、科研单位(以下统称供应单位)。采购的中关村自主创新产品包括已列入国家或北京市自主创新产品目录的产品;重大技术装备;以及国家需要研究开发的重大创新产品、技术。采购自主创新产品的适用领域,从政府行政类办公扩展到市政设施、建筑、节水节能、环保和资源循环利用、交通管理、公共安全、医疗卫生、技术改造、科研研发、工程养护等使用市区两级财政性资金全额投资或部分投资的项目。

**三、政府采购中关村自主创新产品的方式**

本次试点主要在首购、订购、首台(套)重大技术装备试验和示范项目、推广应用等四个方面探索政府采购的新方式。

(一)首购方式。

1. 首购,是指由使用财政性资金的采购单位对首购产品进行首先购买的行为。

2. 首购产品,是指符合国民经济发展要求,代表先进技术发展方向;首次投向市场,虽尚未具备市场竞争力,但具有较大的市场潜力,需要重点扶持的产品。党政机关、事业单位购买的首购产品须纳入《政府采购自主创新产品目录》;企业购买的首购产品须纳入《北京市自主创新产品目录》。

3. 采购单位采购的产品属于首购产品类别的,采购单位应当购买目录中列明的首购产品。

(二)订购方式。

1. 订购,是由使用财政性资金的采购单位对国家和本市需要研究开发的重大创新技术和产品等确定自主创新产品供应单位的行为。

2. 订购产品应属于国家或本市需要研究开发的重大创新产品或技术,但目前尚未投入生产和使用,尚未列入国家及北京市自主创新产品目录;产品权益状况明确,研究开发完成后具有自主知识产权;创新程度高,涉及产品生产的核心技术和关键工艺,或者应用新技术原理、新设计构思,在结构、材质、工艺等方面对原有产品有根本性改进,能显著提高产品性能,或者能在国内外率先提出技术标准;具有潜在的经济效益和较大的市场前景或能替代进口产品。

3. 采购单位应当通过公开招标确定订购产品供应单位,并与其签订订购产品采购合同,确保充分竞争。

(三)首台(套)重大技术装备试验和示范项目方式。

1. 首台(套)重大技术装备试验和示范项目,是指由使用财政性资金的采购单位对首台(套)重大技术装备优先采购的行为。其中:试验项目是指项目业主单位所采用的首台(套)重大技术装备在国际上首次应用;示范项目是指项目业主单位所采用的首台(套)重大技术装备在国内首次应用。

2. 重大技术装备是指对国家经济安全和国防建设有重要影响,对促进国民经济可持续发展有显著效果,对结构调整、产业升级和节能减排有积极带动作用的装备产品。首台(套)重大技术装备是指集机、电、自动控制技术为一体的,运用原始创新、集成创新或引进技术消化吸收再创新的,拥有自主知识产权的核心技术和自主品牌,具有显著的节能和低(零)排放的特征,但尚未取得市场业绩的成套装备或单机设备。

3. 项目业主单位应按照《中华人民共和国招投标法》的规定,招标确定拟采购的首台(套)重大技术装备和研制单位。招标方式可以是公开招标,也可经政府投资主管部门批准后采取有限邀请招标、竞争性谈判等方式。在招标过程中,需考虑首台(套)重大技术装备的自主创新、节能环保因素,并视情况合理设置自主创新、节能环保评标因子或权重。

(四)推广应用方式。

1. 推广应用,是由使用财政性资金的采购单位或项目业主单位对已经生产并投放市场、质量可靠、处于国际国内领先技术水平、符合国家相关产业政策的,且已列入国家或北京市自主创新产品目录的自主创新产品,在政府储备或政府投资项目中优先应用的采购行为。

2. 采购单位或项目业主单位应通过招投标优先采购推广应用的自主创新产品。在招投标过程中,应当考虑自主创新因素,在项目评审方法和标准中设置一定比例的价格扣除或总分值加分等优惠条件,在同等条件下优先采购。采用最低评标价法评标的项目,对自主创新产品可以在评审时对其投标价格给予5%至10%幅度不等的价格扣除;采用综合评分法评标的项目,在满足基本技术条件的前提下,在价格评标项中,可以对自主创新产品给予价格评标总分值的4%至8%幅度不等的加分,在技术评标项中,可以对自主创新产品给予技术评标总分值的4%至8%幅度不等的加分。

四、建立对政府采购自主创新产品的有效激励机制

(一)在政府投资项目中,市发展改革委等有关部门应将项目业主单位承诺采购自主创新产品

作为申报立项的条件,并明确采购自主创新产品的具体要求。在市、区县两级政府投资的重点工程中,国产设备及产品的采购比例一般不得低于总价值的60%;在同等条件下,应优先采购中关村的自主创新产品。

（二）市有关部门对采用中关村自主创新产品的政府投资项目,优先安排环保、交通、能源评估,加快审批,优先安排财政预算,确保资金额度;对中关村企业研发的重大创新药物、疫苗等,优先进入医保目录或纳入政府储备;市有关部门在预算中要加大政府采购自主创新产品支持力度,对提供自主创新产品的中关村企业、大学、科研院所,优先给予资金支持,用于自主创新技术和产品的进一步研发和推广;对执行情况较好的采购单位或项目业主单位,其列入下一年度实施计划的采用自主创新产品政府投资项目及财政预算,市有关部门应给予优先安排。

**五、加大组织实施力度,确保试点工作落到实处**

（一）由市发展改革委、市财政局牵头,市教委、市科委、市公安局、市公安局公安交通管理局、市建委、市市政管委、市交通委、市水务局、市农委、市质量技术监督局、市审计局、市环保局、市工业促进局、市卫生局、市园林绿化局、市药品监督局、中关村管委会等市相关部门成立联合工作组,编制年度政府采购自主创新产品的实施计划,确定重点实施项目。

（二）中关村自主创新的首台(套)重大技术装备及试验、示范项目由市发展改革委、市财政局牵头,会同中关村管委会等市有关部门提出,并经专家组评估认定。具体实施细则由市发展改革委、市财政局牵头,会同中关村管委会等部门另行制定。

（三）由市科委牵头,会同北京市自主创新产品认定工作小组成员单位,根据本意见进一步完善《北京市自主创新产品认定办法》,并及时更新《北京市自主创新产品目录》。

（四）自主创新产品的供应单位在参与政府采购过程中,应进一步完善产品功能,规范标准,提升性能指标,并提供良好的售后服务。

（五）联合工作组对项目应用中关村自主创新产品情况进行检查和评估,对违反有关规定的行为主体,由有关部门依法进行处理。

（六）总结经验,加强宣传,加快在全市推广应用。要及时总结试点经验,协调解决试点工作中遇到的困难和问题。同时要定期举办自主创新产品推介会等多种形式的宣传推广活动,对应用自主创新产品情况较好的项目和单位进行宣传,搭建技术、产品推介和交流的平台,扩大政府采购自主创新产品的影响力。

# 北京市行政事业单位国有资产
# 出租、出借、对外投资、担保管理暂行办法

**第一条** 为加强行政事业单位国有资产出租、出借、对外投资、担保的管理,根据财政部发布的《行政单位国有资产管理暂行办法》《事业单位国有资产管理暂行办法》(财政部2006年第35号、36号部长令),结合北京市情况制定本办法。

**第二条** 本办法适用于本市各级各类占有、使用国有资产的行政事业单位。执行企业会计制度的事业单位不执行本办法。

**第三条** 各级财政部门是政府负责单位国有资产管理的职能部门,对单位的国有资产实施综合管理。

行政事业单位的国有资产属国家所有,单位依法享有占有、使用权,主管部门负责对本部门所属行政事业单位的国有资产实施监督管理,但不能随意变更国有资产使用性质。

**第四条** 行政事业单位国有资产出租是指单位在保证履行行政职能和完成事业任务的前提下,以有偿方式将国有资产让渡给其他单位使用,以组织收入、弥补经费不足的一种经济行为。

行政事业单位国有资产出借是指单位在保证履行行政职能和完成事业任务的前提下,将国有资产无偿让渡给其他单位使用的行为。

事业单位国有资产对外投资是指单位以获得未来货币增值或收益为目的,预先垫付一定量的货币与实物,经营某项事业的经济行为。

事业单位国有资产对外担保是指按照法律规定或当事双方的约定,以单位的一定财产为基础,能够用以督促债务单位履行债务,保证合同正常履行和保障债权实现的行为。

**第五条** 行政单位不得用国有资产对外投资、担保,法律另有规定的除外。

行政单位不得以任何形式用占有、使用的国有资产举办经济实体。在本办法颁布前已经举办经济实体的,要按照中共中央办公厅、国务院办公厅《关于党政机关兴办经济实体和党政机关干部从事经营活动问题的通知》的要求执行。

行政事业单位的国有资产,不得出借给个人、非国有企业及其他组织。

事业单位不得为个人、非国有企业及其他组织进行担保。

行政事业单位国有资产出租给个人、非国有企业及其他组织的,应采用招标等公开、公正的方式进行。

**第六条** 行政事业单位将占有、使用的国有资产出租、出借、对外投资、担保的,必须事先经主管部门同意,上报同级财政部门审核批准后才能予以实施。

财政部门和主管部门应当加强对行政事业单位利用国有资产对外投资、出租、出借和担保等行为的风险控制,从严审批。

**第七条** 行政事业单位办理国有资产出租、出借、对外投资、担保审批手续时,应根据财政部门要求分别提交下列有关文件、证件和资料:

一、出租、出借应按要求提供的资料:

1. 资产出租、出借申请;
2. 能够证明资产价值的有效凭证,如购货单(发票、收据)、工程决算副本、记账凭单影印件、固定资产卡片等;
3. 单位近期的会计报表、资产统计报表及资产使用情况说明;
4. 主管部门审核意见书;
5. 产权登记证;
6. 出租、出借房屋、土地的,需另外提供:土地来源证明、国有土地使用证、房屋所有权证、建设用地批准书等,以及拟出租出借的房屋建筑物的坐落地点、面积、规划用途等;
7. 财政部门要求提交的其他文件、证件及资料。

二、对外投资、担保应按要求提交如下资料:

1. 资产对外投资、担保申请报告;
2. 主管部门审核意见书;
3. 可行性论证报告;
4. 投资、入股、合资、合作意向书或草签的协议;
5. 能够证明实物资产价值的有效凭证,如购货单(发票、收据)、工程决算副本、记账凭单影印件、固定资产卡片等;

6. 单位近期的会计报表、资产统计报表以及资产使用情况说明;

7. 产权登记证;

8. 对外投资、担保使用房屋、土地的,需另外提供:土地来源证明,国有土地使用证、房屋所有权证、建设用地批准书等,以及拟对外投资、担保房屋建筑物的坐落地点、面积、规划用途等;

9. 财政部门要求提交的其他文件、证件及资料。

第八条 行政事业单位出租、出借国有资产必须签订符合相关法律、法规规定的合同或协议。国有资产出借期限一般不得超过一年,国有资产出租签订协议期限一般不得超过三年;出租价格不得低于市场平均价格,其中房屋的出租价格应参照同类地区同类房屋的出租价格确定,如无法提供的必须请中介机构进行评估。

事业单位对外投资、担保必须在所能承担的风险范围内进行,进行充分的论证,确保国有资产的保值增值。

第九条 单位应当对本单位发生的国有资产出租、出借、对外投资、担保等事项实行专项管理,包括专人负责,财务单独记账等,并在单位财务会计报告中对相关信息进行充分披露。

第十条 行政单位各项国有资产使用收益,按照政府非税收入管理的规定,实行"收支两条线"管理;事业单位各项国有资产使用收益,纳入单位部门预算管理,同时按照部门预算的有关要求编制收入、支出预算。国家另有规定的除外。

第十一条 在本通知下发之前已签订的有关出租、出借、对外投资、担保协议的行政事业单位,要对有关项目认真进行清理,符合国家规定的,按本办法规定的程序补办相关手续后,可继续执行至合同期满。

第十二条 行政事业单位在发生国有资产出租、出借、对外投资等行为后,财政部门应当在单位的预算安排及资产配备上从严控制。

第十三条 各级财政部门、主管部门和行政事业单位要加强对国有资产使用的管理、监督,完善管理制度,坚持单位内部监督与财政监督、审计监督、社会监督相结合,事前监督、事中监督、事后监督相结合,日常监督与专项检查相结合,制止国有资产使用中的各种违法违纪行为,防止国有资产流失,维护国有资产的合法权益。对于资产使用中的违法违纪行为按照《财政违法行为处罚处分条例》进行处理,触犯刑律的,要移送司法部门追究其法律责任。

第十四条 参照公务员制度管理的事业单位和社会团体,依照行政单位管理的有关规定执行;执行企业会计制度的事业单位及事业单位所办全资企业的国有资产出租、出借、对外投资、担保等行为,按照企业国有资产监督管理有关规定执行。

第十五条 市级党的机关、人大常委会机关、行政机关、政协机关及其工作部门、派出机构和财政全额拨款的直属事业单位办公用房的使用管理,执行《中共北京市委办公厅北京市人民政府办公厅关于进一步规范和加强本市市级机关办公用房管理工作的通知》(京办发[2007]21号)有关规定。

第十六条 区、县财政部门负责本地区行政事业单位国有资产管理,可根据本办法,结合实际情况,制定本地区行政事业单位国有资产出租、出借、对外投资、担保管理制度。

第十七条 此前有关行政事业单位国有资产出租、出借、对外投资、担保的规定与本办法相抵触的以本办法为准。

第十八条 本办法由北京市财政局负责解释。

第十九条 本办法自2008年4月1日起施行。

# 含有密码技术的信息产品政府采购规定

国密局联[2008]1号
(2008年1月8日)

**第一条** 为保障国家信息安全,规范政府信息系统和涉及国家秘密的信息系统中含有密码技术的信息产品的采购行为,根据《中华人民共和国政府采购法》、《中华人民共和国保守国家秘密法》、《中华人民共和国国家安全法》、《商用密码管理条例》和相关法律法规,制定本规定。

**第二条** 本规定所称含有密码技术的信息产品,是指采用密码技术实现信息加解密、认证鉴别、授权管理、访问控制等安全功能的软件、硬件。

**第三条** 各级国家机关、事业单位和团体组织(以下统称采购人),在政府信息系统和涉及国家秘密的信息系统中,使用财政性资金采购含有密码技术的信息产品的活动,适用本规定。

**第四条** 各级密码管理部门、财政部门、保密管理部门依照各自职责,对政府信息系统和涉及国家秘密的信息系统中含有密码技术的信息产品的采购实施监督管理。

各级人民政府其他有关部门依法履行与本规定政府采购活动有关的监督管理职责。

**第五条** 国家对含有密码技术的信息产品采购实行目录管理。

采购人采购含有密码技术的信息产品时,应当采购目录中的产品。

**第六条** 国家密码管理局会同科技部、公安部、国家安全部、财政部、信息产业部、商务部、国家保密局、国务院信息化工作办公室,确定含有密码技术的信息产品的具体范围。

财政部会同国家密码管理局在确定范围内制定含有密码技术的信息产品政府采购目录,在适当范围内公布并适时调整。

**第七条** 采购人应当在目录产品范围内,采用政府采购法律制度规定的采购方式确定中标或成交供应商,确保采购活动公平、公正和充分竞争。

采购人采购用于涉及国家秘密的信息系统的含有密码技术的信息产品及相关服务,应当通过具有涉密或者密码相关资质的企业采购。

**第八条** 确需采购未列入目录的含有密码技术的信息产品的,应当同时具备下列条件:(一)通过同级密码管理部门(机构)组织的需求合理性论证;(二)通过公安部、国家安全部、国家保密局、国家密码管理局联合指定的安全评估机构的安全评估;(三)通过国家密码管理局指定的检测机构的检测。

**第九条** 采购人或其委托的采购代理机构未按本规定要求采购的,由财政部门责令改正;拒不改正的,停止按预算支付资金,由其上级行政主管部门或者有关机关依法给予其直接负责的主管人员和其他直接责任人员处分。

**第十条** 其他使用财政性资金采购涉及国家安全的含有密码技术信息产品的,参照本规定执行。

**第十一条** 政府信息系统和涉及国家秘密的信息系统中装备密码产品的,应当按照国家有关密码管理规定执行。涉及信息安全保密产品采购的,按照国家相关管理规定执行。

**第十二条** 本规定自2008年3月1日起施行。

# 北京市科技计划国家科技秘密项目（课题）保密管理办法

京科办发[2008]186号
（2008年5月28日）

## 第一章 总 则

**第一条** 为规范北京市科技计划中国家科技秘密项目（课题）（以下简称涉密项目）保密管理，明确涉密项目承担单位（以下简称持密单位）和涉密人员的保密职责并维护其相应权益，依据《中华人民共和国保守国家秘密法》、《科学技术保密规定》和《北京市科技计划项目（课题）管理办法》制定本办法。

**第二条** 本办法适用于由北京市科学技术委员会（以下简称市科委）立项并由北京市财政经费资助的涉密项目。

**第三条** 市科委负责管理涉密项目的科技保密工作，并将其纳入北京市科技计划项目（课题）（以下简称计划项目）管理全过程。

## 第二章 定密、变更和解密

**第四条** 计划项目定密，应当依据《科学技术保密规定》第七条、第八条的规定，并参考科技部推荐的《国家敏感技术指导目录》（试行）确定密级、保密期限和保密要点。

**第五条** 计划项目定密包括立项定密和成果（含阶段性成果）定密。

**第六条** 定密程序：

1. 申报：计划项目承担单位就立项项目或项目成果提出定密建议，并填写《北京市科技计划项目（课题）定密申请表》报市科委审定。

2. 审定：市科委对项目承担单位提出的定密建议予以审定或修正；市科委对符合国家科技秘密定密条件的计划项目或项目成果可以直接定密。

3. 签约：持密单位与市科委签订《北京市持密单位保密责任书》。

**第七条** 涉密项目有下列情形之一的，应当及时变更密级：

1. 知悉范围拟作较大改变的；
2. 一旦泄露对国家安全和利益的损害程度会发生明显变化的；
3. 涉密项目发生重大调整或撤销的。变更密级由持密单位填写《北京市国家科技秘密项目（课题）密级变更申请表》报市科委审定。

**第八条** 涉密项目保密期限届满，持密单位认为需要继续保密的，应当在保密期限届满前30日内填写《北京市国家科技秘密项目（课题）保密期限延长申请表》报市科委审定；市科委认为需要继续保密的，可以直接做出延长保密期限的决定。

**第九条** 涉密项目有下列情形之一的，应当及时解密：

1. 失去保密价值的；

2. 为占领国际市场、已有后备技术或国外即将研究成功的;
3. 已经扩散且很难采取补救措施的;
4. 已在大范围试验推广,可保性较差的;
5. 可以从公开产品中获得的;
6. 难以继续保密的。

涉密项目保密期限届满的,自行解密;需提前解密的,持密单位提出解密建议,填写《北京市国家科技秘密项目(课题解密申请表》报市科委审定;已具备解密条件之一的,市科委可以直接予以解密。

**第十条** 涉密项目结题验收前,由市科委先行对其进行密级复审。

## 第三章 科技保密管理

**第十一条** 市科委负责北京市科技保密工作,主要职责如下:
1. 制定科技保密规章制度;
2. 审定涉密项目的定密、解密及变更事项;
3. 办理科技保密审批及涉外许可事项;
4. 开展科技保密宣传教育,组织科技保密培训;
5. 指导、检查持密单位的科技保密工作;
6. 管理科技保密专项经费并监督其使用;
7. 完善、推行专家评审机制;
8. 表彰和奖励科技保密先进集体和个人;
9. 协助保密工作主管部门及相关司法机关查处失泄密事件。

**第十二条** 持密单位应当严格遵守《北京市持密单位保密责任书》的规定。

**第十三条** 持密单位负责管理本单位的科技保密工作,其职责如下:
1. 建立健全保密管理规章制度和程序;
2. 设立科技保密工作领导小组并制定工作规则;
3. 指定科技保密管理机构负责日常工作;
4. 提供科技保密经费保障并规范其使用;
5. 向市科委提交国家规定报批的科技保密审查事项的申请;
6. 按年度向市科委报告科技保密管理状况,遇有特殊情况及时报告;
7. 接受市科委的科技保密工作指导、监督检查、绩效评估和经费审计;
8. 表彰和奖励科技保密先进集体和个人;
9. 协助政府有关部门查处失泄密事件。

**第十四条** 持密单位应当对涉密人员进行有效管理。
1. 审查资质:持密单位应当对涉密人员进行保密资质审查,并按年度对涉密人员的资质进行复审。
2. 签订保密责任书:持密单位应当与在职、离职、退休的涉密人员签订保密责任书,明确涉密人员的保密责任和义务。
3. 加强管理:持密单位应当对涉密人员进行保密宣传教育培训;对涉密人员与外部交流合作、商务活动、涉密业绩评定及奖惩、离职监管等重要环节实施严格管理,并建立保密管理档案。
4. 发放保密津贴:持密单位应当及时按规定向涉密人员发放保密津贴。

第十五条　持密单位应当就涉密项目的交流、宣传及商务活动中的重要事项向市科委提出科技保密审查申请并附保密方案,获批准后方可具体实施。

第十六条　持密单位发生股权变更事项时,应当事先报请市科委进行科技保密审查,获批准后方可按有关规定履行股权变更手续。

第十七条　绝密级涉密项目不得申请专利或保密专利。机密级、秘密级涉密项目可申请保密专利,但应当事先报市科委审批;机密级、秘密级涉密项目申请专利或者由保密专利转为专利的,应当先行办理解密手续。

第十八条　持密单位注册地址、法定代表人、联系方式、国家科技秘密权属、保密专利、核心涉密人员等重要情况发生变动,应当在变动之后15日内向市科委提交书面报告。

第十九条　持密单位发生失泄密事件应当在24小时内向政府主管部门报告。

## 第四章　科技保密专项经费管理

第二十条　科技保密专项经费应当专款专用,实报实销。经费的预算、使用、审批和监管按照《北京市科技保密专项经费管理办法》执行。

第二十一条　科技保密专项经费使用单位限定为持密单位、北京市国家秘密技术项目持有单位、科技保密管理部门。

第二十二条　科技保密专项经费使用单位应当按规定的经费支出范围编制经费年度预算报市科委;市科委负责编制全市科技保密专项经费年度预算,经北京市财政局审核拨付。

第二十三条　科技保密专项经费用于科技保密管理、保密技术装备购置、涉密人员保密津贴发放、科技保密宣传教育培训工作的开展及先进集体和个人的表彰奖励等。

## 第五章　罚　　则

第二十四条　持密单位违反本办法的规定,情节轻微的,市科委予以通报批评;情节严重的,三年内不得再申请承担涉密项目;导致发生失泄密后果、给国家安全和利益造成损害的,由保密工作主管部门对持密单位及其法定代表人按规定予以处罚;触犯刑律的,由司法机关依法追究其刑事责任。

第二十五条　涉密人员违反本办法的规定,由持密单位视情节将其调离涉密岗位、停发保密津贴、实施行政处分、经济处罚,直至依法追究其法律责任。

## 第六章　附　　则

第二十六条　经科技部和国家保密局审核确认的北京市国家秘密技术项目的科技保密管理参照本办法执行。

第二十七条　本办法由北京市科学技术委员会负责解释。

第二十八条　本办法自2008年7月1日起施行。

# 北京市科技保密专项经费管理办法

京科办发[2008]186号
(2008年5月28日)

## 第一章 总 则

**第一条** 为加强北京市科技保密专项经费的管理,根据国家有关财务制度,结合北京市科技保密工作具体情况,制定本办法。

**第二条** 本办法所称科技保密专项经费是指由北京市科学技术委员会(以下简称市科委)根据科技保密工作需要编制年度预算,并经北京市财政局(以下简称市财政局)审核拨付的市财政经费。

**第三条** 凡涉及科技保密专项经费的使用和管理,均适用本办法。

**第四条** 科技保密专项经费的使用必须遵守国家的有关法律法规和财务制度,坚持实事求是、科学预算、勤俭节约、专款专用的原则。

**第五条** 科技保密专项经费预算实行专家论证和政府主管部门决策相结合的审批机制。

## 第二章 职责与权限

**第六条** 市科委是科技保密专项经费的管理部门,其主要职责是:
1. 确定科技保密专项经费的支出范围;
2. 编制科技保密专项经费年度预算和决算;
3. 组织专家对科技保密专项经费预算进行论证;
4. 根据预算拨付科技保密专项经费;
5. 检查、监督科技保密专项经费的使用情况。

**第七条** 北京市科技计划国家科技秘密项目(课题)(以下简称涉密项目)承担单位和国家秘密技术项目持有单位主要职责是:
1. 编制本单位科技保密经费预算和决算;
2. 按规定的支出范围使用科技保密经费;
3. 科技保密专项经费购置的保密技术装备应纳入单位资产管理体系;
4. 及时向市科委报告科技保密经费预算执行中的问题;
5. 接受市科委对科技保密经费预算执行情况的检查和审计;
6. 以自有资金提供科技保密配套经费。

## 第三章 经费支出范围

**第八条** 科技保密专项经费的支出范围包括科技保密管理费、保密技术装备费、涉密人员保密津贴、保密宣传教育培训费和表彰奖励费等费用。

**第九条** 科技保密管理费:指开展科技保密体系建设、科技保密机构运行、科技保密专题研究、专家评审咨询、保密绩效评估、保密监督检查和处置突发事件等工作发生的费用。

**第十条** 保密技术装备费:指为满足保密管理需要,购置专门用于防范失窃密的保险柜、安全门窗、电子门锁、监控系统、电磁屏蔽设施、文件粉碎装置等技术装备发生的费用。

**第十一条** 涉密人员保密津贴:指向涉密人员发放的保密津贴。涉密人员分为核心涉密人员、重要涉密人员和一般涉密人员,其津贴标准分别是每月300元、200元和100元。保密津贴应当在涉密人员与单位签订保密责任书之后,在保密期限内按月据实计发。持密单位应当将涉密人员名单和保密津贴金额及其变动情况报市科委。

**第十二条** 保密宣传教育培训费:指开展保密宣传教育培训工作发生的费用。

**第十三条** 表彰奖励费:指对科技保密工作做出突出贡献的先进集体和个人进行表彰奖励发生的费用。

## 第四章 经费预算与审批

**第十四条** 涉密项目承担单位、北京市国家秘密技术项目持有单位和科技保密管理部门应当按照本办法第三章规定的经费支出范围编制科技保密专项经费年度预算。

**第十五条** 市科委在审核汇总涉密项目承担单位和北京市国家秘密技术项目持有单位上报的科技保密专项经费年度预算基础上,编制全市科技保密专项经费年度预算,报市财政局审核批准。

**第十六条** 批准后的科技保密专项经费预算必须严格执行,一般不做调整。

## 第五章 经费的使用、管理与监督

**第十七条** 科技保密专项经费使用单位应当严格执行国家有关财务制度,建立科技保密专项账户,专款专用,按照预算支出范围使用经费,不得随意改变用途。

**第十八条** 市科委实行预算论证、中期抽查、审计、绩效考评等方式对科技保密专项经费进行监督管理,将其结果记录备案,并作为后续申报科技保密专项经费资格审查的重要依据。

**第十九条** 涉密项目解密后,科技保密专项经费的拨付随即终止。

**第二十条** 科技保密专项经费购置的固定资产应纳入单位固定资产账户进行核算与管理,资产的处置按国家有关规定执行,防止国有资产流失。

**第二十一条** 科技保密专项经费使用单位在申报、使用过程中,发生弄虚作假、资金截留、挪用、挤占等违法违规行为的,由市科委通报批评、停止拨款,情节严重且构成犯罪的,依法追究其法律责任。

## 第六章 附　则

**第二十二条** 本办法由北京市科学技术委员会负责解释。

**第二十三条** 本办法自2008年7月1日起施行。

# 北京市科技计划项目(课题)档案管理办法

京科办发[2008]185号
(2008年5月29日)

## 第一章 总 则

**第一条** 为规范北京市科技计划项目(课题)档案工作,强化科技计划项目(课题)管理,有效保护和利用国家科技信息资源,依据《中华人民共和国档案法》和国家档案局颁布的《机关文件材料归档范围和文书档案保管期限规定》,结合《北京市科技计划项目管理办法》制定本办法。

**第二条** 北京市科技计划项目(课题)档案(以下简称项目档案),指相关单位或个人在该项目的立项、研究、评估、验收、审计、成果推广应用等全过程中形成的,应该归档保存的各种类型及载体的原始记录。

项目档案分为项目管理档案和项目研究开发档案(以下简称项目研发档案)两部分。项目管理档案包括北京市科学技术委员会(以下简称市科委)、项目主持单位、课题承担单位、各受托单位在项目管理过程中形成的应当归档保存的文件。项目研发档案指课题承担单位在课题研究开发过程中形成的应当归档保存的文件。

**第三条** 本办法适用于市科委立项,并由北京市财政拨款支持的项目档案的形成与管理。

**第四条** 项目档案是科技计划项目实施过程中各项工作的真实记录,是国家和本市重要的科技信息资源,应按照集中统一管理的原则做好项目档案工作,确保项目档案的真实、完整、准确、安全和有效利用。

**第五条** 市科委主管项目档案工作。档案行政管理部门是项目档案工作的监督部门。

充分发挥中介机构和专家在项目档案工作中的作用。

**第六条** 项目主持单位和课题承担单位要为项目档案管理提供必要的服务与保障条件,其发生的费用依据《北京市科技计划项目(课题)经费管理办法》执行。

## 第二章 项目档案管理职责

**第七条** 市科委接收、保管各相关单位移交的项目管理档案,对项目(课题)负责人、专兼职档案管理人员(简称档案员)等相关人员进行业务培训。

市科委根据需要委托中介机构对项目研发档案进行评估,并对其受托工作进行监督、检查。

**第八条** 项目主持单位负责项目文件的形成、积累,保证其真实、完整、准确;检查课题承担单位的档案工作;按归档范围接收或移交相关档案。

**第九条** 课题承担单位负责课题文件的形成、积累,保证课题文件的完整、准确并及时归档;

课题负责人对本课题的档案工作负有领导职责,应指定档案员管理档案;

档案员按照本办法要求督促课题组成员形成、积累课题文件,负责课题文件的整理和归档;

课题组成员在档案员的指导下形成规范的文件,在所承担的项目研发工作完成后一个月内,将应归档的文件移交档案员管理。

**第十条** 各受托单位(监理单位、招标代理单位、评估评审单位、审计单位、其他受托单位)负责向市科委移交受托工作形成的档案,保证其真实、完整、准确。

## 第三章 项目档案管理要求

**第十一条** 市科委、项目主持单位、课题承担单位、各受托单位按照《项目档案归档范围及保管期限表》(见附件)移交或保存项目档案。

**第十二条** 市科委按年度接收项目管理档案;项目主持单位、课题承担单位在项目验收后三个月内向所属单位档案部门移交项目档案;各受托单位在完成受托工作三个月内,向市科委移交受托工作形成的档案。

撤销、终止项目(课题)单位在接到撤销、终止通知后一个月内向所属单位档案部门移交项目档案。

**第十三条** 项目档案必须是原件和定稿,其载体与记录材料具有耐久性,字迹工整、图样清晰,签署手续完备。

项目档案归档包括纸质档案与电子档案各一套,其电子档案必须符合《北京市电子文件归档与管理暂行规定》的要求。

**第十四条** 项目管理档案按照《归档文件整理规则》(DA/T22—2000)整理;项目研发档案按照《科学技术档案案卷构成的一般要求》(GB/T11822—2000)整理;项目财务文件按照财政部、国家档案局颁布的《会计档案管理办法》整理。

**第十五条** 归档前项目文件应有统一的保管装具和固定的保管场所,有确保文件实体安全和信息安全的必要措施;归档后的项目档案保管执行《北京市实施〈中华人民共和国档案法〉办法》的相关规定。

**第十六条** 项目档案的开发利用工作,按照国家档案局《关于加强档案信息资源开发利用工作的意见》执行。市科委保留开发利用项目档案信息的权利。

**第十七条** 国家秘密项目档案管理依照《中华人民共和国保密法》、《科学技术保密规定》执行。

**第十八条** 相关单位或个人不得拒绝移交项目档案或者将档案据为己有。

不按时移交项目档案或移交档案质量存在严重缺陷的,将作为项目(课题)负责人及直接责任者的不端科研行为记录在案,并取消其三年内申报北京市科技计划项目的资格;情节严重者,市科委提交档案行政管理部门依据档案法律法规予以查处。

## 第四章 项目档案的验收

**第十九条** 项目档案验收是指对项目档案真实、完整、准确状况进行的评估和确认。项目档案验收合格才能进行项目验收。

**第二十条** 一般项目档案由市科委负责组织验收;重大项目档案由市科委和档案行政管理部门共同组织验收。

**第二十一条** 项目档案验收的程序:

1. 项目主持单位或课题承担单位在项目(课题)完成一个月内提出档案验收的书面申请。

2. 市科委接到档案验收申请后,一般项目(课题)在15日内,委托中介机构对其档案进行评估;重大项目(课题)在 30 日内,会同档案行政管理部门组成专家组对其档案进行评估。

中介机构或专家组按照本办法第二章和第三章的相关条款对项目档案进行评估,并对不符合要求的档案提出整改意见,直至评估合格。

3. 市科委在收到中介机构或专家组的评估报告后 15 日内,下达《北京市科技计划项目(课题)档案验收确认书》。

## 第五章 附 则

**第二十二条** 本办法由市科委和市档案局负责解释。

**第二十三条** 本办法自 2008 年 7 月 1 日起施行。

# 进一步推进中关村科技园区百家创新型企业试点工作的若干意见

中科园发[2008]17 号
(2008 年 6 月 17 日)

为贯彻党的十七大精神和科学发展观,充分发挥中关村科技园区在创新型国家建设和首都创新型城市建设中的引领作用,深入落实《北京市人民政府科学技术部中国科学院〈关于在中关村科技园区开展百家创新型企业试点工作的通知〉》(京政函[2007]22 号)的要求,以中关村科技园区成立 20 周年为契机,进一步深化中关村科技园区百家创新型企业试点工作,做强中关村科技园区,特制定本意见。

**一、统一思想认识,集成资源支持试点企业发展**

(一)中关村科技园区是国家创新体系和首都创新型城市建设的重要组成部分,中关村科技园区百家创新型企业试点工作是落实党中央、国务院进一步做强中关村科技园区战略决策的重要举措,是推动首都经济高端高效高辐射发展的重要手段。市政府各相关部门和相关区县政府要齐心协力,通力配合,创新体制机制,集成各方资源支持试点企业发展,进一步提升中关村科技园区自主创新能力,为中关村科技园区成为全球创新中心提供有力支撑。

(二)密切结合中关村科技园区 20 周年经验总结和未来发展规划,落实北京市政府、科技部、中科院联合发布的《中关村科技园区百家创新型企业试点工作方案》,按照技术创新、管理创新、商业模式创新和文化创新,以及加强试点企业国际化竞争能力和高端人才引进培养能力的"四创两加强"试点思路,不断深化百家创新型企业试点工作,力争到 2010 年,在试点企业中取得 10 项具有国际竞争力的行业共性关键技术突破,在重点领域形成一批核心技术专利,形成 5-10 家相关行业的世界一流企业,涌现出 20 个行业领军创业团队,力争有更多企业获得中国名牌,在产学研合作、整合并购、国际化发展、高端人才集聚等方面形成一系列有效模式和促进措施。

(三)围绕"创新驱动、市场导向,高端引领、示范带动"的试点方针,加大政府支持及统筹协调力度,市有关部门集成相关政策措施,对试点企业实行重点支持。

## 二、聚焦技术创新，掌握技术主导权

（四）试点企业应制定创新战略，编制创新发展规划，营造创新文化。大力实施知识产权战略和标准战略，加强关键技术研发，创制自主知识产权技术、标准和产品，提升知识产权创造、管理、保护和运用能力。

市知识产权局、中关村科技园区管委会对试点企业专利创造、管理、制度建设和竞争性研究等工作给予重点支持；市质量技术监督局、中关村科技园区管委会对试点企业参与创制国际、国家和行业标准给予重点支持；中关村科技园区管委会对试点企业承担国际、国家和行业标准化专业技术委员会工作给予重点支持。

（五）试点企业应加强自主创新平台建设，积极承担国家、北京市重大科技基础设施建设，与高校、科研机构、中关村开放实验室之间开展联合研发，形成创新资源共享网络。

试点企业承担国家工程研究中心、国家工程技术研究中心、国家级企业技术中心等国家级重大科技基础设施建设，市发展改革委、市科委、市工业促进局同等条件下优先推荐；试点企业建设北京市企业技术中心，市工业促进局在同等条件下给予优先认定；对经认定的试点企业国家级企业技术中心、北京市企业技术中心，市工业促进局给予资金补助。

（六）试点企业应加大研发投入力度，积极承担科技支撑计划、高技术产业化专项、电子信息产业发展基金等国家、北京市重大项目。

市科委、市工业促进局、中关村科技园区管委会等相关部门联合设立软件及信息服务、集成电路及核心元器件、生物工程及新医药、能源环保、新材料等领域专项支持资金，对试点企业技术平台建设、技术改造、研发和产业化、应用示范工程给予支持。由领域主管部门牵头组织专家对本领域试点企业申报项目进行评议，试点联合工作组统筹确定项目支持计划。市相关部门按照各自资金使用方向和相应管理办法对项目进行支持，试点企业所在区县政府对纳入计划的项目给予一定资金配套。

试点企业承担国家重大项目，市科委、中关村科技园区管委会优先给予配套资金支持；试点企业申请中小企业创新资金，市科委、中关村科技园区管委会、海淀区政府优先给予支持，并优先推荐申报科技部科技型中小企业创新基金；试点企业进行引进消化吸收再创新，市工业促进局、市科委、市商务局根据有关规定给予优先支持；北京市高成长企业自主创新科技专项和北京市科技奖企业创新专项在同等条件下优先支持试点企业；获得北京市发明专利奖的试点企业发明专利产业化，市知识产权局、中关村科技园区管委会给予资金支持。

（七）加大政府采购对试点企业自主创新产品的扶持力度，支持试点企业的自主创新技术、产品、解决方案在城市建设、社会发展等领域和新农村建设等重大工程示范应用，加速科技成果产业化。

试点企业自主创新产品优先纳入《北京市自主创新产品目录》；通过在招投标中考虑自主创新因素或示范工程的方式，推进政府投资项目优先采购或首购试点企业自主创新产品；市发展改革委、市财政局、中关村科技园区管委会通过加快审批、优先安排预算、给予研发资金补贴等方式给予支持。

## 三、强化管理创新，提升综合竞争力

（八）支持试点企业牵头组建或加入以自主知识产权技术和标准为纽带的产业技术联盟，从内部创新向开放式的外部联合创新转变，带动产业链上下游企业联动发展。

试点企业牵头开展关键共性技术的合作研发、推广、应用和保护知识产权，设计并实施行业整体解决方案，建立产业技术、标准信息交流平台等，市科委、中关村科技园区管委会优先给予资助。

（九）支持试点企业创新产业组织模式，大力开展产学研合作，通过并购重组做强做大。鼓励行业领军的试点企业依托产业技术联盟,整合产业链上下游资源,加强产学研合作,引入战略投资等方式开展行业并购,进一步实现产业要素资源的优化配置。市科委、市工业促进局对试点企业并购后技术消化吸收、产品线整合给予优先支持。中关村开放实验室为试点企业提供分析检测服务、研发类服务,中关村科技园区管委会给予全额补贴。

(十)支持试点企业充分利用国家投融资体制改革、建设多层次资本市场的机遇,促进企业借助资本市场力量,创新投融资渠道,进一步做强做大。

大力支持试点企业改制上市,优先推荐试点企业在非上市股份有限公司股份报价转让系统挂牌及创业板上市;试点企业如获得中关村科技园区管委会认定机构的创业投资,中关村创业投资资金优先跟进投资,并参照跟投上限执行;北京市中小企业创业投资引导基金和再担保公司设立后,可按照有关管理办法优先对试点企业进行推荐;对获得担保贷款和信用贷款的试点企业,按有关政策的最高贴息比例予以贷款贴息支持;优先支持试点企业集合发行企业债券、短期融资券及中期票据。

(十一)试点企业应加强人力资源优化和管理,加大对战略性人才的培育、吸引和激励力度,通过完善有吸引力的激励措施激发有突出贡献的科技人员和经营管理人员的工作动力和热情。

试点企业引进国内外高级管理人才、高级技术人才,市相关部门在创业资助资金、办公用房、公寓住房、贷款担保贴息等方面给予优先支持。

(十二)支持试点企业提升国际竞争力。试点企业在境外设立研发中心等分支机构、开展国际科技合作研发、申请国际认证、参加国际会展,市商务局、市科委、中关村科技园区管委会优先给予补贴。

(十三)试点企业应加大自主品牌和信用体系建设,不断提升企业形象、知名度和美誉度,增加企业技术和产品的附加价值。

试点企业申报北京名牌,市质量技术监督局优先认定,并优先推荐申报中国名牌;市工业促进局对获得中国名牌、中国驰名商标的试点企业给予补助支持;试点企业开展信用评级所产生的费用,中关村科技园区管委会给予全额补贴。

**四、转变政府职能,完善公共服务环境**

(十四)简化工作程序,提高服务质量。市政府各有关部门要继续推进中关村科技园区的体制、机制创新工作,进一步完善"一站式"办公、"一网式"审批服务、"全程办事代理制"以及电子政务建设,为试点企业快速发展创造良好环境。

(十五)对初创期的试点企业的房租费用给予一定补贴。中关村科技园区管委会、各相关区政府对试点企业研发办公空间给予一定比例补贴。

(十六)加大宣传推广力度,强化示范带动效应。市有关部门深入总结试点工作中涌现的新模式、新探索、新经验,通过报刊、广播、电视、网络等媒体予以表彰和宣传,不断扩大试点工作的示范效应和带动作用。

**五、完善统筹机制,加强组织协调**

(十七)加强统筹协调、进一步加大相关委办局协同支持试点工作的力度。扩大试点联合工作组(科技部政策法规与体制改革司、中科院北京分院、市科委、中关村科技园区管委会)组成范围,适时增加市相关部门进入试点联合工作组,共同负责试点工作重大事项的协调、联合开展试点企业调研、建立信息沟通统计机制、统筹确定试点企业重大项目支持计划。

(十八)分类指导、深入推进试点工作。试点联合工作组根据不同类型试点企业需求以及技术创新、管理创新等不同试点内容进行分类指导,不断深化试点内涵,提升试点效果。

(十九)加强考核评估,完善试点企业动态管理机制。建立试点企业统计制度,加大对试点企业的考核力度,对不能按要求完成试点任务的企业予以淘汰。完善试点企业筛选标准,引导大企业、高成长中小企业等不同类型的企业开展创新试点,重点吸纳在核心技术创新方面突出的企业。

(二十)市政府相关部门、区县政府应依据本意见要求,在重点细分产业领域内,围绕试点企业需求,进一步制定相应的支持措施。

# 首都大型仪器设备共享平台运行管理办法(试行)

京科条发[2008]248号
(2008年6月26日)

## 一、总则

**第一条** 首都大型仪器设备共享平台是首都科技条件平台的重要组成部分,其建设和运行由六委办局共同负责统筹和管理。

六委办局包括:北京市科学技术委员会、北京市发展和改革委员会、北京市教育委员会、北京市财政局、北京市人民政府国有资产监督管理委员会和北京市工业促进局。

**第二条** 各有关单位凡由财政投入支持购置的各类大型仪器设备,在满足本单位工作需要的同时,均须加入平台向社会开放。由非财政资金购置的仪器设备可自愿加入平台,享受同等待遇。

**第三条** 六委办局根据实际情况对加入平台的对外服务业绩突出的单位给予适当奖励。

## 二、管理机构

**第四条** 六委办局设立首都大型仪器设备共享平台管理办公室(以下简称平台办公室),办公地点设在北京科学仪器装备协作服务中心,负责仪器设备开放共享的日常管理工作。

具体职责如下:

(1)调研检查各有关单位由财政投入支持形成的现有仪器设备资源的开放共享情况。

(2)每年统计一次加入平台的仪器设备的对外服务绩效,及时总结经验,向六委办局汇报并向社会公示。

(3)对加入平台的仪器设备根据服务绩效实行动态管理,做到有进有出。

(4)首都科技条件信息服务平台(http://www.kytj.com)作为对外宣传的窗口,负责平台仪器设备运行情况统计、发布并提供远程预约服务。

**第五条** 平台管理办公室每年对各有关单位由财政资金购置的仪器设备的开放共享情况进行调研分析,通过各种措施推进仪器设备的开放共享。

## 三、运行管理

**第六条** 各有关单位加入平台的仪器设备,应在优先保障本单位使用需求的基础上,在空闲时加大对外服务力度。

第七条  各有关单位加入平台的仪器设备信息均须上网公示,公示网站为首都科技条件信息服务平台(http://www.kytj.com)。仪器设备使用信息由机组根据管理权限在资源库中自行维护。

第八条  各有关单位的仪器设备加入平台,应通过首都科技条件信息服务平台填写《首都大型仪器设备共享平台入网申请表》,以网上申报方式报送平台管理办公室。

第九条  加入平台的仪器设备对外服务要求如下:

(1)加入平台的仪器设备对外服务,须通过首都科技条件信息服务平台下载并填写《仪器设备对外服务任务登记卡》,每完成一项任务由用户和机组签字盖章确认。《仪器设备对外服务任务登记卡》保存于首都科技条件信息服务平台的仪器设备对外服务任务登记信息库中。

(2)加入平台的仪器设备须以优惠价格对外服务,优惠幅度由供需双方商定。

## 四、绩效考核

第十条  平台办公室每年组织专家对加入平台的仪器设备的对外服务绩效进行考核。

第十一条  考核专家根据机组运行情况填写《仪器设备对外服务绩效考核评定表》。考核评定内容包括:

(1)年度对外服务机时、对外服务收入等指标。
(2)有否解决经济和社会发展中的重大技术问题。
(3)有否分析测试方法的重大创新。
(4)能否培养一定数量和水平的仪器使用和维修人员。

第十二条  平台办公室每年组织完成绩效考核后,应及时总结经验,并向社会公示。

第十三条  服务完成后,客户须通过首都科技条件信息服务平台下载并填写《仪器设备对外服务效果反馈表》,作为机组当年奖励依据。不按规定使用《仪器设备对外服务效果反馈表》的服务项目,不作为当年奖励依据。

第十四条  对服务业绩突出的机组予以奖励,《仪器设备对外服务效果反馈表》和《仪器设备对外服务绩效考核评定表》将作为机组当年奖励的依据,奖励经费可用于仪器设备的运行维护和升级改造。

## 五、附　　则

第十五条  本管理办法由市科委负责解释。

第十六条  本管理办法自发布之日起30日后施行。

# 北京市中小企业创业投资引导基金实施暂行办法

京发改[2008]1167号
(2008年7月3日)

## 第一章 总 则

**第一条** 为贯彻《中华人民共和国中小企业促进法》,缓解创业期中小企业融资难题,支持中小企业自主创新,完善创业发展环境,依据《创业投资企业管理暂行办法》《中共北京市委北京市人民政府关于增强自主创新能力建设创新型城市的意见》,并参照《科技型中小企业创业投资引导基金管理暂行办法》《关于产业技术研究与开发资金试行创业风险投资的若干指导意见》,制定本办法。

**第二条** 北京市中小企业创业投资引导基金(以下简称"引导基金")主要用于引导创业投资机构向创业期中小企业投资。

**第三条** 引导基金资金主要来源于北京市用于扶持产业发展的各项资金及其他政府性资金、引导基金收益和其他社会资金。

**第四条** 引导基金引导社会资金重点投资于符合北京城市功能定位和相关产业政策、产业投资导向的创业期科技型、创新型中小企业。

**第五条** 引导基金的宗旨是创新政府资金扶持方式、通过发挥财政资金的杠杆放大效应,引导民间资金进入创业投资领域并鼓励其增加对中小企业的投资。引导基金不以营利为目的。

**第六条** 市发展改革委、市财政局负责引导基金使用的决策、监督和管理;引导基金试点期间,委托北京市中小企业服务中心代表政府作为引导基金的名义出资代表;引导基金的日常管理机构(以下简称"基金管理机构")通过设立或公开选择的方式确定;公开选定境内商业银行,作为引导基金的资金托管银行。

## 第二章 引导基金的支持方式

**第七条** 引导基金以参股支持方式引导创业投资机构共同设立创业投资企业,由引导基金参股的创业投资企业(以下简称"参股创投企业")主要向创业期中小企业投资。

**第八条** 满足以下条件的创业投资机构作为发起人发起设立创业投资企业时,可以申请引导基金的股权投资:

(一)实收资本在5000万元人民币以上,所有投资者以货币形式出资;

(二)有明确的投资领域;

(三)至少有3名具备5年以上创业投资或相关业务经验的专职高级管理人员;

(四)至少有3个对中小企业投资的成功案例,即投资所形成的股权年平均收益率不低于20%,或股权转让收入高于原始投资20%以上;

(五)管理和运作规范,具有严格合理的投资决策程序和风险控制机制;

(六)按照国家企业财务、会计制度规定,有健全的内部财务管理制度和会计核算办法;

（七）承诺出资设立的创业投资企业重点投资于符合北京城市功能定位和相关产业政策、产业投资导向的创业期科技型、创新型中小企业。

**第九条** 引导基金股权投资的评审决策程序如下：

（一）公开征集。受市发展改革委、市财政局委托，基金管理机构面向社会公开征集引导基金合作创业投资机构。

（二）机构申报。拟合作的创业投资机构向基金管理机构提交合作设立参股创投企业的投资方案。

（三）专家评审。市发展改革委、市财政局组织专家建立专家评审委员会，对上述投资方案进行评审。

（四）社会公示。经专家评审通过的创业投资机构，在有关媒体上公示，公示期为2周。对公示中发现问题的机构，引导基金不予合作。

（五）政府决策。市发展改革委、市财政局根据专家评审结果，确定创业投资机构，审定投资方案，并告知基金管理机构。

（六）实施方案。由基金管理机构组织实施审定通过的投资方案。

**第十条** 引导基金的出资比例最高不超过参股创投企业实收资本的30%，且不能成为第一大股东。

**第十一条** 参股创投企业经营期限最长为10年。

**第十二条** 引导基金的闲置资金只能存放银行和购买国债。

**第十三条** 根据参股创投企业投资项目运作情况，引导基金在参股创投企业中的投资收益，可安排一定比例奖励给其他股东，或者作为参股创投企业投资管理团队的业绩报酬，以引导、鼓励其他股东继续支持中小企业创业投资发展。

## 第三章 引导基金的退出方式

**第十四条** 引导基金在参股创投企业稳定运营后，可通过下列途径完成退出，以实现引导基金的良性循环：将股权优先转让给其他股东；公开转让股权；参股创投企业到期后清算退出。

**第十五条** 参股创投企业应当在《投资人协议》和《企业章程》中明确下列事项：

（一）在有受让方的情况下，引导基金可以随时退出；

（二）参股创投企业的其他股东不先于引导基金退出。

**第十六条** 参股创投企业其他股东或投资者自引导基金投入后3年内购买引导基金在参股创投企业中的股权的，转让价格参照引导基金原始投资额；超过3年的，转让价格参照引导基金原始投资额与按照转让时中国人民银行公布的1年期贷款基准利率计算的收益之和。

**第十七条** 参股创投企业到期后清算，引导基金以所持股权比例获取本金和收益。参股创投企业发生破产清算，按照法律程序清偿债权人的债权后，剩余财产首先清偿引导基金。

## 第四章 引导基金的管理和监督

**第十八条** 市发展改革委、市财政局履行下列职责：

（一）制定引导基金投资项目评审规程；

（二）根据评审规程，设立专家评审委员会，组织专家评审创业投资机构申报的拟与引导基金共同设立创业投资企业的投资方案，根据专家意见，研究确定引导基金合作对象，审定设立创业投资企业的投资方案；

（三）委托、指导和监督基金管理机构对引导基金的管理工作；

（四）牵头设立监督管理委员会，协调和会商引导基金日常管理中出现的问题。

**第十九条** 基金管理机构履行下列职责：

（一）按照引导基金投资项目评审规程，面向社会公开征集引导基金合作创业投资机构；推荐专家参与对创业投资机构申报的拟与引导基金共同设立创业投资企业的投资方案的评审；组织实施市发展改革委、市财政局审定通过的投资方案；

（二）向参股创投企业派驻经市发展改革委、市财政局认可的董事、监事人选；代表引导基金以出资额为限对参股创投企业行使股东权利，承担股东义务；

（三）管理引导基金投资形成的股权，适时提出股权退出方案，报经市发展改革委、市财政局批准后，负责实施股权退出工作；

（四）组织社会中介机构对参股创投企业进行年度专项审计，监督参股创投企业的运作情况，定期向市发展改革委、市财政局汇报。

## 第五章　参股创投企业的运作

**第二十条** 参股创投企业进行投资时应当遵循下列原则：

（一）根据《创业投资企业管理暂行办法》进行投资运作，重点投资于本办法第四条规定的投资领域；

（二）投资于北京区域内创业期中小企业的资金额度不低于引导基金出资额的2倍；

（三）对单个企业的投资不得超过参股创投企业资本总额的20%；

（四）不得对已上市企业进行股权投资，但是所投资的企业上市后，参股创投企业所持股份的未转让部分及其配售部分不在此限；

（五）不得投资于其他创业投资企业。

**第二十一条** 参股创投企业不得从事下列业务：

（一）吸收或变相吸收存款、贷款、拆借；

（二）期货及金融衍生品交易；

（三）抵押和担保业务；

（四）房地产投资；

（五）赞助和捐赠；

（六）创投企业管理部门禁止从事的其他业务。

**第二十二条** 基金管理机构对参股创投企业未按本办法第二十条、第二十一条规定开展投资业务的，要求参股创投企业进行调整；协调无效的，报请市发展改革委、市财政局同意后，将引导基金从参股创投企业中退出。

## 第六章　附　　则

**第二十三条** 本办法由市发展改革委、市财政局负责解释。

**第二十四条** 本办法自发布之日起30日后实施。

# 北京市高新技术企业认定管理工作实施方案

京科高发[2008]434号
(2008年11月24日)

为贯彻落实科技部、财政部、国家税务总局《高新技术企业认定管理办法》(以下简称《认定办法》)及《高新技术企业认定管理工作指引》(以下简称《工作指引》),更好地组织开展我市高新技术企业认定管理工作,结合北京市实际,特制定本实施方案。

一、认定管理工作机构设置

(一)成立北京市高新技术企业认定小组

市科委、市财政局、市国税局、市地税局(以下简称"四部门")组成北京市高新技术企业认定小组(以下简称"认定小组"),主要职责是:

1. 负责北京市行政区域内的高新技术企业认定、复审及复核工作;

2. 建立和管理高新技术企业认定专家库,并按规定报全国高新技术企业认定管理领导小组办公室备案,对符合条件并参与高新技术企业认定工作的中介机构进行备案管理;

3. 负责对已认定的高新技术企业进行监督、管理,受理、核实并处理有关举报;

4. 建立认定信用制度。对在认定工作中出现违规行为的企业、中介机构、专家及相关人员予以相应处理;

5. 向全国高新技术企业认定管理工作领导小组办公室提交北京地区高新技术企业认定管理年度工作报告;

6. 不定期召开全市高新技术企业认定管理工作会议,通报高新技术企业认定管理情况,裁定高新技术企业认定管理重大事项。

(二)设立北京市高新技术企业认定小组办公室

北京市高新技术企业认定小组下设高新技术企业认定小组办公室(以下简称"认定办公室"),认定办公室设在市科委,由市科委、市财政局、市国税局、市地税局相关人员组成,由认定小组委托北京高技术创业服务中心开展辅助工作。认定办公室的主要职责是:

1. 负责筛选高新技术企业认定工作的评审专家并报认定小组审批,负责专家库的日常维护工作;

2. 负责受理参与高新技术企业认定工作中介机构的备案材料并报认定小组备案;

3. 负责完成申报企业在"高新技术企业认定管理工作网(www.innocom.gov.cn)"上的身份信息确认工作;

4. 负责组织专家对高新技术企业认定(复审)材料进行评审;

5. 负责定期组织召开高新技术企业认定会,根据认定小组的意见确定高新技术企业认定名单;

6. 承办认定小组交办的其他工作。

（三）成立北京市高新技术企业认定工作联席会

联席会成员单位由市科委、市发改委、市财政局、市国税局、市地税局、市商务局、市工促局、市知识产权局、中关村管委会、各区县政府组成。联席会每半年召开一次会议，会上通报全市高新技术企业认定管理工作情况，研究解决认定管理工作中的问题，协调落实相关政策。

## 二、认定条件

按照《认定办法》第十条第（四）款的规定，申请高新技术企业资格认定的企业须同时满足以下条件：

（一）在北京市行政区域内注册的企业，近三年内通过自主研发、受让、受赠、并购等方式，或通过5年以上的独占许可方式，对其主要产品（服务）的核心技术拥有自主知识产权；

（二）产品（服务）属于《国家重点支持的高新技术领域》规定的范围；

（三）具有大学专科以上学历的科技人员占企业当年职工总数的30%以上，其中研发人员占企业当年职工总数的10%以上；

（四）企业为获得科学技术（不包括人文、社会科学）新知识，创造性运用科学技术新知识，或实质性改进技术、产品（服务）而持续进行了研究开发活动，且近三个会计年度的研究开发费用总额占销售收入总额的比例符合如下要求：

1. 最近一年销售收入小于5000万元的企业，比例不低于6%；
2. 最近一年销售收入在5000万元至20000万元的企业，比例不低于4%；
3. 最近一年销售收入在20000万元以上的企业，比例不低于3%。

其中，企业在中国境内发生的研究开发费用总额占全部研究开发费用总额的比例不低于60%。企业注册成立时间不足三年的，按实际经营年限计算；

（五）高新技术产品（服务）收入占企业当年总收入的60%以上；

（六）企业研究开发组织管理水平、科技成果转化能力、自主知识产权数量、销售与总资产成长性等指标符合《工作指引》的要求。

## 三、中介机构备案

由认定小组对具有资质并符合《工作指引》相关条件的中介机构进行备案，参与备案的中介机构应提交《中介机构备案表》（附件一）及如下证明材料：

（一）中介机构营业执照（副本）复印件、组织机构代码证（副本）复印件、税务登记证书（副本）复印件；

（二）中介机构执业证书复印件；

（三）中介机构当年任职职工名单；

（四）由北京市注册会计师协会出具的中介机构当年任职注册会计师名单；

（五）资质证明、获奖证书等其他相关证明材料。

## 四、认定管理工作流程及时限

（一）自我评价

企业按照《认定办法》中的认定条件进行自我评价，符合条件的，在"高新技术企业认定管理工作网"上进行注册登记。

（二）注册登记

企业登录"高新技术企业认定管理工作网"，按要求填写注册登记表，并通过网络系统上传，认定小组办公室及时完成企业身份确认并授权企业提交的用户名和密码。此环节在1个工作日内完成。

(三) 准备并提交材料

企业委托经备案的中介机构对研究开发费用及近一个会计年度高新技术产品(服务)收入进行专项审计,登录"高新技术企业认定管理工作网",提交以下材料:

1.《高新技术企业认定申请书》;

2. 企业营业执照副本、税务登记证书(复印件);

3. 经备案的中介机构鉴证的企业近三个会计年度研究开发费用(实际年限不足三年的按实际经营年限)、近一个会计年度高新技术产品(服务)收入专项审计报告;

企业需提交经北京技术市场管理办公室认定登记的技术合同等能够证明高新技术服务收入的证明材料。

4. 经具有资质的中介机构鉴证的企业近三个会计年度的财务报表(含资产负债表、利润及利润分配表、现金流量表,实际年限不足三年的按实际经营年限);

5. 技术创新活动证明材料,包括知识产权证书、独占许可协议、生产批文,新产品或新技术证明(查新)材料、产品质量检验报告,省级(含计划单列市)以上科技计划立项证明,以及其他相关证明材料。

(四) 区县(园区)组织申报

企业网上提交材料后,将书面材料一式五份报送到企业注册所在地的区县科委或中关村各所在园区管委会(园区内企业送交给各所在园区管委会,园区外企业送交给区县科委),由各区县科委和所在园区管委会进行辅导服务后统一报送北京市高新技术企业认定小组办公室。区县科委和园区管委会收到企业有效申请材料后应在3个工作日内送交到认定办公室。

(五) 专家评审

认定办公室在收到申请材料后,按技术领域从专家库中随机选择不少于5名相关专家,并将企业申请材料分发给所选专家。专家按照规定的评审标准提出评价意见,填写《高新技术企业认定专家评价表》和《高新技术企业认定专家组综合评价表》,报送给认定办公室。专家评审工作在5个工作日内完成。

(六) 组织认定

认定办公室每两周召开一次认定会,由认定小组初步确定高新技术企业认定名单,会后由认定小组各成员单位在10个工作日内完成会签。

(七) 公示及颁发证书

经认定的高新技术企业,在市科委网站(www.bjkw.gov.cn)和"高新技术企业认定管理工作网"上公示15个工作日。公示有异议的,由认定小组对有关问题进行查实处理,属实的取消高新技术企业资格;公示无异议的,填写审批备案汇总表,报全国高新技术企业认定管理领导小组办公室备案后,在市科委网站和"高新技术企业认定管理工作网"上公告认定结果,并由认定办公室在5个工作日内颁发"高新技术企业证书"(加盖四部门公章)。

**五、资格复审**

(一) 高新技术企业资格期满前三个月内企业应提出复审申请,不提出复审申请或复审不合格的,其高新技术企业资格到期自动失效。

(二) 高新技术企业复审须提交近三个会计年度开展研究开发等技术创新活动的报告,经备案的中介机构出具的近三个会计年度企业研究与开发费用、近一个会计年度高新技术产品(服务)收入专项审计报告。

复审时对照《认定办法》第十条进行审查,重点审查第(四)款。对符合条件的企业,按照《认定办法》第十一条(四)款进行公示与备案,并由认定办公室重新颁发"高新技术企业证书"。

通过复审的高新技术企业资格自颁发"高新技术企业证书"之日起有效期为三年。有效期满后,企业再次提出认定申请的,按初次申请办理。

### 六、申请享受税收政策

(一)认定(复审)合格的高新技术企业,自认定(复审)当年起可依照《企业所得税法》及《中华人民共和国企业所得税法实施条例》(以下称《实施条例》)、《中华人民共和国税收征收管理法》(以下称《税收征管法》)、《中华人民共和国税收征收管理法实施细则》(以下称《实施细则》)和《认定办法》等有关规定,申请享受税收优惠政策。

(二)未取得高新技术企业资格或不符合《企业所得税法》及其《实施条例》、《税收征管法》及其《实施细则》,以及《认定办法》等有关规定条件的企业,不得享受税收优惠。

### 七、复核

主管税务机关在执行税收优惠政策过程中,发现企业不具备高新技术企业资格的,应填写《高新技术企业资格复核申请表》(附件二),由市国税局或地税局审核后交送认定办公室。复核期间,可暂停企业享受所得税减免税优惠。

对企业是否符合《认定办法》第十条(四)款产生争议需组织复核的,采用企业自认定前三个会计年度(企业实际经营不满三年的,按实际经营时间)至争议发生之日的研究开发费用总额与同期销售收入总额之比是否符合《认定办法》第十条第(四)款规定,判别企业是否应继续保留高新技术企业资格和享受税收优惠政策。

认定小组委托相关中介机构对复核企业自认定前三个会计年度(企业实际经营不满三年的,按实际经营时间)至争议发生之日的研究开发费用总额与同期销售收入总额进行专项审计,根据中介机构的专项审计报告提出复核意见。

八、建立高新技术企业统计制度。经认定的高新技术企业应在每年3月31日前向认定办公室报送上年度企业研究开发、生产经营等方面的统计信息(附件三)。

九、高新技术企业经营业务、生产技术活动等发生重大变化(如并购、重组、转业等)的,应在十五日内向认定办公室报告;变化后不符合《认定办法》规定条件的,应自当年起终止其高新技术企业资格;需要申请高新技术企业认定的,按《认定办法》第十一条的规定办理。高新技术企业更名的,由认定小组确认并经公示、备案后重新核发认定证书,编号与有效期不变。

十、认定小组不定期对经认定的高新技术企业进行抽查,不符合高新技术企业认定条件的,将取消其高新技术企业资格。出现《认定办法》第十五条所述情况的,取消其资格。被取消高新技术企业资格的企业,认定小组5年内不再受理该企业的认定申请。

# 北京市发明专利奖励办法实施细则

## （试行）

### 第一章 总 则

**第一条** 根据《北京市发明专利奖励办法》（以下简称市发明专利奖励办法），制定本实施细则。

**第二条** 本细则适用于北京市发明专利奖（以下简称市发明专利奖）的申报、推荐、评审、异议处理、授奖等工作。

### 第二章 评审组织

**第三条** 经市政府批准，成立由市知识产权局、市财政局和市人事局等部门组成的市发明专利奖评选工作办公室（以下简称评选办公室）。评选办公室设在市知识产权局，负责市发明专利奖的组织、协调和管理工作，主要职责是：

（一）组建市发明专利奖评审委员会（以下简称评审委员会）；

（二）建立评审专家库；

（三）组建专业评审组；

（四）组织专业评审组进行初审；

（五）处理异议和组织复审；

（六）对评审结果和复审意见进行审核，确定拟奖励名单；

（七）对弄虚作假、骗取市发明专利奖的，报请市政府批准撤销奖励；

（八）其他相关工作。

评选办公室下设秘书处，负责市发明专利奖评选的日常工作。

**第四条** 评审委员会设主任委员1人，由市知识产权局主要领导或者专家担任，副主任委员由市知识产权局、市财政局、市人事局主管领导担任，委员若干人，由市政府相关部门主管领导、相关专家和企业家组成。

评审委员会委员每届任期三年。任期内市政府相关部门主管领导如有变动，由该部门新的主管领导自然续任。

**第五条** 评审委员会负责市发明专利奖的评审，主要职责是：

（一）确认专业评审组的设置及人员组成；

（二）做出获奖发明专利和奖励等级的评审决议；

（三）决定市发明专利奖评审工作中的其他重大事项。

**第六条** 根据当届发明专利奖的申报情况，在不同领域设立若干专业评审组，由各领域的相关专家组成，人选由评选办公室从评审专家库遴选，报评审委员会确认。

**第七条** 各专业评审组评选相关领域的市发明专利奖申报项目，其主要职责是：

（一）对申报市发明专利奖项目进行初审；
（二）向评审委员会提出获奖发明专利和奖励等级的建议名单；
（三）向评审委员会报告评审过程中出现的重大问题并提出具体处理意见；
（四）提出改进专业评审工作的意见建议；
（五）其他相关工作。

## 第三章　申报和推荐

**第八条**　专利权人应按照要求填写由评选办公室统一制作的《北京市发明专利奖申报书》，并于评选当年规定的时间向推荐单位申报市发明专利奖；由专家联名推荐或评选办公室认可的，专利权人可直接向评选办公室申报。

**第九条**　专利权人为两个或两个以上的，申报市发明专利奖时所有专利权人要书面同意，并协商指定其中一个专利权人进行申报。

**第十条**　有下列情形的不得申报市发明专利奖：
（一）已经获得国家技术发明奖、中国专利奖或市发明专利奖的；
（二）专利权属存在争议的；
（三）申报往届市发明专利奖未获奖且在实施中无新的实质性进展的；
（四）保密专利；
（五）发明人资格纠纷尚未解决的；
（六）职务发明的发明人的奖励和报酬纠纷尚未解决的。

**第十一条**　专利权人在申报市发明专利奖时，应将下列申报材料，报送相应的推荐单位。
申报材料包括：
（一）北京市发明专利奖申报书；
（二）申报人的身份证明或企业营业执照或行政、事业单位的组织机构代码证书；
（三）发明专利证书、权利要求书及说明书；
（四）国家专利行政部门近三个月内出具的专利登记簿副本；
（五）国家法律法规要求检测或审批的产品，需出具检测机构的产品检测报告或行业审批文件；对形成国家或国际标准发挥作用的，需提供标准管理部门的证明材料；
（六）其他证明发明专利产生经济和社会效益的有效证明材料；
（七）评选办公室要求或申报人认为有必要提供的其他材料。
专利权人可以选择市发明专利奖励办法第九条规定的渠道之一或评选办公室认可的其他单位进行申报。重复申报者，不予受理。

**第十二条**　推荐单位按照下列要求对申报材料进行审查：
（一）是否符合市发明专利奖励办法第七条、第八条和本细则第九条、十条、十一条、十四条等所要求的申报条件；
（二）提供的材料是否齐全、合格、有效。
申报材料符合规定的，推荐单位填写推荐意见并按优先顺序排序；申报材料不符合规定的，推荐单位或评选办公室应当在5日内告知申报人需要补正的内容，并要求申报人在10日内补正；逾期未补正或经补正仍不符合规定的，不予提交评审。

**第十三条**　市发明专利奖励办法第九条"市级行政主管部门"是指市发展改革、科技、教育、卫生、工业、农业等相关行政部门。

"区县管理专利工作的部门"是指区县知识产权局或相关机构。

"相关行业协会"是指经市级及以上民政行政主管部门批准的、评选办公室认可的软件、集成电路、信息网络、生物工程和新医药、新材料、新能源等相关领域的社团法人。

"专家联名推荐"是指两名相关领域的中国科学院院士、中国工程院院士或者业内公认的其他专家联名推荐。

专家不得推荐与其有利害关系的发明专利参加评审。

第十四条 相同或类似产品、同一设备、生产线运用了多项专利,申报人只能从中确定一项核心专利申报专利奖。

## 第四章 评奖标准及奖励等级

第十五条 市发明专利奖的授奖项目应从技术的先进性、经济效益、社会效益、国外申请授权或参与标准制定等方面进行评价。

第十六条 符合下列条件之一的发明专利,可以评定特别奖:

(一)原创性重大技术发明,引领未来产业发展,并在实施中取得重大经济和社会效益的;

(二)在解决首都发展的瓶颈制约、转变经济增长方式、降低资源能源消耗等方面做出重大贡献的;

(三)对形成国际标准或国家标准发挥重大作用,并得到普遍应用的。

特别奖每届1项,奖励人民币100万元。

第十七条 符合下列条件之一的发明专利,可以评定一等奖:

(一)在本市国民经济和社会发展规划纲要确定的重点行业或重点领域实现重要技术突破,并取得突出经济效益或社会效益的;

(二)对解决产业结构调整、经济增长方式转变、节能降耗减排,以及城市运行、管理和安全、交通拥堵等本市面临的现实疑难问题起到突出作用的;

(三)对形成国际标准或国家标准发挥突出作用的。

一等奖每届5项,每项奖励人民币20万元。

第十八条 符合下列条件之一的发明专利,可以评定二等奖:

(一)重大技术发明,属于本市国民经济和社会发展规划纲要确定的重点行业或重点领域,并取得较大的经济效益或社会效益的;

(二)对解决产业结构调整、经济增长方式转变、节能降耗减排,以及城市运行、管理和安全、交通拥堵等本市面临的现实疑难问题起到较大作用的;

(三)对形成国际标准或国家标准发挥较大作用的。

二等奖每届15项,每项奖励人民币10万元。

第十九条 符合下列条件之一的发明专利,可以评定三等奖:

(一)重大技术发明,属于本市国民经济和社会发展规划纲要确定的重点行业或重点领域,并取得一定的经济效益或社会效益的;

(二)对解决产业结构调整、经济增长方式转变、节能降耗减排,以及城市运行、管理和安全、交通拥堵等本市面临的现实疑难问题起到一定作用的;

(三)对形成国际标准或国家标准发挥一定作用的。

三等奖每届30项,每项奖励人民币5万元。

第二十条 市发明专利奖励办法第五条第(三)项"国际标准"是指国际标准化组织(ISO)、国际电工委员会(IEC)和国际电信联盟(ITU)制定的标准,以及国际标准化组织确认并公布的其他国际组织制定的标准。

市发明专利奖励办法第五条第(三)项"国家标准"是指国务院标准化行政主管部门批准制定的标准。

## 第五章 评审和授奖

**第二十一条** 专业评审组按照下列规则进行初审:

(一)各专业评审组对相关领域的推荐专利分别进行预审,提出候选专利;

(二)对通过预审的候选专利,专业评审组以会议方式听取申报人答辩,评审委员会委员视情况需要可到会议现场核查;

(三)专业评审组根据会议情况,以记名投票表决办法,提出获奖发明专利和奖励等级的建议名单上报评审委员会;

(四)专业评审组在对推荐专利进行预审和召开评审会议时,参加专家应为5人以上的单数。

**第二十二条** 评审委员会应在到会委员数达到或超过三分之二的情况下,按照以下规则进行评审:

(一)特别奖应当获得五分之四以上(含五分之四)参会委员的通过;

(二)一等奖应当获得三分之二以上(含三分之二)参会委员的通过;

(三)二等奖、三等奖应当获得二分之一以上(含二分之一)参会委员的通过。

**第二十三条** 委员因故不能出席会议,影响评审工作正常进行时,可从评审委员专家库中遴选相关专家或者由相关评审组的专家代替,并享有与其他委员同等的权利。具体人选由评选办公室秘书处提名,经评审委员会主管副主任批准。

**第二十四条** 如申报项目不符合获奖条件,相应奖项可以空缺。

**第二十五条** 根据市发明专利奖励办法第十二条的规定,组织和个人就初审结果向评选办公室提出异议的,须如实提出异议理由和相应的证明材料,需要保密的可在异议材料中注明。以个人名义提出异议的,须写明异议人真实姓名、工作单位、联系电话和详细地址,并签名;组织提出异议的,应在异议材料上加盖公章,写明联系方式和联络人员。

**第二十六条** 申报市发明专利奖之后、评奖结果公布之前,出现专利权属纠纷、被请求宣告专利权无效的情形,确实影响该专利法律状态的,该专利权不得继续参与市发明专利奖的评选。

**第二十七条** 评选办公室在市发明专利奖评选当年的11月30日前确定拟奖励名单,由市人事局报市政府批准。

**第二十八条** 市政府对获奖的专利权人和发明人颁发证书和奖金。职务发明专利的专利权人应从奖金总额中提取20%的奖金奖励发明人。

**第二十九条** 对于授予市发明专利奖的,评选办公室应将获奖发明专利的资料(含电子文档)进行整理、归档。对未获奖的发明专利申报资料,申报人应在评奖结果公布之日起三个月内到评选办公室取回,逾期由评选办公室统一销毁。

**第三十条** 纪检监察部门对评选工作进行监督。对违反评审工作纪律和相关程序的行为,任何组织或个人均可依据事实以书面形式向评选办公室或市知识产权局纪检监察部门举报。

## 第六章 附 则

**第三十一条** 本细则规定的期限以工作日计算,不含法定节假日。

**第三十二条** 本细则自2008年1月1日起施行。

# 北京市文化创意产业知识产权保护与促进意见

京知局[2008]178号

(2008年11月19日)

为进一步发展文化创意产业,解放和发展文化生产力,提升首都城市竞争优势,加强文化创意产业知识产权保护工作,防止文化创意产业知识产权的流失,增强文化创意企业、单位和个人的知识产权意识,鼓励创新,促进知识产权的创造、运用、保护和管理,推动首都文化创意产业集聚区和区域性特色文化产业群建设,实现文化创意产业又好又快发展,特提出以下意见。

一、加大文化创意产业知识产权保护力度

1. 市知识产权行政管理部门应当进一步加强文化创意产业知识产权保护。利用12312、12315、12318等举报渠道,完善知识产权侵权快速处理机制,依法查处违法行为,处理侵权纠纷,保护权利人的创造性劳动和合法权益,营造保护和促进文化创意产业知识产权的法治环境。

2. 文化创意企业、单位在企业改制、增资扩股时,应当对其知识产权进行尽职调查,充分考虑其知识产权所占的股份,防止权利流失。尽职调查可委托知识产权中介机构等第三方进行。

3. 文化创意产业知识产权职务发明人和技术秘密知情人等不得以任何方式损害企业或他人的权利。违反规定给他人造成损失的,依法承担相应的民事、行政或刑事责任。

4. 市知识产权行政管理部门建立知识产权信用管理制度,将侵犯文化创意产业知识产权的行为记入北京市企业信用信息系统,并通过北京市企业信用信息系统向社会公示。

二、促进文化创意产业知识产权取得和拥有

5. 引导和帮助文化创意企业建立管理应用体系。鼓励文化创意企业、单位和个人把知识产权纳入到研究开发、生产经营和内部管理的全过程,并形成相应的管理制度,提高知识产权创造、运用、保护和管理能力。技术成果公开之前,根据成果的属性,适时申请专利;具备良好国际市场前景的,及时申请境外专利。申请专利的,享受相应的资助政策。

6. 鼓励、引导本市文化创意企业、单位和个人在进入市场前对其所经营的产品、提供的服务及时注册国内商标,争创北京著名商标和中国驰名商标;到境外注册商标,提高本市文化创意产品和服务在国际市场上的竞争力。

7. 文化创意产业集聚区建立著作权登记制度,鼓励本市文化创意企业、单位和个人到区内登记著作权。著作权登记后可优先列入文化创意产业知识产权重点支持目录。

三、推进文化创意产业集聚区知识产权工作

8. 建立和完善文化创意产业集聚区知识产权管理制度和运行机制。文化创意产业集聚区管理部门应在区、县知识产权行政管理部门指导下建立知识产权工作机构,负责实施本集聚区知识产权战略,塑造和维护本集聚区的标识,指导区内企业处理知识产权事务,开展知识产权宣传、培训、维权等工作。

9. 为促进文化创意产业集聚区建设,加快文化创意产业集聚区的品牌建设,文化创意产业集聚区将其标识注册为集体商标或证明商标的,允许其在履行集体商标或证明商标使用管理规定的手续后,供区内集体成员或区内企业、单位、个人使用。并鼓励区内发展良好的企业、单位除使用集体商标或证明商标外,自行注册商标。

10. 鼓励文化创意产业集聚区将集聚区的标识在相关核心商品和服务进行集体商标注册或证明商标的全面注册。集聚区所取得的知识产权列入文化创意产业知识产权重点保护目录。以集聚区名义申请注册的集体商标或证明商标,集聚区管理部门应制定该集体商标或证明商标的使用管理规则,并规定商标的宣传和推广方案。区内企业、单位和个人按使用管理规则履行必要手续后方可使用。区内外企业、单位和个人未履行必要手续或未经许可,不得使用。

**四、提升文化创意产业知识产权服务水平**

11. 鼓励、引导各类知识产权中介服务机构加强文化创意产业领域的服务,鼓励知识产权中介机构以适当方式进入文化创意产业集聚区,为文化创意企业、单位和个人提供知识产权咨询、管理、评估、交易等服务。

12. 以拓展知识产权资源为重点,加强与国内外文化创意产业知识产权集体管理组织的合作,搭建北京市文化创意产业知识产权公共交易平台,鼓励境内外企业、单位和个人通过公共交易平台以许可转让方式将中外创意成果市场化、商品化,实现文化创意知识产权的良性循环,成为全国文化创意产业知识产权集中交易、合作、交流中心,为文化创意产业发展提供保证。

13. 开展文化创意产业知识产权培训,增强文化创意企业、单位和个人的知识产权意识。对本市文化创意从业人员进行培训。通过培训,实现文化创意企业知识产权管理的"四会四落实",即会申请、会管理、会保护、会经营;企业知识产权管理达到制度落实、人员落实、经费落实、任务落实。

14. 加强文化创意产业知识产权保护与促进的国际交流,每年召开一次相关主题的国际研讨会,邀请相关领域的国外专家来京交流经验,同时组团出访国外特色城市,进一步探索文化创意产业知识产权保护的有益做法。

15. 市知识产权行政管理部门研究符合本市实际的文化创意产业知识产权价值评估体系。支持知识产权评估机构建设,为文化创意企业投融资提供服务。

**五、加强文化创意产业知识产权工作的领导与保障**

16. 北京市知识产权等行政管理部门统筹协调本市文化创意产业知识产权保护与促进工作。
市、区(县)知识产权行政管理部门应加强协调、密切配合,建立并完善文化创意产业知识产权保护与促进的长效工作机制。

17. 市知识产权等行政管理部门制定并定期向社会发布文化创意产业知识产权重点支持目录。重点目录由区县和集聚区推荐,行业专家进行论证后确定,对进入目录的文化创意企业、单位和个人在知识产权保护、培训、交流、服务等方面优先支持。

18. 完善文化创意产业知识产权奖励制度,对于拥有知识产权并对社会经济做出突出贡献的文化创意企业、单位和个人给予奖励。

19. 纳入本市预算管理的机关、事业单位和社会团体,在采购文化创意产品和服务时,优先采购北京自主知识产权和自主品牌产品和服务。

20. 市知识产权行政管理部门鼓励文化创意产业相关的行业协会强化自我保护,制定自律性公约,加强与国际间协会组织的沟通与合作。支持文化创意产业知识产权联盟的发展,增强文化创意产业协会和联盟应对国际知识产权纠纷与诉讼的能力。

# 统计资料
## Statistical Data

# 北京地区 2008 年度科技活动汇总表

### 表1　北京地区科技活动人员情况

| | 单位数（个） | 有科技活动单位数 | 科技活动人员（人） | 科学家工程师 | R&D人员折合全时人员 |
|---|---|---|---|---|---|
| 总　计 | 12131 | 5089 | 450147 | 360239 | 200080 |
| 一、按执行部门分组 | | | | | |
| 　科研机构 | 352 | 352 | 114465 | 97217 | 66204 |
| 　高等院校 | 79 | 79 | 49853 | 42315 | 26398 |
| 　企业 | 11186 | 4441 | 269949 | 207472 | 102970 |
| 　　大中型工业企业 | 650 | 332 | 55976 | 39962 | 26892 |
| 　其他 | 514 | 217 | 15880 | 13235 | 4508 |
| 二、按单位隶属关系分组 | | | | | |
| 　中央 | 1399 | 962 | 223018 | 186805 | 112213 |
| 　地方 | 10732 | 4127 | 227129 | 173434 | 87867 |

### 表2　北京地区科技活动经费情况

| | 科技活动经费筹集额（万元） | 政府资金 | 科技活动经费内部支出（万元） | R&D经费内部支出 | 基础研究 | 应用研究 | 试验发展 |
|---|---|---|---|---|---|---|---|
| 总　计 | 11841184 | 5130195 | 10054713 | 6200983 | 507143 | 1360056 | 3753773 |
| 一、按执行部门分组 | | | | | | | |
| 　科研机构 | 4313966 | 3671576 | 3775394 | 2606977 | 310226 | 685232 | 1181931 |
| 　高等院校 | 1225189 | 762061 | 859018 | 556812 | 155520 | 347287 | 44588 |
| 　企业 | 5882260 | 381063 | 5071927 | 2920858 | 32385 | 304634 | 2470926 |
| 　　大中型工业企业 | 1470411 | 116998 | 1110219 | 709677 | 1427 | 27515 | 678151 |
| 　其他 | 419769 | 315495 | 348374 | 116336 | 9012 | 22903 | 56328 |
| 二、按单位隶属关系分组 | | | | | | | |
| 　中央 | 7423845 | 4733793 | 6170523 | 3959241 | 465596 | 1068877 | 1883459 |
| 　地方 | 4417339 | 396402 | 3884190 | 2241742 | 41547 | 291179 | 1870314 |
| 三、按资金来源分组 | | | | | | | |
| 　政府资金 | | | 3006682 | | | | |
| 　企业资金 | | | 2544332 | | | | |
| 　国外资金 | | | 355424 | | | | |
| 　其他资金 | | | 294545 | | | | |

指标解释：R&D经费内部支出 = R&D经常费支出 + R&D基本建设费
　　　　　R&D经常费支出 = 基础研究 + 应用研究 + 试验发展

表3 北京地区科技项目(课题)情况

| | 项目(课题)数 (项) | 项目参加人员折合全时当量 (人年) | 科学家工程师 | 项目(课题)实际经费支出 (万元) |
|---|---|---|---|---|
| 总　　计 | 99275 | 243582 | 211199 | 6356883 |
| 一、按执行部门分组 | | | | |
| 　科研机构 | 22913 | 72633 | 63449 | 2144483 |
| 　高等院校 | 49482 | 27794 | 27308 | 687719 |
| 　企　业 | 24774 | 136750 | 114724 | 3395573 |
| 　　大中型工业企业 | 8663 | 31716 | 26640 | 957556 |
| 　其　他 | 2106 | 6405 | 5718 | 129108 |
| 二、按活动类型分组 | | | | |
| 　基础研究 | 22537 | 23734 | 22458 | 410402 |
| 　应用研究 | 36924 | 48722 | 44245 | 1167657 |
| 　试验发展 | 22780 | 115492 | 98296 | 3450256 |
| 　研究与试验发展成果应用 | 10243 | 42383 | 34565 | 925121 |
| 　科技服务 | 6791 | 13251 | 11635 | 403447 |
| 三、按项目服务的国民经济行业分组 | | | | |
| 　农、林、牧、渔业 | 5716 | 6573 | 5534 | 150538 |
| 　采矿业 | 1931 | 4885 | 4134 | 232528 |
| 　制造业 | 24385 | 75398 | 63008 | 2130537 |
| 　电力、燃气及水的生产和供应业 | 1549 | 4064 | 3858 | 105605 |
| 　建筑业 | 2268 | 4078 | 3305 | 69652 |
| 　交通运输、仓储和邮政业 | 2073 | 3384 | 3057 | 71255 |
| 　信息传输、计算机服务和软件业 | 6997 | 54954 | 47082 | 1157397 |
| 　批发和零售业 | 52 | 35 | 34 | 532 |
| 　住宿和餐饮业 | 1 | 1 | 1 | 5 |
| 　金融业 | 403 | 261 | 215 | 10478 |
| 　房地产业 | 30 | 20 | 19 | 311 |
| 　租赁和商务服务业 | 203 | 1175 | 1023 | 16031 |
| 　科学研究、技术服务和地质勘查业 | 28730 | 64216 | 57116 | 2131655 |
| 　水利、环境和公共设施管理业 | 2359 | 2424 | 2172 | 54518 |
| 　居民服务和其他服务业 | 208 | 586 | 583 | 25786 |
| 　教育 | 17170 | 8430 | 8320 | 67658 |
| 　卫生、社会保障和社会福利业 | 3590 | 10381 | 9508 | 78009 |
| 　文化、体育和娱乐业 | 556 | 1098 | 957 | 17367 |
| 　公共管理和社会组织 | 1050 | 1615 | 1269 | 36932 |
| 　国际组织 | 4 | 4 | 4 | 89 |

表4 北京地区科技成果情况

| | 专利申请数（件） | 发明专利 | 拥有发明专利数（件） | 发表科技论文（篇） | 出版科技著作（种） |
|---|---|---|---|---|---|
| 总 计 | 21235 | 15568 | 29836 | 140144 | 8237 |
| 按执行部门分组 | | | | | |
| 科研机构 | 4102 | 3522 | 5217 | 42618 | 1885 |
| 高等院校 | 5641 | 4831 | 13430 | 87225 | 6035 |
| 企 业 | 11430 | 7177 | 11123 | 5357 | 106 |
| 大中型工业企业 | 4622 | 2996 | 3848 | 0 | 0 |
| 其 他 | 62 | 38 | 66 | 4944 | 211 |

资料来源：科技部《独立科技机构及有关科技活动单位统计调查》、教育部《普通高等学校科技统计年报》、国家统计局《工业企业科技活动情况》等。说明：执行部门中的科研机构指县级以上政府科研机构，高等院校中含附属医院，其他指综合技术服务业（包括气象、地震、测绘、环保等）、社会团体、体育、文化艺术中有R&D活动的事业单位。

# 北京地区2008年度科研院所汇总表

表5 科研院所科技活动人员情况

| | 单位数（个） | 有科技活动单位数 | 科技活动人员（人） | 科学家工程师 | R&D人员折合全时人员 |
|---|---|---|---|---|---|
| 总 计 | 266 | 266 | 69835 | 63642 | 38966 |
| 一、按执行部门分组 | | | | | |
| 科研机构 | 266 | 266 | 69835 | 63642 | 38966 |
| 高等院校 | | | | | |
| 企 业 | | | | | |
| 其 他 | | | | | |
| 二、按单位隶属关系分组 | | | | | |
| 中 央 | 225 | 225 | 63964 | 58826 | 36645 |
| 地 方 | 41 | 41 | 5871 | 4816 | 2321 |
| 三、按服务的国民经济行业分组 | | | | | |
| 农、林、牧、渔业 | 21 | 21 | 5828 | 5044 | 3446 |
| 采矿业 | 1 | 1 | 224 | 215 | 0 |
| 制造业 | 18 | 18 | 3296 | 2906 | 1999 |
| 电力、燃气及水的生产和供应业 | 2 | 2 | 1076 | 929 | 424 |

续表

| | 单位数（个） | 有科技活动单位数 | 科技活动人员（人） | 科学家工程师 | R&D人员折合全时人员 |
|---|---|---|---|---|---|
| 建筑业 | 3 | 3 | 218 | 166 | 109 |
| 交通运输、仓储和邮政业 | 6 | 6 | 1642 | 1518 | 655 |
| 信息传输、计算机服务和软件业 | 8 | 8 | 2777 | 2539 | 1231 |
| 批发和零售业 | 0 | 0 | 0 | 0 | 0 |
| 住宿和餐饮业 | 0 | 0 | 0 | 0 | 0 |
| 金融业 | 0 | 0 | 0 | 0 | 0 |
| 房地产业 | 0 | 0 | 0 | 0 | 0 |
| 租赁和商务服务业 | 0 | 0 | 0 | 0 | 0 |
| 科学研究、技术服务和地质勘查业 | 114 | 114 | 37789 | 36246 | 23766 |
| 水利、环境和公共设施管理业 | 11 | 11 | 2844 | 2587 | 1573 |
| 居民服务和其他服务业 | 1 | 1 | 30 | 23 | 9 |
| 教育 | 5 | 5 | 808 | 710 | 249 |
| 卫生、社会保障和社会福利业 | 35 | 35 | 9297 | 7583 | 4176 |
| 文化、体育和娱乐业 | 13 | 13 | 947 | 817 | 298 |
| 公共管理和社会组织 | 28 | 28 | 3059 | 2359 | 1031 |
| 国际组织 | 0 | 0 | 0 | 0 | 0 |

注：统计范围为民口科研机构

表6 科研院所科技活动经费情况

| | 科技活动经费筹集额（万元） | 政府资金 | 科技活动经费内部支出（万元） | R&D经费内部支出 | 基础研究 | 应用研究 | 试验发展 |
|---|---|---|---|---|---|---|---|
| 总　　计 | 2358561 | 1925643 | 1992408 | 1238302 | 263740 | 442011 | 423449 |
| 一、按执行部门分组 | | | | | | | |
| 　科研机构 | 2358561 | 1925643 | 1992408 | 1238302 | 263740 | 442011 | 423449 |
| 　高等院校 | | | | | | | |
| 　企业 | | | | | | | |
| 　其他 | | | | | | | |
| 二、按单位隶属关系分组 | | | | | | | |
| 　中央 | 2193078 | 1795220 | 1845935 | 1174327 | 260990 | 425663 | 379859 |

续表

| | 科技活动经费筹集额（万元） | 政府资金 | 科技活动经费内部支出（万元） | R&D经费内部支出 | 基础研究 | 应用研究 | 试验发展 |
|---|---|---|---|---|---|---|---|
| 地　方 | 165483 | 130423 | 146473 | 63975 | 2750 | 16348 | 43590 |
| 三、按资金来源 | | | | | | | |
| 　政府资金 | | | | 1066421 | | | |
| 　企业资金 | | | | 39763 | | | |
| 　国外资金 | | | | 17742 | | | |
| 　其他资金 | | | | 114376 | | | |
| 四、按服务的国民经济行业分组 | | | | | | | |
| 　农、林、牧、渔业 | 225331 | 199693 | 197173 | 115094 | 5827 | 20593 | 78679 |
| 　采矿业 | 6011 | 448 | 7173 | 0 | 0 | 0 | 0 |
| 　制造业 | 90087 | 65166 | 92767 | 48643 | 7718 | 13537 | 21533 |
| 　电力、燃气及水的生产和供应业 | 33915 | 24018 | 34072 | 23738 | 446 | 5572 | 16747 |
| 　建筑业 | 10979 | 4606 | 7133 | 3609 | 0 | 91 | 3518 |
| 　交通运输、仓储和邮政业 | 91397 | 62748 | 79717 | 35547 | 0 | 773 | 29551 |
| 　信息传输、计算机服务和软件业 | 152171 | 87273 | 145665 | 59616 | 1274 | 17176 | 31123 |
| 　批发和零售业 | 0 | 0 | 0 | 0 | 0 | 0 | 0 |
| 　　住宿和餐饮业 | 0 | 0 | 0 | 0 | 0 | 0 | 0 |
| 　金融业 | 0 | 0 | 0 | 0 | 0 | 0 | 0 |
| 　房地产业 | 0 | 0 | 0 | 0 | 0 | 0 | 0 |
| 　租赁和商务服务业 | 0 | 0 | 0 | 0 | 0 | 0 | 0 |
| 　科学研究、技术服务和地质勘查业 | 1240133 | 1090169 | 1040819 | 753920 | 228276 | 324405 | 132656 |
| 　水利、环境和公共设施管理业 | 162454 | 132183 | 84393 | 43282 | 3181 | 18964 | 17325 |
| 　居民服务和其他服务业 | 7904 | 7871 | 6234 | 766 | 0 | 0 | 354 |
| 　教育 | 16452 | 13327 | 18784 | 6783 | 136 | 2373 | 4274 |
| 　卫生、社会保障和社会福利业 | 206647 | 166011 | 161384 | 95681 | 16110 | 28890 | 48473 |
| 　文化、体育和娱乐业 | 29828 | 26135 | 34247 | 12856 | 772 | 2705 | 9262 |
| 　公共管理和社会组织 | 85252 | 45995 | 82847 | 38767 | 0 | 6932 | 29954 |
| 　国际组织 | 0 | 0 | 0 | 0 | 0 | 0 | 0 |

表7　科研院所科技项目(课题)情况

| | 项目(课题)数（项） | 项目参加人员折合全时当量（人年） | 科学家工程师 | 项目(课题)实际经费支出（万元） |
|---|---|---|---|---|
| 总　　计 | 21237 | 44849 | 40375 | 924928 |
| 一、按执行部门分组 | | | | |
| 　科研机构 | 21237 | 44849 | 40375 | 924928 |
| 　高等院校 | | | | |
| 　企　业 | | | | |
| 　其　他 | | | | |
| 二、按活动类型分组 | | | | |
| 　基础研究 | 5815 | 11681 | 11036 | 182000 |
| 　应用研究 | 7106 | 14332 | 13177 | 288835 |
| 　试验发展 | 3462 | 10090 | 8765 | 237874 |
| 　研究与试验发展成果应用 | 1203 | 2525 | 2151 | 80138 |
| 　科技服务 | 3651 | 6221 | 5246 | 136081 |
| 三、按项目服务的国民经济行业分组 | | | | |
| 　农、林、牧、渔业 | 1991 | 4091 | 3416 | 89606 |
| 　采矿业 | 112 | 460 | 429 | 8445 |
| 　制造业 | 1601 | 3813 | 3342 | 74580 |
| 　电力、燃气及水的生产和供应业 | 356 | 594 | 501 | 14144 |
| 　建筑业 | 47 | 112 | 92 | 2934 |
| 　交通运输、仓储和邮政业 | 668 | 1489 | 1380 | 27032 |
| 　信息传输、计算机服务和软件业 | 579 | 2021 | 1650 | 67487 |
| 　批发和零售业 | 6 | 17 | 17 | 228 |
| 　　住宿和餐饮业 | 0 | 0 | 0 | 0 |
| 　金融业 | 41 | 49 | 44 | 622 |
| 　房地产业 | 4 | 3 | 3 | 66 |
| 　租赁和商务服务业 | 32 | 73 | 65 | 744 |
| 　科学研究、技术服务和地质勘查业 | 12023 | 23714 | 22261 | 502977 |
| 　水利、环境和公共设施管理业 | 1395 | 1713 | 1516 | 35097 |
| 　居民服务和其他服务业 | 4 | 8 | 6 | 171 |
| 　教育 | 238 | 459 | 427 | 5797 |
| 　卫生、社会保障和社会福利业 | 955 | 4051 | 3449 | 47883 |
| 　文化、体育和娱乐业 | 370 | 929 | 803 | 13063 |
| 　公共管理和社会组织 | 812 | 1251 | 972 | 33967 |
| 　国际组织 | 3 | 2 | 2 | 85 |

表8　科研院所科技成果情况

| | 专利申请数（件） | 发明专利 | 拥有发明专利数（件） | 发表科技论文（篇） | 出版科技著作（种） |
|---|---|---|---|---|---|
| 总　　计 | 2488 | 2119 | 4750 | 37149 | 1636 |
| 一、按执行部门分组 | | | | | |
| 　科研机构 | 2488 | 2119 | 4750 | 37149 | 1636 |
| 　高等院校 | | | | | |
| 　企　业 | | | | | |
| 　其　他 | | | | | |
| 二、按单位隶属关系分组 | | | | | |
| 　中　央 | 2392 | 2061 | 4588 | 33818 | 1455 |
| 　地　方 | 96 | 58 | 162 | 3331 | 181 |
| 三、按服务的国民经济行业分组 | | | | | |
| 　农、林、牧、渔业 | 209 | 172 | 346 | 3120 | 150 |
| 　采矿业 | 0 | 0 | 0 | 90 | 0 |
| 　制造业 | 245 | 225 | 713 | 1541 | 54 |
| 　电力、燃气及水的生产和供应业 | 26 | 13 | 21 | 687 | 37 |
| 　建筑业 | 8 | 3 | 10 | 27 | 0 |
| 　交通运输、仓储和邮政业 | 33 | 3 | 5 | 817 | 16 |
| 　信息传输、计算机服务和软件业 | 241 | 235 | 284 | 791 | 4 |
| 　批发和零售业 | 0 | 0 | 0 | 0 | 0 |
| 　　住宿和餐饮业 | 0 | 0 | 0 | 0 | 0 |
| 　金融业 | 0 | 0 | 0 | 0 | 0 |
| 　房地产业 | 0 | 0 | 0 | 0 | 0 |
| 　租赁和商务服务业 | 0 | 0 | 0 | 0 | 0 |
| 　科学研究、技术服务和地质勘查业 | 1552 | 1346 | 3112 | 20980 | 846 |
| 　水利、环境和公共设施管理业 | 83 | 72 | 125 | 1104 | 27 |
| 　居民服务和其他服务业 | 0 | 0 | 0 | 3 | 0 |
| 　教育 | 0 | 0 | 0 | 559 | 100 |
| 　卫生、社会保障和社会福利业 | 62 | 36 | 121 | 5681 | 232 |
| 　文化、体育和娱乐业 | 1 | 1 | 5 | 194 | 19 |
| 　公共管理和社会组织 | 28 | 13 | 8 | 1555 | 151 |
| 　国际组织 | 0 | 0 | 0 | 0 | 0 |

# 北京地区 2008 年度转制科研院所汇总表

表9 转制科研院所科技活动人员情况

| | 单位数（个） | 有科技活动单位数 | 科技活动人员（人） | 科学家工程师 | R&D人员折合全时人员 |
|---|---|---|---|---|---|
| 总　　计 | 127 | 127 | 34418 | 28212 | 10764 |
| 一、按转制方向分组 | | | | | |
| 　转为企业或进入企业集团 | 107 | 107 | 31357 | 25481 | 10324 |
| 　　工业企业 | 68 | 68 | 20870 | 16375 | 7921 |
| 　　非工业企业 | 39 | 39 | 10487 | 9106 | 2403 |
| 　转为非企业单位 | 20 | 20 | 3061 | 2731 | 440 |
| 　　其中：并入高校 | 1 | 1 | 49 | 37 | 7 |
| 二、按单位隶属关系分组 | | | | | |
| 　中　　央 | 81 | 81 | 32066 | 26546 | 10099 |
| 　地　　方 | 46 | 46 | 2352 | 1666 | 665 |
| 三、按服务的国民经济行业分组 | | | | | |
| 　农、林、牧、渔业 | 3 | 3 | 230 | 199 | 126 |
| 　采矿业 | 8 | 8 | 5784 | 4986 | 1974 |
| 　制造业 | 65 | 65 | 16170 | 12276 | 5792 |
| 　电力、燃气及水的生产和供应业 | 3 | 3 | 1354 | 1212 | 780 |
| 　建筑业 | 8 | 8 | 3891 | 3326 | 939 |
| 　交通运输、仓储和邮政业 | 5 | 5 | 2788 | 2418 | 538 |
| 　信息传输、计算机服务和软件业 | 8 | 8 | 1721 | 1610 | 245 |
| 　批发和零售业 | 1 | 1 | 9 | 8 | 0 |
| 　　住宿和餐饮业 | 0 | 0 | 0 | 0 | 0 |
| 　金融业 | 1 | 1 | 180 | 163 | 67 |
| 　房地产业 | 0 | 0 | 0 | 0 | 0 |
| 　租赁和商务服务业 | 0 | 0 | 0 | 0 | 0 |
| 　科学研究、技术服务和地质勘查业 | 22 | 22 | 1940 | 1769 | 257 |
| 　水利、环境和公共设施管理业 | 1 | 1 | 97 | 80 | 6 |
| 　居民服务和其他服务业 | 0 | 0 | 0 | 0 | 0 |
| 　教育 | 0 | 0 | 0 | 0 | 0 |
| 　卫生、社会保障和社会福利业 | 1 | 1 | 163 | 93 | 22 |
| 　文化、体育和娱乐业 | 1 | 1 | 91 | 72 | 18 |
| 　公共管理和社会组织 | 0 | 0 | 0 | 0 | 0 |
| 　国际组织 | 0 | 0 | 0 | 0 | 0 |

注：统计范围为民口已转制的县以上科研机构及科技信息与文献机构，不包括已转制的工程勘察设计单位及转制后重组或分解的研究机构

表 10 转制科研院所科技活动经费情况

| | 科技活动经费筹集额（万元） | 政府资金 | 科技活动经费内部支出（万元） | R&D 经费内部支出 | 基础研究 | 应用研究 | 试验发展 |
|---|---|---|---|---|---|---|---|
| 总　　计 | 1102492 | 261670 | 1095577 | 531747 | 4852 | 60185 | 363387 |
| 一、按转制方向分组 | | | | | | | |
| 　转为企业或进入企业集团 | 974909 | 187188 | 973656 | 478140 | 4713 | 47566 | 347506 |
| 　　工业企业 | 677349 | 129815 | 681549 | 359266 | 241 | 38588 | 255178 |
| 　　非工业企业 | 297560 | 57373 | 292107 | 118874 | 4473 | 8978 | 92328 |
| 　转为非企业单位 | 127583 | 74482 | 121921 | 53607 | 139 | 12619 | 15881 |
| 　　其中：并入高校 | 1247 | 293 | 1247 | 170 | 0 | 7 | 163 |
| 二、按单位隶属关系分组 | | | | | | | |
| 　中　　央 | 1069491 | 246721 | 1051213 | 516541 | 4852 | 59977 | 349579 |
| 　地　　方 | 33001 | 14949 | 44364 | 15206 | 0 | 208 | 13808 |
| 三、按资金来源 | | | | | | | |
| 　政府资金 | | | | 165621 | | | |
| 　企业资金 | | | | 321601 | | | |
| 　国外资金 | | | | 3507 | | | |
| 　其他资金 | | | | 41018 | | | |
| 四、按服务的国民经济行业分组 | | | | | | | |
| 　农、林、牧、渔业 | 5791 | 4624 | 5501 | 3336 | 0 | 698 | 2586 |
| 　采矿业 | 220067 | 26128 | 331277 | 165189 | 4469 | 19172 | 93896 |
| 　制造业 | 434464 | 105372 | 386100 | 202088 | 94 | 25568 | 163854 |
| 　电力、燃气及水的生产和供应业 | 66851 | 3281 | 54665 | 31718 | 147 | 441 | 16979 |
| 　建筑业 | 122815 | 14168 | 112887 | 55184 | 3 | 1261 | 53333 |
| 　交通运输、仓储和邮政业 | 98090 | 30734 | 66743 | 18361 | 0 | 608 | 14595 |
| 　信息传输、计算机服务和软件业 | 53916 | 16020 | 48465 | 15183 | 113 | 6563 | 6708 |
| 　批发和零售业 | 247 | 247 | 160 | 0 | 0 | 0 | 0 |
| 　　住宿和餐饮业 | 0 | 0 | 0 | 0 | 0 | 0 | 0 |
| 　金融业 | 18475 | 0 | 4051 | 2606 | 0 | 0 | 2606 |
| 　房地产业 | 0 | 0 | 0 | 0 | 0 | 0 | 0 |
| 　租赁和商务服务业 | 0 | 0 | 0 | 0 | 0 | 0 | 0 |
| 　科学研究、技术服务和地质勘查业 | 74540 | 55981 | 76940 | 36951 | 26 | 5634 | 8036 |
| 　水利、环境和公共设施管理业 | 4458 | 3413 | 4552 | 140 | 0 | 7 | 88 |
| 　居民服务和其他服务业 | 0 | 0 | 0 | 0 | 0 | 0 | 0 |
| 　教育 | 0 | 0 | 0 | 0 | 0 | 0 | 0 |
| 　卫生、社会保障和社会福利业 | 237 | 237 | 1631 | 437 | 0 | 153 | 284 |
| 　文化、体育和娱乐业 | 2541 | 1465 | 2605 | 554 | 0 | 80 | 422 |
| 　公共管理和社会组织 | 0 | 0 | 0 | 0 | 0 | 0 | 0 |
| 　国际组织 | 0 | 0 | 0 | 0 | 0 | 0 | 0 |

表11  转制科研院所科技项目(课题)情况

| | 项目(课题)数<br>(项) | 项目参加人员折合全时当量<br>(人年) | 科学家<br>工程师 | 项目(课题)<br>实际经费支出<br>(万元) |
|---|---|---|---|---|
| 总　　计 | 3834 | 15616 | 11901 | 411595 |
| 一、按转制方向分组 | | | | |
| 　转为企业或进入企业集团 | 3418 | 14517 | 10947 | 393617 |
| 　　工业企业 | 2264 | 10259 | 7850 | 330820 |
| 　　非工业企业 | 1154 | 4259 | 3098 | 62798 |
| 　转为非企业单位 | 416 | 1099 | 954 | 17978 |
| 　　其中:并入高校 | 9 | 11 | 10 | 152 |
| 二、按活动类型分组 | | | | |
| 　基础研究 | 32 | 144 | 132 | 3471 |
| 　应用研究 | 376 | 1414 | 1014 | 42144 |
| 　试验发展 | 1830 | 8965 | 6631 | 210755 |
| 　研究与试验发展成果应用 | 682 | 2176 | 1582 | 52557 |
| 　科技服务 | 914 | 2917 | 2542 | 102668 |
| 三、按项目服务的国民经济行业分组 | | | | |
| 　农、林、牧、渔业 | 20 | 57 | 39 | 488 |
| 　采矿业 | 515 | 2555 | 2159 | 163273 |
| 　制造业 | 1672 | 7171 | 5163 | 147968 |
| 　电力、燃气及水的生产和供应业 | 172 | 817 | 741 | 23198 |
| 　建筑业 | 339 | 875 | 601 | 14490 |
| 　交通运输、仓储和邮政业 | 354 | 1192 | 1003 | 16613 |
| 　信息传输、计算机服务和软件业 | 89 | 426 | 351 | 5904 |
| 　批发和零售业 | 10 | 5 | 5 | 65 |
| 　住宿和餐饮业 | 0 | 0 | 0 | 0 |
| 　金融业 | 21 | 86 | 46 | 1295 |
| 　房地产业 | 0 | 0 | 0 | 0 |
| 　租赁和商务服务业 | 45 | 134 | 133 | 2339 |
| 　科学研究、技术服务和地质勘查业 | 504 | 2070 | 1474 | 33563 |
| 　水利、环境和公共设施管理业 | 65 | 127 | 100 | 1776 |
| 　居民服务和其他服务业 | 0 | 0 | 0 | 0 |
| 　教育 | 0 | 0 | 0 | 0 |
| 　卫生、社会保障和社会福利业 | 3 | 19 | 17 | 89 |
| 　文化、体育和娱乐业 | 15 | 44 | 31 | 297 |
| 　公共管理和社会组织 | 10 | 38 | 38 | 237 |
| 　国际组织 | 0 | 0 | 0 | 0 |

表 12　转制科研院所科技成果情况

| | 专利申请数（件） | 发明专利（件） | 拥有发明专利数（件） | 发表科技论文（篇） | 出版科技著作（种） |
|---|---|---|---|---|---|
| 总　　计 | 1576 | 1150 | 3724 | 5370 | 107 |
| 一、按转制方向分组 | | | | | |
| 　转为企业或进入企业集团 | 1564 | 1139 | 3715 | 4870 | 78 |
| 　　工业企业 | 1374 | 1037 | 3415 | 3274 | 53 |
| 　　非工业企业 | 190 | 102 | 300 | 1596 | 25 |
| 　转为非企业单位 | 12 | 11 | 9 | 500 | 29 |
| 　　其中：并入高校 | | | | | |
| 二、按单位隶属关系分组 | | | | | |
| 　中　　央 | 1490 | 1111 | 3653 | 5139 | 102 |
| 　地　　方 | 86 | 39 | 71 | 231 | 5 |
| 三、按服务的国民经济行业分组 | | | | | |
| 　农、林、牧、渔业 | 1 | 1 | 2 | 94 | 8 |
| 　采矿业 | 210 | 149 | 414 | 1315 | 19 |
| 　制造业 | 975 | 781 | 3000 | 1933 | 18 |
| 　电力、燃气及水的生产和供应业 | 234 | 137 | 38 | 331 | 18 |
| 　建筑业 | 83 | 37 | 164 | 736 | 21 |
| 　交通运输、仓储和邮政业 | 44 | 17 | 51 | 295 | 2 |
| 　信息传输、计算机服务和软件业 | 10 | 10 | 6 | 44 | 1 |
| 　批发和零售业 | 0 | 0 | 0 | 4 | 0 |
| 　　住宿和餐饮业 | 0 | 0 | 0 | 0 | 0 |
| 　金融业 | 11 | 11 | 28 | 0 | 0 |
| 　房地产业 | 0 | 0 | 0 | 0 | 0 |
| 　租赁和商务服务业 | 0 | 0 | 0 | 0 | 0 |
| 　科学研究、技术服务和地质勘查业 | 8 | 7 | 21 | 586 | 20 |
| 　水利、环境和公共设施管理业 | 0 | 0 | 0 | 7 | 0 |
| 　居民服务和其他服务业 | 0 | 0 | 0 | 0 | 0 |
| 　教育 | 0 | 0 | 0 | 0 | 0 |
| 　卫生、社会保障和社会福利业 | 0 | 0 | 0 | 13 | 0 |
| 　文化、体育和娱乐业 | 0 | 0 | 0 | 12 | 0 |
| 　公共管理和社会组织 | 0 | 0 | 0 | 0 | 0 |
| 　国际组织 | 0 | 0 | 0 | 0 | 0 |

# 北京地区2008年度高等院校汇总表

### 表13 高等院校科技活动人员情况

| | 单位数（个） | 有科技活动单位数 | 科技活动人员（人） | 科学家工程师 | R&D人员折合全时人员 |
|---|---|---|---|---|---|
| 总　　计 | 79 | 79 | 49853 | 42315 | 26398 |
| 一、按执行部门分组 | | | | | |
| 　科研院所 | | | | | |
| 　高等院校 | 79 | 79 | 49853 | 42315 | 26398 |
| 　企　业 | | | | | |
| 　其　他 | | | | | |
| 二、按单位隶属关系分组 | | | | | |
| 　中　央 | 41 | 41 | 34865 | 29657 | 18835 |
| 　地　方 | 38 | 38 | 14988 | 12658 | 7563 |
| 三、按从事的国民经济行业分组 | | | | | |
| 　农、林、牧、渔业 | | | | | |
| 　采矿业 | | | | | |
| 　制造业 | | | | | |
| 　电力、燃气及水的生产和供应业 | | | | | |
| 　建筑业 | | | | | |
| 　交通运输、仓储和邮政业 | | | | | |
| 　信息传输、计算机服务和软件业 | | | | | |
| 　批发和零售业 | | | | | |
| 　　住宿和餐饮业 | | | | | |
| 　金融业 | | | | | |
| 　房地产业 | | | | | |
| 　租赁和商务服务业 | | | | | |
| 　科学研究、技术服务和地质勘查业 | | | | | |
| 　水利、环境和公共设施管理业 | | | | | |
| 　居民服务和其他服务业 | | | | | |
| 　教育 | 58 | 58 | 42794 | 36853 | 22267 |
| 　卫生、社会保障和社会福利业 | 21 | 21 | 7059 | 5462 | 4131 |
| 　文化、体育和娱乐业 | | | | | |
| 　公共管理和社会组织 | | | | | |
| 　国际组织 | | | | | |

注：统计范围为参加科技统计与人文社科统计的北京地区普通高校与其所属附属医院

## 表 14  高等院校科技活动经费情况

| | 科技活动经费筹集额（万元） | 政府资金 | 科技活动经费内部支出（万元） | R&D 经费内部支出 | 基础研究 | 应用研究 | 试验发展 |
|---|---|---|---|---|---|---|---|
| 总　　计 | 1225189 | 762061 | 859018 | 556812 | 155520 | 347287 | 44588 |
| 一、按执行部门分组 | | | | | | | |
| 　科研院所 | | | | | | | |
| 　高等院校 | 1225189 | 762061 | 859018 | 556812 | 155520 | 347287 | 44588 |
| 　企　业 | | | | | | | |
| 　其　他 | | | | | | | |
| 二、按单位隶属关系分组 | | | | | | | |
| 　中　央 | 1060725 | 638457 | 721423 | 483938 | | | |
| 　地　方 | 164464 | 123604 | 137595 | 72874 | | | |
| 三、按资金来源 | | | | | | | |
| 　政府资金 | | | | 350392 | | | |
| 　企业资金 | | | | 171247 | | | |
| 　国外资金 | | | | 14431 | | | |
| 　其他资金 | | | | 20742 | | | |
| 四、按从事的国民经济行业分组 | | | | | | | |
| 　农、林、牧、渔业 | | | | | | | |
| 　采矿业 | | | | | | | |
| 　制造业 | | | | | | | |
| 　电力、燃气及水的生产和供应业 | | | | | | | |
| 　建筑业 | | | | | | | |
| 　交通运输、仓储和邮政业 | | | | | | | |
| 　信息传输、计算机服务和软件业 | | | | | | | |
| 　批发和零售业 | | | | | | | |
| 　住宿和餐饮业 | | | | | | | |
| 　金融业 | | | | | | | |
| 　房地产业 | | | | | | | |
| 　租赁和商务服务业 | | | | | | | |
| 　科学研究、技术服务和地质勘查业 | | | | | | | |
| 　水利、环境和公共设施管理业 | | | | | | | |
| 　居民服务和其他服务业 | | | | | | | |
| 　教育 | 1190203 | 731187 | 837435 | 542738 | | | |
| 　卫生、社会保障和社会福利业 | 34986 | 30874 | 21583 | 14074 | | | |
| 　文化、体育和娱乐业 | | | | | | | |
| 　公共管理和社会组织 | | | | | | | |
| 　国际组织 | | | | | | | |

表15 高等院校科技项目(课题)情况

| | 项目(课题)数（项） | 项目参加人员折合全时当量（人年） | 科学家工程师 | 项目(课题)实际经费支出（万元） |
|---|---|---|---|---|
| 总　　计 | 49482 | 27794 | 27308 | 687719 |
| 一、按执行部门分组 | | | | |
| 　科研院所 | | | | |
| 　高等院校 | 49482 | 27794 | 27308 | 687719 |
| 　企　　业 | | | | |
| 　其　　他 | | | | |
| 二、按活动类型分组 | | | | |
| 　基础研究 | 16029 | 8884 | 8695 | 166103 |
| 　应用研究 | 26952 | 15918 | 15668 | 387006 |
| 　试验发展 | 3304 | 1488 | 1459 | 54717 |
| 　研究与试验发展成果应用 | 1651 | 728 | 720 | 40620 |
| 　科技服务 | 1546 | 776 | 766 | 39273 |
| 三、按项目服务的国民经济行业分组 | | | | |
| 　农、林、牧、渔业 | 3369 | 1220 | 1180 | 49276 |
| 　采矿业 | 1014 | 341 | 333 | 16640 |
| 　制造业 | 5548 | 3391 | 3351 | 192833 |
| 　电力、燃气及水的生产和供应业 | 777 | 582 | 580 | 15199 |
| 　建筑业 | 1501 | 571 | 559 | 24435 |
| 　交通运输、仓储和邮政业 | 1006 | 394 | 392 | 23784 |
| 　信息传输、计算机服务和软件业 | 1905 | 970 | 958 | 39508 |
| 　批发和零售业 | 36 | 13 | 13 | 239 |
| 　住宿和餐饮业 | 1 | 1 | 1 | 5 |
| 　金融业 | 341 | 126 | 126 | 8562 |
| 　房地产业 | 26 | 17 | 16 | 245 |
| 　租赁和商务服务业 | 48 | 27 | 27 | 215 |
| 　科学研究、技术服务和地质勘查业 | 30072 | 14412 | 14232 | 268300 |
| 　水利、环境和公共设施管理业 | 796 | 424 | 415 | 14371 |
| 　居民服务和其他服务业 | 200 | 92 | 91 | 5540 |
| 　教育 | 342 | 333 | 328 | 4094 |
| 　卫生、社会保障和社会福利业 | 2237 | 4707 | 4535 | 19783 |
| 　文化、体育和娱乐业 | 158 | 103 | 102 | 3800 |
| 　公共管理和社会组织 | 104 | 68 | 67 | 886 |
| 　国际组织 | 1 | 2 | 2 | 4 |

表16 高等院校科技成果情况

| | 专利申请数（件） | 发明专利 | 拥有发明专利数（件） | 发表科技论文（篇） | 出版科技著作（种） |
|---|---|---|---|---|---|
| 总　　计 | 5641 | 4831 | 13430 | 87225 | 6035 |
| 一、按执行部门分组 | | | | | |
| 　　科研院所 | | | | | |
| 　　高等院校 | 5641 | 4831 | 13430 | 87225 | 6035 |
| 　　企　　业 | | | | | |
| 　　其　　他 | | | | | |
| 　　按单位隶属关系分组 | | | | | |
| 　　中　　央 | 4788 | 4296 | 12970 | 68545 | 4924 |
| 　　地　　方 | 853 | 535 | 460 | 18680 | 1111 |
| 二、按从事的国民经济行业分组 | | | | | |
| 　　农、林、牧、渔业 | | | | | |
| 　　采矿业 | | | | | |
| 　　制造业 | | | | | |
| 　　电力、燃气及水的生产和供应业 | | | | | |
| 　　建筑业 | | | | | |
| 　　交通运输、仓储和邮政业 | | | | | |
| 　　信息传输、计算机服务和软件业 | | | | | |
| 　　批发和零售业 | | | | | |
| 　　住宿和餐饮业 | | | | | |
| 　　金融业 | | | | | |
| 　　房地产业 | | | | | |
| 　　租赁和商务服务业 | | | | | |
| 　　科学研究、技术服务和地质勘查业 | | | | | |
| 　　水利、环境和公共设施管理业 | | | | | |
| 　　居民服务和其他服务业 | | | | | |
| 　　教育 | 5593 | 4799 | 13352 | 78816 | 5870 |
| 　　卫生、社会保障和社会福利业 | 48 | 32 | 78 | 8409 | 165 |
| 　　文化、体育和娱乐业 | | | | | |
| 　　公共管理和社会组织 | | | | | |
| 　　国际组织 | | | | | |

# 北京地区2008年度大中型工业企业汇总表

### 表17 大中型工业企业科技活动人员情况

| | 企业数（个） | 有科技活动企业数 | 科技活动人员（人） | 科学家工程师 | R&D人员折合全时人员 |
|---|---|---|---|---|---|
| 总　　计 | 7206 | 1858 | 93313 | 68065 | 44753 |
| 一、按登记注册类型分组 | | | | | |
| 　国　有 | 299 | 86 | 5251 | 3363 | 2664 |
| 　集　体 | 353 | 21 | 239 | 139 | 109 |
| 　股份合作 | 288 | 27 | 607 | 432 | 265 |
| 　联　营 | 16 | 2 | 54 | 42 | 25 |
| 　有限责任公司 | 2150 | 738 | 35831 | 26198 | 14972 |
| 　股份有限公司 | 223 | 152 | 21170 | 15678 | 12267 |
| 　私　营 | 2354 | 483 | 11702 | 8689 | 5654 |
| 　其他内资 | 1 | 0 | 0 | 0 | 0 |
| 　港澳台商投资 | 393 | 91 | 6135 | 4533 | 2692 |
| 　外商投资 | 1129 | 258 | 12324 | 8991 | 6106 |
| 二、按单位隶属关系分组 | | | | | |
| 　中　央 | 392 | 211 | 21265 | 16018 | 9765 |
| 　地　方 | 6814 | 1647 | 72048 | 52047 | 34989 |
| 三、按从事的国民经济行业分组 | | | | | |
| 　农、林、牧、渔业 | | | | | |
| 　采矿业 | 53 | 5 | 2334 | 1489 | 485 |
| 　制造业 | 6997 | 1838 | 88617 | 64459 | 43287 |
| 　电力、燃气及水的生产和供应业 | 156 | 15 | 2362 | 2117 | 982 |
| 　建筑业 | | | | | |
| 　交通运输、仓储和邮政业 | | | | | |
| 　信息传输、计算机服务和软件业 | | | | | |
| 　批发和零售业 | | | | | |
| 　住宿和餐饮业 | | | | | |
| 　金融业 | | | | | |
| 　房地产业 | | | | | |
| 　租赁和商务服务业 | | | | | |
| 　科学研究、技术服务和地质勘查业 | | | | | |
| 　水利、环境和公共设施管理业 | | | | | |
| 　居民服务和其他服务业 | | | | | |
| 　教育 | | | | | |
| 　卫生、社会保障和社会福利业 | | | | | |
| 　文化、体育和娱乐业 | | | | | |
| 　公共管理和社会组织 | | | | | |
| 　国际组织 | | | | | |

注：统计范围为年主营业务收入在500万元及以上法人工业企业

表18 大中型工业企业科技活动经费情况

| | 科技活动经费筹集额（万元） | 政府资金 | 科技活动经费内部支出（万元） | R&D经费内部支出 |
|---|---|---|---|---|
| 总　　计 | 2026598 | 146047 | 1593262 | 1010863 |
| 一、按登记注册类型分组 | | | | |
| 　国　有 | 318704 | 7889 | 65148 | 41340 |
| 　集　体 | 2393 | 0 | 2042 | 1200 |
| 　股份合作 | 4409 | 39 | 4243 | 2436 |
| 　联　营 | 292 | 254 | 499 | 104 |
| 　有限责任公司 | 678947 | 92051 | 590455 | 378203 |
| 　股份有限公司 | 383417 | 23411 | 361044 | 238527 |
| 　私　营 | 150031 | 5146 | 140033 | 82508 |
| 　其他内资 | 0 | 0 | 0 | 0 |
| 　港澳台商投资 | 170759 | 11494 | 144531 | 102322 |
| 　外商投资 | 317646 | 5763 | 285267 | 164223 |
| 二、按单位隶属关系分组 | | | | |
| 　中　央 | 706386 | 76410 | 395607 | 265827 |
| 　地　方 | 1320212 | 69637 | 1197655 | 745036 |
| 三、按资金来源 | | | | |
| 　政府资金 | | | | 97226 |
| 　企业资金 | | | | 898515 |
| 　国外资金 | | | | 5908 |
| 　其他资金 | | | | 9214 |
| 四、按从事的国民经济行业分组 | | | | |
| 　农、林、牧、渔业 | | | | |
| 　采矿业 | 30275 | 0 | 28161 | 9414 |
| 　制造业 | 1654243 | 142752 | 1503580 | 980495 |
| 　电力、燃气及水的生产和供应业 | 342080 | 3295 | 61521 | 20954 |
| 　建筑业 | | | | |
| 　交通运输、仓储和邮政业 | | | | |
| 　信息传输、计算机服务和软件业 | | | | |
| 　批发和零售业 | | | | |
| 　住宿和餐饮业 | | | | |
| 　金融业 | | | | |
| 　房地产业 | | | | |
| 　租赁和商务服务业 | | | | |
| 　科学研究、技术服务和地质勘查业 | | | | |
| 　水利、环境和公共设施管理业 | | | | |
| 　居民服务和其他服务业 | | | | |
| 　教育 | | | | |
| 　卫生、社会保障和社会福利业 | | | | |
| 　文化、体育和娱乐业 | | | | |
| 　公共管理和社会组织 | | | | |
| 　国际组织 | | | | |

表19　大中型工业企业科技项目及科技成果情况

| | 项目(课题)数（项） | 项目(课题)实际经费支出（万元） | 专利申请数（件） | 发明专利 | 拥有发明专利数（件） |
|---|---|---|---|---|---|
| 总　　计 | 15093 | 1391514 | 7124 | 4256 | 5618 |
| 一、按登记注册类型分组 | | | | | |
| 　国　有 | 617 | 58248 | 186 | 71 | 54 |
| 　集　体 | 65 | 2008 | 9 | 3 | 15 |
| 　股份合作 | 118 | 4097 | 18 | 12 | 19 |
| 　联　营 | 11 | 499 | 0 | 0 | 1 |
| 　有限责任公司 | 7991 | 516709 | 1767 | 830 | 965 |
| 　股份有限公司 | 2380 | 328076 | 1269 | 915 | 1186 |
| 　私　营 | 1776 | 128845 | 1599 | 652 | 632 |
| 　其他内资 | 0 | 0 | 0 | 0 | 0 |
| 　港澳台商投资 | 632 | 132463 | 924 | 709 | 1471 |
| 　外商投资 | 1503 | 220569 | 1352 | 1064 | 1275 |
| 二、按单位隶属关系分组 | | | | | |
| 　中　央 | 5487 | 338198 | 920 | 459 | 669 |
| 　地　方 | 9606 | 1053316 | 6204 | 3797 | 4949 |
| 三、按从事的国民经济行业分组 | | | | | |
| 　农、林、牧、渔业 | | | | | |
| 　采矿业 | 286 | 24792 | 120 | 33 | 18 |
| 　制造业 | 14585 | 1321743 | 6860 | 4187 | 5585 |
| 　电力、燃气及水的生产和供应业 | 222 | 44979 | 144 | 36 | 15 |
| 　建筑业 | | | | | |
| 　交通运输、仓储和邮政业 | | | | | |
| 　信息传输、计算机服务和软件业 | | | | | |
| 　批发和零售业 | | | | | |
| 　住宿和餐饮业 | | | | | |
| 　金融业 | | | | | |
| 　房地产业 | | | | | |
| 　租赁和商务服务业 | | | | | |
| 　科学研究、技术服务和地质勘查业 | | | | | |
| 　水利、环境和公共设施管理业 | | | | | |
| 　居民服务和其他服务业 | | | | | |
| 　教育 | | | | | |
| 　卫生、社会保障和社会福利业 | | | | | |
| 　文化、体育和娱乐业 | | | | | |
| 　公共管理和社会组织 | | | | | |
| 　国际组织 | | | | | |

资料来源：北京市科技统计信息中心

# 2008年中关村科技园区主要经济指标一览表

### 表1 按园区统计主要经济指标

| 注册开发区<br>主要经济指标 | 总和 | 海淀 | 丰台 | 昌平 | 电子城 | 亦庄 | 德胜 | 雍和 | 石景山 | 通州 | 大兴 |
|---|---|---|---|---|---|---|---|---|---|---|---|
| 企业数(个) | 18437 | 13511 | 1564 | 1371 | 1089 | 425 | 221 | 59 | 128 | 49 | 20 |
| 当年新入园企业数(个) | 966 | 674 | 92 | 64 | 37 | 19 | 22 | 9 | 28 | 17 | 4 |
| 年末从业人员(人) | 941442 | 555612 | 108554 | 66277 | 80970 | 91062 | 17026 | 6114 | 7641 | 5830 | 2356 |
| 其中:科技活动人员 | 320958 | 228776 | 18837 | 15794 | 27955 | 16417 | 6713 | 3111 | 1746 | 1168 | 441 |
| 其中:研究与试验发展人员 | 174797 | 122022 | 8012 | 11257 | 18342 | 8779 | 2881 | 1779 | 885 | 634 | 206 |
| 工业总产值(亿元) | 3805.1 | 1120.8 | 209.1 | 463.1 | 254.4 | 1630.5 | 21.3 | 0.5 | 31.7 | 61.9 | 11.8 |
| 总收入(亿元) | 10222.4 | 4846.3 | 1285.0 | 623.6 | 747.6 | 2345.9 | 86.9 | 98.8 | 110.0 | 65.3 | 13.1 |
| 1. 技术收入 | 1693.4 | 1203.6 | 131.1 | 31.1 | 183.1 | 87.8 | 24.7 | 25.7 | 4.5 | 1.1 | 0.7 |
| 2. 产品销售收入 | 5229.2 | 2014.8 | 409.9 | 509.9 | 450.4 | 1667.2 | 44.5 | 2.7 | 56.21 | 62.1 | 11.5 |
| 其中:新产品销售收入 | 3327.0 | 1329.1 | 262.7 | 399.9 | 370.1 | 907.1 | 27.6 | 0.1 | 4.08 | 24.1 | 2.1 |
| 3. 商品销售收入 | 2398.9 | 1312.5 | 389.7 | 50.5 | 86.0 | 476.7 | 11.6 | 65.9 | 4.4 | 1.5 | 0.2 |
| 进出口总额(亿美元) | 420.2 | 93.4 | 45.1 | 7.4 | 24.9 | 241.0 | 0.7 | 2.1 | 3.6 | 0.6 | 1.3 |
| 其中:进口总额 | 212.8 | 45.5 | 36.7 | 2.9 | 11.9 | 112.2 | 0.1 | 2.1 | 1.4 | 0.03 | 0.00 |
| 其中:出口创汇总额 | 207.4 | 48.0 | 8.4 | 4.4 | 13.0 | 128.8 | 0.6 | 0.03 | 2.2 | 0.5 | 1.3 |
| 实缴税费总额(亿元) | 504.0 | 233.1 | 40.3 | 28.7 | 34.3 | 150.2 | 4.7 | 4.2 | 5.1 | 2.0 | 1.4 |
| 其中:实缴增值税 | 251.1 | 99.5 | 15.9 | 15.5 | 14.6 | 98.8 | 1.7 | 1.7 | 1.5 | 1.3 | 0.7 |
| 其中:实缴营业税 | 76.1 | 48.9 | 10.2 | 2.5 | 7.1 | 4.3 | 1.2 | 0.5 | 1.4 | 0.04 | 0.1 |
| 其中:企业所得税 | 136.1 | 65.0 | 10.3 | 7.8 | 10.3 | 38.1 | 1.4 | 0.3 | 1.9 | 0.5 | 0.6 |
| 其中:企业其他税费及附加 | 40.6 | 19.7 | 4.0 | 3.0 | 2.3 | 9.0 | 0.4 | 1.7 | 0.3 | 0.2 | 0.1 |
| 利润总额(亿元) | 726.3 | 324.8 | 59.2 | 52.4 | 33.0 | 226.8 | 11.6 | 3.4 | 12.4 | 0.4 | 2.1 |
| 净利润(亿元) | 604.7 | 267.1 | 49.5 | 43.9 | 24.2 | 193.0 | 10.0 | 3.1 | 12.0 | 0.2 | 1.7 |
| 资产总计(亿元) | 14393.2 | 8006.0 | 2564.4 | 874.0 | 1015.6 | 1511.7 | 137.6 | 101.4 | 103.6 | 59.6 | 19.3 |
| 科技活动经费支出总额(亿元) | 557.9 | 369.5 | 35.0 | 17.8 | 67.8 | 42.8 | 9.0 | 7.6 | 6.2 | 1.7 | 0.6 |
| 其中:研究与试验发展经费支出 | 324.5 | 204.2 | 17.6 | 13.1 | 48.1 | 26.4 | 5.2 | 5.8 | 2.1 | 1.0 | 0.4 |
| 专利申请数(项) | 16547 | 11239 | 826 | 753 | 1169 | 925 | 871 | 291 | 327 | 42 | 104 |
| 其中:发明专利 | 12842 | 8869 | 620 | 491 | 789 | 704 | 755 | 212 | 295 | 22 | 85 |
| 专利授权数(项) | 4305 | 2406 | 274 | 299 | 761 | 295 | 149 | 16 | 49 | 6 | 50 |

表2 按技术领域统计主要经济指标

| 主要经济指标\技术领域 | 总和 | 电子信息 | 生物医药 | 新材料 | 先进制造 | 航空航天 | 现代农业 | 新能源 | 环境保护 | 海洋工程 | 核应用 | 其他 |
|---|---|---|---|---|---|---|---|---|---|---|---|---|
| 企业数(个) | 18437 | 10872 | 1168 | 1227 | 1808 | 158 | 305 | 1120 | 719 | 31 | 50 | 979 |
| 年末从业人员(人) | 941442 | 515495 | 52236 | 62787 | 101432 | 12703 | 12838 | 40745 | 20739 | 5491 | 3514 | 113462 |
| 其中:科技活动人员 | 320958 | 213634 | 12576 | 16037 | 25878 | 5078 | 3395 | 13199 | 6732 | 813 | 1651 | 21965 |
| 其中:研究与试验发展人员 | 174797 | 118018 | 7597 | 9172 | 13557 | 3643 | 1692 | 7184 | 3152 | 561 | 847 | 9374 |
| 工业总产值(亿元) | 3805.1 | 2022.7 | 307.2 | 272.2 | 513.5 | 41.4 | 45.2 | 355.7 | 38.0 | 20.7 | 28.2 | 160.5 |
| 总收入(亿元) | 10222.4 | 5773.0 | 378.2 | 642.3 | 848.0 | 79.9 | 94.2 | 999.9 | 179.7 | 24.5 | 32.3 | 1170.5 |
| 1. 技术收入 | 1693.4 | 1096.7 | 14.5 | 48.7 | 71.2 | 9.3 | 4.5 | 99.6 | 59.5 | 4.5 | 3.9 | 280.8 |
| 2. 产品销售收入 | 5229.2 | 2795.4 | 257.5 | 363.6 | 620.2 | 67.5 | 72.4 | 603.7 | 71.2 | 17.9 | 25.6 | 334.2 |
| 其中:新产品销售收入 | 3327.0 | 1855.1 | 108.8 | 250.0 | 311.9 | 26.3 | 53.0 | 516.0 | 47.1 | 0.8 | 22.5 | 135.4 |
| 3. 商品销售收入 | 2398.9 | 1666.0 | 96.3 | 177.4 | 80.3 | 1.0 | 16.1 | 259.4 | 22.1 | 0.4 | 1.5 | 78.4 |
| 进出口总额(亿美元) | 420.2 | 287.2 | 7.8 | 29.9 | 36.7 | 4.3 | 2.0 | 12.2 | 1.1 | 0.03 | 2.9 | 36.1 |
| 其中:进口总额 | 212.8 | 134.4 | 5.2 | 18.9 | 15.4 | 0.7 | 0.2 | 9.3 | 0.8 | 0 | 1.1 | 26.8 |
| 其中:出口创汇总额 | 207.4 | 152.8 | 2.6 | 11.0 | 21.3 | 3.6 | 1.8 | 2.8 | 0.3 | 0.03 | 1.8 | 9.3 |
| 实缴税费总额(亿元) | 504.0 | 298.7 | 31.7 | 21.3 | 48.3 | 3.2 | 2.3 | 20.5 | 9.6 | 1.6 | 2.0 | 64.7 |
| 其中:实缴增值税 | 251.1 | 165.6 | 19.8 | 11.1 | 26.0 | 0.9 | 0.8 | 7.5 | 5.1 | 0.8 | 0.7 | 12.9 |
| 其中:实缴营业税 | 76.1 | 43.2 | 0.9 | 2.3 | 4.0 | 0.3 | 0.2 | 3.5 | 1.9 | 0.2 | 0.1 | 19.6 |
| 其中:企业所得税 | 136.1 | 69.1 | 7.5 | 5.5 | 14.7 | 1.7 | 1.0 | 6.8 | 1.9 | 0.4 | 0.6 | 27.2 |
| 其中:企业其他税费及附加 | 40.6 | 20.7 | 3.5 | 2.4 | 3.7 | 0.4 | 0.4 | 2.8 | 0.8 | 0.4 | 0.6 | 5.0 |
| 利润总额(亿元) | 726.3 | 401.1 | 33.0 | 19.1 | 90.4 | 14.0 | 4.1 | 48.0 | 11.4 | 1.8 | 3.4 | 100.1 |
| 净利润(亿元) | 604.7 | 339.6 | 27.2 | 14.0 | 77.7 | 12.1 | 3.3 | 38.9 | 9.5 | 1.6 | 2.9 | 77.9 |
| 资产总计(亿元) | 14393.2 | 6494.3 | 522.6 | 1229.0 | 1188.4 | 236.6 | 145.9 | 1176.1 | 358.2 | 98.6 | 43.7 | 2899.9 |
| 科技活动经费支出总额(亿元) | 557.9 | 390.9 | 17.9 | 22.9 | 35.6 | 18.0 | 3.7 | 19.8 | 9.7 | 1.0 | 3.1 | 35.2 |
| 其中:研究与试验发展经费支出 | 324.5 | 224.7 | 10.1 | 15.9 | 21.4 | 10.1 | 2.1 | 12.7 | 4.8 | 0.5 | 1.2 | 20.9 |
| 专利申请数(项) | 16547 | 8287 | 2869 | 858 | 1183 | 65 | 191 | 706 | 438 | 14 | 126 | 1810 |
| 其中:发明专利 | 12842 | 6525 | 2729 | 649 | 583 | 26 | 151 | 383 | 281 | 5 | 75 | 1435 |
| 专利授权数(项) | 4305 | 2362 | 216 | 332 | 513 | 20 | 36 | 301 | 129 | 5 | 43 | 348 |

表3 按企业注册类型统计主要经济指标

| 主要经济指标 \ 登记注册类型 | 总和 | 国有 | 集体 | 股份合作 | 联营企业 | 有限责任 | 股份有限 | 私营 | 港澳台 | 外商 |
|---|---|---|---|---|---|---|---|---|---|---|
| 企业数(个) | 18437 | 397 | 145 | 303 | 20 | 5779 | 657 | 8974 | 483 | 1679 |
| 年末从业人员(人) | 941442 | 50060 | 2783 | 5586 | 347 | 294600 | 134209 | 176848 | 73402 | 203607 |
| 其中:科技活动人员 | 320958 | 17498 | 538 | 2181 | 120 | 104576 | 37172 | 68124 | 22463 | 68286 |
| 其中:研究与试验发展人员 | 174797 | 9972 | 279 | 1115 | 68 | 53346 | 24262 | 32647 | 14029 | 39079 |
| 工业总产值(亿元) | 3805.1 | 74.2 | 3.5 | 7.6 | 0.3 | 778.8 | 466.6 | 315.5 | 540.2 | 1618.4 |
| 总收入(亿元) | 10222.4 | 479.3 | 6.7 | 20.1 | 0.5 | 3484.6 | 1320.4 | 817.0 | 1107.3 | 2986.6 |
| 1. 技术收入 | 1693.4 | 126.7 | 1.4 | 7.6 | 0.1 | 599.1 | 134.7 | 182.1 | 185.8 | 456.0 |
| 2. 产品销售收入 | 5229.2 | 188.8 | 3.3 | 8.9 | 0.4 | 1515.3 | 624.4 | 402.1 | 648.0 | 1838.0 |
| 其中:新产品销售收入 | 3327.0 | 85.6 | 1.9 | 6.6 | 0.2 | 1071.9 | 404.3 | 245.5 | 303.0 | 1207.9 |
| 3. 商品销售收入 | 2398.9 | 68.1 | 1.0 | 2.1 | 0.005 | 1001.8 | 281.7 | 183.2 | 244.8 | 616.3 |
| 进出口总额(亿美元) | 420.2 | 46.0 | 0.0 | 0.2 | 0.0002 | 43.8 | 15.7 | 5.0 | 59.3 | 250.1 |
| 其中:进口总额 | 212.8 | 30.6 | 0.0 | 0.1 | 0 | 28.2 | 4.4 | 2.7 | 31.3 | 115.5 |
| 其中:出口创汇总额 | 207.4 | 15.3 | 0.0 | 0.1 | 0.0002 | 15.6 | 11.4 | 2.3 | 28.0 | 134.6 |
| 实缴税费总额(亿元) | 504.0 | 21.7 | 0.4 | 1.2 | 0.03 | 141.0 | 58.9 | 42.9 | 33.3 | 204.6 |
| 其中:实缴增值税 | 251.1 | 6.1 | 0.2 | 0.4 | 0.02 | 55.6 | 25.4 | 21.6 | 14.8 | 126.9 |
| 其中:实缴营业税 | 76.1 | 5.7 | 0.1 | 0.3 | 0.005 | 27.7 | 9.2 | 8.4 | 5.7 | 19.0 |
| 其中:企业所得税 | 136.1 | 7.3 | 0.1 | 0.4 | 0.005 | 44.2 | 15.5 | 8.1 | 11.8 | 48.7 |
| 其中:企业其他税费及附加 | 40.6 | 2.6 | 0.1 | 0.1 | 0.003 | 13.4 | 8.7 | 4.8 | 1.0 | 10.0 |
| 利润总额(亿元) | 726.3 | 61.9 | -0.3 | 1.8 | 0.0 | 246.8 | 35.3 | 38.6 | 88.2 | 253.9 |
| 净利润(亿元) | 604.7 | 55.0 | -0.4 | 1.4 | 0.0 | 208.8 | 23.6 | 31.2 | 77.9 | 207.3 |
| 资产总计(亿元) | 14393.2 | 1996.8 | 61.9 | 33.6 | 2.3 | 4846.4 | 3296.3 | 1091.3 | 839.9 | 2224.8 |
| 科技活动经费支出总额(亿元) | 557.9 | 28.1 | 0.5 | 3.1 | 0.04 | 163.0 | 58.7 | 68.3 | 58.9 | 177.3 |
| 其中:研究与试验发展经费支出 | 324.5 | 16.4 | 0.3 | 1.5 | 0.03 | 88.1 | 38.3 | 30.8 | 37.3 | 111.7 |
| 专利申请数(项) | 16547 | 809 | 9 | 73 | 50 | 4220 | 1176 | 6205 | 1009 | 2996 |
| 其中:发明专利 | 12842 | 537 | 7 | 64 | 49 | 3154 | 841 | 4906 | 734 | 2550 |
| 专利授权数(项) | 4305 | 286 | 16 | 24 | | 1229 | 370 | 770 | 565 | 1045 |

资料来源:中关村科技园区管理委员会

## 2008年中关村科技园区十大行业一览表

| 行业 | 企业数量（个） | 总收入（亿元） | 工业总产值（亿元） | 新产品销售占总收入比重（%） | 技术收入占总收入比重（%） | 利润总额（亿元） | 上缴税费（亿元） | 出口创汇（亿美元） | 从业人员（人） | 研发投入（亿元） |
|---|---|---|---|---|---|---|---|---|---|---|
| 电子及通信设备制造业 | 1084 | 2301.3 | 2007.5 | 61.3 | 1.4 | 68.5 | 95.8 | 137.6 | 118690 | 29.9 |
| 专用设备制造业 | 699 | 400.1 | 359.0 | 41.5 | 3.4 | 26.8 | 20.3 | 9.8 | 48847 | 16.6 |
| 仪器仪表及文化办公机械制造业 | 622 | 808.6 | 401.5 | 42.8 | 2.1 | 35.1 | 24.5 | 3.3 | 42174 | 25.9 |
| 电器机械及器材制造业 | 800 | 366.8 | 231.5 | 32.5 | 4.6 | 84.1 | 31.6 | 5.8 | 44559 | 7.7 |
| 医药、生物制品制造业 | 214 | 192.8 | 198.8 | 32.8 | 0.5 | 24.3 | 22.9 | 0.8 | 33137 | 3.5 |
| 计算机服务业 | 1909 | 1210.5 | 367.9 | 34.9 | 21.9 | 51.6 | 43.5 | 7.3 | 104741 | 34.2 |
| 软件业 | 4826 | 1124.3 | 92.6 | 18.5 | 38.3 | 130.6 | 81.1 | 8.3 | 218165 | 85.3 |
| 专业技术服务业 | 1100 | 1044.5 | 79.7 | 11.7 | 20.0 | 168.8 | 82.3 | 13.5 | 62930 | 31.4 |
| 科技交流和推广服务业 | 2396 | 942.6 | 9.4 | 36.8 | 23.6 | 52.2 | 27.9 | 9.6 | 81549 | 35.4 |
| 电信和其他信息传输服务业 | 926 | 410.2 | 52.9 | 25.4 | 49.0 | 42.3 | 23.2 | 0.4 | 55427 | 24.0 |

资料来源：中关村科技园区管理委员会

## 2008年度北京地区国家科学技术奖获奖成果表

2008年12月29日,中华人民共和国国务院发布《关于2008年度国家科学技术奖励的决定》,对为发展我国科技事业、促进经济社会发展、推进国防现代化建设作出突出贡献的科学技术人员和组织给予奖励。根据《国家科学技术奖励条例》的规定,经国家科学技术奖励评审委员会评审、国家科学技术奖励委员会审定和科技部审核,国务院批准并报请国家主席胡锦涛签署,授予王忠诚、徐光宪两位院士2008年度国家最高科学技术奖。国务院批准,授予"化学反应过渡态的结构和动力学研究"等34项成果国家自然科学奖二等奖(北京地区15项)。授予"小型高精度天体敏感器技术"等3项成果国家技术发明奖一等奖(北京地区1项,通用项目);授予"粒子过程晶体产品分子组装与形态优化技术"等52项成果国家技术发明奖二等奖(北京地区11项,通用项目)。授予"青藏铁路工程"等3项成果国家科学技术进步奖特等奖(北京地区1项,通用项目);授予"全超导非圆截面托卡马克核聚变实验装置(EAST)的研制"等26项成果国家科学技术进步奖一等奖(北京地区2项,通用项目);授予"中国大陆科学深钻的科技集成与创新"等225项成果国家科学技术进步奖二等奖(北京地区45项,通用项目)。授予美国农业经济学专家罗斯高、澳大利亚生态学专家维克多·罗伊·斯夸尔和德国化学工程专家洛塔·雷中华人民共和国国际科学技术合作奖。

## 国家最高科学技术奖

| | | | | |
|---|---|---|---|---|
| 王忠诚 | 神经外科专家 | 中国工程院院士 | 北京市神经外科研究所、首都医科大学附属北京天坛医院 | 北京市推荐 |
| 徐光宪 | 化学家和教育家 | 中国科学院院士 | 北京大学 | 教育部推荐 |

## 国家自然科学奖二等奖

| 序号 | 编号 | 项目名称 | 主要完成人<br>主要完成单位 | 推荐单位 |
|---|---|---|---|---|
| 1 | Z-101-2-01 | 均匀试验设计的理论、方法及其应用 | 王元(中国科学院数学与系统科学研究院)、方开泰(中国科学院数学与系统科学研究院) | 中国科学院 |
| 2 | Z-101-2-02 | 人工边界方法与偏微分方程数值解 | 余德浩(中国科学院数学与系统科学研究院)、韩厚德(清华大学) | 中国科学院 |
| 3 | Z-101-2-04 | 固体的微尺度塑性及微尺度断裂研究 | 魏悦广(中国科学院力学研究所)、王自强(中国科学院力学研究所)、陈少华(中国科学院力学研究所) | 中国科学院 |
| 4 | Z-102-2-01 | 通过恒星丰度探索银河系化学演化的研究 | 赵刚(中国科学院国家天文台)、陈玉琴(中国科学院国家天文台)、张华伟(中国科学院国家天文台)、施建荣(中国科学院国家天文台)、梁艳春(中国科学院国家天文台) | 中国科学院 |
| 5 | Z-102-2-02 | 量子开系统研究及其在量子信息的应用 | 孙昌璞(中国科学院理论物理研究所)、全海涛(中国科学院理论物理研究所) | 中国科学院 |
| 6 | Z-102-2-03 | 原子分子操纵、组装及其特性的 STM 研究 | 高鸿钧(中国科学院物理研究所)、宋延林(中国科学院化学研究所)、时东霞(中国科学院物理研究所)、张德清(中国科学院化学研究所)、庞世瑾(中国科学院物理研究所) | 中国科学院 |
| 7 | Z-103-2-02 | 功能纳米材料的合成、结构、性能及其应用探索研究 | 李亚栋(清华大学)、王训(清华大学)、彭卿(清华大学)、孙晓明(清华大学)、李晓林(清华大学) | 北京市 |
| 8 | Z-105-2-04 | 血糖调节相关的调控型分泌的分子机理研究 | 徐涛(中国科学院生物物理研究所)、徐平勇(中国科学院生物物理研究所)、陈良怡(中国科学院生物物理研究所)、吴政星(华中科技大学)、瞿安连(华中科技大学) | 中国科学院 |
| 9 | Z-106-2-01 | 雌激素和三苯氧胺诱发妇科肿瘤的分子机制 | 尚永丰(北京大学)、张华(北京大学)、伍会健(北京大学)、尹娜(北京大学)、易霞(北京大学) | 中华医学会 |
| 10 | Z-106-2-02 | 肿瘤细胞的泛素调节机制研究 | 张学敏(中国人民解放军军事医学科学院)、李爱玲(中国人民解放军军事医学科学院)、沈倍奋(中国人民解放军军事医学科学院)、李慧艳(中国人民解放军军事医学科学院)、周涛(中国人民解放军军事医学科学院) | 总后勤部 |
| 11 | Z-107-2-03 | 复杂非线性系统镇定控制的理论与设计 | 程代展(中国科学院数学与系统科学研究院)、洪奕光(中国科学院数学与系统科学研究院)、席在荣(中国科学院数学与系统科学研究院)、王玉振(山东大学) | 中国科学院 |
| 12 | Z-107-2-04 | 非经典计算的形式化模型与逻辑基础 | 应明生(清华大学) | 教育部 |
| 13 | Z-108-2-01 | 非平衡晶界偏聚动力学和晶间脆性断裂研究 | 徐庭栋(钢铁研究总院) | 专家推荐 |
| 14 | Z-108-2-02 | 用于纳电子材料的碳纳米管控制生长、加工组装及器件基础 | 刘忠范(北京大学)、张锦(北京大学)、朱涛(北京大学)、吴忠云(北京大学) | 教育部 |
| 15 | Z-109-2-01 | 电力大系统非线性控制学 | 卢强(清华大学)、梅生伟(清华大学)、孙元章(清华大学)、刘锋(清华大学) | 教育部 |

## 国家技术发明奖一等奖(通用项目)

| 序号 | 编号 | 项目名称 | 主要完成人<br>主要完成单位 | 推荐单位 |
|---|---|---|---|---|
| 1 | F-219-1-01 | 小型高精度天体敏感器技术 | 张广军(北京航空航天大学)、江洁(北京航空航天大学)、魏新国(北京航空航天大学)、樊巧云(北京航空航天大学)、张晓敏(航天东方红卫星有限公司)、刘付成(航天科技集团八院812所) | 教育部 |

## 国家技术发明奖二等奖(通用项目)

| 序号 | 编号 | 项目名称 | 主要完成人<br>主要完成单位 | 推荐单位 |
|---|---|---|---|---|
| 1 | F-213-2-03 | 完全预分散-动态硫化制备热塑性硫化橡胶的成套工业化技术 | 张立群(北京化工大学)、田明(北京化工大学)、田洪池(山东道恩北化弹性体材料有限公司)、伍社毛(北京化工大学)、朱玉俊(北京化工大学)、于晓宁(山东道恩北化弹性体材料有限公司) | 中国石油和化学工业协会 |
| 2 | F-213-2-04 | 以脂肪酶为催化剂的绿色化学合成工艺 | 谭天伟(北京化工大学)、陈必强(北京化工大学)、王芳(北京化工大学)、于明锐(北京化工大学)、邓利(北京化工大学)、聂开立(北京化工大学) | 北京市 |
| 3 | F-214-2-01 | 纳米晶磷酸钙胶原基骨修复材料 | 崔福斋(清华大学)、冯庆玲(清华大学)、李恒德(清华大学)、王继芳(中国人民解放军总医院)、俞兴(清华大学)、蔡强(清华大学) | 教育部 |
| 4 | F-215-2-01 | 金属原位统计分布分析技术 | 王海舟(钢铁研究总院)、陈吉文(钢铁研究总院)、贾云海(钢铁研究总院)、杨新生(钢铁研究总院)、高宏斌(钢铁研究总院)、袁良经(钢铁研究总院) | 中国科协 |
| 5 | F-215-2-02 | 多元复合稀土钨电极及其制备技术 | 聂祚仁(北京工业大学)、胡福成(北京矿冶研究总院)、周美玲(北京工业大学)、李炳山(北京矿冶研究总院)、杨建参(北京工业大学)、彭鹰(北京矿冶研究总院) | 北京市 |
| 6 | F-217-2-01 | 三维协调的新一代电网能量管理系统关键技术及应用 | 张伯明(清华大学)、孙宏斌(清华大学)、吴文传(清华大学)、郭庆来(清华大学)、汤磊(清华大学)、王鹏(清华大学) | 北京市 |
| 7 | F-217-2-02 | 防止配电网雷击断线用穿刺型防弧金具、箝位绝缘子和带间隙避雷器 | 陈维江(中国电力科学研究院)、孙昭英(中国电力科学研究院)、陈伟明(上海市电力公司)、陈光华(北京电力公司)、何金良(清华大学)、沈海滨(中国电力科学研究院) | 中国电机工程学会 |
| 8 | F-220-2-01 | 基于网络融合的流媒体服务新技术 | 戴琼海(清华大学)、陈峰(清华大学)、刘烨斌(清华大学)、杨敬钰(清华大学)、徐文立(清华大学)、尔桂花(清华大学) | 信息产业部 |
| 9 | F-220-2-02 | 构件化应用服务器核心技术与应用 | 梅宏(北京大学)、杨芙清(北京大学)、黄罡(北京大学)、王千祥(北京大学)、周明辉(北京大学)、曹东刚(北京大学) | 教育部 |
| 10 | F-236-2-01 | 宽带无线移动TDD-OFDM-MIMO技术 | 张平(北京邮电大学)、陶小峰(北京邮电大学)、李立华(北京邮电大学)、田辉(北京邮电大学)、张建华(北京邮电大学)、王莹(北京邮电大学) | 信息产业部 |
| 11 | F-252-2-01 | 矿井(隧道)复杂地质构造探测装备与方法研究 | 彭苏萍[中国矿业大学(北京)]、杨峰[中国矿业大学(北京)]、朱国维[中国矿业大学(北京)]、王怀秀[中国矿业大学(北京)]、赵伟[中国矿业大学(北京)]、苏红旗[中国矿业大学(北京)] | 中国科协 |

## 国家科学技术进步奖特等奖（通用项目）

| 序号 | 编　号 | 项目名称 | 主要完成人 | | | | 主要完成单位 |
|---|---|---|---|---|---|---|---|
| 1 | J-221-0-01 | 青藏铁路工程 | 孙永福 | 李金城 | 程国栋 | 何华武 | 铁道部、中铁第一勘察设计院集团有限公司、青藏铁路公司、中国科学院寒区旱区环境与工程研究所、中国铁道科学研究院、中国铁路工程总公司、中国铁道建筑总公司、中铁西北科学研究院有限公司、西南交通大学、北京交通大学、中南大学、兰州交通大学、石家庄铁道学院、中国科学院动物研究所、中国科学院植物研究所、中国科学院西北高原生物研究所、铁道第三勘察设计院集团有限公司、南车四方机车车辆股份有限公司、青岛四方车辆研究所有限公司、中铁一局集团有限公司、中铁十一局集团有限公司、中铁三局集团有限公司、中铁十二局集团有限公司、中铁五局（集团）有限公司、中铁二十局集团有限公司、中铁十七局集团有限公司、中国铁路通信信号集团公司、卡斯柯信号有限公司、中铁电气化局集团有限公司、中国铁通集团有限公司、中国地震局工程地震研究中心、中铁西南科学研究院有限公司、西北濒危动物研究所（陕西省动物研究所）、北京科技大学、中铁工程设计咨询集团有限公司、中铁第五勘察设计院集团有限公司、中铁大桥局股份有限公司、中铁十八局集团有限公司、中国中铁二局集团有限公司、中铁十六局集团有限公司、中铁四局集团有限公司、中铁十四局集团有限公司、中铁建工集团有限公司、中铁十五局集团有限公司、青海省高原医学科学研究所、西藏军区总医院、新疆生产建设兵团建设（集团）有限责任公司、中铁十九局集团有限公司、青海大学医学院、中铁二十一局集团有限公司 |
| | | | 冉　理 | 张鲁新 | 郑　健 | 张曙光 | |
| | | | 黄弟福 | 吴克俭 | 杨忠民 | 韩树荣 | |
| | | | 徐啸明 | 周孝文 | 覃武凌 | 安国栋 | |
| | | | 马　巍 | 李　宁 | 赵世运 | 张　梅 | |
| | | | 邵丕彦 | 答治华 | 张俊兵 | 彭江鸿 | |
| | | | 牛怀俊 | 林兰生 | 余绍水 | 杨安杰 | |
| | | | 钱征宇 | 王　军 | 马福林 | 尹社联 | |
| | | | 方金根 | 牛道安 | 王小军 | 王云波 | |
| | | | 王引生 | 王争鸣 | 王志坚 | 王忠文 | |
| | | | 王晓黎 | 王　祯 | 王起才 | 王崇新 | |
| | | | 王　惟 | 包黎明 | 田红旗 | 任少强 | |
| | | | 刘　文 | 刘争平 | 刘应书 | 刘志远 | |
| | | | 刘保明 | 刘　辉 | 刘新科 | 吕很厚 | |
| | | | 孙士云 | 孙树礼 | 朱永全 | 朱明瑞 | |
| | | | 朱振升 | 朱桐春 | 许兰民 | 许景林 | |
| | | | 吴云生 | 吴少海 | 吴亚平 | 吴克非 | |
| | | | 吴　波 | 吴青柏 | 吴晓民 | 吴维洲 | |
| | | | 宋　冶 | 张丕界 | 张玉林 | 张海军 | |
| | | | 李寿福 | 李肖伦 | 李学伟 | 李法昶 | |
| | | | 李　晋 | 李渤生 | 杨奇森 | 杨建兴 | |
| | | | 苏庆国 | 苏　谦 | 陆　鸣 | 陈方荣 | |
| | | | 陈桂琛 | 和民锁 | 岳祖润 | 拉有玉 | |
| | | | 罗育桂 | 施红生 | 柳学发 | 段东明 | |
| | | | 胡书凯 | 赵　存 | 徐小明 | 徐本美 | |
| | | | 秦顺全 | 夏　霖 | 郭秀春 | 郭法生 | |
| | | | 高玉功 | 高　波 | 曹元平 | 梁渤洲 | |
| | | | 黄双林 | 曾凤柳 | 葛建军 | 蒋　勇 | |
| | | | 谢友均 | 谢永江 | 韩利民 | 解方亮 | |
| | | | 赖远明 | 臧守杰 | 戴瑞臣 | 魏庆朝 | |

## 国家科学技术进步奖一等奖（通用项目）

| 序号 | 编　号 | 项目名称 | 主要完成人 | | | | 主要完成单位 | 推荐单位 |
|---|---|---|---|---|---|---|---|---|
| 1 | J-217-1-02 | 输电系统中灵活交流输电（可控串补）关键技术和推广应用 | 郭剑波 陈晓伦 潘秀宝 彭夕岚 | 周孝信 武守远 李国富 李志兵 | 汤广福 林集明 荆　平 常　健 | 薛建伟 杨玉林 陶家琪 | 中国电力科学研究院、甘肃省电力公司，东北电网有限公司、清华大学 | 中国电机工程学会 |
| 2 | J-201-1-01 | 中国小麦品种品质评价体系建立与分子改良技术研究 | 何中虎 安林利 陈新民 王光瑞 | 晏月明 庄巧生 夏兰芹 阎　俊 | 夏先春 王德森 胡英考 | 张　艳 张　勇 蔡民华 | 中国农业科学院作物科学研究所、首都师范大学、山西省农业科学院小麦研究所 | 农业部 |

## 国家科学技术进步奖二等奖（通用项目）

| 序号 | 编号 | 项目名称 | 主要完成人 | 主要完成单位 | 推荐单位 |
|---|---|---|---|---|---|
| 1 | J-202-2-03 | 名优花卉矮化分子、生理、细胞学调控机制与微型化生产技术 | 尹伟伦 王华芳 段留生 徐兴友 彭彪 韩碧文 侯小改 刘改秀 王玉华 曾端香 | 北京林业大学、中国农业大学、国家花卉工程技术研究中心、洛阳国家牡丹园、菏泽市牡丹区牡丹研究所、北京世纪牡丹园艺科技开发有限公司 | 国家林业局 |
| 2 | J-202-2-06 | 社会林业工程创新体系的建立与实施 | 王涛 胡德焜 孙靖 于海燕 葛汉栋 鲜宏利 徐生旺 翟庆云 王道金 孟祥彬 | 中国林业科学研究院、北京大学数学科学学院、陕西省林业技术推广站、青海省林业技术推广总站、湖南省林业科技推广总站、山西省林业技术推广站、安徽省林业科技中心 | 国家林业局 |
| 3 | J-203-2-05 | 猪健康养殖的营养调控技术研究与示范推广 | 李德发 谯仕彦 沈水宝 杨坤明 郑春田 曹云鹤 李俊波 陆文清 樊哲炎 王军军 | 中国农业大学、四川南方希望实业有限公司、湖南正虹科技发展股份有限公司、广东省农业科学院畜牧研究所、唐人神集团股份有限公司、海口农工贸（罗牛山）股份有限公司 | 教育部 |
| 4 | J-204-2-01 | 气象防灾减灾电视系列片:远离灾害 | 石永怡 李如彬 朱定真 秦祥士 赵帆 刘飒 毛恒青 王倩 宁凯峰 | 华风气象影视信息集团公司 | 中国气象局 |
| 5 | J-204-2-02 | 彩图科技百科全书 | 陈竺 张存浩 潘友星 段韬 濮紫兰 甘子钊 郑度 陈宜张 潘际銮 汪广仁 | 中科院副院长 | 上海市 |
| 6 | J-204-2-03 | 《飞天之路——中国载人航天工程纪实》 | 马雅莎 贾东生 彭继超 孙桂成 王凤亭 孙家克 王校钢 郭秀峰 穆春雷 冀茂远 | 中国国防科技信息中心 | 总装备部 |
| 7 | J-206-2-03 | 中国航天科技集团公司基于系统工程的技术创新体系建设 | | 中国航天科技集团公司 | 科学技术部 |
| 8 | J-210-2-01 | 我国陆上重点气区天然气高效勘探开发新理论、新技术与应用 | 赵文智 刘文汇 王红军 曹宏 柳广弟 汪泽成 胡永乐 熊春明 田昌炳 王云鹏 | 中国石油天然气股份有限公司勘探开发研究院、中国科学院兰州地质研究所、中国石油大学（北京）、中国科学院广州地球化学研究所 | 中国石油天然气集团公司 |
| 9 | J-210-2-03 | 中国大陆科学深钻的科技集成与创新 | 许志琴 王达 杨文采 张伟 杨经绥 金振民 张晓西 刘福来 杨甘生 张泽明 | 中国地质调查局、中国地质科学院地质研究所、中国地质科学院勘探技术研究所、中国地质大学（武汉）、北京探矿工程研究所、国家地质实验测试中心、中国石油化工股份有限公司 | 国土资源部 |

续表

| 序号 | 编号 | 项目名称 | 主要完成人 | 主要完成单位 | 推荐单位 |
|---|---|---|---|---|---|
| 10 | J-210-2-05 | 南岭地区钨锡多金属矿床研究与勘查评价 | 毛景文 贾宝华 陈祥云 黄革非 许建祥 潘仲芳 李金冬 李红艳 徐贻赣 许以明 | 中国地质科学院矿产资源研究所、湖南省地质矿产勘查开发局、江西省地质矿产勘查开发局、湖南省地质调查院、江西省地质矿产勘查开发局赣南地质调查大队、宜昌地质矿产研究所、湖南省湘南地质勘察院 | 国土资源部 |
| 11 | J-213-2-05 | 回收炼厂乙烯资源成套工业化技术的应用 | 陈健 杨清雨 张剑锋 焦阳 李克兵 王子宗 张守彬 刘丽 张赪 杨云 | 中国石油化工股份有限公司北京燕山分公司、四川天一科技股份有限公司、中国石化工程建设公司 | 中国石油化工集团公司 |
| 12 | J-213-2-06 | 原位晶化型重油高效转化催化裂化催化剂及其工程化成套技术 | 高雄厚 刘宏海 秦松 赵旭涛 毛学文 张永明 王宝杰 何贞 范亚威 林松柏 | 中国石油天然气股份有限公司石油化工研究院、中国石油天然气股份有限公司兰州石化分公司 | 中国石油天然气集团公司 |
| 13 | J-215-2-02 | 纳米晶软磁合金及制品应用开发 | 周少雄 卢志超 李德仁 王六一 李俊义 刘宗滨 丁力栋 韩伟 张志英 张宏浩 | 钢铁研究总院 | 中国钢铁工业协会 |
| 14 | J-215-2-08 | 高性能稀土永磁材料、制备工艺及产业化关键技术 | 李卫 胡伯平 喻晓军 吴建新 朱明刚 张瑾 林德 胡勇 潘伟 赵玉刚 | 钢铁研究总院、北京中科三环高技术股份有限公司、宁波韵升股份有限公司、安泰科技股份有限公司 | 北京市 |
| 15 | J-216-2-01 | 远程无框架脑外科机器人系统 | 王田苗 田增民 刘达 张玉茹 赵全军 关伟 丑武胜 尹丰 魏军 胡磊 | 北京航空航天大学、中国人民解放军海军总医院、天津市华志计算机应用有限公司 | 中国机械工业联合会 |
| 16 | J-216-2-02 | 流射沸腾冷却强化多功能淬火控冷装备与工艺开发及创新 | 李谋渭 王一德 童朝南 王荃 张改梅 王邦文 彭开香 张润国 张少军 李学锋 | 北京科技大学、太原钢铁(集团)有限公司 | 中国钢铁工业协会 |
| 17 | J-216-2-05 | 超精表面抛光、改性和测试技术及其应用研究 | 雒建斌 路新春 潘国顺 温诗铸 雷红 高峰 胡志孟 张晨辉 孟永钢 杨明楚 | 清华大学 | 教育部 |
| 18 | J-219-2-01 | 90纳米-65纳米极大规模集成电路大生产关键技术研究 | 王阳元 吴汉明 康晋锋 严晓浪 郝跃 徐秋霞 高大为 史峥 田立林 王漪 | 北京大学、中芯国际集成电路制造有限公司、浙江大学、西安电子科技大学、中国科学院微电子研究所、清华大学 | 教育部 |

续表

| 序号 | 编号 | 项目名称 | 主要完成人 | 主要完成单位 | 推荐单位 |
|---|---|---|---|---|---|
| 19 | J-220-2-03 | TH-ID人脸和笔迹生物特征身份识别认证系统 | 丁晓青 方驰 王争儿 刘长松 彭良瑞 马勇 王贤良 杨琼 吴佑寿 王生进 | 清华大学 | 北京市 |
| 20 | J-221-2-01 | 建筑节能模拟分析平台DeST及其应用 | 江亿 燕达 吴如宏 张晓亮 宋芳婷 刘烨 夏建军 魏庆芃 张野 简毅文 | 清华大学 | 北京市 |
| 21 | J-221-2-05 | 建筑结构减振防灾关键技术与应用 | 贾洪 李爱群 闫维明 周锡元 纪金豹 程文瀼 徐茂义 李振宝 张志强 姜大力 | 中铁建设集团有限公司、北京工业大学、东南大学、中铁十四局集团有限公司 | 中国铁道建筑总公司 |
| 22 | J-222-2-02 | 游荡性河流的演变规律及在黄河与塔里木河整治工程中的应用 | 王光谦 胡春宏 张红武 吴保生 夏军强 姚文艺 傅旭东 王延贵 张俊华 钟德钰 | 清华大学、中国水利水电科学研究院、黄河水利委员会黄河水利科学研究院 | 水利部 |
| 23 | J-222-2-04 | 高坝抗震分析时域显式整体分析法与场址地震动输入确定及工程应用 | 杜修力 王进廷 刘晶波 赵成刚 张楚汉 涂劲 赵密 崔江余 张伯艳 李亮 | 北京工业大学、中国水利水电科学研究院、清华大学、北京交通大学 | 教育部 |
| 24 | J-222-2-07 | 中国水资源及其开发利用调查评价 | 李原园 郦建强 黄火键 王建生 彭文启 张象明 庞进武 关业祥 卢琼 唐克旺 | 水利部水利水电规划设计总院、中国水利水电科学研究院、水利部交通部电力工业部南京水利科学研究院 | 水利部 |
| 25 | J-223-2-04 | 先进疏浚技术与关键装备研发及产业化 | 田俊峰 林风 周泉生 侯晓明 顾明 虞平良 王柏欢 刘瑞祥 张戟 丁树友 | 中国交通建设集团有限公司、中交上海航道局有限公司、中交天津航道局有限公司、镇江市亿华系统集成有限公司、中国船舶工业集团公司第708研究所、上海交通大学、广州文冲船厂有限责任公司 | 交通部 |
| 26 | J-223-2-05 | 纯电动客车关键技术及在公交系统中的应用 | 孙逢春 冯幸福 林程 姜久春 郭淑英 其鲁 王震坡 罗岳华 王砚生 席军强 | 北京理工大学、北京公共交通控股(集团)有限公司、中国南车集团株洲电力机车研究所、北京交通大学、中信国盟固利新能源科技有限公司、中国科学院电工研究所、岳阳华强电力电子有限公司 | 教育部 |
| 27 | J-230-2-01 | 碘稳频532nm光学频率标准 | 臧二军 曹建平 李成阳 李烨 左爱斌 邓勇开 | 中国计量科学研究院 | 国家质量监督检验检疫总局 |
| 28 | J-231-2-01 | 流域生态系统健康的水资源保障技术 | 杨志峰 崔保山 沈珍瑶 郝芳华 刘静玲 夏星辉 孙涛 杨晓华 刘新会 王烜 | 北京师范大学 | 教育部 |

续表

| 序号 | 编号 | 项目名称 | 主要完成人 | 主要完成单位 | 推荐单位 |
|---|---|---|---|---|---|
| 29 | J-231-2-04 | 生态环境质量评估技术与典型地区研究 | 孟伟 高吉喜 张林波 胡炳清 何萍 郑丙辉 舒俭民 潘英姿 李岱青 吴向培 | 中国环境科学研究院、青海省环境科学研究设计院、深圳市环境科学研究所、北京师范大学、成都市生态环境科学监测所、中国科学院地理科学与资源研究所 | 国家环境保护总局 |
| 30 | J-232-2-01 | 人工增雨技术研发及集成应用 | 郑国光 郭学良 姚展予 肖辉 王广河 洪延超 楼小凤 刘奇俊 房文 马舒庆 | 中国气象科学研究院、中国科学院大气物理研究所 | 中国气象局 |
| 31 | J-232-2-02 | 三峡库区重大地质灾害防治与监测关键技术 | 殷跃平 唐辉明 李晓 盛谦 胡瑞林 王洪德 李洪涛 丁秀丽 刘佑荣 胡新丽 | 中国地质环境监测院、中国地质大学（武汉）、中国科学院地质与地球物理研究所、长江水利委员会长江科学院、中国地质调查局水文地质工程地质技术方法研究所 | 国土资源部 |
| 32 | J-233-2-02 | 中国心血管疾病发展趋势和防治策略研究 | 顾东风 吴锡桂 刘力生 段秀芳 王文志 方向华 姚崇华 姚才良 牟建军 吴先萍 | 中国医学科学院阜外心血管病医院、北京市神经外科研究所、首都医科大学宣武医院、首都医科大学附属北京安贞医院、南京医科大学、西安交通大学医学院第一附属医院、四川省疾病预防控制中心 | 卫生部 |
| 33 | J-233-2-04 | 提高我国肺血栓栓塞症诊疗水平的系列研究 | 王辰 程显声 陆慰萱 张中和 郭佑民 杨媛华 吴清玉 庞宝森 吴雅峰 翟振国 | 中国医学科学院阜外心血管病医院、首都医科大学附属北京朝阳医院、中国医学科学院北京协和医院、大连医科大学附属第一医院、西安交通大学医学院第一附属医院 | 北京市 |
| 34 | J-233-2-06 | 帕金森病和痴呆流行病学及干预、控制研究 | 张振馨 何维 张俊武 洪震 屈秋民 唐牟尼 李辉 魏镜 冀成君 张晓君 | 中国医学科学院北京协和医院、中国医学科学院基础医学研究所、复旦大学附属华山医院、西安交通大学医学院第一附属医院、四川大学华西医院、北京回龙观医院、首都医科大学附属北京同仁医院 | 北京市 |
| 35 | J-234-2-01 | 珍稀濒危常用中药资源五种保护模式的研究 | 黄璐琦 陈敏 邵爱娟 杨滨 崔光红 高文远 王年鹤 刘铭庭 杨洪军 戴如琴 | 中国中医科学院中药研究所、江苏省中国科学院植物研究所、天津大学、中国药材集团公司、于田县大芸种植场、江西中医学院 | 国家中医药管理局 |
| 36 | J-235-2-02 | 符合国际GLP标准的药物非临床安全评价平台关键技术的建立与应用 | 桑国卫 王军志 李波 邢瑞昌 王秀文 沈连忠 李佐刚 李保文 霍艳 孟建华 | 中国药品生物制品检定所 | 国家食品药品监督管理局 |
| 37 | J-239-2-02 | 消费类产品中有毒有害物质的评价技术平台 | 葛新权 张健 李怀林 陆梅 陈伟 刘彦宾 张赟 杨万颖 刘志峰 王玲 | 北京机械工业学院、中国质量认证中心、深圳市计量质量检测研究院、中国电器科学研究院、合肥工业大学 | 商务部 |

续表

| 序号 | 编号 | 项目名称 | 主要完成人 | 主要完成单位 | 推荐单位 |
|---|---|---|---|---|---|
| 38 | J-240-2-02 | 电信级数字媒体网络工程及业务开发 | 韦乐平 张维华 杨可可 陈杰 冯明 严海宁 蒋力 唐宏 张宇峰 陈晨 | 中国电信股份有限公司、中兴通讯股份有限公司 | 信息产业部 |
| 39 | J-251-2-03 | 重大外来入侵害虫—烟粉虱的研究与综合防治 | 张友军 罗晨 万方浩 张帆 吴青君 王素琴 朱国仁 徐宝云 于毅 褚栋 | 中国农业科学院蔬菜花卉研究所、北京市农林科学院植物保护环境保护研究所、中国农业科学院植物保护研究所 | 农业部 |
| 40 | J-251-2-06 | 防治重大抗性害虫多分子靶标杀虫剂的研究开发与应用 | 冯平章 高希武 芮昌辉 陈昶 黄敞良 张刚应 郑永权 袁会珠 曹煜 蒋红云 | 中国农业科学院植物保护研究所、中国农业大学 | 农业部 |
| 41 | J-251-2-09 | 协调作物高产和环境保护的养分资源综合管理技术研究与应用 | 张福锁 陈新平 高祥照 江荣风 陈清 马文奇 吕世华 申建波 杜森 崔振岭 | 中国农业大学、全国农业技术推广服务中心、河北农业大学、四川省农业科学院土壤肥料研究所、西北农林科技大学、华中农业大学、吉林农业大学 | 农业部 |
| 42 | J-252-2-03 | 煤矿安全生产监控系统技术 | 孙继平 钱建生 彭霞 黄强 邓国华 鲁远祥 于励民 卫修君 毕成模 田子建 | 中国矿业大学(北京)、煤炭科学研究总院重庆研究院、煤炭科学研究总院常州自动化研究院、平顶山煤业(集团)有限责任公司、中国矿业大学、江苏三恒科技集团有限公司 | 中国煤炭工业协会 |
| 43 | J-253-2-03 | 胰腺癌综合诊治方案的基础研究与临床应用 | 赵玉沛 廖泉 张太平 陈革 郭俊超 戴梦华 刘子文 胡亚 蔡力行 朱预 | 中国医学科学院北京协和医院 | 中华医学会 |
| 44 | J-253-2-05 | 皮肤损伤过度病理性修复新机制的发现及其应用研究 | 付小兵 盛志勇 程飚 陈伟 姜笃银 李建福 孙同柱 赵志力 蔡飒 刘宏伟 | 中国人民解放军总医院第一附属医院 | 北京市 |
| 45 | J-253-2-08 | 聋病发生的分子机制与防控预警的系统研究 | 韩东一 管敏鑫 王秋菊 戴朴 袁慧军 杨伟炎 沈岩 赵辉 杨仕明 赵立东 | 中国人民解放军总医院、北京诺赛基因组研究中心有限公司(国家人类基因组北方研究中心) | 北京市 |

资料来源:科学技术部网站

# 2008年度北京市科学技术奖获奖成果表

2008年度共受理北京市科学技术奖申报项目619项,包括计算机、医疗卫生、电子通讯仪表、环境保护等15个专业组。经过评审并报请市政府批准,共有149项科技成果荣获2008年度北京市科学技术奖,其中一等奖15项,二等奖30项,三等奖104项。此次奖励的科技成果集中反映了当前首都科技创新的水平与特点,体现了北京市政府对科技工作的导向作用。

### 北京市科学技术奖一等奖

| 序号 | 获奖编号 | 项目名称 | 主要完成人 | 完成单位 |
|---|---|---|---|---|
| 1 | 2008 计-1-001 | 国家系列比例尺地形图保密处理技术及测绘数据共享应用 | 林宗坚 李成名 印 洁 王继周 王 权 周 旭 赵园春 蒋 捷 王海清 洪志刚 吕安民 李汝雯 周 荣 孟文利 王 均 | 中国测绘科学研究院 |
| 2 | 2008 计-1-002 | 计算几何理论、方法及应用 | 周培德 付梦印 邓志红 王美玲 黄源水 杨 毅 张继伟 刘 伟 江泽民 刘 彤 | 北京理工大学 |
| 3 | 2008 电-1-001 | BEPCII 正电子源研制 | 裴国玺 刘晋通 孙耀霖 刘玉成 池云龙 刘念宗 孔祥成 杨兴旺 邓秉林 | 中科院高能物理研究所 |
| 4 | 2008 电-1-002 | 高热容材料保护的无液氦复杂磁场分布的超导磁体技术 | 王秋良 严陆光 戴银明 赵保志 宋守森 雷沅忠 汪建华 南和礼 王厚生 陈顺中 白 烨 余运佳 李春安 吕风钧 唐 琦 | 中科院电工研究所、抚顺隆基磁电设备有限公司(合资)、武汉工程大学 |
| 5 | 2008 农-1-001 | 中国农作物种质资源技术规范研制与应用 | 刘 旭 曹永生 江用文 李锡香 王述民 刘庞源 卢新雄 赵来喜 宗绪晓 伍晓明 粟建光 柯卫东 刘凤之 王力荣 熊兴平 | 中国农科院作物科学研究所、中国农科院茶叶研究所、中国农科院蔬菜花卉研究所、北京市农林科学院蔬菜研究中心、中国农科院草原研究所、中国农科院油料作物研究所、中国农科院麻类研究所、中国农科院果树研究所、武汉市蔬菜科学研究所 |
| 6 | 2008 医-1-001 | 转化生长因子-β和雌激素信号途径在肿瘤发生中的功能和机理研究 | 杨 晓 叶棋浓 滕 艳 丁丽华 杨蕾蕾 张 浩 黄翠芬 韩聚强 程 萱 侯 宁 张继帅 谭晓红 杨 冠 翁土军 孙 强 | 解放军军事医学科学院生物工程研究所 |
| 7 | 2008 医-1-002 | SARS流行病学研究 | 曹务春 刘 玮 阎锡蕴 汤 芳 方立群 张泮河 冯 静 杨 红 詹 琳 冯 丹 左曙青 杨东玲 | 解放军军事医学科学院微生物流行病研究所、中科院生物物理研究所 |

续表

| 序号 | 获奖编号 | 项目名称 | 主要完成人 | 完成单位 |
|---|---|---|---|---|
| 8 | 2008医-1-003 | 异种（猪）皮肤替代物的基础与临床研究 | 柴家科　杨红明　梁黎明<br>刘　强　马忠锋　宋慧锋<br>京　萨　盛志勇　陆江阳<br>冯祥生　谭家驹　李利根<br>冯　瑞　郭振荣　孙　强 | 解放军总医院第一附属医院、佛山市第一人民医院 |
| 9 | 2008药-1-001 | 复合振动的超声骨骼手术仪 | 周兆英　田　伟　史文勇<br>罗晓宁　张毓笠　刘亚军 | 北京博达高科技有限公司、北京积水潭医院 |
| 10 | 2008城-1-001 | 国家体育场钢结构工程关键施工技术研究与应用 | 李久林　邱德隆　高树栋<br>谭晓春　李文标　李正全<br>唐　杰　周永明　刘中华<br>陈桥生　范　重　乔　锋<br>万里程　张　颖　王　磊 | 北京城建集团有限责任公司、国华国际工程承包公司、北京城建精工钢结构工程有限公司、江苏沪宁钢机股份有限公司、浙江精工钢结构有限公司、上海宝冶建设有限公司、国家体育场有限责任公司、中国建筑设计研究院、中咨工程建设监理公司 |
| 11 | 2008市-1-001 | 奥运交通指挥控制系统 | 隋亚刚　张惠民　梁玉庆<br>邹　平　王建国　王建德<br>李志恒　胡建军　王世华<br>马旭辉　刘金坤　郑长青<br>程新谦　王　岚　姜　杰 | 北京市公安局公安交通管理局、清华大学 |
| 12 | 2008工-1-001 | 转炉流程生产优质特殊钢工艺技术的开发与创新 | 张功焰　王新华　刘　浏<br>周德光　崔京玉　董　瀚<br>成国光　刘新华　刘雅政<br>林　平　曾　立　陈明跃<br>惠卫军　张炯明　张　玮 | 首钢总公司、北京科技大学、钢铁研究总院 |
| 13 | 2008材-1-001 | KBBF族深紫外非线性光学晶体的发现、生长和应用 | 陈创天　许祖彦　王继扬<br>王晓洋　李如康　唐鼎元<br>王桂玲　张承乾　夏幼南<br>吴柏昌　朱　镛　彭钦军<br>温小红　罗思扬　崔大复 | 中科院理化技术研究所、中科院福建物质结构研究所、中科院物理研究所、山东大学 |
| 14 | 2008制-1-001 | 大功率全固态激光器开发及产业化 | 樊仲维　赵剑波　崔建丰<br>牛　岗　郝　亮　张　晶<br>王培峰　肖云升　郭喜庆<br>韩晓泉　崔惠绒　周　春<br>戴永恒　李　鹏　石朝辉 | 北京国科世纪激光技术有限公司、中科院光电研究院、北京大学 |
| 15 | 2008基-1-001 | 轻元素新纳米结构的构筑、调控及其物理特性研究 | 王恩哥　白雪冬　于　杰<br>马旭村　刘　双　张广宇<br>王文龙　许　智　郭建东<br>吴克辉　支春义　钟定永<br>刘开辉　吕文刚　张文星 | 中科院物理研究所 |

## 北京市科学技术奖二等奖

| 序号 | 获奖编号 | 项目名称 | 主要完成人 | 完成单位 |
|---|---|---|---|---|
| 1 | 2008 计-2-001 | 视频的运动跟踪、理解与检索 | 胡卫明 李玺 张笑钦 | 中科院自动化研究所 |
| 2 | 2008 计-2-002 | 苛刻环境下高速高可靠串行通信总线 | 关永 张杰 吴敏华 朱虹 张伟功 万玛宁 石长地 张树东 尚媛园 陈金强 | 首都师范大学、北京化工大学 |
| 3 | 2008 计-2-003 | 大型分布式多媒体会议系统 | 熊璋 李超 欧阳元新 蒲菊华 陈真勇 李云春 刘云 刘旭东 刘永利 盛浩 | 北京航空航天大学 |
| 4 | 2008 电-2-001 | BEPCII对撞区双孔径四极磁铁的研制 | 尹兆升 吴英志 张嘉菲 陈楚 于程辉 陈宛 李藜 王放安 尹宝贵 黄富河 | 中科院高能物理研究所 |
| 5 | 2008 电-2-002 | 新型超级电容器及其应用 | 尤政 王晓峰 阮殿波 陈胜军 陈照平 丁健 | 清华大学、北京集星联合电子科技有限公司 |
| 6 | 2008 电-2-003 | 非牛顿流体流变学特性测试系统研究及应用 | 祝连庆 董明利 胡金麟 丁重辉 郭阳宽 陈青山 周木 董宁宁 | 北京机械工业学院、北京赛科希德科技发展有限公司 |
| 7 | 2008 农-2-001 | 都市型设施园艺栽培模式创新与配套装备研究 | 杨其长 李远新 宋卫堂 徐伟忠 李仁岜 汪晓云 魏灵玲 刘文科 程瑞锋 刘伟 | 中国农科院农业环境与可持续发展研究所、北京市农林科学院、中国农业大学、浙江省丽水市农业科学研究所、北京市农业技术推广站 |
| 8 | 2008 农-2-002 | 房山区数字林业平台关键技术与实用效果 | 顾金锁 聂玉藻 王元胜 王忠海 王艳维 安金如 王铁锤 郝星耀 李亚东 | 北京市房山区林业局、北京农业信息技术研究中心 |
| 9 | 2008 农-2-003 | 智能决策精量灌溉施肥系统研发与应用 | 杨培岭 徐飞鹏 李云开 任树梅 孙宇瑞 严海军 李仙岳 王勇 雷振东 许云峰 | 中国农业大学、中农先飞(北京)农业工程技术有限公司 |
| 10 | 2008 农-2-004 | 家禽视觉回路的形成及单色光对鸡生产性状表达和免疫功能的影响 | 陈耀星 王子旭 曹静 额尔敦木图 谢电 胡满 董玉兰 李俊英 | 中国农业大学 |
| 11 | 2008 医-2-001 | 我国既往有偿供血人群艾滋病流行病学与控制策略研究 | 吴尊友 曾毅 柔克明 计国平 徐臣 庞琳 徐杰 郑锡文 王哲 汪宁 | 中国疾病预防控制中心性病艾滋病预防控制中心、中国疾病预防控制中心病毒病预防控制所、安徽省疾病预防控制中心、安徽省阜阳市疾病预防控制中心、河南省疾病预防控制中心 |

续表

| 序号 | 获奖编号 | 项目名称 | 主要完成人 | 完成单位 |
|---|---|---|---|---|
| 12 | 2008医-2-002 | 超声造影在肝癌早期诊断应用研究 | 陈敏华 吴薇 戴莹 严昆 丁红 王文平 杨薇 范智慧 尹珊珊 廖盛日 | 北京肿瘤医院、复旦大学附属中山医院 |
| 13 | 2008医-2-003 | 虹膜睫状体相关疾病诊治技术研究及关键设备研发 | 王宁利 王雪乔 王涛 刘磊 杨文利 王健发 魏文斌 朱晓青 庞秀琴 陈虹 | 首都医科大学附属北京同仁医院、天津市索维电子技术有限公司 |
| 14 | 2008医-2-004 | 药物依赖戒断后心理渴求的神经机制及干预措施 | 陆林 刘志民 时杰 翟海峰 李素霞 赵苓 刘昱 鲍彦平 赵成正 邓艳萍 | 北京大学 |
| 15 | 2008中-2-001 | 旋提手法治疗神经根型颈椎病的有效性及安全性研究 | 朱立国 于杰 赵卫东 冯敏山 李俊杰 秦杰 孙武权 高景华 张清 李金学 | 中国中医科学院望京医院、南方医科大学、广东省中医院珠海医院、北京电力医院、上海中医药大学附属岳阳中西医结合医院 |
| 16 | 2008中-2-002 | 动脉粥样硬化药理评价技术平台及活血化瘀中药干预机理的系统研究 | 陈可冀 史大卓 徐浩 刘剑刚 鹿小燕 董国菊 文川 马鲁波 徐凤芹 嵇波 | 中国中医科学院西苑医院、中日友好医院 |
| 17 | 2008中-2-003 | 柴胡剂抗肝肾纤维化作用及相关应用研究 | 李平 巩跃文 赵世萍 李克明 赵婷婷 于文明 潘琳 郭景珍 付桂香 董晞 | 中日友好医院、加拿大马尼托巴大学 |
| 18 | 2008药-2-001 | 随机肽库与SELEX技术平台的建立和应用 | 邵宁生 杨光 谢剑炜 薛沿宁 曹国军 高亚萍 柳川 王成龙 唐吉军 董洁 | 解放军军事医学科学院基础医学研究所 |
| 19 | 2008城-2-001 | 国家游泳中心多面体空间刚架和ETFE气枕关键技术研究与应用 | 孙洪庄 庞京辉 王双军 高俊峰 侯本才 冯世伟 陈蕾 刘建国 张胜良 于兰松 | 中建一局集团建设发展有限公司、沈阳远大铝业工程有限公司、中建一局钢结构工程有限公司、中建一局(集团)有限公司 |
| 20 | 2008城-2-002 | 2008奥运羽毛球比赛馆新型预应力弦支穹顶结构体系创新与应用 | 张爱林 葛家琪 刘学春 王冬梅 闫维明 秦杰 张国军 杨海军 王敬仁 张庆亮 | 北京工业大学、中国航空规划设计研究院、北京市建筑工程研究院 |

续表

| 序号 | 获奖编号 | 项目名称 | 主要完成人 | 完成单位 |
|---|---|---|---|---|
| 21 | 2008 城-2-003 | 国家体育场大跨度钢结构设计成套技术 | 范 重 李正全 彭 翼 钱稼茹 陈以一 曹万林 刘先明 杨庆山 王 喆 周 辉 | 中国建筑设计研究院、国家体育场有限责任公司、清华大学、同济大学、北京工业大学、北京交通大学、中国建筑科学研究院、北京城建集团有限责任公司 |
| 22 | 2008 市-2-001 | 轨道交通运载设备故障诊断和安全监测技术及其应用 | 唐德尧 王定晓 宋辛晖 王金平 徐惠春 刘艳君 封维村 李 辉 邓恩书 张书利 | 北京铁路局、北京唐智科技发展有限公司 |
| 23 | 2008 环-2-001 | 北京城市北环水系水环境质量改善技术研究与示范 | 孟庆义 彭永臻 李其军 廖日红 刘静玲 朱向东 楼春华 胡秀琳 许志兰 张世清 | 北京市水利科学研究所、北京工业大学、北京师范大学、北京城市排水集团有限责任公司 |
| 24 | 2008 环-2-002 | 北京及周边区域大气污染控制研究与示范应用 | 程水源 虞 统 陈东升 胡欢陵 高庆先 郭秀锐 王海燕 李金香 谢品华 金毓崟 | 北京工业大学、北京市环境保护监测中心、中科院合肥物质科学研究院、中国环境科学研究院 |
| 25 | 2008 工-2-001 | 北京 2008 奥运会珠峰火炬系统研制 | 刘兴洲 薛 利 邵文清 叶中元 任国周 时 旸 朱家元 胡申林 胡宁生 谭邦治 | 中国航天科工集团公司、中国航天科工集团第三研究院、中国航天科工集团三十一研究所、航天科工海鹰集团有限公司、航天晨光股份有限公司、国营第四七四厂、慈溪市长河五金厂、上海邦耐机电设备有限公司、中国建筑材料科学研究总院、宁波星箭航天机械厂 |
| 26 | 2008 工-2-002 | 超分子插层结构无铅热稳定剂 | 李殿卿 林彦军 段 雪 吕 志 李 峰 杨文胜 张法智 杨 兰 徐向宇 | 北京化工大学 |
| 27 | 2008 材-2-001 | 聚合物基微米纳米混杂复合材料设计、结构—性能关联与应用研究 | 何嘉松 漆宗能 阳明书 陈光明 张世民 张 军 刘琛阳 马永梅 丁艳芬 范家起 | 中科院化学研究所 |
| 28 | 2008 制-2-001 | 第五代 TFT-LCD 关键技术研究 | 王 刚 薛建设 高文宝 皇甫鲁江 董 学 陈 旭 王 丹 赵继刚 王大巍 梁 珂 | 京东方科技集团股份有限公司 |
| 29 | 2008 基-2-001 | 纳米材料的健康效应与安全性 | 赵宇亮 陈春英 邢更妹 王海芳 孙红芳 丰伟悦 柴之芳 刘元方 | 中科院高能物理研究所、北京大学 |

续表

| 序号 | 获奖编号 | 项目名称 | 主要完成人 | 完成单位 |
|---|---|---|---|---|
| 30 | 2008 软-2-001 | 中国载人航天运载火箭系统工程管理模式研究 | 侯光明 黄春平 金 军 李同玉 王永军 潘建均 唐志超 唐亚刚 梅相岩 文朝霞 | 北京理工大学、中国运载火箭技术研究院 |

## 北京市科学技术奖三等奖

| 序号 | 获奖编号 | 项目名称 | 主要完成人 | 完成单位 |
|---|---|---|---|---|
| 1 | 2008 计-3-001 | 实时智能视频监控预警系统及应用 | 谭铁牛 黄凯奇 王宏志 王亮生 李尚明 | 中科院自动化研究所、中国电子系统工程总公司 |
| 2 | 2008 计-3-002 | 电信级分布式语音识别系统 | 颜永红 潘接林 赵庆卫 刘 建 付 强 李 明 | 中科院声学研究所、北京中科信利技术有限公司 |
| 3 | 2008 计-3-003 | 实时数据库系统技术研究与应用 | 王宏安 谭 杰 张景涛 王 强 王 坚 王永炎 | 中科院软件研究所、中科院自动化研究所、北京中科启信软件技术有限公司 |
| 4 | 2008 计-3-004 | 数字地球原型系统（DEPS/CAS）及其应用 | 郭华东 范湘涛 陈述彭 邵 芸 杨崇俊 王长林 | 中科院遥感应用研究所、中科院对地观测与数字地球科学中心 |
| 5 | 2008 计-3-005 | 基于计算智能的混合优化与调度方法 | 王 凌 郑大钟 金以慧 | 清华大学 |
| 6 | 2008 计-3-006 | 网络环境下大规模多源空间数据交互式可视化方法的研究 | 张立强 彭军还 杨必胜 杨崇俊 康志忠 韩春明 | 北京师范大学、中国地质大学（北京）、武汉大学、中科院遥感应用研究所 |
| 7 | 2008 计-3-007 | 节水灌溉控制与远程监测关键技术研究与示范 | 郑文刚 杜小鸿 申长军 孙 刚 王 成 赵云龙 | 北京农业信息技术研究中心、北京派得伟业信息技术有限公司 |
| 8 | 2008 计-3-008 | 一体化安全网关系统 | 周力丹 印朝晖 冯晓杰 郑曙光 蒋 磊 安 伟 | 北京启明星辰信息安全技术有限公司 |
| 9 | 2008 计-3-009 | 面向奥运的多语言智能信息服务网络系统 | 汪 旭 高佳卿 陈信祥 庄梓新 徐 波 颜永红 | 首都信息发展股份有限公司、中科院自动化研究所、中科院声学研究所、华建机器翻译有限公司、北京拓尔思信息技术股份有限公司、安徽中科大讯飞信息科技有限公司 |
| 10 | 2008 电-3-001 | 数字电路实速检测和故障诊断技术及其应用 | 李晓维 李华伟 韩银和 胡 瑜 徐勇军 闵应骅 | 中科院计算技术研究所 |
| 11 | 2008 电-3-002 | 高精度小型正电子发射断层研究平台的建立及应用 | 魏 龙 单保慈 张天保 章志明 李道武 孔 伟 | 中科院高能物理研究所 |
| 12 | 2008 电-3-003 | 提高线路输送能力的500kV串联补偿技术 | 武守远 荆 平 林集明 李国富 戴朝波 项祖涛 | 中国电力科学研究院 |

续表

| 序号 | 获奖编号 | 项目名称 | 主要完成人 | 完成单位 |
|---|---|---|---|---|
| 13 | 2008 电-3-004 | 光能充电手机高效率强弱光自适应关键技术的研究和产业化 | 张征宇 詹昌寿 孙 宁 孙剑灵 李 明 李 剑 | 北京恒基伟业软件技术有限公司、北京恒基伟业投资发展有限公司、北京恒基伟业科技发展有限公司、北京恒基伟业电子产品有限公司 |
| 14 | 2008 电-3-005 | 基于 WLAN 技术的以太网同轴传输技术研究及应用 | 邓中亮 寿国梁 韩 可 陈 杰 吴南健 王海永 | 北京六合万通微电子技术股份有限公司、北京邮电大学 |
| 15 | 2008 电-3-006 | 动态测量中非统计不确定度的评定原理与方法 | 王中宇 夏新涛 朱坚民 付继华 孟 浩 葛乐矣 | 北京航空航天大学、河南科技大学 |
| 16 | 2008 电-3-007 | 基于可重构体系结构的系列便携式智能振动检测及故障诊断仪 | 郑 红 邓晓波 王 鹏 方智文 陈 磊 吴 速 | 北京航空航天大学、时代集团公司 |
| 17 | 2008 电-3-008 | 高载波频率大功率开关放大器设计关键技术及其工程应用 | 袁海文 王秋生 崔 勇 丁希仑 梁 旭 袁 梅 | 北京航空航天大学、苏州试验仪器总厂、中国电力科学研究院、北京伟步科技有限责任公司 |
| 18 | 2008 电-3-009 | 华北电网自动电压控制与静态电压稳定预警系统 | 孙宏斌 宁文元 王 蓓 张伯明 郭庆来 袁 平 | 华北电网有限公司、清华大学 |
| 19 | 2008 电-3-010 | 电力系统广域实时动态监测与控制系统 | 吴京涛 谢小荣 胡 炯 陆 超 杨 东 童陆园 | 北京四方继保自动化股份有限公司、清华大学、四方电气(集团)有限公司 |
| 20 | 2008 农-3-001 | 国家级农情遥感监测信息服务系统研究与开发 | 周清波 陈仲新 王长耀 刘 佳 李 林 姚艳敏 | 中国农科院农业资源与农业区划研究所、中科院遥感应用研究所、中国农业大学 |
| 21 | 2008 农-3-002 | 粮食与食物安全早期预警系统研究 | 梅方权 张象枢 黄季焜 方 瑜 李志强 聂凤英 | 中国农科院农业信息研究所、中国人民大学环境学院、中科院农业政策研究中心、农业部信息中心、中国农科院农业经济与发展研究所 |
| 22 | 2008 农-3-003 | 饲料及畜产品中重要违禁/限量药物检测的关键技术与产品研发 | 杨曙明 杨振海 王旻子 李祥明 沈富林 刘 全 | 中国农科院农业质量标准与检测技术研究所、山东省饲料质量检验所、上海市兽药饲料检测所、辽宁省兽药饲料监察所、杭州迪恩科技有限公司、四川省饲料工作总站 |
| 23 | 2008 农-3-004 | 中国北方草地监测管理数字技术平台研究与示范 | 辛晓平 唐华俊 王道龙 杨桂霞 张保辉 陈全功 | 中国农科院农业资源与农业区划研究所、甘肃省草原生态研究所 |
| 24 | 2008 农-3-005 | 奶牛合成优质活性蛋白的机理及其应用技术研究 | 王加启 刘光磊 卜登攀 魏宏阳 周凌云 张春刚 | 中国农科院北京畜牧兽医研究所 |
| 25 | 2008 农-3-006 | 草地螟越冬迁飞规律及测报防治技术的研究与应用 | 罗礼智 张跃进 孙雅杰 江幸福 姜玉英 尹 姣 | 中国农科院植物保护研究所、全国农业技术推广服务中心、吉林省农业科学院、北京市农林科学院 |
| 26 | 2008 农-3-007 | 北京市生物多样性保护研究 | 李俊清 刘艳红 李景文 古润泽 徐 佳 陈 晓 | 北京林业大学、北京市园林科学研究所 |

续表

| 序号 | 获奖编号 | 项目名称 | 主要完成人 | 完成单位 |
|---|---|---|---|---|
| 27 | 2008农-3-008 | 手性农药分离分析及环境行为 | 周志强 王 鹏 刘东晖 | 中国农业大学 |
| 28 | 2008农-3-009 | 人α-乳清白蛋白转基因奶牛的生产和应用 | 李 宁 戴蕴平 汤 波 张 磊 王建武 王莉莉 | 中国农业大学、北京济普霖生物技术有限公司 |
| 29 | 2008农-3-010 | 早熟高产、多抗、优质玉米杂交种京玉7号、京玉11号选育与推广 | 陈 刚 李绍明 毛振武 韩俊强 范弘伟 白琼岩 | 北京市农林科学院玉米研究中心、北京金色农华种业科技有限公司 |
| 30 | 2008农-3-011 | 主要落叶果树种质资源收集、保存、评价与创新 | 王玉柱 张开春 姜 全 张运涛 郝艳宾 徐海英 | 北京市农林科学院林业果树研究所 |
| 31 | 2008农-3-012 | 鸽等动物禽流感流行病学与免疫防治的研究 | 刘月焕 韩春华 林 健 祝俊杰 赵德明 宋维平 | 北京市农林科学院畜牧兽医研究所、北京市畜牧兽医总站、中国农业大学 |
| 32 | 2008医-3-001 | 乙型、丙型肝炎病毒和人类免疫缺陷病毒Ⅰ型检测标准物质的研制 | 李金明 王露楠 申子瑜 陈文祥 张 瑞 张 括 | 北京医院 |
| 33 | 2008医-3-002 | 放射性药物靶向治疗实体瘤与淋巴转移的研究 | 封国生 刘 璐 高 宏 刘志勇 童冠圣 文 哲 | 北京世纪坛医院、东南大学 |
| 34 | 2008医-3-003 | 结直肠癌综合治疗的临床和基础研究 | 顾 晋 李吉友 李 明 杨 志 李振甫 方 竞 | 北京肿瘤医院、北京大学 |
| 35 | 2008医-3-004 | 高同型半胱氨酸血症加速动脉粥样硬化发生的免疫机制 | 王 宪 张 芹 曾晓坤 戴 晶 王 广 张振民 | 北京大学第三医院、北京大学 |
| 36 | 2008医-3-005 | 一种疼痛性遗传病致病基因的确定及其功能研究 | 杨 勇 沈 岩 王晓良 朱学骏 王 云 韩重阳 | 北京大学第一医院、国家人类基因组北方研究中心、中国医学科学院药物研究所、首都医科大学附属北京儿童医院、解放军总医院 |
| 37 | 2008医-3-006 | 性激素及其受体在妇科恶性肿瘤中的表达及功能的研究 | 廖秦平 温宏武 张 岩 于 丽 陆 叶 吴 成 | 北京大学第一医院 |
| 38 | 2008医-3-007 | 玻璃化冷冻兔及人卵母细胞的研究及首例三冻试管婴儿诞生 | 陈贵安 蔡学泳 廉 颖 郑晓英 陈新娜 乔 杰 | 北京大学第三医院 |
| 39 | 2008医-3-008 | 肌萎缩侧索硬化/运动神经元病的基础与临床研究 | 樊东升 张 俊 邓 敏 康德瑄 郑菊阳 徐迎胜 | 北京大学第三医院 |
| 40 | 2008医-3-009 | 基因治疗和组织工程治疗难治性运动创伤 | 于长隆 余家阔 敖英芳 王健全 陈连旭 阎 辉 | 北京大学第三医院 |
| 41 | 2008医-3-010 | 儿科抗生素使用与常见细菌耐药监测及耐药机制研究 | 杨永弘 沈叙庄 俞桑洁 姚开虎 江载芳 姜 敏 | 首都医科大学附属北京儿童医院 |

续表

| 序号 | 获奖编号 | 项目名称 | 主要完成人 | 完成单位 |
|---|---|---|---|---|
| 42 | 2008医-3-011 | 食管癌变及演进的分子异常及其机理研究 | 王明荣 徐 昕 韩亚玲 蔡 岩 罗曼莉 杜小莉 | 中国医学科学院肿瘤研究所 |
| 43 | 2008医-3-012 | 主动脉夹层治疗新策略研究 | 孙立忠 黄连军 常 谦 朱俊明 郑 军 田良鑫 | 中国医学科学院阜外心血管病医院 |
| 44 | 2008医-3-013 | 微血管内皮结构和功能在急性心肌梗死再灌注后无再流中的核心作用 | 杨跃进 赵京林 尤士杰 荆志成 吴永健 杨伟宪 | 中国医学科学院阜外心血管病医院 |
| 45 | 2008医-3-014 | 皮肤定量扩张法耳郭再造术 | 庄洪兴 蒋海越 杨庆华 赵延勇 潘 博 何乐人 | 中国医学科学院整形外科医院 |
| 46 | 2008中-3-001 | 国际标准《针灸经穴定位》(中国方案) | 黄龙祥 王雪苔 王 勇 黄幼民 谭源生 赵京生 | 中国中医科学院针灸研究所 |
| 47 | 2008中-3-002 | 2型糖尿病"三型辨证"临床应用及机理研究 | 林 兰 倪 青 魏军平 苏诚练 张润云 李 敏 | 中国中医科学院广安门医院 |
| 48 | 2008中-3-003 | 凉血活血方治疗银屑病(白疕)血热证的临床与基础研究 | 邓丙戌 王 萍 金 力 孙丽蕴 何 薇 娄卫海 | 首都医科大学附属北京中医医院、北京市中医研究所 |
| 49 | 2008中-3-004 | "贺氏针灸三通法"理论及其治疗中风病的应用研究 | 贺普仁 王麟鹏 刘慧林 刘志顺 程金莲 赵吉平 | 首都医科大学附属北京中医医院、中国中医科学院广安门医院、北京中医药大学东直门医院 |
| 50 | 2008中-3-005 | 阿尔茨海默病级联损伤及其中药防治研究 | 田金洲 时 晶 尹军祥 David Mann 盛树力 徐 意 | 北京中医药大学、首都医科大学宣武医院 |
| 51 | 2008中-3-006 | 葛根素及大豆甙元对血管再狭窄的作用及机制研究 | 王 伟 王绿娅 柴欣楼 韩 静 丁 霞 刘 舒 | 北京中医药大学、北京市心肺血管疾病研究所、首都医科大学附属北京安贞医院 |
| 52 | 2008药-3-001 | 脂肪酸合酶的作用机制及植物来源的抑制剂 | 田维熙 马晓丰 王 玄 李兵辉 吴晓东 石 艳 | 中科院研究生院 |
| 53 | 2008药-3-002 | 绿激光手术系统 | 蔡康泽 穆力越 罗维国 | 北京瑞尔通激光科技有限公司 |
| 54 | 2008药-3-003 | 创新抗肿瘤药物乙烷硒啉发现及创制研究 | 曾慧慧 楼雅卿 武凤兰 方家椿 窦桂芳 林 飞 | 北京大学、中国药品生物制品检定所、解放军军事医学科学院野战输血研究所 |
| 55 | 2008药-3-004 | 国家Ⅰ类新药——注射用鼠神经生长因子 | 范 明 周志文 左从林 | 舒泰神(北京)药业有限公司 |
| 56 | 2008城-3-001 | 大跨度预应力钢结构施工仿真与施工技术研究 | 秦 杰 张 然 王泽强 范 峰 李继雄 吕学政 | 北京市建筑工程研究院 |
| 57 | 2008城-3-002 | 建筑生态环境关键技术在奥运工程(国家会议中心)中的研究与应用 | 王 鑫 李志远 宋盛国 吕 健 刘三伟 潘子凌 | 北京建工集团有限责任公司、北京建工博海建设有限公司、北京北辰会议中心发展有限公司、北京市建筑设计研究院、中广电广播电影电视设计研究院、北京市机械施工有限公司 |

续表

| 序号 | 获奖编号 | 项目名称 | 主要完成人 | 完成单位 |
|---|---|---|---|---|
| 58 | 2008 城-3-003 | 大型复杂核心筒内外墙体全自动液压爬模施工成套技术的研究与应用 | 任海波 张 俊 倪明非 吕利霞 殷志华 刘福生 | 北京市建筑工程研究院、中建三局第二建设工程有限责任公司 |
| 59 | 2008 城-3-004 | 混合地层小半径连续正反向曲线段土压平衡盾构综合施工技术研究 | 杨健康 江玉生 罗富荣 乐贵平 蔡永立 高 杰 | 北京住总集团有限责任公司、中国矿业大学(北京)、北京市轨道交通建设管理有限公司、北京住总市政工程有限责任公司、中科院力学研究所 |
| 60 | 2008 城-3-005 | 北京奥林匹克篮球馆工程关键技术研究 | 王念念 储昭武 肖专文 周 辉 刘 莹 李 旻 | 北京城建集团有限责任公司、北京中关村开发建设股份有限公司、上海宝冶建设有限公司、浙江宝业幕墙装饰有限公司 |
| 61 | 2008 城-3-006 | 新型城市轨道交通通风空调多功能集成系统研究 | 李国庆 王奕然 朱颖心 顾庆宜 张春生 褚敬止 | 北京城建设计研究总院有限责任公司、清华大学、北京市地铁运营有限公司 |
| 62 | 2008 城-3-007 | 空间辐射弦支网壳屋盖结构体系研究与应用 | 丁洁民 施 清 仝为民 何志军 王召新 吕李青 | 中建一局集团建设发展有限公司、同济大学建筑设计研究院、北京市建筑工程研究院、中建一局钢结构工程有限公司、中建一局(集团)有限公司 |
| 63 | 2008 城-3-008 | 国家奥体中心体育场改扩建工程设计与施工综合技术研究和应用 | 覃 阳 张金序 赵 瞳 刘立杰 白凡玉 司 波 | 北京市建筑设计研究院、中建三局建设工程股份有限公司、北京发研工程技术有限公司、北京市建筑工程研究院 |
| 64 | 2008 城-3-009 | 环保型城市道路结构与原料研究 | 崔 丽 张新天 杨丽英 邹 阳 高金岐 李辉中 | 北京市市政工程研究院、北京建筑工程学院、北京路新沥青混凝土有限公司、北京市政建设集团有限责任公司 |
| 65 | 2008 市-3-001 | 北京奥运会国际天气预报示范计划支持技术研究 | 谢 璞 王建捷 王玉彬 梁 丰 苏德斌 薄 莉 | 北京市气象局 |
| 66 | 2008 市-3-002 | 北京机场线直线电机系统轨道及车辆基地创新研究与应用 | 曾向荣 卢桂英 孙大新 高晓新 薛 波 吴建忠 | 北京城建设计研究总院有限责任公司 |
| 67 | 2008 市-3-003 | VVVF车传动装置国产化研制 | 刘玉生 刘克伟 王文虎 张 元 吴 刚 赵卫东 | 北京市地铁运营有限公司、南车戚墅堰机车车辆工艺研究所有限公司 |
| 68 | 2008 市-3-004 | 城市交通信息系统研究与应用 | 郭继孚 全永燊 温慧敏 孙建平 朱丽云 高 永 | 北京交通发展研究中心 |
| 69 | 2008 市-3-005 | 基于时空信息集成的交通运输综合监控系统CMS-T技术及应用 | 贾利民 秦 勇 蔡国强 王艳辉 潘 盾 唐 堃 | 北京交通大学、北京宏德信源信息技术有限公司、北京首科中系希电信息技术有限公司 |
| 70 | 2008 环-3-001 | 我国村镇分散点源污水处理成套技术研究及工程示范 | 张 统 邢新会 周凤广 葛 敬 刘士锐 王守中 | 总装备部工程设计研究总院、清华大学、北京科净源环宇科技发展有限公司 |

续表

| 序号 | 获奖编号 | 项目名称 | 主要完成人 | 完成单位 |
|---|---|---|---|---|
| 71 | 2008 环-3-002 | 复极式感应电凝聚净水技术 | 曲久辉 刘会娟 雷鹏举 葛建团 胡承志 刘 红 | 中科院生态环境研究中心、北京市节约用水管理中心 |
| 72 | 2008 环-3-003 | 北京市土壤(作物)重金属污染及其健康风险评估技术与应用 | 陈同斌 雷 梅 郑袁明 宋 波 杨 军 罗金发 | 中科院地理科学与资源研究所、北京市农林科学院植物营养与资源研究所、首都师范大学 |
| 73 | 2008 环-3-004 | 铁路北京车辆段动车组真空卸污系统研制开发技术 | 曾凤柳 邱 慧 黄焱歆 张继杰 沈 骏 吴天生 | 中国铁道科学研究院环控劳卫研究所、江苏振华密封工业有限公司 |
| 74 | 2008 环-3-005 | 北京湿地监测技术方法与生物多样性研究 | 宫辉力 赵文吉 李小娟 宫兆宁 胡 东 陈云浩 | 首都师范大学、北京市野生动物保护自然保护区管理站 |
| 75 | 2008 环-3-006 | 生物质废物高附加值利用的关键技术及机理研究 | 汪群慧 杨 谦 马鸿志 孙晓红 王旭明 王孝强 | 北京科技大学、哈尔滨工业大学 |
| 76 | 2008 环-3-007 | 龙潭西湖节水和再生水利用的研究与示范 | 张雅君 冯萃敏 高卫东 许 萍 吴俊奇 杨海燕 | 北京建筑工程学院、北京建工金源环保发展有限公司 |
| 77 | 2008 环-3-008 | 环境友好型人造板生产关键技术开发与推广应用 | 李建章 沈 丹 雷得定 于志明 陈红兵 史志华 | 永港伟方(北京)科技股份有限公司、大亚人造板集团有限公司、北京林业大学 |
| 78 | 2008 工-3-001 | 沁水盆地煤层气勘探开发技术研究与应用 | 雷 群 赵庆波 王一兵 李五忠 李安启 雷怀玉 | 中国石油天然气股份有限公司勘探开发研究院 |
| 79 | 2008 工-3-002 | 苯乙烯装置用新型高效阻聚剂 | 刘宽胜 张丽欣 杨国荣 史正光 赵松梅 夏世林 | 北京斯伯乐科技发展有限公司 |
| 80 | 2008 工-3-003 | 新型顶燃式热风炉燃烧技术研究 | 钱 凯 胡雄光 陈冠军 张福明 韩 庆 马金芳 | 首钢总公司、北京首钢国际工程技术公司、秦皇岛首秦金属材料有限公司、河北省首钢迁安钢铁有限责任公司 |
| 81 | 2008 工-3-004 | 纳米复合破乳剂研究与应用 | 朱 红 孙正贵 张 建 刘慧英 赵 磊 申匡春 | 北京交通大学、中石化胜利油田胜利工程设计咨询公司 |
| 82 | 2008 工-3-005 | 室温固相酸碱反应生产有机盐的绿色化工技术 | 仝其根 于同泉 苏 亮 白云起 周 敏 路 苹 | 北京农学院、哈尔滨康源食品原料有限公司、黑龙江科技学院 |
| 83 | 2008 工-3-006 | 复杂介质储层裂缝定量预测理论、方法与应用 | 曾联波 狄邦让 陶 果 柯式镇 彭仕密 苏 惠 | 中国石油大学(北京) |
| 84 | 2008 工-3-007 | 大牛地气田致密低渗气藏开发关键技术研究 | 谭学群 刘传喜 严 谨 游瑜春 郑荣臣 刘建党 | 中国石油化工股份有限公司石油勘探开发研究院 |
| 85 | 2008 工-3-008 | 塔里木盆地志留系成藏条件与勘探方向研究 | 王 毅 陈元壮 张达景 张 俊 张卫彪 张忠民 | 中国石油化工股份有限公司石油勘探开发研究院 |
| 86 | 2008 工-3-009 | 深井固井特殊工艺技术研究 | 丁士东 张克坚 周仕明 周体秋 桑来玉 王其春 | 中国石油化工股份有限公司石油勘探开发研究院 |
| 87 | 2008 材-3-001 | 年产300吨高性能球形氢氧化镍工程技术开发 | 蒋文全 傅钟臻 于丽敏 孙泽明 余成洲 蒋忠义 | 北京有色金属研究总院 |

续表

| 序号 | 获奖编号 | 项目名称 | 主要完成人 | 完成单位 |
|---|---|---|---|---|
| 88 | 2008 材-3-002 | 新型 KTP 晶体的产业化开发 | 师瑞泽 沈德忠 尹利君 庞珍丽 何庭秋 肖亚波 | 烁光特晶科技有限公司 |
| 89 | 2008 材-3-003 | 天然纤维素闪爆处理及其在新型溶剂中溶解与绿色湿纺技术 | 邵自强 王飞俊 王文俊 李永红 杨斐霏 | 北京理工大学 |
| 90 | 2008 制-3-001 | 超短脉冲激光的精确同步技术 | 魏志义 田金荣 王鹏 韩海年 张杰 赵环 | 中科院物理研究所 |
| 91 | 2008 制-3-002 | SR 旋挖钻机系列 | 黎中银 项徽 彭修明 肖国阳 胡堂堂 张世平 | 北京市三一重机有限公司 |
| 92 | 2008 制-3-003 | NEMA 标准的高效三相异步电动机设计与制造技术 | 俞晓光 周守廉 高建平 赵文彬 才家刚 张文明 | 北京毕捷电机股份有限公司 |
| 93 | 2008 制-3-004 | 新型并混联机构与装备应用研究 | 汪劲松 王立平 曲波 关立文 赵民 段广洪 | 清华大学、齐齐哈尔二机床(集团)有限责任公司、中国航空工业第一集团公司成都飞机设计研究所 |
| 94 | 2008 制-3-005 | 国产首台 100 吨重型数控轧辊荒磨机床的设计与开发 | 李宛洲 姜兆芳 王京春 于飞 杨博 史铜刚 | 清华大学、中钢集团邢台机械轧辊有限公司 |
| 95 | 2008 制-3-006 | 数字成像与感光智能成像技术方法、系统实现及产业化 | 晏磊 任志广 翁峻清 徐华 冯浩 郗胜强 | 北京大学、北京市照相机总厂 |
| 96 | 2008 基-3-001 | 脑影像的计算理论与方法 | 蒋田仔 贺永 刘勇 于春水 李坤成 朱朝喆 | 中科院自动化研究所、北京师范大学、首都医科大学宣武医院 |
| 97 | 2008 基-3-002 | 分子激发态动力学的实验和理论研究 | 孔繁敖 夏安东 边文生 苏红梅 衷庆华 | 中科院化学研究所 |
| 98 | 2008 基-3-003 | 确定暗能量状态方程和精灵(Quintom)模型 | 张新民 | 中科院高能物理研究所 |
| 99 | 2008 基-3-004 | BESIIψ(3770)和 D 物理若干前沿问题和疑难问题的研究 | 荣刚 张达华 陈江川 马海龙 张炳云 马力 | 中科院高能物理研究所 |
| 100 | 2008 软-3-001 | 京津冀区域科技发展战略研究 | 李国平 李岱松 薛领 张京成 刘峰 戴学珍 | 北京大学、中国科学技术发展战略研究院、北京市科学技术评价研究所、北京科学学研究中心、中央财经大学、北京市社会科学院 |
| 101 | 2008 软-3-002 | 北京山区土地利用变化规律及持续利用模式研究 | 张凤荣 孔祥斌 段增强 姜广辉 赵华甫 马庆绥 | 中国农业大学、北京市国土资源局 |
| 102 | 2008 软-3-003 | WTO 框架下我国国内农业支持水平与结构优化研究 | 傅泽田 张领先 张小栓 李伟书 冯伟哲 穆维松 | 中国农业大学 |
| 103 | 2008 科普-3-001 | 科学的历程(第二版) | 吴国盛 | 北京大学 |
| 104 | 2008 科普-3-002 | 数字化农业 | 谭英 潘学标 赵士文 李庆风 石元春 李保国 | 中国农业大学、中央农业广播电视学校 |

资料来源:北京市科学技术奖励办公室

## 1985—2008年北京地区专利申请一览表

| 日期(年) | 发明 | 实用新型 | 外观设计 | 合计 |
|---|---|---|---|---|
| 1985 | 754 | 720 | 66 | 1540 |
| 1986 | 535 | 1091 | 66 | 1692 |
| 1987 | 523 | 1796 | 106 | 2425 |
| 1988 | 702 | 2494 | 146 | 3342 |
| 1989 | 742 | 2408 | 194 | 3344 |
| 1990 | 830 | 3214 | 240 | 4284 |
| 1991 | 1023 | 3324 | 277 | 4624 |
| 1992 | 1340 | 4493 | 483 | 6316 |
| 1993 | 1483 | 4931 | 558 | 6972 |
| 1994 | 1506 | 4666 | 680 | 6852 |
| 1995 | 1252 | 4372 | 738 | 6362 |
| 1996 | 1441 | 4255 | 899 | 6595 |
| 1997 | 1677 | 3668 | 968 | 6313 |
| 1998 | 1754 | 3444 | 1123 | 6321 |
| 1999 | 2062 | 4045 | 1616 | 7723 |
| 2000 | 3409 | 4984 | 1951 | 10344 |
| 2001 | 4984 | 5114 | 2076 | 12174 |
| 2002 | 5785 | 5920 | 2137 | 13842 |
| 2003 | 7833 | 6665 | 2505 | 17003 |
| 2004 | 8608 | 6321 | 3473 | 18402 |
| 2005 | 12102 | 6940 | 3530 | 22572 |
| 2006 | 14226 | 8200 | 4129 | 26555 |
| 2007 | 18763 | 8819 | 4098 | 31680 |
| 2008 | 28394 | 11157 | 3957 | 43508 |

资料来源:北京市知识产权局

## 1985—2008年北京地区专利授权一览表

| 项目 \ 日期(年) | 发 明 | 实用新型 | 外观设计 | 合计 |
|---|---|---|---|---|
| 1985 | 23 | 20 | 9 | 52 |
| 1986 | 20 | 388 | 31 | 439 |
| 1987 | 102 | 630 | 44 | 776 |
| 1988 | 169 | 1147 | 60 | 1376 |
| 1989 | 207 | 1497 | 85 | 1789 |
| 1990 | 216 | 1932 | 120 | 2268 |
| 1991 | 263 | 1917 | 189 | 2369 |
| 1992 | 312 | 2724 | 229 | 3265 |
| 1993 | 530 | 4780 | 496 | 5806 |
| 1994 | 368 | 3245 | 301 | 3914 |
| 1995 | 328 | 3169 | 528 | 4025 |
| 1996 | 246 | 2563 | 486 | 3295 |
| 1997 | 281 | 2340 | 706 | 3327 |
| 1998 | 309 | 2522 | 969 | 3800 |
| 1999 | 573 | 3948 | 1308 | 5829 |
| 2000 | 1074 | 3463 | 1368 | 5905 |
| 2001 | 946 | 3600 | 1700 | 6246 |
| 2002 | 1061 | 3721 | 1563 | 6345 |
| 2003 | 2261 | 4244 | 1743 | 8248 |
| 2004 | 3216 | 3956 | 1833 | 9005 |
| 2005 | 3476 | 4498 | 2126 | 10100 |
| 2006 | 3864 | 5490 | 1884 | 11238 |
| 2007 | 4824 | 7364 | 2766 | 14954 |
| 2008 | 6478 | 8776 | 2493 | 17747 |

资料来源:北京市知识产权局

## 2000—2008年北京市区县专利申请一览表

单位:件

| 年度<br>区县 | 2000 | 2001 | 2002 | 2003 | 2004 | 2005 | 2006 | 2007 | 2008 |
|---|---|---|---|---|---|---|---|---|---|
| 海淀 | 3882 | 5430 | 6219 | 8489 | 8230 | 9665 | 11312 | 13604 | 20899 |
| 朝阳 | 2270 | 2468 | 2715 | 2905 | 3913 | 5066 | 5520 | 6295 | 7413 |
| 丰台 | 650 | 678 | 906 | 893 | 918 | 1545 | 1734 | 2039 | 2343 |
| 西城 | 841 | 943 | 820 | 890 | 890 | 1080 | 1389 | 2226 | 2579 |
| 东城 | 514 | 728 | 567 | 714 | 754 | 895 | 1377 | 1513 | 2419 |
| 宣武 | 436 | 386 | 428 | 461 | 414 | 422 | 553 | 491 | 524 |
| 崇文 | 269 | 182 | 327 | 408 | 856 | 930 | 722 | 272 | 234 |
| 石景山 | 209 | 219 | 225 | 277 | 232 | 302 | 397 | 412 | 1762 |
| 大兴 | 271 | 331 | 415 | 459 | 644 | 828 | 798 | 1349 | 1958 |
| 昌平 | 260 | 254 | 370 | 383 | 494 | 735 | 1169 | 1226 | 1449 |
| 通州 | 207 | 185 | 206 | 293 | 368 | 307 | 543 | 683 | 827 |
| 房山 | 159 | 112 | 139 | 122 | 192 | 163 | 241 | 315 | 277 |
| 顺义 | 86 | 100 | 127 | 139 | 173 | 185 | 439 | 272 | 446 |
| 怀柔 | 67 | 116 | 104 | 134 | 121 | 125 | 124 | 163 | 132 |
| 密云 | 50 | 58 | 58 | 53 | 36 | 45 | 66 | 112 | 79 |
| 门头沟 | 50 | 44 | 43 | 56 | 53 | 81 | 74 | 615 | 59 |
| 平谷 | 36 | 19 | 38 | 25 | 43 | 52 | 41 | 44 | 76 |
| 延庆 | 34 | 33 | 32 | 37 | 52 | 45 | 56 | 42 | 28 |
| 其他 | 53 | -112 | 103 | 265 | 19 | 101 | 0 | 7 | 4 |
| 合计 | 10344 | 12174 | 13842 | 17003 | 18402 | 22572 | 26555 | 31680 | 43508 |

资料来源:北京市知识产权局

## 2002—2008年北京市区县专利授权一览表

单位:件

| 年度<br>区县 | 2002 | 2003 | 2004 | 2005 | 2006 | 2007 | 2008 |
|---|---|---|---|---|---|---|---|
| 海淀 | 2337 | 2883 | 4076 | 4399 | 5137 | 6160 | 7563 |
| 朝阳 | 1506 | 1576 | 1881 | 2295 | 2416 | 3174 | 3764 |
| 丰台 | 486 | 422 | 446 | 465 | 667 | 850 | 1129 |
| 西城 | 473 | 339 | 508 | 514 | 591 | 850 | 1008 |
| 东城 | 406 | 294 | 433 | 498 | 487 | 839 | 901 |
| 宣武 | 184 | 217 | 274 | 207 | 262 | 344 | 290 |
| 崇文 | 103 | 110 | 115 | 118 | 123 | 158 | 140 |
| 石景山 | 139 | 106 | 120 | 136 | 192 | 207 | 266 |
| 大兴 | 248 | 233 | 361 | 386 | 389 | 734 | 841 |
| 昌平 | 147 | 196 | 256 | 324 | 372 | 627 | 737 |
| 通州 | 118 | 131 | 176 | 223 | 192 | 275 | 403 |
| 房山 | 91 | 92 | 77 | 100 | 110 | 155 | 194 |
| 顺义 | 68 | 82 | 99 | 116 | 100 | 265 | 195 |
| 怀柔 | 63 | 101 | 50 | 99 | 92 | 96 | 112 |
| 密云 | 23 | 39 | 20 | 26 | 19 | 48 | 87 |
| 门头沟 | 23 | 38 | 33 | 32 | 47 | 61 | 57 |
| 平谷 | 11 | 22 | 12 | 32 | 15 | 40 | 26 |
| 延庆 | 23 | 16 | 24 | 27 | 27 | 39 | 32 |
| 其他 | -104 | 1351 | 44 | 103 | 0 | 32 | 2 |
| 合计 | 6345 | 8248 | 9005 | 10100 | 11238 | 14954 | 17747 |

资料来源:北京市知识产权局

# 附录
Appendix

# 附录
Appendix

# 北京市科技管理机构

## 建设中关村科技园区领导小组
### The Leading Group of Construction of Zhongguancun Science Park

建设中关村科技园区领导小组的主要职责是研究和决定园区建设发展、制度创新的重大事项。领导小组办公室主要负责贯彻落实市委、市政府和建设中关村科技园区领导小组决定的重大事项；听取和讨论企业家咨询委员会的意见、建议和报告；组织、协调推进园区有关制度创新、空间规划和产业规划、重大产业化项目等工作。

| | | |
|---|---|---|
| 组　长: | 郭金龙 | 北京市市长 |
| 成　员: | 张晓强 | 国家发改委副主任 |
| | 赵沁平 | 教育部副部长 |
| | 曹健林 | 科技部副部长 |
| | 张少春 | 财政部副部长 |
| | 仇保兴 | 住房和城乡建设部副部长 |
| | 陈　健 | 商务部副部长 |
| | 阎晓宏 | 国家新闻出版总署副署长、国家版权局副局长 |
| | 张　勤 | 国家知识产权局副局长 |
| | 施尔畏 | 中国科学院副院长 |
| | 邬贺铨 | 中国工程院副院长 |
| | 姚　刚 | 中国证监会副主席 |
| | 陈宜瑜 | 国家自然科学基金委员会主任 |
| | 虞列贵 | 国家国防科工局副局长 |
| | 赵凤桐 | 北京市副市长 |
| | 许智宏 | 北京大学校长 |
| | 顾秉林 | 清华大学校长 |
| | 柳传志 | 中关村企业家咨询委员会主任委员 |
| | 邓中翰 | 中关村企业家咨询委员会执行副主任委员 |

## 建设中关村科技园区领导小组办公室
### The Office of Leading Group of Construction of Zhongguancun Science Park

| | | |
|---|---|---|
| 主　任: | 赵凤桐 | 北京市副市长 |
| 成　员: | 梁　桂 | 科技部火炬高技术产业开发中心主任 |
| | 谢焕忠 | 教育部科学技术司司长 |
| | 吴喜林 | 商务部对外经济合作司司长 |
| | 綦成元 | 国家发改委高技术产业发展司副司长 |
| | 孙安军 | 住房和城乡建设部城乡规划司副司长 |
| | 马维野 | 国家知识产权局协调管理司副司长 |
| | 王自强 | 国家版权局版权司副司长 |
| | 陈　舜 | 中国证监会市场部副主任 |
| | 王志刚 | 中国科学院基建局副局长 |
| | 白玉良 | 中国工程院副秘书长 |
| | 张　力 | 国家国防科技工业局军品配套与监管司副司长 |
| | 经大平 | 国家自然科学基金委员会办公室主任 |
| | 吴学梯 | 财政部教科文司处长 |
| | 张维迎 | 北京大学校长助理 |
| | 梅　萌 | 清华科技园发展中心主任 |
| | 张　工 | 北京市发展改革委主任 |
| | 马　林 | 北京市科委主任 |
| | 郭广生 | 北京市教委副主任 |
| | 徐　熙 | 北京市财政局副局长 |
| | 刘江平 | 北京市人事局副局长 |
| | 张　维 | 北京市国土资源局副局长 |
| | 刘玉民 | 北京市规划委委员 |
| | 冀　岩 | 北京市建委委员 |
| | 母秉杰 | 北京市市政管委副主任 |

| | |
|---|---|
| 周正宇 | 北京市交通委副主任 |
| 王京华 | 北京市地税局副局长 |
| 罗文阁 | 北京市工商局副局长 |
| 梁　胜 | 北京市工业促进局副局长 |
| 潘　璠 | 北京市统计局副局长 |
| 周　河 | 北京市商务局副局长 |
| 王野霏 | 北京市版权局副局长 |
| 刘振刚 | 北京市知识产权局局长 |
| 张新文 | 北京证监局局长 |
| 李　洪 | 北京市信息办副主任 |
| 戴　卫 | 中关村科技园区管委会主任 |
| 于　军 | 海淀区委常委、副区长、海淀园管委会副主任 |
| 王苏维 | 丰台区委常委、副区长 |
| 洪　波 | 昌平区副区长 |
| 阎　军 | 朝阳区副区长、电子城科技园管委会主任 |
| 白云生 | 西城区副区长 |
| 赵昕昕 | 北京经济技术开发区管委会副主任 |

## 北京市科学技术委员会
### Beijing Municipal Science and Technology Commission

北京市科学技术委员会是北京市政府管理全市科技工作的综合部门,主要职责是:

(一)贯彻落实国家关于科技工作方面的法律、法规、规章和政策,起草本市相关地方性法规草案、政府规章草案,组织拟订科技发展和科技促进经济社会发展的政策,并组织实施。

(二)组织拟订本市科技发展中长期规划、年度计划,并组织实施;研究提出科技发展布局和优先发展领域;推动科技创新体系和科技服务体系建设,促进科技服务业发展;推进科技北京建设。

(三)组织制定本市应用基础研究、高新技术发展以及重大科技成果应用研究的政策措施;负责统筹协调应用基础研究、前沿技术研究、重大社会公益性技术研究及关键技术、共性技术研究;牵头组织科技促进经济社会发展的重大关键技术攻关。

(四)会同有关部门组织科技重大专项实施中的方案论证、综合平衡、评估验收和配套政策制定,对科技重大专项实施中的重大调整提出意见;负责科技重大专项和重大科技产业工程的组织实施。

(五)制定政策引导类科技计划并指导实施;会同有关部门拟订本市高新技术企业发展、高新技术产业化的相关政策,参与拟订科技金融促进工作的相关政策;提出科研条件保障规划和政策建议;推进科研条件平台建设和科技资源共享。

(六)组织制定本市科技促进农村和社会发展的政策措施,促进以改善民生为重点的农村建设和社会建设;指导可持续发展实验区的建设和发展。

(七)会同有关部门拟订本市促进产学研结合的相关政策,制定科技成果推广政策,指导科技成果转化工作;组织相关重大科技成果应用示范,推动企业自主创新能力建设。

(八)研究制定本市科技体制改革的政策措施;建立健全科技创新体制和机制;研究制定建立新型研究开发机构的政策;按规定审核相关科研机构的组建和调整,优化科研机构布局。

(九)负责本部门预算中的科技经费预决算及经费使用的监督管理;会同有关部门提出科技资源合理配置的政策和措施建议,优化科技资源配置。

(十)制定本市科普工作规划和政策;制定促进技术市场、科技中介组织发展的政策措施;负责技术市场、科技保密管理工作和科技奖励组织实施工作;负责科技信息、科技统计和科技期刊管理工作。

(十一)研究制定本市科技合作交流政策;负责科技外事工作;负责与港澳台的科技合作与交流;会同有关部门组织技术出口和技术引进等工作。

(十二)负责本市科技人才资源的合理配置,会同有关部门拟订科技人才队伍建设规划,提出政策建议。

(十三)承办市政府交办的其他事项。

主　　任：马　林
副主任：杨伟光　郑吉春　朱世龙
　　　　王荣彬　丁　辉（兼任）
　　　　田小平（兼任）
纪检组长：吴玉敏
委　　员：陈力工　张　虹　张庆水
地　　址：北京市西城区西直门南大街16号
邮　　编：100035
电　　话：66153395
网　　址：www.bjkw.gov.cn

**内部机构设置：**

*办公室*

负责机关政务工作；负责文电、会务、机要、档案等机关日常运转工作；承担信息、信访、议案、建议、提案、安全、保密、政府信息公开、电子政务、机关财务和资产管理等工作；承担重要事项的组织和督查工作。

电　话：66153395

*政策法规与体制改革处*

负责机关推进依法行政综合工作；起草科技方面的地方性法规草案、政府规章草案；负责行政执法工作的监督、指导和协调；承担行政复议、应诉的有关工作；承担机关行政规范性文件的合法性审核和有关备案工作；会同有关方面推进科技创新体系建设和科技体制改革，拟订促进产学研结合和促进科技领域知识产权创造的政策措施；按规定承担相关科研机构的组建和调整的审核；负责北京地区科技研究开发机构认定和科技类民办非企业单位的业务审核。

电　话：66153406

*发展计划处*

研究提出本市科技发展的布局和优先发展领域，组织拟订科技发展中长期规划和年度计划；提出科技计划的协调、综合平衡和经费配置的建议；会同有关方面提出重大创新基地建设规划建议；拟订科技成果和科技项目管理的政策措施；负责本市科技奖励组织实施和科技统计、科技信息和科技期刊管理；会同有关方面组织技术出口技术引进。

电　话：66153416

*重大专项办公室*

会同有关方面拟订本市科技重大专项实施办法，审核实施计划，协调解决重大问题，组织评估和验收；承担对接国家科技重大专项的相关协调工作；负责重大科技需求调研；承担科技北京建设和科教方面的相关工作。

电　话：66174050

*条件财务处*

提出本市科研条件保障的规划和政策建议，推进科研条件平台建设和科技资源共享；会同有关方面提出科技资源合理配置的政策建议；参与开展科技金融促进工作；编制本部门预算中的科技经费预决算，并监督预算的执行；参与拟订科技经费管理办法；监督、指导所属单位财务和国有资产管理工作。

电　话：66153407

*高新技术产业化处*

拟订本市相关领域高新技术发展及产业化的科技规划和政策；组织实施相关领域高新技术研究发展计划和政策引导类科技计划；承担中关村国家自主创新示范区建设相关工作；推动科技创新创业服务体系建设；推动科技成果转化及企业技术创新能力提升；促进科技服务业和文化创意产业发展；负责高新技术产业孵化基地认定和高新技术企业、自主创新产品认定；指导技术市场管理工作。

电　话：66153439

*先进制造与自动化处*

拟订本市先进制造技术领域、信息技术领域、新材料领域及空间技术领域科技发展的规划和政策；组织实施相关领域高技术研究发展计划；负责组织推进相关领域重点实验室（基地）建设；促进相关领域科技服务业的发展。

电　话：66153438

*生物医药处*

拟订本市生物工程、新医药产业、医疗卫生及食品安全领域科技发展的规划和政策；组织实施相关领域高技术研究发展计划；制定实验动物管理的政策措施；负责实验动物安全监管工作；负责组织推进相关领域重点实验室（基地)建议;促进相关领域科技服务业的发展;承担生物工程和新医药产业方面的有关科技工作。

电　话:66153451

**农村科技发展处**

拟订本市科技促进农村发展的规划和政策;组织实施相关领域高技术研究发展计划;负责组织推进相关领域重点实验室(基地)建设;促进相关领域科技服务业的发展;推动农村科技进步;指导相关重大科技成果应用示范;指导农业科技园区的有关工作。

电　话:66153402

**社会发展处**

拟订本市社会发展领域科技发展的规划和政策;组织实施相关领域高技术研究发展计划;负责组织推进相关领域重点实验室(基地)建设;促进相关领域科技服务业的发展;推动新能源和节能环保产业的发展;推进科技对城市建设与管理的支持;指导可持续发展实验区的建设和发展。

电　话:66153392

**科技宣传与软科学处(北京市人民政府专家顾问团办公室)**

负责本市科普工作,拟订科普工作的规划和政策;负责科技宣传、新闻发布工作;负责软科学研究工作;承担市政府专家顾问团的有关工作;承担综合性文稿起草和地方志、年鉴编纂工作。

电　话:66153431

**国际科技合作处**

组织拟定本市国际科技合作交流政策;组织实施国际科技合作交流计划;按规定负责在京举办国际性科技学术会议、出国举办科技展览会和邀请外国人员来华进行科技活动的有关工作;承办与港澳台的科技合作交流事宜;负责机关及所属单位的外事工作。

**人事教育处**

负责机关及所属单位的人事、机构编制和离退休工作;会同有关方面拟订本市科技人才队伍建设的政策措施;负责自然科学研究系列专业技术职务任职资格评定工作;组织实施科技新星计划。

电　话:66153409

**机关党委**

负责机关及所属单位的党群工作。

电　话:66153410

**工会**

负责机关及所属单位的工会工作。

电　话:66153413

**纪检、监察处**

纪检、监察机构按有关规定派驻。

电　话:66153442

## 中关村科技园区管理委员会
Administrative Committee of Zhongguancun Science Park

中关村科技园区管理委员会(简称中关村管委会)是负责对中关村科技园区(包括海淀园、丰台园、昌平园、电子城、亦庄园、德胜园、石景山园、雍和园、大兴生物医药产业基地、通州园,以下简称园区)发展建设进行综合指导的市政府派出机构,其主要职责是:

(一)贯彻落实国家有关法律法规和政策,研究提出园区的发展战略和规划,组织研究园区相关改革方案,促进可持续发展。

(二)研究拟定园区发展和管理的相关政策,参与起草相关地方性法规、规章草案。

(三)参与组织编制园区有关空间规划和产业规划。

(四)协调整合各类创新资源,开展高新技术研发及其成果产业化、投融资、人才资源、中介组织、知识产权保护、数字园区建设等方面的促进和服务工作。

(五)配合协调有关机构为园区企业提供世界贸易组织事务方面的服务,促进园区企业开展国际贸易。

(六)承担园区外事、宣传、联络和留学人员创业服务等工作。

(七)负责管理市财政拨付的园区发展专项资金,并协助有关部门监督专项资金的使用。

(八)指导各园的工作,承担建设中关村科技园区领导小组及其办公室的日常工作,负责园区企业家咨询委员会及园区内各类协会组织的联系工作。

（九）承办市政府交办的其他事项。

主　　任：戴卫

副主任：任冉齐　夏颖奇　郭　洪
　　　　李石柱

党组书记：戴卫

党组副书记：任冉齐

纪律检查组组长：蒋苏生

地　　址：北京市海淀区苏州街36号

邮　　编：100080

电　　话：82690500

传　　真：82690506

网　　址：www.zgc.gov.cn

**内部机构设置：**

办公室

负责本机关的政务工作；负责公文处理、信息、议案、建议、提案和信访、档案、保密工作，以及重要会议、活动的组织工作；负责重要文件和会议决定事项的督查工作；负责机关联络接待、服务保障、安全保卫等工作。

电　　话：82690500

传　　真：82690506

产业发展促进处

参与研究和制订园区产业规划和政策，督促落实发展高新技术企业的各项政策；参与重大高新技术成果产业化项目的认定；协调园区技术研发，重大高新技术企业项目的引进和扶持工作；受国家有关部门委托，负责组织园区企业科研项目和专项资金的申报工作；负责协调园区对外经贸工作。

电　　话：82690516

传　　真：82691713

规划建设协调处

研究制订园区发展规划并协调组织实施；参与组织编制园区的空间规划、土地利用规划和生态规划等工作；负责园区重大建设项目信息的收集和分析。

电　　话：82690605

传　　真：82690419

投融资促进处

负责研究提出园区投融资体系建设方案；研究分析园区投融资发展状况，并提出政策建议，搭建园区投融资政策平台；推动园区企业的股权交易和上市融资工作；组织协调投融资机构为园区产业发展提供支持，发展适合园区企业的多种融资方式，促进科技与金融的结合。

电　　话：82690614

传　　真：82691705

人才资源处

研究提出园区人才资源发展战略规划和人才市场体系建设的建议；研究拟定园区吸引人才的有关政策，并协调组织实施；负责园区有关留学人员创业的服务工作。

电　　话：82690418

传　　真：82690408

中介服务体系建设处

研究提出园区行业协会、中介组织的发展规划，组织制定有关政策；促进园区中介组织发展、信用体系建设等工作。

电　　话：82690610

传　　真：82691707

信息化工作处

组织研究提出园区信息化建设规划并协调推进实施；负责园区信息统计数据的综合分析利用；负责协调建立统一的园区信息管理与服务体系、预测预导系统、经济运行和企业评测系统；负责管理园区的网站建设，推进园区电子政务和数字园区建设工作。

电　　话：82690688

传　　真：82691710

国际交流合作处

负责园区的国际交流与合作工作；负责园区派遣人员因公临时出国（境）和邀请外国经贸科技人员来华事项的审批工作；负责园区驻海外联络处的建设、联络和管理工作。

电　　话：82690607

传　　真：82690633

研究室（世界贸易组织事务与知识产权工作处）

负责园区体制和机制创新及其配套改革措

施的研究工作;组织研究园区发展建设中的重要问题,并提出相关对策、建议;负责协调园区知识产权促进和保护工作;配合协调有关机构为园区企业提供有关世界贸易组织事务方面的服务;组织起草贯彻落实《中关村科技园区条例》的有关配套政策,并监督实施。

电　话:82690522
传　真:82690512

**宣传处**

负责园区宣传工作,制定园区宣传方案并组织实施;组织园区新闻发布会;组织园区重要活动、重要工作的新闻报道工作。

电　话:82690510
传　真:82690508

**财务处**

负责园区发展专项资金预算编制和管理工作;协助有关部门监督专项资金的管理使用;负责园区的建设与发展专项资金的内部审计工作;负责本机关的财务工作。

电　话:82690618
传　真:82690616

**人事处**

负责中关村管委会机关及所属单位的干部、人事及机构编制管理工作。

电　话:82690500
传　真:82690506

**监察处**

履行派驻纪检监察机构职责。

电　话:82690665
传　真:82691702

## 北京市知识产权局
### Beijing Intellectual Property Office

北京市知识产权局是主管全市专利工作和统筹协调涉外知识产权事宜的市政府直属机构,主要职能:

(一)统筹协调本市涉外知识产权事宜;负责本市专利工作的对外联络、国际合作与交流活动。

(二)组织研究本市知识产权方面的重大问题;协调建立本市知识产权保护和创新体系。

(三)组织制定本市专利工作发展规划、年度计划和专利信息网络规划;研究起草本市专利管理的地方性法规、规章草案和政策、措施,并组织实施。

(四)组织开展《中华人民共和国专利法》及相关法规的宣传普及工作;制定本市有关知识产权的宣传教育与培训工作规划。

(五)负责本市专利行政执法工作,依法处理专利纠纷和查处冒充专利行为;协调本市知识产权综合执法工作。

(六)建立并完善本市专利工作体系。

(七)负责规范并管理专利技术市场;管理专利权转让合同、专利实施许可合同和专利申请权转让合同备案工作;负责北京地区专利代理机构的审核报批及年检工作。

(八)管理和监督专利申请资金及专利实施资金;组织和推动重大专利技术的实施。

(九)联络和协调知识产权各主管部门的相关工作。

(十)承办市政府交办的其他事项。

局　　长:刘振刚
党组书记:刘振刚
副局长:王淑贤　周砚
纪检组长:李京瑞
地　　址:北京市西城区德胜门东大街8号东联大厦二层
邮　　编:100009
电　　话:84080086
网　　址:www.bjipo.gov.cn

**内部机构设置:**

*办公室*

负责本单位政务工作;负责公文处理、档案、保密、议案、建议、提案工作;负责重要文件和会议决定事项的督查工作;负责财务、审计、安全保卫、外事接待和党群等工作;统筹协调本市涉外知识产权事宜;参与知识产权方面的涉外谈判;负责本市专利工作对外联络、国际合作与交流活动。

电　话:84080089
电子邮箱:bangs@bjipo.gov.cn

条法处

组织研究本市有关知识产权的地方性法规和规章草案；起草本市有关专利的地方性法规、规章草案；对本部门制定的规范性文件进行合法性审核；组织实施专利纠纷案例、涉外案例的报告制度；承办本单位行政赔偿案件和行政诉讼的应诉代理工作；组织行政处罚听证工作；负责专利法执法监督工作；负责培训本市专利执法人员；负责专利防伪标志的审查、监制工作。

电　话：84080090

电子邮箱：tiaofachu@bjipo.gov.cn

知识产权协调处（北京市知识产权办公会议办公室）

负责组织拟订本市知识产权发展规划与战略；协调建立知识产权保护和创新体系；协调有关部门查处侵犯知识产权的重大案件；指导本市知识产权方面社会团体的有关工作。

电　话：84080092

电子邮箱：xietiaochu@bjipo.gov.cn

专利管理处

负责研究制订本市专利工作的发展规划和年度计划，并组织实施；组织建立和健全专利工作体系；指导并协调本市各部门专利管理工作；管理和监督专利申请资金；负责专利方面的宣传、教育及培训工作；负责北京地区专利代理机构的审核、报批及年检工作；负责专利服务人员的资格认定工作；指导本市专利方面社会团体的有关工作。

电　话：84080096

电子邮箱：guanlichu@bjipo.gov.cn

专利执法处

负责制订本市专利执法的规划、计划；依法处理专利纠纷；打击和查处冒充专利行为；为涉及专利权案件的有关部门或当事人提供咨询。

电　话：84080098

电子邮箱：zhifachu@bjipo.gov.cn

专利实施处

负责制订本市促进专利技术开发与实施发展规划和措施办法，并组织实施；负责重大专利技术的实施工作，管理和监督专利实施资金；负责管理本市专利技术市场；负责专利技术合同的认定、登记、备案工作；负责有关经济活动中涉及专利管理等工作；配合相关部门，对以专利权为主要内容的无形资产进行评估。

电　话：84080080

电子邮箱：shishichu@bjipo.gov.cn

人事处

负责本机关及直属事业单位干部队伍建设规划及部署的落实；负责本机关的人事管理工作；指导直属单位的人事管理工作。

电　话：84080020

电子邮箱：renshichu@bjipo.gov.cn

监察处

监察处是北京市纪委监察局派驻市知识产权局的机构，主要工作职责：负责检察监督执行法律、法规和政府命令的执行情况；负责本系统勤政廉政建设和反腐败工作；受理违反行政纪律行为的控告、检举；调查处理局机关人员以及局任命的其他人员违反行政纪律的行为；受理局机关人员及局任命的直属单位领导不服行政机关给予行政处分的申诉；做好行政监察工作方针、政策、和法律法规的宣传工作；按干部管理权限负责对局内干部的考察工作；承办市纪委监察局和局党组交办的其他工作。

电　话：84080110

电子邮箱：jianchachu@bjipo.gov.cn

## 北京市科学技术协会

Beijing Association for
Science and Technology

北京市科学技术协会是北京地区科学技术工作者的群众组织，是中国共产党北京市委员会领导下的人民团体，是中国科学技术协会的地方组织，接受中国科学技术协会的业务指导。北京市科学技术协会成立于1963年7月，现有学会155个，基金会14个，区县科协18个，基层组织196个，拥有以科学家、工程师为主体的会员32万余人。北京市科学技术协会始终坚持科学发展，在发挥桥梁纽带作用、繁荣学术交流、普及科学技术、促进科技人才成长和提高、促进科技与经济相结合、建设科技工作者之家等方面做了大量卓有成效的工作。特别是科技周、科普日、学术月、金桥工程、科学技术专家季谈会、青少年科技创新大赛等活动,在首都科技界和公众中具有一定的影响。科协在实施科教兴国和可持续发展战略中,发挥了重要的不可替代的作用,为首都经济建设、科技进步和社会发展作出了重要贡献。

主　　席:顾秉林
常务副主席:田小平
副　主　席:马国馨　方智远　王志珍
　　　　　　王渝生　田　文　许达哲
　　　　　　许健民　刘德培　范伯元
　　　　　　林建华　周立军　贺福初
　　　　　　赵继林　贺慧玲　殷　琼
党组书记:田小平
秘　书　长:罗忠仁(1—8月)
　　　　　　牟相军(9—12月)
地　　址:北京市朝阳区小营育慧里4号
邮　　编:100101
电　　话:84635008
传　　真:84655007
网　　址:www.bast.cn.net

**内部机构设置:**

办公室

负责公文处理、信息、档案、机要、保密、来信来访、安全保卫工作以及重大活动和重要会议的组织协调工作;负责重大决定事项的督察工作;负责征集并上报科技工作者建议。

电　　话:84655007
电子邮箱:bastbgsh@bjkp.gov.cn

计划财务部

负责编制机关行政事业费及有关专项经费的预、决算;负责机关财务及固定资产管理;负责对直属事业单位的财务工作进行指导、监督、审计;负责本系统综合统计工作。

电　　话:84634998
电子邮箱:bastjcch@bjkp.gov.cn

人事部

负责本机关干部队伍建设工作;负责本机关的人事管理工作;指导直属单位人事管理工作;负责离(退)体人员管理和服务工作。

电　　话:84644971
电子邮箱:bastrsch@bjkp.gov.cn

调研宣传部

负责组织市科协系统重大问题的调查研究;承办上级有关部门交办的调研课题;负责相关重要文件、报告和讲话的起草;会同有关部门提出和拟定北京市科协发展战略,拟定有关规章制度;参与北京市有关法规的拟定工作;指导、协调本机关的法律事务;负责《北京科协》的编辑;负责市科协重大活动的宣传和新闻报道工作;负责有关学会期刊的业务指导。

电　　话:84644973
电子邮箱:bastxxbu@bjkp.gov.cn

学会部

负责对市科协所主管的学会、科技类社会团体进行监督管理;指导北京市科协系统的学术活动;组织协调北京市科协系统综合性、多学科、多领域的重点学术研讨活动;负责与所属市级学会的联系及业务指导;指导市级学会开展继续教育工作。

电　　话:84644977
电子邮箱:bastxhbu@bjkp.gov.cn

科普部(基层部)

贯彻落实国家有关科普工作的方针、政策,制定市科协系统科普工作规划;组织开展全市性的科普工作,推广科普工作经验;负责联系、指导区县科协、企业科协、高等院校科协的工作;指导基层科协在社区、企业、农村、学校开展科普活动;指导基层科普场馆及设施的规划、建设与管理工作;协同市政府有关部门做好表彰奖励科普先进集体和优秀个人的工作。

电　　话:84634995
电子邮箱:bastkpbu@bjkp.gov.cn

机关党委

负责本机关及所属事业单位的党群工作。

电　　话:84634972
电子邮箱:bastjgdw@bjkp.gov.cn

## 北京市区县科学技术委员会一览表
### The Districts and Counties Science and Technology Commission under Beijing Municipality

| 单位名称 | 主任 | 电话<br>传真 | 通讯地址 | 邮编 | 网址 |
| --- | --- | --- | --- | --- | --- |
| 东城区科学技术委员会 | 彭湘 | 64041867<br>64009160 | 东城区藏经馆胡同11号 | 100007 | www.dchst.com |
| 西城区科学技术委员会 | 黄勇 | 68010702<br>68025832 | 西城区月坛北街甲1号—4 | 100037 | www.bjxchst.gov.cn |
| 崇文区科学技术委员会 | 周晓沪 | 87556016<br>67110312 | 崇文区幸福大街32号 | 100061 | www.cwkw.gov.cn |
| 宣武区科学技术委员会 | 王建一 | 83528820<br>83528160 | 宣武区育新街2号 | 100054 | xwkj.bjxw.gov.cn |
| 海淀区科学技术委员会 | 王际祥 | 62325613<br>62318521 | 海淀区北四环中路281号 | 100083 | www.hdkw.gov.cn |
| 朝阳区科学技术委员会 | 王先勇 | 65099678<br>65099677 | 朝阳区日坛北街33号 | 100020 | www.chykw.gov.cn |
| 丰台区科学技术委员会 | 崔言超 | 83656411<br>83656412 | 丰台区文体路2号 | 100071 | www.ftti.gov.cn |
| 石景山区科学技术委员会 | 李艳 | 68863659<br>88910825 | 石景山区八角西街40号 | 100043 | sjskw.bjsjs.gov.cn |
| 通州区科学技术委员会 | 季志会 | 89526630<br>69546592 | 通州区通胡大街78号京贸中心3层 | 101101 | www.bjtzst.gov.cn |
| 顺义区科学技术委员会 | 李国震 | 69443483<br>69449347 | 顺义区光明南街24号 | 101300 | www.kw.bjshy.gov.cn |
| 门头沟区科学技术委员会 | 张文波 | 69865984<br>69843260 | 门头沟区新桥大街40号 | 102300 | mtg.nczx.cn |
| 房山区科学技术委员会 | 张海鹏 | 89350219<br>89364790 | 房山区良乡政通东路1号 | 102488 | kw.bjfsh.gov.cn |
| 昌平区科学技术委员会 | 于泓 | 69713054<br>69700663 | 昌平区东关二条科技中心大楼 | 102200 | www.bjchp.gov.cn |
| 大兴区科学技术委员会 | 王自学 | 69244954<br>69267073 | 大兴区兴政街31号科技大厦 | 102600 | www.dxkw.gov.cn |
| 延庆县科学技术委员会 | 史绍全 | 69142014<br>69142014 | 延庆县高塔街58—1号 | 102100 | www.bjyq.gov.cn |
| 怀柔区科学技术委员会 | 周怀明 | 69624893<br>69624893 | 怀柔区湖光小区24号 | 101400 | www.hrkj.gov.cn |
| 平谷区科学技术委员会 | 陈占国 | 69963273<br>69963273 | 平谷区府前西街26号 | 101200 | Pgkw.bjpg.gov.cn |
| 密云县科学技术委员会 | 欧玉金 | 69087854<br>69044787 | 密云县西滨河路2号 | 101500 | www.mykw.gov.cn |

资料来源:北京市科学技术委员会

## 北京市区县科学技术协会一览表
### The Districts and Counties Association for Science and Technology under Beijing Municipality

| 单位名称 | 主席 | 电话<br>传真 | 通讯地址 | 邮编 | 网址<br>电子邮箱 |
|---|---|---|---|---|---|
| 东城区科学技术协会 | 王佩立 | 64033034<br>84046342 | 东城区东四11条83号 | 100007 | www.bast.net.cn/bjkx/jckx/qxkx/dckx<br>dckx@bjkp.gov.cn |
| 西城区科学技术协会 | 边群英 | 82283136<br>82283131 | 西城区马甸裕中西里28号楼 | 100029 | www.bast.net.cn/bjkx/jckx/qxkx/xckx<br>afa822@sina.com |
| 崇文区科学技术协会 | 刘金兰 | 87556004<br>67152809 | 崇文区幸福大街32号 | 100061 | cwkx.cwi.gov.cn<br>cwkx001@126.com |
| 宣武区科学技术协会 | 王建一 | 83528160<br>83528810 | 宣武区育新街2号 | 100054 | xwkj.bjxw.gov.cn<br>bjxwkx@126.com |
| 海淀区科学技术协会 | 白春礼 | 82570074<br>82510604 | 海淀区长春桥路17号 | 100089 | www.bast.net.cn/bjkx/jckx/qxkx/hdkx<br>hdkx@bjkp.gov.cn |
| 朝阳区科学技术协会 | 李春霞 | 65099727<br>65099729 | 朝阳区日坛北街33号 | 100020 | www.cykx.org.cn<br>kexie506506@126.com |
| 丰台区科学技术协会 | 包为民 | 83821109<br>63867725 | 丰台区丰台镇三条1号 | 100071 | www.bast.net.cn/bjkx/jckx/qxkx/ftkx<br>ftkx001@163.com |
| 石景山区科学技术协会 | 佟长江 | 88699142<br>68683911 | 石景山区石景山路18号 | 100043 | www.bast.net.cn/bjkx/jckx/qxkx/sjskx<br>sjskx@bjkp.gov.cn |
| 通州区科学技术协会 | 杜伟 | 69542769<br>69542769 | 通州区玉带河东街286号 | 101100 | www.bast.net.cn/bjkx/jckx/qxkx/tzkx<br>tzkx@bjkp.gov.cn |
| 顺义区科学技术协会 | 李国震 | 81484234<br>69449347 | 顺义区光明南街24号 | 101300 | www.bast.net.cn/bjkx/jckx/qxkx/sykx<br>sykx@bjkp.gov.cn |
| 门头沟区科学技术协会 | 赵凯 | 69843535<br>69843535 | 门头沟区新桥大街40号 | 102300 | kx.bjmtg.gov.cn<br>mtgkp@bjkp.gov.cn |
| 房山区科学技术协会 | 祝庆忠 | 89350084<br>89350084 | 房山区良乡政通东路1号 | 102488 | kexie.bjfsh.gov.cn<br>kexie@bjfsh.gov.cn |
| 昌平区科学技术协会 | 李秀生 | 69742971<br>69741556 | 昌平区政府路科技中心大楼 | 102200 | www.cpkx.gov.cn<br>kpb5340@126.com |
| 大兴区科学技术协会 | 刘月娥 | 69267065<br>69267073 | 大兴区兴政街31号科技大厦 | 102600 | www.dxkw.gov.cn<br>dxkx@bjkp.gov.cn |

续表

| 单位名称 | 主席 | 电话<br>传真 | 通讯地址 | 邮编 | 网址<br>电子邮箱 |
|---|---|---|---|---|---|
| 延庆县科学技术协会 | 陈杰 | 69141533<br>69141533 | 延庆县高塔街58—1号 | 102100 | www.bjyq.gov.cn/wzq/yqkpw/index.asp<br>yqkx@bjkp.gov.cn |
| 怀柔区科学技术协会 | 周怀明 | 69624893<br>69624893 | 怀柔县湖光小区24号 | 101400 | www.bast.net.cn/bjkx/jckx/qxkx/hrkxkw@bjhr.gov.cn |
| 平谷区科学技术协会 | 王英杰 | 69962010<br>89987947 | 平谷区新开西街6号 | 101200 | www.pgkx.gov.cn<br>pgkx2006@163.com |
| 密云县科学技术协会 | 张敏 | 69087854<br>69044787 | 密云县西滨河路2号 | 101500 | www.mykw.gov.cn<br>kpb218@126.com |

资料来源：北京市科学技术协会

# 北京市科技服务机构

## 北京科技协作中心

北京科技协作中心成立于1983年，是市政府为发挥首都科技资源优势而设立的由中国科学院、中国工程院、中国机械科学研究院、中国医学（协和医学）科学院等在京科研院所和北京大学、清华大学等高等院校组成的大型综合科技联合体，属事业单位、首都科技集团常设办事机构。中心的主要业务包括：开展技术合同认证服务；组织科技成果推介及项目对接活动；组织项目技术评估和规划论证；组织科技示范工程及协调重大项目实施；提供科技政策咨询、投融资咨询和管理咨询服务；开展国际科技交流和技术贸易；为科技企业的市场开拓提供综合服务等。

地　址：北京市西城区西直门南大街16号西楼10层
邮　编：100035
电　话：66517145
传　真：66518005
网　址：www.cstg.cn
电子邮箱：wujiquan210@126.com

## 北京科学技术开发交流中心

北京科学技术开发交流中心是市政府1981年9月批准成立的、直属于市科委的事业单位。中心设战略决策部、科技管理服务部、科技项目管理部、科技文化宣传部、国内科技合作一部、国内科技合作二部、国际科技合作部、科技资产管理部和综合办公室等9个部门，其主要任务是：科技项目征集、科技项目招标、科技项目监理、科技文化宣传、国内外科技合作交流、科技资金与资本市场合作，以及科技资产管理等。中心先后承担了市科技项目管理工作，掌握了国家各部委、市各委办局以及联合国及美、日、加拿大等国家科技项目申报的渠道信息；先后与20余个省市自治区，以及美国、英国、法国等国家开展了一系列大型的科技交流合作活动；与中央、国家、有关省市自治区政府部门，20余个国家驻华大使馆，上百家高等院校、科研院所，上万家高新技术企业，100余家投资公司建立了长期稳定的合作关系。

地　址：北京市西城区西直门南大街16号

西楼6层
邮　　编：100035
电　　话：66510939
传　　真：66113510
网　　址：www.kjjl.bj.cn
电子邮箱：lx.wwj@163.com

## 北京市自然科学基金委员会办公室

北京市自然科学基金委员会的宗旨是根据北京市科技、经济和社会发展的需要，加强和发展相应的基础性研究，发现和培养人才，以促进北京市科学技术进步，持续不断地支持首都经济和社会发展。其主要任务是根据国家科学技术发展方针、政策，结合首都经济和科技发展的需要，编制、发布项目指南；有效地运用自然科学基金资助手段，指导协调北京市基础性研究工作；组织推动重大和重点研究项目；促进研究成果向实用转化；支持有条件的青年科技人员承担项目，促进科技队伍的成长；组织和推动相应的国际合作和学术交流。市自然科学基金委员会实行科学基金制。主要机制是自由申请与定向引导相结合，同行评议，公平竞争，择优支持，辅以"指南"引导，严格选题，突出重点，追踪成效。

地　　址：北京市西城区西直门南大街16号西楼
邮　　编：100035
电　　话：66161522
传　　真：66157137
网　　址：210.76.125.39/zrjjh/zrjj
电子邮箱：nkyxxs@public.bta.net.cn

## 北京市科学技术奖励工作办公室

北京市科学技术奖励工作办公室是市科委直属事业法人单位，经费由财政拨款。主要承办北京地区科技奖励工作及授奖活动的有关技术性、服务性和辅助性工作；负责科技奖励的统计、数据分析工作；开展北京地区获奖成果的国际交流工作；负责北京地区社会力量设奖的审批和管理工作；市科委交办的科技成果的管理工作及政府部门交办的其他工作。

地　　址：北京市西城区西直门南大街16号北楼104室
邮　　编：100035
电　　话：66188227
传　　真：66162876
网　　址：www.bjjlb.org.cn
电子邮箱：jlb@mail.bsti.ac.cn

## 北京市实验动物管理办公室

北京市实验动物管理办公室是经市政府批准成立、隶属于市科委的独立法人单位，其前身为北京市实验动物管理委员会办公室。市科委主管本市实验动物工作，市实验动物管理委员会负责本市行政区域内实验动物管理的协调工作。经市政府办公厅批准，市实验动物管理委员会成立专家委员会，为本市实验动物科学发展和管理提供咨询。市实验动物管理办公室作为常设机构，负责本市行政区域内实验动物的日常管理工作。其主要职责是：根据《实验动物管理条例》和《北京市实验动物管理条例》及其配套规章的规定，进行行政执法；负责北京地区实验动物许可证管理工作；负责北京地区实验动物及其相关产品的质量管理和从业人员的考核及岗位证书发放工作；受市科委委托，负责北京地区实验动物质量监督员队伍、实验动物质量检测机构、实验动物从业人员培训机构和实验动物屏障设施培训基地的管理工作；受科技部委托，负责全国实验动物许可证的备案管理工作、承担全国实验动物科学研究项目管理和全国实验动物信息网北京镜像站的管理工作；负责北京市实验动物管理委员会及其专家委员会的日常工作；根据实验动物科学发展要求，向市科委和科技部提出工作建议，并承担部分研究课题；组织并完成上级领导交给的其他任务。

地　　址：北京市海淀区西三环北路27号北科大厦6层
邮　　编：100089

电　　话:68722982
传　　真:68479601
网　　址:www.baola.org（北京）
电子邮箱:68722982@sohu.com

## 北京生物技术和新医药产业促进中心

北京生物技术和新医药产业促进中心成立于1996年6月24日,拥有北京生物工程学会、北京中关村生物工程和新医药企业协会两家专业社团机构,主要任务是面向北京生物工程和新医药产业提供专业化服务。中心下设项目培育与投资管理部、战略研究部、行政与信息环境部、财务部。中心形成了五个专业工作平台,即战略研究平台、项目管理平台、国际合作平台、产业拓展平台、会展策划平台,致力于生物医药产业信息,生物医药领域科技规划、重点方向等研究;通过组团出访及建立稳定的国际合作渠道,促进国际国内的交流合作;整合中心项目管理、战略咨询、培训、专业会议等服务,为中心探索发展模式;组织生命科学领域的专业会议、展览,强化市场意识和生存意识,创造生物中心市场价值。

地　　址:北京市海淀区马连洼北路151号院内
邮　　编:1000193
电　　话:62896868
传　　真:62899978
网　　址:www.newlife.org.cn
电子邮箱:info@newlife.org.cn

## 北京新材料发展中心

北京新材料发展中心隶属市科委,其宗旨是促进北京新材料产业发展,辅助政府决策,服务新材料产业,营造创新创业环境,成为沟通政府、科研机构、企业和社会的桥梁。主要任务负责北京新材料领域规划、政策等制定、发展战略研究;负责北京市新材料科技项目组织评估、论证和管理;组织北京新材料领域重大活动,参与北京新材料基地各园区的建设、新材料领域专业孵化器建设等,举办领域内研讨、展览、会议等交流活动。主办面向全国发行的《新材料产业》月刊和新材料产业信息网站。

地　　址:北京市海淀区学院路30号方兴大厦5层
邮　　编:100083
电　　话:62341509
传　　真:62333998
网　　址:www.materials.net.cn
电子邮箱:infor@materials.net.cn

## 北京技术交易促进中心

北京技术交易促进中心是直属于市科委的事业单位。中心通过组织实施"提升技术交易参与者的交易能力、通畅技术交易的渠道与环节、建立健全技术交易服务体系"等各类促进业务活动,以有效带动北京地区技术交易的规模扩大和质量提高,从而促进科技成果产业化和科技与金融的高效结合。中心"依托政府、面向社会、立足科技、促进交易",通过集成与整合技术交易资源,构建权威的技术交易信息网络平台和规范运作的技术交易创新服务联盟,以"创新、敬业、诚信、协作"的精神竭诚为海内外技术交易客户的技术转移、技术融投资提供全面专业的服务。

地　　址:北京市海淀区苏州街甲49号
邮　　编:100080
电　　话:62578706
传　　真:62577304
网　　址:www.ctmnet.com.cn
电子邮箱:webmaster@chinatis.com

## 北京软件与信息服务业促进中心

北京软件与信息服务业促进中心隶属市科委,是市政府为推动"首都二四八重大创新工程",推进北京软件产业发展创建的一个创新服务平台。中心作为北京软件产业基地建设协调会议的日常办事机构,承担北京IT产业的战略规划研究、重大问题协调、支撑体系建设、重点项目策划、种子资金管理、动态信息发布、开展国际交流、管理软件企业认定和软件产品登记等职能,是市政府发展IT产业的决策辅助机构和沟通政府与企业的桥梁。

地　　址:北京市海淀区北四环中路238号柏彦大厦12层
邮　　编:100083
电　　话:82331717
传　　真:82332323
网　　址:www.bsw.gov.cn
电子邮箱:zhangp@bsw.gov.cn

## 北京高技术创业服务中心

北京高技术创业服务中心是市科委直属的具有独立法人资格的事业单位,成立于1989年,是北京市最早成立的科技企业孵化器。地处中关村科技园区,紧邻京昌高速公路与北四环路,交通便利,环境优越。中心现有孵化场地8300平方米,面向国内外各类中小型科技企业,可提供办公科研用房、项目评估、年度审计、政策咨询、投融资咨询、法律咨询、成果鉴定、国内外人才培训、火炬计划项目申报、科技型中小企业创新基金项目推荐受理、国家科技重大项目及国家重点新产品评估监理等服务。

地　　址:北京市朝阳区安翔北里甲11号1号楼
邮　　编:100101
电　　话:64853169
传　　真:64873536
网　　址:www.bjcy.net.cn
电子邮箱:chyzhx@mail.bsti.ac.cn

## 北京市科委农村发展中心

北京市科委农村发展中心主要调查研究京郊农业、农村、农民问题,为市科委农村领域科技管理决策提供科学依据和技术支持;为市科委农村领域科技项目管理提供支撑服务;根据科技部和北京市科委的有关科技政策和科技发展规划,引导和凝聚各类科技资源为郊区建设社会主义新农村提供有效的科技服务。

地　　址:北京市朝阳区安翔北里11号北京创业大厦B座16层
邮　　编:100101
电　　话:64830180
传　　真:68430289
网　　址:www.nczx.cn
电子邮箱:bjnczx@126.com

## 北京生产力促进中心

北京生产力促进中心是由市科委组建并支持的不以营利为目的的社会化科技服务机构,致力于发展传播先进生产力,提升中小企业竞争能力,促进传统产业升级,集成首都生产力促进资源,推进北京生产力促进服务体系建设。该中心面向政府和企业两个主体提供服务。

(一)面向政府的主要服务内容　研究生产力发展的理论、模式及趋势,为宏观决策提供咨询服务;组织实施政府指导性的科技开发计划;对区县生产力促进中心进行资质认证,对地方政府提供区域和产业发展研究;承担政府委托交办的其他事宜。

(二)面向中小企业的服务内容　充分利用现代信息技术,帮助中小企业进行信息化建设,提升企业生产经营管理水平,提高市场竞争力;利用现代技术,帮助企业提高研发及技术创新能力,引入关键共性技术和先进适用技术,改造传统产业;开拓中小企业融资渠道,为中小企业提供中介服务;为中小企业提供企业辅导、生产管理、人力资源管理、财务管理、市场营销、质量管理等咨询服务,帮助企业提高现代管理水平;利用首都大型仪器设备协作网、工程技术中心、重点实验室,为中小企业提供仪器设备资源、工程技术资源、实验条件资源等方面的共享服务,仪器改造和升级服务,使首都资源利用效率最大化;为中小企业开拓国际合作渠道,组织企业出国考察、培训和展览展销,引进海外先进技术和管理人才。

地　　址:北京市海淀区北三环中路31号生产力大楼B座8层

邮　　编：100088
电　　话：82003608
传　　真：82003613
网　　址：www.bjpc.org.cn
电子邮箱：bjpc@bjpc.org.cn

## 北京市可持续发展科技促进中心

北京市可持续发展科技促进中心是市科委直属的具有独立法人资格的事业单位。其宗旨是：为社会经济的可持续发展提供科技引导、技术服务。中心下设能源部、实验区部、科普部、项目部和战略发展部等部门。主要工作为：可持续发展实验区申报、推荐、管理；可持续发展实验区项目预选、推荐、示范、辐射及推广；可持续发展工作研究；可持续发展科普宣传；进行社会发展领域（生态环境、能源、减灾防灾、资源利用、社区、社会安全、城乡建设、公用事业、文教体育、城市管理）科技项目（重大项目以外）的评估、项目监督等；社会发展领域相关调查、工作研究；科普工作联席会议办公室日常工作，联席会议通过计划、项目的具体落实；科普工作研究；组织各种类型的科普活动，联络区县科普工作联席会议办公室共同开展工作；组织国内外可持续发展实验区考察活动、科普考察活动。

地　　址：北京市朝阳区安翔北里11号北京
　　　　　创业大厦B座15层
邮　　编：100101
电　　话：64841458—801
传　　真：64841456
网　　站：www.bsdc.net.cn
电子邮箱：bsdc2008@163.com

## 北京技术市场管理办公室

北京技术市场管理办公室于1990年5月经市政府批准成立，是市科委直属部门。主要职责是：负责宣传贯彻和组织实施有关技术市场的法律、法规和政策，组织调查研究并制订相应规章制度；负责对技术市场发展与技术交易活动实行规划管理与协调指导，负责技术市场表彰奖励工作；负责管理技术合同认定登记工作，管理技术合同登记机构并办理设立、撤销事宜，审核认定重大技术合同；负责审核技术交易中介服务机构和技术经纪人的资格，培训、考核技术市场经营管理人员；负责管理技术市场发展资金；负责技术市场统计和分析，发布技术市场信息；会同有关部门检查技术交易活动，依法处罚违法行为，调解技术合同纠纷，参与技术合同纠纷的仲裁；会同市财税部门落实技术市场财税优惠政策；会同有关部门开展国内外技术转移和技术市场的研究与交流；负责联系北京技术市场协会。

地　　址：北京市西城区西直门南大街16号
　　　　　北楼
邮　　编：100035
电　　话：66161862
传　　真：66161862
网　　址：www.cbtm.net.cn
电子邮箱：chenlp@cbtm.net.cn

## 北京工业设计促进中心

北京工业设计促进中心1995年5月成立，是隶属于市科委具有独立法人资格的事业单位，是政府实施"工业设计科技促进"专项计划，推动设计创意产业发展的促进机构。主要承担设计产业政策规划研究，组织设计项目申报论证，提供企业设计咨询指导，发布设计产业动态信息，开展国际设计交流合作，承办设计论坛、展览、会议，评选杰出创新设计奖项，举办设计技能专业培训等工作。中心致力于构筑以设计为核心的价值网络和设计资源协作，并通过DRC北京工业设计创意产业基地为社会搭建设计创意、资讯、材料、模型、检测等专业化共享科技条件平台和提供设计师创业孵化设施。

地　　址：北京市海淀区北三环中路31号生
　　　　　产力大楼B座912室
邮　　编：100088
电　　话：82002055

传　　真：82004066
网　　址：www.bjidesign.com
电子邮箱：bidc@bjidesign.com

## 北京科学仪器装备协作中心

北京科学仪器装备协作中心成立于1996年10月，隶属市科委。中心的主要职能是：协助政府和主管部门制订和实施北京地区仪器装备的购置计划，并进行相关决策咨询；北京地区仪器装备协作共用的组织、协调和管理；仪器装备的开发、改造、更新、维修和技术服务，促进北京地区科研条件的发展升级；构建北京地区科研条件体系，构建数字化、网络化、专业化的服务平台；开展与仪器装备相关的国际合作，推动仪器装备领域的国际交流。

地　　址：北京市海淀区西三环北路27号北科大厦
邮　　编：100089
电　　话：68486239
传　　真：68486239
网　　址：www.kytj.com
电子邮箱：master@kytj.com

## 北京市科学技术委员会人才交流中心

北京市科委人才交流中心是市科委直属的全民事业单位，主要从事人才交流、人才培训、人事代理、人才推荐等工作。设有北京科技人才网，其信息库以科技与管理人才为主，规模大，信息全，无论是单位招聘还是个人求职，24小时随时进入本网，以查询相关信息，并可在网上发布招聘广告与个人简历。

地　　址：北京市海淀区北三环中路31号生产力大楼B座9层
邮　　编：100088
电　　话：82002237
传　　真：82002238
网　　址：www.bjkwrc.org.cn
电子邮箱：office@bjkjrc.com.cn

## 北京软件产品质量检测检验中心
## 国家应用软件产品质量监督检验中心

北京软件产品质量检测检验中心成立于2002年7月，坐落于中关村软件园孵化器大楼内，是市科委和市质量技术监督局联合建立的非营利性的专业软件测试机构。中心为企业提供软件测试、咨询与培训服务，包括对软件产品的评测认证和对企业的测试外包服务，并开展软件测试技术研究，测试工具开发、软件测试规范、标准制定等业务。中心还是北京软件产业基地公共技术支撑体系的管理运营实体，具体负责"三库四平台"的技术服务。

地　　址：北京市海淀区东北旺西路8号中关村软件园3A楼
邮　　编：100193
电　　话：82825511
传　　真：82826408
网　　址：www.bsw.net.cn www.nast.gov.cn
电子邮箱：info@bsw.net.cn

## 中关村高科技产业促进中心

中关村高科技产业促进中心前身为北京市新技术产业发展服务中心，成立于1998年，2005年2月5日正式更名为中关村高科技产业促进中心，是经市机构编制委员会核准、中关村科技园区管理委员会直属的差额拨款事业单位，是服务于园区高新技术产业发展的非营利性独立法人机构。其宗旨及业务范围为：为中关村科技园区高新技术企业提供信息服务、技术服务、咨询服务、培训服务，承办高新技术会展，组织招商活动。通过相关的信息收集和调查研究，编制和组织实施园区留学人员创业服务规划，整合园区留学人员服务工作资源，为留学人员创业、就业提供相关政策咨询和服务。

地　　址：北京市海淀区苏州街49号盈智大厦
邮　　编：100080
电　　话：82622051
传　　真：82621970

## 中关村知识产权促进局

2003年10月27日,中关村国家知识产权制度示范园区暨中关村知识产权促进局挂牌成立。该局为实行企业化管理的事业法人,在业务上接受国家知识产权局和市知识产权局的监督和指导,设有办公室、知识产权信息中心、专利技术转移中心、知识产权法律中心。知识产权信息中心负责园区的知识产权信息服务工作。通过建立知识产权信息服务平台,面向园区的高等院校、科研院所、高新技术企业等创新创业主体提供全方位的优质知识产权信息服务。专利技术转移中心负责园区的专利技术转移服务工作。按照市场机制运营方式,利用专利创业专项资金,开展转让、许可、孵化等工作,推动园区专利技术创业,促进其知识产权创新与产业化的良性循环。知识产权法律中心负责园区的知识产权法律服务工作。通过建立知识产权法律服务平台,面向园区的高等院校、科研院所、高新技术企业等创新创业主体提供全方位的优质知识产权法律服务,优化中关村知识产权发展和保护环境。同时,负责高校知识产权办公室和知识产权中介服务联盟的日常工作。

地　　址:北京市海淀区知春路23号量子银座3层
邮　　编:1000191
电　　话:82356358
传　　真:82356470
网　　址:www.zgcip.org.cn
电子邮箱:bangongshi@zgcip.org.cn

## 国家知识产权局专利局北京代办处

国家知识产权局专利局北京代办处经国家知识产权局审核批准,2004年2月10日正式开业,是国家知识产权局专利局在北京市知识产权局设立的专利业务派出机构,主要承担国家知识产权局专利局授权或委托的专利业务及相关服务性工作,包括:专利申请文件的受理、费用减缓请求的审批、专利费用的收缴、专利实施许可合同备案、办理专利登记簿副本及相关业务咨询服务;受北京市知识产权局委托面向全市开展专利资助及相关研究性工作。该代办处获国家知识产权局2006年度"全国代办处质量进步奖"和2007年度全国先进代办处,2008年1月被人事部和国家知识产权局评为"全国专利系统先进集体"。

地　　址:北京市海淀区知春路23号量子银座3层
邮　　编:1000191
电　　话:82356390
传　　真:82356357
网　　址:daibanchu.bjipo.gov.cn
电子邮箱:beijing@sipo.gov.cn

## 北京市知识产权服务中心

2003年5月16日,北京市知识产权服务中心经市政府批准成立。中心是具有独立法人资格的事业单位,其上级主管机关为北京市知识产权局。服务中心下设办公室、合作交流部、法律事务部、信息咨询部。主要职能包括:知识产权宣传及人才培训,全国专利代理人资格考试报名、考务及培训,知识产权法律咨询及诉讼代理,知识产权司法鉴定,知识产权课题研究,专利信息查新检索及统计分析,企业知识产权战略研究,建立企业专利数据库,专利技术分析评估、宣传推广、实施转化,学术交流研讨等。

地　　址:北京市西城区西直门南大街16号西楼11层
邮　　编:100035
电　　话:66187557
传　　真:66160108
网　　址:www.bjip.org.cn
电子邮箱:sfjd@bjip.org.cn

## 北京市专利技术开发服务中心

1992年,北京市专利技术开发服务中心成立。该中心是经市政府批准成立的具有独立法人资格的事业单位,其上级主管机关是北京市知识产权局。中心主要从事专利数据资源的开发利用;知识产权公共信息服务;专利技术合同登记;专利技术交易服务;专利项目评估;专利权质押服务等工作。中心设有综合组:负责行政、人事、财务和后勤管理工作;信息化推进组:负责奥运知识产权信息平台建设、北京市知识产权公共信息服务平台建设的推进;合同登记组:负责技术合同登记、专利实施许可合同备案及专利交易信息服务工作。

  地  址:北京市西城区西直门南大街16号西楼11层
  邮  编:100035
  电  话:66126466
  传  真:66126466
  电子邮箱:zljskf@ yahoo. com. cn

## 北京市保护知识产权举报投诉服务中心

  2006年6月28日,北京市保护知识产权举报投诉服务中心正式挂牌运行,并开通"12330"举报投诉电话。该中心为市编办批准的、全额拨款事业单位。内设办公室、举报投诉部、信息分析部等。主要职责:负责受理本市知识产权侵权行为投诉举报的接转工作,负责案件处理情况的跟踪和汇总,提供知识产权方面的法律咨询服务。

  地  址:北京市海淀区知春路23号量子银座3层
  邮  编:100191
  电  话:51530125
  传  真:51530127
  网  址:beijing. ipr. gov. cn(北京子站)

## 北京国际科技协作中心

  北京国际科技协作中心是由市政府批准建立的,市科协直接领导开展对外科技交流的事业机构。主要任务是举办国际科技会议和科技展览会;接待来华进行科技交流的团体和个人;派遣科技人员出国进修、考察和参加国际会议;邀请国外专家和学者来华进行专业性科技交流和培训;对外进行科技咨询和信息交流,为国内厂家从事技术转让、技术开发、投资合资活动提供服务;组织国际科技协作项目;组织国内外技术经济合作业务;派遣农业考察团及农业研修生出国考察学习国外农业科学技术;长期举办日语学习。

  地  址:北京市朝阳区育慧里4号
  邮  编:100101
  电  话:84630170
  传  真:84644978
  电子邮箱:iadbast@ hotmail. com

## 北京青少年科技活动中心

  北京青少年科技活动中心主要是协调指导市级学会、区县科协的青少年科技工作,组织和管理市科协所属青少年团体,组织北京青少年科技教育、科技竞赛和科学普及等活动,丰富青少年科技知识,开展青少年国际科技交流活动,发现和培养有科技特殊专长的青少年人才,对科技辅导员进行培训,不断提高科技教育和科技活动的水平。

  地  址:北京市朝阳区育慧里4号
  邮  编:100101
  电  话:84634991
  传  真:84634991
  电子邮箱:501000@ 126. com

## 北京科技活动中心
## 北京市科协服务管理部

  北京科技活动中心1998年4月成立并投入使用,主要为北京科技界开展学术交流、科技展览、技术咨询、技术协作、科技培训、科技工作者联谊及会议等服务。服务管理部主要负责市科协机关及部分直属事业单位后勤保障工作,为职工生活提供服务,如机关交通、通讯、办公文具用品、机关办公设备、职工住房、职工餐饮、职工医疗保健、职工福利用品等。

地　　址:北京市朝阳区育慧里4号
邮　　编:100101
电　　话:84635012
传　　真:84644976
电子邮箱:hdzx02@bjkp.gov.cn

## 北京科技咨询中心

北京科技咨询中心1991年7月成立,是市科协直属事业单位,具有独立的法人地位。该中心主要承接政府和有关部门的咨询业务;承接技术改造、技术引进项目和工程建设项目的可行性研究与评估;提供技术转让、技术开发、技术咨询、技术服务;组织协作攻关与产品开发;组织国内外科技展览与技术交流;开展专业技术与科技管理培训;创办高新技术实体,并进行经营与管理。

地　　址:北京市崇文区永外西革新里98号
邮　　编:100077
电　　话:67235945
传　　真:67235953
网　　址:www.bstcc.com.cn
电子邮箱:bstcc@bstcc.com.cn

## 北京科普发展中心

北京科普发展中心是经市政府批准,市科协领导的事业单位,2002年11月正式成立。中心主要开展科普宣传、科普文化交流和科普培训;举办科普展览和各类科普文化活动;进行科普展的研发、制作和推广;承接国际、国内大型会议及文化交流、研讨活动的策划、组织、实施;开发制作展板、展具;引进、开发、制作科普互动性展示器材、展品及各种教具;举办科普人才培训;制作科普图书、科普资料等。

地　　址:北京市崇文区永外西革新里98号
邮　　编:100077
电　　话:67215706
传　　真:67261587
网　　址:kpfzzx.bast.net.cn
电子邮箱:kpfzzx@bjkp.gov.cn

## 北京市科学技术进修学院

北京市科学技术进修学院于1981年经市政府批准成立,是一所全民所有制高等学院、北京市科技干部的培训基地,也是从事继续教育与学历教育的成人高校,主要培养中、高级科技管理人才,开展文秘、对外贸易、英语、财务会计、法律、计算机软件、计算机应用、信息管理、电子商务等大专、本科学历教育,相关继续教育,同时开展相关培训,科技开发,中介服务等。1989年,该院与北京航空航天大学联合办学。1995年,北航在该院设立了北航继续教育基地,北航在北京地区现代远程教育校外学习中心也设在本院。

地　　址:北京市大兴区圣和巷7号
邮　　编:102600
电　　话:69249686
传　　真:69249686
电子邮箱:bastjxxy@bjkp.gov.cn

## 北京农村致富技术学校

北京农村致富技术学校1993年9月经市政府批准成立,是由市科协主办的一所面向北京郊区农村传授科学技术,培养农村专业技术人才的学校。主要培养农村乡土科技人才,开展种植、养殖、加工、企业管理等市场经济知识及相关专业的技术培训、推广、服务。学校目前已在7个郊区县建立了分校,形成了"市校—区县分校—乡镇辅导站"为一体的教学网络,拥有一批稳定的热心于农村科技事业的兼职教师队伍。学校根据实际需要设立中级部、初级部、单项技术部和种植、养殖、乡镇企业综合等4个系共25个专业。

地　　址:北京市大兴区圣和巷7号
邮　　编:102600
电　　话:69249686
传　　真:69249686
电子邮箱:bastjxxy@bjkp.gov.cn

## 北京市科协学会联合办公室

北京市科协学会联合办公室是经市政府批准成立的，隶属市科协的事业单位。主要负责管理市属12个学会（协会、研究会）的财务、统计报表、年审等各项日常工作，以沟通信息，推动各学会广泛开展活动。

地　　址：北京市崇文区永外西革新里98号
邮　　编：100077
电　　话：67235026
传　　真：67235035
电子邮箱：bastxhlb@bjkp.gov.cn

## 北京电脑天地学校

北京电脑天地学校于1985年经市政府批准成立，现有机房和教室面积600余平方米，微机100余台，是全国计算机等级考试的定点培训单位和考核站，是市人事局、劳动局指定的计算机文字录入处理员等级考试的定点培训单位和第一考核站，是市财政局指定的会计电算化培训单位。主要开展人才培训、等级考核、技术咨询、软件开发、维修服务、对外交流等业务。

地　　址：北京市崇文区永外西革新里98号
邮　　编：100077
电　　话：67235031
传　　真：67235031
电子邮箱：bastdnxx@bjkp.gov.cn

## 北京市科协信息中心

北京市科协信息中心于2004年10月经市政府批准成立，是隶属市科协的事业单位。主要承担市科协机关局域网建设、维护和管理；承担市科协所属"北京科普之窗"、"首都科技网"、"学生科技网"等网站的ICP工作；为市科协所属单位和群众团体上网、使用电子邮件提供服务、培训和技术支持；提出市科协系统网络工作规划，对学会、基层科协的网络工作进行协调和指导；负责市科协系统网络工作的检查、总结和评比；承担北京市信息化办公室和中国科协信息中心要求完成的任务；组织和实施有关网络科技活动；代表市科协组织全市性科技、科普网站经验交流、培训和奖励活动。

地　　址：北京市朝阳区育慧里4号
邮　　编：100101
电　　话：84649879
传　　真：84649879
电子邮箱：bjkx26@bjkp.gov.cn

## 北京地区科技类部分协会组织一览表

| 序号 | 名称 | 成立时间(年) | 地点 | 邮编 | 网址<br>电子邮箱 | 电话<br>传真 |
| --- | --- | --- | --- | --- | --- | --- |
| 1 | 中关村科技园区协会联席会 | 2003 | 海淀区花园路2号牡丹创业楼416室 | 100083 | www.zgcxhzc.org.cn<br>lianxihui@vip.sina.com | 82237602<br>82237602 |
| 2 | 北京民营科技实业家协会 | 1987 | 海淀区上地西路38号时代集团大厦 | 100085 | www.bjmx-online.com<br>bjmx@timegroup.com.cn | 62961182<br>62960965 |
| 3 | 北京中关村企业信用促进会 | 2003 | 海淀区北四环西路67号大地科技大厦 | 100080 | www.ecpa.org.cn<br>ecpa@ecpa.org.cn | 82888208<br>82886657 |
| 4 | 北京技术市场协会 | 1992 | 海淀区苏州街甲49号606室 | 100080 | www.cbtm.net.cn<br>wangqi@cbtm.net.cn | 82621693<br>82621902 |

续表

| 序号 | 名　称 | 成立时间(年) | 地　点 | 邮编 | 网　址<br>电子邮箱 | 电话<br>传真 |
|---|---|---|---|---|---|---|
| 5 | 北京软件行业协会 | 1986 | 海淀区知春路23号量子银座1305室 | 100191 | www.bsia.org.cn<br>bsia@bsia.org.cn | 82358631<br>82358691 |
| 6 | 北京中关村高新技术企业协会 | 1991 | 海淀区四季青路8号郦城工作区609室 | 100195 | www.zgcbj.org.cn<br>gqx@vip.sina.com | 88440565<br>88440651 |
| 7 | 北京中关村电子产品贸易商会 | 2003 | 海淀区苏州街49号盈智大厦1006室 | 100080 | www.bjzetc.org<br>bjzetc@163.com | 62526073<br>62526127 |
| 8 | 北京中关村国际孵化软件协会 | 2004 | 海淀区学院路35号北航世宁大厦 | 100191 | www.zsoft.org.cn<br>zsoft@zsoft.cn | 82318300<br>82337088 |
| 9 | 北京中关村不动产商会 | 2002 | 海淀区花园路2号牡丹创业楼416室 | 100083 | www.zgcestate.org<br>zgcestate@sina.com | 82237603<br>82237602 |
| 10 | 北京中关村人力资源经理协会 | 2002 | 西城区裕民中路8号北京市林业局院内北办公楼6层613室 | 100029 | www.zgchr.org.cn<br>yucca108@sina.com | 62022105<br>62022125 |
| 11 | 北京中关村IT专业人士协会 | 2000 | 海淀区苏州街49号盈智大厦305室 | 100080 | www.zitpa.org<br>zitpa@zitpa.org | 62566177<br>62563533 |
| 12 | 北京中关村生物工程和新医药企业协会 | 2000 | 海淀区马连洼北路151号院内 | 100193 | www.zgceabp.org.cn<br>weihuidong@newlife.org.cn | 62896868<br>62899978 |
| 13 | 北京市闪联信息产业协会 | 2005 | 海淀区知春路甲48号盈都大厦B座10层 | 100098 | www.igrs.org<br>fuchen@igrslab.com | 58732555<br>58732590 |
| 14 | 北京中关村营销总监协会 | 2005 | 海淀区北三环中路31号生产力大楼B座2层 | 100088 | www.zgccmo.org<br>cmo@servezgc.com | 82004266<br>82004112 |
| 15 | 北京中关村自主品牌创新发展协会 | 2006 | 海淀区中关村大街59号文化大厦1210室 | 100086 | av815@126.com | 82500018<br>82500028 |
| 16 | 北京中关村外商投资企业协会 | 1990 | 海淀区四季青路8号郦城工作区329室 | 100195 | zgcafe.mynet.cn<br>zgcfia@zhongguancun.com.cn | 82614774<br>82614722 |
| 17 | 北京中关村优联网产业促进会 | 2005 | 海淀区北三环中路31号生产力大楼B座10层 | 100088 | www.zuia.org.cn<br>zuia@gei.com.cn | 82000975<br>82000980 |
| 18 | 北京创业孵育协会 | 2000 | 朝阳区安翔北里甲11号北京创业大厦A座 | 100101 | www.bjventure.com.cn<br>bbia@bestinfo.net.cn | 64843991<br>64843992 |
| 19 | 北京创业投资协会 | 1999 | 海淀区西四环昆明湖南路9号云航大厦5001室 | 100095 | www.vcab.org<br>publicvcab@126.com | 62572150<br>62572151 |
| 20 | 北京科技咨询业协会 | 1994 | 海淀区北三环中路31号生产力大楼B座11层1112室 | 100088 | www.bjca.org<br>bjca@bjpc.org.cn | 82006045<br>82006043 |
| 21 | 北京高校毕业生就业促进会 | 2006 | 海淀区阜成路北三街6号轻苑大厦11层 | 100037 | www.526job.com<br>526job@sina.com | 68988993<br>68987369 |
| 22 | 北京中关村科技园区昌平园高新技术企业协会 | 2002 | 昌平区超前路9号 | 102200 | www.zgc-cp.gov.cn<br>cpyqy@263.net | 69744529<br>89719107 |
| 23 | 北京市科技金融促进会 | 1995 | 朝阳区安翔北里11号北京创业大厦A座224室 | 100101 | www.bjtf.cn<br>bjtf_2007@126.com | 64853161<br>64858451 |

续表

| 序号 | 名称 | 成立时间(年) | 地点 | 邮编 | 网址<br>电子邮箱 | 电话<br>传真 |
|---|---|---|---|---|---|---|
| 24 | 北京发明协会 | 1985 | 海淀区增光路甲34号云建大厦10层1008室 | 100044 | www.bj-fm.com<br>bjfmxh@sina.com | 68353326<br>68337026 |
| 25 | 北京电子商会 | 1993 | 宣武区槐柏树街2号3号楼137—143室 | 100053 | www.becc.org.cn<br>service@becc.org.cn | 63182387<br>63021895 |
| 26 | 北京知识产权保护协会 | 2006 | 海淀区知春路23号量子银座301室 | 100191 | www.bippa.org bippa@126.com | 82356387<br>82356387 |
| 27 | 北京经济技术开发区企业协会 | 1994 | 北京经济技术开发区荣华中路15号博大大厦7层 | 100176 | www.bdawalk.com<br>0qs_0018@sina.com | 67881126<br>67881210 |
| 28 | 北京时分移动通信产业协会 | 2002 | 海淀区北四环西路58号理想国际大厦918室 | 100080 | www.tdscdma-alliance.org<br>tdia@tdia.cn | 82607490<br>82607498 |
| 29 | 中国通信标准化协会SCDMA无线宽带论坛 | 2007 | 海淀区知春路113号银网中心A座1204室 | 100088 | www.scdmaforum.org<br>info@scdmaforum.org | 51905810<br>51905809 |
| 30 | 北京市海淀区中关村科技中介服务机构协会 | 2007 | 海淀区中关村南大街3号海淀科技大厦210室 | 100081 | www.kjzj.org.cn<br>zjlmxh@126.com | 68948856<br>68915238 |
| 31 | 北京市海淀区创意产业协会 | 2008 | 海淀区四季青路8号郦城工作区615室 | 100097 | www.hdcy.org<br>chuangyi@zhongguancun.com.cn | 88493560<br>88493560-803 |
| 32 | 北京知识产权代理行业协会 | 2007 | 海淀区知春路量子银座三楼301室 | 100191 |  | 51530181<br>82356387 |
| 33 | 北京信息化协会 | 2003 | 海淀区知春路23号量子银座1401室 | 100191 | www.bjit.org.cn<br>cgpx@bjit.org.cn | 82358216<br>82355829 |
| 34 | 中国民营科技促进会 | 1995 | 西城区三里河路54号254室 | 100045 | www.china-mykjqy.com<br>cansorg@sina.com | 68573743<br>68515036 |

资料来源:中关村科技园区管理委员会

## 中关村科技园区一区十园一览表

| 名称 | 地址 | 邮编 | 电话 | 传真 | 网址 |
|---|---|---|---|---|---|
| 海淀园 | 海淀区四季青路6号海淀招商大厦6、7层 | 100089 | 88499599 | 88494199 | www.zhongguancun.com.cn |
| 丰台园 | 丰台区南四环西路188号3区13号楼 | 100070 | 63702020 | 63702051 | www.zgc-ft.gov.cn |
| 昌平园 | 昌平区超前路9号 | 102200 | 69744527 | 69745549 | www.zgc-cp.gov.cn |
| 电子城 | 朝阳区酒仙桥路甲12号 | 100016 | 64319268 | 64360367 | www.zgc-dzc.com.cn |
| 亦庄园 | 北京经济技术开发区荣华中路15号 | 100176 | 67881380 | 67881207 | www.bda.gov.cn |
| 德胜园 | 西城区西直门内南小街20号社保大厦 | 100035 | 66206302 | 66206297 | www.zgc-ds.gov.cn |
| 雍和园 | 东城区青龙胡同1号歌华大厦11层 | 100007 | 59260100 | 84187027 | www.zgc-yhy.gov.cn |
| 石景山园 | 石景山八角西街40号 | 100043 | 68863659 | 88910825 | www.zgc-sjs.gov.cn |
| 通州园 | 通州区张家湾镇光华路 | 101113 | 61567995 | 61567995 | Zgc-tzp.bjtzh.gov.cn |
| 大兴生物医药产业基地 | 大兴区天河西路19号 | 102600 | 61252853 | 61252888 | www.cbp.net.cn |

资料来源:中关村科技园区管理委员会

# 北京市科协所属学会（协会、研究会）一览表

| 序号 | 学会名称 | 电话 | 通讯地址 | 邮编 |
|---|---|---|---|---|
| 1 | 北京数学会 | 62759855 | 海淀区北京大学数学科学学院 | 100871 |
| 2 | 北京计算数学学会 | 62754692 | 海淀区北京大学数学科学学院 | 100871 |
| 3 | 北京珠算心算协会 | 63296960 | 丰台区右安门外玉林里45号 | 100069 |
| 4 | 北京运筹学会 | 68912070 | 海淀区北京理工大学管理与经济学院 | 100081 |
| 5 | 北京物理学会 | 62758139 | 海淀区北京大学物理楼 | 100871 |
| 6 | 北京声学学会 | 63523263 | 宣武区陶然亭路55号 | 100054 |
| 7 | 北京光学学会 | 84024561 | 东城区东黄城根北街甲20号 | 100010 |
| 8 | 北京核学会 | 69357657 | 房山区新镇中国原子能科学研究院内（北京275信箱65分箱) | 102413 |
| 9 | 北京化学会 | 58807383 | 海淀区北京师范大学化学系500室 | 100875 |
| 10 | 北京微量元素学会 | 64971451 | 朝阳区安外惠新西街6号楼 | 100029 |
| 11 | 北京天文学会 | 51583037 | 西城区西外大街138号 | 100044 |
| 12 | 北京气象学会 | 68400804 | 海淀区紫竹院路44号 | 100089 |
| 13 | 北京地球物理学会 | 68326186 | 西城区阜外百万庄大街26号 | 100037 |
| 14 | 北京地理学会 | 67235026 | 崇文区永外西革新里98号 | 100077 |
| 15 | 北京地质学会 | 51560209 | 海淀区西四环北路123号地质大厦 | 100195 |
| 16 | 北京生物化学与分子生物学学会 | 65296913 | 东城区东单三条5号 | 100005 |
| 17 | 北京遗传学会 | 65250731—210 | 东城区骑河楼大街17号妇产医院 | 100006 |
| 18 | 北京生态学会 | 62836273 | 海淀区香山南辛村20号 | 100093 |
| 19 | 北京植物学会 | 67020649 | 宣武区天桥南大街126号 | 100050 |
| 20 | 北京昆虫学会 | 51503688 | 海淀区曙光花园中路9号农林科学院植保环保所植保楼311室 | 100097 |
| 21 | 北京动物学会 | 67020650 | 宣武区天桥南大街126号 | 100050 |
| 22 | 北京实验动物学学会 | 84922374 | 东城区安定门外大羊坊6号 | 100012 |
| 23 | 北京微生物学会 | 65472339 | 朝阳区三间房南里4号 | 100024 |
| 24 | 北京细胞生物学会 | 62784794 | 海淀区清华大学医学院C244 | 100084 |
| 25 | 北京心理学会 | 62756614 | 海淀区北京大学心理系 | 100871 |
| 26 | 北京力学会 | 62782426 | 海淀区清华大学工程力学系 | 100084 |
| 27 | 北京金属学会 | 88296997 | 石景山区杨庄大街69号首钢技术研究院417室（特钢院内） | 100043 |
| 28 | 北京粉体技术协会 | 88417670 | 海淀区西三环北路27号理化测试中心 | 100089 |
| 29 | 北京腐蚀与防护学会 | 62183235 | 海淀区学院南路76号7楼 | 100081 |
| 30 | 北京电镀学会 | 82317094 | 海淀区学院路37号北京航空航天大学内 | 100191 |
| 31 | 北京硅酸盐学会 | 80675866 | 西城区宣武门西大街129号金隅大厦A配楼407号 | 100031 |
| 32 | 北京粘接学会 | 82626721 | 海淀区中关村北大街123号华腾科技大厦1501室（北京2653信箱） | 100084 |

续表

| 序号 | 学会名称 | 电话 | 通讯地址 | 邮编 |
|---|---|---|---|---|
| 33 | 北京化工学会 | 69342616 | 房山区燕山岗南路1号C座109室燕山石化公司科技部 | 102500 |
| 34 | 北京日化协会 | 67113081 | 崇文区东四块玉南街32号 | 100061 |
| 35 | 北京科学美容研究会 | 63746783 | 丰台区邻枫路5号院怡锦园B座208室 | 100070 |
| 36 | 北京造纸学会 | 84615768 | 朝阳区芍药居14号院2—6—102 | 100101 |
| 37 | 北京理化分析测试技术学会 | 68731259 | 海淀区西三环北路27号北科大厦1层 | 100089 |
| 38 | 北京膜学会 | 62782432 | 海淀区清华大学化工系 | 100084 |
| 39 | 北京制冷学会 | 62116811 | 海淀区西直门外四道口1号 | 100081 |
| 40 | 北京内燃机学会 | 87710700 | 朝阳区广渠路31号北内技术中心 | 100022 |
| 41 | 北京电机工程学会 | 88072006 | 西城区复兴门外地藏庵南巷1号 | 100045 |
| 42 | 北京电力电子学会 | 83671666—6306 | 丰台区科学城富丰路6号 | 100070 |
| 43 | 北京电工技术学会 | 67802820 | 北京经济技术开发区永昌南路5号 | 100176 |
| 44 | 北京水力发电工程学会 | 51972516 | 朝阳区定福庄西街1号北京勘测设计研究院办公室 | 100024 |
| 45 | 北京热物理与能源工程学会 | 62571060 | 海淀区中关村路212号（北京2706信箱） | 100080 |
| 46 | 北京煤炭学会 | 69839418 | 门头沟区新桥南大街2号 | 102300 |
| 47 | 北京石油学会 | 84876262 | 朝阳区安慧北里安园21号 | 100101 |
| 48 | 北京能源学会 | 52052622 | 朝阳区安外小关东里甲2号北京节能环保中心410房间 | 100029 |
| 49 | 北京测绘学会 | 63966138 | 海淀区复外羊坊店路15号 | 100038 |
| 50 | 北京工程图学学会 | 82317093 | 海淀区学院路37号北京航空航天大学 | 100191 |
| 51 | 北京土木建筑学会 | 68023484 | 西城区二七剧场路3号 | 100045 |
| 52 | 北京市绿色建筑促进会 | 66016180 | 西城区西交民巷73号 | 100031 |
| 53 | 北京水利学会 | 88613202 | 海淀区玉渊潭南路普惠北里10号水利局老干部活动站 | 100036 |
| 54 | 北京公路学会 | 63012331 | 宣武区槐柏树后街23号 | 100053 |
| 55 | 北京交通工程学会 | 68398458 | 西城区阜成门北大街1号交通管理局1222房间 | 100037 |
| 56 | 北京工程爆破协会 | 51849315 | 海淀区大柳树路2号铁科院 | 100081 |
| 57 | 北京照明学会 | 67736971 | 朝阳区大北窑厂坡村甲3号（北京电光源研究所院内） | 100022 |
| 58 | 北京环境科学学会 | 82636257 | 海淀区车公庄西路14号 | 100048 |
| 59 | 北京消防协会 | 82215866 | 西城区西内大街190号 | 100035 |
| 60 | 北京人类生态工程学会 | 82808193 | 东城区地安门白米北巷7号 | 100009 |
| 61 | 北京电子学会 | 88011088 | 宣武区槐柏树街2号院3号楼134号 | 100053 |
| 62 | 北京通信学会 | 66012626 | 西城区复兴门南大街6号 | 100031 |
| 63 | 北京邮政通信学会 | 65196324 | 东城区建内大街北京邮政管理局 | 100001 |

续表

| 序号 | 学会名称 | 电话 | 通讯地址 | 邮编 |
|---|---|---|---|---|
| 64 | 北京计算机学会 | 62761777 | 海淀区北京大学计算机系理科2号楼2125室 | 100871 |
| 65 | 北京图像图形学学会 | 82525258 | 海淀区北四环西路11号热物理研究所办公楼710号 | 100080 |
| 66 | 北京自动化学会 | 64413467 | 朝阳区北三环东路15号北京化工大学 | 100029 |
| 67 | 北京仪器仪表学会 | 62003598 | 西城区德外人定湖西里12号楼342号 | 100120 |
| 68 | 北京航空航天学会 | 82317095 | 海淀区学院路37号北京航空航天大学内 | 100191 |
| 69 | 北京宇航学会 | 68383350 | 丰台区南大红门路1号9200信箱21分箱 | 100076 |
| 70 | 北京机械工程学会 | 65007531 | 朝阳区工体北路4号市机电研究所 | 100027 |
| 71 | 北京汽车工程学会 | 87664291 | 朝阳区东三环南路25号汽车大厦 | 100021 |
| 72 | 北京造船工程学会 | 64832060 | 朝阳区德胜门外双泉堡甲2号 | 100085 |
| 73 | 北京铁道学会 | 51822880 | 海淀区复兴路6号北京铁路局 | 100860 |
| 74 | 北京振动工程学会 | 82316009 | 海淀区学院路37号北京航空航天大学内 | 100191 |
| 75 | 北京纺织工程学会 | 65565349 | 朝阳区十里堡2号 | 100025 |
| 76 | 北京烟草学会 | 84559780 | 东城区东直门外察慈2号 | 100027 |
| 77 | 北京真空学会 | 82548210 | 海淀区中关村北二条13号（北京市2724信箱） | 100190 |
| 78 | 北京乐器学会 | 67712683 | 朝阳区劲松中街218号楼 | 100021 |
| 79 | 北京安全技术学会 | 64002120 | 朝阳区安定门外安华里504号A座317室 | 100011 |
| 80 | 北京工艺美术学会 | 64220927 | 朝阳区东土城路13号 | 100013 |
| 81 | 北京标准化协会 | 64219731 | 东城区和平里东街20号 | 100013 |
| 82 | 北京人工智能学会 | 67396155 | 朝阳区平乐园100号北京工业大学电子信息与控制工程学院 | 100124 |
| 83 | 北京农学会 | 51503204 | 海淀区板井路市农林科学院内 | 100097 |
| 84 | 北京蔬菜学会 | 51503200 | 海淀区板井路市农林科学院蔬菜研究中心 | 100097 |
| 85 | 北京作物学会 | 51503341 | 海淀区板井路市农林科学院作物所 | 100097 |
| 86 | 北京果树学会 | 82384989 | 西城区裕民中路8号 | 100029 |
| 87 | 北京食用菌协会 | 51503437 | 海淀区板井路市农林科学院内 | 100097 |
| 88 | 北京土壤学会 | 51505739 | 海淀区板井路市农林科学院营资所 | 100097 |
| 89 | 北京植物病理学会 | 67235034 | 崇文区永外西革新里98号 | 100077 |
| 90 | 北京农药学会 | 59194087 | 朝阳区麦子店街22号楼农药检定所 | 100026 |
| 91 | 北京农业工程学会 | 62736203 | 海淀区清华东路17号中国农大东区 | 100083 |
| 92 | 北京林学会 | 62381455 | 西城区裕民中路8号214室 | 100029 |
| 93 | 北京园林学会 | 62073575 | 西城区裕民中路8号1号楼233室 | 100029 |
| 94 | 北京屋顶绿化协会 | 67115339 | 朝阳区团结湖路15号 | 100026 |
| 95 | 北京畜牧兽医学会 | 84929033 | 朝阳区北苑路甲15号314室 | 100107 |
| 96 | 北京水产学会 | 67582511 | 丰台区永外角门路18号 | 100068 |

续表

| 序号 | 学会名称 | 电 话 | 通讯地址 | 邮 编 |
|---|---|---|---|---|
| 97 | 北京农业信息化学会 | 51503593 | 海淀区板井路市农林科学院信息中心 | 100097 |
| 98 | 北京食品学会 | 62061586 | 海淀区北土城西路 197 号联大应用文理学院实验楼 108 室 | 100083 |
| 99 | 北京医学会 | 65255365 | 东城区东单三条甲 7 号 | 100005 |
| 100 | 北京环境诱变剂学会 | 64407196 | 海淀区中关村大街 29 号海淀医院融恒环球基因技术有限公司 | 100080 |
| 101 | 北京生理科学会 | 67235026 | 崇文区永外西革新里 98 号 | 100077 |
| 102 | 北京解剖学会 | 67235026 | 崇文区永外西革新里 98 号 | 100077 |
| 103 | 北京免疫学会 | 82805055 | 海淀区学院路 38 号北大医学部免疫 T 细胞室 | 100191 |
| 104 | 北京药理学会 | 83198855 | 宣武区长椿街 45 号宣武医院药理室 | 100053 |
| 105 | 北京中医药学会 | 65223477 | 东城区东单三条甲 7 号 | 100005 |
| 106 | 北京药学会 | 64179534 | 东城区新中街乙 12 号 | 100027 |
| 107 | 北京生物医学工程学会 | 62013856 | 海淀区北三环中路 2 号主楼 801 室 | 100011 |
| 108 | 北京护理学会 | 65256418 | 东城区东单三条甲 7 号 | 100005 |
| 109 | 北京中西医结合学会 | 65250460 | 东城区东单三条甲 7 号 | 100005 |
| 110 | 北京针灸学会 | 65594125 | 东城区东单三条甲 7 号《北京中医药》杂志编辑部 | 100005 |
| 111 | 北京防痨协会 | 62252394 | 西城区新街口东光胡同 5 号 | 100035 |
| 112 | 北京心理卫生协会 | 65131245 | 东城区东交民巷 1 号同仁医院临床心理科 | 100730 |
| 113 | 北京抗癌协会 | 88196171 | 海淀区阜成路 52 号 | 100036 |
| 114 | 北京神经科学学会 | 82801151 | 海淀区学院路 38 号北京大学医学部中心楼 | 100083 |
| 115 | 北京康复医学会 | 63460893 | 丰台区右安门外大街 199 号 | 100069 |
| 116 | 北京预防医学学会 | 64407288 | 东城区和平里中街 16 号 | 100013 |
| 117 | 北京生殖健康研究会 | 84046004 | 海淀区西直门北大街 58 号 7 号楼 305 室 | 100700 |
| 118 | 北京亚健康防治协会 | 65920668 | 朝阳区八里庄南里甲 1 号 1—1603 室 | 100025 |
| 119 | 北京营养学会 | 82801575 | 海淀区北京大学医学部营养与食品卫生学系 | 100083 |
| 120 | 北京医师协会 | 65260165 | 东城区东单三条甲七号 | 100005 |
| 121 | 北京老年痴呆防治协会 | 62103134 | 东城区安德甲 61 号 B2609 室 | 100717 |
| 122 | 北京超声医学学会 | 66939532 | 海淀区复兴路 28 号解放军总医院超声科 | 100853 |
| 123 | 北京自然辩证法研究会 | 62732437 | 海淀区圆明园西路 2 号 | 100913 |
| 124 | 北京生产力学会 | 64444015 | 朝阳区安定门外小关街 53 号中国化工信息中心 C 座 102 室 | 100029 |
| 125 | 北京创造学会 | 51201136 | 朝阳区立水桥北甲 1 号石化管理干部学院 | 100012 |
| 126 | 北京系统工程学会 | 87810506 | 崇文区永外西革新里 98 号 | 100077 |
| 127 | 北京循环经济促进会 | 82314523 | 海淀区北京航空航天大学经济管理学院 | 100191 |

续表

| 序号 | 学会名称 | 电 话 | 通讯地址 | 邮 编 |
|---|---|---|---|---|
| 128 | 北京知识产权研究会 | 66175475 | 西城区西直门南大街16号 | 100035 |
| 129 | 北京企业技术开发研究会 | 67235034 | 崇文区永外西革新里98号 | 100077 |
| 130 | 北京技术经济与管理现代化研究会 | 67237754 | 崇文区永外西革新里98号 | 100077 |
| 131 | 北京科技政策和管理研究会 | 68719176 | 海淀区西三环北路27号北科大厦4层 | 100089 |
| 132 | 北京民营科技实业家协会 | 62961182 | 海淀区上地西路38号时代大厦4层 | 100085 |
| 133 | 北京项目管理协会 | 82168249 | 海淀区中关村南大街乙12号天作国际中心1号楼B座27层 | 100081 |
| 134 | 北京工程管理科学学会 | 67256839 | 宣武区广莲路1号北京建工大厦A座8层818B号 | 100055 |
| 135 | 北京城市管理科技协会 | 68515969 | 西城区三里河北街甲3号408室 | 100045 |
| 136 | 北京城市规划学会 | 68018265 | 西城区三里河东路乙10号 | 100045 |
| 137 | 北京土地学会 | 64409581 | 东城区和平里北街2号704室 | 100013 |
| 138 | 北京减灾协会 | 68400821 | 海淀区紫竹院路44号 | 100089 |
| 139 | 北京继续教育协会 | 65260301 | 东城区台基厂3条3号市人事局 | 100005 |
| 140 | 北京科技教育促进会 | 58204815 | 朝阳区建国路93号万达广场10号楼809室 | 100026 |
| 141 | 北京科学技术期刊学会 | 64883611 | 海淀区德胜门外北沙滩1号 | 100083 |
| 142 | 北京科学技术普及创作协会 | 67259422 | 崇文区永外西革新里98号 | 100077 |
| 143 | 北京科技记者编辑协会 | 67259422 | 崇文区永外西革新里98号 | 100077 |
| 144 | 北京科技声像工作者协会 | 67259422 | 崇文区永外西革新里98号 | 100077 |
| 145 | 北京老科技工作者总会 | 87255551 | 崇文区永外西革新里98号 | 100077 |
| 146 | 北京青少年科技教育协会 | 84634991 | 朝阳区小营育慧里4号青少部 | 100101 |
| 147 | 北京幼儿科普协会 | 82271034 | 崇文区永外西革新里98号 | 100077 |
| 148 | 北京数字科普协会 | 84634779 | 朝阳区小营育慧里4号 | 100101 |
| 149 | 北京体育科学学会 | 87255470 | 丰台区东罗园146号北京体育科研所 | 100075 |
| 150 | 北京科技情报学会 | 68355751 | 海淀区紫竹院南路23号国防出版社院内 | 100048 |
| 151 | 北京学会学研究会 | 87810506 | 崇文区永外西革新里98号 | 100077 |
| 152 | 北京反邪教协会 | 87267586 | 崇文区永外西革新里98号 | 100077 |
| 153 | 北京UFO研究会 | 85616607 | 北京朝阳区芳草地西街23—4—301 | 100020 |
| 154 | 北京烹饪协会 | 65227859 | 东城区东交民巷新大陆6号 | 100006 |
| 155 | 北京原创设计推广协会 | 84599369 | 朝阳区酒仙桥路4号798艺术区8502信箱 | 100015 |

资料来源:北京市科学技术协会

## 北京地区科技企业孵化器一览表

| 序号 | 机构名称 | 地址 | 邮编 | 电话传真 | 电子邮箱 | 网址 |
|---|---|---|---|---|---|---|
| 1 | 北京高技术创业服务中心* | 朝阳区安翔北里甲11号 | 100101 | 64853169 64873178 | cyzx@bjcy.net.cn | www.bjcy.net.cn |
| 2 | 中关村科技园区丰台园创业服务中心*（北京国际企业孵化中心） | 丰台区科兴路9号 | 100070 | 63747737 63739269 | bjibi@bjibi.org.cn | www.bjibi.org.cn |
| 3 | 中关村科技园区海淀园创业服务中心*（北京市留学人员海淀创业园） | 海淀区上地信息路26号 | 100085 | 82898748 62984933 | chuangye@ospp.com | www.ospp.com |
| 4 | 北京北医联合生物工程有限公司 | 海淀区学院路38号 | 100083 | 82801730 62050175 | bmuupc@sun.bj-mu.edu.cn | www.bio-incuba-tor.com |
| 5 | 北京北航天汇科技孵化器有限公司* | 海淀区北四环中路238号柏彦大厦 | 100083 | 82316255 82338204 | bbi@bbi.com.cn | www.bbi.com.cn |
| 6 | 北京八六三信息安全科技发展有限公司 | 石景山区石景山路40号信安大厦 | 100043 | 68812133 68812468 | xuem@bjisip.com | www.bjisip.com |
| 7 | 北京望京科技园创业服务中心* | 朝阳区望京高新技术产业区利泽中园106号楼 | 100102 | 64392019 64392410 | wjpioneer@263.net | www.wangjing.gov.cn |
| 8 | 北京理工创新高科技孵化器有限公司 | 海淀区中关村南大街9号理工科技大厦 | 100081 | 68910009 68470073-8999 | liuqiucai@126.com | www.bitsp.com.cn |
| 9 | 清华科技园孵化器有限公司* | 海淀区清华大学学研大厦B座 | 100084 | 62772742 62780883 | incubator@thsp.com.cn | www.incubator.com.cn |
| 10 | 北京北内制造业高新技术孵化基地有限公司 | 朝阳区广渠门外大街8号优士阁A座 | 100022 | 58613206 58613207 | bjzzy@bjzzy.com.cn | www.bjzzy.com.cn |
| 11 | 北京诺飞科技孵化器有限公司 | 通州区中关村科技园区通州园金桥科技产业基地景盛北一街9号 | 101102 | 60595126 60595126 | nfkj@public3.bta.net.cn | www.nfkj.com.cn |
| 12 | 北京科大方兴科技孵化器有限责任公司* | 海淀区学院路30号科技园A座112室 | 100083 | 52752185 52752184 | office@fxti.com | |
| 13 | 北京中关村国际孵化器有限公司* | 海淀区上地信息路2号创业园D座 | 100085 | 82895166 62974804 | scottzwx@sohu.com | www.incubase.net |
| 14 | 北京科方创业科技企业孵化器有限公司 | 海淀区中关村北大街123号科方孵化大楼2509室 | 100084 | 62654985 62538086 | office@co-found.com.cn | www.co-found.com.cn |

续表

| 序号 | 机构名称 | 地 址 | 邮 编 | 电 话 传 真 | 电子邮箱 | 网 址 |
|---|---|---|---|---|---|---|
| 15 | 北京新材料孵化器有限公司 | 海淀区西三旗东建材城西路16号 | 100096 | 82917247 82926299 | swf@ bnbm. com. cn | |
| 16 | 北京京海科技企业孵化器有限公司 | 海淀区紫竹院路广源大厦 | 100081 | 68415893 68726798 | yang _ yizhu @ yahoo. com | |
| 17 | 北京首特科技孵化器有限责任公司 | 石景山区古城大街特钢公司办公楼 | 100043 | 88919877 88982103 | stilxh@ shoute. com | www. shoute. com |
| 18 | 北京泰思特测控技术公司 | 海淀区北三环中路31号 | 100088 | 82001752 82001751 | hawh@ bjtest. com. cn | www. bjtest. com. cn |
| 19 | 北京崇熙科技孵化器有限公司 | 朝阳区大羊坊路79号旌凯大厦216室 | 100122 | 81503810 81502846 | info@ chongxichem. com | www. chongxichem. com |
| 20 | 北京赛欧科园科技孵化中心 | 丰台区科学城海鹰路5号 | 100070 | 83681497 83681790 | soky@ bjibi. org. cn | www. bjsoky. com |
| 21 | 北京海银科医药技术有限公司 | 海淀区复兴路83号东9楼 | 100856 | 68214721 68214721 | postmaster @ hi - inc. com. cn | www. hi - inc. com. cn |
| 22 | 北京中关村软件园孵化服务有限公司 * | 海淀区东北旺西路8号中关村软件园3号楼 | 100094 | 82825187 82825186 | spi@ zgcspi. com | www. zgcspi. com |
| 23 | 北京奥宇科技企业孵化器有限责任公司 | 大兴区工业开发区金苑路2号 | 102628 | 60213415 60213342 | aykjfhq@ 263. net | www. aoyucn. com |
| 24 | 北京天竺空港科技企业孵化器有限公司 | 顺义区天竺空港工业区A区蓝天大厦 | 101312 | 80489519 80489575 | wangbaiz @ sohu. com | |
| 25 | 北京硅普京南科技企业孵化器有限公司 | 丰台区东高地四营门北路2号 | 100076 | 68757488 68754791 | yujq@ gotoic. com | |
| 26 | 北京利玛自动化技术公司 | 西城区德胜门外校场口1号 | 100011 | 82023789 62048934 | duanshq @ riamb. ac. cn | www. limafhq. com |
| 27 | 北京康华伟业科技孵化器有限公司 | 西城区德胜门外大街11号 | 100088 | 62021146 62021044 | lanaiguo @ bjkh. com. cn | www. bjkh. com. cn |
| 28 | 北京北方车辆新技术孵化器 | 丰台区长辛店镇槐树岭4号院969信箱61分箱 | 100072 | 83808128 83803119 | wu131@ 126. com | www. bjnvni. com |
| 29 | 北京华商置业有限公司 | 大兴工业开发区科苑路18号 | 102600 | 61271941 61271943 | msx7060@ 126. com | www. coeland. com |
| 30 | 中关村兴业（北京）高科技孵化器股份有限公司 | 昌平区白浮泉路17号 | 102200 | 89717778 89717999 | liaolian24 @ tom. com | www. zgcxy. com |
| 31 | 汇龙森国际企业孵化（北京）有限公司 * | 北京经济技术开发区中和街14号 | 100176 | 59755396 59755396 | hls666 @ huilongsen. com | www. huilongsen. com |
| 32 | 北京集成电路设计园有限责任公司 | 海淀区知春路27号量子芯座 | 100083 | 82357175 82357178 | zy@ bjicpark. com | www. bjicpark. com |

续表

| 序号 | 机构名称 | 地址 | 邮编 | 电话 传真 | 电子邮箱 | 网址 |
|---|---|---|---|---|---|---|
| 33 | 北京中关村京蒙高科企业孵化器有限公司 | 海淀区上地东路5号楼 | 100085 | 82783865 82783861 | dreaming123123@sohu.com | www.newwest.cn |
| 34 | 北京普天德胜科技孵化器有限公司 | 西城区新街口外大街28号B座1层 | 100088 | 82052111 82052127 | ptdsh2002@gmail.com | www.ptdsh.com |
| 35 | 北京北达燕园科技孵化器有限公司 | 海淀区中关村北大街116号 | 100080 | 58874006 58874005 | yd_0806@sina.com | www.beidaincubator.com |
| 36 | 北京控股高科技孵化器有限公司 | 昌平区白浮泉路10号北控科技大厦 | 102200 | 89760000 89760046 | zheng_bl@yahoo.com.cn | www.beht.com.cn |
| 37 | 北京中自科技产业孵化器有限公司 | 海淀区中关村东路95号自动化大厦 | 100190 | 62541938 82614526 | yong.ge@mail.ia.ac.cn | www.caspark.com.cn |
| 38 | 北京华海基业科技孵化器有限公司* | 石景山区石景山路22号长城大厦 | 100043 | 68666236 68666207 | jwtd123@sohu.com | www.huahaijiye.com.cn |
| 39 | 北京方和正圆科技企业孵化器有限公司 | 通州区通州工业开发区光华路16号 | 101113 | 61506120 61505151 | fhzy29@163.com | www.fhzhy.com |
| 40 | 北京联东金桥科技孵化器有限公司 | 中关村科技园区亦庄园光机电一体化产业基地经海7路1号联东商务中心 | 101111 | 81508005 81508005 | | www.liando.com |

资料来源：北京市科学技术委员会高新技术产业化处

注：*为国家级高新技术创业服务中心

# 北京地区大学科技园一览表

| 序号 | 机构名称 | 地址 | 邮编 | 电话 传真 | 电子邮箱 | 网址 |
|---|---|---|---|---|---|---|
| 1 | 清华大学国家大学科技园 | 海淀区清华大学创新大厦A座 | 100084 | 62785888 62772777 | thsp@thsp.com.cn | www.thsp.com.cn |
| 2 | 北京大学国家大学科技园 | 海淀区海淀路52号太平洋大厦17层 | 100080 | 82667840 82667188 | pkusp@pkusp.com.cn | www.pkusp.com.cn |
| 3 | 北京航空航天大学国家大学科技园 | 海淀区学院路35号世宁大厦 | 100083 | 82319898 82338231 | buaa@buaa.com.cn | www.buaa.com.cn |
| 4 | 北京理工大学国家大学科技园 | 海淀区中关村南大街9号理工科技大厦902室 | 100081 | 68470073 68470073-8999 | bitsp@sohu.com | www.bitsp.com.cn |
| 5 | 北京邮电大学国家大学科技园 | 海淀区西土城路10号北京邮电大学178信箱 | 100876 | 62282813 62285259 | chensl@bupt.edu.cn | www.buptsp.com |
| 6 | 北师大－北中医国家大学科技园 | 海淀区新街口外大街19号 | 100875 | 62205230 62206051 | kjy@bnu.edu.cn | park.bnu.edu.cn |

续表

| 序号 | 机构名称 | 地 址 | 邮 编 | 电 话 传 真 | 电子邮箱 | 网 址 |
|---|---|---|---|---|---|---|
| 7 | 北京化工大学国家大学科技园 | 朝阳区北三环东路15号133信箱 | 100029 | 64435482 88587749 | sp@ mail. buct. edu. cn | www. buct. edu. cn |
| 8 | 北京科技大学国家大学科技园 | 海淀区学院路30号科技园A座1层 | 100083 | 52752176 62332975 | fxti@ fxti. com | www. ustbsp. com |
| 9 | 北京工业大学国家大学科技园 | 朝阳区平乐园100号 | 100022 | 67392781 67392953 | zhangxl@ bjut. edu. cn | www. bjttcam. com. cn |
| 10 | 北京交通大学国家大学科技园 | 海淀区高梁斜街44号北京交通大学东校区科教楼 | 100044 | 51686173 51686173 | jdkjy@ center. njtu. edu. cn | |
| 11 | 中国农业大学国家大学科技园 | 海淀区清华东路17号133信箱 | 100083 | 62736706 62734834 | hujy@ cau. edu. cn | www. cau. edu. cn |
| 12 | 华北电力大学国家大学科技园 | 昌平区德外朱辛庄华北电力大学56号信箱 | 102206 | 80798501 80793105 | cyjt2000@ 163. com | |
| 13 | 中国人民大学国家大学科技园 | 海淀区中关村大街甲59号文化大厦 | 100872 | 62514333 82509959 | cspruc@ ruc. edu. cn | www. cspruc. com |
| 14 | 首都师范大学科技园 | 海淀区西三环北路105号 | 100037 | 68907023 68981337 | kyc@ mail. cnu. edu. cn | |

资料来源:北京市科学技术委员会

## 北京地区留学人员创业园一览表

| 序号 | 创业园名称 | 地 址 | 邮 编 | 电 话 | 网 址 | 创建时间 |
|---|---|---|---|---|---|---|
| 1 | 北京市留学人员海淀创业园* | 海淀区上地信息路26号 | 100085 | 82898748 | www. ospp. com | 1997.10 |
| 2 | 中关村国际孵化园* | 海淀区上地信息路2号创业园D栋 | 100085 | 82895166 | www. incubase. net | 2000.12 |
| 3 | 中国北京(望京)留学人员创业园* | 朝阳区望京高新技术产业区利泽中园106号楼 | 100102 | 64392411 | www. wangjing. gov. cn | 2003.04 |
| 4 | 中关村软件园留学人员创业园* | 海淀区东北旺西路中关村软件园3号楼 | 100094 | 82825186 | www. zgcspi. com | 2004.01 |
| 5 | 北京中关村生命科学园留学人员创业园 | 昌平区回龙观生命路29号孵化科研生产大楼B座 | 102206 | 80715731 | www. zgcbmi. com. cn | 2004.03 |
| 6 | 丰台园留学人员创业园* | 丰台区丰台路口139号 | 100071 | 63739256 | www. bjibi. org. cn | 2004.04 |
| 7 | 北大留学人员创业园* | 海淀区中关村北大街116号北大孵化器2号楼 | 100080 | 58874004 | www. beidaincubator. com | 2002.09 |

续表

| 序号 | 创业园名称 | 地址 | 邮编 | 电话 | 网址 | 创建时间 |
|---|---|---|---|---|---|---|
| 8 | 清华留学人员创业园* | 海淀区清华大学学研大厦B座 | 100084 | 62772742 | www.incubator.com.cn | 2002.12 |
| 9 | 北航留学人员创业园* | 海淀区北四环中路238号柏彦大厦 | 100083 | 82316255 | www.bbi.com.cn | 2003.04 |
| 10 | 北京科大留学人员创业园* | 海淀区学院路30号科技园A座113室 | 100083 | 52752184 | www.pioneerpark.cn | 2003.06 |
| 10 | 北京理工留学人员创业园* | 海淀区中关村南大街9号理工科技大厦 | 100081 | 68470073 | www.bitrp.com.cn | 2003.07 |
| 11 | 北邮留学人员创业园 | 海淀区西土城路10号 | 100876 | 62281497 | www.buptincubator.com | 2003.12 |
| 12 | 中科院中自留学人员创业园 | 海淀区中关村东路95号自动化大厦 | 100080 | 62579894 | www.caspark.com.cn | 2005.04 |
| 13 | 中国农大留学人员创业园 | 海淀区天秀路10号 | 100091 | 62732266 | www.cau.edu.cn | 2005.08 |
| 14 | 汇龙森留学人员创业园* | 北京经济技术开发区中和街14号 | 100176 | 59755396 | www.huilongsen.com | 2005.05 |
| 15 | 北工大留学人员创业园 | 海淀区车公庄西路35号 | 100044 | 68458163 | www.bjutcyy.com | 2005.12 |
| 16 | 北师大留学人员创业园 | 海淀区新街口外大街19号 | 100875 | 62206051 | park.bnu.edu.cn | 2005.12 |
| 17 | 人民大学留学人员创业园 | 海淀区中关村大街甲59号文化大厦 | 100872 | 82509532 | www.cspruc.com | 2005.12 |
| 18 | 中关村集成电路留学人员创业园 | 海淀区知春路27号量子芯座 | 100083 | 82357178 | www.bjicpark.com | 2006.01 |
| 19 | 中关村数字娱乐留学人员创业园 | 石景山区八大处高科技园区实兴东街11号楼北楼一层 | 100041 | 88794725 | www.dotincubator.com | 2006.01 |
| 20 | 中央财大留学人员创业园 | 海淀区学院南路39号 | 100081 | 62288827 | www.cufezcy.com | 2006.12 |
| 21 | 中国政法大学留学人员创业园 | 海淀区西土城路25号院5号楼101室 | 100088 | 58908009 | www.cuplsp.cn | 2007.05 |
| 22 | 北京交通大学留学人员创业园 | 海淀区高粱斜街44号北京交通大学东校区科教楼 | 100044 | 51686172 | www.bjtupp.com.cn | 2007.07 |
| 23 | 中国矿业大学留学人员创业园 | 海淀区学院路丁11号中国矿业大学(北京) | 100083 | 51733999 | www.zgces.com | 2007.07 |
| 24 | 首都师范大学留学人员创业园 | 海淀区西三环北路105号 | 100037 | 68907023 |  | 2007.09 |
| 25 | 北京市留学人员空港创业园 | 顺义区天竺空港工业区A区蓝天大厦 | 101312 | 80489519 |  | 1999.12 |
| 26 | 北京市留学人员大兴创业园 | 大兴工业开发区科苑路18号 | 102600 | 61271941 |  | 1999.07 |
| 27 | 华北电力大学留学人员创业园 | 昌平区朱辛庄北农路2号 | 102206 | 80798918 |  | 2008.10 |

资料来源:中关村科技园区管理委员会

*为市人事局和市科委联合命名的"北京留学人员创业园"

# 北京地区生产力促进机构一览表

| 序号 | 名称 | 地址 | 邮编 | 电话传真 | 电子邮箱 | 网址 |
|---|---|---|---|---|---|---|
| 1 | 北京生产力促进中心(国家级示范中心) | 海淀区北三环中路31号B座8层 | 100088 | 82003608 82003613 | bjpc@bjpc.org.cn | www.bjpc.org.cn |
| 2 | 北京软件与信息服务业促进中心(国家级示范中心) | 海淀区北四环中路238号柏彦大厦12层 | 100083 | 82331717 82332323 | zhangp@bsw.gov.cn | www.bsw.gov.cn |
| 3 | 北京市丰台区技术创新与生产力促进中心(国家级示范中心) | 丰台区北大街甲13号 | 100071 | 63894698 63894698 | ftkqb@pbllic.bta.net.cn | www.ftipc.org.cn |
| 4 | 北京市朝阳区生产力促进中心 | 朝阳区大屯路西奥中心B座22层 | 100101 | 64862731 64843012 | sandizh@163.com | www.cyppc.gov.cn |
| 5 | 北京市东城区生产力促进中心 | 东城区藏经馆胡同11号 | 100007 | 84039292 64009160 | scl@dchst.com | www.dchst.com |
| 6 | 北京市西城区生产力促进中心 | 西城区月坛北街甲1号—4 | 100037 | 68010703 68010703 | ssylly@sina.com.cn | www.bjxchst.gov.cn |
| 7 | 北京市石景山区技术创新与生产力促进中心 | 石景山区八角西街40号 | 100043 | 68863638 88910825 | sjskw@263.net | www.hingespace.com |
| 8 | 北京通州区生产力促进中心 | 通州区玉带河大街30号 | 101100 | 68543252 69546592 | tkq@public3.bta.net.cn | |
| 9 | 北京市顺义区技术创新与生产力促进中心 | 顺义区光明南街24号 | 101300 | 69460334 69449340 | kew@mail.bjshy.gov.cn | www.kw.bjshy.gov.cn |
| 10 | 北京市密云县生产力促进中心 | 密云县西滨河路2号 | 101500 | 69044519 69048443 | fengke212@126.com | |
| 11 | 中机生产力促进中心(国家级示范中心) | 海淀区首体南路2号 | 100044 | 88301718 88301705 | info@pcmi.com.cn | www.pcmi.com.cn |
| 12 | 中技协生产力促进中心(国家级示范中心) | 宣武区南滨河路23号立恒名苑3座2103室 | 100055 | 63268422 63268467 | ch6834@sina.com.cn | www.fortunewise.com.cn |
| 13 | 建筑行业生产力促进中心(国家级示范中心) | 朝阳区北三环东路30号 | 100013 | 84286025 84280321 | cabrkj@public2.east.net.cn | www.cabr.ac.cn |
| 14 | 建筑材料行业生产力促进中心(国家级示范中心) | 朝阳区管庄东里1号 | 100024 | 65750569 65750569 | pcbmi@263.net | www.pcbmi.com |
| 15 | 冶金行业生产力促进中心(国家级示范中心) | 东城区东四西大街46号 | 100711 | 65133322—1408 65135864 | mippc@vip.sina.com | www.mippc.net.cn |
| 16 | 国家服装行业生产力促进中心(国家级示范中心) | 朝阳区建国路99号中服大厦 | 100020 | 65813501 65813521 | ncppc@public.bta.net.cn | www.cnggc.com |

续表

| 序号 | 名称 | 地址 | 邮编 | 电话 传真 | 电子邮箱 | 网址 |
|---|---|---|---|---|---|---|
| 17 | 兵器工业生产力促进中心（国家级示范中心） | 海淀区车道沟10号科技大厦8层 | 100089 | 68962094 68962196 | webmaster @ techinfo. gov. cn | www. techinfo. gov. cn |
| 18 | 国家新材料行业生产力促进中心（国家级示范中心） | 海淀区中关村南大街2号数码大厦B座702室 | 100086 | 82512801 82512803 | office@ techcn. com | www. matinvest. com. cn |
| 19 | 北京轻工生产力促进中心 | 朝阳区大北窑厂坡村甲3号 | 100022 | 67767835 67709369 | yqkjc@ 263. net | |
| 20 | 北京中轻生产力促进中心 | 西城区月坛北小街6号 | 100037 | 68054036 68052492 | zqpc@ sina. com | |
| 21 | 冶金自动化生产力促进中心 | 丰台区西四环南路72号 | 100071 | 63812255-3203 | arim@ public. bta. net. cn | www. arim. com |
| 22 | 有色金属行业生产力促进中心 | 海淀区复兴路乙12号 | 100814 | 63971828 63979551 | postmaster@ cnitdc. com | www. cnitdc. com |
| 23 | 热处理生产力促进中心 | 海淀区学清路18号 | 100083 | 62954651 62954651 | webmaster@ ht. org. cn | www. ht. org. cn |
| 24 | 国青生产力促进中心 | 海淀区皂君庙4号 | 100081 | 82190657 62168930 | fx7435@ sina. com | www. zgg. org. cn |
| 25 | 混凝土砌块建筑技术生产力促进中心 | 丰台区路口139号611室 | 100071 | 63833230 83820225 | sihui@ sihui8. com | www. sihui8. com |
| 26 | 纺织行业生产力促进中心 | 朝阳区朝阳门外延静里中街3号 | 100025 | 65010838 65010837 | kfb@ cta. com. cn | www. cta. com. cn |
| 27 | 农业机械生产力促进中心 | 朝阳区德胜门外北沙滩1号 | 100083 | 64882238 64882213 | gongczx@ caams. org. cn | www. caams. org. cn |
| 28 | 皮革行业生产力促进中心（国家级示范中心） | 朝阳区将台西路18号 | 100016 | 64337789 64337789 | clfppc@ yahoo. com. cn | www. leather365. com |
| 29 | 农业部乡镇企业生产力促进中心 | 朝阳区麦子店18号楼 | 100026 | 64195053 64195044 | cte@ cte. gov. cn | www. cte. gov. cn |
| 30 | 国家化工行业生产力促进中心（国家级示范中心） | 朝阳区亚运村安慧里4区16楼 | 100723 | 84885726 84885052 | Jli77@ sina. com | www. cippc. org. cn |
| 31 | 化工新材料生产力促进中心 | 朝阳区安外安华里5区18楼 | 100011 | 64262469 64262467 | acmljf@ 163. com | |
| 32 | 中国医药行业生产力促进中心 | 西城区复兴门内大街45号118信箱 | 100801 | 66095634 66095634 | zhangchy@ bbn. cn | |
| 33 | 国家模糊控制技术生产力促进中心 | 海淀区学清路18号906室 | 100083 | 62912338 62755367 | mhkzzx@ 126. com | www. ncfct. cn |
| 34 | CALS技术生产力促进中心 | 朝阳区安外小关东里14号 | 100029 | 64918414 64918420 | | |

续表

| 序号 | 名 称 | 地 址 | 邮编 | 电话<br>传真 | 电子邮箱 | 网 址 |
|---|---|---|---|---|---|---|
| 35 | 中商流通生产力促进中心（国家级示范中心） | 海淀区海淀南路32号中信国安数码港710室 | 100080 | 51662601—695<br>51662601—666 | pxf@ dppc. org | www. dppc. org |
| 36 | 中国航天科技集团公司军转民生产力促进中心 | 北京1408信箱 | 100013 | 68767297<br>68768174 | jmly@ vip. sina. com | www. chinatoptech. com |
| 37 | 机械工业自动化生产力促进中心 | 西城区德胜门外校场口1号 | 100011 | 82285770<br>82285780 | liuxz@ riamb. ca. cn | |
| 38 | 高分子材料生产力促进中心 | 朝阳区北三环东路14号 | 100013 | 59202586<br>59202586 | wenwenyi@ prici. ac. cn | |
| 39 | 精细化学品行业生产力促进中心 | 朝阳区安定门外安华里五区18楼504室 | 100011 | 64262348<br>64262348 | cnprc@ 263. net | |
| 40 | 全国造纸生产力促进中心 | 朝阳区光华路12号 | 100020 | 65817476<br>65817476 | kb@ piric. com. cn | www. cnppri. com |
| 41 | 交通行业电子商务与现代物流生产力促进中心 | 海淀区西土城路8号ITS中心楼一层 | 100088 | 62355027<br>62016944 | weifeng@ itsc. com. cn | www. cltc. com. cn |
| 42 | 清洁汽车生产力促进中心 | 丰台区南四环西路188号总部基地二区7号楼 | 100070 | 63702966—8061<br>63702964 | fxh@ catarc. com. cn | www. chinaev. org |
| 43 | 中农生产力促进中心 | 昌平区霍营农业部管理干部学院 | 102208 | 81702428<br>81702210 | pengyuan268@ sohu. com | www. cacetc. org |
| 44 | 航空工业生产力促进中心 | 朝阳区京顺路7号 | 100028 | 64663322—2256<br>84482202 | leejunsheng@ 126. com | |
| 45 | 航天科工军转民生产力促进中心 | 海淀区阜成路甲8号 | 100037 | 68373985<br>68767747 | zhangjun@ casec. com | www. casec. cn |
| 46 | 国家食品行业生产力促进中心（国家级示范中心） | 崇文门外大街9号正仁大厦8层 | 100062 | 67091546<br>67091533 | hxy85@ sina. com | www. cfipc. com. cn |
| 47 | 北京工业控制技术生产力促进中心 | 北京市2729信箱 | 100080 | 68379335<br>62543110 | xueli0410@ hotmail. com | |
| 48 | 北京博远万达电子商务与现代物流生产力促进中心 | 海淀区紫竹院化工大学图书馆605室 | 100071 | 51219775<br>51219776 | mareeg@ 163. com | |
| 49 | 北京生物技术和新医药产业促进中心 | 海淀区马连洼北路151号院内 | 100193 | 62896868<br>62899978 | info@ newlife. org. cn | www. newlife. org. cn |

续表

| 序号 | 名称 | 地址 | 邮编 | 电话传真 | 电子邮箱 | 网址 |
|---|---|---|---|---|---|---|
| 50 | 北京新材料发展中心 | 海淀区学院路30号方兴大厦5层 | 100083 | 62341509 62333998 | marker@materials.net.cn | www.materials.net.cn |
| 51 | 北京市科委农村发展中心 | 朝阳区安翔北里11号北京创业大厦B座16层 | 100101 | 64830180 68430289 6 | nczx@nczx.com.cn | www.nczx.cn |
| 52 | 北京技术交易促进中心 | 海淀区苏州街甲49号 | 100080 | 62578706 62619816 | webmaster@chinatis.com | www.ctmnet.com.cn |
| 53 | 北京市中小企业服务中心 | 东城区东四十条凯龙大厦301室 | 100700 | 64065056 64058636 | bjsme2005@sina.com | www.beijingsme.com |

资料来源：北京生产力促进中心

## 北京地区国家重点实验室一览表

| 序号 | 名称 | 依托单位 | 领域 | 地址 | 邮编 | 电话 | 网址 | 建设、验收年份 |
|---|---|---|---|---|---|---|---|---|
| 1 | 半导体超晶格国家重点实验室 | 中国科学院半导体研究所 | 数理 | 海淀区清华东路甲35号 | 100083 | 82304287 | sklsm.semi.ac.cn/semi/cjg/ | 1988 1991 |
| 2 | 爆炸科学与技术国家重点实验室 | 北京理工大学 | 工程 | 海淀区中关村南大街5号 | 100081 | 68913957 | www.es.labs.gov.cn | 1991 1996 |
| 3 | 表面物理国家重点实验室 | 中国科学院物理研究所 | 数理 | 海淀区中关村南三街8号 | 100190 | 82649428 | surface.iphy.ac.cn | 1984 1987 |
| 4 | 病毒基因工程国家重点实验室 | 中国预防医学科学院病毒学研究所 | 生命 | 宣武区迎新街100号 | 100052 | 63519566 | | 1987 1989 |
| 5 | 病原微生物生物安全国家重点实验室 | 中国人民解放军军事医学科学院 | 生命 | 丰台区东大街20号 | 100071 | 66948668 | www.skl-pbs.com | 2004 2006 |
| 6 | 超导国家重点实验室 | 中国科学院物理研究所 | 数理 | 海淀区中关村南三街8号 | 100190 | 82649167 | | 1988 1991 |
| 7 | 城市和区域生态国家重点实验室 | 中国科学院生态环境研究中心 | 生命 | 海淀区双清路18号 | 100085 | 62941033 | www.rcees.ac.cn/dse | 2006 |
| 8 | 传染病预防控制国家重点实验室 | 中国疾病预防控制中心 | 生命 | 昌平区流字5号 | 102206 | 61739580 | Sklid.cn | 2005 |
| 9 | 磁学国家重点实验室 | 中国科学院物理研究所 | 数理 | 海淀区中关村南三街8号 | 100190 | 82649253 | maglab.iphy.ac.cn | 1991 1995 |

续表

| 序号 | 名称 | 依托单位 | 领域 | 地址 | 邮编 | 电话 | 网址 | 建设、验收年份 |
|---|---|---|---|---|---|---|---|---|
| 10 | 大气边界层物理和大气化学国家重点实验室 | 中国科学院大气物理研究所 | 地学 | 朝阳区德胜门外祁家豁子 | 100029 | 62041394 | www.lapc.ac.cn | 1991 1995 |
| 11 | 大气科学和地球流体力学数值模拟国家重点实验室 | 中国科学院大气物理研究所 | 地学 | 朝阳区德胜门外祁家豁子 | 100029 | 82995299 | web.lasg.ac.cn | 1990 1992 |
| 12 | 蛋白质工程和植物基因工程国家重点实验室 | 北京大学 | 生命 | 海淀区颐和园路5号 | 100871 | 62751848 | www.pepge.pku.edu.cn | 1987 1990 |
| 13 | 蛋白质组学国家重点实验室 | 中国人民解放军军事医学科学院 | 生命 | 昌平区生命园路33号 | 102206 | 80727777 | 61.50.138.126/bprc | 2007 |
| 14 | 地表过程与资源生态国家重点实验室 | 北京师范大学 | 地学 | 海淀区新街口外大街19号 | 100875 | 58805461 | www.espre.cn | 2007 |
| 15 | 地震动力学国家重点实验室 | 中国地震局地质研究所 | 地学 | 朝阳区德外祁家豁子 | 100029 | 62009034 | www.eqlab.ac.cn | 2003 2007 |
| 16 | 电力系统及发电设备安全控制和仿真国家重点实验室 | 清华大学 | 工程 | 海淀区清华大学 | 100084 | 62792469 | www.eea.tsinghua.edu.cn/pages/guozhong | 1989 1995 |
| 17 | 动物营养学国家重点实验室 | 中国农业科学院北京畜牧兽医研究所 | 生命 | 海淀区圆明园西路2号 | 100193 | 62816249 | www.klan.net.cn | 2005 |
| 18 | 多相复杂系统国家重点实验室 | 中国科学院过程工程研究所 | 化学 | 海淀区中关村北二条1号 | 100190 | 62628836 | 159.226.63.142/mprcas | 2006 |
| 19 | 非线性力学国家重点实验室 | 中国科学院力学研究所 | 数理 | 海淀区北四环西路15号 | 100080 | 62561834 | www.lnm.cn | 1999 2001 |
| 20 | 分子动态与稳态结构国家重点实验室 | 中国科学院化学研究所、北京大学 | 化学 | 海淀区中关村北一街2号 | 100190 | 62588930 | ussl.iccas.ac.cn | 1988 1991 |
| 21 | 分子肿瘤学国家重点实验室 | 中国医学科学院肿瘤研究所 | 生命 | 朝阳区潘家园南里17号 | 100021 | 67723793 | www.sklmo.org.cn | 1986 1988 |
| 22 | 轨道交通控制与安全国家重点实验室 | 北京交通大学 | 工程 | 海淀区上园村3号 | 100044 | 51688193 | | 2006 2007 |
| 23 | 核物理与核技术国家重点实验室 | 北京大学 | 数理 | 海淀区颐和园路5号 | 100871 | 62751870 | sklnpt.pku.edu.cn | 2007 |
| 24 | 化工资源有效利用国家重点实验室 | 北京化工大学 | 化学 | 朝阳区北三环东路15号化工大学98号信箱 | 100029 | 64425385 | www.gzs.buct.edu.cn | 2006 2008 |

续表

| 序号 | 名称 | 依托单位 | 领域 | 地址 | 邮编 | 电话 | 网址 | 建设、验收年份 |
|---|---|---|---|---|---|---|---|---|
| 25 | 化学工程联合国家重点实验室（清华大学萃取分离实验室） | 浙江大学、天津大学、清华大学、华东理工大学 | 化学 | 海淀区清华大学 | 100084 | 62773017 | | 1987 1991 |
| 26 | 环境化学与生态毒理学国家重点实验室 | 中国科学院生态环境研究中心 | 地学 | 海淀区双清路18号 | 100085 | 62849339 | et. rcees. ac. cn | 2004 2007 |
| 27 | 环境模拟与污染控制国家重点实验室 | 中国科学院生态环境研究中心、清华大学、北京师范大学、北京大学 | 地学 | 海淀区清华大学 | 100084 | 62785001 | | 1991 1995 |
| 28 | 计划生育生殖生物学国家重点实验室 | 中国科学院动物研究所 | 生命 | 朝阳区北辰西路1号院5号 | 100101 | 64807312 | www. rpb. ioz. ac. cn | 1991 1993 |
| 29 | 计算机科学国家重点实验室 | 中国科学院软件研究所 | 信息 | 海淀区中关村南四街4号 | 100190 | 62661616 | lcs. ios. ac. cn | 2005 2007 |
| 30 | 科学与工程计算国家重点实验室 | 中国科学院数学与系统科学研究院 | 数理 | 海淀区中关村东路55号 | 100190 | 62545820 | lsec. cc. ac. cn | 1991 1995 |
| 31 | 空间天气学国家重点实验室 | 中国科学院空间科学与应用研究中心 | 地学 | 海淀区中关村南二条1号 | 100190 | 62582648 | www. spaceweather. ac. cn | 2006 2008 |
| 32 | 煤炭资源与安全开采国家重点实验室 | 中国矿业大学（北京） | 地学 | 海淀区学院路丁11号 | 100083 | 62331854 | www. crsm. org | 2006 |
| 33 | 模式识别国家重点实验室 | 中国科学院自动化研究所 | 信息 | 海淀区中关村东路95号 | 100190 | 62545671 | www. nlpr. ia. ac. cn | 1984 1987 |
| 34 | 摩擦学国家重点实验室 | 清华大学 | 工程 | 海淀区清华大学9003大楼 | 100084 | 62781379 | sklt. tsinghua. edu. cn | 1986 1988 |
| 35 | 脑与认知科学国家重点实验室 | 中国科学院生物物理研究所 | 生命 | 朝阳区大屯路15号 | 100101 | 64888778 | bcslab. ibp. ac. cn | 2004 2007 |
| 36 | 农业虫害鼠害综合治理研究国家重点实验室 | 中国科学院动物研究所 | 生命 | 朝阳区北辰西路1号院5号 | 100101 | 64807068 | www. ipm. ioz. ac. cn | 1991 1995 |
| 37 | 农业生物技术国家重点实验室 | 中国农业大学 | 生命 | 海淀区圆明园西路2号 | 100094 | 62733332 | www. cau. edu. cn/ agrocbi | 1987 1990 |
| 38 | 汽车安全与节能国家重点实验室 | 清华大学 | 工程 | 海淀区清华大学 | 100084 | 62785963 | www. car. tsinghua. edu. cn | 1991 1995 |
| 39 | 人工微结构和介观物理国家重点实验室 | 北京大学物理学院 | 数理 | 海淀区成府路209号 | 100871 | 62765884 | www. phy. pku. edu. cn/~sklm/html/abstract. html | 1990 1993 |

续表

| 序号 | 名称 | 依托单位 | 领域 | 地址 | 邮编 | 电话 | 网址 | 建设、验收年份 |
|---|---|---|---|---|---|---|---|---|
| 40 | 认知神经科学与学习国家重点实验室 | 北京师范大学 | 生命 | 海淀区新街口外大街19号 | 100875 | 58806154 | psychbrain.bnu.edu.cn | 2005 2008 |
| 41 | 软件开发环境国家重点实验室 | 北京航空航天大学 | 信息 | 海淀区学院路37号 | 100191 | 82317643 | www.nlsde.buaa.edu.cn | 1991 1995 |
| 42 | 生化工程国家重点实验室 | 中国科学院过程工程研究所 | 生命 | 海淀区中关村北二条1号 | 100190 | 62561813 | www.nklbe.org | 1991 1995 |
| 43 | 生物大分子国家重点实验室 | 中国科学院生物物理研究所 | 生命 | 朝阳区大屯路15号 | 100101 | 64888486 | www.ibp.ac.cn/c/sites/nlb/index.html | 1988 1991 |
| 44 | 生物膜与膜生物工程国家重点实验室 | 中国科学院动物研究所、清华大学、北京大学 | 生命 | 朝阳区北辰西路1号院5号 | 100101 | 64807302 | www.biomembrane.ioz.ac.cn | 1988 1990 |
| 45 | 声场声信息国家重点实验室 | 中国科学院声学研究所 | 数理 | 海淀区北四环西路21号 | 100190 | 62565617 |  | 1987 1990 |
| 46 | 水沙科学与水利水电工程国家重点实验室 | 清华大学 | 工程 | 海淀区清华大学 | 100084 | 62783337 | sklhse.tsinghua.edu.cn | 2006 2008 |
| 47 | 天然药物及仿生药物国家重点实验室 | 北京大学医学部 | 生命 | 海淀区学院路38号 | 100191 | 82802724 | www1.bjmu.edu.cn/skl2003/index.htm | 1985 1987 |
| 48 | 湍流与复杂系统国家重点实验室 | 北京大学 | 数理 | 海淀区北京大学 | 100871 | 62757944 | ltcs.pku.edu.cn | 1991 1995 |
| 49 | 网络与交换技术国家重点实验室 | 北京邮电大学 | 信息 | 海淀区西土城路10号 | 100876 | 62283412 | www.bupt.edu.cn/yuanxi/introduce/jisuanji/nationallab | 1991 1995 |
| 50 | 微波与数字通信技术国家重点实验室 | 清华大学 | 信息 | 海淀区清华大学 | 100084 | 62784884 |  | 1991 1995 |
| 51 | 微生物资源前期开发国家重点实验室 | 中国科学院微生物研究所 | 生命 | 朝阳区北辰西路1号院3号 | 100101 | 64807429 | www.im.ac.cn/sklmr | 1991 1995 |
| 52 | 稀土材料化学及应用国家重点实验室 | 北京大学 | 化学 | 海淀区北京大学 | 100871 | 62751016 |  | 1991 1995 |
| 53 | 系统与进化植物学国家重点实验室 | 中国科学院植物研究所 | 生命 | 海淀区香山南辛村20号 | 100093 | 62836101 | lseb.ibcas.ac.cn | 2004 2007 |
| 54 | 先进钢铁流程及材料国家重点实验室 | 钢铁研究总院 | 材料 | 海淀区学院南路76号 | 100081 | 62182907 | sklsteel.com.cn | 2004 |
| 55 | 新金属材料国家重点实验室 | 北京科技大学 | 材料 | 海淀区学院路30号 | 100083 | 62332508 | www.ustb.edu.cn/skl | 1991 1995 |

续表

| 序号 | 名称 | 依托单位 | 领域 | 地址 | 邮编 | 电话 | 网址 | 建设、验收年份 |
|---|---|---|---|---|---|---|---|---|
| 56 | 新型陶瓷与精细工艺国家重点实验室 | 清华大学 | 材料 | 海淀区清华大学材料系 | 100084 | 62782753 | www.mse.tsinghua.edu.cn/ceramiclab/ | 1991 1995 |
| 57 | 信息安全国家重点实验室 | 中国科学院研究生院 | 信息 | 石景山区玉泉路19号(甲) | 100039 | 88256432 | home.is.ac.cn | 1989 1991 |
| 58 | 虚拟现实技术与系统国家重点实验室 | 北京航空航天大学 | 信息 | 海淀区学院路37号 | 100191 | 82338861 | Vrlab.buaa.edu.cn | 2007 |
| 59 | 岩石圈演化国家重点实验室 | 中国科学院地质与地球物理研究所 | 地学 | 朝阳区北土城西路19号 | 100029 | 82998240 | www.sklable.ac.cn | 2004 2006 |
| 60 | 遥感科学国家重点实验室 | 中国科学院遥感应用研究所、北京师范大学 | 地学 | 朝阳区大屯路甲20号北 | 100101 | 64848730 | www.slrss.cn | 2003 2005 |
| 61 | 医学分子生物学国家重点实验室 | 中国医学科学院基础医学研究所 | 生命 | 东城区东单三条5号 | 100005 | 65240803 | | 1991 1993 |
| 62 | 油气资源与探测国家重点实验室 | 中国石油大学(北京) | 地学 | 昌平区府学路18号 | 102249 | 89733952 | www.prplab.cn | 2007 |
| 63 | 有色金属材料制备加工国家重点实验室 | 北京有色金属研究总院 | 材料 | 西城区新街口外大街2号 | 100088 | 82241161 | | 2005 |
| 64 | 灾害天气国家重点实验室 | 中国气象科学研究院 | 地学 | 海淀区中关村南大街46号 | 100081 | 58995503 | | 2005 2007 |
| 65 | 植被与环境变化国家重点实验室 | 中国科学院植物研究所 | 生命 | 海淀区香山南辛村20号 | 100093 | 62836263 | lvec.ibcas.ac.cn | 2007 |
| 66 | 植物病虫害生物学国家重点实验室 | 中国农业科学院植物保护研究所 | 生命 | 海淀区圆明园西路2号 | 100193 | 62815922 | www.sklbpi.labs.gov.cn | 1989 1992 |
| 67 | 植物基因组学国家重点实验室 | 中国科学院遗传与发育生物学研究所 | 生命 | 朝阳区北辰西路1号院2号 | 100101 | 64873428 | www.genetics.ac.cn | 2003 2006 |
| 68 | 植物生理学与生物化学国家重点实验室 | 中国农业大学、浙江大学 | 生命 | 海淀区圆明园西路2号 | 100193 | 62733475 | www.cau.edu.cn/sklppb | 2001 2003 |
| 69 | 植物细胞与染色体工程国家重点实验室 | 中国科学院遗传与发育生物学研究所 | 生命 | 朝阳区北辰西路1号院2号 | 100101 | 64854467 | www.pcce.labs.gov.cn | 1991 1995 |
| 70 | 智能技术与系统国家重点实验室 | 清华大学 | 信息 | 海淀区清华大学 | 100084 | 62782266 | www.csai.tsinghua.edu.cn/ | 1987 1990 |
| 71 | 重质油国家重点实验室 | 石油大学(北京) | 化学 | 昌平区府学路18号 | 102249 | 89733070 | www.heavyoil.cn | 1989 1995 |
| 72 | 资源与环境信息系统国家重点实验室 | 中国科学院地理科学与资源研究所 | 信息 | 朝阳区大屯路甲11号 | 100101 | 64889633 | www.lreis.ac.cn | 1985 1987 |

资料来源:科技部国家重点实验室网站

# 北京市重点实验室一览表

| 序号 | 名　　　称 | 依托单位 | 主管部门 | 组建时间（年） |
|---|---|---|---|---|
| 1 | 医学物理和工程实验室 | 北京大学 | 北京市教育委员会<br>北京市科学技术委员会 | 2001 |
| 2 | 空间信息集成与3S工程应用实验室 | 北京大学 | 北京市教育委员会<br>北京市科学技术委员会 | 2001 |
| 3 | 绿色反应工程与工艺实验室 | 清华大学 | 北京市教育委员会<br>北京市科学技术委员会 | 2001 |
| 4 | 精细陶瓷实验室 | 清华大学 | 北京市教育委员会<br>北京市科学技术委员会 | 2001 |
| 5 | 3E能源实验室 | 清华大学 | 北京市教育委员会<br>北京市科学技术委员会 | 2001 |
| 6 | 城市轨道交通自动化与控制实验室 | 北京交通大学 | 北京市教育委员会<br>北京市科学技术委员会 | 2001 |
| 7 | 通讯与信息系统实验室 | 北京交通大学 | 北京市教育委员会<br>北京市科学技术委员会 | 2001 |
| 8 | 现代信息科学与网络技术实验室 | 北京交通大学 | 北京市教育委员会<br>北京市科学技术委员会 | 2001 |
| 9 | 特种功能材料与薄膜技术实验室 | 北京航空航天大学 | 北京市教育委员会<br>北京市科学技术委员会 | 2001 |
| 10 | 数字化设计与制造实验室 | 北京航空航天大学 | 北京市教育委员会<br>北京市科学技术委员会 | 2001 |
| 11 | 网络技术实验室 | 北京航空航天大学 | 北京市教育委员会<br>北京市科学技术委员会 | 2001 |
| 12 | 粉体技术研究开发实验室 | 北京航空航天大学 | 北京市教育委员会<br>北京市科学技术委员会 | 2001 |
| 13 | 清洁车辆实验室 | 北京理工大学 | 北京市教育委员会<br>北京市科学技术委员会 | 2001 |
| 14 | 智能信息技术实验室 | 北京理工大学 | 北京市教育委员会<br>北京市科学技术委员会 | 2001 |
| 15 | 环境科学工程实验室 | 北京理工大学 | 北京市教育委员会<br>北京市科学技术委员会 | 2001 |
| 16 | 自动控制系统实验室 | 北京理工大学 | 北京市教育委员会<br>北京市科学技术委员会 | 2001 |
| 17 | 先进粉末冶金材料与技术实验室 | 北京科技大学 | 北京市教育委员会<br>北京市科学技术委员会 | 2001 |
| 18 | 腐蚀磨蚀与表面技术实验室 | 北京科技大学 | 北京市教育委员会<br>北京市科学技术委员会 | 2001 |
| 19 | 新型高分子材料制备与加工实验室 | 北京化工大学 | 北京市教育委员会<br>北京市科学技术委员会 | 2001 |

续表

| 序号 | 名称 | 依托单位 | 主管部门 | 组建时间（年） |
|---|---|---|---|---|
| 20 | 生物加工过程实验室 | 北京化工大学 | 北京市教育委员会<br>北京市科学技术委员会 | 2001 |
| 21 | 智能通信软件与多媒体实验室 | 北京邮电大学 | 北京市教育委员会<br>北京市科学技术委员会 | 2001 |
| 22 | 地球探测与信息技术实验室 | 石油大学（北京） | 北京市教育委员会<br>北京市科学技术委员会 | 2001 |
| 23 | 作物遗传改良实验室 | 中国农业大学 | 北京市教育委员会<br>北京市科学技术委员会 | 2001 |
| 24 | 草业科学实验室 | 中国农业大学 | 北京市教育委员会<br>北京市科学技术委员会 | 2001 |
| 25 | 果树逆境生理与分子生物学实验室 | 中国农业大学 | 北京市教育委员会<br>北京市科学技术委员会 | 2001 |
| 26 | 木材科学与工程实验室 | 北京林业大学 | 北京市教育委员会<br>北京市科学技术委员会 | 2001 |
| 27 | 癌发生及预防分子机理实验室 | 中国协和医科大学 | 北京市教育委员会<br>北京市科学技术委员会 | 2001 |
| 28 | 中医内科学实验室 | 北京中医药大学 | 北京市教育委员会<br>北京市科学技术委员会 | 2001 |
| 29 | 中药基础与新药研究实验室 | 北京中医药大学 | 北京市教育委员会<br>北京市科学技术委员会 | 2001 |
| 30 | 生物资源开发与生物工业实验室 | 北京师范大学 | 北京市教育委员会<br>北京市科学技术委员会 | 2001 |
| 31 | 环境遥感与数字城市实验室 | 北京师范大学 | 北京市教育委员会<br>北京市科学技术委员会 | 2001 |
| 32 | 应用实验心理实验室 | 北京师范大学 | 北京市教育委员会<br>北京市科学技术委员会 | 2001 |
| 33 | 基因工程药物及生物技术实验室 | 北京师范大学 | 北京市教育委员会<br>北京市科学技术委员会 | 2001 |
| 34 | 应用光学实验室 | 北京师范大学 | 北京市教育委员会<br>北京市科学技术委员会 | 2001 |
| 35 | 刑事科学技术实验室 | 中国人民公安大学 | 北京市教育委员会<br>北京市科学技术委员会 | 2001 |
| 36 | 水资源与环境工程实验室 | 中国地质大学（北京） | 北京市教育委员会<br>北京市科学技术委员会 | 2001 |
| 37 | 国土资源信息研究开发实验室 | 中国地质大学（北京） | 北京市教育委员会<br>北京市科学技术委员会 | 2001 |
| 38 | 岩石混凝土破坏力学实验室 | 中国矿业大学（北京） | 北京市教育委员会<br>北京市科学技术委员会 | 2001 |
| 39 | 交通工程实验室 | 北京工业大学 | 北京市教育委员会<br>北京市科学技术委员会 | 2001 |

续表

| 序号 | 名称 | 依托单位 | 主管部门 | 组建时间（年） |
|---|---|---|---|---|
| 40 | 先进制造技术实验室 | 北京工业大学 | 北京市教育委员会<br>北京市科学技术委员会 | 2001 |
| 41 | 多媒体与智能软件技术实验室 | 北京工业大学 | 北京市教育委员会<br>北京市科学技术委员会 | 2001 |
| 42 | 工程抗震与结构诊治实验室 | 北京工业大学 | 北京市教育委员会<br>北京市科学技术委员会 | 2001 |
| 43 | 传热与能源利用实验室 | 北京工业大学 | 北京市教育委员会<br>北京市科学技术委员会 | 2001 |
| 44 | 水质科学与水环境恢复工程实验室 | 北京工业大学 | 北京市教育委员会<br>北京市科学技术委员会 | 2001 |
| 45 | 现场总线技术及自动化实验室 | 北方工业大学 | 北京市教育委员会<br>北京市科学技术委员会 | 2001 |
| 46 | 植物资源研究开发实验室 | 北京工商大学 | 北京市教育委员会<br>北京市科学技术委员会 | 2001 |
| 47 | 服装材料研究开发与评价实验室 | 北京服装学院 | 北京市教育委员会<br>北京市科学技术委员会 | 2001 |
| 48 | 供热、供燃气、通风及空调工程实验室 | 北京建筑工程学院 | 北京市教育委员会<br>北京市科学技术委员会 | 2001 |
| 49 | 传感器实验室 | 北京信息工程学院 | 北京市教育委员会<br>北京市科学技术委员会 | 2001 |
| 50 | 机电系统测控实验室 | 北京机械工业学院 | 北京市教育委员会<br>北京市科学技术委员会 | 2001 |
| 51 | 农业应用新技术实验室 | 北京农学院 | 北京市教育委员会<br>北京市科学技术委员会 | 2001 |
| 52 | 神经再生修复研究实验室 | 首都医科大学 | 北京市教育委员会<br>北京市科学技术委员会 | 2001 |
| 53 | 肝脏保护与再生调节实验室 | 首都医科大学 | 北京市教育委员会<br>北京市科学技术委员会 | 2001 |
| 54 | 纳米光电子学实验室 | 首都师范大学 | 北京市教育委员会<br>北京市科学技术委员会 | 2001 |
| 55 | 学习与认知实验室 | 首都师范大学 | 北京市教育委员会<br>北京市科学技术委员会 | 2001 |
| 56 | 资源环境与地理信息系统实验室 | 首都师范大学 | 北京市教育委员会<br>北京市科学技术委员会 | 2001 |
| 57 | 生物活性物质与功能食品实验室 | 北京联合大学 | 北京市教育委员会<br>北京市科学技术委员会 | 2001 |
| 58 | 运动机能评定与技术诊断实验室 | 北京体育大学<br>首都体育学院 | 北京市教育委员会<br>北京市科学技术委员会 | 2001 |
| 59 | 物流系统与技术实验室 | 北京物资学院 | 北京市教育委员会<br>北京市科学技术委员会 | 2001 |

续表

| 序号 | 名称 | 依托单位 | 主管部门 | 组建时间（年） |
|---|---|---|---|---|
| 60 | 印刷包装材料与技术实验室 | 北京印刷学院 | 北京市教育委员会 北京市科学技术委员会 | 2004 |
| 61 | 光机电装备技术实验室 | 北京石油化工学院 | 北京市教育委员会 北京市科学技术委员会 | 2004 |
| 62 | 高电压与电磁兼容实验室 | 华北电力大学 | 北京市教育委员会 北京市科学技术委员会 | 2004 |
| 63 | 能源的安全与清洁利用实验室 | 华北电力大学 | 北京市教育委员会 北京市科学技术委员会 | 2004 |
| 64 | 城市油气输配技术实验室 | 中国石油大学（北京） | 北京市教育委员会 北京市科学技术委员会 | 2005 |
| 65 | 新能源材料与技术实验室 | 北京科技大学 | 北京市教育委员会 北京市科学技术委员会 | 2005 |
| 66 | 多肽及小分子药物实验室 | 首都医科大学 | 北京市教育委员会 北京市科学技术委员会 | 2005 |
| 67 | 兽医学（中医药）实验室 | 北京农学院 | 北京市教育委员会 北京市科学技术委员会 | 2006 |
| 68 | 太赫兹波谱与成像实验室 | 首都师范大学 | 北京市教育委员会 北京市科学技术委员会 | 2006 |
| 69 | 蛋白质药物实验室 | 清华大学 | 北京市教育委员会 北京市科学技术委员会 | 2007 |
| 70 | 眼科学与视觉科学实验室 | 首都医科大学 | 北京市教育委员会 北京市科学技术委员会 | 2007 |
| 71 | 工业过程测控新技术与系统实验室 | 华北电力大学 | 北京市教育委员会 北京市科学技术委员会 | 2008 |
| 72 | 物流管理与技术实验室 | 北京交通大学 | 北京市教育委员会 北京市科学技术委员会 | 2008 |

资料来源：北京市教育委员会、北京市科学技术委员会

## 北京地区国家重大科学工程、野外科学观测台站一览表

| 序号 | 名称 | 依托单位 | 主管部门 | 建成时间（年） |
|---|---|---|---|---|
| 1 | 中国遥感卫星地面站 | 遥感卫星地面站 | 中国科学院 | 1986 |
| 2 | H1—13串列式静电加速器 | 中国原子能科学研究院 | 中国科学院 | 1987 |
| 3 | 太阳磁场望远镜 | 国家天文台总部（原北京天文台） | 中国科学院 | 1985 |
| 4 | 北京正负电子对撞机 | 中国科学院高能物理研究所 | 中国科学院 | 1988 |

续表

| 序号 | 名称 | 依托单位 | 主管部门 | 建成时间（年） |
|---|---|---|---|---|
| 5 | 2.16米光学望远镜 | 国家天文台总部（原北京天文台） | 中国科学院 | 1989 |
| 6 | 5兆瓦核供热实验堆 | 清华大学核能技术设计研究院 | 教育部 | 1989 |
| 7 | 大天区面积多目标光纤光谱天文望远镜 | 国家天文台总部（原北京天文台） | 中国科学院 | 2008.10.16 |
| 8 | 国家农作物基因资源工程 | 农业部、中国农科院 | 农业部 | 2003 |
| 9 | 北京白家疃地球科学国家野外科学观测研究站 | 中国地震局地球物理研究所 | 中国地震局 | 1955 |
| 10 | 北京房山人卫激光国家野外科学观测研究站 | 中国测绘科学研究院 | 国家测绘局 | 1980 |
| 11 | 北京上甸子大气成分本底国家野外科学观测研究站 | 北京市气象局 | 中国气象局 | 2005 |
| 12 | 北京空间环境国家野外科学观测研究站 | 中国科学院地质与地球物理研究所 | 中国科学院 | 正在建设 |

资料来源：科技部网站

## 北京地区国家工程技术研究中心一览表

| 序号 | 名称 | 挂靠单位 | 组建、验收时间（年） | 地址 | 电话 | 邮编 | 网址 |
|---|---|---|---|---|---|---|---|
| 1 | 国家高性能计算机工程技术研究中心 | 中科院计算技术研究所、曙光天演信息发展有限公司 | 1997 2000 | 海淀区中关村科学院南路6号 | 62657255 | 100190 | www.nrchpc.ac.cn |
| 2 | 国家并行计算机工程技术研究中心 | 中科院计算技术研究所、江南计算技术研究所 | 1992 1996 | 海淀区科学院南路6号 | 62570431 | 100190 | |
| 3 | 国家企业信息化应用支撑软件工程技术研究中心 | 清华大学、华中科技大学 | 1997 2000 | 海淀区清华大学华业大厦三区四层 | 62782208 | 100084 | www.eis.org.cn/index.jsp |
| 4 | 国家网络新媒体工程技术研究中心 | 中科院声学所、中国科学技术大学 | 2007 | 海淀区北四环西路21号 | 62540072 | 100190 | www.ioa.ac.cn |
| 5 | 国家数据通信工程技术研究中心 | 兴唐通信科技股份有限公司 | 1992 1995 | 海淀区学院路40号 | 62301219 | 100191 | |
| 6 | 国家遥感应用工程技术研究中心 | 中科院遥感应用研究所 | 1997 2000 | 朝阳区大屯路甲20号北 | 64889206 | 100101 | www.irsa.ac.cn |

续表

| 序号 | 名称 | 挂靠单位 | 组建、验收时间（年） | 地址 | 电话 | 邮编 | 网址 |
|---|---|---|---|---|---|---|---|
| 7 | 国家专用集成电路设计工程技术研究中心 | 中科院自动化研究所 | 1992 1995 | 海淀区中关村东路95号 | 62554297 | 100190 | www.ia.ac.cn |
| 8 | 国家新药开发工程技术研究中心 | 中国医学科学院药物研究所 | 1996 2000 | 大兴区大兴工业开发区金苑路26号 | 61273597 | 102600 | www.collab.cn |
| 9 | 国家医用加速器工程技术研究中心 | 北京医疗器械研究所 | 1994 1998 | 昌平区科技园区创新路21号 | 69714704 | 102200 | www.cnerc.gov.cn/cnerc_site/yyjsq/index/index.htm |
| 10 | 国家生化工程技术研究中心（北京） | 中科院过程工程研究所 | 1996 2000 | 海淀区中关村北二条1号 | 62550875 | 100190 | www.nercb.com.cn |
| 11 | 国家服装设计与加工工程技术研究中心 | 中国服装集团公司 | 1993 1996 | 朝阳区建国路99号中服大厦27层 | 61558458 | 100020 | www.cnggc.com |
| 12 | 国家合成纤维工程技术研究中心 | 中国纺织科学研究院 | 1992 | 朝阳区延静里中街3号 | 65015397 | 100025 | www.cta.com.cn |
| 13 | 国家肉类加工工程技术研究中心 | 中国肉类食品综合研究中心 | 1997 2000 | 丰台区洋桥70号 | 67223366 | 100068 | www.cmrc.com.cn |
| 14 | 国家城市环境污染控制工程技术研究中心 | 北京市环境保护科学研究院 | 1994 1998 | 西城区阜外大街北营房中街59号 | 88362334 | 100037 | www.cee.cn |
| 15 | 国家工业建筑诊断与改造工程技术研究中心 | 中冶集团建筑研究总院 | 1993 1996 | 海淀区西土城路33号 | 82227377 | 100088 | www.yj-nerc.com |
| 16 | 国家建筑工程技术研究中心 | 中国建筑科学研究院 | 1993 1996 | 朝阳区北三环东路30号 | 64517000 | 100013 | www.cabr.ac.cn |
| 17 | 国家住宅与居住环境工程技术研究中心 | 中国建筑设计研究院 | 1993 1999 | 西城区车公庄大街19号 | 68302801 | 100044 | www.house-china.net |
| 18 | 国家水煤浆工程技术研究中心 | 煤炭科学研究总院 | 1992 1996 | 朝阳区青年沟路5号 | 84261742 | 100013 | www.chinacwm.com |
| 19 | 国家同位素工程技术研究中心 | 中国原子能科学研究院 | 1993 1999 | 房山区新镇 | 69358569 | 102413 | www.ciae.ac.cn |
| 20 | 国家新能源工程技术研究中心 | 北京市太阳能研究所有限公司 | 1992 1995 | 朝阳区北苑路大羊坊10号 | 84932673 | 100012 | www.beijingsunpu.com.cn |

续表

| 序号 | 名称 | 挂靠单位 | 组建、验收时间（年） | 地址 | 电话 | 邮编 | 网址 |
|---|---|---|---|---|---|---|---|
| 21 | 国家智能交通系统工程技术研究中心 | 交通部公路科学研究所 | 1999 2003 | 海淀区土城路8号 | 62079526 | 100088 | www.itsc.com.cn |
| 22 | 国家铁路智能运输工程技术研究中心 | 中国铁道科学研究院 | 2000 2004 | 海淀区大柳树路2号 | 51849016 | 100081 | www.rails.com.cn |
| 23 | 国家工业控制机及系统工程技术研究中心 | 中国航天科技集团公司五院502研究所 | 1993 1996 | 海淀区知春路61号康拓科技大厦 | 62523971 | 100190 | www.controlchina.com |
| 24 | 国家固体激光工程技术研究中心 | 中国电子科技集团公司第十一研究所 | 1992 1995 | 朝阳区酒仙桥路4号 | 84321411 | 100015 | www.ncrieo.com.cn |
| 25 | 国家计算机集成制造系统工程技术研究中心 | 清华大学 | 1992 1995 | 海淀区清华大学中央主楼6层 | 62783197 | 100084 | www.cims.tsinghua.edu.cn |
| 26 | 国家特种泵阀工程技术研究中心 | 中国航天动力研究所 | 1991 1995 | 丰台区南大红门路1号 | 68382215 | 100076 | www.nercspv.com |
| 27 | 国家冶金自动化工程技术研究中心 | 冶金自动化研究设计院、东北大学 | 1992 1994 | 丰台区西四环南路72号 | 63898746 | 100071 | www.arim.com |
| 28 | 国家超精密机床工程技术研究中心 | 北京机床研究所 | 2004 2008 | 朝阳区望京路4号 | 64736742 | 100102 | |
| 29 | 国家金属矿产资源综合利用工程技术研究中心（北京） | 北京矿冶研究总院 | 1995 1998 | 西城区文兴街1号 | 88399109 | 100044 | |
| 30 | 国家玻璃深加工工程技术研究中心 | 中国建筑材料科学研究总院 | 1999 2003 | 朝阳区管庄东里1号 | 51167361 | 100024 | www.cbma.com.cn |
| 31 | 国家磁性材料工程技术研究中心 | 北矿磁材科技股份有限公司 | 1992 1995 | 丰台区南四环路188号6区5号楼 | 67537184 | 100070 | www.magmat.com |
| 32 | 国家非晶微晶合金工程技术研究中心 | 钢铁研究总院 | 1996 1999 | 海淀区学院南路76号 | 62183317 | 100081 | www.amorphous.com.cn |
| 33 | 国家碳纤维工程技术研究中心 | 北京化工大学、中国石油天然气股份有限公司吉林分公司 | 1992 2008 | 朝阳区北京化工大学34信箱 | 64435913 | 100029 | |
| 34 | 国家通用工程塑料工程技术研究中心 | 北京市化学工业研究院 | 1991 1995 | 海淀区中关村北大街123号华腾科技大厦5层 | 62640827 | 100084 | www.bciri.com.cn |

续表

| 序号 | 名 称 | 挂靠单位 | 组建、验收时间(年) | 地 址 | 电 话 | 邮 编 | 网 址 |
|---|---|---|---|---|---|---|---|
| 35 | 国家纤维增强模塑料工程技术研究中心 | 北京玻璃钢研究设计院 | 1992 1995 | 延庆县康庄北京261信箱 | 61162414 | 102101 | |
| 37 | 国家有色金属复合材料工程技术研究中心 | 北京有色金属研究总院 | 1992 1996 | 西城区新街口外大街2号 | 82241220 | 100088 | www.grinm.com |
| 38 | 国家昌平综合农业工程技术研究中心 | 中国农业科学院作物研究所 | 1991 1995 | 海淀区中关村南大街12号 | 68975179 | 100081 | |
| 39 | 国家淡水渔业工程技术研究中心北京中心 | 北京市水产科学研究所、中国科学院水生生物研究所 | 1999 2003 | 丰台区角门路18号 | 67586098 | 100068 | test.sino-b.cn/test/scyjs/web/news |
| 40 | 国家花卉工程技术研究中心 | 北京林业大学 | 2005 2008 | 海淀区清华东路35号 | 62338279 | 100083 | www.bjfu.edu.cn |
| 41 | 国家蔬菜工程技术研究中心 | 北京市农林科学院蔬菜研究中心 | 1992 1995 | 海淀区板井路 | 51503032 | 100097 | www.bvrc.com.cn |
| 42 | 国家节水灌溉(北京)工程技术研究中心 | 中国水利水电科学研究院、中国灌溉排水发展中心 | 1999 2002 | 海淀区车公庄西路20号 | 68786542 | 100048 | www.nceib.iwhr.com |
| 43 | 国家农业信息化工程技术研究中心 | 北京市农林科学院 | 2002 2005 | 海淀区板井路 | 51503473 | 100097 | www.nercita.org.cn |
| 44 | 国家农业机械工程技术研究中心 | 中国农业机械化科学研究院 | 1999 2002 | 朝阳区德胜门外北沙滩1号 | 64882238 | 100083 | www.caams.org.cn |
| 45 | 国家饲料工程技术研究中心 | 中国农业大学、中国农业科学院饲料研究所 | 2000 2004 | 海淀区圆明园西路2号 | 62133466 | 100193 | www.nferc.org |
| 46 | 国家奶牛胚胎工程技术研究中心 | 北京三元集团有限责任公司 | 2004 2008 | 朝阳区清河南镇北京奶牛中心 | 62948010 | 100085 | www.bdcc.com.cn |
| 47 | 国家板带生产先进装备工程技术研究中心 | 北京科技大学 | 2008 | 海淀区学院路30号 | 62332598—6308 | 100083 | |
| 48 | 国家作物分子设计工程技术研究中心 | 北京未名凯拓农业生物技术有限公司 | 2008 | 海淀区上地西路39号北大生物城 | 62986799 | 100085 | |

资料来源：国家工程技术研究中心信息网

# 北京地区专利代理机构一览表

| 序号 | 机构名称 | 邮编 | 地址 | 负责人 | 电话 | 网址 |
|---|---|---|---|---|---|---|
| 1 | 北京国林贸知识产权代理有限公司(涉外) | 100022 | 朝阳区建国门外大街24号华侨村1—2—3 | 李桂玲 | 65150103 | www.glmipo.com.cn |
| 2 | 北京路浩知识产权代理有限公司(涉外) | 100081 | 海淀区大柳树路17号富海国际港707室 | 谢顺星 | 62196988 | www.cnkip.com |
| 3 | 北京中创阳光知识产权代理有限责任公司(涉外) | 100088 | 海淀区花园路13号道隆商务会馆112室 | 尹振启 | 62063602 | www.suncrt.com |
| 4 | 北京中建联合知识产权代理事务所 | 100044 | 西城区车公庄大街19号 | 朱丽岩 | 58933504 | www.zlzlzl. |
| 5 | 北京律诚同业知识产权代理有限公司(涉外) | 100098 | 海淀区知春路甲48号盈都大厦B座16层 | 梁挥 | 58733366 | www.lecome.com |
| 6 | 北京邦信阳专利商标代理有限公司(涉外) | 100022 | 朝阳区建国门外大街永安东里甲3号通用国际中心1号楼5层 | 张秋生 | 58793300 | www.boss-young.com |
| 7 | 北京市中实友知识产权代理有限责任公司(涉外) | 100011 | 西城区德外大街安德路112号楼0119室 | 张少宏 | 62366429 | |
| 8 | 北京金富邦专利事务所有限责任公司 | 100029 | 朝阳区小关街53号 | 孙伯庆 | 64249828 | |
| 9 | 北京英特普罗知识产权代理有限公司(涉外) | 100044 | 西城区车公庄大街9号5栋大楼C座11层 | 胡棋 | 88395588 | www.intellecpro.com |
| 10 | 北京华夏正合知识产权代理事务所(涉外) | 100044 | 西城区西外大街1号西环广场2号楼17层C5、C6室 | 韩登营 | 58301655 | www.czipa.com |
| 11 | 北京德琦知识产权代理有限公司(涉外) | 100083 | 海淀区知春路1号学院国际大厦7层 | 宋志强 | 82339088 | www.deqi-iplc.com |
| 12 | 北京中原华和知识产权代理有限责任公司 | 100101 | 朝阳区北辰东路8号汇宾大厦A座909室 | 寿宁 | 64993855 | www.huahe.com.cn |
| 13 | 中科专利商标代理有限责任公司(涉外) | 100083 | 海淀区王庄路1号清华同方科技大厦B座25层 | 廖玉珍 | 82378686 | www.csptal.com |
| 14 | 北京振安创业专利代理有限责任公司 | 100083 | 海淀区花园东路30号花园商务会馆6402室 | 祁纯阳 | 82029709 | |
| 15 | 中国国际贸易促进委员会专利商标事务所(涉外) | 100031 | 西城区复兴门内大街158号远洋大厦10层 | 李勇 | 66412345 | www.ccpit-patent.com.cn |
| 16 | 北京知本村知识产权代理事务所 | 100053 | 宣武区牛街东里一区8号楼1603室 | 周自清 | 63894911 | www.ccro.com.cn |
| 17 | 北京乾诚五洲知识产权代理有限责任公司(涉外) | 100029 | 朝阳区裕民路18号北环中心A座1008—1009号 | 付晓青 | 82250113 | www.faithfulaw.com |
| 18 | 北京北新智诚知识产权代理有限公司(涉外) | 100035 | 西城区西直门南大街16号东楼6层 | 赵郁军 | 66168467 | www.bpta.com.cn |
| 19 | 北京市柳沈律师事务所(涉外) | 100080 | 海淀区彩和坊路10号瀚海国际大厦10层 | 吴秉芬 | 62681616 | www.liu-shen.com |

续表

| 序号 | 机构名称 | 邮编 | 地址 | 负责人 | 电话 | 网址 |
|---|---|---|---|---|---|---|
| 20 | 北京太兆天元知识产权代理有限责任公司（涉外） | 100088 | 海淀区知春路6号锦秋国际大厦A座701室 | 张韬 | 82800237 | |
| 21 | 北京万慧达知识产权代理有限公司（涉外） | 100873 | 海淀区中关村南大街1号友谊宾馆颐园写字楼226室 | 白刚 | 68948018 | www.wanhuida.com |
| 22 | 北京天昊联合知识产权代理有限公司（涉外） | 100031 | 西城区西长安街88号首都时代广场718室 | 张天舒 | 83913598 | www.teehowe.com |
| 23 | 北京恒久联达知识产权代理有限公司（涉外）（未通过2008年年检） | 100028 | 朝阳区曙光西里甲1号A2108号 | 林继恒 | 58220758 | |
| 24 | 北京宇生知识产权代理事务所 | 100029 | 朝阳区惠新西街15号401室 | 倪骏 | 64938280 | www.bjys85.cn |
| 25 | 北京永创新实专利事务所 | 100083 | 海淀区学院路37号 | 周长琪 | 82338110 | |
| 26 | 北京三友知识产权代理有限公司（涉外） | 100140 | 西城区金融街35号国际企业大厦A座16层 | 李强 | 88091921 | www.san-you.com |
| 27 | 北京海虹嘉诚知识产权代理有限公司（涉外） | 100083 | 海淀区北四环中路283号智凯大厦902室 | 张涛 | 82384870 | www.haihongjc.com |
| 28 | 北京华科联合专利事务所 | 100044 | 西城区西直门外南路5号华审宾馆2303室 | 王为 | 68314404 | www.huakepatent.com |
| 29 | 小松专利事务所 | 100051 | 宣武区前门西大街8号楼1002室 | 陈祚龄 | 63172986 | |
| 30 | 北京博浩百睿知识产权代理有限责任公司 | 100098 | 海淀区知春路甲48号C座4单元10F | 宋子良 | 58732381 | |
| 31 | 北京同汇友专利事务所 | 102600 | 大兴区黄村镇兴政街31号 | 高云瑞 | 69242225 | |
| 32 | 北京金之桥知识产权代理有限公司（涉外） | 100088 | 海淀区知春路6号锦秋国际大厦A座1008室 | 林建军 | 82800716 | www.goldenbridgeip.com |
| 33 | 北京三高永信知识产权代理有限责任公司（涉外） | 100101 | 朝阳区安立路60号润枫德尚大厦B座1204—1205室 | 何文彬 | 64986656 | www.sangaopatent.com |
| 34 | 北京科龙寰宇知识产权代理有限责任公司（涉外） | 100088 | 海淀区知春路6号锦秋国际大厦A座1303室 | 孙皓晨 | 82800568 | www.kelong-ip.com |
| 35 | 北京君尚知识产权代理事务所（涉外） | 100080 | 海淀区北四环西路68号左岸工社大厦1317室 | 余长江 | 82529027 | www.joyshine.com.cn |
| 36 | 北京清亦华知识产权代理事务所 | 100084 | 海淀区清华园清华大学照澜院商业楼301室 | 廖元秋 | 62792171 | qingyihua.51.net |
| 37 | 北京思海天达知识产权代理有限公司（涉外） | 100124 | 朝阳区平乐园100号知新园4层 | 张慧 | 67392381 | |
| 38 | 北京英赛嘉华知识产权代理有限责任公司（涉外） | 100098 | 海淀区知春路甲48号盈都大厦A座19层 | 王达佐 | 58732666 | www.insightip.com |
| 39 | 北京同立钧成知识产权代理有限公司（涉外） | 100029 | 朝阳区北辰西路69号峻峰华亭A座902室 | 刘芳 | 58773108 | www.infopatent.com.cn |
| 40 | 北京华谊知识产权代理有限公司 | 100083 | 海淀区学院路30号北京科技大学科技园A座107室 | 刘月娥 | 62332031 | |

续表

| 序号 | 机构名称 | 邮编 | 地址 | 负责人 | 电话 | 网址 |
|---|---|---|---|---|---|---|
| 41 | 北京纽乐康知识产权代理事务所(涉外) | 100028 | 海淀区西直门北大街联慧路99号海云轩大厦A座183室 | 田磊 | 62277819 | www.neuracom-ip.com |
| 42 | 北京轻创知识产权代理有限公司(涉外) | 100191 | 海淀区花园路2号牡丹科技大厦A座3层 | 王新生 | 82282626 | www.keycom-ip.com |
| 43 | 北京申翔知识产权代理有限公司(涉外) | 100035 | 西城区西直门南小街国英1号大厦0429室 | 周春发 | 58561176 | |
| 44 | 北京三幸商标专利事务所(涉外) | 100101 | 朝阳区北辰东路8号汇欣大厦B座0811号 | 刘激扬 | 84976188 | www.sankoco.com |
| 45 | 北京思创毕升专利事务所(涉外) | 100013 | 朝阳区北三环东路14号 | 韦庆文 | 64201667 | www.sch-ip.com |
| 46 | 中原信达知识产权代理有限责任公司(涉外) | 100140 | 西城区金融街19号富凯大厦B座11层 | 穆德骏 | 66576688 | www.chinasinda.com |
| 47 | 北京捷诚信通知识产权代理有限公司(涉外) | 100045 | 西城区三里河1区5—5 | 庞炳良 | 68589998 | www.pscu.com.cn |
| 48 | 北京元中知识产权代理有限责任公司(涉外) | 100029 | 西城区北三环中路甲29号2号楼尊邸1103室 | 汪诚芝 | 82023296 | www.yuanzhong.org |
| 49 | 北京金阙华进专利事务所(涉外) | 100020 | 朝阳区东大桥路8号尚都国际中心A座2312室 | 吴鸿维 | 58702027 | www.goldengatepatent.com |
| 50 | 北京金信立方知识产权代理有限公司(涉外) | 100097 | 海淀区紫竹院路116号嘉豪国际中心B座11层 | 张晓晨 | 58930011 | www.kingsound-ip.com.cn |
| 51 | 北京中知法苑知识产权代理事务所 | 100088 | 海淀区北三环西路11号首都体育学院高德写字楼107室 | 陈俊由 | 82090902 | www.zzfyip.cn |
| 52 | 北京集佳知识产权代理有限公司(涉外) | 100004 | 朝阳区建外大街22号赛特大厦7层 | 于泽辉 | 85115588 | www.unitalen.com.cn |
| 53 | 北京市汇泽知识产权代理有限公司(涉外) | 100088 | 海淀区知春路6号锦秋国际大厦A座18层 | 赵军 | 82961618 | www.ipr-jzhz.com |
| 54 | 北京金言诚信知识产权代理有限公司 | 100086 | 海淀区知春路111号理想大厦809室 | 王亚轩 | 82665269 | www.jycx.com.cn |
| 55 | 北京万科园知识产权代理有限责任公司(涉外) | 100088 | 海淀区北三环中路77号 | 张亚军 | 82076997 | www.wky.com.cn |
| 56 | 北京慧泉知识产权代理有限公司(涉外) | 100088 | 海淀区蓟门里和景园1号楼1单元302室 | 王顺荣 | 82023315 | www.huiquanip.com |
| 57 | 北京科兴园专利事务所 | 100016 | 朝阳区酒仙桥路13号 | 王蕴 | 64355266 | |
| 58 | 中国商标专利事务所有限公司(涉外) | 100045 | 西城区月坛南街14号月新大厦 | 李彦章 | 68570096 | www.trademarkpatent.com.cn |
| 59 | 北京市广友专利事务所有限责任公司 | 100088 | 海淀区北三环西路11号高德写字楼206室 | 王垡璇 | 82090980 | |
| 60 | 北京博圣通专利事务所 | 100083 | 海淀区北四环中路229号海泰大厦1706室 | 黄薇 | 82884000 | |

续表

| 序号 | 机构名称 | 邮编 | 地址 | 负责人 | 电话 | 网址 |
|---|---|---|---|---|---|---|
| 61 | 北京天平专利商标代理有限公司（涉外） | 100020 | 朝阳区朝外大街16号中国人寿大厦1808室 | 王 怡 | 65883010 | www.wang-associates.com |
| 62 | 北京康信知识产权代理有限责任公司（涉外） | 100098 | 海淀区知春路甲48号盈都大厦A座16层 | 余 刚 | 58731888 | www.kangxin.com |
| 63 | 北京双收知识产权代理有限公司（涉外） | 100029 | 朝阳区安贞西里仟村商务大楼B座506—507室 | 吴忠仁 | 82041081 | www.sspatent.com |
| 64 | 北京诺孚尔知识产权代理有限责任公司 | 100089 | 海淀区北洼西里颐安嘉园14栋 | 白 帆 | 68430973 | www.nova-ip.com.cn |
| 65 | 北京银龙知识产权代理有限公司（涉外） | 100082 | 海淀区西直门北大街32号枫篮国际中心2号楼10层 | 郝庆芬 | 82252547 | www.dragonip.com |
| 66 | 北京市合德专利事务所 | 100088 | 海淀区北三环中路77号90号信箱 | 李本源 | 82047898 | www.heraldpatent.com |
| 67 | 北京纪凯知识产权代理有限公司（涉外） | 100031 | 西城区宣武门西大街129号金隅大厦602室 | 赵蓉民 | 66411409 | www.jeekai.com |
| 68 | 北京众合诚成知识产权代理有限公司（涉外） | 100044 | 西城区车公庄大街甲4号物华大厦A座1707室 | 黄家俊 | 68003961 | www.bjzhcc.com |
| 69 | 北京市中咨律师事务所（涉外） | 100034 | 西城区平安里西大街26号新时代大厦6—8层 | 贾 军 | 66091188 | www.zhongzi.com.cn |
| 70 | 北京中安信知识产权代理事务所（涉外） | 100083 | 海淀区清华东路2号金码大厦A座712室 | 张小娟 | 82837725 | www.citicip.com |
| 71 | 北京中恒高博知识产权代理有限公司（涉外） | 100044 | 西城区车公庄大街6号3号楼313室 | 刘 震 | 68001852 | www.chinagoub.com |
| 72 | 北京三聚阳光知识产权代理有限公司（涉外） | 100029 | 西城区裕民路18号北环中心A座502室 | 张 杰 | 62382785 | www.ipsunshine.com |
| 73 | 北京科迪生专利代理有限责任公司 | 100080 | 海淀区中关村816楼1202室 | 关 玲 | 82615576 | |
| 74 | 北京维澳专利代理有限公司（涉外）（未通过2008年年检） | 100004 | 朝阳区建国门外大街22号赛特广场M层30112 | 翟向红 | 65598871 | www.pacificchinaip.com |
| 75 | 北京中北知识产权代理有限公司（涉外） | 100045 | 西城区月坛北街2号月坛大厦16层1号 | 袁世寰 | 68081365 | www.bta.com.cn |
| 76 | 北京连城创新知识产权代理有限公司 | 100086 | 海淀区北三环西路48号北京科技会展中心1号楼B座6B | 刘伍堂 | 62146667 | www.liancheng.net |
| 77 | 北京市商泰律师事务所（涉外） | 100020 | 朝阳区朝外大街10号昆泰大厦1219室 | 郭 华 | 65995719 | www.stlss.cn |
| 78 | 北京市金杜律师事务所（涉外） | 100020 | 朝阳区东三环中路7号北京财富中心写字楼A座40层 | 王俊峰 | 58785588 | www.kingandwood.com |
| 79 | 北京正理专利代理有限公司（涉外） | 100044 | 西城区车公庄大街甲4号物华大厦A座 | 诸葛北华 | 68001882 | www.janlea.com.cn |

续表

| 序号 | 机构名称 | 邮编 | 地址 | 负责人 | 电话 | 网址 |
|---|---|---|---|---|---|---|
| 80 | 北京东方亿思知识产权代理有限责任公司(涉外) | 100738 | 东城区东长安街1号东方广场东方经贸城东2座1601室 | 高卢麟 | 85189318 | www.eastip.com |
| 81 | 北京金硕果知识产权代理事务所 | 100088 | 海淀区西土城路13号蓟门文体招待所 | 张玫 | 62379509 | www.jinshuoguo.com |
| 82 | 北京凯特来知识产权代理有限公司(涉外) | 100081 | 海淀区大柳树路甲2号中铁科大厦8层南区 | 郑立明 | 62197221 | www.cataly-ip.com |
| 83 | 北京市尚公律师事务所(未通过2008年年检) | 100006 | 东城区东长安街10号长安大厦3层 | 李尚公 | 65288888 | |
| 84 | 北京安信方达知识产权代理有限公司(涉外) | 100085 | 海淀区学清路8号科技财富中心B座3层305A | 郑霞 | 82730790 | www.anxinfonda.com |
| 85 | 北京高默克知识产权代理有限公司(涉外) | 100045 | 西城区月坛北街2号月坛大厦A座308室 | 黄坤益 | 68083081 | www.gmkip.com |
| 86 | 北京华夏博通专利事务所(分部) | 100048 | 海淀区紫竹院南路23号国防出版社院内 | 刘俊 | 68451009 | www.bjhxbt.com |
| 87 | 北京挺立专利事务所(涉外) | 100031 | 西城区宣武门西大街129号金隅大厦804室 | 叶树明 | 66416908 | www.dingli.net |
| 88 | 北京尔海知识产权代理事务所 | 100082 | 海淀区文慧园北路9号今典花园2号楼2505室 | 姜丽辉 | 62265669 | www.jiangpa.com |
| 89 | 北京嘉和天工知识产权代理事务所(涉外) | 100025 | 朝阳区八里庄西里98号住邦2000商务中心3号楼1201室 | 甘玲 | 85869056 | www.arete-ip.cn |
| 90 | 北京派特恩知识产权代理事务所 | 100098 | 海淀区知春路甲48号3号楼1单元9D | 张颖玲 | 58731298 | |
| 91 | 北京安博达知识产权代理有限公司(涉外) | 100088 | 海淀区蓟门里小区和景园1号楼3单元102室 | 徐国文 | 62379723 | www.anboda.com |
| 92 | 北京富天民宏济知识产权代理事务所 | 100036 | 海淀区阜成路甲75号院北平房 | 刘寿椿 | 88152049 | |
| 93 | 北京中博世达专利商标代理有限公司(涉外) | 100081 | 海淀区大柳树路17号富海大厦B座501室 | 申健 | 62123380 | www.zhongbo-ip.com |
| 94 | 北京同恒源知识产权代理有限公司(涉外) | 100088 | 海淀区知春路6号锦秋国际大厦A座511室 | 王维绮 | 82800977 | www.tidytend.com |
| 95 | 北京市浩天知识产权代理事务所(涉外) | 100004 | 朝阳区光华路7号汉威大厦东区 | 金卫文 | 52019988 | www.hylandslaw.com |
| 96 | 北京林达刘知识产权代理事务所(涉外) | 100084 | 海淀区清华大学学研大厦B座903室 | 刘新宇 | 62790522 | www.lindapatent.com |
| 97 | 北京连和连知识产权代理有限公司(涉外) | 100029 | 朝阳区安定路33号化信大厦A座1008室 | 胡荣瑜 | 64442168 | www.lianandlien.com |
| 98 | 北京中誉威圣知识产权代理有限公司(涉外) | 100005 | 东城区建国门内大街7号光华长安大厦2座818室 | 曹来禧 | 65171299 | www.globelaw.com.cn |

续表

| 序号 | 机构名称 | 邮编 | 地址 | 负责人 | 电话 | 网址 |
|---|---|---|---|---|---|---|
| 99 | 北京泛华伟业知识产权代理有限公司（涉外） | 100044 | 西城区西直门外大街西环广场2号楼18层5—6号 | 徐舒 | 58302268 | www.panawell.com |
| 100 | 北京明和龙知识产权代理有限公司（涉外） | 100081 | 海淀区中关村南大街17号韦伯时代中心C座1505室 | 郁玉成 | 88570772 | www.mlipa.com |
| 101 | 北京中海智圣知识产权代理有限公司（涉外） | 100083 | 海淀区知春路1号学院国际大厦602室 | 曾永珠 | 51266917 | www.zhzs.cn |
| 102 | 北京润平知识产权代理有限公司（涉外） | 100190 | 海淀区北四环西路9号银谷大厦509室 | 刘国平 | 62800922 | www.runping.com |
| 103 | 北京北翔知识产权代理有限公司（涉外） | 100191 | 海淀区学院路35号世宁大厦908室 | 姜建成 | 82311199 | www.peksung.com |
| 104 | 北京铭硕知识产权代理有限公司（涉外） | 100085 | 海淀区上地五街7号昊海大厦5层 | 韩明星 | 82896186 | www.mingsure.com |
| 105 | 北京律盟知识产权代理有限责任公司（涉外） | 100738 | 西城区东长安街1号东方广场西一办公楼10层1008室 | 王允方 | 85187141 | www.chinaleaven.com |
| 106 | 北京瑞成兴业知识产权代理事务所 | 100088 | 西城区德胜门外大街11号44号楼A座718室 | 李慧 | 82025963 | |
| 107 | 北京信慧永光知识产权代理有限责任公司（涉外） | 100083 | 海淀区知春路9号坤讯大厦1106室 | 王维玉 | 82335586 | www.beijing-sun-hope.com |
| 108 | 北京同达信恒知识产权代理有限公司（涉外） | 100029 | 西城区裕民路18号北环中心A座2002室 | 黄志华 | 82254645 | www.tongdaxinheng.com |
| 109 | 北京怡丰知识产权代理有限公司（涉外） | 100028 | 朝阳区曙光西里甲1号东域大厦第三置业B3003 | 于振强 | 58220250 | www.finefields.com |
| 110 | 北京五月天专利商标代理有限公司 | 100044 | 海淀区西直门北大街47号院迈豪时代1幢131室 | 吴宝泰 | 62225161 | www.mayskyip.com |
| 111 | 北京市建元律师事务所 | 100034 | 西城区阜成门北大街6号国际投资大厦C座7层 | 王隽 | 66579966 | www.genesislawfirm.com.cn |
| 112 | 北京东方汇众知识产权代理事务所 | 100088 | 海淀区西土城路13号蓟门文体招待所1层1号 | 朱元萍 | 62367180 | |
| 113 | 北京鑫媛睿博知识产权代理有限公司 | 100053 | 宣武区白广路枣林前街37号北京裕隆苑宾馆107室 | 龚家骅 | 83540218 | |
| 114 | 北京泛诚知识产权代理有限公司（涉外） | 100045 | 西城区南礼士路66号建威大厦1914室 | 文琦 | 68086266 | www.fsiplaw.com |
| 115 | 北京市卓华知识产权代理有限公司 | 100101 | 朝阳区安翔北里11号创业大厦C座209室 | 丁永华 | 64830754 | |
| 116 | 北京瑞盟知识产权代理有限公司（涉外） | 100035 | 西城区西直门南大街16号西楼11—16室 | 王友彭 | 66157651 | www.rimoon.com.cn |
| 117 | 北京汇智英财专利代理事务所（涉外） | 100081 | 海淀区大柳树路17号富海国际港902室 | 郑玉洁 | 62155155 | |
| 118 | 北京市德权律师事务所（涉外） | 100027 | 东城区东直门南大街14号保利大厦写字楼8层A区 | 房德权 | 65081195 | www.dequanlawfirm.com |

续表

| 序号 | 机构名称 | 邮编 | 地址 | 负责人 | 电话 | 网址 |
|---|---|---|---|---|---|---|
| 119 | 北京方韬法业专利代理事务所 | 100037 | 海淀区增光路甲34号云建大厦9层9号 | 吴景曾 | 86410972 | www.findto.net |
| 120 | 北京信远达知识产权代理事务所 | 100022 | 朝阳区建国门外大街24号京泰大厦1508室 | 王学强 | 65150407 | |
| 121 | 北京君智知识产权代理事务所 | 100081 | 海淀区中关村南大街乙8号中监所内老办公楼314室 | 向 华 | 62137220 | www.jzpa.com |
| 122 | 北京市德恒律师事务所(涉外) | 100140 | 西城区金融街19号富凯大厦B座12层 | 王 丽 | 66575888 | www.dhl.com.cn |
| 123 | 北京紫金联合知识产权代理事务所(未通过2008年年检) | 100045 | 西城区月坛北街26号恒华国际商务中心C座1202室 | 戴武军 | 86329977 | |
| 124 | 北京元本知识产权代理事务所 | 100088 | 海淀区花园路12号时代玉成大厦403室 | 李 斌 | 62361567 | www.yuanben-ip.com |
| 125 | 北京亿腾知识产权代理事务所 | 100190 | 海淀区紫金数码园3号楼7层 | 陈 霁 | 62262772 | www.etone-ip.com |
| 126 | 北京立成智业专利代理事务所 | 100029 | 朝阳区樱花西街18号贵州大厦内1009室 | 张江涵 | 64421808 | |
| 127 | 北京天悦专利代理事务所 | 100012 | 朝阳区北苑路36号14号楼2528室 | 田 明 | 84934084 | www.tianyueip.com |
| 128 | 北京必浩得专利代理事务所 | 100097 | 海淀区紫竹院路116号嘉豪国际中心C座9层 | 张亦华 | 51709020 | www.besthold.cn |
| 129 | 北京市铸成律师事务所 | 100044 | 西城区北展北街华远企业号A座8层 | 司义夏 | 88369999 | www.ctw.com.cn |
| 130 | 北京戈程知识产权代理有限公司(涉外) | 100738 | 东城区东长安街1号东方广场东三办公楼19层 | 程 伟 | 85188598 | www.gechengip.com |
| 131 | 北京国昊天诚知识产权代理有限公司 | 100022 | 朝阳区东三环中路59号富力双子座A座2605室 | 顾惠忠 | 58622266 | |
| 132 | 北京一格知识产权代理事务所 | 100088 | 海淀区花园路12号时代玉成大厦207室 | 钟廷良 | 82013217 | www.igreat.net |
| 133 | 北京汉耐特知识产权代理事务所 | 100020 | 朝阳区朝外大街19号华普国际大厦708室 | 于淑惠 | 65881619 | |
| 134 | 北京法思腾知识产权代理有限公司(涉外) | 100190 | 海淀区中关村东路66号世纪科贸大厦C座1801室 | 杨小蓉 | 62672128 | www.bjfastip.com |
| 135 | 北京润泽恒知识产权代理有限公司 | 100088 | 海淀区学院南路34号西区大厦515室 | 李 欣 | 62276442 | |
| 136 | 北京王景林知识产权代理事务所 | 100080 | 海淀区中关村大街27号中关村大厦515室 | 王景林 | 82381044 | www.ip8610.com |
| 137 | 北京市京大律师事务所 | 100080 | 海淀区海淀路52号北大太平洋科技发展中心705室 | 李光松 | 82689930 | |
| 138 | 北京尚诚知识产权代理有限公司(涉外) | 100031 | 西城区宣武门西大街甲129号金隅大厦6层 | 龙 淳 | 66412615 | |

续表

| 序号 | 机构名称 | 邮编 | 地址 | 负责人 | 电话 | 网址 |
|---|---|---|---|---|---|---|
| 139 | 北京市隆安律师事务所（涉外） | 100020 | 朝阳区建国门外大街21号北京国际俱乐部188室 | 张炳崑 | 82689930 | |
| 140 | 北京金恒联合知识产权代理事务所（涉外） | 100083 | 海淀区志新东路5号鸿基世业商务酒店A609 | 李 强 | 82373196 | www.jinheng-ip.com |
| 141 | 北京中伟智信专利商标代理事务所 | 100088 | 海淀区蓟门里小区东10楼1门0102室 | 张 岱 | 62366545 | |
| 142 | 北京市路盛律师事务所 | 100022 | 朝阳区建国门外大街甲12号新华保险大厦1604A室 | 张再平 | 65693038 | |
| 143 | 北京鸿元知识产权代理有限公司（涉外） | 100020 | 朝阳门外大街19号华普国际大厦519室 | 李瑞海 | 66018031 | www.granderip.com |
| 144 | 北京汉德知识产权代理事务所 | 100013 | 东城区和平里七区16号531室 | 庄一方 | 64215141 | |
| 145 | 北京龙双利达知识产权代理有限公司（涉外） | 100080 | 海淀区市丹棱街16号海兴大厦C座1108室 | 朱 勤 | 82606695 | |
| 146 | 北京市立方律师事务所 | 100007 | 东城区东四十条甲22号南新仓国际大厦A1105室 | 谢冠斌 | 64096099 | www.lifanglaw.com |
| 147 | 北京新博知识产权代理有限公司 | 100140 | 西城区金融街35号国际企业大厦B座16层 | 黄锦阳 | 88093118 | |
| 148 | 北京品源专利代理有限公司 | 100038 | 西城区莲花池东路5号11栋楼505—1室 | 张诗琼 | 66034644 | |
| 149 | 北京兆君联合知识产权代理事务所 | 102200 | 昌平区西环南路钰阳商业楼A单元2层 | 初向庆 | 89745363 | |
| 150 | 北京国帆知识产权代理事务所 | 100043 | 石景山区八大处高科技园西井路3号三号楼 | 王 俊 | 82037380 | |
| 151 | 北京汇信合知识产权代理有限公司 | 100872 | 海淀区中关村大街甲59号文化厦1206G | 符彦慈 | 51260867 | |
| 152 | 北京市磐华律师事务所（涉外） | 100004 | 朝阳区建国门外大街22号赛特大厦901—902室 | 董 巍 | 65594091 | www.pcassociates.cn |
| 153 | 北京市盛峰律师事务所 | 100080 | 海淀区中关村大街27号中关村大厦5层 | 于国富 | 51656805 | www.lawyer8.com |
| 154 | 北京挚诚信奉知识产权代理有限公司 | 100082 | 海淀区西直门北大街32号枫蓝国际中心2号楼1010号 | 张习义 | 62220567 | |
| 155 | 北京市安伦律师事务所（涉外） | 100020 | 朝阳区呼家楼京广中心商务楼711室 | 安晓地 | 65975210 | www.atzp.com |
| 156 | 北京天奇智新知识产权代理有限公司 | 100081 | 海淀区中关村南大街12号天作国际中心18层1号楼2109 | 胡 芳 | 81630664 | |
| 157 | 北京锐思知识产权代理事务所 | 100044 | 西城区西直门外大街135号北展宾馆写字楼5112 | 李 涛 | 13810886697 | |

续表

| 序号 | 机构名称 | 邮编 | 地　址 | 负责人 | 电话 | 网　址 |
|---|---|---|---|---|---|---|
| 158 | 北京市汉衡律师事务所（涉外） | 100022 | 朝阳区东三环中路39号建外SOHO社区8号楼31层 | 冯波 | 58691166 | |
| 159 | 核工业专利中心 | 100037 | 海淀区阜成路43号 | 高尚梅 | 68410206 | |
| 160 | 中国航空专利中心 | 100029 | 朝阳区安外小关东里14号 | 杜永保 | 64918183 | |
| 161 | 中国航天科技专利中心 | 100013 | 东城区和平里滨河路1号 | 安丽 | 68373447 | |
| 162 | 信息产业部电子专利中心 | 100040 | 石景山区鲁谷路35号电科大厦 | 赵天武 | 68632928 | |
| 163 | 中国兵器工业集团公司专利中心 | 100089 | 海淀区车道沟10号 | 刘东升 | 68961701 | |
| 164 | 中国航天科工集团公司专利中心 | 100854 | 海淀区永定路50号 | 岳洁菱 | 68386595 | |
| 165 | 中国船舶专利中心 | 100081 | 海淀区学院南路70号 | 缪蕾 | 62180545 | |
| 166 | 中国有色金属工业专利中心 | 100035 | 西城区西直门内西章胡同9号 | 李迎春 | 62229257 | |
| 167 | 中国人民解放军空军专利服务中心 | 100076 | 丰台区南苑9236信箱 | 张列刚 | 66712322 | |
| 168 | 中国人民解放军总后勤部专利服务中心 | 100071 | 丰台区丰台体育中心南路2号 | 杨学明 | 66888795 | |
| 169 | 中国人民解放军第二炮兵专利服务中心 | 100085 | 海淀区清河镇清河大楼丁三 | 李兴文 | 62841531 | |
| 170 | 国防专利服务中心 | 100036 | 海淀区阜成路26号 | 钱立亚 | 66357069 | |
| 171 | 中国人民解放军海军专利服务中心 | 100073 | 丰台区六里桥北里4号 | 李坚 | 66952536 | |
| 172 | 中国人民解放军防化研究院专利服务中心 | 100083 | 海淀区花园北路35号西楼 | 刘永盛 | 66748499 | |
| 173 | 首钢总公司专利中心 | 100041 | 石景山区首钢技术研究院 | 李永东 | 88292092 | |
| 174 | 北京理工大学专利中心 | 100081 | 海淀区中关村南大街5号 | 仇蕾安 | 68912328 | |
| 175 | 中国和平利用军工技术协会专利中心 | 100088 | 海淀区花园路7号新时代大厦7层 | 陈晶晶 | 82803105 | |

资料来源：北京市知识产权局

# 北京地区技术合同登记机构一览表

| 序号 | 登记处名称 | 邮　编 | 地　址 | 电话 |
|---|---|---|---|---|
| 1 | 北京技术交易促进中心技术合同登记处 | 100080 | 海淀区苏州街甲49号 | 62577125 |
| 2 | 北京市科学技术协会技术合同登记处 | 100077 | 崇文区永外西革新里98号 | 67235944 |
| 3 | 北京市经委经济技术市场发展中心技术合同登记处 | 100009 | 东城区鼓楼东大街48号 | 64019720 |

续表

| 序号 | 登记处名称 | 邮编 | 地址 | 电话 |
|---|---|---|---|---|
| 4 | 北京市职工技术协会技术合同登记处 | 100052 | 宣武区虎坊路13号 | 83551557 |
| 5 | 北京市知识产权局技术合同登记处 | 100035 | 西城区西直门南大街16号西楼11层 | 66127237 |
| 6 | 中国航空工业科学技术总公司技术合同登记处 | 100025 | 朝阳区西大望路甲2号6层 | 65016246—8015 |
| 7 | 核工业科技开发咨询中心技术合同登记处 | 100045 | 西城区月坛西街乙2号院5号楼 | 68021966 |
| 8 | 中国科学院信息咨询中心技术合同登记处 | 100080 | 海淀区北四环西路33号6D | 62568696 |
| 9 | 中国科学技术咨询服务中心技术合同登记处 | 100081 | 海淀区学院南路86号 | 62137487 |
| 10 | 中国电子工业科学技术交流中心技术合同登记处 | 100088 | 西城区新街口外大街8号 | 62383340 |
| 11 | 朝阳区科学技术协会技术合同登记处 | 100020 | 朝阳区日坛北街33号区政府南2楼5层507室 | 65099728 |
| 12 | 顺义区科学技术委员会技术合同登记处 | 101300 | 顺义区光明南街24号 | 69444902 |
| 13 | 东城区科学技术委员会技术合同登记处 | 100005 | 东城区金宝街52号东城区行政服务中心13号窗口 | 65258800—8116 |
| 14 | 西城区科学技术委员会技术合同登记处 | 100037 | 西城区月坛北街甲1号—4 | 68010703 |
| 15 | 海淀区科学技术委员会技术合同登记处 | 100083 | 海淀区北四环中路281号 | 62325612 |
| 16 | 崇文区科学技术委员会技术合同登记处 | 100061 | 崇文区幸福大街甲39号德惠写字楼B座308室 | 67136504 |
| 17 | 北京市经济技术合作办公室技术合同登记处 | 100020 | 朝阳区中纺街30号9层 | 65014090 |
| 18 | 石景山区科学技术委员会技术合同登记处 | 100041 | 石景山区实兴大街区工商局1层 | 88794457—217 |
| 19 | 中关村科技园区昌平园管理委员会技术合同登记处 | 102200 | 昌平区超前路9号 | 89701437 |
| 20 | 通州区科学技术委员会技术合同登记处 | 101100 | 通州区通胡大街78号 | 89526652—3083 |
| 21 | 密云县科学技术委员会技术合同登记处 | 101500 | 密云县西滨河路2号 | 69048443 |
| 22 | 房山区科学技术委员会技术合同登记处 | 102488 | 房山区良乡政通东路1号 | 89350223 |
| 23 | 宣武区科学技术委员会技术合同登记处 | 100054 | 宣武区育新街2号 | 83532965 |
| 24 | 中关村科技园区丰台园管理委员会技术合同登记处 | 100070 | 丰台区科兴路9号 | 63740110 |
| 25 | 北京市科技协作中心技术合同登记处 | 100035 | 西城区西直门南大街16号 | 66517146 |
| 26 | 中关村科技园区海淀园管理委员会技术合同登记处 | 100089 | 海淀区四季青路6号招商大厦 | 88496990 |
| 27 | 北京市科学技术研究院技术合同登记处 | 100048 | 紫竹院南路23号国防出版社院内429室 | 68343152 |
| 28 | 大兴区科学技术委员会技术合同登记处 | 102600 | 大兴区黄村兴政街31号 | 69243835 |
| 29 | 丰台区科学技术委员会技术合同登记处 | 100071 | 丰台区北大街甲13号 | 63894698 |
| 30 | 中关村科技园区电子城科技园管理委员会技术合同登记处 | 100016 | 朝阳区酒仙桥路甲12号 | 64310422 |

附录 451

续表

| 序号 | 登记处名称 | 邮编 | 地址 | 电话 |
|---|---|---|---|---|
| 31 | 北京产权交易所有限公司技术合同登记处 | 100140 | 西城区金融大街甲17号 | 66295773 |
| 32 | 昌平区科学技术委员会技术合同登记处 | 102200 | 昌平区东关二条科技中心大楼 | 69744174 |
| 33 | 北京版权保护中心技术合同登记处 | 100083 | 海淀区知春路23号量子银座1405室 | 82357087 |
| 34 | 朝阳区科学技术委员会技术合同登记处 | 100101 | 朝阳区大屯路西奥中心B座22层 | 64862731 |
| 35 | 平谷区科学技术委员会技术合同登记处 | 101200 | 平谷区府前西街26号 | 69961909 |
| 36 | 怀柔区科学技术委员会技术合同登记处 | 101400 | 怀柔区湖光小区24号 | 69697671 |

资料来源:北京技术市场管理办公室

## 北京地区质量技术监督检验检测技术机构一览表

| 序号 | 名称 | 服务内容 | 地址 | 邮编 | 电话 | 电子邮箱 |
|---|---|---|---|---|---|---|
| 1 | 国家中文信息处理产品质量监督检验中心 | 中文信息处理产品 | 朝阳区育慧南路3号 | 100029 | 84654173 | zjs@bjtsb.gov.cn |
| 2 | 国家应用软件产品质量监督检验中心 | 应用软件产品 | 海淀区中关村软件园区3A楼 | 100094 | 82825511 | zjs@bjtsb.gov.cn |
| 3 | 国家食品质量安全监督检验中心 | 食品及食品有害物质分析 | 海淀区永丰产业基地丰德东路17号 | 100094 | 82479300 | cfqs@cfqs.org |
| 4 | 北京市产品质量监督检验所 | 家用电器、电子电工、低压电器、电气环境实验、食品、乐器、眼镜、信息类产品、网络线、电线电缆、电磁兼容、应用软件评测、网络测试、信息交换用中文汉字、信息类产品、珠宝玉石、室内空气检测等产品质量的委托检测、监督检验、仲裁检验 | 朝阳区育慧南路3号 | 100029 | 84654179 | zjs@bjtsb.gov.cn |
| 5 | 北京市纺织纤维检验所 | 纺织品、纤维 | 朝阳区八里庄西里甲15号 | 100025 | 65585719 | xjs@bjtsb.gov.cn |
| 6 | 北京市计量产品质量监督检验一站 | 计量产品 | 朝阳区安苑东里1区12号 | 100029 | 64916380 | jly@bjtsb.gov.cn |
| 7 | 北京市东城区产品质量监督检验所 | 眼镜 | 东城区和平里五区甲12号 | 100013 | 84210014 | dcjzjs@bjtsb.gov.cn |
| 8 | 北京市朝阳区产品质量监督检验所 | 汽车配件,家具、石材、板材、食品 | 朝阳区高碑店路1438号 | 100022 | 87741688 | cyjzjs@bjtsb.gov.cn |

续表

| 序号 | 名称 | 服务内容 | 地址 | 邮编 | 电话 | 电子邮箱 |
|---|---|---|---|---|---|---|
| 9 | 北京市海淀区产品质量监督检验所 | 卫生用品、煤、车用燃油、纸制品、食品及食品有害物质分析 | 海淀区永丰产业基地丰德东路17号 | 100094 | 82479300 | cfqs@ cfqs. org |
| 10 | 北京市丰台区产品质量监督检验所 | 糕点、面包、糖果、饮料、肉制品等食品 | 丰台区丰台镇文体路6号 | 100071 | 63837652 | ftjzjs@ bjtsb. gov. cn |
| 11 | 北京市石景山区产品质量监督检验所 | 煤、车用燃油、润滑油 | 石景山区杨庄东路73号 | 100043 | 68827679 | sjszjs@ bjtsb. gov. cn |
| 12 | 北京市门头沟区产品质量监督检验所 | 煤炭 | 门头沟区新桥大街60号 | 102300 | 69828742 | mtgjzjs@ bjtsb. gov. cn |
| 13 | 北京市房山区产品质量监督检验所 | 建筑材料、煤炭、油品 | 房山区良乡拱辰大街84号 | 102401 | 80356958 | fsjzjs@ bjtsb. gov. cn |
| 14 | 北京市通州区产品质量监督检验所 | 车用防冻液、制动液、润滑油、食品 | 通州区运河大街东路甲1号 | 101100 | 89580603 | tzjzjs@ bjtsb. gov. cn |
| 15 | 北京市顺义区产品质量监督检验所 | 煤炭、油品、食品 | 顺义区府前东街19号 | 101300 | 81482494 | syjzjs@ bjtsb. gov. cn |
| 16 | 北京市昌平区产品质量监督检验所 | 食品、饲料、化妆品、洗涤用品、建筑涂料、煤炭、车用汽油、车用柴油、皮革、家具、门窗、水泥、水嘴阀门、建筑装饰材料等 | 昌平区东关环岛东 | 102200 | 89702449 | cpjzjs@ bjtsb. gov. cn |
| 17 | 北京市大兴区产品质量监督检验所 | 糕点及糕点制品、煤炭、石油化工产品 | 大兴区海子角 | 102600 | 61245309 | dxjzjs@ bjtsb. gov. cn |
| 18 | 北京市平谷区产品质量监督检验所 | 复合肥、粮食及制品 | 平谷区平谷镇文化南街7号 | 101200 | 69976714 | pgjzjs@ bjtsb. gov. cn |
| 19 | 北京市怀柔区产品质量监督检验所 | 面包、糕点、碳酸饮料、酱油 | 怀柔区北大街53号 | 101400 | 89682352 | hrjzjs@ bjtsb. gov. cn |
| 20 | 北京市密云县产品质量监督检验所 | 糕点、饼干、面包等食品 | 密云县鼓楼东大街5号 | 101500 | 69087607 | myjzjs@ bjtsb. gov. cn |
| 21 | 北京市延庆县产品质量监督检验所 | 煤炭、面粉、植物油、汽油 | 延庆县湖南东路20号 | 102100 | 69103006 | yqjzjs@ bjtsb. gov. cn |
| 22 | 北京市条码质量监督检验站 | 条码 | 东城区和平里东街20号 | 100013 | 64290363 | xxs@ bjtsb. gov. cn |
| 23 | 北京市食品及酿酒产品质量监督检验一站 | 饮料、食品、酒 | 崇文区永定门外沙子口路70号 | 100075 | 67261247 | 99jiu@ sohu. com |
| 24 | 北京市食品质量监督检验二站 | 调味品、豆制品、香辛料 | 宣武区禄长街头条4号 | 100050 | 63036270 | bjfoodnz@ public3. bta. net. cn |
| 25 | 北京市食品质量监督检验三站 | 禽肉制品、冷冻饮品、水产品 | 丰台区洋桥70号 | 100068 | 67264821 | cmrcsys@ 263. net |
| 26 | 北京市食品质量监督检验四站 | 肉、肉制品、蛋、蛋制品、水产品 | 丰台区南四环西路188号7区7号楼 | 100070 | 63702219 | sheshengjin815 @ sohu. com |

续表

| 序号 | 名　称 | 服务内容 | 地　址 | 邮编 | 电话 | 电子邮箱 |
|---|---|---|---|---|---|---|
| 27 | 北京市粮油及复制品质量监督检验站 | 原粮和原粮制品、食用油产品 | 大兴区西红门路46号 | 100162 | 60245708 | Shangyan4828@sina.com |
| 28 | 北京市饮料及食品添加剂质量监督检验站 | 饮料、食品添加剂 | 朝阳区平乐园100号 | 100124 | 67391667 | bgdzjz@etang.com |
| 29 | 北京市乳品质量监督检验站 | 乳品及乳制品 | 朝阳区清河南镇北京奶牛中心 | 100192 | 62948037 | rupin@btamail.net.cn |
| 30 | 北京市茶叶质量监督检验站 | 茶叶 | 大兴区西红门路8号 | 100076 | 60222968 | teazhijian@sina.com |
| 31 | 北京市服装质量监督检验一站 | 服装 | 朝阳区松榆西里29号楼 | 100021 | 67356435 | bcqsts@china.com |
| 32 | 北京市服装质量监督检验二站 | 服装 | 宣武区前门大街掌扇胡同甲2号 | 100051 | 63014173 | fzzj2@263.net |
| 33 | 北京市针织品质量监督检验站 | 针织制品 | 朝阳区朝外金台里27号 | 100026 | 85992984 | zzzj01@263.net |
| 34 | 北京市毛麻丝织品质量监督检验站 | 毛、麻、丝原料及织品 | 海淀区清河小营西毛纺城内 | 100085 | 62940614 | mms@vip.163.com |
| 35 | 北京市纺织产品及染料助剂质量监督检验站 | 纺织产品、染料助剂产品 | 朝阳区朝阳北路175号401室 | 100026 | 65086018 | frjjz@263.net |
| 36 | 北京市地毯质量监督检验站 | 地毯 | 朝阳区望京湖光中街8号 | 100102 | 64752924 | ditanjiancezhan@sohu.com |
| 37 | 北京市鞋帽质量监督检验站 | 鞋帽产品 | 崇文区天坛路89号 | 100050 | 67021246 | bjmzj@china.com |
| 38 | 北京市木材家具质量监督检验站 | 木家具 | 丰台区大红门西路4号 | 100068 | 67274103 | mczjz@126.com |
| 39 | 北京市玻璃陶瓷产品质量监督检验站 | 玻璃陶瓷产品 | 朝阳区南豆各庄黄厂路 | 100023 | 87399686 | glassncs95@163.com |
| 40 | 北京市家用电器质量监督检验站 | 家用电器 | 宣武区下斜街29号 | 100053 | 63037367 | zzbgs@sohu.com |
| 41 | 北京市轻工产品质量监督检验一站 | 日用五金、文化百货、儿童用品 | 丰台区角门东里79号 | 100068 | 67564486 | zhijianyizhan@hotmail.com |
| 42 | 北京市日用化学产品质量监督检验站 | 化妆品、洗涤用品 | 崇文区东四块玉南街32号 | 100061 | 67161289 | kyzxxl@public.bta.net.cn |
| 43 | 北京市首饰质量监督检验站 | 首饰 | 朝阳区大屯路甲2号 | 100101 | 64871971 | njc@a-l.net.cn |
| 44 | 北京市珠宝玉石质量监督检验站 | 珠宝玉石及其制品 | 朝阳区安定门外大街小黄庄路19号 | 100013 | 84273637 | gems@163bj.com |
| 45 | 北京市燃气及燃气用具产品质量监督检验站 | 燃气用具 | 朝阳区安定门外外馆东后街35号 | 100011 | 64257122 | bpoi@public.east.cn.net |

续表

| 序号 | 名称 | 服务内容 | 地址 | 邮编 | 电话 | 电子邮箱 |
|---|---|---|---|---|---|---|
| 46 | 北京市烟草质量监督检测站 | 烟草 | 朝阳区北三环东路樱花西街10号 | 100029 | 64436071 | bjyczjz@sina.com |
| 47 | 北京市烟花爆竹质量监督检验站 | 烟花爆竹 | 海淀区冷泉东路16号 | 100095 | 62488831 | hbhpjcz@sohu.com |
| 48 | 北京市钟表质量监督检验站 | 钟表 | 东城区交道口菊儿胡同7号 | 100009 | 64034320 | watchclock@sohu.com |
| 49 | 北京市机械产品质量监督检验站 | 机械产品 | 朝阳区工体北路4号 | 100027 | 65070095 | jixiezhan@sina.com |
| 50 | 北京市建设机械与材料质量监督检验站 | 建筑机械、建筑材料 | 西城区展览路1号 | 100044 | 68322351 | jjj@bicea.net.cn |
| 51 | 北京市建筑材料质量监督检验站 | 建筑材料 | 石景山区金顶北路69号 | 100041 | 88724984 | ftang@public.fhnet.cn.net |
| 52 | 北京市煤炭产品质量监督检验站 | 煤炭 | 朝阳区安外小关东里甲2号 | 100029 | 52052637 | mtzhjzh@263.net |
| 53 | 北京市汽车质量监督检验站 | 汽车及配件 | 丰台区方庄南路9号院 | 100079 | 67629678 | bari@public.bta.net.cn |
| 54 | 北京市水泥质量监督检验站 | 水泥及水泥包装材料 | 房山区琉璃河车站前街1号琉璃河水泥厂院内 | 102403 | 89382980-2575 | bjsnzjz@sina.com.cn |
| 55 | 北京市饲料质量监督检验站 | 饲料 | 朝阳区北苑路甲15号 | 100107 | 84932778 | wangyyue@yahoo.com.cn |
| 56 | 北京市肥料质量监督检验站 | 化学肥料 | 海淀区板井路市农林科学院植物营养与资源研究所1楼 | 100097 | 51503322 | liushanjiang@263.net |
| 57 | 北京市新型肥料质量监督检验站 | 有机、无机化肥,果蔬中有害物质 | 朝阳区惠新里高原街4号 | 100029 | 84635727 | zhuli64@sina.com |
| 58 | 北京市塑料制品质量监督检验站 | 塑料制品、塑料包装材料 | 西城区旧鼓楼大街47号 | 100009 | 64034801 | slyjs@public.bta.net.cn |
| 59 | 北京市化工产品质量监督检验站 | 化工产品 | 朝阳区东四环大郊亭桥东南角 | 100124 | 67754816 | Cnrublab@cnrublab.com |
| 60 | 北京市消防产品质量监督检验站 | 消防用品 | 西城区西直门内大街190号 | 100035 | 62241188-3203 | bjxfzhjzh@163.com |
| 61 | 北京市冶金产品质量监督检验站 | 冶金产品 | 朝阳区北苑路40号 | 100012 | 84925117 | yjzjz@sohu.com |
| 62 | 北京市医疗器械产品质量监督检验站 | 医疗器械 | 海淀区北三环中路2号 | 100011 | 62013862 | nmsc2@yeah.net |
| 63 | 北京市饮服食品机械质量监督检验站 | 食品加工机械 | 昌平区昌平科技园区超前路12号 | 102200 | 80111267 | ccetc2000@163.com |
| 64 | 北京市种子质量监督检验站 | 种子 | 海淀区北太平庄路15号 | 100088 | 62056471 | zjzzzjz@sohu.com |

续表

| 序号 | 名称 | 服务内容 | 地址 | 邮编 | 电话 | 电子邮箱 |
|---|---|---|---|---|---|---|
| 65 | 北京市高分子材料质量监督检验站 | 工程塑料、黏合剂、树脂等 | 海淀区中关村北大街123号 | 100084 | 62563472 | zjz@bciri.com.cn |
| 66 | 北京市信息产品质量监督检验站 | 信息产品、电子元件 | 崇文区广渠门内大街9号 | 100062 | 67115519 | dianzi@betc.com.cn |
| 67 | 北京市化学试剂产品质量监督检验站 | 化学试剂 | 朝阳区东四环南路大郊亭桥东南角 | 100124 | 67718953 | jiancezhongxin9485@sina.com |
| 68 | 北京市石油产品质量监督检验一站 | 车用油、柴油、煤油、齿轮油等 | 朝阳区小武基路6号 | 100023 | 67369931 | olizjz@263.net |
| 69 | 北京市黑色冶金产品质量监督检验站 | 生铁、精矿粉、铁合金 | 石景山区首钢技术研究院内 | 100041 | 88296463 | sgjsbbz@fm365.com |
| 70 | 北京市印刷工业产品质量监督检验站 | 印刷产品 | 朝阳区南皋乡南皋村塑料三厂内 | 100015 | 64339451 | yinshuazhijian@sina.com |
| 71 | 北京市照明电器产品质量监督检验站 | 照明产品 | 朝阳区大北窑厂坡村甲3号 | 100022 | 67708989 | bjlightzljd@sohu.com |
| 72 | 北京市农业机械产品质量监督检验站 | 农业机械及配件 | 丰台区南方庄甲60号 | 100079 | 67696851 | yoot@noongli.com.cn |
| 73 | 北京市建筑五金水暖产品质量监督检验站 | 建筑五金材料及产品 | 丰台区大红门西路4号 | 100068 | 87810805 | zhiliang1612@sohu.com |
| 74 | 北京市工程管道及桥梁构件质量监督检验站 | 工程管道、桥梁构件 | 西城区大帽胡同26号 | 100035 | 66114337 | epbmqais@sina.com |
| 75 | 北京市劳动保护用品质量监督检验站 | 劳动保护用品 | 宣武区陶然亭路55号 | 100054 | 63524198 | lbzjbj@263.net |

资料来源：北京市质量技术监督局

# 北京地区质量技术监督法定计量检定机构一览表

| 序号 | 名称 | 服务内容 | 地址 | 邮编 | 电话 | 电子邮箱 |
|---|---|---|---|---|---|---|
| 1 | 北京市计量检测科学研究院 | 提供长度、温度、力学、电学、光学、理化、电磁辐射等专业的计量检定、校准及检测服务；承接部分计量产品的质量监督检验及仲裁检验；授权开展部分计量产品的型式评价和样机试验以及进口计量器具的售前检定；承接企业、事业单位计量人员的技术培训；授权开展最高计量标准考(复)核、计量器具制造许可证考核等工作；房屋面积测量、室内环境监测；其他技术服务工作 | 朝阳区小关北安苑东里一区12号 | 100029 | 51669268 | jly@bjtsb.gov.cn |

续表

| 序号 | 名称 | 服务内容 | 地址 | 邮编 | 电话 | 电子邮箱 |
|---|---|---|---|---|---|---|
| 2 | 北京市东城区计量检测所 | 提供长度、电磁、光学、力学、热工、无线电、时间频率、物理化学等专业的计量检定、校准及检测服务 | 东城区和平里五区甲12号 | 100013 | 84222314 | dcjjls@bjtsb.gov.cn |
| 3 | 北京市西城区计量检测所 | 提供长度、热工、力学、电磁、光学、物理化学、无线电等专业的计量检定、校准及商品量检测服务 | 西城区展览馆路8号 | 100044 | 68332721 | xcjjls@bjtsb.gov.cn |
| 4 | 北京市崇文区计量检测所 | 提供长度学、温度学、力学、电学、物理化学等专业的计量检定、校准及检测服务 | 崇文区南岗子街58号 | 100061 | 67120246 | cwjjls@bjtsb.gov.cn |
| 5 | 北京市宣武区计量检测所 | 提供长度、力学、电磁、温度、理化等专业的计量检定、校准及检测服务 | 宣武区鸭子桥路29号 | 100054 | 83976934 | xwjjls@bjtsb.gov.cn |
| 6 | 北京市朝阳区计量检测所 | 提供长度、温度、湿度、力学、电学、物理化学等专业的计量检定、校准及检测服务 | 朝阳区高碑店路1438号 | 100022 | 87744032 | cyjjls@bjtsb.gov.cn |
| 7 | 北京市海淀区计量检测所 | 提供长度学、温度学、力学、电学、物理化学、光学等专业的计量检定、校准及检测服务 | 海淀区双清路68号 | 100083 | 62324427 | hdjjls@bjtsb.gov.cn |
| 8 | 北京市丰台区计量检测所 | 提供长度学、力学、电学、温度等专业的计量检定、校准及检测服务 | 丰台区北大地文体路6号 | 100071 | 63860399 | ftjjls@bjtsb.gov.cn |
| 9 | 北京市石景山区计量检测所 | 提供长度学、温度学、力学、电学等专业的计量检定、校准及检测服务 | 石景山区杨庄东路73号 | 100043 | 68875389 | sjsjjls@bjtsb.gov.cn |
| 10 | 北京市门头沟区计量检测所 | 提供长度学、力学、物理化学等专业的计量检定、校准及检测服务 | 门头沟区新桥大街60号 | 102300 | 69828742 | mtgjjls@bjtsb.gov.cn |
| 11 | 北京市房山区计量检测所 | 提供长度学、温度学、力学、电学、物理化学等专业的计量检定、校准及检测服务 | 房山区良乡拱辰大街84号 | 102401 | 69351826 | fsjjls@bjtsb.gov.cn |
| 12 | 北京市大兴区计量检测所 | 提供长度学、温度学、力学、时间频率、物理化学等专业的计量检定、校准及检测服务 | 大兴区黄村东里 | 102600 | 69243965 | dxjjls@bjtsb.gov.cn |
| 13 | 北京市通州区计量检测所 | 提供长度学、温度学、力学、电学等专业的计量检定、校准及检测服务 | 通州区玉带河大街32号 | 101100 | 69543525 | tzjjls@bjtsb.gov.cn |
| 14 | 北京市顺义区计量检测所 | 提供长度学、温度学、力学、电学、物理化学、时间频率等专业的计量检定、校准及检测服务 | 顺义区府前东街19号 | 101300 | 69421897 | syjjls@bjtsb.gov.cn |
| 15 | 北京市怀柔区计量检测所 | 提供长度、力学、无线电等专业的计量检定、校准及检测服务 | 怀柔区北大街53号 | 101400 | 89684683 | hrjjls@bjtsb.gov.cn |
| 16 | 北京市平谷区计量检测所 | 提供长度学、温度学、力学、物理化学、电离辐射等专业的计量检定、校准及检测服务 | 平谷区文化南街7号 | 101200 | 69962830 | pgjjls@bjtsb.gov.cn |

续表

| 序号 | 名称 | 服务内容 | 地址 | 邮编 | 电话 | 电子邮箱 |
|---|---|---|---|---|---|---|
| 17 | 北京市昌平区计量检测所 | 提供长度学、温度学、力学、物理化学、电学等专业的计量检定、校准及检测服务 | 昌平区东关环岛东 | 102200 | 89700854 | cpjjls@bjtsb.gov.cn |
| 18 | 北京市密云县计量检测所 | 提供长度学、力学、电学、物理化学等专业的计量检定、校准及检测服务 | 密云县鼓楼东大街5号 | 101500 | 69042252 | myjjls@bjtsb.gov.cn |
| 19 | 北京市延庆县计量检测所 | 提供长度学、温度学、力学、电学等专业的计量检定、校准及检测服务 | 延庆县湖南东路20号 | 102100 | 69104357 | yqjjls@bjtsb.gov.cn |
| 20 | 华北电网有限公司北京电力公司 | 电能表计量检定 | 丰台区莲花西里28号 | 100073 | 67206009 | jlzhxyhp@163.com |

资料来源：北京市质量技术监督局

## 北京地区认证咨询机构一览表

| 序号 | 证书编号 | 机构名称 | 电话传真 | 地址 | 邮编 | 批准业务范围 | 证书有效期限 |
|---|---|---|---|---|---|---|---|
| 1 | CNCA-Z-01Q-2005-001 | 北京东方易初标准技术有限公司 | 58700666 58700688 | 朝阳区东大桥路8号尚都国际中心23层 | 100020 | 质量、环境、安全、HACCP、有机、GAP、CMM、QS9000/TS16949、信息安全、医疗器械管理体系认证咨询 | 2009.12.28 |
| 2 | CNCA-Z-01Q-2005-002 | 北京万丰伟业质量认证咨询有限公司 | 85863716 85863656 | 朝阳区八里庄西里远洋天地69号楼301—308室 | 100026 | 质量、环境、安全、HACCP、QS9000/TS16949、信息安全、医疗器械管理体系认证咨询 | 2009.12.28 |
| 3 | CNCA-Z-01Q-2005-003 | 北京寰发启迪认证咨询中心 | 64477696 64477708 | 朝阳区西坝河西里28号国展国际英特公寓B座30D | 100028 | 质量、环境、安全、HACCP、QS9000/TS16949 | 2009.12.28 |
| 4 | CNCA-Z-01Q-2005-004 | 北京福迪信企业管理顾问有限公司 | 82053370 82054524 | 西城区新街口外大街28号标准化研究所内 | 100088 | 质量 | 2009.12.28 |
| 5 | CNCA-Z-01Q-2005-005 | 北京中标世纪认证咨询有限公司 | 64823636 64823889 | 朝阳区惠新东街11号紫光发展大厦B座3单元902室 | 100055 | 质量、环境、安全、QS9000/TS16949、HACCP、CMM、有机 | 2009.12.28 |
| 6 | CNCA-Z-01Q-2005-006 | 北京海德世纪科技发展有限公司 | 64979879—8018 64813344—820 | 朝阳区安苑路甲17号惠安轩609室 | 100029 | 质量、环境、安全 | 2009.12.28 |

续表

| 序号 | 证书编号 | 机构名称 | 电话传真 | 地　址 | 邮编 | 批准业务范围 | 证书有效期限 |
|---|---|---|---|---|---|---|---|
| 7 | CNCA-Z-01Q-2005-007 | 北京标智咨询有限公司 | 64466930 64466933 | 朝阳区西坝河南路甲1号新天第A座1601室 | 100028 | 质量、环境、安全 QS9000/TS16949 | 2009.12.28 |
| 8 | CNCA-Z-01Q-2005-008 | 北京辉标族质量体系认证咨询中心 | 83559418 51600916 | 宣武区广安门南街36号天缘公寓B座608号 | 100054 | 质量、环境、安全 | 2009.12.28 |
| 9 | CNCA-Z-01Q-2005-010 | 北京兆强认证咨询有限公司 | 67091565 67091533 | 崇文门外大街9号正仁大厦8层 | 100062 | 质量、环境、HACCP | 2009.12.28 |
| 10 | CNCA-Z-01Q-2005-011 | 北京瑞华馨园技术咨询有限公司 | 63395724 63324769 | 宣武区鸭子桥路39号恒生写字楼268室 | 100055 | 质量、环境、安全、HACCP、QS9000/TS16949、有机 | 2009.12.28 |
| 11 | CNCA-Z-01Q-2005-012 | 北京中油东方诚信认证咨询有限公司中心 | 62217881 62218786 | 海淀区联慧路99号海云轩大厦B043 | 100088 | 质量、环境、安全 | 2009.12.28 |
| 12 | CNCA-Z-01Q-2006-013 | 北京华路达环保工程有限公司 | 85988660 85982008 | 朝阳区团结湖北里七号楼505中远（集团）总公司北京船员服务中心 | 100026 | 质量、环境、安全 | 2010.01.10 |
| 13 | CNCA-Z-01Q-2006-014 | 北京世纪万安科技公司 | 84264019 84264016 | 朝阳区和平街13区煤炭科技苑小区35号楼煤炭大厦1701室 | 100013 | 质量、环境、安全 | 2010.01.10 |
| 14 | CNCA-Z-01Q-2006-015 | 北京中标联企业管理顾问有限公司 | 64466705 64466705 | 朝阳区西望京西路48号院金隅国际G座801室 | 100102 | 质量、环境、安全 | 2010.01.10 |
| 15 | CNCA-Z-01Q-2006-016 | 华超信和管理咨询（北京）有限公司 | 51663700 51664800 | 海淀区昆明湖南路62号远大世纪城金夕园4号楼1712室 | 100089 | 质量、环境、安全、HACCP | 2010.01.10 |
| 16 | CNCA-Z-01Q-2006-017 | 北京明标企业管理咨询中心 | 88556051 88556050 | 海淀区紫竹院路1号人济山庄D座1607号 | 100044 | 质量、环境、安全、HACCP | 2010.01.10 |
| 17 | CNCA-Z-01Q-2006-018 | 北京中标经略质量认证咨询有限公司 | 68047571 68059133 | 西城区月坛北小街2号院2号楼2212室 | 100836 | 质量、环境、安全、HACCP、QS9000/TS16949、有机、医疗器械质量管理体系认证咨询、环境标志产品认证咨询 | 2010.01.19 |
| 18 | CNCA-Z-01Q-2006-019 | 北京国环咨询中心 | 51616191 51616193 | 海淀区北四环中路211号6信箱 | 100083 | 质量、环境、安全、HACCP、QS9000/TS16949 | 2010.01.19 |

续表

| 序号 | 证书编号 | 机构名称 | 电话传真 | 地址 | 邮编 | 批准业务范围 | 证书有效期限 |
|---|---|---|---|---|---|---|---|
| 19 | CNCA-Z-01Q-2006-020 | 北京津桥优凯思管理技术咨询有限公司 | 62105285 62105316 | 海淀区知春路108号豪景大厦A座203室 | 100086 | 质量、环境、安全 | 2010.01.19 |
| 20 | CNCA-Z-01Q-2006-021 | 北京派力行质量认证咨询有限公司 | 65521832 65513011-198 | 朝阳区朝外大街223号二层 | 100020 | 质量、环境、安全 | 2010.01.19 |
| 21 | CNCA-Z-01Q-2006-022 | 北京质安环质量认证咨询有限公司 | 64466559 64466569 | 朝阳区东四环北路10号瞰都国际A座1807室 | 100016 | 质量、环境、安全、HACCP | 2010.01.19 |
| 22 | CNCA-Z-01Q-2006-023 | 北京华企联技术发展中心 | 63850083 63850084 | 丰台区丰台镇东安街3条6号 | 100071 | 质量、环境、安全 | 2010.01.19 |
| 23 | CNCA-Z-01Q-2006-024 | 北京恒标智业认证咨询有限公司 | 83505825 83505297 | 宣武区白纸坊西街6号院1号楼903室 | 100054 | 质量、环境、安全 | 2010.01.19 |
| 24 | CNCA-Z-01Q-2006-025 | 北京食安管理顾问有限公司 | 63170426 63180221 | 宣武区广义街4号2层205室 | 100053 | 质量、环境、安全、HACCP、有机 | 2010.01.19 |
| 25 | CNCA-Z-01Q-2006-027 | 北京中机天腾认证咨询中心 | 88378626 68361096 | 西城区三里河路46号 | 100823 | 质量、环境、安全 | 2010.01.19 |
| 26 | CNCA-Z-01Q-2006-028 | 北京华逸诚信咨询有限公司 | 68675411 88283200 | 丰台区青塔小区春园5号楼1107室 | 100039 | 质量、环境 | 2010.01.19 |
| 27 | CNCA-Z-01Q-2006-029 | 北京东方五洲认证咨询有限公司 | 68369731 68369731 | 海淀区甘家口17号楼4门602室 | 100037 | 质量、环境、安全 | 2010.01.26 |
| 28 | CNCA-Z-01Q-2006-030 | 北京北方博业认证咨询有限公司 | 85863797 85863800 | 朝阳区八里庄西里远洋天地73号楼504室 | 100025 | 质量、环境、安全、HACCP、QS9000/TS16949 | 2010.01.26 |
| 29 | CNCA-Z-01Q-2006-031 | 北京中电企联技术咨询有限公司 | 63329742 63329742 | 宣武区广安门外广华轩2号楼315室 | 100055 | 质量、环境、安全 | 2010.01.26 |
| 30 | CNCA-Z-01Q-2006-032 | 北京博智伟业管理顾问有限公司 | 84636330 84637722-5004 | 朝阳区育慧南路1号中日环保中心A栋1004室 | 100029 | 质量、环境、安全 | 2010.02.10 |
| 31 | CNCA-Z-01Q-2006-033 | 环科通达（北京）认证咨询有限公司 | 67013281 67013281 | 崇文区天坛东里中区甲14号 | 100061 | 质量、环境、环境、环境标志产品认证咨询 | 2010.02.10 |
| 32 | CNCA-Z-01Q-2006-034 | 北京质环安管理标准技术中心 | 87872610 87873501 | 崇文区永外果园43号珠江骏景中区17单元1205室 | 100068 | 质量、环境、安全 | 2010.02.10 |

续表

| 序号 | 证书编号 | 机构名称 | 电话传真 | 地址 | 邮编 | 批准业务范围 | 证书有效期限 |
|---|---|---|---|---|---|---|---|
| 33 | CNCA-Z-01Q-2006-035 | 北京世纪拓普顾问有限公司 | 84291163 64204299 | 东城区和平里七区16号楼512室 | 100013 | 质量、环境、安全 | 2010.02.10 |
| 34 | CNCA-Z-01Q-2006-036 | 北京鸿安德龙技术有限公司 | 84832172 84833431 | 朝阳区北四环东路108号千鹤家园3号楼1006号 | 100029 | 质量、环境、安全、HACCP、QS9000/TS16949 | 2010.02.10 |
| 35 | CNCA-Z-01Q-2006-037 | 北京银标管理咨询有限公司 | 86518682 67656013 | 丰台区东铁营顺一条8号大陆写字楼 | 100079 | 质量 | 2010.02.10 |
| 36 | CNCA-Z-01Q-2006-038 | 北京卓越同舟咨询有限公司 | 62719467 62717644—604 | 海淀区西三旗桥北金燕龙大厦1606室 | 100096 | 质量、环境、安全、HACCP、有机、QS9000/TS16949 | 2010.02.10 |
| 37 | CNCA-Z-01Q-2006-039 | 北京市赛克赛德质量体系咨询有限公司 | 84852168 84852169 | 朝阳区北苑路172号欧陆大厦506室 | 100101 | 质量、QS9000/TS16949、HACCP | 2010.02.10 |
| 38 | CNCA-Z-01Q-2006-040 | 北京莱格企业管理咨询有限公司 | 64899650 64899650 | 朝阳区安慧北里雅园4号楼1808室 | 100101 | 质量、环境、安全、HACCP、QS9000/TS16949 | 2010.02.16 |
| 39 | CNCA-Z-01Q-2006-041 | 北京恒基智业管理咨询有限公司 | 51616162 51616163 | 海淀区北四环中路211号太极大厦9层 | 100083 | 质量、环境、安全、HACCP、QS9000/TS16949 | 2010.02.20 |
| 40 | CNCA-Z-01Q-2006-042 | 北京经典智业认证咨询中心 | 64215617 64257959 | 海淀区北三环东路18号138信箱 | 100013 | 质量、环境、安全、HACCP、QS9000/TS16949、CMM、有机、信息安全管理体系认证咨询 | 2010.02.23 |
| 41 | CNCA-Z-01Q-2006-043 | 北京高科圣德认证咨询中心 | 64422141 64429798 | 东城区安定路20号院2号楼908室 | 100029 | 质量、环境、安全、HACCP、有机 | 2010.02.23 |
| 42 | CNCA-Z-01Q-2006-044 | 北京中质联技术服务有限公司 | 82358207 82357916 | 海淀区知春路6号锦秋知春9号楼106室 | 100088 | 质量 | 2010.02.23 |
| 43 | CNCA-Z-01Q-2006-045 | 北京康达信咨询有限公司 | 64415600 64433020 | 朝阳区安贞里二区1号楼金瓯大厦416室 | 100029 | 质量、环境、安全 | 2010.02.23 |
| 44 | CNCA-Z-01Q-2006-046 | 北京三特新兴科技开发有限公司 | 68339277 68339277 | 西城区西外大街140号 | 100044 | 质量、环境、安全 | 2010.03.08 |
| 45 | CNCA-Z-01Q-2006-047 | 北京万通兴达咨询有限公司 | 82081683 82081683 | 海淀区西土城路8号 | 100088 | 质量、环境、安全 | 2010.03.08 |

续表

| 序号 | 证书编号 | 机构名称 | 电话 传真 | 地址 | 邮编 | 批准业务范围 | 证书有效期限 |
|---|---|---|---|---|---|---|---|
| 46 | CNCA－Z－01Q－2006－048 | 北京中安科企业管理咨询中心 | 64972519 64935185 | 朝阳区惠新西街17号 | 100029 | 质量、环境、安全 | 2010.03.08 |
| 47 | CNCA－Z－01Q－2006－049 | 北京国研趋势管理咨询中心 | 58693479 58691499 | 朝阳区东三环中路39号建外SOHO第14座0906室 | 100022 | 质量、环境、安全、HACCP、QS9000/TS16949 | 2010.03.27 |
| 48 | CNCA－Z－01Q－2006－050 | 北京经纬方正技术咨询有限责任公司 | 68034205 68036764 | 西城区月坛北小街2号院1号楼 | 100830 | 质量、环境、安全、医疗器械质量管理体系 | 2010.03.27 |
| 49 | CNCA－Z－01Q－2006－051 | 北京星智城管理咨询有限公司 | 66706410 66706409 | 海淀区复兴路83号东9楼423室 | 100856 | 质量、环境、安全 | 2010.03.27 |
| 50 | CNCA－Z－01Q－2006－052 | 北京大成新华认证咨询有限公司 | 63363190 63363003 | 丰台区太平桥西里38号中华书局六层 | 100036 | 质量、环境 | 2010.03.27 |
| 51 | CNCA－Z－01Q－2006－053 | 北京中质卓越咨询中心 | 66073211 66073211 | 西城区中京畿道12号 | 100032 | 质量、环境、安全、HACCP、QS9000/TS16949 | 2010.04.04 |
| 52 | CNCA－Z－01Q－2006－054 | 北京天创志达科技有限公司 | 62058141 62058141 | 西城区新街口外大街8号B座410室 | 100088 | 质量 | 2010.04.04 |
| 53 | CNCA－Z－01Q－2006－055 | 北京中水大禹技术咨询有限公司 | 68055516 63204371 | 宣武区白广路二条2号 | 100053 | 质量、安全 | 2010.04.06 |
| 54 | CNCA－Z－01Q－2006－056 | 北京中企联企业管理顾问有限责任公司 | 64803396 64803396 | 朝阳区慧忠北里天创世缘大厦311号B1座1103—1104室 | 100012 | 质量、环境、安全、HACCP、QS9000/TS16949 | 2010.05.15 |
| 55 | CNCA－Z－01Q－2006－057 | 北京中电力企业管理咨询有限责任公司 | 83541230 83548321 | 宣武区广安门内大街6号A8—1201 | 100053 | 质量、环境、安全 | 2010.05.15 |
| 56 | CNCA－Z－01Q－2006－058 | 北京中英世纪企业管理咨询有限责任公司 | 64979104 64981270 | 朝阳区安苑东里一区4号518室 | 100029 | 质量、环境、安全 | 2010.05.15 |
| 57 | CNCA－Z－01Q－2006－059 | 北京中咨文景技术发展有限公司 | 51205611 51205611 | 崇文区幸福大街37号鑫企旺写字楼 | 100061 | 质量、环境、安全 | 2010.05.15 |

续表

| 序号 | 证书编号 | 机构名称 | 电话传真 | 地 址 | 邮编 | 批准业务范围 | 证书有效期限 |
|---|---|---|---|---|---|---|---|
| 58 | CNCA-Z-01Q-2006-060 | 北京时代同方科技服务中心 | 67975552 67971334 | 大兴区旧宫镇德茂庄东4号楼6单元502室 | 100076 | 质量、环境 | 2010.05.15 |
| 59 | CNCA-Z-01Q-2006-061 | 北京中质环宇管理体系认证咨询中心 | 83661230 67672776 | 丰台区嘉业大厦2号12B12 | 100071 | 质量、环境、安全、HACCP、有机、QS9000/TS16949、医疗器械、信息安全、QC080000有害物质管理体系认证咨询 | 2010.05.15 |
| 60 | CNCA-Z-01Q-2006-062 | 北京质管环咨询有限公司 | 68234558 68234558 | 海淀区玉泉路7号院2号楼 | 100039 | 质量 | 2010.05.15 |
| 61 | CNCA-Z-01Q-2006-063 | 北京新标认证服务有限公司 | 84850395 84852169 | 朝阳区北苑路172号欧陆大厦B座9层911室 | 100101 | 质量、安全、环境 | 2010.06.08 |
| 62 | CNCA-Z-01Q-2006-064 | 北京汇智经典管理咨询有限公司 | 58625626 58625626 | 朝阳区力源里8号楼3102号 | 100025 | 质量、环境、安全、HACCP、有机、QS9000/TS16949、医疗器械、信息安全、QC080000有害物质管理体系认证咨询 | 2010.07.20 |
| 63 | CNCA-Z-01Q-2006-065 | 北京比瑞思科技服务中心 | 64915295 64927067 | 朝阳区惠新里241号 | 100029 | 质量、环境 | 2010.07.20 |
| 64 | CNCA-Z-01Q-2006-066 | 北京信和特瑞科技发展有限公司 | 64285037 64287667 | 海淀区五道口东升园华清嘉园13座2号 | 100813 | 质量、环境、安全、HACCP | 2010.07.24 |
| 65 | CNCA-Z-01Q-2006-067 | 北京英伦金典管理体系咨询中心 | 88512023 88511681 | 海淀区新外大街19号英东学术会堂3层 | 100875 | 质量、环境、安全 | 2010.07.24 |
| 66 | CNCA-Z-01Q-2006-068 | 北京乃俊质量管理咨询有限公司 | 65518018 65516860 | 东城区王家园10号商之苑大厦616室 | 100027 | 质量、环境、安全 | 2010.10.08 |
| 67 | CNCA-Z-01Q-2006-069 | 北京纳威尔格质量咨询有限公司 | 66410036 66410039 | 西城区宣武门西大街甲129号 | 100031 | 质量、环境、QS9000/TS16949 | 2010.10.08 |
| 68 | CNCA-Z-01Q-2006-070 | 北京世纪放歌企业管理咨询公司 | 88462211 88468515 | 海淀区曙光花园智业园B-10F | 100089 | 质量、环境、安全 | 2010.11.06 |
| 69 | CNCA-Z-01Q-2006-071 | 北京帝凯星认证咨询有限责任公司 | 88452003 88468515 | 海淀区蓝靛厂金夕园3号楼17Q | 100089 | 质量、环境、安全 | 2010.11.06 |

续表

| 序号 | 证书编号 | 机构名称 | 电话传真 | 地址 | 邮编 | 批准业务范围 | 证书有效期限 |
|---|---|---|---|---|---|---|---|
| 70 | CNCA-Z-01Q-2006-072 | 北京科标纪元管理咨询公司 | 87278238 87278237 | 丰台区西罗园三区甲1号汇达公寓A座102、106室 | 100077 | 质量、环境、安全、HACCP | 2010.11.15 |
| 71 | CNCA-Z-01Q-2006-073 | 北京石创爱思欧咨询有限公司 | 84064786 84064785 | 东城区东直门内北小街2号楼905室 | 100007 | 质量、环境、安全 | 2010.11.27 |
| 72 | CNCA-Z-01Q-2006-074 | 北京讯诚达咨询有限公司 | 68305849 68308411 | 西城区展览路14号中俊酒店224室 | 100044 | 质量、环境、安全 | 2010.12.25 |
| 73 | CNCA-Z-01Q-2007-075 | 北京曼尼格尔企业管理顾问有限公司 | 58570298 58570292 | 西城区新外大街34号观河锦苑3号楼5—101室 | 100088 | 质量 | 2011.01.11 |
| 74 | CNCA-Z-01Q-2007-076 | 北京标兴业质量体系认证咨询中心 | 64957405 64895657 | 朝阳区安慧东里15号1708室 | 100101 | 质量、HACCP | 2011.02.15 |
| 75 | CNCA-Z-01Q-2007-077 | 北京恒世通信息咨询有限公司 | 82612651 62632461 | 海淀区中关村89号恒兴大厦17F | 100080 | 质量、环境、安全 | 2011.02.15 |
| 76 | CNCA-Z-01Q-2007-078 | 北京道当思国际管理咨询有限公司 | 66120955 52107166 | 西城区西直门南大街16号 | 100035 | 质量、环境、安全 | 2011.03.07 |
| 77 | CNCA-Z-01Q-2007-079 | 北京科理环管理体系认证咨询中心 | 68350383 68350383 | 西城区西外大街新兴东巷15号洲际华侨酒店1号楼1408室 | 100044 | 质量、HACCP | 2011.04.17 |
| 78 | CNCA-Z-01Q-2007-080 | 北京科信诚达管理技术咨询有限公司 | 64278068 64278068 | 朝阳区北三环东路18号 | 100013 | 质量、环境、HACCP | 2011.06.06 |
| 79 | CNCA-Z-01Q-2007-081 | 北京志成诚认证咨询有限公司 | 83152471 63168324 | 宣武区长椿街西里7号东楼5层 | 100053 | 质量 | 2011.07.25 |
| 80 | CNCA-Z-01Q-2007-082 | 北京九域方舟管理顾问有限公司 | 84501390-60284501 390-604 | 朝阳区芳园西路7号1007室 | 100016 | 质量 | 2011.07.25 |
| 81 | CNCA-Z-01Q-2007-083 | 北京中宏创科技有限公司 | 58130816 64287667 | 朝阳区南湖中园一区112—7—302 | 100102 | 质量、环境、安全 | 2011.07.25 |

续表

| 序号 | 证书编号 | 机构名称 | 电话传真 | 地址 | 邮编 | 批准业务范围 | 证书有效期限 |
|---|---|---|---|---|---|---|---|
| 82 | CNCA-Z-01Q-2007-084 | 北京海博智业企业管理咨询有限公司 | 67949228 67949229 | 丰台区和义西里一区6号楼302室 | 100076 | 质量、环境、安全 | 2011.08.06 |
| 83 | CNCA-Z-01Q-2007-085 | 中航卓越生产力促进(北京)有限公司 | 64663322-2272 84512762 | 朝阳区京顺路7号 | 100028 | 环境、安全 | 2011.08.06 |
| 84 | CNCA-Z-01Q-2007-086 | 北京三骏标质量认证咨询有限公司 | 69728075 69728075 | 昌平区鼓楼东大街69号 | 102200 | 质量 | 2011.08.21 |
| 85 | CNCA-Z-01Q-2007-087 | 北京博越同舟质量认证咨询有限公司 | 84002710 64047941 | 东城区宝钞胡同9号北楼210室 | 100009 | 质量、QS/TS16949、医疗器械质量管理体系认证咨询 | 2011.10.22 |
| 86 | CNCA-Z-01Q-2007-088 | 北京奥希斯环保技术有限责任公司 | 51874213 51893412 | 海淀区大柳树路2号 | 100081 | 环境、安全 | 2011.12.24 |
| 87 | CNCA-Z-01Q-2008-089 | 北京理尔邦企业管理顾问有限公司 | 64787756 64787735 | 朝阳区望京西路48号院金隅国际G座801室 | 100102 | 质量、环境、安全、HACCP | 2012.04.03 |
| 88 | CNCA-Z-01Q-2008-090 | 北京中铁质量体系咨询中心 | 51875345 51875347 | 海淀区北蜂窝路18号 | 100038 | 质量 | 2012.09.01 |
| 89 | CNCA-Z-01Q-2008-091 | 北京华商东明管理咨询有限公司 | 85913380 | 朝阳区十里堡甘露园2号楼408室 | 100123 | 质量、环境、安全、HACCP | 2012.10.13 |
| 90 | CNCA-Z-01Q-2008-092 | 北京绿奥诺建筑板材咨询中心 | 84238148 84238150 | 东城区和平里东街18号国家林业局3号楼120室 | 100714 | 质量、环境、森林认证咨询 | 2012.10.29 |
| 91 | CNCA-Z-01Q-2008-093 | 北京康迅伟业质量认证咨询有限公司 | 51733836 66013309 | 海淀区清华东路16号艺海大厦902室 | 100083 | 质量、环境、安全、HACCP、QS9000/TS16949 | 2012.12.09 |
| 92 | CNCA-Z-01Q-2008-094 | 北京经典智业管理顾问有限公司 | 64215617 64215617 | 朝阳区外馆斜街甲1号 | 100011 | 质量、环境、安全、HACCP、QS9000/TS16949 | 2012.12.09 |

资料来源：北京市质量技术监督局

# 至 2008 年北京地区中国驰名商标一览表

| 序号 | 企业名称 | 商　标 | 商品或服务 |
|---|---|---|---|
| 2006 年前 | | | |
| 1 | 中国化工进出口总公司(北京) | 中化 | 化肥 |
| 2 | 中国石化长城高级润滑油公司 | 长城 | 润滑油 |
| 3 | 北京统一石油化工有限公司 | 统一 | 润滑油 |
| 4 | 中国北京同仁堂集团公司 | 同仁堂 | 药品 |
| 5 | 联想(北京)有限公司 | 联想 | 计算机 |
| 6 | 中国长城计算机集团公司 | 长城 | 计算机 |
| 7 | 北京北大方正集团公司 | 北大方正 | 电子出版系统 |
| 8 | 用友软件股份有限公司 | 用友 | 软件 |
| 9 | 北京北大方正集团公司 | 方正 FOUNDER 及图 | 电子计算机及其外部设备 |
| 10 | 清华同方股份有限公司 | 同方 | 计算机、计算机软件 |
| 11 | 中国蓝星化学清洗总公司 | 蓝星 | 清洗建筑物、锅炉服务 |
| 12 | 北京同仁医院 | 同仁 | 医疗服务 |
| 13 | 中国华能集团公司 | 华能 | 能源生产 |
| 2006 年度 | | | |
| 1 | 北京东方雨虹防水技术股份有限公司 | 雨虹 YUHONG 及图 | 防水卷材 |
| 2 | 北京华旗资讯科技发展有限公司 | aigo 爱国者 | 移动硬盘和闪存盘(计算机周边设备) |
| 3 | 清华大学 | 清华大学(清华) | 学校(教育)、教育、培训 |
| 4 | 汉王科技股份有限公司 | 汉王 | 电子笔、文字处理机 |
| 2007 年度 | | | |
| 1 | 神华集团有限责任公司 | 神华 | 固体燃料等 |
| 2008 年度 | | | |
| 1 | 联想(北京)有限公司 | Lenovo | 计算机、笔记本电脑 |
| 2 | 北京顺鑫牵手果蔬饮品股份有限公司 | 牵手 | 果汁、蔬菜汁 |
| 3 | 北新集团建材股份有限公司 | 龙及图 | 石膏板 |
| 4 | 百度在线网络技术(北京)有限公司 | 百度 | 以计算机信息网络方式供互联网搜索引擎 |

续表

| 序号 | 企业名称 | 商标 | 商品或服务 |
|---|---|---|---|
| 5 | 北京四季沐歌太阳能技术有限公司 | 四季沐歌及图 | 太阳能热水器 |
| 6 | 北京日上工贸有限公司 | 日上 | 金属防盗门等 |
| 7 | 北京金鱼科技股份有限公司 | 金鱼GOLD FISH及图 | 洗涤剂等 |
| 8 | 北京百花蜂产品科技发展有限公司 | 百花 | 蜂蜜等 |
| 9 | 中国远洋运输(集团)总公司 | 中远 | 运输 船舶运输 |

资料来源:北京市工商行政管理局

# 2005—2008年北京市著名商标一览表

| 序号 | 企业名称 | 商标 | 商标注册号 | 商品或服务 |
|---|---|---|---|---|
| **2005年度** | | | | |
| 1 | 北京市润福通商贸中心 | 润福通 | 1790467 | 气体燃料、汽车燃料、润滑油 |
| 2 | 神华集团有限责任公司 | 神华 | 1080718 | 固体燃料 |
| 3 | 北京天惠药业股份有限公司 | 天惠 | 759128 | 花旗参片、花旗参胶囊 |
| 4 | 北京紫竹药业有限公司 | 紫竹(图) | 1775608 | 医药制剂、医用药物 |
| 5 | 北京卫仁中药饮片厂 | 卫仁 | 810185 | 中药饮片 |
| 6 | 北京北大维信生物科技有限公司 | 北大维信 | 1002799 | 人用药 |
| 7 | 北京华立科泰医药有限责任公司 | 科泰新 | 862117 | 药品、消毒剂、中药药材 |
| 8 | 北京四环科宝制药有限公司 | 布瑞宁 | 1732539 | 人用药 |
| 9 | 北京圣永制药有限公司 | 君力达 | 1612596 | 片剂、药用胶囊 |
| 10 | 北京日上工贸有限公司 | 日上 | 1294522 | 金属防盗门 |
| 11 | 清华同方股份有限公司 | 清华同方 | 1161441 | 计算机 |
| 12 | 北京天普太阳能工业有限公司 | 天普 | 730876 | 沐浴用装置 |
| 13 | 北京星牌建材有限责任公司 | star | 309220 | 矿棉装饰吸音板 |
| 14 | 中牧实业股份有限公司 | 华罗 | 898558 | 动物饲料 |
| 15 | 北京爱义行汽车服务有限责任公司 | 爱义行 | 3039078 | 车辆保养和修理、车辆抛光 |
| 16 | 北京新粤顺装饰工程有限公司 | 新粤顺 | 1467515 | 室内装潢、室内装潢修理、屋顶修复、清洗建筑物(外表面) |

续表

| 序号 | 企业名称 | 商标 | 商标注册号 | 商品或服务 |
|---|---|---|---|---|
| **2006 年度** | | | | |
| 1 | 北京天利海化工有限公司 | 京萃 | 288504 | 乙基麦芽酚 |
| 2 | 北京东升砂布实业公司 | 熊猫 | 203906 | 砂纸 |
| 3 | 北京章光101科技发展有限公司 | 101 | 361832 | 毛发再生精 |
| 4 | 北京章光101科技发展有限公司 | 章光 | 349428 | 毛发再生精 |
| 5 | 北京协和药厂 | 百赛诺 | 1624418 | 医药制剂、片剂 |
| 6 | 北京美驰建筑材料有限责任公司 | MYLCH | 1382188 | 窗用金属器材、金属窗 |
| 7 | 北京嘉寓幕墙装饰工程(集团)有限公司 | 嘉寓 | 862467 | 金属门、窗 |
| 8 | 北京华通开关有限公司 | 京东华通 | 1747668 | 配电箱 |
| 9 | 北京人民电器厂 | 固安祥 | 1311220 | 断路器 |
| 10 | 汉王科技股份有限公司 | 汉王 | 703653 | 电子计算机及其外部设备、文字处理机 |
| 11 | 北京华旗资讯科技发展有限公司 | 爱国者 | 1114515 | 计算机周边设备 |
| 12 | 北京华旗资讯数码科技有限公司 | aigo | 3295078 | 计算机外围设备 |
| 13 | 北京爱德发高科技中心 | 漫步者 | 1054081 | 电子计算机外部设备 |
| 14 | 北京爱德发高科技中心 | Edifier | 1054084 | 电子计算机外部设备 |
| 15 | 北京雨昕阳光太阳能工业有限公司 | 雨昕阳光 | 1642006 | 太阳能热水器、太阳能集热器 |
| 16 | 恒有源科技发展有限公司 | HYY | 1743070 | 空气冷却装置、空气加热器 |
| 17 | 北京清华阳光能源开发有限责任公司 | 清华阳光 | 1551697 | 太阳能集热器 |
| 18 | 北京东方雨虹防水技术股份有限公司 | 雨虹 | 1258881 | 沥青、防水卷材 |
| 19 | 北京康比特威创体育新技术发展有限公司 | 康比特 | 3246001 | 非医用营养粉、非医用营养胶囊 |
| 20 | 北京中复电讯设备有限责任公司 | 中复 | 1479865 | 信息传送、电话业务 |
| **2007 年度** | | | | |
| 1 | 北京仁创科技集团有限公司 | 仁创 | 1202014 | 铸造制模用制剂、铸造用砂 |
| 2 | 北京科蕊复合肥有限公司 | 科蕊 | 545009 | 混合肥料、农业用肥 |
| 3 | 北京市红星广厦建筑涂料有限责任公司 | 广厦 | 232778 | 无机涂料 |
| 4 | 红狮涂料国际有限公司 | 红狮 | 323969 | 油漆、涂料 |
| 5 | 中国石油化工股份有限公司 | 长城 | 1093555 | 工业用油、润滑剂 |
| 6 | 壳牌统一(北京)石油化工有限公司 | 统一 | 766804 | 润滑油、润滑脂 |
| 7 | 中国北京同仁堂(集团)有限责任公司 | 同仁堂 | 171188 | 中药 |
| 8 | 北京双鹤药业股份有限公司 | 双鹤 | 513706 | 新药成药、胶丸、胶囊、原料药 |

续表

| 序号 | 企业名称 | 商标 | 商标注册号 | 商品或服务 |
|---|---|---|---|---|
| 9 | 北京双鹤药业股份有限公司 | 奥复星 | 629831 | 西药 |
| 10 | 北京华素制药股份有限公司 | 华素 | 1120125 | 人用药 |
| 11 | 北京顺意生物农药厂 | 增产 | 107723 | 农药 |
| 12 | 北京紫竹药业有限公司 | 毓婷 | 1297759 | 片剂 |
| 13 | 中牧实业股份有限公司 | 中牧 | 1770560 | 兽医用生物制剂、兽医用药、消灭有害动物制剂 |
| 14 | 首钢总公司 | 首钢 | 668477 | 普通金属及其合金 |
| 15 | 北京达瑞兴钉业有限公司 | 安心 | 726102 | 钢钉 |
| 16 | 北京奥宇模板有限公司 | 奥宇 | 1287184 | 金属建筑材料 |
| 17 | 北新集团建材股份有限公司 | BNBM | 1049497 | 建筑用金属板、金属建筑材料 |
| 18 | 北京利仁科技有限责任公司 | 利仁 | 1371939 | 厨房用电动机器 |
| 19 | 北人集团公司 | 北人 | 115193 | 印刷机 |
| 20 | 北人集团公司 | 北人 | 380654 | 印刷机 |
| 21 | 北内集团总公司 | BEINEI | 687595 | 内燃动力设备 |
| 22 | 北京绿创环保集团有限公司 | 绿创 | 1376909 | 发动机空气过滤净化器、内燃机配件 |
| 23 | 北京升华电梯有限公司 | 升华 | 3212744 | 电梯（升降机）、可移动楼梯（自动扶梯） |
| 24 | 绿友机械集团有限公司 | 绿友 | 1083933 | 农业用机械、农业用机械部件（不包括小农具） |
| 25 | 中国唱片总公司 | 中唱 | 946684 | 录像带、磁带、唱片 |
| 26 | 北京裕兴机械电子研究所 | 裕兴 | 1145281 | 计算机、磁盘、光盘 |
| 27 | 中国大恒（集团）有限公司 | 大恒 | 800614 | 电子计算机及其外部设备 |
| 28 | 用友软件股份有限公司 | 用友 | 558108 | 电子计算机及其外部设备 |
| 29 | 联想（北京）有限公司 | 联想 | 520416 | 微机、计算机外部设备 |
| 30 | 中国长城计算机集团公司 | 长城 | 551616 | 电子计算机及其外部设备 |
| 31 | 北大方正集团有限公司 | 方正 | 1017984 | 电子计算机及其外部设备 |
| 32 | 北京市大中电器有限公司 | 大中 | 877439 | 音像设备 |
| 33 | 北京市京南应用技术研究所 | 金吉 | 1102535 | 影视宽带立体化眼镜、眼镜 |
| 34 | 北京市六一仪器厂 | 六一 | 227619 | 化学仪器和器具、教学仪器、理化试验和成分分析用仪器和量器 |
| 35 | 北京四方继保自动化股份有限公司 | 四方 | 862676 | 配变电站的保护继电器及控制仪器、设备 |

续表

| 序号 | 企业名称 | 商标 | 商标注册号 | 商品或服务 |
|---|---|---|---|---|
| 36 | 北京恒阳电缆厂 | 跃京 | 671645 | 电线、电缆 |
| 37 | 北京大力机械有限公司 | 大力 | 228074 | 管道清理机 |
| 38 | 北京市亚都人工环境科技公司 | 亚都 | 622540 | 空气调节加湿器 |
| 39 | 北京青云航空仪表有限公司 | 青云 | 312759 | 风机盘管、空气处理机 |
| 40 | 北京市太阳能研究所有限公司 | 桑普 | 959046 | 采暖炉、太阳能热水器 |
| 41 | 北京金陶洁具有限公司 | 金陶 | 1073330 | 卫生器械及设备 |
| 42 | 博洛尼家居用品（北京）有限公司 | 科宝 | 677419 | 干燥、通风、空调设备 |
| 43 | 北京老万生物质能科技有限责任公司 | 老万 | 914691 | 锅炉 |
| 44 | 北京市京华客车有限责任公司 | JH | 1289489 | 公共汽车 |
| 45 | 北京市京华客车有限责任公司 | 红叶 | 586237 | 旅行车 |
| 46 | 北京天坛胶粘制品有限公司 | 天坛 | 1925663 | 绝缘胶布和绝缘带 |
| 47 | 北新集团建材股份有限公司 | 龙 | 3125653 | 石膏板、涂层（建筑材料） |
| 48 | 柯诺（北京）木业有限公司 | SINHUA | 1224086 | 建筑用纤维板 |
| 49 | 柯诺（北京）地板有限公司 | 克诺森华 | 1785198 | 地板 |
| 50 | 美巢装饰材料股份公司 | 美巢 | 1080382 | 非金属建筑涂料、建筑用非金属涂墙层 |
| 51 | 北京双山水泥集团 | 双山 | 1370717 | 水泥 |
| 52 | 北京市琉璃河水泥有限公司 | 长城 | 127916 | 水泥 |
| 53 | 北京市燕兴隆新型墙体材料有限公司 | 燕兴隆 | 1419624 | 混凝土建筑构件 |
| 54 | 北京市全富木制品有限公司 | 全富 | 1664688 | 胶合板、三合板 |
| 55 | 北京市博亮木业有限公司 | 博亮 | 1816177 | 非金属门、非金属门框 |
| 56 | 北京富亚涂料有限公司 | 富亚 | 3045086 | 涂层（建筑材料）、非金属建筑涂面材料 |
| 57 | 北京市希玛木业有限责任公司 | 希玛 | 1070295 | 保龄球设备及器械 |
| 58 | 北京民生牧业有限公司 | 昕舜丰 | 1376626 | 饲料 |
| 59 | 北京正大饲料有限公司 | BCT | 549048 | 饲料 |
| 60 | 密云县食用菌实验站 | 生茂 | 1199796 | 鲜食用菌 |
| 61 | 北京伟嘉饲料集团 | 嘉得康 | 1217786 | 饲料 |

续表

| 序号 | 企业名称 | 商 标 | 商标注册号 | 商品或服务 |
|---|---|---|---|---|
| 62 | 北京市中农良种有限责任公司 | CASC | 3365387 | 种子 |
| 63 | 北京碧波长青饲料厂 | 碧波长青 | 1415169 | 饲料 |
| 64 | 北京八达岭绿美商贸中心 | 夏都 | 1948642 | 豆(未加工的)、谷(谷类) |
| 65 | 北京韩建集团有限公司 | 韩建 | 1115807 | 建筑 |
| 66 | 北京东易日盛装饰有限责任公司 | 东易日盛 | 1163928 | 室内装潢 |
| 67 | 北京万通实业股份有限公司 | 新新家园 | 1471549 | 建筑施工监督 |
| 68 | 北京王府井百货(集团)股份有限公司 | 王府井 | 773302 | 运输、商品包装、贮藏 |
| 69 | 太极计算机股份有限公司 | 太极 | 1969524 | 计算机软件设计、计算机软件维护 |
| 70 | 北京水晶石数字科技有限公司 | 水晶石 | 1567961 | 建筑咨询、建筑制图 |

**2008年度**

| 序号 | 企业名称 | 商 标 | 商标注册号 | 商品或服务 |
|---|---|---|---|---|
| 1 | 北京三聚环保新材料股份有限公司 | 三聚 | 1805010 | 催化剂 |
| 2 | 北京天惠参业股份有限公司 | 天惠 | 759128 | 花旗参片、花旗参胶囊 |
| 3 | 北京圣永制药有限公司 | 君力达 | 1612596 | 片剂、药用胶囊 |
| 4 | 北京北大维信生物科技有限公司 | 北大维信 | 1002799 | 人用药 |
| 5 | 北京赛科药业有限责任公司 | 压氏达 | 3045068 | 人用药 |
| 6 | 北京市双桥燕京中药饮片厂 | 食味草 | 1908575 | 药草、药用根块植物、医用药草 |
| 7 | 北京紫竹药业有限公司 | 紫竹 | 1775608 | 医药制剂、医用药物; |
| 8 | 北京卫仁中药饮片厂 | 卫仁 | 810185 | 中药饮片 |
| 9 | 北京日上工贸有限公司 | 日上 | 1294522 | 金属防盗门 |
| 10 | 北京承天倍达过滤技术有限责任公司 | 图形 | 1053392 | 过滤机滤筒、过滤筛机、过滤机、航空燃油过滤器 |
| 11 | 北京华德液压工业集团有限责任公司 | 华德 | 3261629 | 液压元件(不包括车辆液压系统)、液压泵、液压阀 |
| 12 | 北京福斯汽车电线有限公司 | 福斯 | 4139905 | 电缆、电线 |
| 13 | 北京突破电气有限公司 | 突破 | 1054065 | 电器插头、插座 |
| 14 | 北京市重型电缆厂 | 燕山 | 3889068 | 电线、电缆 |
| 15 | 北京东方信联科技有限公司 | Telestone | 1777839 | 发射机(电信) |
| 16 | 北京东南开关厂 | CHDNAN | 1767725 | 高低压开关板、配电控制台(电)、配电箱(电) |

续表

| 序号 | 企业名称 | 商标 | 商标注册号 | 商品或服务 |
|---|---|---|---|---|
| 17 | 同方股份有限公司 | 清华同方 | 1161441 | 计算机 |
| 18 | 北京德威特电力系统自动化有限公司 | DEVOT | 1538291 | 继电器(电的)、电开关、配电控制台(电)、电站自动化装置、控制板(电) |
| 19 | 北京纽曼理想数码科技有限公司 | 纽曼 | 3093789 | 录音器具 |
| 20 | 新奥特数字技术股份有限公司 | 新奥特 | 655500 | 字幕机、电视信号处理器、三维动画机 |
| 21 | 北京中亚九龙科技发展有限公司 | 中亚 | 902199 | 医疗器械 |
| 22 | 乐普(北京)医疗器械股份有限公司 | 乐普 | 1527371 | 医疗器械和仪器、医用导管、扩张血管的支架 |
| 23 | 北京中科阳光太阳能工业公司 | 中科阳光 | 1433598 | 照明器械及装置 |
| 24 | 北汽福田汽车股份有限公司 | FOTON | 3627869 | 汽车、卡车、发动机(车用) |
| 25 | 北汽福田汽车股份有限公司 | 福田 | 4011316 | 汽车、卡车、陆地车辆发动机 |
| 26 | 北京汽车工业控股有限责任公司 | 北京 | 115152 | 轻型越野车、旅行车、小轿车 |
| 27 | 北京奥星恒迅包装科技有限公司 | 恒迅 | 3157760 | 密封环、接头用密封物 |
| 28 | 北新建材(集团)有限公司 | 欧松 | 3105872 | 地板 |
| 29 | 北京星牌建材有限责任公司 | star | 309220 | 矿棉装饰吸音板 |
| 30 | 北京五洲佳泰新型涂层材料有限公司 | 佳泰 | 731373 | 网、遮篷、帐篷、防水遮布、帆 |
| 31 | 北京世纪劲得保健品有限公司 | 劲得 | 1090164 | 非医用营养片 |
| 32 | 中牧实业股份有限公司 | 华罗 | 898558 | 动物饲料 |
| 33 | 北京凯达恒业农业技术开发有限公司 | 金北联 | 3163356 | 红小豆(未加工) |
| 34 | 北京顺鑫农业股份有限公司 | 小店 | 3592202 | 活动物、种家禽 |
| 35 | 北京锦绣大地农业股份有限公司 | 大地 | 1439205 | 新鲜蔬菜 |
| 36 | 北京天安农业发展有限公司 | 小汤山 | 1531242 | 新鲜蔬菜 |
| 37 | 北京市绿富隆菜蔬公司 | 绿富隆 | 1349552 | 新鲜蔬菜、鲜水果 |
| 38 | 北京顺鑫农业股份有限公司 | 顺鑫农业 | 3245948 | 新鲜蔬菜、新鲜水果 |
| 39 | 北京奥瑞金国丰生物技术有限公司 | 奥瑞金 | 1282210 | 籽种 |
| 40 | 北京爱义行汽车服务有限责任公司 | 爱义行 | 3039078 | 车辆保养和修理、车辆抛光 |
| 41 | 北京新粤顺装饰工程有限公司 | 新粤顺 | 1467515 | 室内装潢、室内装潢修理、屋顶修复、清洗建筑物(外表面) |
| 42 | 北京和众奥顺达物流有限公司 | 图形 | 1731458 | 运输经纪、汽车运输、货物贮存、仓库出租 |

续表

| 序号 | 企业名称 | 商标 | 商标注册号 | 商品或服务 |
|---|---|---|---|---|
| 43 | 北京联众网络技术有限责任公司 | 联众俱乐部 | 1744822 | 从计算机数据库或网络提供的在线游戏服务 |
| 44 | 北京中熙正保远程教育技术有限公司 | 图形 | 3068295 | 教育信息、函授课程、书籍出版 |
| 45 | 北京澳际教育咨询有限公司 | 澳际 | 3031768 | 非贸易业务的专业咨询、留学中介 |
| 46 | 北京港源建筑装饰工程有限公司 | 港源 | 1774815 | 工程、室内装饰设计、室外装饰设计 |
| 47 | 北京万慧达知识产权代理有限公司 | 万慧达知识产权 | 1587758 | 知识产权咨询、法律服务 |

资料来源：北京市工商行政管理局

## 中关村科技园区驻海外联络处一览表

| 名称 | 地址 | 电话 | 传真 | 电子邮箱 |
|---|---|---|---|---|
| 硅谷联络处 | 4633 Old Ironsides Dr. #403 Santa Clara, CA 95054, USA | 001（408）-727-0088 | 001（408）-727-7888 | ftan@zgc-usa.com |
| 东京联络处 | 东京都中央区日本桥蛎殻町1丁目37—12 PARK AXIS 日本桥 STAGE 大楼1207房间 | 0081(3)-3664-1388 | 0081(3)-3664-1136 | pcguo@zgc.gov.cn |
| 伦敦联络处 | 74B Colindale Avenue London NW9 5ES United Kingdom | 0044（20）-8200-6571 | 0044-20-8200-6571 | zgcspbj@yahoo.com |
| 多伦多联络处 | 4 St Moritz Way #5 Markham, Ontario Canada L3R 4E8 | 001(905)-305-8298 | 001(905)-305-7698 | zgc_canada@hotmail.com |
| 华盛顿联络处 | 6525 Belcrest Road, Suite 615, Hyattsville, MD 20782, USA | 001(301)-683-2121 | 001(301)-864-9397 | zhq97552000@yahoo.com |

资料来源：中关村科技园区管理委员会

## 北京地区中国科学院院士一览表

### 数学物理学部

| 序号 | 姓名 | 工作单位 | 当选年份 |
|---|---|---|---|
| 1 | 丁伟岳 | 中科院数学与系统科学研究院 | 1997 |
| 2 | 丁夏畦 | 中科院数学与系统科学研究院 | 1991 |
| 3 | 万哲先 | 中科院数学与系统科学研究院 | 1991 |
| 4 | 于敏 | 北京应用物理与计算数学研究所 | 1980 |
| 5 | 于渌 | 中科院理论物理研究所 | 1999 |
| 6 | 马大猷 | 中科院声学研究所 | 1955 |

续表

| 序 号 | 姓 名 | 工 作 单 位 | 当选年份 |
|---|---|---|---|
| 7 | 马志明 | 中科院数学与系统科学研究院 | 1995 |
| 8 | 文 兰 | 北京大学数学科学学院 | 1999 |
| 9 | 方守贤 | 中科院高能物理研究所 | 1991 |
| 10 | 王乃彦 | 中国原子能科学研究院 | 1993 |
| 11 | 王 元 | 中科院数学与系统科学研究院 | 1980 |
| 12 | 王诗宬 | 北京大学 | 2005 |
| 13 | 王恩哥 | 中科院物理研究所 | 2007 |
| 14 | 王梓坤 | 北京师范大学数学系 | 1991 |
| 15 | 王鼎盛 | 中科院物理研究所 | 2005 |
| 16 | 王绶琯 | 中科院国家天文台 | 1980 |
| 17 | 甘子钊 | 北京大学物理学院 | 1991 |
| 18 | 田 刚 | 北京大学数学科学学院 | 2001 |
| 19 | 白以龙 | 中科院力学研究所 | 1991 |
| 20 | 石钟慈 | 中科院数学与系统科学研究院 | 1991 |
| 21 | 艾国祥 | 中科院国家天文台 | 1993 |
| 22 | 邝宇平 | 清华大学物理系 | 2003 |
| 23 | 吕 敏 | 解放军总装备部系统工程研究所 | 1991 |
| 24 | 庄逢甘 | 中国航天科技集团公司 | 1980 |
| 25 | 朱光亚 | 解放军总装备部科学技术委员会 | 1980 |
| 26 | 朱邦芬 | 清华大学物理系 | 2003 |
| 27 | 严加安 | 中科院数学与系统科学研究院 | 1999 |
| 28 | 何泽慧 | 中科院高能物理研究所 | 1980 |
| 29 | 何祚庥 | 中科院理论物理研究所 | 1980 |
| 30 | 吴文俊 | 中科院数学与系统科学研究院 | 1957 |
| 31 | 吴岳良 | 中科院理论物理研究所 | 2007 |
| 32 | 应崇福 | 中科院声学研究所 | 1993 |
| 33 | 张 杰 | 中科院物理研究所 | 2003 |
| 34 | 张仁和 | 中科院声学研究所 | 1991 |
| 35 | 张宗烨 | 中科院高能物理研究所 | 1999 |
| 36 | 张恭庆 | 北京大学数学科学学院 | 1991 |
| 37 | 张焕乔 | 中国原子能科学研究院 | 1997 |
| 38 | 张殿琳 | 中科院物理研究所 | 2001 |
| 39 | 李方华 | 中科院物理研究所 | 1993 |
| 40 | 李邦河 | 中科院数学与系统科学研究院 | 2001 |
| 41 | 李荫远 | 中科院物理研究所 | 1980 |
| 42 | 李家明 | 清华大学原子分子测控科学中心 | 1991 |

续表

| 序 号 | 姓 名 | 工 作 单 位 | 当选年份 |
|---|---|---|---|
| 43 | 李家春 | 中科院力学研究所 | 2003 |
| 44 | 李惕碚 | 中科院高能物理研究所 | 1997 |
| 45 | 杨 乐 | 中科院数学与系统科学研究院 | 1980 |
| 46 | 杨应昌 | 北京大学物理学院 | 1997 |
| 47 | 杨国桢 | 中科院物理研究所 | 1999 |
| 48 | 汪承灏 | 中科院声学研究所 | 2001 |
| 49 | 苏肇冰 | 中科院理论物理研究所 | 1991 |
| 50 | 陆启铿 | 中科院数学与系统科学研究院 | 1980 |
| 51 | 陈木法 | 北京师范大学数学系 | 2003 |
| 52 | 陈式刚 | 北京应用物理与计算数学研究所 | 2001 |
| 53 | 陈佳洱 | 国家自然科学基金委员会 | 1993 |
| 54 | 陈和生 | 中科院高能物理研究所 | 2005 |
| 55 | 陈建生 | 中科院国家天文台 | 1991 |
| 56 | 陈难先 | 清华大学 | 1997 |
| 57 | 冼鼎昌 | 中科院高能物理研究所 | 1991 |
| 58 | 周光召 | 中国科学技术协会 | 1980 |
| 59 | 周毓麟 | 北京应用物理与计算数学研究所 | 1991 |
| 60 | 林 群 | 中科院数学与系统科学研究院 | 1993 |
| 61 | 欧阳钟灿 | 中科院理论物理研究所 | 1997 |
| 62 | 范海福 | 中科院物理研究所 | 1991 |
| 63 | 郑厚植 | 中科院半导体研究所 | 1995 |
| 64 | 姜伯驹 | 北京大学数学科学学院 | 1980 |
| 65 | 洪朝生 | 中科院理化技术研究所 | 1980 |
| 66 | 贺贤土 | 北京应用物理与计算数学研究所 | 1995 |
| 67 | 赵光达 | 北京大学物理学院 | 2001 |
| 68 | 赵忠贤 | 中科院物理研究所 | 1991 |
| 69 | 郝柏林 | 中科院理论物理研究所 | 1980 |
| 70 | 席泽宗 | 中科院自然科学史研究所 | 1991 |
| 71 | 徐叙瑢 | 北京交通大学 | 1980 |
| 72 | 郭尚平 | 中国石油勘探开发研究院 | 1995 |
| 73 | 郭柏灵 | 北京应用物理与计算数学研究所 | 2001 |
| 74 | 钱学森 | 解放军总装备部科学技术委员会 | 1957 |
| 75 | 崔尔杰 | 北京空气动力学研究院 | 1999 |
| 76 | 章 综 | 中科院物理研究所 | 1980 |
| 77 | 黄祖洽 | 北京师范大学 | 1980 |
| 78 | 黄胜年 | 中国原子能科学研究院 | 1991 |

续表

| 序 号 | 姓 名 | 工 作 单 位 | 当选年份 |
|---|---|---|---|
| 79 | 程开甲 | 解放军总装备部科学技术委员会 | 1980 |
| 80 | 童秉纲 | 中科院研究生院 | 1997 |
| 81 | 谢家麟 | 中科院高能物理研究所 | 1980 |
| 82 | 解思深 | 中科院物理研究所 | 2003 |
| 83 | 戴元本 | 中科院理论物理研究所 | 1980 |

注：表内人名按姓氏笔画排序，下同

## 化学部

| 序 号 | 姓 名 | 工 作 单 位 | 当选年份 |
|---|---|---|---|
| 1 | 王夔 | 北京大学医学部 | 1991 |
| 2 | 王方定 | 中国原子能科学研究院 | 1991 |
| 3 | 王佛松 | 中国科学院 | 1991 |
| 4 | 白春礼 | 中国科学院 | 1997 |
| 5 | 刘元方 | 北京大学 | 1991 |
| 6 | 刘若庄 | 北京师范大学化学系 | 1999 |
| 7 | 朱起鹤 | 中科院化学研究所 | 1995 |
| 8 | 朱道本 | 中科院化学研究所 | 1997 |
| 9 | 江 龙 | 中科院化学研究所 | 2001 |
| 10 | 何鸣元 | 石油化工科学研究院 | 1995 |
| 11 | 佟振合 | 中科院理化技术研究所 | 1999 |
| 12 | 吴征铠 | 中国核工业集团公司 | 1980 |
| 13 | 张礼和 | 北京大学药学院 | 1995 |
| 14 | 张存浩 | 国家自然科学基金委员会 | 1980 |
| 15 | 张 希 | 清华大学 | 2007 |
| 16 | 张青莲 | 北京大学 | 1955 |
| 17 | 张 滂 | 北京大学 | 1991 |
| 18 | 李洪钟 | 中科院过程工程研究所 | 2005 |
| 19 | 李静海 | 中科院过程工程研究所 | 1999 |
| 20 | 汪家鼎 | 清华大学 | 1980 |
| 21 | 闵恩泽 | 石油化工科学研究院 | 1980 |
| 22 | 陆婉珍 | 石油化工科学研究院 | 1991 |
| 23 | 陈冠荣 | 国有资产管理委员会 | 1980 |
| 24 | 陈家镛 | 中科院过程工程研究所 | 1980 |
| 25 | 周同惠 | 中国医学科学院药物研究所 | 1991 |
| 26 | 周其凤 | 北京大学化学与分子工程学院 | 1999 |

续表

| 序号 | 姓名 | 工作单位 | 当选年份 |
|---|---|---|---|
| 27 | 段 雪 | 北京化工大学 | 2007 |
| 28 | 侯祥麟 | 中国石油天然气集团公司 | 1955 |
| 29 | 费维扬 | 清华大学化学工程系 | 2003 |
| 30 | 赵玉芬 | 清华大学化学系 | 1991 |
| 31 | 姚建年 | 中科院化学研究所 | 2005 |
| 32 | 唐有祺 | 北京大学化学与分子工程学院 | 1980 |
| 33 | 唐敖庆 | 国家自然科学基金委员会 | 1955 |
| 34 | 柴之芳 | 中科院高能物理研究所 | 2007 |
| 35 | 徐光宪 | 北京大学化学与分子工程学院 | 1980 |
| 36 | 徐晓白 | 中科院生态环境研究中心 | 1995 |
| 37 | 郭慕孙 | 中科院过程工程研究所 | 1980 |
| 38 | 梁树权 | 中科院化学研究所 | 1955 |
| 39 | 梁晓天 | 中国医学科学院药物研究所 | 1980 |
| 40 | 梁敬魁 | 中科院物理研究所 | 1993 |
| 41 | 高 松 | 北京大学 | 2007 |
| 42 | 黄 量 | 中国医学科学院药物研究所 | 1980 |
| 43 | 黄志镗 | 中科院化学研究所 | 1991 |
| 44 | 黄春辉 | 北京大学化学与分子工程学院 | 2001 |
| 45 | 程津培 | 科学技术部 | 2001 |
| 46 | 蒋丽金 | 中科院化学研究所 | 1980 |
| 47 | 黎乐民 | 北京大学化学与分子工程学院 | 1991 |

## 生命科学和医学学部

| 序号 | 姓名 | 工作单位 | 当选年份 |
|---|---|---|---|
| 1 | 方荣祥 | 中科院微生物研究所 | 2003 |
| 2 | 方精云 | 北京大学 | 2005 |
| 3 | 王大成 | 中科院生物物理研究所 | 2005 |
| 4 | 王文采 | 中科院植物研究所 | 1993 |
| 5 | 王世真 | 中国协和医科大学 | 1980 |
| 6 | 王志珍 | 中科院生物物理研究所 | 2001 |
| 7 | 王志新 | 中科院生物物理研究所 | 1997 |
| 8 | 贝时璋 | 中科院生物物理研究所 | 1955 |
| 9 | 田 波 | 中科院微生物研究所 | 1991 |
| 10 | 石元春 | 中国农业大学 | 1991 |
| 11 | 刘以训 | 中科院动物研究所 | 1999 |

续表

| 序号 | 姓名 | 工作单位 | 当选年份 |
|---|---|---|---|
| 12 | 匡廷云 | 中科院植物研究所 | 1995 |
| 13 | 孙曼霁 | 军事医学科学院毒物药物研究所 | 1991 |
| 14 | 孙儒泳 | 北京师范大学生物系 | 1993 |
| 15 | 庄巧生 | 中国农业科学院作物育种栽培研究所 | 1991 |
| 16 | 朱作言 | 北京大学生命科学学院 | 1997 |
| 17 | 许智宏 | 北京大学 | 1997 |
| 18 | 阳含熙 | 中科院自然资源综合考察委员会 | 1991 |
| 19 | 汪忠镐 | 首都医科大学附属宣武医院 | 2005 |
| 20 | 吴旻 | 中国协和医科大学 | 1980 |
| 21 | 吴阶平 | 中国医学科学院 | 1980 |
| 22 | 吴祖泽 | 军事医学科学院 | 1993 |
| 23 | 吴常信 | 中国农业大学 | 1995 |
| 24 | 孟安明 | 清华大学 | 2007 |
| 25 | 张广学 | 中科院动物研究所 | 1991 |
| 26 | 张树政 | 中科院微生物研究所 | 1991 |
| 27 | 张新时 | 中科院植物研究所 | 1991 |
| 28 | 李季伦 | 中国农业大学生物学院 | 1995 |
| 29 | 李家洋 | 中科院遗传与发育生物学研究所 | 2001 |
| 30 | 李振声 | 中科院遗传与发育生物学研究所 | 1991 |
| 31 | 杨焕明 | 中国科学院北京基因组研究所 | 2007 |
| 32 | 杨福愉 | 中科院生物物理研究所 | 1991 |
| 33 | 沈岩 | 中国医学科学院基础医学研究所 | 2003 |
| 34 | 邱式邦 | 中国农业科学院 | 1980 |
| 35 | 陆士新 | 中国医学科学院肿瘤研究所 | 1997 |
| 36 | 陈文新 | 中国农业大学生物学院 | 2001 |
| 37 | 陈可冀 | 中国中医研究院西苑医院 | 1991 |
| 38 | 陈宜瑜 | 国家自然科学基金委员会 | 1991 |
| 39 | 陈润生 | 中国科学院生物物理研究所 | 2007 |
| 40 | 陈慰峰 | 北京大学医学部免疫学系 | 1995 |
| 41 | 陈霖 | 中科院研究生院 | 2003 |
| 42 | 武维华 | 中国农业大学 | 2007 |
| 43 | 郑光美 | 北京师范大学生命科学学院 | 2003 |
| 44 | 郑儒永 | 中科院微生物研究所 | 1999 |
| 45 | 娄成后 | 中国农业大学生物学院 | 1980 |
| 46 | 洪德元 | 中科院植物研究所 | 1991 |
| 47 | 赵进东 | 北京大学 | 2007 |

续表

| 序号 | 姓名 | 工作单位 | 当选年份 |
|---|---|---|---|
| 48 | 贺福初 | 军事医学科学院 | 2001 |
| 49 | 钦俊德 | 中科院动物研究所 | 1991 |
| 50 | 饶子和 | 中科院生物物理研究所 | 2003 |
| 51 | 唐守正 | 中国林业科学研究院资源信息研究所 | 1995 |
| 52 | 梁栋材 | 中科院生物物理研究所 | 1980 |
| 53 | 常文瑞 | 中科院生物物理研究所 | 2005 |
| 54 | 强伯勤 | 中国医学科学院基础医学研究所 | 1991 |
| 55 | 曾毅 | 中国预防医学科学院 | 1993 |
| 56 | 蒋有绪 | 中国林业科学研究院森林生态环境与保护研究所 | 1999 |
| 57 | 童坦君 | 北京大学 | 2005 |
| 58 | 韩启德 | 北京大学 | 1997 |
| 59 | 韩济生 | 北京大学神经科学研究所 | 1993 |
| 60 | 翟中和 | 北京大学生命科学学院 | 1991 |
| 61 | 薛社普 | 中国医学科学院基础医学研究所 | 1991 |
| 62 | 魏江春 | 中科院微生物研究所 | 1997 |

## 地学部

| 序号 | 姓名 | 工作单位 | 当选年份 |
|---|---|---|---|
| 1 | 丁仲礼 | 中科院地质与地球物理研究所 | 2005 |
| 2 | 丁国瑜 | 中国地震局科技委 | 1980 |
| 3 | 马瑾 | 中国地震局地质研究所 | 1997 |
| 4 | 马宗晋 | 中国地震局地质研究所 | 1991 |
| 5 | 丑纪范 | 北京气象学院 | 1993 |
| 6 | 王铁冠 | 中国石油大学（北京） | 2005 |
| 7 | 王鸿祯 | 中国地质大学（北京） | 1980 |
| 8 | 邓起东 | 中国地震局地质研究所 | 2003 |
| 9 | 叶大年 | 中科院地质与地球物理研究所 | 1991 |
| 10 | 叶连俊 | 中科院地质与地球物理研究所 | 1980 |
| 11 | 叶笃正 | 中科院大气物理研究所 | 1980 |
| 12 | 田在艺 | 石油勘探开发科学研究院 | 1997 |
| 13 | 石耀霖 | 中科院研究生院 | 2001 |
| 14 | 吕达仁 | 中科院大气物理研究所 | 2005 |
| 15 | 任纪舜 | 中国地质科学院地质研究所 | 1997 |
| 16 | 刘东生 | 中科院地质与地球物理研究所 | 1980 |
| 17 | 刘光鼎 | 中科院地质与地球物理研究所 | 1980 |

续表

| 序 号 | 姓 名 | 工 作 单 位 | 当选年份 |
|---|---|---|---|
| 18 | 刘昌明 | 中科院地理科学与资源研究所 | 1995 |
| 19 | 刘振兴 | 中科院空间科学与应用研究中心 | 1995 |
| 20 | 刘嘉麒 | 中科院地质与地球物理研究所 | 2003 |
| 21 | 孙 枢 | 中科院地质与地球物理研究所 | 1991 |
| 22 | 孙鸿烈 | 中科院地理科学与资源研究所 | 1991 |
| 23 | 孙殿卿 | 中国地质科学院地质力学研究所 | 1980 |
| 24 | 朱日祥 | 中科院地质与地球物理研究所 | 2003 |
| 25 | 许志琴 | 中国地质科学院地质研究所 | 1995 |
| 26 | 吴传钧 | 中科院地理科学与资源研究所 | 1991 |
| 27 | 吴国雄 | 中科院大气物理研究所 | 1997 |
| 28 | 吴新智 | 中科院古脊椎动物与古人类研究所 | 1999 |
| 29 | 宋叔和 | 中国地质科学院矿产资源研究所 | 1980 |
| 30 | 张本仁 | 中国地质大学(北京) | 1999 |
| 31 | 张弥曼 | 中科院古脊椎动物与古人类研究所 | 1991 |
| 32 | 李小文 | 北京师范大学遥感与GIS研究中心 | 2001 |
| 33 | 李廷栋 | 中国地质科学院 | 1993 |
| 34 | 李崇银 | 中科院大气物理研究所 | 2001 |
| 35 | 李德生 | 石油勘探开发科学研究院 | 1991 |
| 36 | 杨文采 | 中国地质科学院地质研究所 | 2005 |
| 37 | 杨 起 | 中国地质大学(北京) | 1991 |
| 38 | 杨遵仪 | 中国地质大学(北京) | 1980 |
| 39 | 汪集旸 | 中科院地质与地球物理研究所 | 1995 |
| 40 | 邱占祥 | 中科院古脊椎动物与古人类研究所 | 2005 |
| 41 | 沈其韩 | 中国地质科学院地质研究所 | 1991 |
| 42 | 肖序常 | 中国地质科学院地质研究所 | 1991 |
| 43 | 陆大道 | 中科院地理科学与资源研究所 | 2003 |
| 44 | 陈 颙 | 中国地震局 | 1993 |
| 45 | 陈运泰 | 中国地震局地球物理研究所 | 1991 |
| 46 | 陈述彭 | 中科院地理科学与资源研究所 | 1980 |
| 47 | 陈俊勇 | 国家测绘局 | 1991 |
| 48 | 陈梦熊 | 国土资源部科技咨询研究中心 | 1991 |
| 49 | 周秀骥 | 中国气象科学研究院 | 1991 |
| 50 | 林学钰 | 北京师范大学 | 1997 |
| 51 | 於崇文 | 中国地质大学(北京) | 1995 |
| 52 | 郑 度 | 中科院地理科学与资源研究所 | 1999 |
| 53 | 侯仁之 | 北京大学 | 1980 |

续表

| 序号 | 姓名 | 工作单位 | 当选年份 |
|---|---|---|---|
| 54 | 姚振兴 | 中科院地质与地球物理研究所 | 1999 |
| 55 | 姚檀栋 | 中科院青藏高原研究所 | 2007 |
| 56 | 赵柏林 | 北京大学 | 1991 |
| 57 | 赵鹏大 | 中国地质大学(北京) | 1993 |
| 58 | 钟大赉 | 中科院地质与地球物理研究所 | 2001 |
| 59 | 徐冠华 | 科学技术部 | 1991 |
| 60 | 涂传诒 | 北京大学 | 2001 |
| 61 | 秦大河 | 中国气象局 | 2003 |
| 62 | 贾承造 | 中国石油天然气股份有限公司 | 2003 |
| 63 | 陶诗言 | 中科院大气物理研究所 | 1980 |
| 64 | 巢纪平 | 国家海洋环境预报中心 | 1995 |
| 65 | 符淙斌 | 中科院大气物理研究所 | 2003 |
| 66 | 黄荣辉 | 中科院大气物理研究所 | 1991 |
| 67 | 曾庆存 | 中科院大气物理研究所 | 1980 |
| 68 | 曾融生 | 中国地震局地球物理研究所 | 1980 |
| 69 | 童庆禧 | 中科院遥感应用研究所 | 1997 |
| 70 | 董申保 | 北京大学 | 1980 |
| 71 | 翟裕生 | 中国地质大学(北京) | 1999 |
| 72 | 滕吉文 | 中科院地质与地球物理研究所 | 1999 |
| 73 | 穆 穆 | 中科院大气物理研究所 | 2007 |
| 74 | 魏奉思 | 中科院空间科学与应用研究中心 | 2005 |
| 75 | 戴金星 | 石油勘探开发科学研究院 | 1995 |

## 信息技术科学部

| 序号 | 姓名 | 工作单位 | 当选年份 |
|---|---|---|---|
| 1 | 王圩 | 中科院半导体研究所 | 1997 |
| 2 | 王越 | 北京理工大学 | 1991 |
| 3 | 王占国 | 中科院半导体研究所 | 1995 |
| 4 | 王守武 | 中科院半导体研究所 | 1980 |
| 5 | 王守觉 | 中科院半导体研究所 | 1980 |
| 6 | 王阳元 | 北京大学微电子学研究所 | 1995 |
| 7 | 王启明 | 中科院半导体研究所 | 1991 |
| 8 | 包为民 | 中国航天科技集团公司第一研究院 | 2005 |
| 9 | 叶培大 | 北京邮电大学 | 1980 |

续表

| 序号 | 姓名 | 工作单位 | 当选年份 |
|---|---|---|---|
| 10 | 吴一戎 | 中科院电子学研究所 | 2007 |
| 11 | 吴宏鑫 | 中国空间技术研究院 | 2003 |
| 12 | 吴德馨 | 中科院微电子中心 | 1991 |
| 13 | 宋 健 | 中国工程院 | 1991 |
| 14 | 张 钹 | 清华大学 | 1995 |
| 15 | 张效祥 | 解放军总参谋部第五十八研究所 | 1991 |
| 16 | 李 未 | 北京航空航天大学 | 1997 |
| 17 | 李启虎 | 中科院声学研究所 | 1997 |
| 18 | 李志坚 | 清华大学微电子研究所 | 1991 |
| 19 | 李衍达 | 清华大学 | 1991 |
| 20 | 杨芙清 | 北京大学 | 1991 |
| 21 | 陆元九 | 中国航天科技集团公司科技委 | 1980 |
| 22 | 陆汝钤 | 中科院数学与系统科学研究院 | 1999 |
| 23 | 陈俊亮 | 北京邮电大学 | 1991 |
| 24 | 陈翰馥 | 中科院数学与系统科学研究院 | 1993 |
| 25 | 周炳琨 | 清华大学无线电电子学研究所 | 1991 |
| 26 | 周巢尘 | 中科院软件研究所 | 1993 |
| 27 | 林惠民 | 中科院软件研究所 | 1999 |
| 28 | 罗沛霖 | 信息产业部 | 1980 |
| 29 | 侯朝焕 | 中科院声学研究所 | 1995 |
| 30 | 唐稚松 | 中科院软件研究所 | 1991 |
| 31 | 夏建白 | 中科院半导体研究所 | 2001 |
| 32 | 夏培肃 | 中科院计算技术研究所 | 1991 |
| 33 | 秦国刚 | 北京大学 | 2001 |
| 34 | 郭 雷 | 中科院数学与系统科学研究院 | 2001 |
| 35 | 高庆狮 | 北京科技大学 | 1980 |
| 36 | 梁思礼 | 原中国航天工业总公司 | 1993 |
| 37 | 黄民强 | 解放军总参谋部第五十八研究所 | 2005 |
| 38 | 黄 琳 | 北京大学 | 2003 |
| 39 | 黄纬禄 | 原中国航天工业总公司 | 1991 |
| 40 | 董韫美 | 中科院软件研究所 | 1993 |
| 41 | 简水生 | 北京交通大学光波技术研究所 | 1995 |
| 42 | 戴汝为 | 中科院自动化研究所 | 1991 |

## 技术科学部

| 序 号 | 姓 名 | 工 作 单 位 | 当选年份 |
|---|---|---|---|
| 1 | 王大中 | 清华大学 | 1993 |
| 2 | 王希季 | 中国空间技术研究院 | 1993 |
| 3 | 王补宣 | 清华大学热能工程与热物理研究所 | 1980 |
| 4 | 王崇愚 | 清华大学物理系 | 1993 |
| 5 | 王淀佐 | 北京有色金属研究总院 | 1991 |
| 6 | 卢 强 | 清华大学电机工程与应用电子技术系 | 1991 |
| 7 | 卢肇钧 | 铁道部科学研究院 | 1991 |
| 8 | 叶培建 | 中国空间技术研究院 | 2003 |
| 9 | 任新民 | 原中国航天工业总公司 | 1980 |
| 10 | 刘宝镛 | 中国航天科技集团公司 | 2001 |
| 11 | 孙家栋 | 原中国航天工业总公司 | 1991 |
| 12 | 师昌绪 | 国家自然科学基金委员会 | 1980 |
| 13 | 庄逢辰 | 装备指挥技术学院试验工程系 | 2001 |
| 14 | 朱 静 | 清华大学 | 1995 |
| 15 | 朱森元 | 中国运载火箭技术研究院 | 1995 |
| 16 | 过增元 | 清华大学 | 1997 |
| 17 | 严陆光 | 中科院电工研究所 | 1991 |
| 18 | 余梦伦 | 中国运载火箭技术研究院 | 1999 |
| 19 | 吴良镛 | 清华大学建筑与城市研究所 | 1980 |
| 20 | 吴承康 | 中科院力学研究所 | 1991 |
| 21 | 宋家树 | 北京应用物理与计算数学研究所 | 1993 |
| 22 | 张 泽 | 中科院物理研究所 | 2001 |
| 23 | 张光斗 | 清华大学 | 1955 |
| 24 | 张兴钤 | 北京应用物理与计算数学研究所 | 1991 |
| 25 | 张楚汉 | 清华大学水利水电工程系 | 2001 |
| 26 | 李敏华 | 中科院力学研究所 | 1980 |
| 27 | 杨 卫 | 清华大学工程力学系 | 2003 |
| 28 | 汪闻韶 | 中国水利水电科学研究院岩土工程研究所 | 1980 |
| 29 | 沈珠江 | 清华大学水利水电工程系 | 1995 |
| 30 | 肖纪美 | 北京科技大学材料物理系 | 1980 |
| 31 | 邵象华 | 钢铁研究总院 | 1955 |
| 32 | 闵桂荣 | 中国空间技术研究院 | 1991 |
| 33 | 陈创天 | 中科院理化技术研究所 | 2003 |
| 34 | 陈祖煜 | 中国水利水电科学研究院 | 2005 |

续表

| 序号 | 姓名 | 工作单位 | 当选年份 |
| --- | --- | --- | --- |
| 35 | 周远 | 中科院理化技术研究所 | 2003 |
| 36 | 周干峙 | 建设部 | 1991 |
| 37 | 周孝信 | 中国电力科学研究院 | 1993 |
| 38 | 周国治 | 北京科技大学 | 1995 |
| 39 | 周锡元 | 中国建筑科学研究院工程抗震研究所 | 1997 |
| 40 | 林兰英 | 中科院半导体研究所 | 1980 |
| 41 | 林秉南 | 中国水利水电科学研究院 | 1991 |
| 42 | 欧阳予 | 中国核工业集团公司科技委 | 1991 |
| 43 | 范守善 | 清华大学物理系 | 2003 |
| 44 | 郑哲敏 | 中科院力学研究所 | 1980 |
| 45 | 俞鸿儒 | 中科院力学研究所 | 1991 |
| 46 | 柯俊 | 北京科技大学 | 1980 |
| 47 | 柳百新 | 清华大学材料科学与工程系 | 2001 |
| 48 | 胡文瑞 | 中科院力学研究所 | 1995 |
| 49 | 胡聿贤 | 中国地震局地球物理研究所 | 1991 |
| 50 | 胡海昌 | 中国空间技术研究院 | 1980 |
| 51 | 赵仁恺 | 中国核工业集团公司科技委 | 1991 |
| 52 | 徐建中 | 中科院工程热物理研究所 | 1995 |
| 53 | 徐性初 | 国家机械工业联合会专家委 | 1993 |
| 54 | 郭可信 | 中科院北京电子显微镜实验室 | 1980 |
| 55 | 顾秉林 | 清华大学 | 1999 |
| 56 | 顾逸东 | 中科院光电研究院 | 2005 |
| 57 | 顾诵芬 | 航空科学技术研究院 | 1991 |
| 58 | 高镇同 | 北京航空航天大学 | 1991 |
| 59 | 屠守锷 | 原中国航天工业总公司 | 1991 |
| 60 | 曹春晓 | 中国航空工业第一集团公司北京航空材料研究院 | 1997 |
| 61 | 梁守槃 | 原中国航天工业总公司 | 1980 |
| 62 | 黄克智 | 清华大学工程力学研究所 | 1991 |
| 63 | 温诗铸 | 清华大学精密仪器与机械学系 | 1999 |
| 64 | 葛昌纯 | 北京科技大学材料科学与工程学院 | 2001 |
| 65 | 谢光选 | 中国运载火箭技术研究院 | 1991 |
| 66 | 路甬祥 | 中国科学院 | 1991 |
| 67 | 蔡其巩 | 钢铁研究总院 | 1980 |
| 68 | 蔡睿贤 | 中科院工程热物理研究所 | 1991 |
| 69 | 潘际銮 | 清华大学机械系 | 1980 |
| 70 | 潘家铮 | 原国家电力部 | 1980 |

续表

| 序号 | 姓名 | 工作单位 | 当选年份 |
|---|---|---|---|
| 71 | 颜鸣皋 | 中国航空工业第一集团公司北京航空材料研究院 | 1991 |
| 72 | 薛其坤 | 中科院物理研究所 | 2005 |
| 73 | 魏寿昆 | 北京科技大学 | 1980 |

资料来源：中国科学院网站

# 北京地区中国工程院院士一览表

## 机械与运载工程学部

| 序号 | 姓名 | 工作单位 | 当选年份 |
|---|---|---|---|
| 1 | 丁衡高 | 解放军总装备部 | 1994 |
| 2 | 于本水 | 中国航天科工集团公司 | 2001 |
| 3 | 王永志 | 解放军总装备部 | 1994 |
| 4 | 王哲荣 | 中国北方车辆研究所 | 2001 |
| 5 | 王浚 | 北京航空航天大学 | 2001 |
| 6 | 冯培德 | 中国航空工业第一集团公司 | 2001 |
| 7 | 龙乐豪 | 中国运载火箭技术研究院 | 2001 |
| 8 | 关桥 | 北京航空制造工程研究所 | 1994 |
| 9 | 刘大响 | 北京航空航天大学 | 1995 |
| 10 | 刘兴洲 | 中国航天科工集团公司第三十一研究所 | 1995 |
| 11 | 朵英贤 | 北京理工大学 | 1999 |
| 12 | 张彦仲 | 中国航空工业第二集团公司 | 2001 |
| 13 | 张福泽 | 北京航空工程技术研究中心 | 1995 |
| 14 | 李椿萱 | 北京航空航天大学 | 1997 |
| 15 | 闵桂荣 | 中国空间技术研究院 | 1994 |
| 16 | 陆元九 | 中国航天科技集团公司科技委 | 1994 |
| 17 | 陈先霖 | 北京科技大学 | 1995 |
| 18 | 陈福田 | 中国航天科技集团公司第一研究院 | 2007 |
| 19 | 陈懋章 | 北京航空航天大学 | 1999 |
| 20 | 周济 | 教育部 | 1999 |
| 21 | 姚福生 | 北京航空航天大学 | 1994 |
| 22 | 范本尧 | 中国航天科技集团公司第五研究院 | 2005 |
| 23 | 柳百成 | 清华大学机械工程系 | 1999 |
| 24 | 胡正寰 | 北京科技大学 | 1997 |
| 25 | 钟群鹏 | 北京航空航天大学 | 1999 |

续表

| 序号 | 姓名 | 工作单位 | 当选年份 |
| --- | --- | --- | --- |
| 26 | 徐滨士 | 中国设备管理协会 | 1995 |
| 27 | 钱学森 | 解放军总装备部国防科学技术工业委员会 | 1994 |
| 28 | 顾国彪 | 中科院电工研究所 | 1997 |
| 29 | 顾诵芬 | 中国航空工业第一集团公司科技委 | 1994 |
| 30 | 高金吉 | 北京化工大学机电工程学院 | 1999 |
| 31 | 屠善澄 | 中国航天科技集团公司第五研究院 | 1994 |
| 32 | 崔国良 | 中国航天科技集团公司科技委 | 1999 |
| 33 | 戚发轫 | 中国航天科技集团公司第五研究院 | 2001 |
| 34 | 黄瑞松 | 中国航天科工集团公司科技委 | 2003 |
| 35 | 曾广商 | 中国运载火箭技术研究院 | 1999 |
| 36 | 路甬祥 | 中国科学院 | 1994 |
| 37 | 管 德 | 中国民用航空总局 | 1994 |
| 38 | 臧克茂 | 装甲兵工程学院 | 2007 |

注：表内人名按姓氏笔画排序，下同

## 信息与电子工程学部

| 序号 | 姓名 | 工作单位 | 当选年份 |
| --- | --- | --- | --- |
| 1 | 方滨兴 | 国家计算机网络与信息安全管理中心 | 2005 |
| 2 | 毛二可 | 北京理工大学 | 1995 |
| 3 | 王 越 | 北京理工大学 | 1994 |
| 4 | 王小谟 | 中国电子科技集团电子科学研究院 | 1995 |
| 5 | 韦 钰 | 中国科协 | 1994 |
| 6 | 叶铭汉 | 中科院高能物理研究所 | 1995 |
| 7 | 刘韵洁 | 中国联合通信有限公司 | 2005 |
| 8 | 孙家广 | 清华大学 | 1999 |
| 9 | 朱高峰 | 中国工程院 | 1994 |
| 10 | 许祖彦 | 中科院物理研究所 | 2001 |
| 11 | 邬贺铨 | 信息产业部电信科学技术研究院 | 1999 |
| 12 | 何新贵 | 北京大学信息科学技术学院 | 2001 |
| 13 | 何德全 | 国家信息化专家咨询委员会 | 1994 |
| 14 | 吴 澄 | 清华大学自动化系 | 1995 |
| 15 | 吴佑寿 | 清华大学 | 1995 |
| 16 | 宋 健 | 政协全国委员会 | 1994 |
| 17 | 张尧学 | 教育部 | 2007 |
| 18 | 张钟华 | 中国计量科学研究院 | 1995 |

续表

| 序号 | 姓名 | 工作单位 | 当选年份 |
|---|---|---|---|
| 19 | 张履谦 | 中国航天科技集团公司 | 1995 |
| 20 | 李三立 | 清华大学 | 1995 |
| 21 | 李伯虎 | 中国航天科工集团公司 | 2001 |
| 22 | 李国杰 | 中科院计算技术研究所 | 1995 |
| 23 | 李德毅 | 解放军总参谋部第六十一研究所 | 1999 |
| 24 | 汪成为 | 解放军总装备部科技委 | 1994 |
| 25 | 沈昌祥 | 海军计算技术研究所 | 1995 |
| 26 | 陆建勋 | 中国舰船研究院 | 1995 |
| 27 | 陈左宁 | 国家并行计算机工程技术研究中心 | 2001 |
| 28 | 陈良惠 | 中科院半导体研究所 | 1999 |
| 29 | 陈俊亮 | 北京邮电大学 | 1994 |
| 30 | 陈敬熊 | 中国航天科工集团第二研究院 | 1995 |
| 31 | 周炯槃 | 北京邮电大学信息工程学院 | 1995 |
| 32 | 周立伟 | 北京理工大学 | 1999 |
| 33 | 周仲义 | 解放军总参谋部 | 1994 |
| 34 | 周寿桓 | 中国电子科技集团公司第11研究所 | 2003 |
| 35 | 林永年 | 解放军总参谋部第五十一研究所 | 1995 |
| 36 | 罗沛霖 | 信息产业部 | 1994 |
| 37 | 金国藩 | 清华大学机械工程学院 | 1994 |
| 38 | 金怡濂 | 国家并行计算机工程技术研究中心 | 1994 |
| 39 | 姚骏恩 | 北京航空航天大学 | 2001 |
| 40 | 姜景山 | 中科院空间科学与应用研究中心 | 1999 |
| 41 | 胡光镇 | 总参谋部第五十八研究所 | 1997 |
| 42 | 胡启恒 | 中国科学院 | 1994 |
| 43 | 赵伊君 | 中国国防科技信息中心 | 1997 |
| 44 | 钟山 | 中国航天科工集团公司第二研究院 | 1999 |
| 45 | 倪光南 | 中科院计算技术研究所 | 1994 |
| 46 | 郭桂蓉 | 解放军总装备部科技委 | 1995 |
| 47 | 梁骏吾 | 中科院半导体研究所 | 1997 |
| 48 | 黄培康 | 中国航天科工集团公司第二研究院 | 2005 |
| 49 | 童志鹏 | 中国电子科技集团电子科学研究院 | 1997 |
| 50 | 蔡吉人 | 北京电子技术研究所 | 1997 |
| 51 | 戴浩 | 总参谋部第六十一研究所 | 2005 |
| 52 | 魏正耀 | 总参谋部第五十八研究所 | 1999 |

## 化工、冶金与材料工程学部

| 序号 | 姓名 | 工作单位 | 当选年份 |
|---|---|---|---|
| 1 | 干 勇 | 钢铁研究总院 | 2001 |
| 2 | 才鸿年 | 北京理工大学 | 2001 |
| 3 | 毛炳权 | 北京化工研究院 | 1995 |
| 4 | 王淀佐 | 北京有色金属研究总院 | 1994 |
| 5 | 王震西 | 北京中科三环高技术股份有限公司 | 1995 |
| 6 | 左铁镛 | 北京工业大学 | 1995 |
| 7 | 刘伯里 | 北京师范大学 | 1997 |
| 8 | 孙传尧 | 北京矿冶研究总院 | 2003 |
| 9 | 师昌绪 | 国家自然科学基金委员会 | 1994 |
| 10 | 朱永濬 | 清华大学核能与新能源技术研究院 | 1995 |
| 11 | 吴慰祖 | 总参谋部第五十五研究所 | 1999 |
| 12 | 张国成 | 北京有色金属研究总院 | 1995 |
| 13 | 时铭显 | 中国石油大学(北京) | 1995 |
| 14 | 李大东 | 中国石油化工股份有限公司石油化工科学研究院 | 1994 |
| 15 | 李东英 | 中国有色金属工业总公司 | 1995 |
| 16 | 李正邦 | 钢铁研究总院 | 1999 |
| 17 | 李龙土 | 清华大学 | 1997 |
| 18 | 李恒德 | 清华大学 | 1994 |
| 19 | 杨启业 | 中国石化工程建设公司 | 1997 |
| 20 | 汪旭光 | 北京矿冶研究总院 | 1995 |
| 21 | 汪燮卿 | 中国石油化工股份有限公司石油化工科学研究院 | 1995 |
| 22 | 沈德忠 | 中国非金属矿工业(集团)总公司人工晶体研究院 | 1995 |
| 23 | 邱定蕃 | 北京矿冶研究总院 | 1999 |
| 24 | 邵象华 | 钢铁研究总院 | 1995 |
| 25 | 闵恩泽 | 中国石油化工股份有限公司石油化工科学研究院 | 1994 |
| 26 | 吴以成 | 中科院理化技术研究所 | 2005 |
| 27 | 陈丙珍 | 清华大学 | 2005 |
| 28 | 陈立泉 | 中科院物理研究所 | 2001 |
| 29 | 陈国良 | 北京科技大学 | 1999 |
| 30 | 陈蕴博 | 机械科学研究院 | 1999 |
| 31 | 金 涌 | 清华大学 | 1997 |
| 32 | 赵振业 | 中国航空工业第一集团公司北京航空材料研究院 | 2005 |
| 33 | 侯芙生 | 中国石油化工集团公司 | 1995 |
| 34 | 侯祥麟 | 中国石油天然气股份有限公司 | 1995 |
| 35 | 徐匡迪 | 中国工程院 | 1995 |

续表

| 序 号 | 姓 名 | 工 作 单 位 | 当选年份 |
| --- | --- | --- | --- |
| 36 | 徐更光 | 北京理工大学 | 1994 |
| 37 | 徐承恩 | 中国石化工程建设公司 | 1994 |
| 38 | 殷瑞钰 | 钢铁研究总院 | 1994 |
| 39 | 袁晴棠 | 中国石油化工集团公司科技委 | 1995 |
| 40 | 顾真安 | 中国建筑材料科学研究总院 | 1997 |
| 41 | 曹湘洪 | 中国石油化工集团公司 | 1999 |
| 42 | 屠海令 | 北京有色金属研究总院 | 2007 |
| 43 | 舒兴田 | 中国石油化工股份有限公司石油化工科学研究院 | 1999 |

## 能源与矿业工程学部

| 序 号 | 姓 名 | 工 作 单 位 | 当选年份 |
| --- | --- | --- | --- |
| 1 | 于润沧 | 中国有色工程设计研究总院 | 1999 |
| 2 | 毛用泽 | 解放军总装备部防化研究院 | 1995 |
| 3 | 王思敬 | 中科院地质与地球物理研究所 | 1995 |
| 4 | 刘广志 | 国土资源部咨询研究中心 | 1995 |
| 5 | 安继刚 | 清华大学 | 2005 |
| 6 | 朱光亚 | 解放军总装备部科技委 | 1994 |
| 7 | 朱建士 | 北京应用物理与计算数学研究所 | 1995 |
| 8 | 许绍燮 | 中国地震局地球物理研究所 | 1999 |
| 9 | 阮可强 | 中国原子能科学研究院 | 1995 |
| 10 | 张光斗 | 清华大学 | 1994 |
| 11 | 张信威 | 北京应用物理与计算数学研究所 | 2005 |
| 12 | 杜祥琬 | 北京应用物理与计算数学研究所 | 1997 |
| 13 | 杨奇逊 | 华北电力大学 | 1994 |
| 14 | 杨裕生 | 解放军总装备部防化研究院 | 1995 |
| 15 | 沈忠厚 | 中国石油大学（北京） | 2001 |
| 16 | 苏义脑 | 中国石油天然气集团公司科技委 | 2003 |
| 17 | 邱中建 | 中国石油天然气集团公司 | 1999 |
| 18 | 陈森玉 | 中科院高能物理研究所 | 2001 |
| 19 | 陈毓川 | 中国地质科学院 | 1997 |
| 20 | 周永茂 | 中国中原对外工程公司 | 1995 |
| 21 | 范维唐 | 中国煤炭工业协会 | 1994 |
| 22 | 范维澄 | 清华大学公共安全研究中心 | 2001 |
| 23 | 郑绵平 | 中国地质科学院矿产资源研究所 | 1995 |

续表

| 序 号 | 姓 名 | 工 作 单 位 | 当选年份 |
|---|---|---|---|
| 24 | 洪伯潜 | 北京中煤矿山工程有限公司 | 1997 |
| 25 | 胡见义 | 石油勘探开发科学研究院 | 1997 |
| 26 | 胡思得 | 北京应用物理与计算数学研究所 | 1995 |
| 27 | 赵仁恺 | 中国核工业集团公司 | 1994 |
| 28 | 赵文津 | 中国地质科学院 | 2001 |
| 29 | 倪维斗 | 清华大学 | 1999 |
| 30 | 唐西生 | 解放军第二炮兵装备研究院 | 1997 |
| 31 | 徐旭常 | 清华大学 | 1995 |
| 32 | 袁士义 | 石油勘探开发研究院 | 2005 |
| 33 | 钱绍钧 | 解放军总装备部科技委 | 1995 |
| 34 | 钱皋韵 | 中国核工业集团公司 | 1994 |
| 35 | 彭士禄 | 中国核工业集团公司 | 1994 |
| 36 | 彭先觉 | 北京应用物理与计算数学研究所 | 1999 |
| 37 | 彭苏萍 | 中国矿业大学 | 2007 |
| 38 | 曾恒一 | 中国海洋石油总公司 | 1997 |
| 39 | 童晓光 | 中国石油天然气勘探开发公司 | 2005 |
| 40 | 蒋洪德 | 清华大学燃气轮机研究中心 | 1999 |
| 41 | 韩大匡 | 中国石油勘探开发研究院 | 2001 |
| 42 | 韩英铎 | 清华大学电力电子工程研究中心 | 1995 |
| 43 | 韩德馨 | 中国矿业大学（北京） | 1995 |
| 44 | 翟光明 | 中国石油天然气集团公司 | 1995 |
| 45 | 裴荣富 | 中国地质科学研究院矿产资源研究所 | 1999 |
| 46 | 潘自强 | 中国核工业集团公司科技委 | 1997 |

## 土木、水利与建筑工程学部

| 序 号 | 姓 名 | 工 作 单 位 | 当选年份 |
|---|---|---|---|
| 1 | 马国馨 | 北京市建筑设计研究院 | 1997 |
| 2 | 王梦恕 | 北京交通大学隧道及地下工程试验研究中心 | 1995 |
| 3 | 王瑞珠 | 中国城市规划设计研究院 | 2003 |
| 4 | 王 浩 | 中国水利水电科学研究院水资源研究所 | 2005 |
| 5 | 冯叔瑜 | 中国铁道科学研究院 | 1995 |
| 6 | 龙驭球 | 清华大学 | 1995 |
| 7 | 刘先林 | 中国测绘科学研究院 | 1994 |
| 8 | 关肇邺 | 清华大学建筑学院 | 1995 |
| 9 | 刘济舟 | 交通部 | 1995 |

续表

| 序 号 | 姓 名 | 工 作 单 位 | 当选年份 |
|---|---|---|---|
| 10 | 朱伯芳 | 中国水利水电科学研究院 | 1995 |
| 11 | 江 亿 | 清华大学建筑学院 | 2001 |
| 12 | 吴良镛 | 清华大学建筑学院 | 1995 |
| 13 | 张在明 | 北京市勘察设计研究院 | 2003 |
| 14 | 李 玶 | 中国地震局地质研究所 | 1999 |
| 15 | 李道增 | 清华大学建筑学院 | 1999 |
| 16 | 杨秀敏 | 解放军总参第四研究设计所 | 1995 |
| 17 | 沙庆林 | 交通部公路科学研究所 | 1995 |
| 18 | 邹德慈 | 中国城市规划设计研究院 | 2003 |
| 19 | 陈志恺 | 中国水利水电科学研究院 | 2001 |
| 20 | 陈厚群 | 中国水利水电科学研究院 | 1995 |
| 21 | 陈肇元 | 清华大学 | 1997 |
| 22 | 周 镜 | 中国铁道科学研究院 | 1994 |
| 23 | 周干峙 | 建设部 | 1994 |
| 24 | 孟兆祯 | 北京林业大学 | 1999 |
| 25 | 郑哲敏 | 中科院力学研究所 | 1994 |
| 26 | 施仲衡 | 中国地下铁道设计咨询公司 | 1999 |
| 27 | 徐乾清 | 水利部 | 1999 |
| 28 | 钱七虎 | 解放军总参军事科学技术委员会 | 1994 |
| 29 | 钱正英 | 全国政协 | 1997 |
| 30 | 崔俊芝 | 中科院数学与系统研究院 | 1995 |
| 31 | 梁应辰 | 交通部三峡办公室 | 1994 |
| 32 | 黄 卫 | 建设部 | 2007 |
| 33 | 黄熙龄 | 中国建筑科学研究院 | 1995 |
| 34 | 傅熹年 | 中国建筑设计研究院 | 1994 |
| 35 | 韩其为 | 中国水利水电科学研究院 | 2001 |
| 36 | 雷志栋 | 清华大学 | 2007 |
| 37 | 潘家铮 | 原电力部 | 1994 |

## 环境与轻纺工程学部

| 序 号 | 姓 名 | 工 作 单 位 | 当选年份 |
|---|---|---|---|
| 1 | 丁一汇 | 国家气候中心 | 2005 |
| 2 | 王文兴 | 中国环境科学研究院 | 1999 |
| 3 | 任阵海 | 国家环保总局气候影响研究中心 | 1995 |
| 4 | 刘鸿亮 | 中国环境科学研究院 | 1994 |

续表

| 序 号 | 姓 名 | 工 作 单 位 | 当选年份 |
|---|---|---|---|
| 5 | 汤鸿霄 | 中科院生态环境研究中心 | 1995 |
| 6 | 许健民 | 中国气象局国家卫星气象中心 | 1997 |
| 7 | 李泽椿 | 中国气象局国家气象中心 | 1995 |
| 8 | 张懿 | 中科院过程工程研究所 | 1999 |
| 9 | 陈联寿 | 中国气象科学研究院 | 1999 |
| 10 | 周国泰 | 解放军总后勤部军需装备研究所 | 1999 |
| 11 | 季国标 | 国务院国有资产监督管理委员会 | 1994 |
| 12 | 金鉴明 | 国家环境保护总局 | 1997 |
| 13 | 段镇基 | 中国皮革和制鞋工业研究院 | 1994 |
| 14 | 郝吉明 | 清华大学 | 2005 |
| 15 | 唐孝炎 | 北京大学环境科学系 | 1995 |
| 16 | 钱易 | 清华大学 | 1994 |
| 17 | 顾夏声 | 清华大学 | 1995 |
| 18 | 梅自强 | 中国纺织科学研究院 | 1995 |
| 19 | 魏复盛 | 中国环境监测总站 | 1997 |

## 农业学部

| 序 号 | 姓 名 | 工 作 单 位 | 当选年份 |
|---|---|---|---|
| 1 | 尹伟伦 | 北京林业大学 | 2005 |
| 2 | 方智远 | 中国农业科学院蔬菜花卉研究所 | 1995 |
| 3 | 王涛 | 中国林业科学研究院 | 1994 |
| 4 | 冯宗炜 | 中科院生态环境研究中心 | 1999 |
| 5 | 卢良恕 | 中国农业科学院 | 1994 |
| 6 | 石元春 | 中国农业大学 | 1994 |
| 7 | 石玉林 | 中科院地理科学与资源研究所 | 1995 |
| 8 | 刘更另 | 中国农业科学院土壤肥料研究所 | 1994 |
| 9 | 孙九林 | 中科院地理科学与资源研究所 | 2001 |
| 10 | 张子仪 | 中国农业科学院畜牧研究所 | 1997 |
| 11 | 李文华 | 中科院地理科学与资源研究所 | 1997 |
| 12 | 李宁 | 中国农业大学 | 2007 |
| 13 | 汪懋华 | 中国农业大学 | 1995 |
| 14 | 沈国舫 | 北京林业大学 | 1995 |
| 15 | 陈俊愉 | 北京林业大学 | 1997 |
| 16 | 范云六 | 中国农业科学院生物技术研究所 | 1997 |
| 17 | 郭予元 | 中国农业科学院植物保护研究所 | 2001 |

续表

| 序号 | 姓名 | 工作单位 | 当选年份 |
|---|---|---|---|
| 18 | 曾士迈 | 中国农业大学 | 1995 |
| 19 | 曾德超 | 中国农业大学 | 1995 |
| 20 | 董玉琛 | 中国农业科学院作物品种资源研究所 | 1999 |
| 21 | 戴景瑞 | 中国农业大学农学与生物技术学院 | 2001 |

## 医药卫生工程学部

| 序号 | 姓名 | 工作单位 | 当选年份 |
|---|---|---|---|
| 1 | 于德泉 | 中国医学科学院 | 1999 |
| 2 | 巴德年 | 中国医学科学院 | 1994 |
| 3 | 王士雯 | 解放军总医院老年心血管病研究所 | 1996 |
| 4 | 王永炎 | 中国中医研究院 | 1997 |
| 5 | 王忠诚 | 北京市神经外科研究所 | 1994 |
| 6 | 王琳芳 | 中国医学科学院基础医学研究所 | 1997 |
| 7 | 王澍寰 | 北京积水潭医院 | 1997 |
| 8 | 卢世璧 | 解放军总医院骨科研究所 | 1996 |
| 9 | 史轶蘩 | 北京协和医院 | 1996 |
| 10 | 刘耀 | 中国法医学会 | 2001 |
| 11 | 刘玉清 | 中国医学科学院阜外医院 | 1994 |
| 12 | 刘彤华 | 中国医学科学院 | 1999 |
| 13 | 刘耕陶 | 中国医学科学院药物研究所 | 1994 |
| 14 | 刘德培 | 中国协和医科大学基础医学院 | 1996 |
| 15 | 孙燕 | 中国协和医科大学 | 1999 |
| 16 | 庄辉 | 北京大学医学部基础医学院病原生物学系 | 2001 |
| 17 | 朱晓东 | 中国医学科学院 | 1996 |
| 18 | 邱贵兴 | 中国医学科学院北京协和医院 | 2007 |
| 19 | 吴阶平 | 中国医学科学院 | 1995 |
| 20 | 吴德昌 | 军事医学科学院放射医学研究所 | 1994 |
| 21 | 张金哲 | 北京儿童医院 | 1997 |
| 22 | 李连达 | 中国中医研究院西苑医院 | 2003 |
| 23 | 沈渔邨 | 北京大学精神卫生研究所 | 1997 |
| 24 | 沈倍奋 | 军事医学科学院基础医学研究所 | 1997 |
| 25 | 沈家祥 | 北京市集才药物研究所 | 1999 |
| 26 | 肖培根 | 中国医学科学院药用植物研究所 | 1994 |
| 27 | 肖碧莲 | 国家人口计生委科学技术研究所 | 1994 |
| 28 | 陆道培 | 北京医学院人民医院 | 1996 |

续表

| 序号 | 姓名 | 工作单位 | 当选年份 |
|---|---|---|---|
| 29 | 陈君石 | 中国疾病预防控制中心营养与食品安全所 | 2005 |
| 30 | 陈香美 | 解放军总医院 | 2007 |
| 31 | 陈冀胜 | 解放军防化研究院 | 1999 |
| 32 | 侯云德 | 中国疾病预防控制中心病毒病预防控制所 | 1994 |
| 33 | 俞永新 | 中国药品生物制品检定所 | 2001 |
| 34 | 俞梦孙 | 空军航空医学研究所 | 1999 |
| 35 | 洪 涛 | 中国疾病预防控制中心病毒病预防控制所 | 1996 |
| 36 | 胡亚美 | 北京儿童医院 | 1994 |
| 37 | 赵 铠 | 北京生物制品研究所 | 1997 |
| 38 | 桑国卫 | 中国药品生物制品检定所 | 1999 |
| 39 | 秦伯益 | 军事医学科学院 | 1994 |
| 40 | 翁心植 | 北京市呼吸疾病研究所 | 1997 |
| 41 | 郭应禄 | 北京大学泌尿外科研究所 | 1999 |
| 42 | 高守一 | 中国疾病预防控制中心传染病预防控制所 | 1994 |
| 43 | 高润霖 | 阜外心血管病医院 | 1999 |
| 44 | 盛志勇 | 解放军第 304 医院 | 1996 |
| 45 | 黄志强 | 解放军总医院 | 1997 |
| 46 | 黄翠芬 | 军事医学科学院生物工程研究所 | 1996 |
| 47 | 程书钧 | 中国医学科学院肿瘤研究所 | 1999 |
| 48 | 程莘农 | 中国中医研究院针灸研究所 | 1994 |
| 49 | 甄永苏 | 中国医学科学院医药生物技术研究所 | 1997 |

## 工程管理学部

| 序号 | 姓名 | 工作单位 | 当选年份 |
|---|---|---|---|
| 1 | 王礼恒 | 中国航天科技集团公司 | 2003 |
| 2 | 王基铭 | 中国石油化工股份有限公司 | 2005 |
| 3 | 孙永福 | 铁道部 | 2005 |
| 4 | 刘源张 | 中科院数学与系统科学研究院 | 2001 |
| 5 | 李京文 | 北京工业大学经济与管理学院 | 2001 |
| 6 | 徐寿波 | 北京交通大学 | 2001 |
| 7 | 傅志寰 | 铁道部 | 2001 |
| 8 | 沈荣骏 | 装备指挥技术学院 | 2005 |

资料来源:中国工程院网站

# 入选2008年度北京市科技新星计划人员一览表

**A类**

| 序号 | 姓名 | 工作单位 | 序号 | 姓名 | 工作单位 |
|---|---|---|---|---|---|
| 1 | 陈 征 | 安泰科技股份有限公司 | 34 | 赵 鹏 | 北京奶牛中心 |
| 2 | 安 凯 | 北京超图地理信息技术有限公司 | 35 | 方洛云 | 北京农学院 |
| 3 | 施章杰 | 北京大学 | 36 | 石太平 | 北京诺赛基因组研究中心有限公司 |
| 4 | 王坚成 | 北京大学 | 37 | 马素永 | 北京诺思兰德生物技术有限责任公司 |
| 5 | 张信荣 | 北京大学 | 38 | 陈云浩 | 北京师范大学 |
| 6 | 黄红拾 | 北京大学第三医院 | 39 | 王 彤 | 北京市耳鼻咽喉科研究所 |
| 7 | 金红芳 | 北京大学第一医院 | 40 | 刘 洋 | 北京市结核病胸部肿瘤研究所 |
| 8 | 马祎楠 | 北京大学第一医院 | 41 | 丁海凤 | 北京市农林科学院蔬菜研究中心 |
| 9 | 孙玉春 | 北京大学口腔医学院 | 42 | 龚 晶 | 北京市农林科学院农业科技信息研究所 |
| 10 | 张培训 | 北京大学人民医院 | 43 | 桂松柏 | 北京市神经外科研究所 |
| 11 | 杨 帆 | 北京大学人民医院 | 44 | 郑凡东 | 北京市水利科学研究所 |
| 12 | 潘孝本 | 北京大学人民医院 | 45 | 葛亚军 | 北京市环境卫生设计科学研究所 |
| 13 | 杜智强 | 北京第二机床厂有限公司 | 46 | 吕昭云 | 北京协和药厂 |
| 14 | 崔玲丽 | 北京工业大学 | 47 | 刘海元 | 北京协和医院 |
| 15 | 刘增华 | 北京工业大学 | 48 | 戴 毅 | 北京协和医院 |
| 16 | 李 亮 | 北京工业大学 | 49 | 胡克菲 | 北京因科瑞斯医药科技有限公司 |
| 17 | 王新华 | 北京航空航天大学 | 50 | 李秀萍 | 北京邮电大学 |
| 18 | 魏洪兴 | 北京航空航天大学 | 51 | 李端玲 | 北京邮电大学 |
| 19 | 王党校 | 北京航空航天大学 | 52 | 黄国杰 | 北京有色金属研究总院 |
| 20 | 王三胜 | 北京航空航天大学 | 53 | 张向军 | 北京有色金属研究总院 |
| 21 | 孙 兵 | 北京呼吸疾病研究所 | 54 | 龚伟志 | 北京云电英纳超导电缆有限公司 |
| 22 | 任钟旗 | 北京化工大学 | 55 | 张 轲 | 北京中建衡建筑工程检测鉴定有限公司 |
| 23 | 徐仲均 | 北京化工大学 | 56 | 毕 勇 | 北京中视中科光电技术有限公司 |
| 24 | 秦培勇 | 北京化工大学 | 57 | 王英姿 | 北京中医药大学 |
| 25 | 侯妙乐 | 北京建筑工程学院 | 58 | 农一兵 | 北京中医药大学东方医院 |
| 26 | 王目光 | 北京交通大学 | 59 | 房 方 | 华北电力大学 |
| 27 | 倪蓉蓉 | 北京交通大学 | 60 | 马 进 | 华北电力大学 |
| 28 | 连 芳 | 北京科技大学 | 61 | 姜 超 | 机械科学研究总院 |
| 29 | 王旭东 | 北京科技大学 | 62 | 张立海 | 解放军总医院 |
| 30 | 王鹿霞 | 北京科技大学 | 63 | 黄冬雁 | 解放军总医院 |
| 31 | 张汝波 | 北京理工大学 | 64 | 李宗斌 | 解放军总医院 |
| 32 | 张建国 | 北京理工大学 | 65 | 吴 宁 | 军事医学科学院毒物药物研究所 |
| 33 | 豆小敏 | 北京林业大学 | 66 | 金义光 | 军事医学科学院放射与辐射医学研究所 |

续表

| 序号 | 姓名 | 工作单位 | 序号 | 姓名 | 工作单位 |
|---|---|---|---|---|---|
| 67 | 韩黎 | 军事医学科学院疾病预防控制所 | 93 | 王学武 | 清华同方威视技术股份有限公司 |
| 68 | 孙强 | 军事医学科学院生物工程研究所 | 94 | 李军 | 新奥特硅谷视频技术有限责任公司 |
| 69 | 高喆 | 清华大学 | 95 | 王军波 | 中国科学院电子学研究所 |
| 70 | 崔勇 | 清华大学 | 96 | 王志 | 中国科学院过程工程研究所 |
| 71 | 韦进全 | 清华大学 | 97 | 贺爱华 | 中国科学院化学研究所 |
| 72 | 肖峰 | 首都儿科研究所 | 98 | 蒋树强 | 中国科学院计算技术研究所 |
| 73 | 王艳慧 | 首都师范大学 | 99 | 孙承华 | 中国科学院理化技术研究所 |
| 74 | 靖德兵 | 首都师范大学 | 100 | 黄河激 | 中国科学院力学研究所 |
| 75 | 王炜 | 首都医科大学 | 101 | 张昱 | 中国科学院生态环境研究中心 |
| 76 | 余焕玲 | 首都医科大学 | 102 | 张玲 | 中国科学院微生物研究所 |
| 77 | 李晓蓉 | 首都医科大学 | 103 | 黄凯奇 | 中国科学院自动化研究所 |
| 78 | 翟妍 | 首都医科大学附属北京朝阳医院 | 104 | 彭瑞东 | 中国矿业大学(北京) |
| 79 | 焦伟伟 | 首都医科大学附属北京儿童医院 | 105 | 王军军 | 中国农业大学 |
| 80 | 王学玖 | 首都医科大学附属北京口腔医院 | 106 | 李云开 | 中国农业大学 |
| 81 | 杜娟 | 首都医科大学附属北京口腔医院 | 107 | 张小栓 | 中国农业大学 |
| 82 | 王雅杰 | 首都医科大学附属北京天坛医院 | 108 | 李世娟 | 中国农业科学院农业信息研究所 |
| 83 | 金旭 | 首都医科大学附属北京天坛医院 | 109 | 吕竹明 | 中国轻工业清洁生产中心 |
| 84 | 李树宁 | 首都医科大学附属北京同仁医院 | 110 | 郑祥 | 中国人民大学 |
| 85 | 尹红霞 | 首都医科大学附属北京同仁医院 | 111 | 赵建国 | 中国石油大学(北京) |
| 86 | 郭伟 | 首都医科大学附属北京友谊医院 | 112 | 史艺 | 中国医学科学院阜外心血管病医院 |
| 87 | 谢琰臣 | 首都医科大学附属北京友谊医院 | 113 | 汪一波 | 中国医学科学院阜外心血管病医院 |
| 88 | 汪晓军 | 首都医科大学附属北京佑安医院 | 114 | 孔建强 | 中国医学科学院药物研究所 |
| 89 | 李冰 | 首都医科大学附属北京佑安医院 | 115 | 鞠振宇 | 中国医学科学院医学实验动物研究所 |
| 90 | 陈文强 | 首都医科大学宣武医院 | 116 | 姚魁武 | 中国中医科学院广安门医院 |
| 91 | 曾宇 | 曙光信息产业北京有限公司 | 117 | 李欣志 | 中国中医科学院西苑医院 |
| 92 | 香勇 | 硕德(北京)科技有限公司 | 118 | 唐丽 | 中央民族大学 |

## B 类

| 序号 | 姓名 | 工作单位 | 序号 | 姓名 | 工作单位 |
|---|---|---|---|---|---|
| 1 | 任建波 | 北京大北农科技集团股份有限公司生物技术研究院 | 7 | 王静 | 北京工商大学 |
| 2 | 候仰龙 | 北京大学 | 8 | 王昌涛 | 北京工商大学 |
| 3 | 万小军 | 北京大学 | 9 | 刘永东 | 北京工业大学 |
| 4 | 林霖 | 北京大学第三医院 | 10 | 王如志 | 北京工业大学 |
| 5 | 赵翔宇 | 北京大学人民医院 | 11 | 曹相生 | 北京工业大学 |
| 6 | 贾清秀 | 北京服装学院 | 12 | 相艳 | 北京航空航天大学 |

续表

| 序号 | 姓名 | 工作单位 | 序号 | 姓名 | 工作单位 |
|---|---|---|---|---|---|
| 13 | 王莉娜 | 北京航空航天大学 | 47 | 冯慧 | 北京市园林科学研究所 |
| 14 | 余志坤 | 北京航空航天大学 | 48 | 汤海京 | 北京闻言科技有限公司 |
| 15 | 阳庆元 | 北京化工大学 | 49 | 焦洋 | 北京协和医院 |
| 16 | 卢涛 | 北京化工大学 | 50 | 乔秀全 | 北京邮电大学 |
| 17 | 潘军青 | 北京化工大学 | 51 | 高飞 | 北京邮电大学 |
| 18 | 鲁谊 | 北京积水潭医院 | 52 | 刘丰 | 机械科学研究总院 |
| 19 | 闫小琴 | 北京科技大学 | 53 | 孙晓艳 | 解放军总医院 |
| 20 | 李旭琴 | 北京科技大学 | 54 | 韩丽娜 | 解放军总医院 |
| 21 | 王辉 | 北京林业大学 | 55 | 杨波 | 解放军总医院 |
| 22 | 刘悦萍 | 北京农学院 | 56 | 何海平 | 首都博物馆 |
| 23 | 张爱环 | 北京农学院 | 57 | 尚媛园 | 首都师范大学 |
| 24 | 彭奎庆 | 北京师范大学 | 58 | 郑君芳 | 首都医科大学 |
| 25 | 梁存珍 | 北京石油化工学院 | 59 | 项玉涛 | 首都医科大学附属北京安定医院 |
| 26 | 易传军 | 北京市创伤骨科研究所 | 60 | 江青松 | 首都医科大学附属北京安贞医院 |
| 27 | 卜小宁 | 北京市呼吸疾病研究所 | 61 | 于洋 | 首都医科大学附属北京安贞医院 |
| 28 | 曲梅 | 北京市疾病预防控制中心 | 62 | 钟光珍 | 首都医科大学附属北京朝阳医院 |
| 29 | 郑丽丽 | 北京市建筑工程研究院 | 63 | 王玮 | 首都医科大学附属北京朝阳医院 |
| 30 | 冀瑞俊 | 北京市老年病医疗研究中心 | 64 | 姚开虎 | 首都医科大学附属北京儿童医院 |
| 31 | 高丽娟 | 北京市理化分析测试中心 | 65 | 张蕊 | 首都医科大学附属北京儿童医院 |
| 32 | 杨学军 | 北京市农林科学院北京草业与环境研究发展中心 | 66 | 侯磊 | 首都医科大学附属北京妇产医院 |
| 33 | 李存军 | 北京市农林科学院北京农业信息技术研究中心 | 67 | 陆玉 | 首都医科大学附属北京口腔医院 |
| | | | 68 | 张栋梁 | 首都医科大学附属北京口腔医院 |
| 34 | 王开义 | 北京市农林科学院北京农业信息技术研究中心 | 69 | 王化冰 | 首都医科大学附属北京天坛医院 |
| | | | 70 | 黄瑶 | 首都医科大学附属北京同仁医院 |
| 35 | 高世庆 | 北京市农林科学院北京杂交小麦工程技术研究中心 | 71 | 王婷婷 | 首都医科大学附属北京友谊医院 |
| 36 | 董静 | 北京市农林科学院林业果树研究所 | 72 | 吴浩 | 首都医科大学宣武医院 |
| 37 | 孟淑春 | 北京市农林科学院蔬菜研究中心 | 73 | 刘铮 | 首都医科大学宣武医院 |
| 38 | 肖强 | 北京市农林科学院植物营养与资源研究所 | 74 | 王忆 | 中国农业大学 |
| 39 | 王影 | 北京市农业机械研究所 | 75 | 杨鹰 | 中国农业大学 |
| 40 | 张英娟 | 北京市气候中心 | 76 | 戈磊 | 中国石油大学(北京) |
| 41 | 王连才 | 北京市射线应用研究中心 | 77 | 宋晓东 | 中国医学科学院阜外心血管病医院 |
| 42 | 吕明 | 北京市神经外科研究所 | 78 | 钱海燕 | 中国医学科学院阜外心血管病医院 |
| 43 | 马羽 | 北京市神经外科研究所 | 79 | 赫卫清 | 中国医学科学院医药生物技术研究所 |
| 44 | 吴文勇 | 北京市水利科学研究所 | 80 | 惠周光 | 中国医学科学院肿瘤医院 |
| 45 | 任若瑾 | 北京市眼科研究所 | 81 | 刘宏潇 | 中国中医科学院广安门医院 |
| 46 | 项晓琳 | 北京市眼科研究所 | 82 | 袁媛 | 中国中医科学院中药研究所 |

资料来源:北京市科学技术委员会人事处

# 索引
## Index

Index

# 说　　明

1. 本索引采取主题索引也称内容分析索引法编制，索引词以《北京科技年鉴2009》正文出现的专业名词、名词词组、机构名称及表格名称为主。

2. 特载、大事记、政策法规的内容不在索引标引之内。

3. 本索引按汉语拼音音序排列。汉字的HS2标目（索引词）按首字的音序、音调依次排列，首字相同时，则以第二字排序，以此类推。以阿拉伯数字打头的索引词，排在最前面，以英文字母打头的索引词，列于其次。

4. 本索引的文字部分为标目，即所要查找的内容，标目之后的数字，表示该标目所在正文中的页码（地址页）。

| | |
|---|---|
| "863"计划 …………………………………… 78 | 北京地区国家重点实验室（表）…………… 428 |
| AAALAC认证 ……………………………… 90 | 北京地区获中国创新设计红星奖（表）…… 89 |
| DRC工业设计促进中心 ………………… 131 | 北京市技术合同登记机构（表）…………… 449 |
| Fapas ……………………………………… 186 | 北京地区科技成果情况（表）……………… 347 |
| IEEE标准 ………………………………… 180 | 北京地区科技活动经费情况（表）………… 345 |
| IPv6 ……………………………………… 148 | 北京地区科技活动人员情况（表）………… 345 |
| RFID芯片 ………………………………… 125 | 北京地区科技类协会（表）………………… 412 |
| SOA ……………………………… 125,127,129 | 北京地区科技企业孵化器（表）…………… 420 |
| | 北京地区科技项目（课题）情况（表）……… 346 |
| **A** | 北京地区科技研发机构分布（表）………… 74 |
| 安捷伦杯 ………………… 240,247,257,272 | 北京地区留学人员创业园（表）…………… 423 |
| 奥运标准 ………………………………… 176 | 北京地区认证咨询机构（表）……………… 457 |
| 奥运火炬 ………………………………… 115 | 北京地区生产力促进机构（表）…………… 425 |
| 奥运会食品 ……………………………… 177 | 北京地区首批新农村建设 |
| 奥运展 …………………………………… 116 | 　科技示范试点 ………………………… 110 |
| | 北京地区质量技术监督 |
| **B** | 　法定计量检定机构（表）………………… 455 |
| 白粉病 …………………………………… 95 | 北京地区质量技术监督检验 |
| "百千对接工程" ………………………… 253 | 　检测技术机构（表）……………………… 451 |
| 板栗 ……………………………… 182,265,278 | 北京地区中国驰名商标（表）……………… 465 |
| "保暖衣" ………………………………… 265 | 北京地区中国工程院院士（表）…………… 484 |
| 北京大学科学技术协会 ………………… 217 | 北京地区中国科学院院士（表）…………… 472 |
| 北京地区大学科技园（表）………………… 422 | 北京地区专利代理机构（表）……………… 441 |
| 北京地区国家工程技术研究中心（表）…… 437 | 北京地区专利申请（表）…………………… 387 |
| 北京地区国家重大科学工程、 | 北京地区专利授权（表）…………………… 388 |
| 　野外科学观测台站（表）………………… 436 | 北京电脑天地学校 ……………………… 412 |
| | 北京高技术创业服务中心 ……………… 406 |

| | |
|---|---|
| 北京工业设计促进会 | 69 |
| 北京工业设计促进中心 | 407 |
| 北京国际科技协作中心 | 410 |
| 北京技术交易促进中心 | 405 |
| 北京技术市场管理办公室 | 407 |
| 北京科技活动中心 | 410 |
| 北京科技协作中心 | 403 |
| 北京科技咨询中心 | 411 |
| 北京科普发展中心 | 411 |
| 北京科普工作网 | 214 |
| 北京科普之窗 | 218 |
| 北京科学技术开发交流中心 | 403 |
| 北京青少年科技活动中心 | 410 |
| 北京科学仪器装备协作中心 | 408 |
| 北京农村致富技术学校 | 411 |
| 北京软件产品质量检测检验中心 | 408 |
| 北京软件与信息服务业促进中心 | 405 |
| 北京生产力促进中心 | 406 |
| 北京生态 | 234 |
| 北京生物技术和新医药产业促进中心 | 405 |
| 北京师范大学脑成像中心 | 189 |
| 北京市保护知识产权举报投诉服务中心 | 410 |
| 北京市创新型科普社区(表) | 213 |
| 北京市教育委员会科技发展计划重点项目(表) | 191 |
| 北京市科技新星计划人员(表) | 494 |
| 北京市科委农村发展中心 | 406 |
| 北京市科委社会征集科普项目(表) | 208 |
| 北京市科协服务管理部 | 410 |
| 北京市科协所属学会(表) | 415 |
| 北京市科协信息中心 | 412 |
| 北京市科协学会联合办公室 | 412 |
| 北京市科学技术奖二等奖(表) | 377 |
| 北京市科学技术奖励工作办公室 | 404 |
| 北京市科学技术进修学院 | 411 |
| 北京市科学技术奖三等奖(表) | 380 |
| 北京市科学技术委员会 | 394 |
| 北京市科学技术委员会人才交流中心 | 408 |
| 北京市科学技术协会 | 399 |
| 北京市科学技术奖一等奖(表) | 375 |
| 北京市可持续发展科技促进中心 | 407 |
| 北京市区县科学技术委员会(表) | 401 |
| 北京市区县科学技术协会(表) | 402 |
| 北京市区县专利申请(表) | 389 |
| 北京市区县专利授权(表) | 390 |
| 北京市实验动物管理办公室 | 404 |
| 北京市知识产权服务中心 | 409 |
| 北京市知识产权局 | 398 |
| 北京市重点实验室(表) | 433 |
| 北京市著名商标(表) | 466 |
| 北京市专利技术开发服务中心 | 409 |
| 北京市自然科学基金委员会办公室 | 404 |
| 北京图书节 | 215 |
| 北京小作家园地 | 220 |
| 北京新材料发展中心 | 405 |
| "北京一号" | 83 |
| 《北京志·中关村科技园区志》 | 152 |
| 避雷器 | 291 |
| 变速器 | 232 |
| 濒危珍稀水生野生动物科技馆 | 212 |
| 病虫害防治 | 249 |
| 病虫害监测 | 136 |
| 玻璃基板 | 139 |
| 博物馆设计 | 226 |

## C

| | |
|---|---|
| 测量管理体系 | 181 |
| 茶行业信息 | 244 |
| 产业协调员 | 101 |
| 超导 | 142 |
| 超高纯金属 | 141 |
| 超声冲击波碎石机 | 138 |
| 城市管理 | 97 |
| 传染病监测 | 96 |
| 传染病快速应急反应体系 | 136 |
| 传染病综合防治 | 74 |
| 创新型城市 | 80 |
| 创业谷 | 155 |
| 创业天使 | 70 |
| 雌激素 | 287 |

## D

| | |
|---|---|
| 大气污染 | 99,100 |
| 大区级计量 | 184 |
| "大手拉小手" | 222 |
| 大学科技园 | 75 |
| 大中型工业企业科技活动经费情况(表) | 361 |

| | |
|---|---|
| 大中型工业企业科技活动人员情况（表） | 360 |
| 大中型工业企业科技项目及科技成果情况（表） | 362 |
| 带钢连续热镀锌 | 231 |
| 单螺杆膨胀机 | 192 |
| 蛋白磷酸酶 | 189 |
| 低能耗建筑 | 117 |
| 地理标志产品 | 177,182 |
| 第六染色体 | 95 |
| 电磁兼容 | 185 |
| 电动客车 | 192 |
| 电火花高速亚微米加工 | 96 |
| 电力大系统 | 288 |
| 电脑节 | 153 |
| 电网能量管理 | 291 |
| 电子产品节能 | 232 |
| 动态硫化 | 289 |
| 动物实验代替法 | 199 |
| 多元复合稀土 | 290 |

## F

| | |
|---|---|
| 发明创新大赛 | 168 |
| 发明专利 | 164 |
| 发明专利奖评选工作办公室 | 163 |
| 法人基础信息数据库 | 179 |
| 非经典计算 | 288 |
| 《福布斯》 | 145,258 |

## G

| | |
|---|---|
| 甘栗 | 268 |
| 肝细胞 | 135 |
| 高成长企业俱乐部 | 137 |
| 高等院校科技成果情况（表） | 359 |
| 高等院校科技活动经费情况（表） | 357 |
| 高等院校科技活动人员情况（表） | 356 |
| 高等院校科技项目（课题）情况（表） | 358 |
| 高性能计算机 | 127,150,153 |
| 工业设计 | 86 |
| 《公众地震应急避险要诀》 | 212 |
| 功能性纺织品 | 226 |
| 构件化 | 292 |
| 关键技术标准 | 179 |
| 光能疫情通手机 | 148 |

| | |
|---|---|
| 光子带隙光纤 | 96 |
| 国际版权 | 151 |
| 国际标准化组织（ISO） | 179 |
| 国际节能环保展览会 | 140 |
| 国际蓝光联盟 | 254 |
| 国际软件博览会 | 126 |
| 国际软件博览会北京地区奖（表） | 126 |
| 国际专家设计咨询诊断会 | 197 |
| 国家级创新型试点企业 | 69 |
| 国家技术发明奖二等奖（表） | 368 |
| 国家技术发明奖一等奖（表） | 368 |
| 国家科学技术进步奖二等奖（表） | 370 |
| 国家科学技术进步奖特等奖（表） | 369 |
| 国家科学技术进步奖一等奖（表） | 369 |
| 国家应用软件产品质量监督检验中心 | 408 |
| 国家知识产权局专利局北京代办处 | 409 |
| 《国家知识产权战略纲要》 | 163 |
| 国家自然科学奖二等奖（表） | 367 |
| 国家最高科学技术奖（表） | 367 |
| 过程控制 | 229 |

## H

| | |
|---|---|
| 合金靶材 | 141 |
| 河道生态 | 97 |
| 恒星丰度 | 285 |
| 红星奖 | 89,198 |
| 呼叫中心 | 127 |
| 互联网 | 146,148 |
| 《户用生物质炉具通用技术条件》 | 176 |
| 花卉 | 193,258 |
| 华北电力大学留学人员创业园 | 159 |
| 环境快速检测 | 228 |
| 火炬计划 | 75,78 |
| 火焰原子吸收法 | 183 |
| 火灾安全 | 96 |

## J

| | |
|---|---|
| 机动车超速自动监测系统 | 184 |
| 机器人 | 219,221,237 |
| 基础装备 | 131,132 |
| 激光 | 149,233 |
| 集成电路 | 132 |
| 计价器 | 180 |

| | |
|---|---|
| 计量技术法规 | 181 |
| 计量器具检测 | 181 |
| 技术转移 | 84,88,190 |
| 建设中关村科技园区领导小组 | 393 |
| 建设中关村科技园区领导小组办公室 | 393 |
| 健康教育 | 207 |
| 健康科普讲师团 | 247 |
| 健康一卡通 | 246 |
| 降解塑料 | 225 |
| 交流输电 | 293 |
| 教育创新工程 | 189 |
| 节能环保 | 276 |
| 节能减排 | 101 |
| 金桥奖 | 84 |
| 静脉输液 | 230 |
| 均匀试验设计 | 284 |

## K

| | |
|---|---|
| 开放标准 | 198,201 |
| 抗震救灾 | 87 |
| 科技"炮弹" | 118 |
| 科技保密 | 71 |
| 科技保险 | 82 |
| 科技创新大赛 | 220,253,256,257,272 |
| 科技创新市长奖 | 220 |
| 科技创新政策 | 72 |
| 《科技东城人》 | 238 |
| 科技节 | 259 |
| 科技特派员 | 87 |
| 科技条件平台 | 81,86 |
| 科技下乡 | 273 |
| 科技协调员 | 106,107,264,272,274,278 |
| 科技新星 | 77,254 |
| 科技园丁奖 | 243 |
| 科技直通车 | 277 |
| 科技指导员 | 268 |
| 科技周 | 211 |
| 科技租赁 | 145 |
| 科普报告会 | 256 |
| 科普赶集 | 273 |
| 科普惠农兴村计划 | 263 |
| 科普基地 | 210 |
| 科普基地联盟 | 210 |
| 科普教育基地 | 245,252,261,268 |
| 科普日 | 214 |
| 科普社区 | 265,273,280 |
| 科普示范城区 | 244 |
| 科普示范基地 | 278 |
| 科普示范区县 | 209 |
| 科普益民计划 | 217,256 |
| 科普园地 | 252,276 |
| 科普之夏 | 241,245,255 |
| 科普志愿者 | 207 |
| 科普资源 | 218 |
| 《科学北京人》 | 214 |
| 《科学朝阳人》 | 247 |
| 科研院所科技成果情况(表) | 351 |
| 科研院所科技活动经费情况(表) | 348 |
| 科研院所科技活动人员情况(表) | 347 |
| 科研院所科技项目(课题)情况(表) | 350 |
| 科研院所制度 | 72 |
| 可持续发展设计论坛 | 197 |
| 可持续发展实验区 | 97,245,250 |
| 可持续发展实验乡镇 | 248 |
| 可持续发展先进示范区 | 239,240 |
| 可控串补 | 293 |
| 《可燃气体报警器检定规程》 | 184 |
| 快速通勤 | 101 |
| 矿物质肥料 | 103 |
| 昆虫防治 | 264 |

## L

| | |
|---|---|
| 老字号 | 88 |
| 梨产业优化 | 261 |
| 锂离子电池 | 141 |
| 联合办学 | 90 |
| 联合国全球契约组织 | 152 |
| 量子开系统 | 286 |
| 林业标准化 | 263 |
| 磷酸钙胶原 | 290 |
| 流媒体 | 291 |
| 留学生研发专项资助计划 | 251 |
| 绿能港 | 155 |
| 绿色化学 | 289 |
| 绿色建筑 | 178 |
| 绿色空间 | 95 |
| 绿色生活 | 217 |

## M

密度指数 ……………………………………… 165
密云县自主创新产品（表）………………… 269
"明天小小科学家" ………………………… 223

## N

纳米电子材料 ………………………………… 288
纳米 ………………………… 125,130,140,193,286
纳斯达克 …………………………………… 156,157
能源草 ………………………………………… 100
能源利用 ……………………………………… 232
农事通手机卡 ………………………………… 109
农业规范 ……………………………………… 178
农业科技园区 ………………………………… 258
农业物流 ……………………………………… 227
农业信息化 ………………………………… 79,262
诺贝尔 …………………………………… 215,216,217

## P

偏微分方程 …………………………………… 285

## Q

"七彩世界" ………………………………… 276
前沿计划 ……………………………………… 75
青藏铁路 ……………………………………… 292
清洁燃料 ……………………………………… 99

## R

人工边界方法 ………………………………… 285
融资 …………………………………………… 225
乳制品 ………………………………………… 177
软件质量测试工作组 ………………………… 179
软实力 ………………………………………… 78

## S

三苯氧胺 ……………………………………… 287
三聚氰胺 …………………………………… 110,137
三联机制 ……………………………………… 271
三维协调 ……………………………………… 291
"三下乡" …………………………………… 102
沙龙 …………………………………………… 227
闪联标准 ………………………………… 146,147,149

少年科学奖 …………………………………… 243
设计产业协作联盟 …………………………… 89
设计创新提升计划 …………………………… 78
设计创意 ……………………………………… 204
社区服务 ……………………………………… 75
社区设计俱乐部 ……………………………… 243
生活技能 ……………………………………… 210
生命科学 ……………………………………… 225
生态补偿 ……………………………………… 80
生态环境 ……………………………………… 265
生态砂基透水砖 ……………………………… 139
生态县 ………………………………………… 269
生态型园区 …………………………………… 155
生态修复 …………………………………… 97,267
生物冰点保鲜 ………………………………… 111
生物弹性体 …………………………………… 95
生物蛋白质 …………………………………… 135
生物多样性 …………………………………… 226
生物技术 ……………………………………… 133
生物降解 ……………………………………… 140
生物科技示范基地 …………………………… 273
生物芯片 ……………………………………… 138
生物学实验 …………………………………… 199
《生物质成型燃料》 ………………………… 176
生物质废物 …………………………………… 98
湿地生态 ……………………………………… 99
实时调度 ……………………………………… 96
食品安全 ……………………………………… 176
世界标准日 …………………………………… 178
世界工程师大会 ……………………………… 233
世界开源大会 …………………………… 146,152
市科委启动38项重大项目（表）…………… 76
手机游戏 ……………………………………… 128
首批北京市创新型科普社区（表）………… 216
蔬菜安全 ……………………………………… 102
蔬菜生产 ……………………………………… 230
蔬菜新品种 …………………………………… 105
曙光5000A …………………………………… 153
数控机床 ……………………………………… 130
数控装备创新联盟实验室 …………………… 130
数字技术 ……………………………………… 230
数字生活 ……………………………………… 237
数字娱乐 ……………………………………… 254
水安全 ………………………………………… 115

| | |
|---|---|
| 水环境 | 98 |
| 水文 | 233 |
| 水资源 | 100,270 |

## T

| | |
|---|---|
| 太阳能 | 259 |
| 《太阳能光伏室外照明装置技术要求》 | 175,176 |
| 碳纳米管 | 288 |
| 碳平衡 | 121 |
| 碳纤维 | 142 |
| 桃产业优化 | 272 |
| 体细胞克隆猪 | 190 |
| 天然气 | 224 |
| 天体敏感器 | 288 |
| 铁基金属 | 139 |
| 《停车场电子收费计时器检定规程》 | 183 |
| 突发事件 | 79 |
| 图文系统 | 119 |
| 图像图形技术 | 226 |
| 图像信息 | 175 |
| 土肥科技 | 102 |
| 脱硫石膏 | 141 |

## W

| | |
|---|---|
| 外包 | 133,198,202 |
| 王忠诚 | 283 |
| 网交会 | 228 |
| 网络融合 | 291 |
| 微尺度断裂 | 285 |
| 微尺度塑性 | 285 |
| 未来设计师 | 87 |
| 文档标准 | 152 |
| 文化创意产业 | 85,91 |
| 污染控制 | 98 |
| 污染物排放 | 182 |
| 污水处理 | 98,270,276 |
| 无线新媒体产业联盟 | 148 |
| 无线移动 | 292 |
| "五进"活动 | 249 |

## X

| | |
|---|---|
| 小麦品种品质评价体系 | 293 |
| 小麦锈病 | 95 |

| | |
|---|---|
| 新媒体产业基地 | 260 |
| 新农村信息创新服务体系 | 273 |
| "新三轮" | 85 |
| 信息采集 | 99 |
| 信息服务 | 128 |
| 信息公开 | 74 |
| 信息通信网 | 232 |
| 信息驿站 | 108,111 |
| 兴奋剂 | 117,120 |
| 徐光宪 | 283 |
| 渲染平台 | 83,84 |
| 血糖调节 | 287 |
| 循环经济 | 79,228 |

## Y

| | |
|---|---|
| 亚微米加工 | 96 |
| 焰火 | 119 |
| 阳光心理 | 230 |
| 养鸡协会 | 267 |
| 业务保障系统 | 118 |
| 液晶屏 | 125 |
| 医学救援 | 117 |
| 仪器设备共享 | 73 |
| 移动通信 | 129,233 |
| 疫苗 | 134 |
| 饮水安全 | 267,270 |
| 永磁材料 | 139 |
| 油气储层 | 229 |
| 有机生鲜乳 | 180 |
| 园林绿化 | 79 |
| 原位统计 | 290 |
| 原子分子操纵 | 286 |

## Z

| | |
|---|---|
| 增值业务产业联盟 | 145 |
| 诊断试剂 | 135 |
| 镇定控制 | 287 |
| 知识产权 | 163,165,166,168,252 |
| 脂肪酶 | 289 |
| 执法专项 | 167 |
| 植酸酶 | 133 |
| 质押贷款 | 170,251 |
| 质押融资 | 169 |

| | | | |
|---|---|---|---|
| 智能交通 | 116 | 中关村天使投资者联盟 | 157 |
| 智能卡行业知识产权联盟 | 164 | 中关村虚拟现实产业联盟 | 147 |
| 中尺度气象 | 226 | 中关村知识产权促进局 | 409 |
| 中关村高科技产业促进中心 | 408 | 中国化工博物馆 | 211 |
| 中关村海淀专业园联盟 | 251 | 中科院联想学院 | 149 |
| 中关村科技园区管理委员会 | 396 | 种植结构 | 266 |
| 中关村科技园区十大行业（表） | 366 | 周末大讲堂 | 244 |
| 中关村科技园区一区十园（表） | 414 | 轴承 | 229 |
| 中关村科技园区主要经济指标（按技术领域统计）（表） | 364 | 专利商品 | 167 |
| | | 转基因奶牛 | 189 |
| 中关村科技园区主要经济指标（按企业注册统计）（表） | 365 | 转基因体细胞克隆猪 | 190 |
| | | 转制科研院所科技成果情况（表） | 355 |
| 中关村科技园区主要经济指标（按园区统计）（表） | 363 | 转制科研院所科技活动经费情况（表） | 353 |
| | | 转制科研院所科技活动人员情况（表） | 352 |
| 中关村科技园区驻海外联络处（表） | 472 | 转制科研院所科技项目（课题）情况（表） | 354 |
| 中关村论坛 | 153 | 自然科学基金 | 95 |
| 中关村企业董事会秘书联席会 | 158 | 自助服务装备 | 135 |

图书在版编目(CIP)数据

北京科技年鉴.2009/北京市科学技术委员会主编.北京：北京科学技术出版社，2009.12

　ISBN 978-7-5304-4563-1

　Ⅰ.北… Ⅱ.北… Ⅲ.科学研究事业-北京市-2009-年鉴 Ⅳ.G322.71-54

中国版本图书馆 CIP 数据核字 (2010) 第 012866 号

北京科技年鉴2009

| | |
|---|---|
| 组　　编： | 北京市科学技术委员会 |
| 责任编辑： | 吴　建 |
| 封面设计： | 樊润琴 |
| 出 版 人： | 张敬德 |
| 出版发行： | 北京科学技术出版社 |
| 社　　址： | 北京市西城区西直门南大街 16 号 |
| 邮政编码： | 100035 |
| 电话传真： | 0086-10-66161951（总编室） |
| | 0086-10-66113227（发行部）　0086-10-66161952（发行部传真） |
| 电子信箱： | bjkjpress@163.com |
| 网　　址： | www.bkjpress.com |
| 经　　销： | 新华书店 |
| 印　　刷： | 三河国新印装有限公司 |
| 开　　本： | 787mm×1092mm　1/16 |
| 字　　数： | 832 千 |
| 印　　张： | 32.5 |
| 插　　页： | 8 |
| 版　　次： | 2009 年 12 月第 1 版 |
| 印　　次： | 2009 年 12 月第 1 次印刷 |

ISBN 978-7-5304-4563-1/G·968

定　价：93.00 元

京科版图书，版权所有，侵权必究。
京科版图书，印装差错，负责退换。